Nr. 37
S. 5765—5968

1953
16. September

Chemisches Zentralblatt

Vollständiges Repertorium für alle Zweige der reinen und angewandten Chemie

1830 gegründet. 1897—1945 von der Deutschen Chemischen Gesellschaft fortgeführt.
Im Auftrage der Deutschen Akademie der Wissenschaften zu Berlin, der Akademie der Wissenschaften zu Göttingen, der Chemischen Gesellschaft in der Deutschen Demokratischen Republik und der Gesellschaft Deutscher Chemiker

herausgegeben von Prof. Dr. **Maximilian Pflücke**

124. Jahrgang

1953

Chefredakteure: Dr. Eugen Klever und Prof. Dr. Maximilian Pflücke

Akademie-Verlag GmbH., Berlin — Verlag Chemie, GmbH., Weinheim/Bergstr.

Inhalt

Ein vollständiger oder gekürzter Abdruck der Referate ist ohne Genehmigung der Redaktion und des Verlages verboten!

Namenregister

Chemisches Zentralblatt

1953 Nr. 37 16. September

Geschichte. Unterricht.

W. P. Tultschinskaja, Ss. I. Wolfkowitsch, A. I. Posigun, A. G. Bolschakow, A. W. Grinewa, G. Je. Dmitrewski und **L. I. Alexandrowa,** *Zum Gedächtnis von Professor Eduard Xaverjewitsch Lopatto (1893—1951).* Würdigung der Arbeiten von LOPATTO (geb. 1893 in Kaluga, gest. 15. 9. 1951) über die techn. H_2SO_4-Gewinnung nebst Verzeichnis der einschlägigen Veröffentlichungen u. Patente. — Bild. (Журнал Прикладной Химии [J. angew. Chem.] **25.** 1122—24. Okt. 1952.) LEBTAG. 1

Gio Batta Bonino, *Jacopo Bartolomeo Beccari.* Gedenkrede auf BECCARI (1682 bis 1766), den ersten Inhaber des Lehrstuhls für Chemie in Italien (Bologna, 1737) u. Entdecker des Klebers im Getreidemehl („De Frumento"). (Ricerca sci. **23.** 24—50. Jan. 1953. Bologna.) R. K. MÜLLER. 1

Ferdinand Schmidt, *Carl Wilhelm Scheele zu seinem 210. Geburtstage am 19. Dezember 1952.* Kurze histor. Skizze der Leistungen des Altmeisters der Chemie u. Pharmazie. — Lichtbild. (Pharmazie **8.** 352—53. April 1953. Zarrentin am Schaalsee/Meckl.) BARZ. 1

Claude Secrétan, *Alchemie, Psychologie und wissenschaftliches Denken.* Beurteilung der Alchemie u. ihrer in Charlatane u. wahre Adepten unterschiedenen Vertreter seit dem Ende der Antike nach der techn. u. philosoph. Seite hin: Alchemistenverfolgungen, alchemist. Weltbild (u. a. aurea catena), geschichtliche Behandlung seit dem 18. Jahrhundert, späte Vertreter (FIGUIER), Ablehnung des prakt. Wertes der Alchemie (BERTHELOT) im 19. Jahrhundert, psycholog. Beurteilung (JUNG), Parallelen mit okkultist. u. spiritualist. Philosophien (MERCIER) unserer Zeit. (Ann. Guébhard-Séverine **27/28.** 97—111. 1951/1952. Lausanne, Gymns. canton.) BLUMRICH. 2

Lars Melander, *Der Nobelpreis in Chemie 1951. Über die Transurane.* Daten über die Entdeckung der Transurane. (Svensk kem. Tidskr. **63.** 311—16. 1951.) GERHARD SCHMIDT. 2

Umberto Sborgi, *Einige durch die Entwicklung der Chemie von Mendelejew bis zur Entdeckung des Atombaues begründete Aspekte des Unterrichts in anorganischer Chemie.* Die Unterscheidung von „Haupt- u. Nebengruppen" im Period. Syst. ist zugunsten des Anhängens von 1 u. 2 oder a u. b an die Gruppennummer aufzugeben, wenn man keine falschen Vorstellungen einer Rangordnung erwecken will. — Die Edelgasgruppe sollte anstatt mit VIII 2 (oder b) mit 0 (Null) bezeichnet werden, entsprechend der fehlenden Verbindungsfähigkeit (Wertigkeit). — Das Period. Syst. sollte im Unterricht nicht als Schema zum streng gruppenweisen Fortschreiten in der Behandlung der Elemente dienen, da auf den H der O, dann der N usw. folgen muß. — Das ausdrückliche Auseinanderhalten von „eigentlichen Metallen" u. Übergangselementen wird empfohlen. (Ann. Guébhard-Séverine **27/28.** 93—97. 1951/1952. Mailand, Univ., Inst. Chim. gen.) BLUMRICH. 6

Yrjö Kauko, *Vorschlag für die Darstellung der Affinität im chemischen Einführungsunterricht an Hochschulen.* Um die Begriffe der Affinität u. der Änderung der freien Energie bei einer chem. Rk. in Anfängervorlesungen der allg. Chemie den Studenten ohne Voraussetzung thermodynam. Kenntnisse näherzubringen, werden vom Vf. Vorschläge gemacht, wobei von einem Vgl. der potentiellen Energie einer gespannten Feder, eines Gases in einem Druckzylinder u. einem Reaktionssyst. ausgegangen wird. (Finska Kemistsamfundets Medd. **61.** 30—40. 1952. Helsinki, TH.) BECKMANN. 6

John Albert Newton Friend, Man and the chemical elements; from stone-age hearth to the cyclotron. New York: Scribner. 1953. (363 S. m. Abb. u. Diagr.) $ 6.00.

A. Allgemeine und physikalische Chemie.

Siegfried Flügge und **Ferdinand Trendelenburg,** Ergebnisse der exakten Naturwissenschaften. Bd. 26. Berlin, Göttingen, Heidelberg: Springer. 1952. (439 S. m. 110 Abb.) 8°. DM 69,—.

Gustav Hägele, Das kleine Lexikon der Chemie. 1.—8. Tsd. Stuttgart: Union Dt. Verl.-Ges. 1952. (1184 Sp.) 8°. DM 29,50.

Max Planck, Scheinprobleme der Wissenschaft. Vortrag. 2., mit d. 1. übereinstimmende Aufl. Leipzig: Barth 1952. (29 S.) 8°. DM 1,50.

Max Planck, Das Weltbild der neuen Physik. 11., unveränd. Aufl. Leipzig: Barth 1952. (46 S.) 8°. DM 2,70.

A_1. Kernphysik und Kernchemie.

Behram Kurşunoğlu, *Gravitation und Elektrodynamik.* (Physic. Rev. [2] **88.** 1369 bis 1379. 15/12. 1952. Cambridge, Univ., Fitzwilliam House.) GOTTFRIED. 80

G. Rickayzen und **B. Kurşunoğlu,** *Einheitliche Feldtheorie und Born-Infeld-Elektrodynamik.* (Vgl. vorst. Ref.) Die neue Fassung der EINSTEINschen verallgemeinerten Gravitationstheorie red. sich auf die Theorie der BORN-INFELD-Elektrodynamik, falls von einer Punktladungsverteilung eines Elektrons ausgegangen wird. (Physic. Rev. [2] **89.** 522—23. 15/1. 1953. Cambridge, Christ's Coll.; Fitzwilliam House.) GERHARD SCHMIDT. 80

Loup Verlet, *Möglicher Einfluß der $\varkappa$-Mesonen auf die Höhenstrahlung unter der Erde.* Vf. diskutiert die Zus. der μ-Mesonen unter der Erde aus solchen, die aus schweren Mesonen des $\varkappa$-Typs entstehen, u. solchen, die aus π-Mesonen entweder direkt oder über ν^0 oder τ entstehen. Eine Best. des Temperaturkoeff. in zwei verschied. Tiefen sollte Aufschluß über die Anteile geben. (Physic. Rev. [2] **86.** 792—93. 1/6. 1952. Paris, École Normale Supér., Labor. de Phys.) WIEDEMANN. 85

L. S. Kothari, *Mehrfach-Mesonenerzeugung.* Unter Verwendung der statist. Theorie von FERMI versucht Vf., die theoret. Emissionswahrscheinlichkeit eines schweren Mesons bei einem Zusammenstoßprozeß zu schätzen. Der Zusammenstoß wird im Schwerpunktssyst. der Teilchen untersucht, wobei angenommen wird, daß die Gesamtenergie W in einem kleinen Vol. plötzlich frei wird. Für Zusammenstöße bei Primärenergien bis zu 20 Mc^2 (M = M. des Nucleons) ist die Möglichkeit der Bldg. eines schweren Mesons sehr klein. Das ein wenig höhere Verhältnis der Anzahl schwerer Mesonen zu der Zahl der π-Mesonen in der Nähe der Schwellenenergie für die Erzeugung eines schweren Mesons wird ebenfalls beobachtet. Nach der verwendeten Theorie rührt dieses von der Tatsache her, daß die Erzeugungswahrscheinlichkeit eines schweren Mesons sich mit zunehmender Energie langsamer ändert als die durchschnittliche Zahl der erzeugten π-Mesonen. (Nature [London] **171.** 309. 14/2. 1953. Cambridge, Cavendish Labor.) GERHARD SCHMIDT. 90

J. B. Cladis, W. Hess und **B. J. Moyer,** *Innere Impulsverteilungen aus Streuversuchen.* (Sitzungsbericht.) Bei 340 MeV-Protonen u. leichten Targets besteht die Streuung im allg. aus einem Einzelprozeß. Daher ist es möglich, aus dem Energiespektr. der Protonen auf die Impulsverteilung der Nucleonen im Targetkern zu schließen. Vff. führen Messungen an *H, D* u. *C* bei Streuwinkeln von 30 u. 40° durch u. erzielen befriedigende Übereinstimmung mit den theoret. Voraussagen. (Physic. Rev. [2] **85.** 766. 15/2. 1952; Bull. Amer. physic. Soc. **26.** Nr. 8. 18. 27/12. 1951. Berkeley, Calif., Univ. of California.) SPEER. 90

Peter A. Wolff, *Kernimpulsverteilungen.* (Vgl. vorst. Ref.) (Sitzungsbericht.) Vf. entwickelt, ausgehend von der Impulsapproximation, eine Formel für die Energieverteilung von schnellen Protonen nach der Kernstreuung bei verschied. Winkeln. Nach experimentellen Ergebnissen folgt die Impulsverteilung eher einer GAUSSschen Verteilung mit einer mittleren Energie von ca. 25 MeV als der Verteilung von CHEW u. GOLDBERGER (vgl. Physic. Rev. [2] **77.** [1950.] 470), die zu viele höhere Impulskomponenten enthält. (Physic. Rev. [2] **85.** 766. 15/2. 1952; Bull. Amer. physic. Soc. **26.** Nr. 8. 18. 27/11. 1951.) SPEER. 90

Jan C. Kluyver und **Martin Deutsch,** *Wirkung der Elektronenschale auf die Winkelkorrelationen.* (Sitzungsbericht.) Die Unterss. von AEPPLI u. Mitarbeitern (vgl. u. a. C. **1952.** 1120) über den Einfl. des chem. Zustandes einer ^{111}In-Quelle auf die Winkelkorrelation der beim Zerfall emittierten γ-Strahlen werden bestätigt u. erweitert. Eine verd. Lsg. von $In_2(SO_4)_3$ ergibt eine Korrelation von der Form W Θ = 1—0,19 $\cos^2 \Theta$, ähnlich der für die besten metall. Quellen. Quellen von festem $In_2(SO_4)_3$ ergeben eine fast isotrope Korrelation wie oxyd. Quellen. (Physic. Rev. [2] **87.** 203. 1/7. 1952. M. I. T.) WERNER SCHULZ. 90

R. H. Good jr., *Über den Wechselwirkungsterm in der Theorie des β-Zerfalls.* (Sitzungsbericht.) Theoret. Betrachtungen über Symmetrie bzw. Antisymmetrie von Linearkombinationen verschied. Wechselwirkungsterme. (Physic. Rev. [2] **86.** 620. 15/5.; Bull. Amer. physic. Soc. **27.** Nr. 1. 45. 31/1. 1952. Berkeley, Calif., Univ. of California.) KIRSCHSTEIN. 103

R. W. Gelinas und **S. S. Hanna,** *Magnetische Analyse der Deuteron–Beryllium-Reaktionen.* (Vgl. C. **1952.** 6965.) Das Spektr. der geladenen Teilchen aus dem Deuteronenbeschuß von ^{9}Be wurde mit einem Spektrographen magnet. analysiert, der eine besondere Fokussierung verwendet. Die bisherigen Übergänge zu Zuständen in ^{10}Be u. ^7Li wurden beobachtet, weitere Zustände in diesen Kernen konnten in dem sich über 5 MeV erstreckenden Energiebereich aus den Protonen- u. α-Spektren nicht erschlossen werden.

Die Anregungsenergie des zweiten angeregten Zustandes von ^{7}Li wurde zu 4,62 ± 0,02 MeV bestimmt. Der Übergang zu dem breiten ersten angeregten Zustand von ^{8}Be sowie zu dem Grundzustand ergab sich aus dem Tritonenspektrum. Die sich aus Dreiteilchenzertrümmerungen ^{9}Be(d, α)^{7}Li**(α)t u. ^{9}Be(d,t)^{8}Be*(α)α ergebenden α- u. Tritonemissionen wurden im einzelnen untersucht. Die Werte für E_{max} u. E_{min} der Tritonen u. α-Teilchen bei einer Deuteronenenergie von 1,0 MeV werden tabellar. angegeben. Bei Beschußenergien zwischen 0,5 u. 1,0 MeV scheinen andere Dreiteilchenzertrümmerungen unwahrscheinlich, wenn auch nicht völlig ausgeschlossen zu sein. (Physic. Rev. [2] **89.** 483—88. 15/1. 1953. Baltimore, Md., Johns Hopkins Univ., Dep. of Phys.) Gerhard Schmidt. 103

J. Catalá, F. Senent und **J. Casanova,** *Die Reaktionswärme bei der Reaktion* ^{9}*Be(d, t)*^{8}*Be.* Neubest. des Q-Wertes der Tritonemission beim Beschuß von Be mit Deuteronen (Ilford C 2-Platten). Da die Energie der bei der Rk. erzeugten Tritonen 3,505 ± 0,015 MeV beträgt, ergibt sich Q = 4,60 ± 0,03 MeV. (An. Real Soc. españ. Física Quím., Ser. A **48.** 323—25. Nov./Dez. 1952. Valencia, Inst. de Opt. Daza de Valdés.) R. K. Müller. 103

J. H. Fremlin, *In Kohlenstoff durch schnelle* ^{3}*He-Ionen induzierte künstliche Aktivität.* Kohlenstoff in Form von reinem Graphit wurde 10 Min. mit ^{3}He-Cyclotron-Ionen von ~20 MeV beschossen. Die wiedergegebene Zerfallskurve deutet auf eine Mischung zweier Aktivitäten mit 20 u. 10 Min. Halbwertszeit mit nahezu gleicher Anfangsintensität hin, die den Halbwertszeiten von ^{11}C u. ^{13}*N* aus den Rkk. ^{12}C(^{3}He, α)^{11}C + 1,86 MeV u. ^{12}C(^{3}He, d)^{13}N − 3,55 MeV oder ^{13}C(^{3}He, ^{3}H)^{13}N − 2,29 MeV entsprechen. Die Verss. wurden mit anderer Ionenquelle (zu $^1/_{1000}$ mit ^{3}He angereichert, 50 Sek., 18,5 MeV) wiederholt. Aus dem Vgl. der Ergebnisse geht hervor, daß bei ca. 800facher Zunahme von ^{3}He die ^{13}N-Aktivität um das 200fache u. die ^{11}C-Aktivität um das 600fache ansteigt. Die gesamte ^{11}C-Aktivität entsteht somit durch ^{3}He-Beschuß. Andererseits muß ein Teil der ^{13}N-Aktivität bei dem ersten Vers. durch Einw. anderer im Cyclotron beschleunigter Teilchen (Deuteronen) entstanden sein. Angenähert 10 μC ^{11}C wurden durch 1 μA/sec von 18,5 MeV-^{3}He-Ionen erzeugt. Falls ^{13}N aus ^{12}C gebildet wird, muß der integrierte Wirkungsquerschnitt ca. $^1/_3$ desjenigen für ^{11}C betragen, für ^{13}N aus ^{13}C müßte er 30 mal größer sein. (Proc. physic. Soc., Sect. A **65.** 762—63. 1/9. 1952. Birmingham, Univ. of Birmingham, Dep. of Phys.) Gerhard Schmidt. 103

J. R. Holt und **T. N. Marsham,** *Die Deuteron-Abstreifreaktion mit Aluminium.* Bei Unterss. der Rk. ^{27}Al(d, p)^{28}Al wurde die Winkelverteilung der Protonengruppen p_0 u. p_1, die zum Grundzustand u. ersten angeregten Zustand von ^{28}Al gehören, gemessen. Die Winkelverteilung für die p_0-Gruppe fällt vom Maximum bei 0° monoton auf Null bei 30°. Für die p_1-Gruppe zeigt die Winkelverteilung das Maximum um 0°, zwischen 25 u. 30° ein Zwischenmaximum, ca. 50% des Maximums bei 0°, u. erreicht den Nullwert bei 60°. Die p_0-Kurve läßt sich durch geeignete Wahl der Parameter aus jeder der beiden Theorien, Einfang eines Teilchens im Deuteron oder Abstreifprozeß, ableiten. Die experimentelle Winkelverteilung für die p_1-Gruppe kann nur durch Kombination zweier theoret. Teilkurven mit $l = 0$ bzw. $l = 2$ gedeutet werden (l = Bahnimpulsmoment des eingefangenen Neutrons). Der erste angeregte Zustand von ^{28}Al muß entweder den Spin 2 oder 3 haben. Der Übergang von ^{27}Al mit dem Spin 5/2 zu einem angeregten Zustand von ^{28}Al mit dem Spin 2 oder 3 kann mit den l-Werten 0, 2 oder 4 erfolgen. Der Endzustand des Neutrons in ^{28}Al ist ein d-Zustand, mit 10% s-Zustand kombiniert. (Proc. physic. Soc., Sect. A **65.** 763—64. 1/9. 1952. Liverpool, Univ. of Liverpool, Nucl. Phys. Res. Labor.) Gerhard Schmidt. 103

Franz R. Metzger, *Zerfallsschema von* ^{59}*Fe.* (Vgl. C. **1952.** 5527.) Bei der Unters. des Zerfalls von ^{59}Fe mit einem Linsenspektrometer u. Scintillationszähler wurden drei β-Spektren mit Endpunkten von 1560 ± 8 keV (0,3%), 462 ± 3 keV (53,9%) u. 271 ± 3 keV (45,8%) beobachtet, die zum Grundzustand, zu 1098 keV u. 1289 keV angeregten Zuständen von ^{59}*Co* führen. Das 1560 keV-Spektr. hat einen verbotenen Verlauf, der Verlauf der beiden anderen partiellen Spektren ist erlaubt. γ-Strahlen von 191 ± 2 keV (2,8%) 1098 ± 6 keV (56,7%) u. 1289 ± 6 keV (43%) stellen sämtliche möglichen Übergänge zwischen den drei ^{59}Co-Zuständen dar. Die Konversionskoeffizienten charakterisieren die beiden ersten Übergänge als magnet. Dipole, den letzten Übergang als elektr. Quadrupol. Vf. stellt ein Zerfallsschema auf, in dem die Spins u. Paritäten den beteiligten Niveaus zugeordnet werden. Der erste angeregte Zustand (1098 keV) von ^{59}Co ist ein $f_{5/2}$-Zustand, u. seine Energiedifferenz zum $f_{7/2}$-Grundzustand stellt die Spin-Bahnaufspaltung der f-Niveaus dar, die für die Existenz einer abgeschlossenen Schale bei N oder Z = 28 verantwortlich ist. Die beobachtete Winkelbeziehung der (191 keV — 1089 keV)-γ—γ-Kaskade stützt die vorgeschlagene Spinzuordnung. (Physic. Rev. [2] **88.** 1360—67. 15/12. 1952. Urbana, Ill., Univ. of Illinois, Phys. Dep.) Gerhard Schmidt. 103

J. M. LeBlanc, F. B. Stumpf, W. H. Nester und **J. M. Cork,** *Radioaktivität von* ^{103}*Ru*. (Sitzungsbericht.) Nach der spektrometr. Unters. besteht die 40 Tage-Aktivität von ^{103}Ru nicht nur aus den bekannten 2 β- u. 2 γ-Strahlen, sondern auch aus γ-Strahlen mit den Energien 39,6, 52,9, 295,2, 598,3 u. 610 keV, die zusammen mit einigen anderen von ^{106}Ru auftreten. Ein Niveauschema, das K/L-Verhältnis für 2 γ-Strahlen u. die angenommenen Polaritäten der Übergänge werden angekündigt. (Physic. Rev. [2] **87**. 202. 1/7. 1952. Univ. of Michigan.) WERNER SCHULZ. 103

Carl L. McGinnis, *Die Radioaktivität von* ^{111}*Pd*. (Sitzungsbericht.) Beim Beschuß von Pd mit 20 MeV-Deuteronen wurde eine mit einem 2,15 MeV-β-Spektr. verbundene 5,5 Std.-Aktivität beobachtet, die, wie die chem. Trennung des ^{111}*Ag* (7,5 Tage) von seiner Muttersubstanz Pd (5,5 Std.) zeigte, ^{111m}Pd zugeordnet werden konnte. Der 27 Min.-Grundzustand von ^{111}Pd zerfällt unter Emission des 2,15 MeV-β-Spektr. in einen angeregten Zustand von ^{111}Ag, dessen 60 keV-Konversionselektronen beobachtet wurden. Auf Grund des Schalenmodells wurden folgende Zuordnungen vorgenommen: ^{111m}Pd $h_{11/2}$, ^{111}Pd $d_{5/2}$, ^{111m}Ag $g_{7/2}$ u. ^{111}Ag $p_{1/2}$. (Physic. Rev. [2] **87**. 202. 1/7. 1952. Berkeley, Calif., Univ. of California.) WERNER SCHULZ. 103

R. W. Hayward, *Der Zerfall der* ^{115}*Cd-Isomere*. (Sitzungsbericht.) Die Isomere von ^{115}Cd mit den Halbwertszeiten von 2,3 u. 43 Tagen wurden mit Hilfe einer magnet. Linse u. einem Scintillationsspektrometer untersucht. Der Zerfall erfolgt beim ersten Isomer durch Emission von 2 β-Gruppen mit maximalen Energien von 1,12 $\pm$ 0,01 (ca. 60%) bzw. 0,60 $\pm$ 0,02 (ca. 40%) MeV, beim zweiten Isomer durch Emission von 3 β-Gruppen von 1,63 $\pm$ 0,01 (ca. 98%), 0,7 (ca. 2%) u. 0,35 (schwach) MeV. Nach der gleichen Meth. u. Koinzidenzmessungen wurde beim Zerfall des 2,3 Tage-Cd neben den (335 $\pm$ 1) u. (525 $\pm$ 5) keV-γ-Übergängen eine zusätzliche Kaskade von 360 u. 500 keV-γ-Strahlen gefunden, beim Zerfall des 43 Tage-Cd 1280, 950, 500 u. 450 keV-γ-Strahlen. Aus den relativen γ-Strahlintensitäten u. der Schalenmodelltheorie wurde folgendes Niveauschema für ^{115}*In* abgeleitet: Grundzustand $g_{9/2}$, 335 keV $p_{1/2}$, 500 keV $d_{5/2}$, 860 keV $d_{3/2}$, 950 keV $g_{7/2}$ u. 1280 keV $h_{11/2}$. Das Niveau des 2,3 Tage-^{115}Cd liegt 1,45 $\pm$ 0,01 MeV über dem Grundzustand von ^{117}In, das des 43 Tage-^{115}Cd 180 $\pm$ 10 keV über dem Niveau des 2,3 Tage-Isomers. (Physic. Rev. [2] **87**. 202–03. 1/7. 1952. National Bur. of Standards.) WERNER SCHULZ. 103

Michael J. Glaubman und **Franz R. Metzger,** *Eigenschaften der mit dem Zerfall von* ^{122}*Sb verbundenen Kernniveaus*. (Sitzungsbericht.) ^{122}Sb (2,8 Tage) zerfällt durch β-Strahlung in den Grundzustand u. in die angeregten 0,56 u. 1,24 MeV-Zustände von ^{122}*Te*, wobei alle 3 β-Spektren als erstverboten angesehen werden können. Wird für den Grundzustand des doppelt geraden ^{122}Te-Kerns der Spin Null u. gerade Parität angenommen, so ist dem Grundzustand von ^{122}Sb der Spin 2 u. ungerade Parität zuzuschreiben, was der Kombination eines $g_{7/2}$-Protons u. eines $h_{11/2}$-Neutrons entspricht. Der K-Konversionskoeff. des 0,56 MeV-γ-Strahls ergab sich zu 0,49 $\pm$ 0,04%, so daß der Übergang zu einem elektr. Quadrupol führt u. dem 1. angeregten Zustand von ^{122}Te der Spin 2 u. gerade Parität zuzuschreiben ist. Ein 0,68 MeV-Übergang führt vom 1,24 zum 0,56 MeV-Niveau. Bei der Winkelkorrelation zwischen den 0,68 u. 0,56-γ-Strahlen ist der Koeff. des $\cos^2$-Θ-Terms negativ, der des $\cos^4$-Θ-Terms positiv. Die Spinzuordnung für die γ-Kaskade ist daher 2–2–0. Der (2–2)-Übergang besteht aus 80% elektr. Quadrupol u. 20% magnet. Dipol. (Physic. Rev. [2] **87**. 203. 1/7. 1952. Univ. of Illinois.) WERNER SCHULZ. 103

R. I. Mendenhall, C. E. Mandeville, E. Shapiro, E. R. Zucker und **G. L. Conklin,** *Strahlungen von* ^{125}*Sn*. (Sitzungsbericht.) Vff. untersuchen Targets aus polyisotop. rohem *Zn* u. isotop. ^{124}Sn (95%) nach Bestrahlung im Meiler u. chem. Abtrennung von *Sb*, *Te* u. anderen Elementen. Nach Absorptionsmessungen besitzen die β-Strahlen des 10 Tage-^{124}Sn eine Energie von ca. 2,3 MeV. Durch Absorptions–Koinzidenz-Messungen konnte ein harter γ-Strahl bei 1,67 $\pm$ 0,10 MeV gefunden werden, der mit einer Halbwertszeit von 10 Tagen zerfiel. Der Anteil der β–γ-Koinzidenzen von ^{125}Sn verschwand bei ca. 170 mg/cm^2 Al, so daß eine unmittelbare Koinzidenz einer β-Strahlgruppe bei 0,5 MeV mit dem harten γ-Strahl angenommen werden kann. Die Abwesenheit von e^-–γ-Koinzidenzen aus Verunreinigungen mit dem 15 Tage-^{117m}Sn konnte durch Pb-Vorsatz vor dem γ-Strahlzähler sichergestellt werden. (Physic. Rev. [2] **87**. 203. 1/7. 1952. Bartol Res. Foundation.) WERNER SCHULZ. 103

D. N. Kundu, J. D. Service und **M. L. Pool,** *Erbium 165*. (Sitzungsbericht.) An *Ho*-Proben (Ho_2O_3) wird beim Beschuß mit 7,4 MeV-Protonen eine Aktivität mit 9,9 $\pm$ 0,1 Std. Halbwertszeit gemessen, wobei *Ho*-Kα-Röntgenstrahlen, γ-Strahlen u. Konversionselektronen mit ca. 0,22 u. ca. 1,1 MeV (schwach) emittiert werden. Die gleiche Aktivität wird beim Beschuß von Ho-Proben mit 10 MeV-Deuteronen beobachtet. Hier treten jedoch noch andere Strahler, z. B. das 27 Std.-^{166}Ho, mit so großer Intensität auf, daß der 9,9 Std.-Röntgenstrahler erst nach langwierigen Absorptionsmessungen festgestellt werden konnte. Die 9,9 Std.-Aktivität wird daher ^{165}*Er* zugeschrieben. (Physic. Rev. [2] **87.** 203. 1/7. 1952. Ohio State Univ.; Oak Ridge Nat. Labor.) WERNER SCHULZ. 103

Maurice M. Miller und **Roger G. Wilkinson,** *Das Verhältnis von L- zu K-Elektroneneinfang für* ^{185}*Os.* Das Verhältnis der L- zur K-Röntgenstrahlung beträgt bei ^{185}Os 0,40 $\pm$ 0,05, bei ^{184}*Re* 0,50, bei ^{199}*Tl* 0,58 u. bei ^{200}Tl 0,65. Hieraus kann das Verhältnis des L- zum K-Einfang berechnet werden, wobei die Fluorescenzausbeuten eingehen. Bei ^{185}Os ergibt es sich zu 0,35 $\pm$ 0,15. Das Zerfallsschema von ^{185}Os wird diskutiert u. die Massendifferenz zwischen ^{185}Os u. ^{185}Re zu 1,0 MeV abgeschätzt. (Physic. Rev. [2] **83.** 1050 bis 1051. 1/9. 1951. Bloomington, Ind., Indiana Univ., Dep. of Phys.) WIEDEMANN. 103

J. M. Cork, J. M. LeBlanc, F. B. Stumpf und **W. H. Nester,** *γ-Strahlung von Platin.* (Sitzungsbericht.) Das durch innere Konversion erzeugte Elektronenspektr. von im Meiler bestrahltem Pt wird untersucht. Es läßt sich in 3 Gruppen zerlegen: 1. ^{197}Pt zugeschriebene Linien mit einer Halbwertszeit von 17,4 Std. mit 77,6 u. 191,4 keV-γ-Strahlen wie beim Zerfall von ^{197}*Hg* infolge K-Einfang. 2. Linien von ^{199}*Au* (3,4 Tagen), das β-Strahlen mit nachfolgenden 49,6, 158 u. 208,3 keV-γ-Strahlen emittiert. 3. Linien mit einer Halbwertszeit von ca. 4 Tagen, die Pt zugeschrieben werden. Die γ-Strahlen werden wahrscheinlich durch isomere Übergänge in Pt erzeugt. Ihre Energien von 98,3 u. 129,6 keV stimmen mit den für die 180 Tage-Aktivität von Au gefundenen γ-Energien überein. Eine 4,4 Tage-Aktivität aus dem Zerfall von ^{193}Pt in ^{193}*Ir* infolge K-Einfang scheint nicht vorhanden zu sein. Die K/L-Intensitätsbeziehungen u. die Polaritäten für die Übergänge werden für verschied. γ-Strahlen mitgeteilt. (Physic. Rev. [2] **87.** 203. 1/7. 1952. Univ. of Michigan.) WERNER SCHULZ. 103

Charles E. Whittle und **Philip S. Jastram,** *Die Winkelkorrelation von γ-Strahlen von* ^{194}*Pt.* (Sitzungsbericht.) Der Verlauf der Winkelkorrelation wird für die γ-Kaskaden bestimmt, die durch Übergänge zwischen den beiden ersten angeregten Zuständen von ^{194}Pt hervorgerufen werden. Unter der Annahme, daß der Grundzustand von ^{194}Pt (doppelt gerade) den Spin Null hat läßt dieser Verlauf darauf schließen, daß der eine Übergang zu einem Dipol, der andere zu einem Quadrupol führt, u. daß die ersten 3 Zustände von ^{194}Pt die Spinwerte 0, 1, 2 oder 0, 2, 2 haben. (Physic. Rev. [2] **87.** 203. 1/7. 1952. Washington Univ.) WERNER SCHULZ. 103

L. Lidofsky, P. Macklin und **C. S. Wu,** *Strahlungen von* ^{204}*Tl.* Sitzungsbericht zu der C. **1953.** 5289 referierten Arbeit. (Physic. Rev. [2] **87.** 204. 1/7. 1952. Columbia Univ.) WERNER SCHULZ. 103

K. L. Aitken, D. J. Littler, E. E. Lockett und **G. H. Palmer,** *Absorptionsquerschnitte von* ^{206}*Pb und* ^{207}*Pb für Meilerneutronen.* Vff. bestimmen die Meilerneutronen-Absorptionsquerschnitte von natürlichem Pb u. Radio-Pb zu 162 $\pm$ 5 mbarn bzw. 84 $\pm$ 3 mbarn. Massenspektrometr. Analysen der Isotopenhäufigkeiten beider Pb-Proben ergaben für natürliches Pb (in %) 1,46 $\pm$ 0,04 ^{204}Pb, 23,94 $\pm$ 0,06 ^{206}Pb, 22,32 $\pm$ 0,06 ^{207}Pb u. 52,27 $\pm$ 0,06 ^{208}Pb, für Radio-Pb (in %) 88,19 $\pm$ 0,02 ^{206}Pb, 8,86 $\pm$ 0,02 ^{207}Pb u. 2,95 $\pm$ 0,01 ^{208}Pb. Für ^{206}Pb u. ^{207}Pb wurden σ-Werte von 25 $\pm$ 5 mbarn bzw. 698 $\pm$ 25 mbarn abgeleitet. (Proc. physic. Soc., Sect. A **65.** 761. 1/9. 1952. Harwell, Berks., A. E. Res. Establ.) GERHARD SCHMIDT. 103

W. H. Jones, J. L. Fowler und **J. H. Paehler,** *Ausbeuten an* ^{99}*Mo,* ^{111}*Ag und* ^{140}*Ba bei der durch Protonen induzierten Spaltung.* (Sitzungsbericht.) Beim Beschuß von N- u. Al-Folien mit Cyclotronprotonen von 11—18 MeV wurde gefunden, daß das Verhältnis der ^{99}Mo- zur ^{140}Ba-Ausbeute nahezu konstant u. ca. 60 % höher als bei der Spaltung mit therm. Neutronen ist. Das Verhältnis der ^{111}Ag- zur ^{140}Ba-Ausbeute nimmt mit steigender Protonenenergie von 0,26 auf 0,48 zu; bei der Spaltung durch therm. Neutronen liegt es bei 0,0029. (Physic. Rev. [2] **87.** 174. 1/7. 1952. Oak Ridge Nat. Labor.) KIRSCHSTEIN. 103

Thomas K. Keenan, Robert A. Penneman und **B. B. McInteer,** *Eine Bestimmung der Halbwertszeit von* ^{242m}*Am für die Emission negativer Elektronen.* (Sitzungsbericht.) Für die Halbwertszeit von ^{242m} Am wird aus Messungen über 7,5 Halbwertszeiten der Wert von 16,01 $\pm$ 0,02 Std. ermittelt. (Physic. Rev. [2] **87.** 204. 1/7. 1952. Los Alamos Scient. Labor.) WERNER SCHULZ. 103

Henry Seligman, *Gewinnung und industrielle Anwendung radioaktiver Isotope.* Übersicht. (Tekn. Tidskr. **82.** 593—96. 30/6. 1952.) GEHLEN-KELLER. 105

H. S. Isbin und **J. W. Gorman,** *Anwendung von Meiler-Kinetik-Gleichungen.* Der relative therm. Fluß im Reaktor als Funktion der Zeit, gemessen vom Beginn der Stufenänderung der Reaktivierung, läßt sich durch eine Lösungsreihe zeitabhängiger Gleichungen darstellen. Das von Vff. entwickelte Verf. ermöglicht die Best. der Koeffizienten u.

Exponenten dieser Lösungsreihe. Der Leistungsausstoß eines therm. Reaktors ist dem therm. Fluß direkt proportional. (Nucleonics **10.** Nr. 11. 68—71. Nov. 1952. Minneapolis, Minn., Univ. of Minnesota.) GERHARD SCHMIDT. 105

William M. Breazeale, *Der „Swimming Pool" — Ein Reaktor geringer Kosten für die Forschung.* Der Bericht enthält folgende Charakteristiken: krit. M. ~3 kg ^{235}U in 16 Ladeelementen, Leistung 100 kW, maximaler Neutronenfluß $3 \cdot 10^{12}$ cm²/sec, Moderator: leichtes W., Abschirmung: W. u. Zement. Der „Swimming pool" eignet sich für Unterss. der Neutronenbeugung, der Strahlenschäden (biol.), der Tracermethoden sowie zur Herst. intensiver spezif. Aktivitäten von Radioisotopen. (Nucleonics **10.** Nr. 11. 56—60. Nov. 1952. Oak Ridge, Tenn., Oak Ridge Nat. Labor., Res. Direct. Div.) GERHARD SCHMIDT. 105

J. D. Lawson, *Strahlungscharakteristiken von Beschleunigertargets für energiereiche Elektronen.* Bei der Unters. des Verh. der Targetstrahlung werden Formeln für die Spektral- u. Winkelverteilung der Strahlung für auftreffende Elektronen mit Energien >5 MeV auf sehr dünne, mäßig dicke u. sehr dicke Targets aufgestellt. Für außergewöhnlich dicke Targets werden die Strahlungscharakteristiken qualitativ beschrieben. (Nucleonics **10.** Nr. 11. 61—65. Nov. 1952. Harwell, A. E. Res. Establ.) GERHARD SCHMIDT. 112

H. Guillon, *Verfahren zur Gewährleistung von Stabilität und Größengleichheit von Banden in einem Impulsamplitudenselektor.* Es wird ein Kondensator auf die Maximalamplitude des Impulses aufgeladen u. durch eine Folge von untereinander gleichen Elektrizitätsmengen entladen, deren Anzahl registriert wird. Die einzelnen Entladungen werden durch eine „Diodenpumpe" geliefert. Angabe eines Blockdiagramms der Apparatur. Die Größe der Banden, welche zwischen 0,1 u. einigen V regelbar ist, bleibt innerhalb von 10 Std. auf ±0,2% stabil, u. das Vergleichsniveau für die gesamten Banden ist auf ±0,03 V definiert. Die Anzahl der zu analysierenden Banden kann 100 überschreiten. (J. Physique Radium **14.** 128—29. Febr. 1953. Saclay, Seine-et-Oise, Comm. à l'Énergie atom., Centre d'Études nucl.) EICHHOFF. 112

L. M. Bollinger, S. P. Harris und **R. W. Schumann,** *Neue Geräte und Methoden für den Argonne-Chopper für schnelle Neutronen.* (Sitzungsbericht.) Ein neuer Chopper (vgl. SELOVE, C. **1952.** 5685) mit größerer Neutronenflußdichte u. ein neuer 100 Kanal-Zeitanalysator zur Flugzeitmessung gestatten die Verwendung eines 20 m langen Flugweges mit einer Auflösung von 0,5 μSek./m. (Physic. Rev. [2] **87.** 184. 1/7. 1952. Argonne Nat. Labor.) H. HAUSWALD. 112

M. A. Greenfield, L. B. Silverman und **R. W. Dickinson,** *Bestrahlungskammer für 100 Curie-^{60}Co.* (Sitzungsbericht.) Für chem. u. biol. Arbeiten mit einer 100 C-^{60}Co-Quelle wird eine 8 t schwere Bleikammer mit sämtlichen zugehörigen Daten angegeben. Die Strahlungsniveaus bewegen sich zwischen 30 u. 5000 r/Minute. (Physic. Rev. [2] **87.** 184. 1/7. 1952. Los Angeles, Univ. of Calif.) H. HAUSWALD. 112

Nicolas Nifontoff, *Über den Scintillationseffekt von Kristalldetektoren.* Vf. vergleicht die Änderungen des Widerstandes u. des Scintillationseffektes in Abhängigkeit von der durchgehenden Stromstärke für eine Anzahl von Gleichrichterkristallen (*Si* oder *Ge*). (C. R. hebd. Séances Acad. Sci. **235.** 1117—18. 10/11. 1952.) EICHHOFF. 112

R. K. Soberman und **S. A. Korff,** *Entartung von Bortrifluoridzählern infolge hoher Zählgeschwindigkeiten.* (Sitzungsbericht.) Durch eine Ra-γ-Strahlungsquelle wurden 22 BF_3-Zähler mit Zählgeschwindigkeiten von $3,3 \cdot 10^5$ bis $2,3 \cdot 10^6$ Impulse/Min. betrieben. Sie verloren ihr Kennlinienplateau zwischen 10^8 u. 10^9 Impulsen. Weder durch Spannungserhöhung noch durch Ablagerung konnte eine Regeneration erzielt werden. Auf Grund von Unterss. an anderen Zählern u. Gasarten wurde eine Theorie entwickelt, die den Effekt der Entartung durch Bldg. negativer Ionenschichten erklärt. (Physic. Rev. [2] **86.** 584. 15/5.; Bull. Amer. physic. Soc. **27.** Nr. 1. 9. 31/1. 1952. New York Univ.) FROST. 112

J. W. Motz, William Miller und **H. O. Wyckoff,** *Magnetisches Compton-Spektrometer.* (Sitzungsbericht.) Vff. entwickeln ein magnet. Spektrometer für 0,5—10 MeV-Photonen mit einer Meßgenauigkeit von 5%, u. bestimmen die Energieverteilung von COMPTON-Elektronen aus der intensiven γ-Bestrahlung dünner *Be*-Folien. Die Anzahl der paarweise erzeugten Elektronen kann durch Umkehrung der Feldrichtung u. Messung der äquivalenten Zahl von Positronen bestimmt werden. (Physic. Rev. [2] **86.** 584. 15/5.; Bull. Amer. physic. Soc. **27.** Nr. 1. 9. 31/1. 1952. Nat. Bur. of Standards.) FROST. 112

Thomas D. Strickler und **W. G. Wadey,** *Ein automatisch registrierendes Scintillationsspektrometer für γ-Strahlen.* (Sitzungsbericht.) γ-Spektrometer mit einem Multiplier R C A 5819 u. NaJ/TlJ-Kristall zur Messung der elast. Streuung von γ-Strahlen. (Physic. Rev. [2] **86.** 583—84. 15/5.; Bull. Amer. physic. Soc. **27.** Nr. 1. 8—9. 31/1. 1952. Yale Univ.) FROST. 112

C. J. Borkowski und **R. L. Clark**, *Auflösung von γ-Energien mit einem NaJ-Scintillationsspektrometer.* (Sitzungsbericht.) Beschreibung eines Gerätes mit Multiplier R C A 5819 u. zylindr. NaJ-Kristall zur Auflösung der Energie von γ-Strahlen bis 670 kV. Das Ausschlagsverhältnis von Maximum zum Minimum beträgt 52 : 1. (Physic. Rev. [2] **86.** 583. 15/5.; Bull. Amer. physic. Soc. **27.** Nr. 1. 8. 31/1. 1952. Oak Ridge Nat. Labor.) Frost. 112

D. Maeder und **V. Wintersteiger**, *Linienform monochromatischer γ-Strahlen im Scintillationsspektrometer.* Um die quantitative Analyse komplexer oder kontinuierlicher γ-Spektren mittels NaJ·Tl-Scintillatoren zu erleichtern, wird die Linienform für verschied. monochromat. γ-Strahlenergien berechnet sowohl für den Fall, daß die Absorption von Sekundärquanten zu vernachlässigen ist (kleine Kristalle), als auch für große u. sehr große Kristalle mit Sekundäreffekten u. Effekten höherer Ordnung. (Physic. Rev. [2] **87.** 537—38. 1/8. 1952. Zürich, ETH.) Rudolph. 112

H. von Ubisch, *Gasprobeneinlaß für Massenspektrometer.* Beschreibung einer Vorr., die in Spezialampullen enthaltene Gasproben in ein Massenspektrometer einzuführen gestattet. Es können Gasproben von nur 0,1—0,2 cm^3 bei Normalbedingungen u. Drucke von 5 mm Hg u. mehr bequem gehandhabt werden. Während der Aufnahme eines Massenspektr. kann bereits die nächste Gasprobe vorbereitend in die App. eingeführt werden. Die Gasprobe strömt durch eine Stahlcapillare, die durch eine äußere Klemmvorr. auf eine Gasströmung von 1 cm^3 in 5—10 Min. (Normalbedingungen) eingestellt werden kann, in die Ionenquelle. (J. sci. Instruments **29.** 412—13. Dez. 1952. Stockholm, Dep. of Phys., AB Atomenergi.) Conrad. 112

Léopold Vigneron, *Verwendung photographischer Emulsionen für den Nachweis und die Untersuchung von Kernvorgängen. Geschichte, Resultate und Möglichkeiten. Bibliographie.* Zusammenfassende Darstellung. — 119 Literaturhinweise. (J. Physique Radium **14.** 121—27. Febr. 1953. Coll. de France, Labor. de Chim. nucl.)] Eichhoff. 112

E. Segrè, ed. Experimental nuclear physics. Vol. 1. New York: Wiley. 1953. (798 S., Diagr. Biblio.) $ 15,—.

A_2. Optisches Verhalten der Materie.

A. H. Delsemme und **P. Swings**, *Gashydrate in den Kometenkernen und den interstellaren Teilchen.* Zur befriedigenden Erklärung der in Kometenschweifen spektrograph. nachweisbaren Radikale OH, NH, CH, CH^+, NH_2, OH^+(?), C_2 u. CN sowie ferner der positiven Ionen von N_2, CO u. CO_2 halten Vff. das Vork. von festen Hydraten von CH_4, CO_2 usw. in den Kometenköpfen u. interstellaren Teilchen für möglich. Die Dampfdrucke u. infolgedessen auch die Sublimationsgeschwindigkeiten der verschied. Hydrate sind von derselben Größenordnung, während sich die Dampfdrucke von festem CH_4, H_2O usw. durch sehr große Faktoren unterscheiden. (Ann. Astrophysique **15.** 1—6. Jan./März 1952. Liège, Univ., Inst. d'Astrophys.) Gottfried. 113

D. R. Bates, *Einige in der oberen Erdatmosphäre auftretende Reaktionen.* Vf. untersucht die photochem. Rkk., die das Gleichgewicht zwischen N_2, N, NO u. NO_2 bestimmen, u. zeigt, daß der atomare O in der oberen Atmosphäre als Katalysator bei der Wiederbildung von mol. N_2 wirkt. Über den Grad der Dissoziation lassen sich aus dem Auftreten von λ 5199 (atomarer N) im Nachthimmel oder anderer N I- oder N II-Linien im Nordlichtspektr. noch keine definitiven Schlüsse ziehen. Es wird die Herkunft von N_2O in der Atmosphäre diskutiert. (Ann. Géophysique **8.** 194—204. April/Juni 1952. Belfast, Queen's Univ., Dep. of Appl. Math.) Gottfried. 113

S. S. Penner und **H. S. Tsien**, *Über die Bestimmung der Rotationslinienhalbbreite zweiatomiger Moleküle.* Es werden theoret. Ausdrücke für die in Schwingungs-Rotationsbanden mit stoßverbreiterten Spektrallinien absorbierte Strahlungsenergie entwickelt. Die Gleichungen können zur Best. der scheinbaren Halbwertsbreiten der Rotationslinien zweiatomiger Moll. dienen (z. B. *CO* u. *NO*), wenn sich die experimentellen Meßwerte mit der Lorentz-Dispersionsformel beschreiben lassen. Diese Bedingung erfüllen nicht HCl u. HBr. (J. chem. Physics **20.** 827—28. Mai 1952. Pasadena, Calif., California Inst. of Technol., Guggenheim Jet Propulsion Center.) Rudolph. 114

M. A. Catalán und **R. Velasco**, *Serien und Ionisationspotentiale in den I-, II- und III-Spektren der Elemente der Eisengruppe.* Tabellar. u. graph. werden die Abstände der tiefsten Niveaus der Konfiguration 3 d^{n-1} 4 s u. 3 d^{n-1} 5 s der I-, II- u. III-Spektren (von K I bis Ga III) dargestellt u. die Terme, Rydberg-Zahlen u. α-Konstanten der 3 Spektren untersucht. Es werden folgende Ionisationspotentiale ermittelt (cm^{-1}, in Klammern Volt+): *K I* 35009 (4,339); *Ca I* 49304 (6,111); *Sc I* 52750 (6,538); *Ti I* 55010 (6,818); *V I* 54400 (6,743); *Cr I* 54541 (6,760); *Mn I* 59960 (7,432); *Fe I* 63480 (7,868); *Co I* 63430 (7,862); *Ni I* 61580 (7,633); *Cu I* 62317 (7,724); *Ca II* 95748 (11,868); *Sc II*

103240 (12,799); *Ti II* 109506 (13,573); *V II* 118200 (14,651); *Cr II* 133060 (16,493); *Mn II* 126147 (15,636); *Fe II* 130524 (16,178); *Co II* 137572 (17,052); *Ni II* 146408 (18,147); *Cu II* 163666 (20,286); *Zn II* 144891 (17,959); *Sc III* 199700 (24,75); *Ti III* 221600 (27,47); *V III* 236500 (29,31); *Cr III* 249700 (30,95); *Mn III* 271800 (33,69); *Fe III* 247200 (30,64); *Co III* 270200 (33,49); *Ni III* 283700 (35,16); *Cu III* 297100 (36,83); *Zn III* 320300 (39,70); *Ga III* 247700 (30,70). Die Form der Kurven zeigt, daß die Konvergenz der Reihe für die erste Periodenhälfte vom n. Typ, für die zweite vom umgekehrten Typ (nach HUND) ist. (An. Real Soc. españ. Física Quím., Ser. A **48.** 247 bis 266. Sept./Okt. 1952. Madrid, Inst. de Optica „Daza de Valdés".)

R. K. MÜLLER. 118

G. L. Hiebert und **D. F. Hornig,** *Ein neues Mittel zur Untersuchung von Kristallspektren.* Wie an Hand von Infrarot-Absorptionsaufnahmen gezeigt wird, besitzt eine verd. feste Lsg. von *HCl* u. *DCl* (bei 68° K) eine einzige, relativ schmale Absorptionslinie im Gebiet der HCl-Grundschwingung (bei 2720 cm^{-1}) zum Unterschied von reinem kristallinem HCl (68° K), dessen breiteres Absorptionsspektr. aus mehreren Komponenten bei 2746, 2704 u. 2616 cm^{-1} besteht. Das Auftreten der einen scharfen Linie bei HCl u. DCl (2720 cm^{-1}) wird darauf zurückgeführt, daß wegen des großen Frequenzunterschiedes von HCl u. DCl keine Kopplung des HCl mit dem DCl-Gitter u. bei großer Verdünnung (alle nächsten Nachbarn des HCl sind DCl) auch kaum eine Kopplung mit anderen HCl-Moll. besteht. Zwei sehr schwache Komponenten der Linie 2720 cm^{-1} von HCl in DCl bei 2710 u. 2730 cm^{-1} deuten auf letztgenannte Kopplung infolge geringer HCl-Mol.-Paarbldg. hin. Aus dem Intensitätsverhältnis der beiden Komponenten lassen sich Aussagen über die gegenseitige Orientierung nächster Nachbarmoll. machen. Auf die Bedeutung der Technik der Isotopenverdünnung für die Unters. zwischenmol. Kräfte u. Kopplungen mit Hilfe der Mol.-Spektren wird hingewiesen. (J. chem. Physics **20.** 918–19. Mai 1952. Providence, R. I., Brown Univ., Metcalf Chem. Labor.)

RUDOLPH. 120

R. Rohmer, Mme R. Freymann, R. Freymann, A. Chevet und **P. Hamon,** *Herstellung und Absorptionsspektren einiger Uranhalogenide.* 1. Mitt. Ausführliche Mitt. zu der C. **1952.** 482 referierten Arbeit. (Bull. Soc. chim. France, Mém. [5] **19.** 598–603. Mai/Juni 1952. Rennes, Fac. des Sci., Labor. des Phys. et de Chim.) RUMPF. 120

R. Rohmer, Mme R. Freymann, R. Freymann, A. Chevet und **P. Hamon,** *Herstellung und Absorptionsspektren einiger Uranhalogenide.* 2. Mitt. (1. vgl. vorst. Ref.) Ausführliche Mitt. zu der C. **1952.** 482 referierten Arbeit. (Bull. Soc. chim. France, Mém. [5] **19.** 603–11. Mai/Juni 1952.) RUMPF. 120

J. J. Loferski, *Optische Polarisation in Einkristallen von Tellur.* Mit Hilfe von NERNST-Lampe, BECKMAN-Monochromator, Se-Polarisator u. Thermoelement wird die Durchlässigkeit eines Te-Einkristalles für infrarotes Licht zwischen 3 u. 9 μ, dessen Polarisationsrichtung senkrecht bzw. parallel zur c-Achse des Kristalls stand, gemessen. Durchlässigkeitsgrenze u. -höhe sind merklich von der Polarisationsrichtung abhängig. Aus Messungen an Te-Proben verschied. Dicke wird die Absorptionskonstante als Funktion der Wellenlänge bestimmt. Die Absorptionskante liegt bei ca. 3,6 μ u. entspricht bei Annahme einer Elektronenanregung aus dem Valenzband zum Leitfähigkeitsband einem Bandabstand von ca. 0,34 eV, etwa gleich groß der aus Leitfähigkeitsmessungen bekannten therm. Aktivierungsenergie. Der Brechungsindex n wird zu 5,3 $\pm$ 0, bei 6 μ bestimmt. Ein Unterschied von n für die beiden Polarisationsrichtungen war nicht feststellbar. (Physic. Rev. [2] **87.** 905–06. 1/9. 1952. Philadelphia, Pa., Univ. of Pennsylvania.)

RUDOLPH. 122

Lucienne Taurel, *Rolle der Realstruktur bei der Lichtstreuung in einem Natriumchlorid-Einkristall.* Unter der Annahme, daß die anomal starke Lichtstreuung von NaCl-Einkristallen im Gebiet 6300 Å auf Kristallbaufehler zurückzuführen ist, wird für die beiden Grenzfälle, daß die Fehler die Form eines Parallelepipeds mit (a) Höhe h groß gegen Seitenkante d u. (b) mit d $>$ h besitzt, die Intensität des Streulichtes berechnet, wobei die Größe der Fehler die Dimension der Lichtwellenlänge hat. Das Licht kann an diesen inneren Oberflächen reflektiert werden. Dabei ist der Einfl. der Kristallorientierung in bezug auf Einfalls- u. Streulicht von Bedeutung, u. die Rechnung wird für verschied. Einfalls- u. Streuwinkel ausgedehnt. (C. R. hebd. Séances Acad. Sci. **234.** 2443–45. 16/6. 1952.)

RUDOLPH. 122

Milton Kerker und **Henry E. Perlee,** *Weitere Lichtstreufunktionen für kugelförmige Teilchen vom Brechungsindex 2.* Erweiterung der von LOWAN veröffentlichten Streufunktionen. (Vgl. A. N. LOWAN: Tables of Scattering Functions for Spherical Particles [Dep. of Commerce, Nat. Bureau of Standards] Applied Mathematics Series 4). (J. opt. Soc. America **43.** 49–50. Jan. 1953. Potsdam, New York, Clarkson Coll. of Technol.)

EICHHOFF. 122

F. Rohrlich und **R. L. Gluckstern,** *Vorwärtsstreuung von Licht durch ein Coulombfeld.* Als modifizierte Form der Streuung von Licht an Licht wird die Streuung an einem stat. elektromagnet. Feld, dem COULOMB-Feld eines schweren Kerns, betrachtet. Die komplexe Streuamplitude dieser DELBRÜCK-Streuung nach vorn wird streng nach der FEYNMAN-Meth. u. der Meth. der analyt. Fortsetzung ermittelt. Erstere ist kompliziert, während letztere, auf den Querschnitt der Zwillingsbildung angewandt, einfacher zum gleichen Resultat führt. Die dispergierenden u. absorbierenden Anteile der Amplitude werden als Funktion der Energie wiedergegeben. Die untere Energieschwelle stimmt mit früheren Berechnungen von KEMMER u. LUDWIG überein (Helv. physica Acta **10.** [1937.] 182). (Physic. Rev. [2] **86.** 1—9. 1/4. 1952. Ithaca, N. Y., Cornell Univ., Labor of Nucl. Stud.) LINDBERG. 122

H. A. Bethe und **F. Rohrlich,** *Lichtstreuung durch ein Coulombfeld in einem schmalen Winkelbereich.* (Vgl. vorst. Ref.) Die Winkelverteilung für kleine Winkel u. der Gesamtquerschnitt für die DELBRÜCK-Streuung werden approximativ berechnet. Die angewandte Meth. ist eine Kombination aus der Stoßparametermeth. u. der Meth. der analyt. Fortsetzung. Sie gilt für Energien ($\hbar\omega$) groß gegen die Elektronenruhenergie mc^2. Dispergierender u. absorbierender Anteil des differentiellen Querschnitts werden für Winkel höchstens von der Größenordnung $mc^2/\hbar\omega$ angegeben. (Physic. Rev. [2] **86.** 10—16. 1/4. 1952.) LINDBERG. 122

H. Maecker, *Die Grenze der Totalreflexion.* 2. Mitt. *Strenge wellenoptische Berechnung.* (1. vgl. C. **1952.** 6331.) Der Intensitätsverlauf in der Umgebung des Grenzwinkels der Totalreflexion wird streng wellenopt. für ein spezielles Beispiel berechnet. Die erhaltene Kurve geht von der partiellen Reflexion stetig in die Totalreflexion über. (Ann. Physik [6] **10.** 153—60. 1952. Kiel, Univ., Inst. f. Experimentalphysik.) FUCHS. 122

G. Lehmann und **H. Maecker,** *Die Grenze der Totalreflexion.* 3. Mitt. *Experimentelle Nachprüfungen.* (2. vgl. vorst. Ref.) Die früher (vgl. C. **1952.** 6331) aufgestellte Behauptung, daß das totalreflektierte Spiegelbild einer Punktlichtquelle ein Ring sei, wird an Hand von Aufnahmen mit einem hochauflösenden Immersionsmikroskop bewiesen. Ferner wurde der Intensitätsverlauf in der Umgebung der Grenze der Totalreflexion gemessen; er stimmt mit den im vorst. Ref. erhaltenen theoret. Ergebnissen gut überein. (Ann. Physik [6] **10.** 161—66. 1952.) FUCHS. 122

Herwig Schopper, *Zur Optik dünner doppelbrechender und dichroitischer Schichten.* (Vgl. C. **1952.** 3444; 7449; **1953.** 3771.) Für schrägen Einfall werden die Gleichungen für die komplexen Amplituden, Intensitäten u. absol. Phasen des durchgegangenen u. mehrfach im Innern reflektierten Lichts für eine doppelbrechende, dichroit. Schicht berechnet. Diese kann ein- oder zweiachsig sein, die Schicht muß jedoch senkrecht zu einer Symmetrieachse stehen. Die opt. Konstanten u. die Schichtdicke können aus den strengen Gleichungen gewonnen werden. Extrem dünne Schichten werden gesondert behandelt. (Z. Physik **132.** 146—70. 1952. Hamburg, Phys. Staatsinst.) LINDBERG. 122

René Bernard und **Émile Pernoux,** *Interferenzstreifen, die durch die Überlagerung zweier kohärenter Elektronenstrahlbündel erhalten wurden.* Vff. beobachteten das bisher unbekannte Phänomen, daß beim Durchgehen eines Elektronenstrahlbündels durch zwei dünne, übereinanderliegende Kristalle (z. B. *Bleijodid* u. *Molybdänoxyd*) sich äquidistante, abwechselnd helle u. dunkle Streifen zeigten, die ähnlich den aus der Optik an dünnen Schichten bekannten Streifen waren. Diese Erscheinung wurde nur dann festgestellt, wenn die Netzebenen der Kristalle parallel lagen. Im Streifenbild treten zuweilen blasenförmige Gebilde auf, aus denen Aussagen über die gegenseitige Neigung der Gitterebenen gemacht werden können. Die mathemat. Beziehungen werden abgeleitet. (C. R. hebd. Séances Acad. Sci. **236.** 187—89. 12/1. 1953.) ROEDER. 122

Clifford C. Klick, *Experimentell abgeleitete Konfigurationskoordinatenkurven.* (Sitzungsbericht.) Unter der Annahme, daß die Potentialkurven des Grund- u. Anregungszustandes eines Syst. Parabeln sind u. das Syst. dann als gequantelter, harmon. Oscillator behandelt werden kann, werden die für die Potentialkurven nötigen Konstanten bestimmt anhand der 7 experimentellen Werte, Lage u. Bandenbreite von Absorption u. Emission, der relativen Bandbreitenänderung mit der Temp. T, sowie der Änderung von Luminescenzausbeute u. Abklingskonstante mit T. Bei Systemen, für die die effektive M. des Schwingungssyst. für Grund- u. Anregungszustand nicht bekannt sind, können diese sowie die Potentialkurven mit Hilfe von 6 der genannten Daten bestimmt werden; andernfalls genügen 4 experimentelle Werte. Als Beispiel hierfür werden Rechnungen für *Tl*-aktiviertes *KCl* durchgeführt u. mit den theoret. Kurven von WILLIAMS verglichen. (Physic. Rev. [2] **85.** 723. 15/2. 1952; Bull. Amer. physic. Soc. **26.** Nr. 6. 27. 24/10. 1951. Naval Res. Labor.) RUDOLPH. 125

Horst Witt, *Über die Verminderung der Kristalldichte durch Farbzentren.* Farbzentren werden in *KCl-* u. *KBr*-Kristallen bei hoher Temp. durch Eindiffundieren von Elektronen erzeugt. Dann wird eine Hälfte des Kristallstabes dadurch farbzentrenfrei gemacht, daß die Farbzentren mit einem elektr. Feld herausgezogen werden. Ein solcher Kristall stellt sich in einer Fl. gleicher D. (Mischung von Acetylentetrabromid u. Bzl.) so ein, daß das verfärbte Ende oben ist. Aus der Winkelgeschwindigkeit, mit der diese Gleichgewichtslage erreicht wird, wird der Dichteunterschied des verfärbten u. unverfärbten Teiles bestimmt. Unter der Voraussetzung, daß jedes Farbzentrum einer Anionenlücke entspricht, ergibt sich die Konz. in Übereinstimmung mit der aus Absorptionsmessung bestimmten. (Nachr. Akad. Wiss. Göttingen, math.-physik. Kl., Abt. IIa math.-physik.-chem. Abt. 17—20. 1952. Göttingen, I. Phys. Inst.) BRAUER. 125

H. W. Etzel, J. H. Schulman, R. J. Ginther und **E. W. Claffy,** *Silberaktivierte Alkalihalogenide.* Die Erregung der mit *AgCl* aktivierten *NaCl*-Einkristalle erzeugt drei Absorptionsbanden (2095, 2170, 2295 Å). Einstrahlung bei 2100 Å erzeugt die Emissionsbande bei 2500 Å, Einstrahlung bei 2170 Å erzeugt vornehmlich die Emissionsbande bei 2500 Å, jedoch auch etwas bei 4000 Å, während Einstrahlung bei 2270 Å mehr Emission bei 4000 Å als bei 2500 Å erzeugt. In Abhängigkeit vom Ag-Geh. nimmt die Absorption bei 2170 Å gemäß einer Geraden, die Absorption bei 2295 Å dagegen gemäß einer nach unten durchhängenden Kurve zu, die sich mit einer unter der Annahme statist. Verteilung berechneten Kurve der Zahl der Ag-Ionenpaare deckt. Daraus folgt, daß die kürzerwellige Absorption Ag-Ionen, die längerwellige dagegen Ionenpaaren zuzuordnen ist. (Physic. Rev. [2] **85.** 1063—64. 15/3. 1952. Washington, D. C., Naval Res. Lab., Crystal Branch, Metallurgy Div.) BRAUER. 125

William W. Piper und **Ferd E. Williams,** *Elektroluminescenz von ZnS·Cu-Einkristallen.* Der Mechanismus der Elektroluminescenz an ZnS·Cu ist verschieden von dem an SiC, Ge u. Si gefundenen, wo Elektronen u. Löcher an einer p-n-Grenzschicht rekombinieren. Bei Gleichstrom wächst die Lichtemission exponentiell mit der Spannung, wobei das Elektrodenmaterial von Einfl. ist. Das Gebiet nahe der Kathode ist der Ort der Elektroluminescenz. Im Wechselfeld lassen sich zwei Phänomene unterscheiden: (1) bei niedriger Spannung erfolgt Lichtaussendung zeitlich um das Nullwerden des Feldes an der jeweiligen Kathode. Bei hoher Spannung (2) erfolgt die Lichtaussendung im Spannungsmaximum, u. zwar um so eher, je niedriger die Austrittsarbeit des (Kathoden-) Materials ist. ZnS·Cu ist ein Überschußhalbleiter. Im Feld wird die Kathodensperrschicht verdickt, bis dort fast das ganze Feld abfällt. Oberhalb eines krit. Potentials V_t wird Elektronendurchtritt infolge Tunneleffekt merklich. Für $V < V_t$, wo nur aus dem Kristall stammende Elektronen wirksam sind, tritt (1) ein; für $V > V_t$ zusätzlich (2). (Physic. Rev. [2] **87.** 151—52. 1/7. 1952. Schenectady, N. Y., General Electric Res. Lab.) BRAUER. 125

A₃. Elektrizität. Magnetismus. Elektrochemie.

J. A. Poulson und **A. C. Menius jr.,** *Wellenfunktionen des negativen Wasserstoffions.* (Sitzungsbericht.) Vff. benutzen die von CONWELL (Physic. Rev. [2] **74.** [1948.] 277) aufgestellte Wellenfunktion u. berechnen daraus nach einer Variationsmeth. die Energie des H^--Ions. (Physic. Rev. [2] **87.** 174. 1/7. 1952. North Carolina State Coll.) KIRSCHSTEIN. 131

Giorgio Piccardi und **Renato Cini,** *Über das elektrische Potential in einem elektrisch abgeschirmten Raum.* Bei Nachprüfung von Verss. von ROITI (1884/86), die gleiches Verh. der Potentiale in freier Luft u. in einem abgeschirmten Raum (Metallhülse am Boden) ergeben hatten, wurden diese Befunde nicht bestätigt, jedoch wurde nachgewiesen, daß in einem solchen elektr. abgeschirmten Raum stets ein durch die elektr. Raumladung verursachtes Potential besteht, da alle gewöhnlichen Metalle stetig außer positiven u. negativen Ionen auch leicht absorbierbare Strahlen vom Typ der weichen Röntgenstrahlen aussenden, die Gase ionisieren. (Ricerca sci. **23.** 113—14. Jan. 1953. Firenze, Univ., Ist. di Chim. fis.) R. K. MÜLLER. 131

G. H. Haggis, J. B. Hasted und **T. J. Buchanan,** *Die dielektrischen Eigenschaften von Wasser in Lösungen.* Es werden Messungen der DK. u. der dielektr. Verluste in wss. Lsgg. von Ionen (*NaF, NaCl, NaJ, NaBr, LiCl, KCl,* NH_4Cl, *RbCl* u. *KF, Na-Propionat* u. *-Butyrat, Äthylamin·HCl, Propylamin-HCl, Diäthylamin·HCl, Tetraäthylammoniumchlorid, -bromid* u. *-jodid, Guanidiniumchlorid*) u. organ. Moll. (*n-Propyl-, Isopropyl-, tert.-Butylalkohol, Diäthylketon, Phenol, Anilin, Propionsäure, Äthylamin, n-Propylamin, Glutarsäure, Äthylendiamin, α-* u. *β-Alanin*) bei Wellenlängen von 9,22; 3,175 u. 1,264 cm mitgeteilt. Der Einfl. der Temp. u. der gelösten Stoffe auf die Relaxationszeit des W. werden statist. diskutiert. Die Zahl der im elektr. Feld der Ionen u. Moll. an der freien Drehbarkeit gehinderten Wassermoll. wird zu Null für ungeladene gelöste Moll. u. zu endlichen Werten für organ. u. anorgan. Ionen abgeschätzt. (J. chem. Physics **20.** 1452—65. Sept. 1952. London, Middlesex Hospital, Medical School.) K. L. WOLF. 132

W. Schottky, *Zum Hochfrequenzverhalten der Randschichtgleichrichter.* In Randschichtgleichrichtern mit einsinniger Störstellenhalbleitung kann sich eine Verzögerung im Reaktionsgleichgewicht zwischen ortsfester Störstelle u. der von ihr abgegebenen Elektronenart nur dann im Scheinwiderstands- u. Gleichrichterverh. bemerkbar machen, wenn die Störstellen im Halbleiterinnern zum wesentlichen Teil undissoziiert bleiben. Das ist zugleich die Bedingung für das Auftreten einer Reserverandschicht. Es wird gezeigt, daß in Gleichrichtern mit Erschöpfungs- u. Reserverandschicht die Randschichtkapazität bei kleiner Wechselstrombelastung von einem der Dicke der Erschöpfungsrandschicht entsprechenden Wert mit wachsender Frequenz bis zu einem mehrfach kleineren Wert absinken muß, der der gesamten Randschichtdicke einschließlich der Reserverandschicht entspricht. Als kinet. maßgebende Frequenz $\omega_{\text{kin.}}$ erscheint dabei das Prod. des Wiedervereinigungskoeff. α mit einer Elektronendichte. Da die dielektr. Relaxationsfrequenz $\omega_{\text{rel.}}$ ebenfalls als Prod. eines konstanten Faktors, der von der Beweglichkeit μ u. der Dielektrizitätskonstante ε abhängig ist, mit einer Elektronendichte dargestellt werden kann, ergibt sich das Verhältnis $\omega_{\text{kin.}} : \omega_{\text{rel.}}$ als eine durch a, μ u. ε vollständig bestimmte Größe, die anscheinend immer $\ll 1$ ist. Unter dieser Annahme wird mit zunehmender Frequenz die Reserverandschicht nicht wegen ihrer zu geringen örtlichen Leitfähigkeit, sondern wegen des Versagens der geforderten schnellen Störstellenumladung kapazitiv überbrückt (dynam. Erschöpfungsrandschicht). Der Vgl. der Theorie mit Scheinwiderstandsmessungen von ROSE (vgl. C. **1953.** 4815 u. 4816) an Cu_2O-Gleichrichtern führt zu α-Werten von der Größenordnung $5 \cdot 10^{-10}\,\text{cm}^3\text{sec}^{-1}$ für die Rk. $\text{Cu}\,\Box' + \ominus \rightarrow \text{Cu}\,\Box^{+}$ im Cu_2O u. damit zur Bestätigung der gemachten Voraussetzungen. Nach einem Vgl. des ermittelten α-Wertes mit Literaturangaben, die sich auf verwandte Fälle beziehen, u. nach Diskussion des Kapazitätsverh. bei nicht verschwindender Vorspannung wird die Betrachtung noch durch Annahme eines zweistufigen Wiedervereinigungsprozesses erweitert. Endlich wird in einem Schlußabschnitt der Einfl. der Reaktionsträgheit auf die OHMsche Leitwertkomponente der Randschicht gestreift sowie der Einfl. der Reaktionsträgheit auf die Güte der Gleichrichterwrkg. bei kleinen Amplituden im Gebiet höchster Frequenzen diskutiert. (Z. Physik **132.** 261—84. 1952. Pretzfeld.) H. W. LEVI. 135

A. J. Dekker und **A. van der Ziel,** *Theorie der Erzeugung von Sekundärelektronen in Festkörpern.* Die verschied. Theorien der Erzeugung u. Ablösung von Sekundärelektronen aus Metallen oder Isolatoren werden kurz diskutiert u. unter der Annahme der einfachen COULOMBschen Wechselwrkg. zwischen Primär- u. Sekundärelektronen in der Form der Gleichung $V = e^2 / |R - r|$ (V = Wechselwirkungsenergie, R bzw. r Radiusvektor von Primär- bzw. Gitterelektronen) eine allg. Formulierung des Problems der Sekundärelektronen-Erzeugung gegeben. Die Ergebnisse der verschied. bekannten Theorien ergeben sich dann als verschied. Näherungen der allg. Formulierung bei bes. Berücksichtigung des Erzeugungsprozesses der Sekundärelektronen sowie der Energieverluste der Primärelektronen. Die Näherungen beziehen sich auf den Fall des freien Elektronengases sowie auf den Fall leicht u. stärker gebundener Gitterelektronen. Als Anwendungsbeispiel der Formeln wird die Sekundärelektronenemission für verschied. Primärenergien in bezug auf die Valenzelektronen des *Cu* behandelt. Es ergibt sich, daß für Metalle bei Primärenergien von einigen hundert V eine Kombination der Theorien von WOOLDRIDGE (Physic. Rev. [2] **56.** [1939.] 562) u. von BAROODY (C. **1952.** 2794) notwendig ist. (Physic. Rev. [2] **86.** 755—60. 1/6. 1952. Minneapolis, Minn., Univ., Dep. of Electr. Engineering.) RUDOLPH. 135

E. M. Baroody, *Eine Bemerkung zu Wooldridges Theorie der Sekundäremission.* In Fortführung der Diskussion der Theorie der Sekundäremission von WOOLDRIDGE (vgl. auch C. **1952.** 808 u. 2794) wird gezeigt, daß das aus der Theorie sich ergebende breite Maximum der Abhängigkeit des Sekundäremissionskoeffizienten δ von der Primärenergie auf die Vernachlässigung des von Primärteilchen an das Sekundärelektron übertragenen Impulses zurückzuführen ist. Dieser Impuls ist zwar gegenüber dem vom Gitter ausgeübten klein, reicht aber, wie die rechner. Abschätzung des Vf. zeigt, aus, um der Abhängigkeit des δ von der Primärenergie die Form einer asymptot. Näherung an einen Grenzwert δ_∞ zu geben. (Physic. Rev. [2] **86.** 915—16. 15/6. 1952. Columbus, Ohio, Batelle Memorial Inst.) RUDOLPH. 135

A. A. Shepherd, *Vergiftung der Oxydkathodenemission durch Sauerstoff.* Aktivierte Ba, Sr-Oxyd-Kathoden werden bei Betriebstempp. von 1000—1200° K durch O_2 (aus BaO_2 auf heizbarer W-Wendel) vergiftet u. die Wiederaktivierung an Hand der gleichzeitigen Messung des Elektronenemissionsstromes u. des O-Ionenstromes von der Kathode mittels Massenspektrometer verfolgt. Ergebnisse: 1. Vergiftung u. Reaktivierung sind völlig reversibel; 2. ^{16}O-Ionenstrom u. Elektronenstrom verlaufen zeitlich u. graduell (in umgekehrtem Sinne) bis zur völligen Wiederherstellung des Aktivierungszustandes; 3. die Aktivierungsprozesse sind länger, wenn die Potentialgradienten der Oxydschicht größer sind; 4. die Empfindlichkeit gegenüber O_2 ist größer bei tiefen Tempp. u. die O-Ionenabgabe bei der Reaktivierung stärker bei hohen Tempp.; 5. die Energien der während des n. Betriebs u. nach einer Vergiftung abgegebenen O-Ionen sind verschieden. Weitere Unters. der Veränderungen der Leitfähigkeitsgeraden im Tief- u. Hochtemperaturgebiet (unter- u. oberhalb 700° K) zeigen, daß die Vergiftung durch O_2 die Emission u. die Leitfähigkeit im Hochtemperaturgebiet in gleicher Weise verschlechtert, dagegen die Leitfähigkeitsgerade für $T < 700°$ kaum beeinflußt. Vf. folgert daraus, daß die Hauptwrkg. der Vergiftung auf eine O_2-Adsorption an äußeren u. inneren Kristalloberflächen zurückzuführen ist, die den Tieftemperaturleitungsmechanismus (durch das Kristallinnere) nicht, dagegen die Porenleitfähigkeit im Hochtemperaturgebiet (nach LOOSJES u. VINK, C. **1950.** II. 8 u. 2038) in gleicher Weise wie die Elektronenemission vermindert. (Nature [London] **170.** 839—40. 15/11. 1952. Keele, Staffs, Univ. Coll. of North Staffordshire.) RUDOLPH. 135

Ray C. Hughes und **Patrick P. Coppola,** *Leitfähigkeit von Emissionsoxyden.* (Vgl. C. **1953.** 175.) An porösen (Ba, Sr, Ca) O-Schichten (70% Porenvol.) zwischen heizbaren Ni-Blöcken wird die Leitfähigkeit σ als Funktion der Temp. T zwischen 20 u. 800° C gemessen. Bei gut aktivierten Proben (in abgeschmolzenen, gegetterten Röhren) zeigt die Leitfähigkeitsgerade (log σ als Funktion von 1/T) einen Knick bei ca. 600° K mit einer Aktivierungsenergie im Tieftemperaturgebiet von $\varepsilon_1 = 0{,}15$ eV u. im Hochtemperaturgebiet von $\varepsilon_2 = 0{,}7$ eV. Durch Einfüllen von gereinigtem Xe bis zu $^1/_2$ at wird — wie eine Emissionsmessung bei 720° K zeigt — die Emission um 3 Zehnerpotenzen erniedrigt, die Leitfähigkeitsgerade dagegen nicht verändert. Bei 25 at Xe jedoch wird die Neigung der Hochtemperaturgeraden sowie die der Tieftemperaturgeraden unter jeweiliger Drehung um den Knickpunkt erniedrigt, d. h. für $T \gtrless 600°$ K wird ε kleiner. Nach Abpumpen des Xe werden reversibel die ursprünglichen ε-Werte wieder erhalten. In der Diskussion der Meßergebnisse wird zunächst darauf hingewiesen, daß σ-Geraden mit einem Knickpunkt offenbar nicht bei Messungen in noch mit der Pumpe verbundenen Versuchsgefäßen auftreten, da dann der Aktivierungszustand noch nicht optimal ist. Dieser Zustand liegt offenbar bei den Messungen von HANNAY, MCNAIR u. WHITE (vgl. C. **1950.** I. 1448) vor. Die Knickpunktskurven des voll aktivierten Oxyds sind in Übereinstimmung mit den Messungen von LOOSJES u. VINK (C. **1950.** II. 8 u. 2038), die das Anwachsen der Leitfähigkeit bei hohen Tempp. auf das Einsetzen eines — zur Kristall-Leitfähigkeit — zusätzlichen Leitfähigkeitsmechanismus über Elektronen in den Poren des Oxyds zurückführen. Im Sinne dieser Theorie ist die Wrkg. des Xe im Hochtemperaturgebiet (Herabsetzung von ε) als Folge einer Verkleinerung der Driftgeschwindigkeit der Porenelektronen durch die Xe-Atome aufzufassen. Unter der Annahme, daß die geringe Neigung der Tieftemperaturgeraden (0,15 eV), die nach der Halbleitertheorie nicht verständlich ist, auf das Vorhandensein einer monoatomaren Schicht von Ba auf den Oxydkristallen zurückzuführen ist, wird die Neigungsänderung der Geraden (auf 0,05—0,08 eV) bei Xe-Ggw. durch Verminderung der Reoxydation der Ba-Schicht durch Restgase aus der Gefäßwandung infolge des hohen Xe-Druckes erklärt. (Physic. Rev. [2] **88.** 364—68. 15/10. 1952. New York, Irvington on Hudson, Philips Lab.) RUDOLPH. 135

Pierre Aigrain, Claude Dugas, Jacques Legrand des Cloizeaux und **Bernard Jancovici,** *Über die Halbleitereigenschaften des Tellurs.* Von *Te*-Einkristallen wurden zwischen der Temp. des fl. N_2 u. 50° die elektr. Leitfähigkeit u. der HALL-Effekt gemessen. Die Konz. der Verunreinigungen vom p-Typ ist von der Größenordnung 10^{15} Zentren/cm^3. Die Te-Proben besitzen Halbleitercharakter. Die Gesamtaktivierungsenergie ergibt sich zu 0,34 eV, die der Verunreinigungen zu 0,039 eV. Unterhalb —60° liegt keine wahre Leitung mehr vor. Die Beweglichkeit der Elektronen ergibt sich zu 910 cm^2/Volt·Sek., die der Löcher zu 570. (C. R. hebd. Séances Acad. Sci. **235.** 145—46. 16/7. 1952.) FUCHS. 135

W. J. Whitesell II und **V. A. Johnson,** *Magnetische Widerstandseffekte in Störstellenhalbleitern.* (Sitzungsbericht.) Die theoret. Behandlung der Abhängigkeit des spezif. Widerstandes σ der Halbleiter vom Magnetfeld H beruht auf der LORENTZ-Lösung der BOLTZMANN-Gleichung sowie auf der Annahme, daß die freie Weglänge l der Leitfähigkeitselektronen unabhängig von ihrer Energie ist. Tatsächlich sind diese Elektronen verschied. Streumechanismen unterworfen, bes. einer Gitterstreuung mit energieunabhängigem l u. einer RUTHERFORD-Streuung mit l proportional dem Quadrat der Energie. Die

die Abhängigkeit des ϱ von H enthaltenden Integrale werden ausgewertet u. so die Abhängigkeit $\Delta\varrho/\varrho_0$ von H für Beträge der Streuung an Fremdstoffen von 0—100% erhalten: Allg. steigende Tendenz von $(\Delta\varrho/\varrho_0)/H^2$ mit wachsendem Streuanteil. Der Vgl. mit typ. *Ge*-Proben zeigt, daß die theoret. Kurve für Raumtemp. zu klein ist u. erst bei tieferen Tempp. zunehmende Übereinstimmung zeigt. (Physic. Rev. [2] **85.** 724. 15/2. 1952; Bull. Amer. physic. Soc. **26.** Nr. 6. 28. 24/10. 1951. Purdue-Univ.) RUDOLPH. 137

V. A. Johnson und **F. L. Shipley,** *Vergleich von adiabatischem und isothermem Hall-Effekt.* (Sitzungsbericht.) Gewöhnlich wird zur Auswertung des beobachteten HALL-Effektes der isotherme HALL-Koeff. (R_i) verwendet, der unter der Annahme abgeleitet ist, daß der elektr. Querstrom, der longitudinale u. der transversale Temperaturgradient Null sind. Ein anderer theoret. Ausdruck ist der adiabat. HALL-Koeff. (R_a), der auf der Annahme von Nullwerten für die transversalen elektr. u. therm. Ströme u. für den longitudinalen Temperaturgradienten beruht. Beide Ausdrücke hängen von der Natur der Streuung der Leitfähigkeitselektronen ab. Die Differenz von R_a u. R_i wird ausgewertet als Funktion des Verhältnisses von spezif. Widerstand infolge RUTHERFORD-Streuung an Störstellen zum spezif. Gesamtwiderstand. Diese Differenz wächst mit der RUTHERFORD-Streuung, beträgt aber nur einige tausendstel Prozent für Halbleiter mit hoher Leitfähigkeit im Temperaturbereich, in dem die Leitfähigkeitselektronendichte fast unabhängig von T ist. Dagegen wird die Differenz bei tiefen Tempp. infolge der schnellen Änderung der Trägerdichte mit T größer. Ein ähnlicher Effekt tritt auch bei hohen Tempp. als Folge der Trägererzeugung bei der Eigenhalbleitfähigkeit ein. (Physic. Rev. [2] **85.** 724. 15/2. 1952; Bull. Amer. physic. Soc. **26.** Nr. 6. 28. 24/10. 1951. Purdue Univ.) RUDOLPH. 137

N. P. Patrachin, *Zur Theorie der galvanomagnetischen und thermomagnetischen Eigenschaften in Ferromagnetika.* Vf. versucht eine Erklärung der Anomalien des transversalen galvanomagnet. Effektes in Ferromagnetika unter Verwendung des von WONSSOWSKI (C. **1946.** I. 16) vorgeschlagenen s–d-Austauschmodells. (Известия Академии Наук СССР, Серия Физическая [Nachr. Akad. Wiss. UdSSR, physik. Ser.] **16.** 584—89. Sept./Okt. 1952. Swerdlowsk, Pädagog. Inst.) AMBERGER. 137

K. M. Poliwanow, *Dynamische Charakteristiken von Ferromagnetika.* Vf. untersucht theoret. den Einfl. fadenförmiger, achsenparalleler Gebiete mit antiparalleler Magnetisierung gegenüber dem umgebenden Medium auf die scheinbare magnet. Viscosität von Drähten, sowie die Frequenzcharakteristiken dünngewalzter *Stahl*-Bleche. (Известия Академии Наук СССР, Серия Физическая [Nachr. Akad. Wiss. UdSSR, physik. Ser.] **16.** 449—64. Juli/Aug. 1952. Moskau, Molotow-Energieinst.) AMBERGER. 137

R. I. Januss und **W. W. Parfenow,** *Über die Anwendbarkeit von Elektromagneten zur Messung der reversiblen Susceptibilität von Ferromagnetika im Gebiet starker Felder.* Vff. beschreiben einen Elektromagneten zur Messung von χ bis 12000 Oe. Diskussion der Ergebnisse u. der Fehlerquellen infolge mangelnder Feldhomogenität. (Известия Академии Наук СССР, Серия Физическая [Nachr. Akad. Wiss. UdSSR, physik. Ser.] **16.** 611—20. Sept./Okt. 1952. Uraler Gorki-Univ.) AMBERGER. 137

J. D. McClelland und **J. J. Donoghue,** *Die magnetische Susceptibilität von polykristallinen anisotropen Materialien und Beobachtungen an künstlichen Graphiten.* (Sitzungsbericht.) Die Unters. des anomalen Diamagnetismus von Graphit zeigt den empfindlichen Einfl. der FERMI-Energie, welcher in der Theorie der Leitungsphänomene von Interesse ist. Wegen der extremen Anisotropie des Graphits sind einzelne Beobachtungen von zweifelhafter Bedeutung. Es wurde deshalb nach einem unveränderlichen Maß gesucht. Man fand es in der „totalen" Susceptibilität, d. h. der Summe dreier aufeinander senkrecht stehender Susceptibilitäten an derselben kub. Probe. Eine experimentelle Verwirklichung dieser Invarianz wird für polykrist. künstlichen Graphit von verschied. Anisotropie gezeigt. Die totale Susceptibilität von künstlichem Graphit ist $21{,}0 \cdot 10^{-6}$ pro g, also um 10% geringer als bei Naturgraphit. Die Meth. ist für die Beobachtung eines Anwachsens des Diamagnetismus von C während der Graphitierung geeignet. In 2-Minutenperioden werden C-Stäbe stufenweise bis 2800° erhitzt. Zwischen den Glühungen wird die Susceptibilität bei Raumtemp. bestimmt. Die Ergebnisse zeigen die Entfernung der Verunreinigungen unterhalb von 2000° u. ein ständiges Anwachsen des Diamagnetismus als Folge der Vervollkommnung u. des Wachstums der Kristalle. (Physic. Rev. [2] **85.** **768.** 15/2. 1952; Bull. Amer. physic. Soc. **26.** Nr. 8. 20. 27/12. 1951. Downey, Calif., North American Aviation, Inc.) KLEFFNER. 137

J. García Santesmases, *Auslösestromkreis („Trigger") mit paralleler Ferroresonanz.* (An. Real Soc. españ. Física Quím., Ser. A **48.** 355—66. Nov./Dez. 1952. Cambridge, Mass., Harvard Univ., Comput. Labor.) R. K. MÜLLER. 137

H. Falkenhagen, M. Leist und **G. Kelbg,** *Zur Theorie der Leitfähigkeit starker, nicht assoziierender Elektrolyte bei höheren Konzentrationen.* Unter Berücksichtigung der Ionengröße u. einer von EIGEN u. WICKE (C. **1952.** 7612) aufgestellten Verteilungsfunktion, in die als charakterist. Größen die Besetzungsdichten der Ionen eingehen, wird die Theorie der Leitfähigkeit u. der DK. starker 1—1-wertiger Elektrolyte weiterentwickelt. Durch Erfüllung der Randbedingungen an der Oberfläche der Ionenkugel gelingt es, das elektr. Potential im Innenraum eines hydratisierten Ions anzugeben u. die Relaxationskraft auch im nichtstationären Fall auszurechnen. Die Anwendung der Leitfähigkeitsformel auf die 1—1-wertigen Elektrolyte *NaCl, KBr* u. *RbCl* zeigt quantitative Übereinstimmung mit dem experimentellen Befund bis zu etwa einer Konz. von 0,5 Mol/Liter Lösung. (Ann. Physik [6] **11.** 51—59. 1952. Rostock, Inst. für theoret. Phys.) FALKENHAGEN. 138

H. Falkenhagen und **G. Kelbg,** *Klassische Statistik unter Berücksichtigung des Raumbedarfs der Teilchen.* Die von EIGEN u. WICKE (vgl. C. **1952.** 7612; **1953.** 16) angegebene Verteilungsfunktion, in welche die Besetzungszahlen der Teilchen eingehen, wird für den Fall beliebig vieler Teilchensorten unterschiedlicher Größe u. somit verschied. Besetzungszahlen erweitert. Diese Verteilungsfunktion findet Anwendung in der Theorie der reversiblen u. irreversiblen Prozesse in konz. starken Elektrolyten. (Ann. Physik [6] **11.** 60—64. 1952. Rostock, Inst. für theoret. Phys.) FALKENHAGEN. 138

S. E. S. El Wakkad und **T. M. Salem,** *Oxydfilmbildung an der Oberfläche von metallischem Quecksilber und die Anomalität zwischen ihrem Potential und dem der Hg/HgO-Elektrode.* Vff. schließen an ihre frühere Unters. (C. **1952.** 6654) an, die für die lineare Proportionalität zwischen dem Potential einer Hg-Elektrode in luftdurchströmter Lsg. u. deren p_H-Wert eine Unstetigkeit bei $p_H \sim 5$ ergab. Die Annahme, daß hieran die Bldg. von HgO schuld sei, schien durch Vgl. mit den Potentialen der Hg/HgO-Elektrode widerlegt, die nur bei sehr großen p_H mit denen der Hg-Elektrode übereinstimmen u. bei niedrigen p_H hinter diesen zurückbleiben. Zur Aufklärung dieser Eigg. untersuchten nun Vff. das anod. Verh. von Hg auf kathodenstrahloscillograph. u. potentiometr. Wege einerseits u. den Einfl. von durchströmendem O_2 auf Elektrodenpotential u. p_H des verwendeten Elektrolyten (NaOH, Soda, Borax, Acetatpuffer u. a.) andererseits. Bei kleinen Stromdichten steigen die Potentiale auf einen je nach Elektrolyt zwischen 0 u. 0,5 V liegenden Wert, bleiben dann trotz wachsenden Ladungsdurchganges zunächst konstant u. steigen dann sehr plötzlich auf den O_2-Wert. Dagegen hängen die Potentialkurven nur wenig von Temp., Elektrolysendauer u. Elektrolytkonz. ab. Die Potentiale der konstanten Kurventeile liegen bei den der Hg/HgO-Elektrode entsprechenden Werten, beweisen also die Bldg. eines HgO-Films, für dessen Dicke die Rechnung bei 0,04 A/cm² Stromdichte ca. 12 Mol. Durchmesser ergibt. Auch die Auftragung der Polarisationsstromstärken gegen die Potentiale ergibt Kurven, die einwandfrei gegen das Potential der Hg/HgO-Elektrode bei dem jeweiligen p_H tendieren. Der vor dem konstanten liegende ansteigende Kurventeil charakterisiert die Einstellung des Sättigungsgleichgewichtes der Lösung. Gegen diese Überlegungen spricht jedoch die Reproduzierbarkeit der früheren Unters. sowie die Tatsache, daß die Hg-Ionen das Löslichkeitsprod. des HgO bei einem anderen p_H überschreiten als aus den Potentialen berechnet wird. Ferner werden im Acetatpuffer u. in O_2-durchströmter Boraxlsg. andere Potentiale (0,56 bzw. 0,31 V) gemessen als für die Hg/HgO-Elektrode (0,66 bzw. 0,38 V). Zur Aufklärung herangezogene potentiometr. Messungen ergaben bei völliger Abwesenheit von O_2 in n-CH_3COOH (p_H 2,5) für die Hg-Elektrode ein Potential von 0,52 V in Übereinstimmung mit früheren Messungen. Im O_2-Strom stieg der Wert auf 0,67 V, woraus Vff. auf Bldg. eines bas. Salzes schließen. Da der p_H-Wert des Acetatpuffers aber im O_2-Strom von 3,6 auf 5,9 steigt, glauben Vff., daß nicht die Bldg. des bas. Salzes, sondern der p_H an der Grenzfläche Lsg.–Hg das Potential der Hg-Elektrode hauptsächlich beeinflußt. Das Gesamtverh. der Hg-Elektrode beschreiben Vff. nun wie folgt: An Luft bildet sich nicht ein geschlossener, sondern poriger HgO-Film, so daß die Hg-Elektrode in Lsgg. überall dem Gleichgewicht Hg_2^{++}/Hg^{++} ausgesetzt ist. Die aus dem Massenwirkungsgesetz folgende Beziehung $[Hg_2^{++}] \approx 81 \cdot [Hg^{++}]$ erfordert aber ein starkes Anwachsen der Konz. des gelösten HgO, wodurch die H-Aktivität außer an der Grenzfläche Lsg.–Hg sinkt u. ein verändertes Potential sich einstellt. Diese Auffassung wird dadurch unterstützt, daß das Potential der Hg-Elektrode im Puffer bei p_H 3,6 mit 0,55 V u. das der Hg/HgO-Elektrode unter gleichen Bedingungen zwar mit 0,66 V gemessen, bei Umrechnung auf p_H 5,9 aber zu 0,54 V erhalten wird. (J. physic. Chem. **56.** 621—25. Mai 1952. Liverpool, Univ., Dep. of Inorg. and Phys. Chem.) R. WOLFF. 140

J. H. Bradbury, *Neuere Arbeiten über Wasserstoffüberspannung.* Nach Besprechung der heute angewandten Methoden zur Messung der H_2-Überspannung u. der erforderlichen, äußerst gründlichen Reinigung von H_2, Elektrolyten u. Elektroden wird eine Übersicht über verschied. Theorien gegeben. — 24 Literaturzitate. (Roy. Austral. chem. Inst. J. Proc. **17.** 237—48. Juni 1950.) R. LEVI. 143

A. Ríus, J. Llopis und **I. M. Tordesillas,** *Passivierung des Platins in Chlorwasserstoffsäure.* 4. Mitt. *Einfluß der Zusammensetzung des Elektrolyten und der Inhibitoren.* (3. vgl. C. **1953.** 3199.) Aus der Abhängigkeit der Stromdichte vom Potential in *HCl–NaCl-*, HCl–*$CaCl_2$*- u. HCl–*$AlCl_3$*-Lsgg. mit verschied. HCl-Konz. u. konstanter mol. Konz. 5 ist der Einfl. der Natur des Kations auf die anod. Polarisation des Pt zu erkennen. Das Potential der H-Elektrode im Elektrolyt steht in linearer Beziehung zum krit. Passivierungspotential (P_k) des Pt; je weniger HCl der Elektrolyt enthält, desto negativer ist P_k. In 4nHCl wird festgestellt, daß die Lösungsgeschwindigkeit durch die Ladung u. Entladung eines einwertigen Ions bestimmt wird. Verschied. als Inhibitoren untersuchte organ. Substanzen wirken offenbar durch Adsorption am Pt. Die stärkste Inhibitorwrkg. zeigen Stoffe mit >C=S-Gruppe, wie *Thioharnstoff* u. seine Derivv., *Äthylxanthogenat* u. *KSCN*, ferner *α*- u. *β-Naphthylamin.* (An. Real Soc. españ. Física Quím., Ser. B **48.** 639—52. Sept./Okt. 1952. Madrid, Inst. de Quím. fís. A. der G. Rocasolano.) R. K. MÜLLER. 143

A_4. Thermodynamik. Thermochemie.

Francisco Morán, *Über die Ableitung der thermodynamischen Formeln.* Ein „mnemotechn. Quadrat" mit den Ecken p, T, v, S ist in ein zweites, um 45° gedrehtes Quadrat eingezeichnet mit den Ecken G (zwischen p u. T), F, U, H. Mit Hilfe dieser Kombination werden einfache Bezeichnungen für die Formeln entwickelt, die die Beziehungen zwischen diesen Größen darstellen, die Vorzeichenwahl ergibt sich aus der Stellung der Größen im Diagramm, die natürlichen Gruppen von 48 bzw. 24 Gleichungen ermöglichen deren Ableitung voneinander durch Routineoperationen, wie an zahlreichen Beispielen erläutert wird. (An. Real Soc. españ. Física Quím., Ser. A **48.** 271—82. Sept./Okt. 1952. Madrid.) R. K. MÜLLER. 146

Josef Spangler, *Empirische Ermittlung von Stoffwerten.* Vf. macht Vorschläge zur Abschätzung von Stoffwerten aus anderen Daten, z. B. mit Hilfe des Theorems der übereinstimmenden Zustände. Im einzelnen wird die Abschätzung von Druck, Vol. u. Temp., krit. Temp., krit. Druck, krit. Vol., krit. Zähigkeit, krit. D. u. Wärmeleitfähigkeit von Dampfdrucken in Abhängigkeit von der Temp., der D. von Fll., der Verdampfungswärme, der Enthalpie, der spezif. Wärme, der Zähigkeit u. der Wärmeleitzahl behandelt. (Dechema Monogr. **16.** 60—63. 1951. Frankfurt/M.-Höchst.) MIETHING. 146

E. Rios Suárez, *Beziehungen zwischen Molekularrefraktion, Parachor und kritischem Volumen.* Aus der Beziehung zwischen Mol.-Refr. (MR) u. Mol.-Vol. (MV) u. dem Gesetz der übereinstimmenden Zustände folgt, daß alle Stoffe unter Bedingungen, bei denen ihre reduzierten MV ident. sind, annähernd gleiche MR-Werte für gleiche Wellenlänge haben müssen: MR/MV_k (krit. MV) $\approx MR'/MV'_k \approx k =$ „red." MR. Bei gleichem red. MV sind auch die Brechungsindices (n) annähernd gleich: $n \approx n'$. Auch MR/P (P = Parachor) ist für alle Stoffe annähernd gleich. Ferner gilt für die einer bestimmten MR entsprechende Elektronenpolarisation P_e die Beziehung $P_e/P =$ konstant; diese wird auf Grund der Theorie der Kohäsionskräfte erörtert. (An. Real Soc. españ. Física Quím., Ser. B. **48.** 548—63. Juli/Aug. 1952. Santiago, Univ., Fac. de Ciencias, Labor. de Fís.) R. K. MÜLLER. 148

S. G. Reed jr., *Änderung der thermodynamischen Eigenschaften entlang von Isentropen auf der Koexistenzkurve weit entfernt vom kritischen Punkt.* Die Adiabate im p–v-Diagramm hat beim Schneiden der Grenzkurve einen Knick. Es scheint kaum beachtet worden zu sein, daß diese Neigungsänderung mit in der Thermodynamik üblicher Genauigkeit berechnet werden kann. Die Adiabate im 2-Phasengebiet ist gegeben durch $(\partial p/\partial v)_s = -T\,(\partial p/\partial T)_v^2/C_v$. Auf der Grenzkurve wird $(\partial p/\partial v)_s = -p^2/RT \cdot (1-2RT/L + C_cRT^2/L^2)^{-1}$, worin L = Verdampfungswärme, C_c = spezif. Wärme der Flüssigkeit. Bei Stoffen mit $C_sRT^2/L^2 \ll 1$ wird $(\partial p/\partial v)_s = (-p^2/RT)\,(1-2RT/L)^{-1}$. Bei zahlreichen Stoffen, bei denen die Virialkoeffizienten bekannt sind, ergab die Berechnung der Adiabaten oberhalb der Grenzkurve, daß nur kleine Fehler entstehen, wenn man ihren Verlauf mit Hilfe der idealen Gagleichung bestimmt. Das ergibt dann $(\partial p/\partial v)_{s\,\mathrm{Dampf}} = -\gamma p^2/RT$. (J. chem. Physics **20.** 539. März 1952. White Oak, Md., U. S. Naval Ordnance Labor.) CRAMER. 149

M. Green und **G. R. Martin,** *Die Dampfdrucke isotoper Substanzen.* 1. Mitt. *Bortrichlorid.* Zur Best. der relativen Flüchtigkeiten isotoper Bortrichloride wird gewöhnliches, sorgfältig gereinigtes BCl_3 (erhalten durch Überleiten von Cl_2 über B_4C bei 900°)

in einer mit Drahtnetzröllchen aus rostfreiem Stahl gefüllten, 160 cm langen Fraktioniersäule (Innendurchmesser: 2,0 cm) hoher Wirksamkeit untersucht. Für den Austausch $^{10}BCl_{3\,fl.} + {}^{11}BCl_{3\,gasf.} \rightleftharpoons {}^{11}BCl_{3\,fl.} + {}^{10}BCl_{3\,gasf.}$ wird eine Gleichgewichtskonst. von 0,9982 ± 0,0002 gefunden. Der von UREY (vgl. C. **1948**. II. 266) aus spektroskop. Daten statist. berechnete Wert für die Gleichgewichtskonstante beim n. Kp. beträgt 1,014. Die Best. der ^{10}B-Konz. erfolgt durch Messung des Durchgangs langsamer Neutronen durch die Proben unter Standardbedingungen. Es wird das Flüchtigkeitsverhältnis sowie die Kolonnenwirksamkeit berechnet. Die Unsicherheit in der Best. der Zahl der äquivalenten Platten wird vermieden durch Messen der Fraktionierung, wie sie bei verschied. Entnahmegeschwindigkeiten des angereicherten Materials aus der Kolonne erhalten wird. (Trans. Faraday Soc. **48**. 416—21. Mai 1952. Durham, Univ., Londonderry Labor. for Radiochem.) GEDSCHOLD. 150

Joseph F. Masi und **Benjamin Petkof**, *Wärmekapazität von gasförmigem Kohlendioxyd.* Die spezif. Wärme von CO_2 wurde bei —30, 0, +50 u. 90° u. bei 0,5, 1,0 u. 1,5 at Druck mit einer Genauigkeit von 0,1% gemessen. Das Strömungscalorimeter wurde durch Messung der spezif. Wärme von O_2 bei 1 at u. —30, 0 u. 50° geeicht. Aus den gemessenen C_p-Werten des O_2 u. einer Zustandsgleichung wurde C_p^0 ermittelt. Die C_p^0/R-Werte zeigten von den statist. berechneten Größen Abweichungen, die +0,03% bei —30°, —0,06% bei 0° u. —0,01% bei +50° betrugen. Vff. berechneten aus den experimentell ermittelten C_p-Werten des CO_2 neue C_p^0-Werte u. die Größen des Druckkoeff. der Wärmekapazität bei den 4 Meßtemperaturen. Die Ergebnisse zeigen, daß die früher theoret. berechneten C_p^0-Werte um 0,2—0,3% zu niedrig sind, während die neuen Berechnungen gut mit den Experimenten übereinstimmen. (J. Res. nat. Bur. Standards **48**. 179—87. März 1952. Washington, Nat. Bureau of Standards.)
E. HEINRICH. 151

Fred. L. Voelz, *Berechnete thermodynamische Daten von GeF_4.* Aus dem von WOLTZ u. NIELSEN (vgl. C. **1953**. 9) aufgenommenen Ultrarotspektr. des GeF_4 berechnete Vf. die freie Energie — $(F^0 - E_0^0)K$, den Wärmeinhalt $(H^0 - E_0^0)/T$, die Entropie S^0 u. die spezif. Wärme C_p^0 des GeF_4 im idealen Gaszustand bei 1 at Druck für 12 verschied. Tempp. zwischen 100 u. 1000° K. (J. chem. Physics **20**. 1662. Okt. 1952. Chicago, Ill., Illinois Inst. of Technol., Dep. of Physics, Spectroscopy Labor.) FORCHE. 151

H. Holmén, *Freie Bildungsenergien, Bildungswärmen und molare Entropien einiger chemischer Stoffe.* Tabellen mit den Werten für Bildungswärmen, freien Bildungsenergien u. mol. Entropien von ca. 1000 anorgan. u. ca. 50 organ. Verbindungen. (Finska Kemistsamfundets Medd. **61**. 41—71. 1952. Helsinki, TH, Physik.-chem. Inst.) BECKMANN. 155

George W. Bauserman, *Momentanmessung von Explosionsflammentemperaturen.* (Sitzungsbericht.) Beschreibung einer Meßanordnung zur Best. der Zeit-Temperatur-Beziehung explosiver Flammen sehr kurzer Dauer. Die Anordnung beruht auf einer modifizierten Linienumkehrmeth. der Temperaturbestimmung. (Physic. Rev. [2] **88**. 174. 1/10. 1952. Univ. of Denver.) RUDOLPH. 157

Charles Dufraisse, Jean Le Bras und **Manuel German**, *Das Auslöschungsvermögen staubartiger Substanzen. Auslöschungen von Flammen. Das Abbrechen der Explosion in detonierenden Gemischen (Gas und Staub).* Vff. untersuchten den Einfl. von 250 Substanzen (in der Mehrzahl mineral. u. organ. Metallsalze) auf *Leuchtgas*-Flammen durch Ermittlung der jeweiligen Menge (G), die zur Auslöschung der Flammen notwendig war. So konnten verhältnismäßig große Mengen $NaHSO_4$ (>1 g) zugegeben werden, ohne daß die Flamme schwächer wurde, während z. B. die K-Salze, bes. *K-Oxalat* (**I**), sich bedeutend wirkungsvoller erwiesen (zum Auslöschen genügten hier 20—30 mg). G betrug bei K_2CO_3 60 mg, $KHCO_3$ 90 mg, KCl 150 mg u. KJ 200 mg. Ferner führten Vff. Verss. mit **I** allein oder im Gemisch mit anderen Substanzen, wie SiO_2 (**II**) u. $NaHCO_3$ (**III**) durch. 10% **II**-Zusatz erniedrigen G auf ca. $^1/_3$ gegenüber reinem **I**. $K_4Fe(CN)_6$ u. *K-Bitartrat* stellten ausgesprochene Inhibitoren dar. G ist nicht für alle brennbaren Gase gleich u. hängt auch von der Brennerform ab. Betrug z. B. an einem bestimmten Brenner G für die Mischung 90% **I** + 10% **II** bei Leuchtgas 90 mg, so ergab sich bei H_2 400 mg, bei CH_4 25 mg u. bei CO 10 mg. Auf bereits im Fortschreiten befindliche Explosionen hatten inerte Pulver, wie z. B. *Talk*, trotz der dichten „Wolken", die sie im Explosionsraum bildeten, keinen Einfl., während 90% **I** + 10% **II** bei bedeutend schwächerer „Wolkenbldg." sich gegenüber der auftreffenden Flamme wie eine feste Wand verhielt. K_2SiF_6, das sonst weniger wirksam als **I** war, hatte auf die fortschreitende Explosionsflamme einen erheblich stärkeren Einfl. als **I**. Die bei den Verss. benötigten kleinen G-Werte lassen auf die katalyt. Natur der Vorgänge schließen. (C. R. hebd. Séances Acad. Sci. **236**. 164—67. 12/1. 1953.) ROEDER. 157

G. Kurtze, *Untersuchung der Schallabsorption in wässerigen Elektrolytlösungen. Frequenzbereich 3 bis 100 MHz.* Vf. beschreibt 2 opt. Verff., welche die Messung der

Schallabsorption in Elektrolytlsgg. im Frequenzbereich von 3—100 MHz erlauben. Eine Anzahl von Meßergebnissen an $Al_2(SO_4)_3$, $BeSO_4$, $CoSO_4$, $CuSO_4$, $MgSO_4$, $Mg_2S_2O_3$, $MgCrO_4$, $MnSO_4$, $NiSO_4$, $ZnSO_4$, $CaCrO_4$, Na_3PO_4, Na_2SO_4, Na_2CO_3, Li_2CO_3, Li_2SO_4, $(NH_4)_2SO_4$, K_2SO_4, $AlCl_3$, $Mg(NO_3)_2$ u. $MgCl_2$ sind zusammengestellt, welche die Absorption in Abhängigkeit von der Frequenz, der Konz., der Temp., den p_H-Werten u. der Wertigkeit der Ionen angeben. Es zeigt sich, daß die Absorption durch Überlagerung mehrerer Relaxationsvorgänge zustande kommt. (Nachr. Akad. Wiss. Göttingen, math.-physik. Kl., Abt. IIa math.-physik.-chem. Abt. 57—79. 1952.) FALKENHAGEN. 159

Virginia Griffing, *Die chemischen Wirkungen von Ultraschallwellen.* Eine 0,1 mol. Lsg. von *Sucrose* in 0,78 n H_2SO_4 wurde bei 30° 20 Min. der Einw. von Ultraschallwellen (Frequenz 2000 kHz, Intensität 6,5 Watt/cm², starke Strudelbldg.) ausgesetzt. Nach Neutralisation mit Bicarbonat wurde die opt. Drehung gemessen. Die Inversion betrug ca. 13%. Der gleiche Wert wurde auch unter sonst gleichen Bedingungen ohne Ultraschalleinw. gefunden. Ferner wurde reines W. mit den gleichen Ultraschallwellen bestrahlt u. die Temperaturerhöhung Δt gemessen. Nach 10 Min. beträgt Δt 2,5° u. bleibt bis 17 Min. fast konstant. Sobald sich in dem W. aber Gasblasen bilden, steigt die Temp. wieder an (z. B. um 1,5° innerhalb 3 Min.). Die Einw. von Ultraschallwellen auf den Ablauf von chem. Rkk. kann auf folgende Mechanismen zurückgeführt werden (vgl. auch C. **1951.** II. 939): 1. Ein Einfl. ist mit der Bldg. von Dampfblasen (Kavitation) in der Fl. verknüpft (gilt nur für Rkk., die in der Gasphase stattfinden, Einfl. hauptsächlich therm. bedingt); 2. sek. Einflüsse, die durch die vorgenannten Vorgänge in der Gasphase verursacht sind (z. B. prim. entstandenes H_2O_2 wird in der Fl. gelöst u. wirkt dort oxydierend, auch Luminescenzvorgänge gehören hierzu); 3. Absorption von Ultraschallenergie hoher Intensität in lokalen Bereichen, dadurch Temperaturerhöhung (z. B. Denaturierung von Proteinen). (J. chem. Physics **20.** 939—42. Juni 1952. Washington, D. C., Catholic Univ. of America, Dep. of Chem.) FUCHS. 159

Alfonso Barone, *Zur Konzentration von Ultraschallenergie.* Es werden die beiden Methoden der Energiekonz. durch Brechung (Linsen) u. durch Reflexion (Spiegel) geschildert u. verglichen. Dann werden zwei Konzentratoren, ein bikon. u. ein parabol., beschrieben, die direkt auf die Quarzhalterung des vertikal abstrahlenden Quarzes gesetzt werden. Beide Konzentratoren beruhen auf der Reflexion des Ultraschalls an Metall mit großem Schallwiderstand. Die Schallfelder werden quantitativ beschrieben. (Acustica [Zürich] **2.** 221—25. 1952. Roma, Ist. Naz. di Ultracustica „O. M. Corbino".) FALKENHAGEN. 159

A. Van Itterbeek, *Zur Messung der thermodynamischen Größen von Gasen und Flüssigkeiten mittels Ultraschall.* Übersicht über die Meth. der Best. der thermodynam. Größen von Gasen u. Fll. mit Hilfe von Ultraschall. Eine Meßanordnung wird beschrieben, die bes. bei niederen Tempp. verwendet werden kann. (Ind. chim. belge **17.** 562—64. 1952. Louvain, Inst. des Basses Températures et de Phys. Appl.) FALKENHAGEN. 159

Amedeo Giacomini, *Beitrag zur Meßkunde der Ultraakustik.* Die beschriebene Vergleichsmeth. für die Messung der Fortpflanzungsgeschwindigkeit von Ultraschallwellen in festen Körpern beruht auf der Aufnahme des Echos von der Oberfläche einer über dem Quarz stehenden Wassersäule u. der Basis des unter ihm stehenden Festkörpers. Die Anordnung kann auch sein: Quarz–Festkörper–Wassersäule. Die Fortpflanzungsgeschwindigkeiten verhalten sich dann wie die Höhen der Medien: $c_f = c_W \cdot L_f/H_W$ (L_f = Länge des Festkörpers; H_W = Höhe der Wassersäule). Die Messung erfolgt mittels eines autosynchronen Oscillographen üblicher Art. — Abb. der Oscillogramme. (Ricerca sci. **23.** 75—80. Jan. 1953. Roma, Ist. naz. di Ultracustica O. M. Corbino.) R. K. MÜLLER. 159

A. Lutsch, *Eine einfache Methode zur Messung der elastischen Konstanten mit Hilfe von Ultraschallimpulsen.* Es wird ein Verf. angegeben, das gestattet, in einem Meßvorgang die Schallgeschwindigkeiten von Longitudinal- u. Transversalwellen zu bestimmen. Die beschriebenen Apparate können zur zerstörungsfreien Werkstoffprüfung mit Ultraschall benutzt werden u. bes. da Anwendung finden, wo es bei einer laufenden Kontrolle auf große Meßgeschwindigkeiten ankommt. (Z. angew. Physik **4.** 166—68. Mai 1952. Erlangen, Siemens-Reiniger-Werke.) FALKENHAGEN. 159

Sydney Chapman and Thomas George Cowling, The mathematical theory of non-uniform gases; notes added in 1951. New York: Cambridge Univ. Press. 1953. (40 S.) $ 1,—.

A_5. Grenzschichtforschung. Kolloidchemie.

Cheves Walling, Edgar E. Ruff und **James L. Thornton jr.,** *Ein verbesserter Apparat zur Untersuchung von Schäumen.* Die Verschäumungsapp. besteht aus einem, die schäumende Fl. enthaltenden 5-*l*-Rundkolben, in dessen unteren Tubus Rohre für die Einleitung von N_2 u. zu einem Manometer münden, während auf dem oberen weiten Tubus Zylinder verschied. Länge für die Aufnahme des Schaumes aufgesetzt werden können. Der überlaufende Schaum wird durch einen Flügelrührer zerstört u. in einem Behälter zur Wägung aufgefangen. Damit ausgeführte Unterss. zeigen, daß sich rasch verflüssigende Schäume, wie z. B. von *Na-Oronite* (Na-Dodecylbenzolsulfonat), die sich für die Unters. in diesem App. bes. eignen, hauptsächlich durch Verlust von W. aus dem Film des ungestörten Schaumes schwinden. Bei den beständigeren Schäumen, wie von denen der n. Seifen, sind die anfänglichen Schaumdichten weniger zuverlässig, u. es erfolgt mehr ein Zusammenfallen als ein Zerfließen des Schaumes, so daß sich hierfür das beschriebene Verf. weniger eignet. Eine weitere u. spezielle Anwendung der App. besteht in der Unters. der Zus. eines Schaumes, u. die bisherigen Unterss. zeigen die Anwendbarkeit für die Best. der Oberflächenkonz. bei jedem Syst., das einen genügend stabilen Schaum mit gleichmäßiger Blasengröße liefert. Die Ergebnisse mit *Na-Myristat, Dodecylaminhydrochlorid* u. *Triton X-100* zeigen die Geeignetheit zur Best. der Oberflächenkonz. jeder Komponente in Mehrstoffsystemen. Während absol. Konzentrationswerte zur Best. der gesamten Filmoberfläche weniger leicht erhältlich sind, können relative Oberflächenkonzz. mit einer nur von der verwendeten analyt. Meth. abhängigen Genauigkeit bestimmt werden. Die für die geprüften oberflächenakt. Stoffe aus der gesamten Schaumoberfläche für den Platzbedarf eines Mol berechneten Werte stimmen mit den nach anderen Verff. ermittelten befriedigend überein. (J. physic. Chem. **56.** 989—93. Nov. 1952. Cambridge, Mass., Lever Brothers Co.) HENTSCHEL. 166

B. D. Powell und **A. E. Alexander,** *Die Beweglichkeit von Öltröpfchen, Messungen der Grenzflächenspannung und Gegenion-Adsorption in Seifenlösungen.* Vff. bestimmten die elektrophoret. Beweglichkeit von Öltröpfchen (*Nujol*) in Öl-inW.-Emulsionen, die mit anionenakt. Na-Salzen sulfonierter Bernsteinsäureester stabilisiert waren. Gleichzeitig wurde eine Best. der Grenzflächenspannung im gleichen Syst. durchgeführt. Die elektrokinet. Theorie des Vorganges wird diskutiert, u. es wird eine Abschätzung des Anteiles der Gegenionen, die an den Tropfen gebunden sind, vorgenommen. Der Zahlenwert dieses Anteiles ist ähnlich demjenigen, den andere Autoren für kugelige Seifenmicelle gefunden haben. Interessant ist, daß der gebundene Anteil mit zunehmender Konz. ein wenig abnimmt. (Canad. J. Chem. **30.** 1044—55. Dez. 1952. Sydney, N. S. W., Univ. of Technol., Dep. of Chem., u. Cambridge, Dep. of Coll. Sci.) G. HEINRICH. 166

E. B. Greenhill und **S. R. McDonald,** *Die freie Oberflächenenergie von Hartparaffin.* Nach dem Verf. von BERGGREN (C. **1914**. II. 1) läßt sich die freie Oberflächenenergie γ eines mit seinem Eigengewicht belasteten Fadens oder Drahtes vom Radius r u. der D. ϱ in Abhängigkeit von der krit. Länge l_0, bei der weder Dehnung noch Verkürzung erfolgt, gemäß der Beziehung: $\gamma = {}^1/_4 \cdot \varrho \cdot g \cdot r \cdot l_0$ berechnen. Die Versuchsergebnisse für *Hartparaffin* bei verschied. Tempp. zeigen, daß γ mit der Temp. linear abnimmt u. am F. einen Sprungpunkt aufweist. Auch für *Sn* wurde γ bei 215° zu 685 erg/cm² (Vakuum) ermittelt. (Nature [London] **171.** 37. 3/1. 1953. Melbourne, Univ.) HENTSCHEL. 166

Rolf Rebling, *Physikalisch-chemische Grundlagen der Elektrophorese.* Die theoret. Grundlagen der Elektrophorese als bedeutsamer physikal.-chem. Meth. zur Differenzierung von Eiweißkörpern, der Elektroosmoseeffekt, das ANTWEILER- u. das ELPHOR-Gerät werden besprochen. (Arzneimittel-Forsch. **3.** 10—14. Jan. 1953. Frankfurt/M., Chemotherapeut. Forschungsinst. „Georg-Speyer-Haus".) FRESENIUS. 168

P. M. Kamath, B. Rosen und **F. R. Eirich,** *Beziehungen zwischen Viscosität und Strömungsdoppelbrechung von Polyelektrolyten.* (Sitzungsbericht.) An einer hochmol. *Poly-4-vinyl-N-*[*n-butyl*]*-pyridiniumbromid*-Fraktion wurden die Viscositätszahlen, Verdünnungskurven, Extinktionswinkel u. die Strömungsdoppelbrechung in Abhängigkeit von der Konz. untersucht. Die beobachtete Konzentrationsabhängigkeit ist so groß, daß die Berechnung einer Diffusionskonstanten unmöglich wird. Die Form der Viscositäts-Konz.-Kurven zeigt, daß man bei Verdünnungsunterss. niemals den Konzentrationsbereich individueller Teilchen erreichen kann. Aus den Unterss. über das Verh. von Polyelektrolyten folgt, daß man bis jetzt noch nicht klar zwischen Konzentrationseffekten u. dem Verh. von Einzelteilchen unterscheiden kann. (Physic. Rev. [2] **86.** 657—58. 15/5. 1952. Brooklyn, Polytechn. Inst.) SCHÄFF. 172

E. G. Richardson, *Elastische Flüssigkeiten.* Nach Besprechung der verschied. Viscositätsbegriffe u. ihrer modellmäßigen Darst. werden einige besondere Effekte, wie der WEISSENBERG-Effekt, behandelt. Zur Best. der Geschwindigkeitsamplituden in der Umgebung eines schwingenden Zylinders wird eine einfache Vorr. angegeben. Auch aus der Länge eines aus einer Düse austretenden Flüssigkeitsstrahles lassen sich n., zähe u. elast. Fll. voneinander unterscheiden. (Acta physica austriaca **5.** 390—97. 1952. Newcastle-on-Tyne, Kings' Coll.) HENTSCHEL. 172

C. H. Amberg und **R. McIntosh,** *Eine Untersuchung der Adsorptionshysteresis mit Hilfe der Längenänderung eines porösen Glasstabes.* Aus der Best. der Adsorptions–Desorptions-Isothermen bei 25,80, 18,75 u. 11,79° (±0,2°) u. Messungen der Längenänderung eines porösen Glasstabes wird eine qualitative Beschreibung der Adsorption von *Wasserdampf* entwickelt. Die älteren Theorien u. die experimentelle Durchführung werden mitgeteilt. Bes. eingehend werden die Ursachen für das Auftreten einer vollständig geschlossenen Hysteresisschleife untersucht. Die qualitative Theorie scheint für das Verständnis der Adsorption von W. an *Kohle* von Bedeutung zu sein. Darüber hinaus ist es möglich, daß sie für die Erklärung des Phänomens der begrenzten Hysteresis für jedes poröse Adsorbens herangezogen werden kann. Zur quantitativen Überprüfung der Theorie wird die Best. der Oberflächengröße mit Hilfe der BRUNAUER-EMMET-TELLER-Gleichung u. einem Wirkungsquerschnitt des H_2O-Mol. von 10,5 Å², des Elastizitätsmodul u. der isosteren Adsorptionswärme herangezogen. Die quantitative Behandlung führt zu einer Abschätzung der Porenzahl, der mittleren Porenlänge u. des Porenradius. (Canad. J. Chem. **30.** 1012—32. Dez. 1952. Toronto, Ontario, Can., Univ. of Toronto, Chem. Dep.) G. HEINRICH. 176

H. Austin Taylor und **Nathaniel Thon,** *Die Kinetik der Chemisorption.* Eine von JELOWITSCH (C. **1939.** II. 2883) aufgestellte Gleichung: $dq/dt = a \cdot e^{-\alpha q}$, wobei q die zur Zeit t adsorbierte Menge u. a u. α Konstanten bedeuten, wird an einem größeren experimentellen Material für die (langsame) Adsorption von Gasen nachgeprüft u. hierfür anwendbar gefunden. Es wird die Bedeutung der Parameter a u. α untersucht u. gezeigt, daß sie mit der Vorstellung einer Erzeugung von akt. Stellen auf dem festen Adsorbens durch das Gas als Primärvorgang u. einem langsamen Adsorptionsabfall gemäß einer Rk. 2. Ordnung verträglich sind. Die Geschwindigkeit der langsamen Chemisorption wird nur durch die Verfügbarkeit akt. Stellen bestimmt. Analoga zur Kinetik dieser Adsorptionsvorgänge sind beim Abklingen der Luminescenz u. der Photoleitfähigkeit fester Körper beobachtet worden. (J. Amer. chem. Soc. **74.** 4169—73. 20/8. 1952. New York, Univ., u. Princeton, Univ.) HENTSCHEL. 176

J. C. P. Mignolet, *Nichtstöchiometrische Chemisorption von Wasserstoff an Wolfram und Nickel.* Das Oberflächenpotential für H an W-Filmen beträgt bei Sättigung für den negativen Film —0,65 V, für den positiven Film +0,2 V. Die mit dem Auftreten dieser positiven Filme verknüpften Erscheinungen werden vom Vf. unter Annahme nichtstöchiometr. Chemisorption erklärt, die stufenweise zunächst an den Seiten des H-Gitters u. danach durch Verschiebung der vorhandenen Atome aus ihren Lagen niedrigster Energie erfolgt. (J. chem. Physics **20.** 341—42. Febr. 1952. Liège, Inst. Spring, Serv. de Chim. Générale.) GEDSCHOLD. 176

Marjorie J. Brown und **A. Graham Foster,** *Die Sorption von Aminen an Silicagelen.* Absorptions- u. Desorptionsisothermen prim. aliphat. Amine u. einiger verwandter Verbb. wurden an *Silicagel* (**I**), meist bei 25°, bestimmt. Bei einem **I** (Gel B) zeigen niedere Amine (*Äthyl-, n-Propyl-* u. *Äthylendiamin*) kleine, aber deutliche Hysteresisschleifen, während diese bei höheren (*tert.-Butyl-, n-Amyl-, n-Hexyl-* u. *n-Heptylamin*) fehlen. An einem anderen **I**-Gel (Gel D) zeigen alle große Schleifen, die jedoch mit steigendem Moleküldurchmesser (σ) an Größe abnehmen. Der Punkt des Hysteresisbeginns entspricht bei allen Systemen einem Porendurchmesser zwischen 2 u. 3 σ (berechnet nach der Gleichung von KELVIN). Die Sättigungsvoll. sind entsprechend dem Gesetz von GURWITSCH annähernd konstant. Die Monomolekular-Kapazitäten entsprechen der Abdeckung eines konstanten Oberflächenareals, wobei die Anzahl der adsorbierten Moll. umgekehrt proportional σ^2 ist. Die graduelle Abnahme der Größe der Hysteresisschleife mit wachsendem σ u. ihr schließliches Verschwinden bei Gel B steht, ebenso wie die Lage des Anfangspunktes der Hysteresis, im Einklang mit den Forderungen der Theorie der „offenen Pore", die mehr Wahrscheinlichkeit für sich hat als die „Tintenflaschen"- („ink-bottle") Theorie. (J. physic. Chem. **56.** 733—37. Juni 1952. London, Royal Holloway Coll., Dep. of Chem.) FREE. 176

A₆. Strukturforschung.

Henry Piraux, *Das Elektronenmikroskop.* Vf. beschreibt ausführlich das PHILIPS-Elektronenmikroskop u. schließt daran Betrachtungen über Auflösungsvermögen u. Vergrößerung an. — Anwendungsbeispiele. (Electronique **1952.** Nr. 73. 7—14. Dez.) HARTMANN-FAHNENBROCK. 181

H. Bremmer, *Die Berechnung der achsennahen Kenngrößen von Elektronenlinsen mit Hilfe einer Integralgleichung.* Diskussion eines numer. Iterationsverf. zur Lösung der Differentialgleichung der achsennahen Elektronenbahnen u. Best. der oskulierenden Kardinalelemente. Die Definition der oskulierenden Kardinalelemente weicht etwas von der von GLASER u. BERGMANN (C. **1951.** I. 3308) gegebenen ab. (Appl. sci. Res. B **2.** 416–28. 1952. Eindhoven, Philips Res. Labor.) LENZ. 181

C. Wainwright, *Die Verwendung des Geiger-Müller-Zähler-Röntgenstrahlspektrometers in einem Röntgenlaboratorium mit besonderem Hinweis auf die automatische Aufzeichnung.* Ein Zählrohr-Röntgenstrahlspektrometer mit kontinuierlichem Vorschub auf dem Kreisumfang einer Kristallinterferenzanordnung eignet sich für die Durchführung kurzzeitiger halbquantitativer Messungen. Die Meßgenauigkeit der Meth. wird durch die Korngröße bei Pulveraufnahmen u. durch den statist. Fehler bestimmt. Der Einfl. der Zeitkonstanten des integrierenden Schreibers auf den wahrscheinlichen Fehler u. die Linienform der Interferenzlinie wird behandelt. (Brit. J. appl. Physics **2.** 157–62. Juni 1951. Teddington, Middlesex, Nat. Phys. Labor., A. Inst. P., Metallurgy Div.) H. HAUSWALD. 181

J. L. Amorós, *Anwendung der Konvolution auf die Fourier-Analyse von Kristallen.* Eine der Form eines Atommaximums nahekommende Funktion ist $f(X) = (1 + \cos x)^n$. Vf. prüft ihr Auflösungsvermögen u. gibt eine Tabelle für f(X) für eine quadrat. Zelle u. 20 Ordnungen von h. (An. Real Soc. españ. Física Quím., Ser. A **48.** 367–69. Nov./Dez. 1952. Pennsylvania State College.) R. K. MÜLLER. 181

Eolo Scrocco und **Oriano Salvetti,** *Untersuchung über das Austauschintegral und Näherungsformeln für einige bei Problemen der Molekülstruktur auftretende Integrale.* (Vgl. C. **1952.** 5857; **1953.** 3204.) Vff. berechnen das Austauschintegral $\int \varphi a\,(1)\,\varphi b\,(1) \cdot 2/r_{12} \cdot \varphi a\,(2)\,\varphi b(2)\,d\tau$ zwischen Atomfunktion p vom SLATER-Typ für eine Gruppe von Parameterwerten u. teilen einige Interpolationsformeln für früher behandelte Integrale mit, die bei der Unters. von Valenzbindungen π auftreten. (Ricerca sci. **23.** 98–107. Jan. 1953. Bologna, Centro di Studio p. l. Chim. fis. e idrol.) R. K. MÜLLER. 182

C. M. Tchen, *Die Verteilung der Konfiguration eines Kettenmoleküls mit Wechselbeziehungen.* (Sitzungsbericht.) Theoret. Betrachtung zur Statistik der Kettenmol.-Konfiguration. (Physic. Rev. [2] **86.** 658. 15/5. 1952. Nat. Bureau of Standards.) SCHÄFF. 182

Kenneth Hedberg, *Über die Bindung in Borverbindungen mit Elektronenüberschuß.* B-Verbb. mit einem Elektronenunterschuß nehmen eine Mittelstellung zwischen den gewöhnlichen kovalenten Verbb. u. den Metallen ein. Auf Grund von Literaturdaten verschied. B-Verbb. (B-Hydride, wie B_6H_9, B–NH_2-Verbb., wie $H_2NB_2H_5$, B-Metallverbb., wie AlB_2, CaB_6, BeB_2H_8 u. a.) berechnet sich der Radius des B-Atoms zu 0,794 ± 0,016 Å. Weiter werden die Ladungen der einzelnen Atome der B-Verbb. (B, H kovalent gebunden u. H durch eine Wasserstoffbrücke gebunden, ferner N, Al usw.) nach PAULING berechnet. Hiernach ist B negativ, außer in AlB_2 u. ZrB_2, während H (kovalent) zwischen +0,08 u. +0,36 u. durch Wasserstoffbrücke gebundenes H zwischen +0,06 u. +0,16 liegt. Aus den Ladungen u. Bindungsabständen ergaben sich weiter die Dipolmomente der Verbindungen. Vf. zeigt, daß auf Grund der erhaltenen Daten die unbekannte Struktur von B-Verbb. bestimmt werden kann. (J. Amer. chem. Soc. **74.** 3486–89. 20/7. 1952. Pasadena, Calif., Inst. of Technol., Gates and Crellin Labor. of Chem.) FUCHS. 182

R. J. Beckett und **R. C. Croft,** *Die Struktur von Graphitoxyd.* Dünne Graphitoxydlamellen erscheinen nach elektronenmkr. Aufnahmen leichter deformierbar als Graphitlamellen gleicher Abmessungen. Diese Beobachtung läßt sich deuten, wenn man annimmt, daß die Anlagerung von Sauerstoffatomen eine Schwächung der Kohlenstoffbindung in den Schichtebenen des Graphits bewirkt, wodurch deren Steifigkeit gegen Verbiegung herabgesetzt wird. Diese Annahme ist in guter Übereinstimmung mit der Vorstellung von HOFMANN u. HOLST (C. **1939.** I. 4737) über die Struktur des Graphitoxyds. (J. physic. Chem. **56.** 929–35. Nov. 1952. Melbourne, Commonwealth Sci. and Ind. Organization, Div. of Ind. Chem.) LENZ. 182

A. T. Grigorjew, *Gleichungen der Kristallisationsoberflächen einer ternären, kongruent schmelzenden chemischen Verbindung und ihrer Komponenten im ternären System.* Theoret. Ableitung von Gleichungen für die Kristallisationsoberflächen von tern. chem. Verb. u. ihrer Komponenten in verschied. Varianten. (Доклады Академии Наук СССР [Ber. Akad. Wiss. UdSSR] [N. S.] **85.** 1281–84. 21/8. 1952. Kurnakow-Inst. für allg. u. anorgan. Chem. der Akad. der Wiss. der UdSSR.) LEBTAG. 190

A. J. Forty, *Das Wachstum von Cadmiumjodidkristallen.* 1. Mitt. *Dislokations- und Spiralwachstum.* Es wird an einer Bildserie gezeigt, daß CdJ_2-Kristalle durch den Dislokationsmechanismus wachsen. Die Schraubungsdislokationen sind nicht einfach, es handelt sich um Gruppen einfacher Dislokationen. Die Versetzungen in den Spirallinien werden durch Wechselwrkg. von Dislokationsgruppen verschied. Stärke erklärt. (Philos. Mag. [7] **43.** 72–81. Jan. 1952. Bristol, Univ., H. H. Wills Physical Labor.) HILLER. 190

D. L. Dexter und **W. R. Heller,** *Quantentheorie des inneren Feldes in einem Idealkristall.* (Sitzungsbericht.) Berechnung der quantenmechan. Polarisierbarkeit eines Idealkristalls nach der halbklass. Methode. Die angeregten, beitragleistenden Zustände sind Excitonenzustände (nach dem FRENKELschen Kristallmodell) u. stammen aus Übergängen angeregter Atome mit Dipol–Dipol-Wechselwirkung. LORENTZ-Korrekturen für die Polarisierbarkeit eines Atoms im Kristall ergeben sich als Folge 1. von Austauscheffekten, 2. von Termen höherer Ordnung der Wechselwrkg. als die Dipol–Dipol-Terme u. 3. als Folge der Existenz von mehr als einem angeregten Zustand, zu dem virtuelle Übergänge möglich sind. In der Diskussion der Korrekturen wird darauf hingewiesen, daß bei der Best. der Oscillatorenstärke aus Absorptionswerten Vorsicht geboten ist, bes. weil die Lokalfeldkorrekturen für verschied. Energieniveaus verschieden sind. (Physic. Rev. [2] **85.** 723. 15/2. 1952; Bull. Amer. physic. Soc. **26.** Nr. 6. 27. 24/10. 1951. Illinois, Univ.) RUDOLPH. 190

Gerhard Pfefferkorn, *Untersuchungen zum Realbau von Kalkspat.* Durch elektronenmkr. Unters. der Ätzfiguren am Kalkspat wird dessen Realbau untersucht. Beim Ätzen werden nichtmol. Schichten, sondern dickere von einigen 1000 Å abgetragen. Hieraus sowie aus der charakterist. Form der Ätzhügel wird geschlossen, daß Kalkspat aus 300 bis 1000 Å großen Realbaublöcken aufgebaut ist, deren Begrenzungsflächen parallel zu den Spaltrhomboederflächen liegen. Das gleiche Ergebnis wird durch Spaltflächenunterss. erhalten. Der Realblockbau entsteht durch bevorzugte Ablagerung der Störstellen auf den Rhomboederflächen, die die kleinste Wachstumsgeschwindigkeit besitzen. Neben dem mechan. Realbau besteht ein chemischer. Deshalb sind viele Ätzgruben selbst an reinem Kalkspat unsymmetrisch. (Neues Jb. Mineralog., Abh. **84.** 281–326. Sept. 1952. Münster/Westf., Staatsinst. für Staublungenforsch. beim Hygieneinst. der Univ.) HILLER. 190

H. Wilman, *Die Deutung von Elektronenbeugungsdiagrammen von „eingrädig" orientierten (one-degree-orientated) polykristallinen Niederschlägen und gedrehten Kristallen.* Auf Elektronenbeugungsaufnahmen von dünnen polykristallinen Filmen, die unter gewissen Bedingungen auf epitax. nicht verwandten Substraten niedergeschlagen worden waren, wurde beobachtet, daß die Kristalle in einer „eingrädigen" Orientierung aufwachsen, u. zwar derart, daß eine Gittergerade [UVW] Kristall u. Substrat gemeinsam ist, während um diese gemeinsame Achse vollkommene Regellosigkeit herrscht. Ein solcher Nd. liefert ein Elektronenbeugungsdiagramm, das man durch Drehung eines Einkristalls um die [UVW]-Richtung, die parallel der Orientierungsachse liegt, erhalten würde. Vf. entwickelte prakt. Methoden zur Deutung solcher Diagramme, wodurch man die Orientierung der Kristalle u. ihre Gitterform bestimmen kann. Diese Methoden lassen sich auf Kristalle jeder Symmetrie für den Fall anwenden, daß die Orientierungsachse senkrecht oder nahezu senkrecht zum Elektronenstrahl liegt. (Acta crystallogr. [Copenhagen] **5.** 782–89. 10/11. 1952. London, Imperial College, Appl. Phys. Chem. Labor.) GOTTFRIED. 196

John Pearson und **John S. Rinehart,** *Deformation und Bruch dickwandiger Stahlzylinder bei explosivem Angriff.* (Sitzungsbericht.) Die Prüfungen werden an weichgeglühten dickwandigen Zylindern aus niedriggekohltem Stahl, die innen mit explosiven Ladungen gefüllt sind, ausgeführt. Der Zweck der Unters. war, maßgebende Informationen über die Art u. Weise des Bruches u. des plast. Fließens bei extrem hohen Drucken u. kurzer Dauer zu erhalten. Es wird beobachtet, daß alle Zylinder zum Zerbrechen in lange Bruchstücke von derselben Form, aber mit Unterschieden in Abhängigkeit von der Wanddicke u. der Art der Ladung neigen. Der radiale Spalttyp des Bruches wird an der Innenseite begonnen u. zur Oberfläche fortgesetzt, während der Schertypbruch, der mit der Innenseite der Zylinderwand verbunden ist, als ein unabhängiger, energieentlastender Vorgang erscheint. Die Mikrostrukturunters. der Zylinderbruchstücke zeigt eine definierte Verwandtschaft zwischen dem Bruchtyp u. dem Verzerrungsbetrag der Korngrenzen. Es ist eine beträchtliche Zwillingsbldg. durch den Stoß in den Bruchstücken vorhanden, u. die Kornstruktur nahe der inneren Oberfläche zeigt schwere Verzerrungen. Spannungsmessungen ergeben, daß beträchtliche plast. Spannungen während der Explosion u. immer Spaltbrüche in Verbindung mit beträchtlichen plast. Deformationen auftreten. (Physic. Rev. [2] **85.** 768. 15/2. 1952; Bull. Amer. physic. Soc. **26.** Nr. 8. 20. 27/12. 1951. Inyokern, U. S. Naval Ordnance Test Stat., Michelson Labor.) KLEFFNER. 200

John S. Rinehart und **John Pearson,** *Durch plötzliche Druckbelastungen in Metallen hervorgerufene Dehnungsbrüche.* (Sitzungsbericht.) Es wird über die Einw. hochintensiver Spannungswellen beim Zerbersten von Metallzylindern durch innere explosive Ladungen berichtet. Der Zugtyp des Bruches entsteht aus der Interferenz der reflektierten Zugspannungswellen, so oft die resultierende Zugspannung die n. krit. Zugspannung des Materials übersteigt. Die Größe dieser resultierenden Zugspannung u. ihre Lage innerhalb der Körper sind zum großen Teil von der Geometrie des Syst. Metall–Sprengstoff abhängig. Es werden die Geschwindigkeiten der Spannungswellen für niedriggekohlten *Stahl, Messing, Cu, Pb* u. *Al-Legierungen* aus der Bruchgeometrie gemessen. Diese Geschwindigkeiten befinden sich in ziemlich guter Übereinstimmung mit den für Dehnungswellen in diesen Metallen angenommenen Geschwindigkeiten. (Physic. Rev. [2] **85.** 768. 15/2. 1952; Bull. Amer. physic. Soc. **26.** Nr. 8. 20. 27/12. 1951.) KLEFFNER. 200

J. A. Brinkman, *Betrachtungen über die elastischen Konstanten von Kupfer.* (Sitzungsbericht.) Das von FUCHS (Proc. Roy. Soc. [London], Ser. A **151.** [1936.] 622) bei der Errechnung der elast. Konstanten von Cu gebrauchte Potential genügt nicht der erforderlichen Bedingung, um die Gitterstabilität aufrechtzuerhalten. Es wurde ein Vers. gemacht, um durch Gebrauch eines MORSE-Potentials sowohl der Stabilitätsbedingung als auch den beobachteten elast. Konstanten zu genügen u. damit die Kompressibilität zu erklären u. durch eine Modifikation dieses Potentials die beiden scherelast. Konstanten zu deuten. Die Notwendigkeit für diese Modifikation entsteht aus der Abhängigkeit der Kompressibilität von Volumenkräften, während die Scherkonstanten unabhängig von Volumenkräften sind. (Physic. Rev. [2] **85.** 768. 15/2. 1952; Bull. Amer. physic. Soc. **26.** Nr. 8. 20. 27/12. 1951. Downey, Calif., North Amer. Aviation, Inc.) KLEFFNER. 200

N. H. Polakowski, *Der Bauschinger-Effekt in Eiseneinkristallen.* Um zu beweisen, daß der BAUSCHINGER-Effekt auch an Einkristallen auftritt, werden Fe-Einkristalle unter homogener Deformation (Zug–Druck) untersucht. Die Einkristalle (0,450 inch – 0,001 Durchmesser u. 12 inch Länge) werden 5 Min. einer Last von 1,85 tons unterworfen, so daß sie eine Dehnung von 8,85% erhalten. Für die Druckverss. werden 2 inch lange Stäbe aus der Mitte herausgesägt u. an den Enden sauber planparallel geschliffen. Die durch den Zugvers. ungleichachsig gewordenen Proben werden nach analogem Druckvers. wieder gleichachsig, bei stärkerem Druck oval. Bei Änderung der Fließrichtung (Zug–Druck) beginnt das Fließen bei niedrigerer Last als vorher, so daß BAUSCHINGER-Schleifen in den Kurven Last–Deformation gebildet werden. Der erhöhte Fließpunkt bzw. eine andere Gestalt der Druckkurven nach 1std. Glühen bei 100° wird auf Spuren von C u. N_2 zurückgeführt. Zum Vgl. werden auch Kurven von Stahl (0,14% C) herangezogen, deren BAUSCHINGER-Schleifen bei entsprechend höherem Lastniveau größer sind. (Research **5.** 143–44. März 1952. Swansea, Univ. Coll., Metallurg. Dep.) KLEFFNER. 200

Akira Isihara, Natsuki Hashitsume und **Masao Tatibana,** *Statistische Theorie der gummiähnlichen Elastizität.* 5. Mitt. *Die Spannungsdoppelbrechung.* (4. vgl. C. **1953.** 4880.) Mathemat. Unterss. über die Einflüsse der Vernetzungsbildungen bei nicht-GAUSSschen Ketten. In bester Übereinstimmung mit der experimentellen Erfahrung führt die Vernetzung nicht-GAUSS'scher Ketten zu einer Abweichung von der linearen Abhängigkeit der Doppelbrechung von der Spannungsbeanspruchung derart, daß die Spannungsdoppelbrechungskurve von der Geraden abwärts zur Abscisse hin abgebogen wird, wohingegen die Dehnungsdoppelbrechungskurve ebenfalls in Übereinstimmung mit dem Vers. nach oben zu abbiegt. Diese Effekte können allerdings durch Kristallisationserscheinungen verdeckt oder durch erhöhte Tempp. vermindert werden. (J. appl. Physics **23.** 308–12. März 1952. Tokyo, Univ. of Tokyo, Fac. of Sci., Dep. of Phys.) WALTER SCHULZE. 200

Herbert Kolsky, Stress waves in solids. (Monographs on the Physics and Chemistry of Materials.) London: Clarendon Pr. 1953. (222 S. m. Abb.) 25 s.

A₇. Gleichgewichte. Kinetik.

J. D'Ans, *Die Bedeutung von van't Hoffs Arbeiten über Lösungsgleichgewichte und der Methoden ihrer Untersuchung und graphischen Darstellung.* Vf. berichtet über die Arbeiten von VAN'T HOFF u. späterer Autoren über Lösungsgleichgewichte u. deren Anwendbarkeit in der Praxis der Kaliindustrie, sowie ihren Einfl. auf die Unterss. über die Bldg. der Kalisalzlager. Bes. werden die Systeme H_2O–$NaCl$–KCl–$MgCl_2$–$MgSO_4$, H_2O–KCl–$MgCl_2$ u. H_2O–$NaCl$–KCl besprochen. (Z. Elektrochem., Ber. Bunsenges. physik. Chem. **56.** 497–505. 1952. Berlin.) MOSLÉ. 221

George Antonoff, Anton Urmanczy und **Alexis Yakimac,** *Diskontinuitäten der Eigenschaften der Materie in Abhängigkeit von der Temperatur.* Am Beispiel des H_2O u. des C_6H_6 wird gezeigt, daß die Kurve der Viscosität, aufgetragen gegen $P^{-1/2}$ (P = Dampfdruck), aus Geraden besteht, die sich in Knickpunkten bei bestimmten Tempp. unter kleinen Winkeln schneiden. Dieselben Knickpunkte wurden bereits früher bei

Messungen der D. gefunden. Vff. sind der Ansicht, daß solche Knickpunkte bei allen Substanzen im festen u. fl. Zustand auftreten. (J. Chim. physique Physico-Chim. biol. **49**. 82—84. Febr. 1952.) WITTIG. 221

Joseph J. Burbage und **A. B. Garrett**, *Phasenregeluntersuchungen in wasserfreiem Aluminiumbromid.* Verschied. Systeme, bestehend aus wasserfreiem $AlBr_3$ (I) u. einer anderen Br-Komponente wurden nach der Gefrierpunktsmeth. untersucht. Reines I hat F. 97,5°. Im festen I trat in der Nähe von 70° keine Phasenänderung auf. Mischungen von Br_2 u. I bilden ebenso wie solche von $CHBr_3$ bzw. C_6H_5Br mit I nur einfache Eutektika. Reines C_2H_5Br bildet einen 1:1-Komplex mit I. Verschied. andere gesätt. aliphat. Bromide entwickeln leicht HBr mit I. Benzylbromid u. Triphenylbrommethan bilden nur bei hohem mol. I-Geh. ein stabiles Syst. mit letzterem. (J. physic. Chem. **56**. 730—33. Juni 1952. Columbus, O., Ohio State Univ., Dep. of Chem.) FREE. 222

G. Schwarzenbach, *Der Chelateffekt.* Chelatkomplexe sind im allg. erheblich stabiler als entsprechende Komplexe mit einfachen Liganden. Ist K_{MZ} die Bildungskonstante eines Chelatkomplexes MZ (M = Metallkation; Z = bifunktioneller Ligand) u. K_{MA}, die eines einfachen Komplexes (A = einfacher Ligand), so ist der *Chelateffekt Chel* ≡ log K_{MZ} — log K_{MA_2}. Er hat im allg. positive Werte, kann aber, wie im Falle des Ca-Cadaverintetraacetats u. des Ca-Bisiminodiacetato-Komplexes negativ werden. Der „*Chel*" soll vom vergrößerten Entropieglied in $\Delta F = RT \cdot \ln K = \Delta H - T\Delta S$ herrühren, während ΔH bei der Bldg. des gewöhnlichen u. des Chelatkomplexes unverändert bleiben soll. Vf. glaubt, daß man für eine theoret. Betrachtung des „Chel" besser direkt von der genau meßbaren freien Energie ausgeht. Unter bestimmten, vereinfachenden Annahmen u. einem Vgl. der Anlagerung eines Z an das M ($M + Z \rightleftharpoons MZ^* \rightleftharpoons MZ$) mit der stufenweisen Anlagerung zweier einfacher Ionen erhält Vf. für K_{MZ} den Ausdruck $K_{MZ} = 2 \cdot n \cdot K\ (1 + {}^1/_2 K\ \{n' \cdot a_L \cdot e^{-E'/RT} + n'' \cdot a_L \cdot e^{-E''/RT}\})$ (**A**). Darin bedeutet n = Zahl der Koordinationsstellen des Kations = n' + n'' + 1, wobei n' die Nachbarstellen der Stelle, an welcher Z als Zwischenprodukt MZ* haftet, u. n'' die entfernter liegenden Haftstellen bezeichnen. $a_L \cdot e^{-E/RT}$ = Aktivität des noch freien Ligandenatoms des MZ* in umittelbarer Nähe einer unbesetzten Koordinationsstelle. E' bzw. E'' interpretiert Vf. als die freie Spannungsenergie der zu der Nachbarstelle bzw. zu den entfernteren Koordinationstellen geschlagenen Ringe. Ist der Chelatring klein u. spannungsfrei, so wird **A** zu $K_{MZ} = n \cdot n' \cdot K^2 \cdot a_L$ u. *Chel* ≡ log $2 \cdot n/(n-1)$ + log a_L, d. h. der „Chel" ist unabhängig von K. Er erhöht somit die Beständigkeit eines Adduktes genau so stark wie die eines stabilen Komplexes. Für eine vielgliedrige Chelatgruppe ergibt sich, daß bei einem langkettigen bifunktionellen Komplexpartner die beiden Liganden völlig unabhängig voneinander reagieren. Vf. gibt zahlreiche Beispiele u. deutet eine Verallgemeinerung der gefundenen Ergebnisse hinsichtlich polyfunktioneller Liganden an. — 27 Literaturangaben. (Helv. chim. Acta **35**. 2344—59. 1/12. 1952. Zürich, Univ., Chem. Inst.) PLUST. 223

Anton B. Burg, *Der Mechanismus der Zersetzung von Borcarbonyl.* Die Zers. von BH_3CO (I) u. BD_3CO (II) wurde in Pyrexgefäßen untersucht. Die Zers. erfolgt nach $2\,BH_3CO \rightleftharpoons B_2H_6 + 2\,CO$. Der geschwindigkeitsbestimmende Vorgang ist $BH_3 + BH_3CO \rightarrow B_2H_6 + CO$ (Geschwindigkeitskonstante k'), wobei die BH_3-Gruppen aus dem Anfangsgleichgewicht $BH_3CO \rightleftharpoons BH_3 + CO$ (Gleichgewichtskonstante k'') stammen. Für die durch $K = V_1V_2{}^2/273{,}2 \cdot UV_3{}^2$ (die Indices 1, 2 u. 3 beziehen sich auf B_2H_6 bzw. CO bzw. **I**, V = Vol., U = Gefäßvol., T = Versuchstemp. in °K) definierte Zerfallskonstante K wurde für die in () genannten Tempp. erhalten: 2,42 (297,5), 5,80 (316,7), 9,72 (326,7), 14,6 (335,7), 25,0 (350,9) für **I** u. 13,1 (309,7), 22,0 (320,5), 34,6 (333,0), 62,6 (348,6) für **II**. Die Ergebnisse lassen sich darstellen durch log K = 7,104 — 1998/T für **I** u. log K = 7,097 — 1850/T für **II**. Ferner ergibt sich log k'k'' = 14,087 — 6000/T für **I** u. log k'k'' = 12,372 — 5370/T für **II**. (J. Amer. chem. Soc. **74**. 3482—85. 20/7. 1952. Los Angeles, Calif., Univ. of Southern California, Dep. of Chem.) FUCHS. 225

P. Bonet-Maury, *Chemische Erscheinungen in bestrahltem reinem Wasser.* Vf. gibt einen zusammenfassenden Bericht über die Wrkg. energiereicher Strahlung auf W., über dessen wesentlichsten Inhalt bereits in C. **1952**. 2138 berichtet wurde. (Discuss. Faraday Soc. **1952**. Nr. 12. 72—79. Paris, Fac. des Sci. de Paris, Inst. du Radium, Labor. Curie.) E. HEINRICH. 226

Augustine O. Allen, *Zerfallsmechanismus für Wasser bei ionisierender Strahlung.* Als Zerfallsprodd. werden prim. H u. OH angenommen. Experimentell wird dabei H_2 u. H_2O_2 als Endprod. beobachtet. Die Bldg. von H_2 wird als ziemlich konstant gefunden, so lange das gebildete H_2 aus dem W. entweichen kann. Die G-Faktoren der H_2-Bldg. liegen für Röntgen- u. γ-Strahlen bei 0,45—0,7, für α-Strahlen bei ca. 1,9. Die Primär-Rk.

nimmt Vf. in Clustern längs der Teilchenbahn an. Ihr Radius soll zwischen 7 u. 150 Å liegen. Bei der Rekombination der gebildeten H- u. OH-Radikalen wird neben H_2O auch H_2 u. H_2O_2 gebildet. (Discuss. Faraday Soc. **1952**. Nr. 12. 79—87. Upton, Long Island, N. Y., Brookhaven National Labor., Chem. Dep.) E. Heinrich. 226

N. Miller und **J. Wilkinson**, *Aktinometrie ionisierender Strahlung.* Vff. diskutieren die Schwierigkeiten der exakten Intensitätsbest. inhomogener Strahlungen. Sie schlagen vor, generell bei Messungen zwischen Strahlenfluß (eV·sec^{-1}·cm^{-2}) u. Energieabsorption (eV·g^{-1}·sec^{-1}) zu unterscheiden. Für den G-Faktor (Zahl der Moll./100 eV absorbiert) wird eine Tabelle für verschied. Oxydations- u. Reduktionsprozesse angegeben. Der Einfl. von Verunreinigungen wird diskutiert. — 56 Literaturangaben. (Discuss. Faraday Soc. **1952**. Nr. 12. 50—60. Edinburgh, Univ., Dep. of Natural. Philosophy.) E. Heinrich. 226

J. W. Cobble und **G. E. Boyd**, *Rückstoßreaktionen mit langsamen Neutronen bei Verwendung von Quellen hoher Intensität.* 2. Mitt. *Das Zurückhalten von radioaktivem Brom durch kristallisiertes $KBrO_3$.* (1. vgl. C. **1952**. 5845.) Die bei der Bestrahlung von krist. $KBrO_3$ mit Neutronen im Graphitmeiler auftretende Zurückhaltung des akt. Br als Bromat steigt von einem offensichtlich Nullzeitwert von 9±1% bis zu 32±1% nach 16std. Bestrahlung. Erfolgt die Bestrahlung bei —195°, so beträgt die Zurückhaltung nach 5 Min. 13±1%. Erhitzen des bestrahlten $KBrO_3$ auf Tempp. oberhalb 80° oder Einw. einer Quelle mit starker γ-Strahlung (^{60}Co) führt zur Rückverwandlung des akt. Br in Bromat; die Geschwindigkeit dieser Rückverwandlung hängt von der Temp. bzw. der Intensität der γ-Strahlung ab. Die therm. Rück-Rk. kann durch kein einfaches Geschwindigkeitsgesetz beschrieben werden; die durch γ-Strahlung hervorgerufene Rk. gehorcht einer Geschwindigkeitsgleichung 1. Ordnung u. zeigt im Temperaturbereich von 10—150° eine Aktivierungsenergie von 8 kcal/Mol. Theoret. Überlegungen, inwieweit die Zurückhaltung durch „Käfig"-Effekte u. durch Aufhebung des Rückstoßes der γ-Strahlung bewirkt wird, werden angestellt. Die bei langandauernder Einw. von Neutronen beobachtete konstante Zurückhaltung wird der Einstellung eines Gleichgewichtes zwischen der Bildungsgeschwindigkeit des chem. abtrennbaren ^{82}Br u. seiner Wiedervereinigungsgeschwindigkeit zu Bromat zugeschrieben. (J. Amer. chem. Soc. **74**. 1282—86. 5/3. 1952. Oak Ridge, Tenn., Oak Ridge Nat. Labor.) Gedschold. 226

Edgar R. Stephens und **Robert N. Pease**, *Kinetik der nichtkatalytischen Oxydation von Ammoniak: Statische Versuche in einem leeren unbedeckten Quarzgefäß.* Fortführung der C. **1950**. II. 2518 beschriebenen Verss. unter Verwendung eines Reaktionsgefäßes aus Quarz. Gemessen wurde die zeitliche Abnahme des Druckes (= dP/dt) des Reaktionsgemisches, dessen Zus. durch das mol. Verhältnis $v = NH_3/O_2$ angegeben wird (v-Bereich von 3—$^1/_3$). Für eine Reaktionstemp. von 625° wurde so erhalten: Ist $v > {}^4/_3$ ($v = {}^4/_3$ = stöchiometr. Verhältnis), so gilt $dP/dt = kP_1P_2$, wobei sich der Index 1 auf NH_3 u. 2 auf O_2 bezieht; ist aber $v < {}^4/_3$, so ist $dP/dt = k'[O_2]^2/(1 + v)$. Diese Messungen wurden zwischen 200 u. 400mm Hg Gesamtdruck ausgeführt. Die Aktivierungsenergie ergibt sich für den ganzen v-Bereich zu 45 kcal/Mol (Messungen zwischen 625 u. 725° für v = 2 u. zwischen 525 u. 625° für $v = {}^1/_2$). (J. Amer. chem. Soc. **74**. 3480—82. 20/7. 1952. Princeton, N. J., Univ., Frick Chem. Labor.) Fuchs. 227

B. Anorganische Chemie.

R. K. Iler, *Assoziation zwischen Polykieselsäure und polaren organischen Verbindungen.* Es wird der relative Assoziationsgrad zwischen *Polykieselsäure* (I) u. verschied. Typen organ. Verbb. in wss. Lsgg. in Beziehung zur Struktur der organ. Komponenten gebracht. Der Assoziationsgrad wird durch Best. des Löslichkeitseffektes der organ. Verb. auf den durch Mischen von *Gelatine* (II) u. I erhaltenen Nd. ermittelt, wobei die Reaktionsbedingungen konstant gehalten werden. Das Verh. des Syst. II–I wird unter verschied. Bedingungen untersucht. Die Tendenz von I, bei Ggw. von II auszufällen, nimmt mit fortschreitender Polymerisation von I zu. Die Fällung wird verhindert oder Auflsg. des Nd. tritt ein, wenn die Konz. eines zugegebenen, wasserstoffbrückenbildenden Reagenses (HBA) einen bestimmten Betrag erreicht. Die Wrkg. von *NaCl, Diäthyl-„Carbitol"* (III) u. der Einfl. des Alters des I-Sols auf die Bldg. eines II-Nd. in einem Syst., 0,5—2% II u. 1—5% SiO_2 enthaltend, wird beim p_H 2,5 u. 27° graph. diskutiert (vgl. Iler u. Pinkney, C. **1948**. I. 997). Während II aus W. durch eine NaCl-Konz. von ungefähr 8 g/100 cm³ ausgesalzen wird, ist bei Ggw. von III eine höhere Salzkonz. zur Fällung erforderlich. Der Effekt, daß zur Koagulation von I-haltigen II-Lsgg., aus kleinen Moll. bestehend, ebensowenig Salz zur Koagulation gebraucht wird wie für große II-Moll. erforderlich ist, wird auf Adsorptionserscheinungen am Kieselsäuremol. zurückgeführt. Durch Best. der zur Verhinderung einer II–I-Fällung notwendigen Menge an HBA wird die relative Wirksamkeit verschied. polarer organ. Verbb. ermittelt. Hierfür setzt Vf. den relativen Wirkungsgrad von *Dimethoxytetraäthylenglykol* (**IV**) willkürlich mit 100 an. Der relative Wirkungsgrad jedes untersuchten HBA ist dann gegeben durch: (Zur Fällungsverhinderung erforderliche mol. Konz. an HBA/zur Fällungsverhinderung erforderliche mol. Konz. an **IV**)·100. Hieraus ergibt sich folgendes Ergebnis (Zahlen in Klammern = relativer mol. Wirkungsgrad): *Methanol* (3), *A.* (6), *Isopropylalkohol* (11), *tert.-Butylalkohol* (16), *Äthylenglykol* (0), *Propylenglykol* (7), *3-Methyl-1.2-butandiol* (18), *Hexamethylenglykol* (27), *Aceton* (17), *Methyläthylketon* (25), *Formamid* (0), *N-Dimethylformamid* (25), *N-Diäthylformamid* (40), *Acetamid* (11), *N-Dimethylacetamid* (41), *N-Diäthylacetamid* (54), *N-Isobutylacetamid* (22), *Harnstoff* (7), *N-Tetramethylharnstoff* (44); Amine als Salze: *Methylamin* (0), *Cyclohexylamin* (25), *2-Äthylhexylamin* (32), *m-Toluidin* (58), *Dimethylamin* (0), *Diäthylamin* (19), *Piperidin* (38), *Dibutylamin* (65), *Diamylamin* (70), *Trimethylamin* (14), *Pyridin* (42), *Chinolin* (66), *Cyclohexyldiäthylamin* (117); (folgende Zahlen = Aktivitäten): $C_2H_5 \cdot O \cdot C_2H_4 \cdot O \cdot C_2H_5$ (32), $C_2H_5 \cdot O \cdot C_2H_4 \cdot O \cdot C_2H_4OH$ (30), $CH_3 \cdot CO \cdot O \cdot CH_3$ (10), $HO \cdot CH_2 \cdot CO \cdot O \cdot CH_3$ (8), $(C_2H_5)_2 \cdot N \cdot CO \cdot CO \cdot N(C_2H_5)_2$ (68), $(HOC_2H_4)_2N \cdot CO \cdot CO \cdot N(C_2H_4OH)_2$ (27), CH_3COOH (6), CH_3CN (6), $(CH_3CO)_2$ (*Diacetyl*) (13), $C_2H_5 \cdot COOH$ (13), $CH_3 \cdot CHOH \cdot CH_2 \cdot C(OH) \cdot (CH_3)_2$ (*2-Methyl-2.4-pentandiol*) (23), A. + t-Butylalkohol (22), *N.N.N'.N'-Tetramethylsuccinamid* (80), *N.N.N'.N'-Tetramethyloxamid* (59). Die aus dieser Zusammenstellung sich ergebenden Beziehungen werden diskutiert. So steigt z. B. die Fällungsverhinderungsaktivität in einer homologen Reihe mit zunehmender Zahl an KW-stoffgruppen an, bis die Glieder wasserunlösl. werden; N-Verbb. sind wirksamer als O-Verbb.; höhere Alkohole, Glykole, Ketone u. Amide sind unwirksam, wahrscheinlich wegen ihrer Unlöslichkeit in Wasser. Das Anwachsen des Wirkungsgrades von Verbb. mit zunehmender Zahl an funktionellen Gruppen wird am Beispiel von Polyäthylenglykolen tabellar. wiedergegeben. Diese erhöhte Aktivität von Verbb. mit höherem Mol.-Gew. wird auch in dem Verh. von wasserlösl. Polymeren gegenüber **I** bei Abwesenheit von **II** deutlich; z. B. verbinden sich Polyamide oder Proteine, wie **II**, höhere Polyäthylenoxyde u. *Methylcellulose* mit **I** unter Bldg. von fl. oder festen Niederschlägen. Hierbei werden fl. Komplexe erhalten aus frischen **I**-Lsgg. u. polaren organ. Verbb. niederen Mol.-Gew., feste Ndd. dagegen aus gealterten **I**-Lsgg. u. Verbb. mit hohem Mol.-Gewicht. Da diese organ. Verbb. alle Elektronendonatoratome enthalten, folgert Vf., daß H-Brücken zwischen den Donatoratomen u. den Silanolgruppen vorhanden sind. Die potentielle Oberflächenenergie (A) der untersuchten organ. Verbb. ist der Wurzel der H-Brückenbindungsaktivität (B) proportional. Der Ausdruck $A/\sqrt{B}$ ist eine Konstante mit dem berechneten Wert von ~ 700, nur Acetamid u. Aceton geben niedrigere Werte, u. zwar 223 bzw. 525. Auf Grund der Beziehung zwischen Assoziationsgrad u. der potentiellen Oberflächenenergie der untersuchten Verbb. diskutiert Vf., daß die aus den Verbb. u. I gebildeten Komplexe infolge orientierter Adsorption der polaren Moll. auf der Oberfläche der **I**-Moll. entstehen. Gealterte **I**-Sole erfordern zur Verhinderung einer Fällung eine größere Menge eines HBA als frisch bereitete Sole. Ein ½ Std. altes Sol benötigt z. B. 8 g/100 cm³ **IV**, während ein 29 Std. altes Sol 35 g/100 cm³ **IV** zur Fällungsverhinderung benötigt. Die Messungen wurden durchgeführt, indem zu 5 cm³ **I**-Sol 0,2—10 cm³ einer HBA-Lsg. hinzugefügt wurden u. diese Mischung mit einer Standard **II**-Lsg. bis zur beginnenden Trübung titriert wurde. (J. physic. Chem. **56**. 673—77. Juni 1952. Wilmington, Del., E. I. du Pont de Nemours and Co., Exp. Stat. Grasselli Chem. Dep.) SPARMANN. 261

R. K. Iler, *Polymerisation von Kieselsäure: Verzögernder Effekt von Chromation.* (Vgl. vorst. Ref.) Es wird der Einfl. von CrO_4^{2-} (I) auf die Gelbldg. wss. *Kieselsäure* (**II**)-Lsgg. beim p_H 1—2 untersucht. Es wird angenommen, daß die Konz. an polymerisierbarer **II** bei Ggw. von **I** in **II**-Solen durch Bldg. einer instabilen *Silicochromsäure* (**III**), die mit den freien Säuren im Gleichgewicht steht, verringert wird. Zur völligen Verhinderung der Polymerisation von **II** scheint **III**, deren Zus. nicht weiter untersucht wurde, jedoch nicht genügend beständig zu sein, da schließlich trotzdem Gelbldg. eintritt. Die Wrkg. von H_2CrO_4, H_2SO_4, $HClO_4$, HCl, HSO_3NH_2, HNO_3 u. $CH(SO_3H)_3$ auf die „Gelzeit" von **II** bei verschied. p_H (0—2,5) wird graph. wiedergegeben. Vf. diskutiert die Wrkg. verschied. $CrO_3:SiO_2$-Verhältnisse auf 1 mol. **II**-Sole beim p_H 1,4—1,6. Die Ergebnisse, auf Grund der verschied. Gelzeiten ermittelt, deuten an, daß bei niederen CrO_3-Konzz. 2 Mole SiO_2 sich mit 1 Mol CrO_3 vereinigen. Die Unwirksamkeit eines Überschusses von I bzgl. der Verhinderung der Gelbldg. von **II** beruht auf der Polymerisation von I zu Polychromsäure, so daß zur Vereinigung mit SiO_2 stets nur eine bestimmte Grenzkonz. von monomerem I zur Verfügung steht. Die Gelzeiten bei verschied. p_H in **II**-Solen mit $Na_2MoO_4 \cdot 2\ H_2O$-*Zusatz*, mit einem Verhältnis von $SiO_2:MoO_3$=

20:1, zeigen, daß Molybdänsäure die Gelbldg. von II beschleunigt. (J. physic. Chem. **56.** 678–79. Juni 1952.) Sparmann. 261

R. K. Iler, *Polymerisation von Kieselsäure: Katalytischer Effekt von Fluorid.* (Vgl. vorst. Reff.) Es wird der Einfl. von H^+-, OH^-- u. F^--Ionen auf die Polymerisation u. Gelbldg. wss. *Kieselsäure* (I)-Lsgg. bei niederen p_H-Werten untersucht. Die Beständigkeit wss. I-Lsgg. um p_H 1,5 wird durch die Tatsache bestimmt, daß die Gelbldg. oberhalb dieses p_H durch OH^--Ionen u. unterhalb dieses Wertes nicht nur durch H^+-Ionen allein, sondern auch durch Spuren von F^- katalysiert wird. Die Reaktionsgeschwindigkeit der I-Polymerisation ist bei niederen p_H-Werten der H^+- u. F^--Konz. proportional. Die katalyt. Wrkg. der F^--Ionen wird durch Spuren von *Al*, *Be*, *Th* oder *Fe* aufgehoben, da diese Metallionen die Konz. der F^--Ionen durch Komplexbldg. verringern. Die Reihenfolge der Wirksamkeit von Al, Be u. Fe steht hierbei im umgekehrten Verhältnis zu den Dissoziationskonstanten der betreffenden Metallfluoridkomplexe. Vf. diskutiert, daß der Polymerisationsmechanismus eine vorübergehende Erhöhung der Koordinationszahl des Si von 4 auf 6 einschließt unter Bldg. instabiler Intermediärkomplexe. Die Inhibitorwrkg. verschied. Verbb. auf den durch F^--Ionen ausgelösten katalyt. Effekt in 1 mol. wss. I-Lsgg. wird durch Best. der Gelzeiten ermittelt (Zahlen in Klammern = Gelzeit von I in Std.): H_3BO_3 (9,0); *Alaun* (72,0); gesätt. NaH_2PO_4-Lsg. (8,3); $CrCl_3 \cdot 6\,H_2O$ (7,3); $CuSO_4 \cdot 5\,H_2O$ (8,3); $Fe_2(SO_4)_3$ (22,0); $ZrOCl_2 \cdot 8\,H_2O$ (9,8); $Th(NO_3)_4 \cdot 12\,H_2O$ (45,0); $Ce_2(C_2O_4)_3 \cdot 9\,H_2O$ (6,5); MoO_3 (7,3); WoO_3 (10,6); *Yttriumnitrat* (12,8); *La-*, *Pr-*, *Nd-Sulfamate* (12,8); *Wismutnitrat* (11,0); $UO_2(CH_3COO)_2 \cdot 2\,H_2O$ (19,0); $BeSO_4 \cdot 4\,H_2O$ (41,0); Blindprobe (8,3). Ausführliche graph. Diskussion der Wrkg. von F^-, mit u. ohne Zusatz von Al^{3+}, auf I-Lsgg. vgl. Original. (J. physic. Chem. **56.** 680–83. Juni 1952.) Sparmann. 261

Wilmer A. Jenkins und **Richard T. Jones,** *Die Reinigung und Beständigkeit von unterphosphoriger Säure.* Vff. erzielen bei der Reinigung von H_3PO_2 (I), welche für gewöhnlich durch 1–5 Mol-% H_3PO_3 verunreinigt ist, nach einer bisher nicht angewendeten Meth. ein festes Prod., dessen H_3PO_3- bzw. H_3PO_4-Gehh. jeweils kleiner als 0,1 Mol-% sind; die Ausbeuten betragen jedoch nur ca. 10%. Als Ausgangsmaterial wird handelsübliche, 50%ig. I von Merck verwendet, die ca. 2,6 Mol-% H_3PO_3 enthält. Es kann jedoch auch von I anderen Ursprungs ausgegangen werden, so lange dieses ca. 10f ist; andernfalls ist Konzentrierung durch Vakuumentwässerung angezeigt. Das zu reinigende konz. I wird bei 40° (die Temp. von 45° darf nicht überschritten werden) auf etwa die Hälfte seines Ausgangsvol. eingedampft. Nach Abkühlen wird die Fl. in einem weithalsigen Erlenmeyer-Kolben einige Std. in einem Trockeneis-Acetonbad belassen, bis der Inhalt vollständig gefroren ist. Hierauf sollen sich bei 12std. Stehen bei ca. 5° 30–40% des Flascheninhaltes verflüssigen. In einem kalten Raum (ca. 5°) wird die Festsubstanz (II) von der Fl. abgesaugt u. das Filtrat verworfen. II wird wiederum bei 5° sich selbst überlassen, bis ca. 20–30% davon fl. geworden sind; danach wird erneut abfiltriert u. bis zu 30%ig. Verflüssigung stehengelassen. Nach Filtration wird die feste I in einem kalten Raum im evakuierten Exsiccator über $Mg(ClO_4)_2$ aufbewahrt. Große Kristalle werden durch Umkristallisation aus n-Butanol erhalten. — Festes I erleidet im Exsiccator bei 5° in 3 Monaten keine merkliche Zersetzung. Der H_3PO_3-Geh. 0,1f Lsgg. von I erhöht sich in 3 Monaten bei 5° um ca. 0,1%. Die Zersetzungsgeschwindigkeit 0,05f-Lsgg. von chem. reinem Na-Hypophosphit wird bei Raumtemp. mit ansteigendem p_H (p_H-Änderung wird durch HCl-Zugabe bewirkt) größer; die prozentuale Zers. in einem Jahr beträgt 0,8% für Lsgg. mit p_H 1,5 u. 85% für Lsgg. mit p_H 5. (J. Amer. chem. Soc. **74.** 1353–54. 5/3. 1952. Pasadena, Calif., California Inst. of Technol., Gates and Crellin Labor. of Chem.) Gedschold. 264

Marius Chemla und **Jules Pauly,** *Abtrennung des ^{22}Na von einer Mg-Scheibe durch Elektrolyse mit erneuerter Hg-Elektrode.* ^{22}Na, aus Mg durch (d, α)-Rk. gewonnen, kann von diesem einfach u. wirksam durch Elektrolyse der Lsg. in HCl an der bewegten Hg-Kathode, analog dem Castner-Verf., gewonnen werden (App.). Bei 24 V werden so 95% des ^{22}Na in 10 Std. abgetrennt. (Bull. Soc. chim. France, Mém. [5] **20.** 432. April 1953. Coll. de France, Labor. de Chim. Nucléare.) Kresze. 274

C. W. Koch, A. Broido und **B. B. Cunningham,** *Die Dampfphasenhydrolyse von Halogeniden Seltener Erden.* 1. Mitt. *Wärme und freie Energie der Reaktion $LaCl_3$ (fest) + H_2O (gasförmig) = $LaOCl$ (fest) + 2 HCl (gasförmig).* Vff. untersuchten die Temperaturabhängigkeit der Gleichgewichtskonstante für die Rk. $LaCl_3$ (fest) + H_2O (gasf.) = LaOCl (fest) + 2 HCl (gasf.) im Temperaturgebiet zwischen 730 u. 895°. Die Versuchsanordnung sowie die Meß- u. Analysenmethoden werden in allen Einzelheiten ausführlich beschrieben. Aus den Gleichgewichtsdaten zusammen mit der für die untersuchte Rk. entwickelten Gleichung $\Delta C_p = -2{,}79 - 0{,}36 \cdot 10^{-3}\ T + 0{,}44 \cdot 10^5\ T^{-2}$ wurden folgende thermodynam. Werte ermittelt: $\Delta H_{0^0} = 27,9$; $\Delta H_{298^0} = 27,0$ u. $\Delta H_{785^0} = 25,6$ kcal; $\Delta S_{298^0} = 33,5$ u. $\Delta S_{785^0} = 30,8$ cal·Mol^{-1}·Grad^{-1}. Für die Bildungswärme von LaOCl ergeben sich —250,2 kcal·Mol^{-1} u. für die freie Energie unter Zugrundelegung einer geschätzten Bildungsentropie von —39,3 e. u. bei 298° K —238,5 kcal·Mol^{-1}. (J. Amer. chem. Soc. **74.** 2349—51. 5/5. 1952. Berkeley, Calif., Univ. of California, Dep. of Chem. u. Radiation Labor.) H. W. Levi. 303

Louis T. Ockerman und **James M. Schreyer,** *Reinigung von Kaliumferrat(VI) mit Methylalkohol.* Da die Löslichkeit von KCl in 90%ig. Methanol fast dreimal so groß ist wie in 90%ig. A., wurde versucht, Kaliumferrat(VI) mit Methanol von KCl u. KOH zu reinigen. Die Reinigung erfolgte z. B. durch 1std. Rühren von 50 g 26,2 8%ig. K_2FeO_4 mit 1000 ml 95—97% Methanol. Ein Präp. mit anfangs 26,28% K_2FeO_4 konnte nach viermaligem je 60 Min. langem Waschen auf 81,39% angereichert werden. Eine Probe mit 82,06% konnte auf 85,65% u. schließlich 87,06% K_2FeO_4 gereinigt werden. Eine geringe Bldg. von Fe(III)-Oxydhydrat konnte dabei nicht vermieden werden; diese Erscheinung ist bei Methanol geringer als bei Äthanol. 30 Min. langes Behandeln mit Methanol wird empfohlen. (Chemist-Analyst **40.** 83—86. Dez. 1951. Lexington, Ky., Univ. of Kentucky.) H. U. v. Vogel. 354

C. Mineralogische und geologische Chemie.

Fritz Bender, *Die Verteilung der Elemente Ca, Fe, Si und Al in einem Eisenoolithhorizont des Lias alpha in Württemberg.* Von der Eisenoolithenbank des Lias alpha in Württemberg wurde an 48 Gesteinsproben der Geh. an Fe, Ca, Al u. Si quantitativ bestimmt u. Relativwerte gebildet. Durch Unters. des Mineralbestandes konnten die Elemente ihren Verbb. zugeordnet werden. Es zeigte sich, daß ein Teil des *Brauneisens* durch Mikrofossilien (Phycornyciten) fixiert war. Von der Küste zum Meeresbecken nimmt Ca zu, Fe u. Al langsam ab. In einer Entfernung von 40—80 km von der ehemaligen Küste war ein plötzliches Ansteigen des Fe-Geh. u. Abnehmen des Ca- u. Si-Geh. zu beobachten. Die Verteilung der Elemente wurde zur Deutung paläograph. Verhältnisse verwandt. (Neues Jb. Mineralog., Abh. **84.** 350—64. Sept. 1952. Heidelberg.) Hiller. 378

P. G. Werbitzki, *Die Erscheinung der Skapolithisierung von Amphibolen.* Bei der Unters. der Metabasite vom mittleren Dnepr-Gebiet wurden solche Beziehungen zwischen *Skapolith* (I) u. *Plagioklas* (II) u. Amphibol, den wichtigsten gesteinsbildenden Mineralien, beobachtet, die bewiesen, daß die Skapolithisierung außer auf **II** auch auf *Hornblende* (**III**) übergreift. Die Metadiabase bestehen fast je zur Hälfte aus *Labrador* u. sek. **III**, entstanden durch Amphibolisierung der *Pyroxene* im ursprünglichen Diabasgestein. Außerdem sind vertreten: **I**, *Epidot, Zoisit, Apatit, Chlorit, Sericit, Titanomagnetit* u. *Pelit.* Die Entstehung der für die Skapolithisierung erforderlichen Lsgg. hängt nicht mit einem Automorphismus zusammen, sondern mit späteren Prozessen. (Доклады Академии Наук СССР [Ber. Akad. Wiss. UdSSR] [N. S.] **86.** 165—67. 1/9. 1952. Dnepropetrowsk, Artem-Bergbauinst.) Lebtag. 378

B. B. Swjagin, *Elektronographische Untersuchung der Mineralien der Montmorillonitgruppe.* Elektronograph. untersucht wurden die Fraktionen <0,001 mm von 19 nach chem. Zus., opt. u. therm. Verh. u. Verh. gegen W. verschied. Tonen, die in der Hauptmasse aus *Montmorilloniten* (I) bestanden. Nach den Elektronogrammen u. der Größe der Elementarzelle erwiesen sich nur 10 der untersuchten **I** als zur Askan-Gruppe gehörig. Von den übrigen **I**-Vertretern gehören 4 zum *Beidellit*-Strukturtyp, 2 zu den *Nontroniten.* 3 von ihnen sind als außergewöhnliche **I** anzusehen. Aus der starken Verschiedenheit der Elementarzellengröße folgt die Forderung nach einer präziseren Klassifizierung der **I**-Mineralien. (Доклады Академии Наук СССР [Ber. Akad. Wiss. UdSSR] [N. S.] **86.** 149—52. 1/9. 1952. Allunions Wiss. Geol. Forschungsinst.) Lebtag. 380

J. C. Griffiths und **M. A. Rosenfeld,** *Ein weiterer Nachweis der Dimensionsorientierung von Quarzkörnern im Bradford-Sand.* (Amer. J. Sci. **251.** 192—214. März 1953. State College, Pa., State Coll., School of Mineral Ind.) Ensslin. 380

L. M. Lewina, *Mineralogische Besonderheiten der bunten Sedimente des Gebietes des Flusses Samara und Korulka.* Die schweren Fraktionen der Buntsedimente vom Fluß Samara u. von der Korulkakuppe enthalten in beiden Fällen *Granat, Turmalin, Staurolith* (I), *Rutil, Muskovit, Biotit,* grünen *Glimmer, Epidot, Zirkon* u. die Erzmineralien *Ilmenit, Hydrogoethit* u. *Pyrit.* Die leichte Fraktion besteht aus *Quarz* mit geringer Beimengung an *Feldspat* u. Kieselgesteintrümmern. Die Buntgesteine von Samara u. Korulka gehören demnach zur Trias u. nicht zum Carbon, wie bisher angenommen wurde. (Доклады Академии Наук СССР [Ber. Akad. Wiss. UdSSR] [N. S.] **79.** 319—20. 11/7. 1951. Allunions Wiss. Forschungsinst. für Naturgase.) Lebtag. 380

Paul Ramdohr, *Maldonit.* Kleine Splitter des Originalmaterials von der Maldongrube in Victoria zeigen, daß der *Maldonit, Au_2Bi*, neben einem myrmekit. Gemenge von Au u. Bi noch vorhanden ist. Die Gründe des Zerfalls der Verb. Au_2Bi in das myrmekit. Au–Bi-Gemenge konnten nicht geklärt werden. Das Polierverh. ist gut, besser als bei dem Gemenge. Die Schleifhärte ist gering. Das Reflexionsvermögen ist sehr hoch, aber nicht ganz metallartig. (S.-B. dtsch. Akad. Wiss. Berlin, Kl. Math. allg. Naturwiss. **1952.** 3—9. 1953.) ENSSLIN. 383

Luigi Usoni, *Kupferlagerstätten in Erythräa und Abessinien.* Beschreibung der Cu-Erzvorkk. von Raba, Semait, Adi Rassi (Serae) u. Cercer (Harar). (Ind. mineraria **3.** 13—22. Jan. 1952.) R. K. MÜLLER. 383

Piero Zuffardi, *Das Blei-Zink-Vorkommen von Monte Agruxiau. Beitrag zur Kenntnis der Vorkommen oxydischer Mineralien bei Iglesias.* Das untersuchte Vork., dessen geolog., mineralog. u. genet. Verhältnisse erläutert werden, enthält in der oxydierten Zone 4—9% Pb (*Cerussit*) u. im Mittel 16% Zn (*Smithsonit*) neben Fe-Oxyden u. geringen Mengen von Mn-Oxyden. Es handelt sich um Oxydationsprodd. einer hydrothermalen Sulfidablagerung, wobei Sulfate als Zwischenstufe anzunehmen sind. Die geolog. Grenzen der Oxydation werden erörtert. (Ind. mineraria **3.** 1—12. Jan. 1952. Montevecchio, Centro studi geo-minerari.) R. K. MÜLLER. 384

Paul Ramdohr, *Neue Beobachtungen am Bühl-Eisen.* Das Bühl-Eisen, Eiseneinschlüsse in Basalt, wurde neu untersucht u. mehrere Typen festgestellt. Es wurden in einem bes. Fe-reichen Stück bis 0,2 mm große Kristalle von *Ulvöspinell Fe_2TiO_4* gefunden, welcher wahrscheinlich unter den bes. zu reduzierenden Bedingungen in dem *Ilmenit* gebildet wurde. Im Verlauf der weiteren Abkühlung zerfällt der Ulvöspinell wieder unter Bldg. von Ilmenit, *Magnetit* u. metall. *Fe.* Das metall. Fe verwittert unter reichlicher MgO-Zufuhr aus den angrenzenden Basalten zu *Magnesioferrit.* Metall. Fe u. *Troilit* kommen ebenfalls nebeneinander vor u. zeigen mit Magnetit u. Gesteinsglas Verwachsungen in Treppenform mit wechselseitigen Einschlüssen. Dies wird darauf zurückgeführt, daß im Augenblick der Erstarrung eine Emulsion nichtmischbarer Fll. vorlag. (S.-B. dtsch. Akad. Wiss. Berlin, Kl. Math. allg. Naturwiss. **1952.** 9—24. 1953.) ENSSLIN. 384

E. Salpeter, *Spektroskopische Chlorbestimmung in Steinmeteoriten.* Es wird eine Meth. der Cl-Best. in Meteoriten mittels Hochfrequenzanregung beschrieben. An 24 Steinmeteoriten werden qualitativ, an 20 quantitativ der Cl-Geh. bestimmt. Der Durchschnittswert beträgt 0,09%, in Übereinstimmung mit früheren Ergebnissen. Zur Eichung wird der Cl-Geh. einiger Proben chem. bestimmt. Zur Extraktion des Cl wird hierbei der Sodaaufschluß angewandt u. für die nephelometr. Best. ein gewöhnliches Colorimeter benutzt. (Ric. spettroscop. **2.** 1—63. Sept. 1952. Labor. astrofis. della specola vaticana.) HILLER. 397

G. W. Brindley, X-ray Identification and Crystal Structures of Clay Minerals. London: Mineralogical Society. 1951. (345 S.) 1 £ 16 s.

D. Organische Chemie.

D_1. Allgemeine und theoretische organische Chemie.

Vernon H. Dibeler, *Massenspektren der Tetramethylverbindungen von Kohlenstoff, Silicium, Germanium, Zinn und Blei.* (Vgl. C. **1952.** 7786.) Die Massenspektren von $C(CH_3)_4$, $Si(CH_3)_4$, $Ge(CH_3)_4$, $Sn(CH_3)_4$ u. $Pb(CH_3)_4$ wurden mit einem Consolidated 21—102 Massenspektrometer bei 250°, 70 V Elektronenspannung u. einer Auflösung von ca. 1:300 aufgenommen. Aus den polyisotop. Massenspektren wurden die monoisotop. Spektren berechnet, nachdem die Isotopenhäufigkeiten aus den Massenspektren selbst bestimmt worden waren. Die Massenspektren der 5 Verbb. sind qualitativ ähnlich. Charakterist. für den Verbindungstyp ist die Seltenheit des Mol.-Ions u. der aus der Dissoziation eines H-Atoms entstandenen Ionen sowie das Vorherrschen des Trimethylions. Die Häufigkeiten der aus der Dissoziation von 2, 3 oder 4 Methylgruppen entstandenen Ionen wachsen nahezu linear mit wachsender At.-Nr. des Zentralatoms, was bes. auffällig in der Reihe $C^+ < Si^+ < Ge^+ < Sn^+ < Pb^+$ ist. Monohydride der At.-Ionen wurden beobachtet, sowie Di- u. Trihydride bei Ge- u. Si-At.-Ionen. Die Häufigkeit des CH_3-Ions bei Neopentan zeigt an, daß es zum Teil als Trihydrid des zentralen C-Atoms entstanden ist. Ebenso zeigt ein Vgl. der Häufigkeiten des $C_2H_5^+$-Ions mit den entsprechenden Si- u. Ge-Ionen, daß zumindestens ein Teil der $C_2H_5^+$-Ionen aus einer Wasserstoffumlagerung entstanden ist. (J. Res. nat. Bur. Standards **49.** 235—39. Okt. 1952. Washington.) CONRAD. D 100

K. B. Alberman, R. N. Haszeldine und **F. B. Kipping,** *Spektroskopische Untersuchungen.* 1. Mitt. *Sterische Effekte bei einigen substituierten Butadienen und Cyclobutanen.* Die UV-Absorptionsspektren von *1.1.4.4-Tetraphenylbutadien* (**I**) u. *1.2-Bis-[diphenyl-* (**IIa**), *-[di-p-methylphenyl-* (**IIb**), *-[di-p-isopropylphenyl-* (**IIc**) u. *-[di-p-tert.-butylphenylmethylen]-cyclobutan* (**IId**) wurden gemessen. Molekülmodelle zeigen, daß bei **I** nur zwei der Phenylreste mit den Butadiendoppelbindungen in einer Ebene liegen können, die anderen beiden aber stark aus der Ebene herausgedreht sein müssen. So ist es erklärlich, daß das Spektr. von **I** nur wenig langwellig verschoben ist gegenüber dem Spektr. von 1.4-Diphenylbutadien. Der entsprechende ster. Effekt zeigt sich auch bei den **II**-Derivaten.

Versuche: *1.1.4.4-Tetraphenylbutandiol-(1.4)*, F. 206—207° (Chlf.), aus Bernsteinsäurediäthylester; durch Wasserabspaltung daraus *1.1.4.4-Tetraphenylbutadien-(1.3)* (**I**), F. 207—208°. λ_{max} (ε_{max}) 3430 Å (37250), 2490 Å (22800). — Die Cyclobutan-Derivv. wurden aus trans-Cyclobutan-1.2-dicarbonsäurediäthylester durch Behandlung mit dem entsprechenden GRIGNARD-Reagens u. anschließende Wasserabspaltung aus dem erhaltenen Carbinol dargestellt: *1.2-Bis-diphenylmethylencyclobutan* (**IIa**), [λ_{max} (ε_{max})] 3510 Å (21400); 2580 Å (23000). — *1.2-Bis-[di-p-tolylmethylen]-cyclobutan* (**IIb**), $C_{34}H_{32}$, F. 214° (A.–Bzl.); 3580 Å (23000); 2610 Å (28400). — *1.2-Bis-[di-p-isopropylphenylmethylen]-cyclobutan* (**IIc**), $C_{42}H_{48}$, F. 148—149° (A.–Bzl.); 3630 Å (23400); 2620 (30000). — *1.2-Bis-[di-p-tert.-butylphenylmethylen]-cyclobutan* (**IId**), $C_{46}H_{56}$, F. 283—284° (Bzl.); 3650 Å (27200); 3630 Å (32200); *Carbinol*, $C_{46}H_{60}O_2$, F. 252° (A.–Bzl.). (J. chem. Soc. [London] **1952.** 3284—88. Aug. Cambridge, Univ., Chem. Labor.) D. BRÜCK. D 118

Paul F. Fenlon, Forrest F. Cleveland und **Arnold G. Meister,** *Substituierte Methane.* 7. Mitt. *Schwingungsspektren, Kraftkonstanten und berechnete thermodynamische Eigenschaften von CH_3J und CD_3J.* (6. vgl. DECKER u. Mitarbeiter, C. **1952.** 1463.) Es wird das RAMAN-Spektr. des fl. *Methyljodids* mit gemessenen Intensitäten u. Depolarisationsgraden u. das Ultrarotspektr. im fl. u. gasförmigen Zustand von 400—4000 cm^{-1} mitgeteilt. Auf Grund einer ausführlichen Diskussion werden die Frequenzen den Grundschwingungen zugeordnet u. damit die Kraftkonstanten berechnet. Diese erlauben die Berechnung der Schwingungsfrequenzen von CD_3J. Für beide Moll. werden aus den spektroskop. Daten die wichtigsten thermodynam. Größen für 11 Tempp. von 200 bis 1000° K berechnet. (J. chem. Physics **19.** 1561—65. Dez. 1951. Chicago, Ill., Armour Res. Found., Phys Dep., u. Inst. of Technol., Dep. Phys., Spectroscopic Labor.)
GOUBEAU. D 120

Abram Davis, Forrest F. Cleveland und **Arnold G. Meister,** *Substituierte Methane.* 8. Mitt. *Schwingungsspektren, Kraftkonstanten und berechnete thermodynamische Eigenschaften von Dibromdichlormethan.* (7. vgl. vorst. Ref.) Aus dem RAMAN-Spektr. mit gemessenen Intensitäten u. Depolarisationsgraden u. aus dem Ultrarotspektr. (400 bis 5000 cm^{-1}) werden die Frequenzen der Grundschwingung für *Dibromdichlormethan* ermittelt. Mit einer Potentialfunktion unter Berücksichtigung von Wechselwirkungskräften werden die Kraftkonstanten berechnet, u. a. $k_{CBr} = 2{,}7530$ u. $k_{CCl} = 3{,}3713 \cdot 10^5$ dyn/cm. Aus diesen Daten werden die thermodynam. Größen bei 1 at für 12 Tempp. zwischen 100 u. 1000° K berechnet. (J. chem. Physics **20.** 454—59. März 1952.)
GOUBEAU. D 120

E. Dallwigk, H. Paillard und **E. Briner,** *Untersuchungen über ultrarote Absorptionsspektren von Ozoniden.* 4. Mitt. *Die Ultrarotabsorptionsspektren der Ozonisationsprodukte organischer Verbindungen mit dreifacher Bindung: Diphenylacetylen und Heptincarbonsäuremethylester.* (3. vgl. C. **1953.** 667.) Es wurden die Ultrarotspektren von verschied. stark ozonisierten Proben von *Diphenylacetylen* (**I**) u. von *Heptincarbonsäuremethylester* (**II**) mitgeteilt. Bei **I** können nur die Zersetzungsprodd. des sehr instabilen Ozonids nachgewiesen werden, vor allem Benzil u. Benzoesäureanhydrid. Dagegen kann bei **II** aus der Bande 1752 cm^{-1} auf die Anwesenheit eines stabilen Ozonids geschlossen werden. (Helv. chim. Acta **35.** 1377—84. 16/6. 1952. Genf, Univ., Labor. Chim. techn., théor. et de l'Électrochim.) GOUBEAU. D 120

Robert Stupp und **Hans Kuhn,** *Chlorophyll a. Untersuchung der Polarisation des Fluorescenzlichts zur Ermittlung der Richtungen der Übergangsmomente von Absorptionsbanden.* Zur Deutung der Lichtabsorption von Chlorophyll a wurden die Richtungen der Übergangsmomente der einzelnen Absorptionsbanden (Banden A—G im Intervall zwischen 360 u. 680 mμ) ermittelt. Experimentell wurde derart vorgegangen, daß eine verd. Lsg. von Chlorophyll im Rizinusöl mit linear polarisiertem Licht, dessen elektr. Vektor in der z-Richtung eines rechtwinkligen Koordinatensyst. schwingt, bestrahlt wurde u. das Fluorescenzlicht, das etwa in der x-Richtung ausgestrahlt wird, beobachtet wird. Der Polarisationsgrad p ist abhängig von der Wellenlänge des einfallenden Lichts u. kann positives oder negatives Vorzeichen besitzen. Auf Grund von Arbeiten von PERRIN (vgl. Ann. Chim. Phys. [10] **12.** [1929.] 169) läßt sich aus der Größe dieser Polarisation die gegenseitige Orientierung der Übergangsmomente der Absorptionsbande, in deren Bereich die Wellenlänge des erregenden Lichts fällt, u. der Fluorescenzbande ermitteln. Es wurde beobachtet, daß bei Erregung mit Licht, dessen Wellenlänge zwischen 520 u. 560 mμ fällt, negatives Vorzeichen des p des Fluorescenzlichtes auftritt, während bei Erregung mit Licht jeder anderen Wellenlänge zwischen 360 u. 660 mμ positives Vorzeichen von p beobachtet wurde. Aus diesen Beobachtungen folgt, daß die von PRINS (vgl. Nature [London] **134.** [1934.] 457) aufgestellte Hypothese, wonach die Banden A—E Vibrationsbanden seien, die zu ein u. demselben Elektronensprung gehörten, nicht aufrecht erhalten werden kann. Aus der beobachteten Wellenlängenabhängigkeit von p ergibt sich weiter, daß die Richtung des Übergangsmomentes der Fluorescenzbande u. damit der Bande A mit der Richtung des Übergangsmoments der Bande D einen Winkel von ungefähr 90° einschließt. (Helv. chim. Acta **35.** 2469—82. 1/12. 1952. Basel, Univ., Physikal.-chem. Anst.) GOTTFRIED. D 122

Earl H. Gilmore, George E. Gibson und **Donald S. McClure,** *Absolute Qantenausbeute der Luminescenz organischer Moleküle in fester Lösung.* Mit Hilfe einer eingehend beschriebenen Meßanordnung (bestehend aus Hg-Hochdrucklampe, Monochromator u. Elektronenvervielfacher) werden die Quantenausbeuten der Fluorescenz (Q_F) u. Phosphorescenz (Q_P) von *Benzophenon, Acetophenon, Aceton, Bzl., Fluor-, Chlor-, Brombenzol, Naphthalin* u. *Triphenyl* als feste Lsgg. verschied. Konz. in einem bei 77° K eingefrorenen Gemisch aus 5 Volumenteilen Ae., 5 Teilen Isopentan u. 2 Teilen A. gemessen (Genauigkeit 10%). Die gemessenen Q-Werte liegen zwischen nahezu Null (Brombenzol) u. 0,6 (Benzophenon). Die die Quantenausbeute bestimmenden strahlungslosen Übergänge zwischen den Singulett- (S) bzw. Triplettniveaus (T) u. dem Grundzustand des Mol. werden diskutiert. Dabei werden bes. der Zusammenhang zwischen gemessener u. natürlicher Lebensdauer des Triplettzustandes, zwischen der Lebensdauer des Triplettniveaus u. der S → T-Absorptionsbande sowie zwischen den Quantenausbeuten bei Stoffen in fester u. fl. Lsg. sowie im Gaszustand behandelt. (J. chem. Physics **20.** 829—36. Mai 1952. Berkeley, Calif., Univ. of California, Dep. of Chem. and Chem. Engng.) RUDOLPH. D 125

P. L. McGeer, A. J. Curtis, G. B. Rathmann und **C. P. Smyth,** *Mikrowellenabsorption und dielektrische Relaxation in einigen langgliedrigen Estern.* (Sitzungsbericht.) Best. der Dielektrizitätskonstante u. der dielektr. Verluste δ zwischen 3 u. 90° bei Wellenlängen von 1,25, 3,22 u. 10,0 cm sowie bei 577 m für 13 (nicht genannte) Ester mit langen Ketten. Die krit. Wellenlänge mit maximalem δ wächst mit der Mol.-Länge l u. der Viscosität η. Die Ester haben bei gleichem l gegenüber den Alkylbromiden etwas geringeres η, aber eine etwa nur halb so große krit. Wellenlänge. Daraus folgt eine leichtere Orientierung der Dipole in den untersuchten Estern, vermutlich bedingt dadurch, daß die Dipole der Ester nicht an den Enden der Mol.-Ketten sitzen. (Physic. Rev. [2] **88.** 174. 1/10. 1952. Princeton Univ.) RUDOLPH. D 132

N. S. Hush, *Der Einfluß der Konjugation auf die Ionisation aromatischer Amine.* Vf. setzt die Ionisationskonstanten folgender aromat. Mono- u. Diamine: *1-Anthrylamin, α-* u. *β-Naphthylamin, o-, m-* bzw. *p-Aminodiphenyl, Anilin, o-, m-* bzw. *p-Phenylendiamin, Benzidin, Stilben-p.p'-diamin,* sowie *1.4-, 1.5-, 1.8-, 2.3-, 2.6-* u. *2.7-Naphthylendiamin* in Beziehung zu den Differenzen in den π-Elektronenergien zwischen dem Protondonatoren u. Acceptoren dieser Säure–Base-Systeme. Wenn diese Energieänderung als Hauptvariable in Hinblick auf die Verschiedenheit der Ionisationskonstanten angesehen wird (was unter folgenden Voraussetzungen angängig ist: Die Differenz in der Standard-Freien-Ionisationsenergie zweier Basen ähnlicher Ladungsverteilung in einem gegebenen Lösungsm. bei konstanter Temp. ist gleich der Differenz der Potentialenergien, die mit der Protonaufnahme in der Gasphase verbunden sind, d. h. gleich der Differenz der Protonenaffinitäten der Moll., u. diese Differenz ist wiederum gleich der Energiedifferenz zwischen Donator u. Acceptor plus einer Konstanten, d. h. die Protonaffinität eines solchen Mol. in der Gasphase ist gegeben durch die Gleichung $E_h = E_h^0 + \Delta\varepsilon$), dann können diese Verschiedenheiten der Dissoziationskonstanten durch die Molekülbahntheorie u. die Störungstheorie 1. Ordnung erklärt werden. Bes. wird es verständlich, warum die Differenzen in den Ionisationsenergien zwischen den Basen dieses Typs so viel kleiner sind als für die Protonenaufnahme des Kernstickstoffs in den isokonjugierten heteroaromat. Aminen. Die einzelnen Typen der Energieänderung werden untersucht u. angenäherte Werte für einige COULOMB-Integrale erhalten. Außerdem werden die Energieverhältnisse prototroper Ammoniumionen-Rkk. einer Betrachtung unterzogen. In einem

Nachtrag werden die Elektronendichten der gebildeten Dicarbanionen zusammengestellt. (J. chem. Soc. [London] **1953**. 684—91. Febr. Manchester, Univ.) NIEMITZ. D 139

K. Weber und **E. Matijević**, *Inhibierung von photogalvanischen Erscheinungen.* Lsgg. von *Thionin* (**I**) geben in Ggw. von Thiosinamin (**II**) oder Diäthylthiosinamin (**III**) ausgesprochene photogalvan. Effekte in der Größenordnung von 400 mV. Unter dem Einfl. des Lichtes wird das Redoxpotential des Syst. negativer. Diese Effekte sind nahe verwandt mit der photochem. Ausbleichung von **I**. Die photogalvan. Effekte bei **I** werden stark behindert durch verschied. anorgan. Salze u. durch Polyphenole. Reduzierende Mittel machen das Redoxpotential negativer, oxydierende positiver. Andere Thiazin- u. Azinfarbstoffe (*Toluidinblau, Methylenblau, Phenosafranin* u. *Neutralrot*) zeigen auch photogalvan. Effekte. Es ist wahrscheinlich, daß eine enge Beziehung besteht zwischen ihrem n. Redoxpotential u. der Größe des photogalvan. Effekts. — Die Verss. wurden ausgeführt bei 25° unter CO_2. **I** wird $1 \cdot 10^{-4}$ mol, **II** u. **III** $1 \cdot 10^{-2}$ mol angewendet; bei **II** ist W. Lösungsm., bei **III** 10%ig. A., belichtet wird mit einer 500 Watt-Lampe. Aus den Unterss. läßt sich schließen, daß das Potential ausschließlich durch das **I**–Redox-Syst. beherrscht wird, das vor u. während der Ausbleichung nicht im Gleichgewicht mit dem reduzierenden Agens ist. Die Dunkel-Rk. nach der Photo-Rk. führt nicht mehr zu dem ursprünglichen Potentialwert. Bei Beginn wird eine Induktionsperiode beobachtet. KJ, $CuSO_4$, $FeCl_3$, Hydrochinon, Brenzcatechin, Resorcin u. Pyrogallol in kleinen Konzz. wirken hemmend. Sowohl die Größe des photogalvan. Effektes als auch die für die Erreichung des Maximalwertes notwendige Zeit wird durch die Begleitsubstanzen geändert. Bei KJ ergibt sich ein doppelter Effekt. Bei geringer Konz. ist KJ ein Inhibitor, bei höheren wird wieder ein Anstieg des photogalvan. Effektes beobachtet. (Recueil Trav. chim. Pays-Bas **70**. 481—94. Juni 1951.) KELLERMANN. D 140

Arne Brändström und **Lennart Schotte**, *Dichten und Siedepunkte binärer Gemische von Aceton und einigen chlorierten Äthanen.* Untersucht werden die Systeme *Aceton–1.2-Dichloräthan, –1.1.2-Trichloräthan* u. *–1.1.1.2-Tetrachloräthan.* Die Dichten wurden bei 25,1° pyknometr. bestimmt, während die Kpp. mit einer SCATCHARD-App. gemessen wurden. Spezif. Voll. u. Kpp. in Abhängigkeit von der Zus. der Gemische sind graph. u. in Formeln wiedergegeben. (Ark. Kemi **3**. Nr. 57. 539—42. 1952. Uppsala, Univ., Labor. of Phys. Chem.) v. SCHIESZL. D 147

A. Delzenne, *Untersuchung von Flüssigkeits–Dampf-Gleichgewichten. A. System Dichloräthan–1.4-Dioxan* (1 *at*). *B. System Monomethylamin–Dimethylamin* (*10 at*). Bei dem Syst. *Dichloräthan–1.4-Dioxan* wird das Fl.–Dampf-Gleichgewicht mit dem App. von STAGE bei einem Druck von ca. 760 mm Hg zwischen 84,8 u. 100,1° gemessen. Es ergab sich gute Übereinstimmung beim Vgl. der Werte mit denen, die nach der VAN LAARschen Gleichung berechnet wurden. Die Unters. des Syst. *Mono-* u. *Dimethylamin* erfolgte in dem App. von OTHMER bei ca. 10 at zwischen 63 u. 77,1°. Die Übereinstimmung mit den Gleichungen von VAN LAAR ist auch hier vorhanden, bes., wenn der Kompressibilität der Gase Rechnung getragen wird. (Chem. Engng. Sci. **1**. 241—47. Dez. 1952. Paris, Labor. d. Rech. d. Établ. Kuhlmann.) MIETHING. D 150

Audrey T. Gros und **R. O. Feuge**, *Oberflächen- und interfaciale Spannungen, Viscositäten und andere physikalische Eigenschaften einiger normaler aliphatischer Säuren sowie von deren Methyl- und Äthylester.* Ausführungen an Hand der Literatur über das vorhandene experimentelle Material; weitere Verss. mit geradzahligen n. Fettsäuren von C_2—C_{18} sowie mit den entsprechenden Methyl- u. Äthylestern. Messung der Oberflächen- u. Interfacialspannung gegen W. mit dem CENCO-DU NOÜY-Tensiometer, der Viscosität mit dem Viscosimeter nach OSTWALD-CARMON-FENSKE, der D. mit der App. vom WELD-Typ, der Brechung mit dem VALENTINE-Präzisionsrefraktometer; alle Bestimmungen bei 75°. Die graph. u. tabellar. zusammengestellten Ergebnisse lehren, daß die Oberflächenspannung von 19,6 dyn/cm bei Essigsäure auf 27,7 dyn/cm bei Stearinsäure ansteigt; demgegenüber liegen die entsprechenden Werte der Methylester ca. 2 dyn/cm niedriger, diejenigen der Äthylester um ca. 2,5 dyn/cm. Die Interfacialspannung gegen W. steigt bei den Säuren u. Estern mit der Kettenlänge, allmählich geringer, an, wobei die Werte für die Säuren niedriger sind als die der Ester. Analog verhält sich die Viscosität, die sich infolge Molekularassoziation bei den Säuren mit der Mol.-Vergrößerung rasch erhöht, zwischen den Methyl- u. Äthylestern bestehen nur geringe Unterschiede. Die Dichten nehmen bei den Säuren u. Estern mit der Verlängerung der C-Kette ab, am stärksten bei den Säuren, am wenigsten bei den Äthylestern. Die Refraktionsindices steigen mit der Kettenverlängerung der Säuren u. Ester stark an, wobei die Änderungen bei den Säuren größer sind als bei den Estern; bei größerer Kettenlänge werden die Refraktionsindices der Methyl- u. der Äthylester etwa identisch. (J. Amer. Oil Chemist's Soc. **29**. 313—17. Aug. 1952. New Orleans, La., Southern Reg. Res. Labor.) TÄUFEL. D 166

Melvin A. Cook und **Eugene L. Talbot,** *Die Oberflächenhydrolyse in Lösungen von Natriumlaurylsulfat und ihr Einfluß auf die Oberflächenspannung und Adsorption an der Grenzfläche Festkörper–wässerige Lösung.* (Vgl. C. **1951.** II. 3419.) Das Auftreten einer hydrolyt. Adsorption an der freien Oberfläche einer wss. Lsg. von Na-Laurylsulfat (I) wird 1. auf Grund von p_H-Messungen bei gleichzeitiger Extraktion der Seife aus dem Schaum u. 2. aus dem Verlauf der p_H-Oberflächenspannungskurven für konstante Konz. u. Ionenstärke erschlossen. Aus den γ–p_H-Kurven ergaben sich für die scheinbare Oberflächenhydrolysenkonstante Werte von 10^{-7} bis 10^{-8}, jedoch kann die hydrolyt. Adsorption auch nur durch eine Verunreinigung des I mit Fettsäure bedingt sein. Es wird eine Reihe von Oberflächenspannung–Konz.-Kurven bei verschied. Ionenstärke aufgenommen u. mit den theoret. erhaltenen verglichen. (J. physic. Chem. **56.** 412—16. März 1952. Salt Lake City, Utah., Univ.) HENTSCHEL. D 176

Odilon Chalvet und **Raymond Daudel,** *Eine neue Berechnungsmethode der molekularen Wellenfunktionen; die Konfigurationswechselwirkung.* 3. Mitt. *Äthylen, Allyl, Butadien und ihre Ionen.* (*Besondere Untersuchung der Ionisationspotentiale und der Beiträge der π-Elektronen zu den Aktivierungswärmen von Substitutionsreaktionen.*) (2. vgl. C. **1953.** **1932.**) In Ergänzung der von PARR u. CRAWFORD (C. **1949.** II. 960) angestellten Berechnung des Äthylenmol. mit Hilfe der Konfigurationswechselwrkg. bestimmten Vff. die Grundenergie der π-Elektronen. Sie erhielten für die Bindungsenergie der π-Elektronen im Grundzustand: $E_1 = 2\,W_{2p} - 2{,}47$ eV (W_{2p} = Energie eines π-Elektrons in einem neutralen C-Atom) u. für die Energie der prim. Ionisation: $E^{1+} - E_1 = -W_{2p} + 0{,}62$ eV [E_1^+ = Energie des Ions $(C_2H_4)^+$]. Für die Allylgruppe berechneten Vff. mit Hilfe ihrer früher entwickelten Meth. (C. **1953.** 1932) die Energien der π-Elektronen für verschied. Energiezustände u. unter Benutzung der von PARR u. CRAWFORD aufgestellten Tabellen der atomaren Integrale die mol. Integrale. Für den Grundzustand ist die Energie der π-Elektronen beim Allylradikal: $E_1 = 3\,W_{2p} - 2{,}47$ eV u. bei dem positiven Allylion: $E_1' = 2\,W_{2p} - 3{,}76$ eV. Das Ionisationspotential des Allylradikals beträgt: $E_1' - E_1 = -W_{2p} - 1{,}29$ eV. Für die Energie der π-Elektronen im Grundzustand des Butadienions fanden Vff.: $E_1' = 3\,W_{2p} - 3{,}72$ eV u. für das Ionisationspotential: $E_1' - E_1 = -W_{2p} - 0{,}95$ eV. Zum Vgl. der berechneten mit gemessenen Ionisationspotentialen bestimmten Vff. den Wert von W_{2p} aus der experimentell ermittelten Größe der prim. Ionisationsenergie von Äthylen. Es ergab sich $-W_{2p} = 9{,}83$ eV. Mit diesem Wert ist die Ionisationsenergie des Allyls 8,54 eV u. des Butadiens 8,88 eV, während die experimentellen Größen in relativ guter Übereinstimmung 9,05 bzw. 9,02 eV betragen. Die theoret. Berechnung von W_{2p} führt zu einem weniger guten Ergebnis. Abschließend geben Vff. eine kurze Bemerkung über den Anteil der π-Elektronen zur Aktivierungswärme von bimol. Substitutions-Rkk., die an den äußersten Atomen der oben untersuchten Moll. u. Radikale stattfinden. (J. Chim. physique Physico-Chim. biol. **49.** 629—34. Nov./Dez. 1952. Paris, Centre de Chim. Théor. de France, Inst. de Mecan. Ondulatoire appl. à la Chim. et à la Radioactivité.) E. HEINRICH. D 182

Massimo Simonetta, *Quantenmechanik der Moleküle Äthylen, Butadien, Benzol, Pyridin, Pyrazin, Pyrrol und Furan; Berechnungen nach der Valenzbahnmethode unter Berücksichtigung der ionischen Strukturen.* Vf. bespricht die Meth., bei VB-Berechnungen der Mol.-Struktur ion. Strukturen zu berücksichtigen (vgl. SIMONETTA u. SCHOMAKER, C. **1953.** 3204), nochmals eingehend. Die dabei gegenüber der einfachen Meth. zusätzlich benötigten Energiegrößen γ u. δ sind durch Integrale der Form $\int a\,b\,c\,d\,H\,(a\,a\,c\,d)\,d\tau$ bzw. $\int a\,a\,c\,d\,e \cdots H\,(b\,b\,c\,d\,e \cdots)\,d\tau$ definiert, deren Ausrechnung im Augenblick noch nicht möglich ist. Bei der Berechnung der Resonanzenergien (RE), der Bindungs- u. freie-Valenz-Indices der obenst. Moll. führt Vf. daher für diese Parameter empir. Werte ein, mit deren Hilfe sich als RE ergeben: *Äthylen* 3,6 (kcal/Mol); *Butadien* 15,1; *Bzl.* (I) 50,9 (Gesamt-RE); *Pyrrol* 24,7 u. *Furan* 20,6. *Bei Pyridin* (2,1) u. *Pyrazin* (4,0) ergeben sich die in ( ) genannten Differenz-RE gegenüber I. (J. Chim. physique Physico-Chim. biol. **49.** 68—76. Febr. 1952. Milano, Politecnico, Ist. di Chim. Gen.) KRESZE. D 182

Max Mousseron und **Magdeleine Canet,** *Reaktionen in der Cyclohexanreihe unter Teilnahme einer Alkoxygruppe.* Die Verss. betreffen den Einfl. der ster. Konfiguration bei Enthalogenierungen u. Desaminierungen. trans-2-Methoxy-1-jodcyclohexan gibt bei Enthalogenierung mit $AgNO_3$ in W. *Methylalcyclopentan* (II) (*Semicarbazon,* F. 124 bis 125°; *2.4-Dinitrophenylhydrazon,* F. 157—158°) u. *trans-2-Methoxycyclohexanol* (III) (*3.5-Dinitrobenzoat,* F. 92°), wahrscheinlich über eine intermediäre Oxoniumverb. des Cyclohexenepoxyds. Rk. von 2-Äthoxy-1-jodcyclohexans führt zu II u. *trans-2-Äthoxycyclohexanol* (*3.5-Dinitrobenzoat,* F. 80—81°), aus 2-Methyl-2-methoxy-1-jodcyclohexan wird *2-Methylcyclohexanon* erhalten, da hier die trans-OCH_3-Gruppe das intermediäre Carboniumion nach der cis-Wanderung der CH_3-Gruppe stabilisiert. trans-2-Methoxy-

1-jodcyclopentan (Kp.$_{20}$ 90°, D.$^{25}_{25}$ 1,653, n_D^{25} 1,5318) gibt wenig *Cyclopentanon* neben *2-Methoxycyclopentanol* (*3.5-Dinitrobenzoat*, F. 108°), trans-1-Methyl-3-methoxy-4-jodcyclohexan (Kp.$_{20}$ 105—108°, D.$^{25}_{25}$ 1,518, n_D^{25} 1,5270) gibt *3-Methylmethylalcyclopentan* (*Semicarbazon*, F. 135°) u. *1-Methyl-3-* oder *-4-methoxycyclohexanol-(4)* oder *-(3)* (**IV**), das mit CrO_3 zu einem *Keton* (*Semicarbazon*, F. 155°) oxydierbar ist. 1-Methyl-3-chlorcyclohexanon-(4) u. 1-Methyl-4-chlorcyclohexanon-(3) führen ebenfalls zu **IV**, wahrscheinlich über ein intermediäres Endiol, so daß seine genaue Struktur unsicher bleibt. — trans-2-Methoxycyclohexanol gibt mit PBr_5 ein trans-Bromid, denn es führt mit $AgNO_3$ zu **II**. In der Hitze erhält man mit HBr ein cis-bromiertes Prod., dessen Enthalogenierung mit $AgNO_3$ *Cyclohexanon* ergibt über ein intermediäres Carboniumion. Aus 2-Methoxycyclohexanon (**V**) erhält man durch Aminierung nach LEUCKART die *cis-* u. *trans-2-Methoxy-1-aminocyclohexane* (**VIa**; **VIb**, *Pikrate*, F. 175 u. 185°), daraus durch Methylierung die *Dimethylderivv.* (*Pikrate*, F. 140 u. 119°). **V** u. Dimethylformamid (**VII**) ergeben die gleichen Produkte. Aus Cyclohexanol-(2)-on-(1) u. **I** erhält man ein Gemisch von *cis-* u. *trans-N-Dimethylaminocyclohexanol-(2)* (*Pikrate*, F. 162 u. 143°). Wird das **VIa–VIb**-Gemisch mit HNO_2 desaminiert, so erhält man nur ein Carbonylderiv., **II**, u. einen Alkohol, **III**, ähnlich wie bei der Desaminierung von cis- u. trans-Aminocyclohexanol-(2). Für die Zers. der intermediären Diazoverbb. wird für die cis-Derivv. eine S_N2-, für die trans-Derivv. eine S_N1-Rk. angenommen. (C. R. hebd. Séances Acad. Sci. **233**. 484—86. 6/8. 1951.) DU MONT. D 184

József Kiss, *Anmerkung zu „Darstellung stereoisomerer α.β-Diphenyl-β-oxyäthylaminen" von Weijlard und Mitarbeitern.* Angabe früherer, von WEIJLARD u. Mitarbeitern (C. **1952**. 837) nicht zitierter Arbeiten auf dem gleichen Gebiet. Für die höherschm. Form des *dl-1.2-Diphenyl-2-aminoäthanols* (I) nimmt Vf. nebenst. Konfiguration mit trans-Stellung von OH u. NH_2 an.

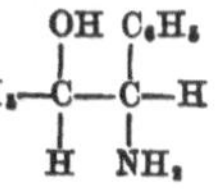

Versuche: *„dl-trans-1.2-Diphenyl-2-aminoäthanol"* (I), F. 164 bis 165°, durch Hydrierung von Benzilmonophenylhydrazon in absol. A.-6nHCl in Ggw. von Pd-Kohle (→ Hydrochlorid) u. Zerlegen mit NaOH; 96,5% Ausbeute. (Acta chim. Acad. Sci. hung. **2**. 61—63. 1952. Szeged, Univ., Inst. of Organ. Chem.) JOHN. D 184

U. Croatto, S. Bezzi und **E. Bua**, *Die Kristallstruktur von p-Dichlorbenzol.* Die Dimensionen der monoklinen Elementarzelle von p-Dichlorbenzol wurden durch Drehkristall- u. WEISSENBERG-Aufnahmen zu a = 14,80 Å; b = 3,99 Å; c = 5,78 Å; β = 113° festgelegt. Raumgruppe ist C^5_{2h}—P 2_1/a; Z = 2. Sämtliche Atome liegen in der allgemeinsten Punktlage. Die Parameter wurden aus FOURIER-Projektionen auf (0 0 1) u. (0 1 0) gefunden. Die erhaltenen Werte sind: Cl (x =) 0,162; (y =) 0,180; (z =) 0,977; C_1 0,072; 0,345; 0,979; C_2 0,095; 0,570; 0,145; C_3 0,030; 0,711; 0,203. Die Moll. bilden im Gitter ebene, reguläre Sechsecke mit einem mittleren C—C-Abstand von 1,40 Å. Die Cl-Atome liegen in derselben Ebene auf einer verlängerten Sechseckdiagonale mit dem Abstand C—Cl = 1,64 Å. Der Abstand Cl—Cl des gleichen Mol. beträgt 6,12 Å, der zwischen benachbarten Moll. 3,85 Å. Die Verb. ist isostrukturell mit p-Dibrombenzol, im Gegensatz zu den Unterss. von HENDRICKS (Z. Kristallogr. **84**. [1933.] 85). (Acta crystallogr. [Copenhagen] **5**. 825—29. 10/11. 1952. Modena, Univ., Labor. of General Chem.; Padua, Univ., Labor. of Organic Chem.) GOTTFRIED. D 195

F. Fowweather, *Die Kristallstruktur von m-Tolidin.* Rhomb. kristallisierendes m-Tolidin bildet weiche, durchsichtige rechteckige Platten, die leicht nach der Kante [0 1 0] der Plattenebene spalten. Drehkristall-, Schwenk-u. WEISSENBERG-Aufnahmen ergaben die Dimensionen a = 7,60 ± 0,03 Å; b = 14,81 ± 0,06 Å u. c = 21,05 ± 0,1 Å. Raumgruppe ist D^{15}_{2h} — P c a b; Z = 8. Die Atomkoordinaten wurden mittels zweidimensionaler FOURIER-Methoden festgelegt. Es wurden die folgenden Koordinaten bestimmt (alle Werte in Å): C_1 (x =) 0,42; (y =) 1,88; (z_1 =) 2,94 (von der [0 1 0]-Projektion); (z_2 =) 2,94 (von der [1 0 0]-Projektion); C_2 —0,38; 1,75; 1,93; 1,89; C_3 —0,04; 1,75; 0,63; 0,57; C_4 1,25; 2,10; 0,21; 0,19; C_5 2,05; 2,36; 1,28; 1,26; C_6 1,66; 2,26; 2,52; 2,48; CH_3 —1,75; 1,23; 2,23; 2,23; N 1,63; 2,10; —1,20; —1,18; C_1' —0,11; 1,92; 4,39; 4,41; C_2' 0,23; 0,82; 5,25; 5,25; C_3' —0,07; 0,89; 6,58; 6,60; C_4' —0,61; 2,01; 7,10; 7,10; C_5' —0,76; 3,15; 6,46; 6,50; C_6' —0,57; 3,06; 5,10; 5,10; CH_3' 0,68; —0,52; 4,66; 4,66; N' —0,84; 2,10; 8,53; 8,53. Die Ebenen der beiden Phenylringe bilden im Gitter einen Winkel von 86°; hiermit erhält man für den Abstand der beiden CH_3-Gruppen 3,86 Å. Die beobachteten n. Abstände in m-Tolidin zeigen, daß die Packung der Moll. durch schwache VAN DER WAALSsche Kräfte bestimmt wird, die auch die Weichheit der Kristalle bedingen. Die Moll. liegen in Schichten parallel (0 1 0), u. zwar paarweise in gleichen Abständen auf jeder Seite der a-Gleitebenen bei y = 1/4 u. 3/4. Die Struktur ist rac. u. enthält 4 rechts- u. 4 linkshändige Moll. in der Elementarzelle. (Acta crystallogr. [Copenhagen] **5**. 820—25. 10/11. 1952. Manchester, Coll. of Technol., Phys. Dep.) GOTTFRIED. D 195

P. Siegfried Hotz, *Erforschung der Struktur einiger Indigogelbe. 1. Mitt. Röntgenographische, kristallographische und optische Untersuchungen.* Untersucht wurden die folgenden Verbb.: *Höchster Gelb U,* $C_{23}H_{12}O_2N_2$ (I), *Indigo Gelb 3 G Ciba,* $C_{23}H_{12}O_2N_2$ (II) u. zu Vergleichszwecken sogenanntes *offenes Decarboxylmonomethylcibagelb,* $C_{23}H_{16}ON_2$ (III), der sogenannte *Klement-Körper,* $C_{23}H_{16}ON_2$ (IV) u. der sogenannte *Moser-Körper,*

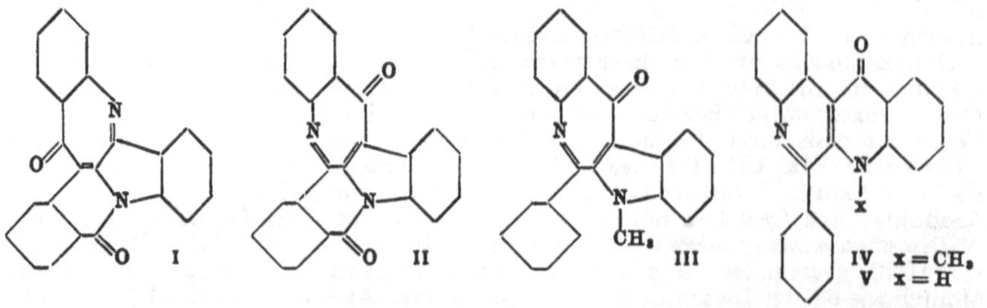

I II III IV x = CH_3 V x = H

$C_{22}H_{14}ON_2$ (V). Die röntgenograph. Ergebnisse sind: **I** monokline, lattenförmige u. gekrümmte Einkristalle aus Pyridin, Zelldimensionen a = 12,135 ± 0,005 Å; b = 16,420 ± 0,005 Å; c = 3,930 ± 0,005 Å; β = 101° 13½′ ± 2′; Z = 2; Raumgruppe C_s^2 – P a; $D_{\text{röntg.}}$ 1,506 ± 0,002; $D_{\text{beob.}}$ 1,488. — **II** monokline feine, flache Nadeln aus Xylol, die sich als nach der b-Achse gestreckte Penetrationszwillinge erwiesen. Die Elementarkörperdimensionen sind: a = $21{,}47_5$ ± 0,01 Å; b = 4,760 ± 0,005 Å; c = $17{,}28_0$ ± 0,01 Å; β = 116° 37′ ± 3′; Z = 4; Raumgruppe C_{2h}^5 – P 2_1/a; $D_{\text{röntg.}}$ 1,465 ± 0,003; $D_{\text{beob.}}$ 1,457. — **III** monokline, stengelige Einkristalle aus A. oder Essigester mit a = $23{,}22_5$ ± 0,01 Å; b = $8{,}09_5$ ± 0,01 Å; c = 10,730 ± 0,005 Å; β = 122° 51′ ± 4′; Z = 4; Raumgruppe C_{2h}^5 – P 2_1/a; $D_{\text{röntg.}}$ 1,318 ± 0,003; $D_{\text{beob.}}$ 1,307. — **IV** monokline, stengelige Einkristalle aus Pyridin mit den Elementarkörperdimensionen a = 11,035 ± 0,005 Å; b = 22,05 ± 0,01 Å; c = 6,90 ± 0,01 Å; β = 101° 22′ ± 3′; Z = 4; Raumgruppe C_{2h}^5 – P 2_1/a; $D_{\text{röntg.}}$ 1,357 ± 0,003; $D_{\text{beob.}}$ 1,344. — **V** trikline kurzsäulige Parallelepipeden aus Essigsäureäthylester mit a = 10,920 ± 0,005 Å; b = $22{,}18_5$ ± 0,01 Å; c = 7,84 ± 0,01 Å; α = 99° 55′ ± 3′; β = 1,04° 30′ ± 3′; γ = 74° 59′ ± 2′; Z = 2; Raumgruppe C_i – P $\bar{1}$; $D_{\text{röntg.}}$ 1,380 ± 0,03; $D_{\text{beob.}}$ 1,362. — Es wurden die folgenden Brechungsindices gemessen (die erste Zahl bezieht sich auf Hg-gelb, die zweite auf Hg-grün): **I** n_α $1{,}632_5$ ± 0,002; 1,642 ± 0,002; n_β $1{,}972_5$ ± 0,003; 1,987 ± 0,005; n_γ 2,191 ± 0,003; 2,257 ± 0,002. — **II** n_α 1,762 ± 0,002; 1,779 ± 0,002; n_β 1,836 ± 0,005; 1,857 ± 0,005; n_γ = 2,141 ± 0,003; 2,172 ± 0,004. — **III** n_α $1{,}564_5$ ± 0,0003; $1{,}569_5$ ± 0,0003; n_β 1,871 ± 0,002; 1,886 ± 0,002; n_γ 1,991 ± 0,002; 2,015 ± 0,002. — Nach der Immersionsmeth. wurden für **IV** (mit Hg-gelb) n_α' = 1,74–1,75 u. $n'\gamma$ > 1,78 u. für **V** n_α' u. n_α'' > 1,67; n_γ' u. n_γ'' > 1,74 erhalten. (Schweiz. mineral. petrogr. Mitt. **31.** 188–292. 1951.)

GOTTFRIED. D 195

H. H. Reamer, B. H. Sage und **W. N. Lacey,** *Phasengleichgewichte in Kohlenwasserstoffsystemen. Das System Methan–n-Butan–Decan bei 40° F.* (Vgl. C. **1952.** 7789.) Das Syst. wurde bei Drucken von 1000–4000 lbs./sq.in. im Hinblick auf die Zus. der koexistierenden fl. u. festen Phasen bei 40° F untersucht. Die Ergebnisse werden tabellar. u. graph. mitgeteilt u. die Lage der krit. Punkte bestimmt. (Ind. Engng. Chem **44.** 1671–75. Juli 1952. Pasadena, Calif., California Inst. of Technol.) MOSLÉ. D 221

Robert E. Buckles und **Norman A. Meinhardt,** *Die Wechselwirkung von Brom mit substituierten Tetraphenyläthylenen.* In p-Stellung mit Methoxyl-, Dimethylamino-, Halogen- u. Phenylgruppen substituierte Tetraphenyläthylene bilden mit Br_2 Komplexe verschied. Zus., deren Ionencharakter bewiesen wird. Zum Nachw. wird die elektr. Leitfähigkeit der Methylenchloridlsgg. der Äthylene zwischen –80 u. +20° unterZusatz verschied. Br_2-Mengen mit der Leitfähigkeit von Tetrabutylammoniumjodid (II) im gleichen Lösungsm. verglichen. Derivv. mit Methoxyl- u. Dimethylaminogruppen bilden stark gefärbte Lsgg., deren Leitfähigkeit der der II-Lsgg. gleicht. Halogen- u. Phenylsubstituenten verringern die Leitfähigkeit, die Komplexe zeigen jedoch noch deutlich Ionencharakter. Mit sinkender Temp. wächst im allg. die Leitfähigkeit der Lsgg. parallel mit dem Ansteigen der Konz. am Br_2-Komplex, schon qualitativ an der Farbvertiefung der Lsgg. erkenntlich. Das OSTWALDsche Verdünnungsgesetz läßt sich auf die niedrigsten Konz. nur angenähert anwenden, bei höherer Konz. bilden sich in starkem Maße Ionenaggregate.

Versuche (FF. korr.): *1.2-Bis-[p-dimethylaminophenyl]-1.2-diphenyläthylen* (I), F. 225° (Chlf.–absol. A.), durch Red. von p-Dimethylaminobenzophenon mit Sn u. HCl in der Kälte, Reinigung durch wiederholte Adsorption an Al_2O_3; daneben *1.2-Bis-*

[*p-dimethylaminophenyl*]*-1.2-diphenyläthandiol-(1.2)*, F. 253°. — *1.2-Bis-*[*p-dimethylaminophenyl*]*-1.2-bis-*[*p-methoxyphenyl*]*-äthylen* (**III**), $C_{32}H_{34}O_2N_2$, F. 217—218°, aus p-Methoxy-p'-dimethylaminobenzophenon analog **I**; 5% (Ausbeute). — *1.2-Bis-*[*p-methoxyphenyl*]*-1.2-diphenyläthylen* (**IV**), $C_{28}H_{24}O_2$, F. 185—187° (Chlf.-A. u. Eisessig), aus p-Methoxybenzophenon u. PCl_5 in Bzl. durch 8 std. Erhitzen u. Erhitzen des nach Abtrennung der flüchtigen Prodd. im Vakuum verbliebenen Rückstands in Bzl. mit Cu-Pulver; 31%. — *cis-*(**V**) u. *trans-*(**VI**)*-1.2-Bis-*[*p-chlorphenyl*]*-1.2-diphenyläthylen*, $C_{26}H_{18}Cl_2$, FF. 205° (Chlf.-A., trans?) u. 157—158° (vgl. BOCKEMÜLLER u. JANSSEN, C. **1940.** I. 1980; F. 179°) aus Phenyl-p-chlorphenyldichlormethan mit Cu. — *cis-*(**VII**) u. *trans-*(**VIII**)*-1.2-Bis-*[*4-biphenylyl*]*-1.2-diphenyläthylen*, FF. 252° (trans) u. 219° (cis), aus 4-Biphenylylphenyldichlormethan u. Cu. — *1.2-Bis-*[*p-chlorphenyl*]*-1.2-bis-*[*p-bromphenyl*]*-äthylen* (**IX**), F. 231,5°, analog vorst. aus p-Bromphenyl-[p-chlorphenyl]-dichlormethan. — *Methylenchlorid*, $Kp._{730}$ 39,5°. Komplexe von **I** mit Br_2 in CCl_4: $C_{30}H_{30}N_2 \cdot Br_3$, hellrot, granuliert, wss. Lsg. beständig u. blutrot, in Aceton, Chlf. oder Acetonitril schnelle Entfärbung; $C_{30}H_{30}N_2 \cdot Br_5$, orangerot, Bldg. bei 10°; $C_{30}H_{30}N_2 \cdot Br_{10}$, rotbraun, aus **I** u. Br_2-Dampf, lösl. in 50%ig. wss. Aceton. Die Leitfähigkeiten der Lsgg. von **I**—**IX** in Ggw. von Br_2 sind graph. angegeben. (J. Amer. chem. Soc. **74.** 1171—75. 5/3. 1952. Iowa City, Iowa, State Univ., Dep. of Chem.) FAASS. D 223

T. Ss. Filippow und **A. A. Furman**, *Löslichkeit von Wasser in Chlorbenzol und Äthylbenzol.* Die Löslichkeit von W. in Äthylbenzol (**I**) u. in Chlorbenzol (**II**) wurde nach der Trübungsmeth. bestimmt. Ein zugeschmolzenes Glasgefäß mit eingewogenen Mengen W. u. **I** bzw. **II** wurde im Wasserbad geschüttelt u. durch Heizen des Bades vollkommene Auflösung des W. erreicht. Die beim Abkühlen auftretende Trübung ließ auf das Vorliegen der Sättigungskonz. bei der betreffenden Temp. schließen. Durch Verbesserung der App. wurden Mängel der Meth. beseitigt. Die ermittelten Werte (Gew.-%) lagen für **I** zwischen 0,0296 (18,2°) u. 0,1300 (49,5°), für **II** zwischen 0,0275 (17,7°) u. 0,0990 (49°). (Журнал Прикладной Химии [J. angew. Chem.] **25.** 895—97. Aug. 1952.) WÖRFFEL. D 224

W. Gerrard, *Vierzentren-Breitseitstoß als Mechanismus von Reaktionen.* (Vgl. GERRARD u. WOODHEAD, C. **1951.** II. 2030.) Vf. hält bei der Rk. von Alkoholen mit anorgan. Haliden ($SOCl_2$, PX_3, $SiCl_4$, BCl_3) einen Übergangszustand **A** für wahrscheinlicher als einen 3-Zentrenstoß an das Mol.-Ende des Halids. Unter Zugrundelegen dieses Mechanismus bespricht er frühere Ergebnisse bei Rkk. von Alkoholen u. bringt neue Beispiele. Danach verläuft die Rk. zwischen einer Pentanlsg. von Butanol-(1) u. Pyridin (**I**) mit $SiCl_4$ bei —16° sehr schnell u. vollständig; aus Experimenten bei —80° mit $SOCl_2$ folgt, daß die **I**-Rk. eine nur sehr kleine Aktivierungsenergie erfordert. Ster. Hinderung tritt auf bei Rk. von 4 Mol tert.-Butanol u. 4 Mol **I** mit 1 Mol $SiCl_4$ bei —10°, hier geht die Umsetzung nur bis zum Di-tert.-butoxydichlorsilan, Zufügen von 2 Mol A. führt dagegen rasch weiter zur völligen Ausfällung von **I**-Hydrochlorid. Für den vorgeschlagenen Mechanismus spricht schließlich die Verschiedenheit der Prodd. bei Rkk. von 1-Phenyläthanol bzw. Octanol-(2) mit $SiCl_4$ bei —10°: im ersten Fall entsteht *1-Chlor-1-phenyläthan*, im zweiten nur Kieselsäureester. (Chem. and. Ind. **1951.** 463—64. 16/6. London, Northern Polytechnic.) KRESZE. D 225

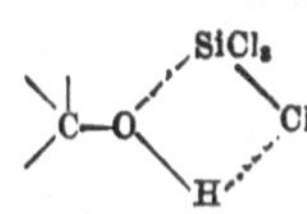

A

John H. Raley und **David O. Collamer jr.**, *Die Bildung von Äthern durch Assoziation von freien Alkyl- und Alkoxyradikalen.* (Vgl. C. **1952.** 349.) Während es nicht möglich war, einen Äther unter den Zersetzungsprodd. von Di-tert.-alkylperoxyden zu isolieren, entsteht bei der Pyrolyse von *Methyl-tert.-amylperoxyd* über Methoxy- u. Äthylradikale u. a. Methyläthyläther. Bei Verss. mit therm. weniger stabilen tert.-Alkoxyradikalen wurden nennenswerte Mengen an Äther nicht gefunden. — *Methyl-tert.-amylperoxyd*, $Kp._{60}$ 32°, n_D^{20} 1,3924, aus tert.-Amylhydroperoxyd u. Dimethylsulfat in wss. KOH. — *Methyläthyläther*, Kp. 7—9°, aus dem Vorst. u. N_2 im Verhältnis 2:3 bei 195° (2 Min.; 0,078 Mol/Mol Peroxyd), neben Aceton, Methanol, Formaldehyd, Äthan, CO, n-Butan, Methyläthylketon, Äthyldimethylcarbinol, Äthylen, Propan, H_2, Methan u. Butylen. (J. Amer. chem. Soc. **74.** 1606—07. 20/3. 1952. Emeryville, Calif., Shell Developm. Co.) GOLD. D 225

L. I. Awramenko und **R. W. Lorenzo**, *Reaktion von Sauerstoffatomen mit Form- und Acetaldehyd.* In einen aus einem Lichtbogen herausgeführten Strom von atomarem O vom Partialdruck von 0,1 mm Hg führten Vff. Aldehyde von 0,01 u. 0,1 mm Hg ein. Die Analyse der in fl. Luft aufgefangenen Prodd. u. die dadurch festgestellten Rkk. führen zu der Schlußfolgerung, daß der Sauerstoff zu folgenden Rkk. neigt: 1. Eindringen der O-Atome in die C–H-Bindung; 2. Sprengung der C–C-Bindung durch das O-Atom; 3. Bldg. von H_2O, indem in einem Akt 2 H-Atome abgespalten werden. — Außerdem zeigt es sich, daß bei Tempp. von 80—200° die Wahrscheinlichkeit obiger Rkk. in folgender Richtung steigt: Abspalten eines H-Atomes; Abspalten von 2 H-Atomen; Eindringen des O-Atoms in die C–H-Bindung; Sprengung der C–C-Bindung. Alles deutet darauf hin, daß der atomare O vor allem bestrebt ist, seine 2 freien Valenzen auszunutzen. (Журнал Физической Химии [J. physik. Chem.] **26.** 1084—89. Aug. 1952. Moskau, Inst. für chem. Physik der Akad. der Wiss. der UdSSR.) ADOLPHI. D 225

Ernest Wenkert und **Mordecai Rubin,** *Peroxydation ungesättigter Ketone.* Der Mechanismus der Peroxydation α.β-ungesätt. Ketone (**A**) wird an Hand früherer Arbeiten diskutiert. Danach sollen **A**, die in β durch Phenyl oder einen anderen Substituenten, der ein Carboniumion stabilisiert, substituiert sind, über ein Carboniumion (**B**) in *Enolester* oder *-lactone* übergehen. **A**, die in β keine stabilisierende Substituenten tragen, werden dagegen zu *α.β-ungesätt. Estern* (oder Lactonen) oder — durch Angriff an C=C — zu *α.β-Epoxyketonen* peroxydiert. Vff. fanden, daß ein α-Phenyl substituiertes **A** mit Peressigsäure nach den beiden letzten Mechanismen reagiert. (Nature [London] **170.** 708—09. 25/10. 1952. Cambridge, Mass., Harvard Univ., Chem. Labor., u. Ames, Iowa, Iowa State Coll.) MACHOLDT. D 225

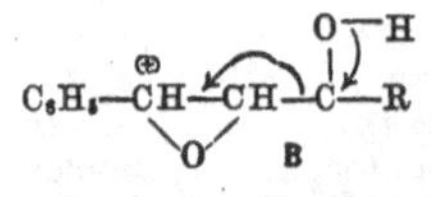

J. I. de Jong, *Kinetische Untersuchung der Bildungsweise von Polykondensaten aus Harnstoff und Formaldehyd.* (Vortrag.) Bei der Bldg. von Polykondensaten aus Harnstoff (**I**) u. Formaldehyd (**II**) kann man 2 Arten von Rkk. unterscheiden, nämlich die Bldg. von Methylolverbb., wie *Monomethylolharnstoff* (**III**) u. *Dimethylolharnstoff* (**IV**), u. die Bldg. von CH_2-Brücken zwischen den **I**-Kernen durch Kondensation einer Methylolverb. mit der NH_2-Gruppe eines **I**-Derivates. Die Gleichgewichtskonstanten der Rkk. zwischen **I** u. **II** sowie **III** u. **II** sind zwischen 0 u. 90° unabhängig vom p_H-Wert zwischen p_H 2—12. Die Rkk., bei denen **III** u. **IV** entstehen, sind bimol.; die Zersetzungs-Rkk. verlaufen monomolekular. Die Reaktionsgeschwindigkeiten sind den H^+- u. OH^--Konzz. proportional. Die Bldg. von CH_2-Brücken kann mit einer Kondensation von **III** mit **I** u. mit sich selbst beginnen. Die von **IV** ausgehenden Kondensation-Rkk. verlaufen langsamer als die von **III** ausgehenden. Alle diese bimol. Rkk. sind im p_H-Gebiet 3—7 der H^+-Konz. proportional. Die CH_2-Brückenbldg. wird im Gegensatz zur Bldg. der Methylolverbb. durch H^+ katalyt. beschleunigt. Dasselbe gilt für die monomol. Dissoziation der CH_2-Brücken in einer Methylolverb. u. einem **I**-Rest. Die Anzahl der CH_2-Brücken ermittelt man aus der Verminderung der Anzahl Methylolgruppen, die man mit Hypojodit bestimmt. (Chem. Weekbl. **48.** 784. 18/10. 1952.) WESLY. D 225

Emile Cherbuliez und **Jean-Pierre Leber,** *Untersuchungen über die Bildung und die Umwandlungen von Estern.* 1. Mitt. *Über die Veresterung der Phosphorsäure und deren Mechanismen.* Vff. diskutieren ausführlich die verschied. Möglichkeiten der Veresterung von *Orthophosphorsäure* (**I**), der Umesterung sowie der Veresterung von substituierten Phosphorsäuren. Es werden folgende Gesetzmäßigkeiten aufgefunden: 1. Der für die direkte Veresterung von Carbonsäuren aufgestellte Mechanismus, der über ein koordinativ ungesätt. C-Atom in der Carboxylgruppe verläuft, läßt sich zur Erklärung der Veresterung von **I** nicht heranziehen. 2. **I** ist koordinativ gesätt. u. in dieser Form bes. stabil. Ihre direkte Veresterung verläuft über die intermediäre Bldg. von Anhydridformen von Polyphosphorsäureionen wie etwa nebenst. Formel. Dieses Anhydrid unterliegt bei der Veresterung dann einer Alkoholyse. Es wird bes. darauf hingewiesen, daß auch Carbonsäuren nach diesem Mechanismus reagieren können.

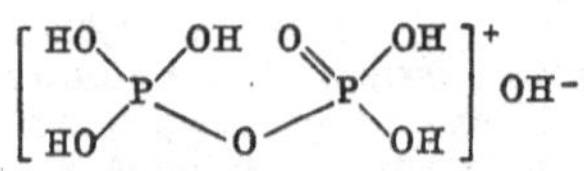

3. Neben diesem Mechanismus können auch Ester sich bilden durch eine Acidolyse von vorgebildeten Esterfunktionen. In dem Fall einer Weiterveresterung von teilweise veresterter **I** ist dieser Mechanismus maßgeblich an der Bldg. von sek. Estern u. ausschließlich an der Bldg. von tert. Estern beteiligt. — Es wird ferner die direkte Veresterung von *Schwefelsäure, Chromsäure, unterchloriger Säure* u. *salpetriger Säure* diskutiert u. festgestellt, daß diese hauptsächlich nach 2. verläuft. Neben der Veresterung, die an der Rk. zwischen **I** u. den Alkoholen *Methanol, A., Glycerin* u. *Phenol* studiert wurde, wurde noch das therm. Verh. von **I** untersucht; es wurde gefunden, daß ab ca. 80° eine Wasserabspaltung u. Bldg. von Polyphosphorsäuren einsetzt. Außerdem wurde die Leitfähigkeit von **I**-*Triphenylester* in konz. H_2SO_4 bestimmt. (Helv. chim. Acta **35.** 644—64. 15/3. 1952. Genf, Univ., Labor. de Chimie pharmaceutique.) ZIMMER. D 225

Emile Cherbuliez und **Jean-Pierre Leber,** *Untersuchungen über die Bildung und Umwandlungen von Estern.* 2. Mitt. *Über die Hydrolyse von Phosphorsäureestern und von Estern im allgemeinen.* (1. vgl. vorst. Ref.) Die ausführliche Diskussion der Mechanismen der Rkk. von *Phosphorsäureestern* u. von Estern anderer Säuren wird fortgesetzt. Vff. stellen nachst. Gesetzmäßigkeiten als Hauptergebnisse ihrer Unterss. bes. heraus:

1. die Verseifung eines Esters, der ein semipolar gebundenes Sauerstoffatom besitzt u. in welchem die Acylgruppe koordinativ gesätt. ist, verläuft so, daß durch die Einw. eines Kations, welches sich an das O-Atom fixiert, ein komplexes Kation gebildet wird. Die Folge-Rk. kann nun auf 2 Arten verlaufen: a) Eine der OR-Gruppen wird durch ein Anion ersetzt; das OR-Anion bindet ein Proton u. gibt den Alkohol ROH, oder b) eine OR-Gruppe des Kationes verliert ein R-Radikal unter Bldg. eines Kryptoions „R-Anion"; hierbei wird der Sauerstoff semipolar. 2. In Abhängigkeit von der Natur des Kations u. Anions wird beobachtet: a) Eine wirkliche Hydrolyse $(RO)_3PO + H^+ + OH^- \rightarrow [(RO)_3POH]^+OH^-$. b) Eine Acidolyse, welche eine Eliminierung eines Radikals des Alkohols unter Bldg. eines neuen Esters R—An darstellt, c) eine Basolyse, welche unter Bldg. von ROH wie a) verläuft, u. d) die Halolyse, wobei aus dem Ester ein Radikal R eliminiert wird u. sich wie bei b) ein neues R—An bildet. 3. Bei Estern, die ein semiploar gebundenes Sauerstoffatom enthalten u. in denen die Acylgruppe koordinativ ungesätt. ist (z. B. bei Carbonsäuren), kann das Zentralatom direkt ein Anion binden. 4. Bei der Verseifung von Estern des Typus $X(OR)_n$ müssen wieder 2 Fälle unterschieden werden: a) Ester, in denen das Zentralatom koordinativ gesätt. u. b) Ester, in denen es koordinativ ungesätt. ist. Bei a) verläuft die Verseifung durch Bindung eines Protons unter Bldg. eines Oxoniumsalzes, diese Rk. wird nur durch Protonen katalysiert. Bei b) können Ionen sich ans Zentralatom addieren. — Die Ergebnisse der Acidolyse wurden durch Unterss. an *Äthylphosphat* (I) + HCl, I + Orthophosphorsäure (II), *Äthylacetat* (III) + II sowie III + HCl gefunden; die der Basolyse entstammen Unterss. an I + NaOH, Ca(OH), KOH u. LiOH in wss. u. alkoh. Lsgg.; weiter wurde untersucht die Einw. von $Ba(OH)_2$ u. NaOH auf *Phenylphosphorsäure*, $H_2C_6H_5PO_4$. Die Gesetzmäßigkeiten der Halolyse wurden gefunden durch Unterss. der Bildungs-Rk. von *Äthylchlorid* aus I u. $CaCl_2$, NaCl u. LiCl in wss. Lösung. (Helv. chim. Acta **35**. 2589—2607. 1/12. 1952.)

ZIMMER. D 225

Siegfried Hünig und **Otto Boes**, *Beiträge zur Substituentenwirkung*. 1. Mitt. *Eine Reaktivitätsreihe aktiver Methylenverbindungen*. Vff. untersuchen die relative Beweglichkeit der H-Atome an disubstituierten Methanderivv. durch Best. der Reaktionsfähigkeit der Verbb. mit p-Nitrobenzoldiazoniumfluorborat (I) unter Verwendung von Pufferlsgg. verschied. p_H zwischen p_H 2,2 u. 13. Als Substituenten werden folgende Gruppen verwendet: —CHO, $COCH_3$, $COOC_2H_5$, COOH, $CONH_2$, C≡N, C_6H_5, NO_2, $SOCH_3$, SO_2CH_3. Als Maß für die Reaktivität benutzen Vff. das p_H, bei dem Rk. der Verb. mit I beobachtbar war. Die Aktivierung wird schwächer in der Reihenfolge —NO_2, —CHO, —$COCH_3$, —C≡N, —$COOC_2H_5$, —$CONH_2$, —COOH, —SO_2CH_3, —$SOCH_3$, —C_6H_5. Auffällig ist die Reaktivität der β-Disulfone, β-Diphenyldisulfone stehen in der obigen Folge zwischen —COOH u. —$CONH_2$. — An Reaktionsprodd. ergeben sich Hydrazone, Formazyl- u. Tetrazolderivate. Im allg. erfolgt bei der Rk. Hydrazonbildung. Bei Carbonsäuren können sich unter Abspaltung von CO_2 Formazylverbb. oder auch Hydrazone bilden; welche Rk. eintritt, ist vom p_H der Lsg. u. vom Verbindungstyp abhängig. Formazylbldg. tritt auch als Neben-Rk. bei Säureamiden ein, u. zwar auch unter Reaktionsbedingungen, die die Anwesenheit freier Säure ausschließen. — Die Sulfoxydgruppe u. die Sulfongruppe werden bei der Rk. mit I als Sulfinsäure eliminiert. Dabei entstehen seltner Formazylderivv., meist Tetrazole. Auch bei einigen Nitroverbb. werden die NO_2-Gruppen (als HNO_2) eliminiert, dabei entsteht kein Tetrazolderiv., sondern ein 5-Oxyoxatetrazolium-(2.3.4)-betain. — Als Primärstufe aller Rkk. wird die Rk. zwischen dem Diazoniumkation u. dem Anion des Methanderiv. angesehen; letzteres entsteht im allg. über ein Enolation, kann aber auch direkt aus der C–H-Form gebildet werden. Dabei ist für die Kupplungsgeschwindigkeit lediglich die Acidität der H-Atome der Methylengruppen u. damit folgende Größen maßgeblich: 1. Acidität der C–H-Form, 2. Dissoziationsgeschwindigkeit der C–H-Form, 3. Geh. an Enolform u. 4. Acidität der Enolform.

Versuche: Folgende p-Nitrophenylhydrazone (NPH) wurden bei Raumtemp. aus I u. der Methylenkomponente — in () p_H der Rk. u. Ausbeute — dargestellt: *1-Nitromethylglyoxal-1-NPH*, $C_9H_8O_5N_4$, aus Acetonitril, F. 161—162° (Zers.), aus Nitroaceton, (3, 59%); *Nitroglyoxylsäurenitril-NPH*, $C_8H_5O_4N_5$, F. 162—163° (A.), aus Nitroacetonitril (3, 59%); *Nitroglyoxylsäureamid-NPH*, $C_8H_7O_5N_5$, aus Dioxan, F. 198° (Zers.), aus Nitroacetamid (4, 66%); *Methylsulfonylnitroformaldehyd-NPH*, $C_8H_8O_6N_4S$, F. 185° (Chlf.), aus Methylsulfonylnitromethan (5, 35%); *p-Tolylsulfonylnitroformaldehyd-NPH*, $C_{14}H_{12}O_6N_4S$, F. 190—191° (A.), aus p-Tolylsulfonylnitromethan (3, 22%); *p-Tolylsulfoxynitroformaldehyd-NPH*, $C_{14}H_{12}O_5N_4S$, F. 169—171° (Chlf.), aus p-Tolylsulfoxynitromethan (3, 43%); *1.2.3-Trioxobutan-2-NPH*, $C_{10}H_9O_4N_3$, aus A.–Dioxan, F. 175° (Zers.), aus Formylaceton (3—4, 17%); *2.3-Dioxopropionsäurenitril-2-NPH*, $C_9H_6O_3N_4$, F. 148—150° (A.), aus Formylacetonitril (1, 11%); *Mesoxalsäuredinitril-NPH*, $C_9H_5O_2N_5$, F. 212—215° (A.), aus Malodinitril (5, 70%); *Mesoxalsäureamidnitril-NPH*,

$C_9H_7O_3N_5$, aus Nitrobenzol, F. ~280° (Zers.), aus Cyanacetamid (6, 56%); *Mesoxalsäurediäthylester-NPH*, $C_{13}H_{15}O_6N_3$, F. 81° (A.), aus Malonester (6, 71%); *Mesoxalsäureesteramid-NPH*, $C_{11}H_{12}O_5N_4$, F. 210—212° (Essigester), aus Malonesteramid (7, 36%); *Methylsulfonylmethylglyoxal-1-NPH*, $C_{10}H_{11}O_5N_3S$, F. 198—200° (A.-Acetonitril), aus *1*-Methylsulfonylaceton, (7, 70%); *2-Methylsulfonylglyoxylsäurenitril-NPH*, $C_9H_8O_4N_4S$, aus Acetonitril, F. 256° (Zers.), aus Methylsulfonylacetonitril (5—6, 63%); *Methylsulfonylglyoxylsäureäthylester-NPH*, $C_{11}H_{13}O_6N_3S$, F. 174—175° (Isoamyläther), aus Methylsulfonylessigsäureäthylester (8—9, 79%). — Formazylderivv.: *p.p'-Dinitrodiphenylformazylcarbonsäurenitril*, $C_{14}H_9O_4N_7$, F. 247—248° (Bzl.), aus Cyanessigsäure oder Methylsulfoxyacetonitril (6, 97%); *-carbonsäureäthylester*, $C_{16}H_{14}O_6N_6$, F. 202—204° (Bzl.-PAe.), aus Malonester (8—9, 52%); *-carbonsäureamid*, $C_{14}H_{11}O_5N_7$, F. 250° (Acetonitril oder CH_2Cl_2-PAe.), aus Malonsäuremonamid (6, 89%); *-methylsulfon* (**IV**), $C_{14}H_{12}$·O_6N_6S, F. 237—238° (Chlf.-PAe.), aus Methylsulfonylacetamid (8, 54%). — *p-Nitrophenyldiazomethylsulfon* (**II**), orangegelbe Nadeln aus A., F. 138—139° (Zers.), a) aus **I** u. 3,5 g Bis-methylsulfonylmethan bei p_H 6, A.-Auszug des Prod.; 1,5 g (Ausbeute); oder aus **I** u. Na-Methylsulfinat; 93%. — *p-Nitrophenylhydrazono-bis-methylsulfonylmethan*, $C_9H_{11}O_6N_3S_2$, F. 241—242° (Acetonitril), wie vorst. Verb. a), aus der Alkalilsg. des Rückstandes; 1,5 g. — *1.3-Bis-p-nitrophenyl-5-oxytetrazoliumbetain* (**III**), $C_{13}H_8O_5N_6$, F. 259—261° (Acetonitril), wie vorst. Verb., aus dem Rückstand des Alkaliauszuges. — Analog entstehen aus Bis-äthylsulfonylmethan **III**, *p-Nitrophenyldiazoäthylsulfon*, aus A., F. 131° (Zers.), u. *p-Nitrophenylhydrazono-bis-äthylsulfonylmethan*, $C_{11}H_{15}O_6N_3S_2$, F. 145 bis 146° (A.); aus Bis-phenylsulfonylmethan **III**, *p-Nitrophenyldiazophnylsulfon*, F. 133°, auch aus Na-Benzolsulfinat u. **I** erhalten, u. *p-Nitrophenylhydrazono-bis-phenylsulfonylmethan*, $C_{19}H_{15}O_6N_3S_2$, F. 231° (Acetonitril). — Aus Methylsulfoxymethylsulfonylmethan bilden sich bei p_H 6,7 mit **I** **II**, **III** u. **IV**, aus Dinitromethan bei p_H 3 **III**, *p-Nitrophenylhydrazonodinitromethan* (**V**), F. 120—125° (Zers.), u. 3-p-Nitrophenyl-5-oxyoxatetrazolium-(2.3.4)-betain (**VI**), $C_7H_4O_4N_4$, F. 164° (A.). **V** geht bei Erwärmen in Lösungsmitteln rasch unter NO-Entw. in **VI** über. (Liebigs Ann. Chem. **579**. 28—46. 1953. Marburg, Univ., Chem. Inst.) KLEINWÄCHTER. D 225

Edwin J. Hart, *Die Radikalpaarausbeute ionisierender Strahlung in wässerigen Ameisensäurelösungen.* Vff. untersuchen in wss. Lsg. den Mechanismus der Ameisensäureoxydation unter dem Einfl. von ^{60}Co-γ-Quanten (**I**) u. T-β^--Strahlung (**II**). Durch die Ionisationswrkg. der Strahlung werden H- u. OH^--Radikale gebildet; letztere rekombinieren zum Teil zu H_2O_2, das auf Ameisensäure oxydierend wirkt. Diese Rk. kann benutzt werden, um die relative Menge derjenigen Radikale zu bestimmen, die unter Bldg. von H_2 u. H_2O_2 rekombinieren, sowie derjenigen, die mit O_2 u. HCOOH reagieren. Die Rekombination erfolgt für **I** zu 21 u. für **II** zu 30%. In wss. HCOOH-Lsg. werden bei Einstrahlung von **II** pro erzeugtes Radikalpaar 29,8 eV verbraucht. (J. physic. Chem. **56**. 594—99. Mai 1952. Chicago, Ill., Argonne Nat. Labor., Chem. Div.) WEIGEL. D 226

M. S. Kharasch, Guido Stampa und **Walter Nudenberg,** *Photochemische para-Umlagerung von Phenyläthern.* (Vorl. Mitt.). Während sich *Phenylallyläther* (**I**) u. *Phenylbenzyläther* (**II**) bei 160—200° zu *o-Phenolen* umlagern u. *Diphenyläther* (**III**) keine Umlagerung zeigt, konnten Vff. p-Umlagerungen von **I**, **II**, **III** in Isopropanol durch UV-Bestrahlung bei Zimmertemp. erreichen. **I** ergibt ca. gleiche Mengen Phenol (**IV**) u. *p-Allylphenol* (*3.5-Dinitrobenzoat*, F. 103—104°), **II** ergibt *p-Benzylphenol* (F. 83°) u. wenig **IV**, **III** ergibt **IV** u. *p-Oxydiphenyl* (F. 165°). Die Umlagerungsausbeuten von **I** u. **II** sind 10 mal höher als die von **III**. Andere Lösungsmittel haben großen Einfl. auf die **IV**-Ausbeute, aber nicht auf die Bldg. der Umlagerungsprodukte. (Science [Washington] **116**. 309. 19/9. 1952. Chicago, Ill., Univ., George Herbert Jones Labor.) MOSLÉ. D 226

M. J. S. Dewar, *Durch Säure katalysierte Reaktionen von Kohlenwasserstoffen.* Vf. gibt eine Übersicht über die verschied. Reaktionsmöglichkeiten der Paraffin- u. Olefin-KW-stoffe in Ggw. von elektrophilen Reagentien (H_2SO_4, $AlCl_3$ + HCl, BF_3). Die in nur geringer Menge in Form einer Ketten-Rk. vom S_E2-Typ sich bildenden sehr reaktionsfähigen Carboniumionen sind die Ursache für Umlagerungen u. Racemisierung opt.-akt. Paraffine, Austausch ihrer H-Atome mit denen des sauren Katalysators, Addition von Protonen an asymm. Olefine, Polymerisations- u. Crackreaktionen. Dabei werden jeweils die beständigsten Carboniumionen gebildet. Die Beständigkeit steigt in der Reihenfolge RCH_2^+, R_2CH^+, R_3C^+. Besser als durch die klass. Struktur der Carboniumionen werden die Rkk. durch Ausbildung isomerer π-Komplexe erklärt, wie Vf. am Beispiel der Rk. von Isobutan mit Buten-(1) nachweist. (Bull. Soc. chim. France, Mém. [5] **18**. C86—88. März/April 1951.) FAASS. D 227

M. Ja. Kagan, L. A. Erlwanskaja und **I. W. Trofimowa,** *Über den Mechanismus der katalytischen Dehydrocyclisation von Paraffinkohlenwasserstoffen.* Aromatisierung von

Heptan (I) an $Cr_2O_3/K_2O/Al_2O_3$ bei 484° lieferte bei einmaligem Kontakt 31,2 Mol.-% *Toluol*, daneben *Olefine* u. *Paraffine*. Aus Hepten (II) wurde auf demselben Wege 52,5% *Toluol* erhalten. Die Ausbeuten bei I–II-Gemischen lagen zwischen diesen Grenzen. Vff. nehmen an, daß aus dem Paraffinmol. ein Radikal entsteht, das mit einer einzigen Bindung am Katalysator fixiert ist. Wegen der freien Drehbarkeit der C–C-Bindung kann das 6. C-Atom (vom fixierten aus gerechnet) in einen für den Ringschluß günstigen Abstand von der Katalysatoroberfläche kommen. Die Geschwindigkeit der Cyclisierung hängt von der Anzahl der günstigen Orientierungen ab. Daneben kann das adsorbierte Radikal auch zum Olefin dehydriert werden, wenn das dem 1. benachbarte C-Atom auch am Kontakt fixiert wird. Dieser Prozeß u. der rückläufige sollen schnell ablaufen, so daß sich dadurch sehr oft unter allen möglichen Orientierungen die für eine Cyclisierung günstige einstellt. So wird die bei der katalyt. Aromatisierung der Olefine im Vgl. zu derjenigen der Paraffine höhere Ausbeute an Aromaten erklärt. Isotopenaustauschverss. zeigten, daß I an Cr_2O_3/Al_2O_3 H schon bei 330° in 7 Sek. gegen D austauscht. Dies deutet auf die Möglichkeit der vorst. angenommenen Bldg. eines Radikals hin. Bei Tempp. $<330°$ findet kein Austausch statt. Am gleichen Kontakt wird bei Olefinen H schon bei $<200°$ gegen D ausgetauscht. (Доклады Академии Наук СССР [Ber. Akad. Wiss. UdSSR] [N. S.] **82**. 913—16. 21/2. 1952. Lomonossow-Inst. für feinchem. Technol.) Wörffel. D 227

B. A. Kasanski und **I. Je. Gruschko,** *Katalytische Hydrierung einiger trisubstituierter Äthylene in Gegenwart von Nickel.* (Vgl. C. **1940**. I. 1815; 3089.) Ni-Skelettkatalysatoren verhalten sich bei der Hydrierung von KW-stoffen $R^1R^2C{=}CHR^3$ in alkoh. Lsg. wie Pd: am raschesten wird *1.1-Dimethyl-2-phenyläthylen* (I) hydriert, langsamer *1-Methyl-2.2-diphenyl-* (II) u. *Triphenyläthylen* (III), am langsamsten rein aliphat. substituierte Äthylene, wie *1-Methyl-2.2-diäthyl-* (IV) u. *Trimethyläthylen*. Bei der Hydrierung bin. Systeme (ca. äquimol. Gemische) erfolgt die H-Anlagerung selektiv: im Syst. **IV–II** werden, wenn die Rk. nach Aufnahme von 50% der theoret. Menge H unterbrochen wird, 96,8% für die Hydrierung von II verbraucht, im Syst. **IV–III** 83,7% für III, im Syst. I–III 93,1% für I. (Доклады Академии Наук СССР [Ber. Akad. Wiss. UdSSR] [N. S.] **87**. 767—70. 11/12. 1952.) R. K. Müller. D 227

D$_2$. Präparative organische Chemie. Naturstoffe.

J. F. Tinker und **T. E. Whatmough,** *Äthyl-β-morpholinocrotonat.* Während die Alkylierung von Acetessigester an $C_{(\alpha)}$ leicht über die Monostufe hinausgeht, werden bei Alkylierung von *β*-Aminocrotonsäureester u. Hydrolyse nur die Monoalkylderivv. erhalten. *Äthyl-β-morpholinocrotonat* (I), $C_{10}H_{17}O_3N$, Kp.$_{0,35}$ 116°, aus Acetessigester, Morpholin u. 85%ig. Ameisensäure durch Sieden in Bzl. unter Abziehen des entstehenden W.; $D.^{25}_{25}$ 1,099; $n_D^{23,5}$ 1,5162; 76%. — *3-Carbäthoxyhexin-(5)-on-(2)*, $C_9H_{12}O_3$, Kp.$_1$ 71°, aus vorst. Verb. u. Propargylbromid bzw. Propargyl-p-toluolsulfonat u. anschließender Behandlung mit sd. W.; gute Ausbeute. *2.4-Dinitrophenylhydrazon*, $C_{15}H_{16}O_6N_4$, F. 97 bis 98°. — *Hexin-(5)-on-(2)*, Kp.$_{12}$ 62—64°, aus vorst. Verb. durch Hydrolyse. *2.4-Dinitrophenylhydrazon*, $C_{12}H_{12}O_4N_4$, F. 138—139°. — *5-Chlorhexen-(5)-on-(2)*, Kp.$_{16}$ 74 bis 77°, aus I u. 2.3-Dichlorpropen u. Sieden in W.; 86%. *2.4-Dinitrophenylhydrazon*, $C_{12}H_{13}O_4N_4Cl$, F. 84—85°. Behandlung mit NaH in fl. NH_3 ergab keine nachweisbaren tert. Alkohole. (J. Amer. chem. Soc. **74**. 5235. 20/10. 1952. Cambridge, Mass., Harvard Univ., Converse Labor.) Lehwald. 450

R. N. Haszeldine und **B. R. Steele,** *Die Anlagerung freier Radikale an ungesättigte Systeme.* 2. Mitt. *Radikalanlagerung an Olefine vom Typ $R{-}CH{=}CH_2$*. (1. vgl. C. **1952**. 7797.) Trifluorjodmethan lagert sich an Olefine des Typs $CH_2{=}CH{-}R$ (R = CH_3, Cl, F, $COOCH_3$, CN, CF_3) unter Bldg. der Verbb. $CF_3{-}CH_2{-}CHJ{-}R$ an. Das CF_3-Radikal greift also stets an der endständigen Methylengruppe an. Der Verlauf der Anlagerung hängt demnach nicht von der Polarisation der Doppelbindung ab. Die Rkk. wurden in der Dampfphase unter Bestrahlung mit UV-Licht durchgeführt; im Dunkeln tritt keine Umsetzung ein. Propylen (I) reagiert mit CF_3J im UV-Licht langsam unter Bldg. von *$CF_3{-}CH_2{-}CHJ{-}CH_3$* (II). Für den Reaktionsverlauf werden die folgenden Stufen angenommen: $CF_3J \rightarrow CF_3\cdot + \cdot J$; $CF_3\cdot + R{-}CH{=}CH_2 \rightarrow R{-}\dot{C}H{-}CH_2{-}CF_3$; $R{-}\dot{C}H{-}CH_2{-}CF_3 + R{-}CH{=}CH_2 \rightarrow R{-}\dot{C}H{-}CH_2{-}CHR{-}CH_2{-}CF_3$; $R{-}\dot{C}H{-}CH_2{-}CF_3 + CF_3J \rightarrow R{-}CHJ{-}CH_2{-}CF_3 + CF_3\cdot$. Die HJ-Abspaltung aus **II** verläuft unter dem Einfl. der CF_3-Gruppe zu *$CF_3{-}CH{=}CH{-}CH_3$* (III) u. nicht zu $CF_3{-}CH_2{-}CH{=}CH_2$. Die Chlorierung von **II** liefert *$CF_3{-}CH_2{-}CHCl{-}CH_3$* (IV), die Red. mit Zn u. HCl *1.1.1-Trifluorbutan.* — Aus Vinylchlorid (V) u. CF_3J entsteht mit hoher Ausbeute *$CF_3{-}CH_2{-}CHClJ$* (VI), dessen Konst. aus der Chlorierung zu *$CF_3{-}CH_2{-}CHCl_2$* (VII), aus der HJ-Abspaltung zu *$CF_3{-}CH{=}CHCl$* (VIII) u. aus der Red. mit

Zn u. HCl zu $CF_3{-}CH_2{-}CH_2Cl$ (**IX**) u. $CF_3{-}CH_2{-}CH_3$ (**X**) folgt. In fl. Phase verläuft die photochem. Umsetzung zwischen **V** u. CF_3J schneller als in der Dampfphase u. unter starker J_2-Abscheidung; bei der therm. Umsetzung (230—235°) tritt Zers. des **VI** zu **IX** ein. — Schneller als **V** setzt sich Vinylfluorid (**XI**) mit CF_3J zu $CF_3{-}CH_2{-}CHJF$ (**XII**) u. geringen Mengen der Diadditionsverb. $CF_3{-}CH_2{-}CHF{-}CH_2{-}CHJF$ (**XIII**) um. Die Konst. von **XII** ergibt sich aus einer Red. mit Zn u. verd. Säure zu $CF_3{-}CH_2{-}CH_2F$ (**XIV**), welches auch durch HF-Anlagerung an *3.3.3-Trifluorpropylen* (**XV**) u. durch Halogenaustausch aus 1.1.1-Trifluor-3-jodpropan mittels Hg_2F_2 entsteht. Die HJ-Abspaltung aus **XII** führt zu *1.3.3.3-Tetrafluorpropylen.* — Die Umsetzung von Acrylsäuremethylester (**XVI**) mit CF_3J verläuft in der fl. Phase leicht zu $CF_3{-}CH_2{-}CHJ{-}COOCH_3$ (**XVII**) u. höhersd. Prodd. der allg. Formel $CF_3{-}[CH_2{-}CH(COOCH_3)]_nJ$. **XVII** wird durch Zn u. Säure in *γ.γ.γ-Trifluorbuttersäure* übergeführt. — Von den dargestellten Verbb. wurden die Ultrarot- u. UV-Spektren aufgenommen u. diskutiert. — Bemerkenswert ist die leichte Umwandlung von Fluorjodverbb. in die entsprechenden Fluorchlor- u. Fluorbromverbb. mittels Cl_2 oder Br_2 im UV-Licht u. die Red. mittels Zn in HCl oder Äthanol. Die Gruppe =CHJ geht mit Zn u. Säure oder A. leicht in die Gruppe $=CH_2$ über (z. B. in den Verbb. **II** u. **XVII**). Aus der Gruppe =CXJ können =CHX oder $=CH_2$ entstehen. Wenn X = Cl ist (z. B. in der Verb. **VI**), bildet sich mit Zn u. A. nur die Verb. mit der Gruppe $=CH_2$, mit Zn u. HCl aber gleiche Mengen der Prodd. mit =CHCl u. $=CH_2$. Wenn X = F ist (wie in der Verb. **XII**), bleibt die Red. bei der =CHF-Stufe stehen.

V e r s u c h e: *1.1.1-Trifluor-3-jodbutan* (**II**), $C_4H_6JF_3$, Kp.$_{763}$ 103,5°, n_D^{20} 1,4277; aus 5,3 g **I** u. 24,7 g CF_3J im Pyrexglasrohr unter UV-Bestrahlung des Dampfraumes in 14 Tagen; Umsatz 51%, Ausbeute 98%. — *1.1.1-Trifluorbuten-(2)* (**III**), $C_4H_5F_3$, Kp. 20°; aus **II** mit 10%ig. alkoh. KOH bei 80° in 4 Std.; 77% (Ausbeute). — *3-Chlor-1.1.1-trifluorbutan* (**IV**), $C_4H_6ClF_3$, Kp. 65,4—66,0°, n_D^{20} 1,3438; durch Lichtchlorierung von **II**; 93%. — *1.1.1-Trifluorbutan,* $C_4H_7F_3$, Kp. 18°; durch 4std. Kochen von **II** mit Zn-Staub u. verd. HCl; 71%. — *3-Chlor-1.1.1-trifluor-3-jodpropan* (**VI**), $C_3H_3ClJF_3$, Kp. 120°, n_D^{20} 1,453; aus 8,2 g **V** u. 25,5 g CF_3J durch 14tägige UV-Bestrahlung; Umsatz 50%, Ausbeute 97%. — *3.3-Dichlor-1.1.1-trifluorpropan* (**VII**), $C_3H_3Cl_2F_3$, Kp.$_{766}$ 72,8—73,4°, n_D^{20} 1,363; aus **VI** mit Cl_2 bei Zimmertemp.; 80%. — *1-Chlor-3.3.3-trifluorpropylen* (**VIII**), $C_3H_2ClF_3$, Kp. 20,8°; aus **VI** mit 10%ig. alkoh. KOH; 82%. — Die Red. von 1,3 g **VI** mit 4 g Zn-Staub u. 25 cm³ verd. HCl in 4 Std. bei ca. 80° liefert 34% *1.1.1-Trifluorpropan* (**X**, Kp. —13°) u. 34% *3-Chlor-1.1.1-trifluorpropan* (**IX**). Bei 6std. Kochen von 1,14 g **VI** mit 4 g Zn u. 30 cm³ A. entstehen 51% **X**. — *2.3-Dichlor-1.1.1-trifluorpropan,* Kp. 76,6—77,2°, n_D^{20} 1,367; durch Anlagerung von 0,75 g Cl_2 an 1,0 g **XV**; 83%. — *1.1.1.3-Tetrafluor-3-jodpropan* (**XII**), $C_3H_3JF_4$, Kp.$_{757}$ 86,2°, n_D^{20} 1,4024; aus 4,07 g **XI** u. 17,4 g CF_3J im Pyrexglasrohr unter UV-Belichtung in 14 Tagen; Umsatz 77%, Ausbeute 84% neben 7% *1.1.1.3.5-Pentafluor-5-jodpentan* (**XIII**), $C_5H_6JF_5$, Kp.$_{20}$ 64°, n_D^{20} 1,421. — *1.1.1.3-Tetrafluorpropan* (**XIV**), $C_3H_4F_4$, Kp.$_{761}$ 29,4°, Kp.$_{590}$ 23,0°; durch Red. von 1,9 g **XII** mit 4 g Zn-Staub u. 30 cm³ verd. HCl bei 70° in 4 Std.; 79%; oder durch 5std. Erhitzen von 2,0 g 1.1.1-Trifluor-3-jodpropan mit 5,0 g getrocknetem Hg_2F_2 auf 120° unter Rückfluß; 41%. — *3.3.3-Trifluorpropylen* (**XV**), $C_3H_3F_3$; durch 24std. Schütteln von 0,280 g **XIV** mit 3 cm³ 10%ig. alkoh. KOH im Einschmelzrohr bei 20°; 94%. — *1.3.3.3-Tetrafluorpropylen,* $C_3H_2F_4$, Kp. —16°; aus **XII** mit alkoh. KOH bei 60°; 80%. — *γ.γ.γ-Trifluor-α-jodbuttersäuremethylester* (**XVII**), $C_5H_6O_2JF_3$, Kp.$_{42}$ 82°, n_D^{20} 1,440; durch 4tägige UV-Belichtung von 2,0 g **XVI** u. 7,2 g CF_3J im Pyrexeinschmelzrohr; 2,6 g (88%) neben 5,2 g (72%) nichtumgesetztem CF_3J u. 1,0 g (50%) nichtumgesetztem **XVI**. Durch 6tägige Belichtung wurden aus 8,38 g **XVI** u. 17,9 g CF_3J außer **XVII** 6 g polymere Substanzen der Formel $CF_3{-}[CH_2{-}CH(COOCH_3)]_n{-}J$ mit Kp.$_3$ 112°, n_D^{20} 1,447, u. Kp.$_{0,1}$ 138 ± 2°, n_D^{20} 1,443, erhalten. — *γ.γ.γ-Trifluorbuttersäure,* Kp.$_{12}$ 70°; durch Kochen von 0,65 g **XVII** mit 2 g Zn-Staub u. 50%ig. H_2SO_4; 48%. (J. chem. Soc. [London] **1953.** 1199—1206. April. Cambridge, Univ., Chem. Labor.)

FORCHE. 520

M. F. Schosstakowski und **A. W. Bogdanowa,** *Zur Untersuchung von Acetylenalkoholen und -glykolen.* 1. Mitt. *Synthese und Umwandlungen von Butin-(2)-diol-(1.4).* Der *Bis-[α-äthoxyäthyläther]* (**I**) von *Butin-(2)-diol-(1.4)* (**II**) wurde aus **II** u. Vinyläthyläther (**III**) in Ggw. von wenig HCl erhalten. Im Autoklaven ohne Katalysator ließ sich bei erhöhter Temp. auch der *Mono-[α-äthoxyäthyläther]* (**IV**) gewinnen. Analog verliefen die Rkk. von **II** mit Vinylbutyläther (**V**). Die Mono- u. Bis-äther sind angenehm riechende Flüssigkeiten. Die beim Fraktionieren der Reaktionsprodd. im Rückstand erhaltenen Harze explodieren bei zu starkem Erhitzen. **I** ist temperaturbeständiger als der *Bis-[α-butoxyäthyläther]* (**VI**), aber auch **I** kann bei Atmosphärendruck nur unter teilweiser Zers. dest. werden. Unter den Zersetzungsprodd. befinden sich *Acetaldehyddiäthyl-* (**VII**) bzw. *-dibutylacetal* (**VIII**). Die Hydrolyse mit verd. H_2SO_4 verläuft quantitativ (CH_3CHO wurde titrimetr. bestimmt). Hydrierung von **VI** in Ggw. von Platinoxyd führt zur Zerstörung des Mol. unter Bldg. von *Butylalkohol* u. **II**. — Bei der Herst. von **II** nach VALETTE (Ann. Chimie [12] **3.** [1948.] 661) konnte die Ausbeute verbessert werden.

Versuche: *Butin-(2)-diol-(1.4)* (**II**), $C_4H_6O_2$, F. 57—58°; Kp.$_{23}$ 151—152°. 217 g Formalin werden im Rührautoklaven in Ggw. von Metallacetyleniden auf Silicagel mit C_2H_2 bis zur Aufnahme von 43—49 Litern behandelt (97—105°; 13—15 at; 4 Std.); das fl. Reaktionsprod. wird vom Katalysator, der für weitere Operationen benutzt werden kann, abgegossen u. im Vakuum fraktioniert; 58,7 g (Ausbeute). — *Äther* von **II**: *Bis-[α-äthoxyäthyläther]* (**I**), $C_{12}H_{22}O_4$, Kp.$_8$ 126—127°. a) Man läßt zu einer Lsg. von 43 g **II** in 50 g Dioxan in Ggw. eines Tropfens konz. HCl innerhalb 3 Std. 75 g **III** zutropfen u. erwärmt 2½ Std. auf 48—50°; nach Trocknen mit K_2CO_3 wird Dioxan in Ggw. eines Kristalls Pyrogallol unter N_2 abdest. u. der Rückstand im Vakuum fraktioniert; 88 g; b) aus 43 g **II** u. 75 g **III** bei 9 std. Erhitzen im Rührautoklaven auf 88—96° u. Fraktionieren; 78,8% (auf **II** bezogen) neben wenig **VII**. D.$^{20}_4$ 0,9749; n_D^{20} 1,4400; Mol.-Refr. 62,26. *Mono-[α-äthoxyäthyläther]* (**IV**), $C_8H_{14}O_3$, Kp.$_{10}$ 124—124,5°; aus 43 g **II** u. 37 g **III**, 1½ Std. im Rührautoklaven bei 81—88°; D.$^{20}_4$ 1,0192; n_D^{20} 1,4550; Mol.-Refr. 41,95; 69,1% (auf umgesetztes **II** bezogen). *Bis-[α-butoxyäthyläther]* (**VI**), $C_{16}H_{30}O_4$, Kp.$_3$ 152 bis 153°, a) aus 43 g **II** u. 110 g **V** in 50 g Dioxan in Ggw. eines Tropfens HCl bei 40°; 90 g neben 14 g **VIII** (Kp. 184,5—185°); b) aus 60 g **II** u. 150 g **V**, 8½ Std. im Autoklaven bei 96—110°; 51 g neben 5 g nachst. *Monoäthers* u. wenig **VIII**; D.$^{20}_4$ 0,9355; n_D^{20} 1,4445. Hydrierung (Platinoxyd; CH_3OH; 2 Std.) liefert hauptsächlich *Butylalkohol*, weniger **II** (Kp.$_3$ 106—107°; D.$^{20}_4$ 1,0170; n_D^{20} 1,4055). — *Mono-[α-butoxyäthyläther]*, $C_{10}H_{18}O_3$, Kp.$_7$ 126—127°; aus 43 g **II** u. 50 g **V**, 1½ Std. im Autoklaven bei 96—104°; D.$^{20}_4$ 0,9750; n_D^{20} 1,4565; 21,8 g neben wenig **VIII**. (Журнал Общей Химии [J. allg. Chem.] **23.** (**85.**) 61—66. Jan. 1953. Inst. für organ. Chem. der Akad. der Wiss. der UdSSR, Labor. für Vinylverbindungen.) R. KNOBLOCH. 570

P. Savary und **P. Desnuelle,** *Über die Chlorierung von Laurin- und Stearinsäure durch chlorierte Kohlenwasserstoffe in Gegenwart von Peroxyden und durch Sulfurylchlorid.* Vff. lösen Laurin- oder Stearinsäure in chlorierten KW-stoffen, wie $CHCl_3$, CCl_4, $C_2H_4Cl_2$, $C_2H_2Cl_4$, C_2HCl_5 u. SO_2Cl_2, erhitzen die Gemische zum Sieden u. fügen langsam Benzoylperoxyd hinzu. Aus den in alkoh. Alkali aufgenommenen Lsgg. ziehen sie die Chlorierungsprodd. mit Ae. aus u. unterwerfen sie einer fraktionierten Kristallisation oder in Form ihrer Ester einer Rektifikation. Sie erhalten so hauptsächlich *mono-* u. *dichlorierte Säuren* mit 0,7—1,7 Atomen Chlor pro Mol. (vgl. Tabellen im Original). Es wird festgestellt, daß chlorierte KW-stoffe u. $SOCl_2$ in Ggw. von Benzoylperoxyd zur Chlorierung von langkettigen Aliphaten sehr geeignet sind. (Bull. Soc. chim. France, Mém. [5] **19.** 213—16. Jan./Febr. 1952. Marseille, Fac. de Sci., Labor. de Chim.-Biolog. et des Corps Gras.) LEHWALD. 810

J. G. Burtle, J. C. Saam und **L. C. Mokrasch,** *Die Acrylsäureester des Äthylenglykols.* Die Darst. von *Äthylenglykolmono-* u. *-diacrylat* wird beschrieben. Die Ester sind unter Lichtabschluß im Vakuum ohne Polymerisation destillierbar.

Versuche: *Äthylenglykolmonoacrylat,* a) aus Acrylsäurechlorid u. Glykol (**I**) in Chlf. in Ggw. von wasserfreiem Na_2SO_4, Na_2SO_3 u. Cu_2Cl_2 bei 35—40°; Kp.$_1$ 61—65°, n_D^{23} 1,4460; D.$^{23}_4$ 1,011; 63—68% (Ausbeute); b) aus Na-Acrylat (in 70%ig. Ausbeute aus krist. Acrylsäure u. NaOH in Methanol in Ggw. von Hydrochinon) u. Äthylenbromhydrin in Ggw. von Pyrogallol u. Cu_2Cl_2 in W. auf dem Dampfbad u. Extraktion mit Chlf.; Kp.$_2$ 75—77°, n_D^{23} 1,4460; 53%; c) aus Acrylsäure u. **I** in Ggw. von Pyrogallol u. p-Toluolsulfonsäure bei 80° u. fraktionierte Dest.; Kp.$_{0,5}$ 57—60°, n_D^{20} 1,4464; 30% (Reinheitsgrad 98,4%). — *Äthylenglykoldiacrylat,* Kp.$_{0,6}$ 53—57°, Kp.$_{0,7}$ 56—58°, Kp.$_{0,9}$ 62—65°, n_D^{20} 1,4545—1,4547, D.$^{26}_{20}$ 1,0935, aus **I** u. Acrylsäure in Bzl. in Ggw. von p-Toluolsulfonsäure, Pyrogallol u. Cu-Pulver unter Lichtabschluß u. azeotroper Dest. des W.; 40% (Reinheitsgrad 97,7%). (J. org. Chemistry **17.** 1302—04. Okt. 1952. St. Paul, Minn., Coll. of St. Thomas, Chem. Labor.) FROHLOFF. 810

W. von E. Doering, Milton Farber und **Adnan Sayigh,** *Die oxydative Bis-decarboxylierung von α.β-Dicarbonsäuren.* Von den beiden in der Literatur beschriebenen Methoden zur Abspaltung von 2 benachbarten COOH-Gruppen unter Ausbildung einer Äthylenbindung in einem Reaktionsgang erwies sich die Elektrolyse von substituierten Bernsteinsäuren als wenig befriedigend. Anwendung der Peroxydzers. war zwar bei Hexahydrophthaloylperoxyd erfolgreich, jedoch ist das Peroxyd nur in schlechter Ausbeute u. nicht rein darstellbar. Vff. erhitzten daraufhin Bernsteinsäure mit PbO_2 in einem hochsd. Lösungsm. u. erhielten das gewünschte *Äthylen.* cis-Hexahydrophthalsäure zers. sich in sd. Dekalin zu 21% zu *Cyclohexen.* Analog entstand aus cis-4.5-Dimethylhexahydrophthalsäure *4.5-Dimethylcyclohexen*, nachgewiesen durch Oxydation zu *β.β'-Dimethyladipinsäure*. Bei Zers. von Bicyclo-[2.2.1]-heptandicarbonsäure-(2.3) war die Isolierung des entstandenen *Bicycloheptens* nicht möglich, doch ließ sich dessen Bldg. an seinem Oxydationsprod., *Cyclopentandicarbonsäure-(1.3)*, nachweisen. — Günstiger erwies sich die Zers. der Säureanhydride mit PbO_2 ohne Lösungsm., gegebenenfalls unter Zumischung von Glaspulver. Hiernach wurde aus Bicyclo-[2.2.2]-octandicarbonsäure-(2.3)-anhydrid sowie ihren 1-Acetoxy- u. 1-Carbomethoxyderivv. *Bicyclo-[2.2.2]-octen* bzw. das 1-Acetoxy- u. 1-Carbomethoxyderiv. dargestellt.

V e r s u c h e (FF. u. Kpp. korr.): *Hexahydrophthaloyldichlorid*, $Kp._4$ 118—123°, durch Erwärmen der Säure mit PCl_5; 72% (Ausbeute). *Dianilid*, F. 234—234,5°, aus dem Dichlorid u. Anilin bei 0°. — *Hexahydrophthaloylperoxyd*, aus 3,8 g vorst. Dichlorids durch Zufügen in Toluol zu einer gekühlten, turbinierten Lsg. von 1,8 g Na_2O_2 in W., Trennen der Schichten u. Verdünnen der Toluolschicht mit Methanol; unbeständige gummiartige M., die sich beim Trocknen zers.; 1,8 g. Bei Zers. des Peroxyds [aus 10,7 g Dichlorid] in Xylol durch Erwärmen entstehen 44% *Cyclohexen*, nachgewiesen durch Oxydation zu *Adipinsäure*. — Bis-decarboxylierung von 25 g Bernsteinsäure mit PbO_2 bei 200° u. Auffangen des entwickelten Gases in Br_2 ergab 0,6 g *Äthylenbromid*, Kp. 132°, F. 9,5—10,5°, n_D^{22} 1,5362. — *Cyclohexen*, Kp. 83,7°, durch 2std. Kochen von cis-Hexahydrophthalsäure in Dekalin mit PbO_2 u. Auffangen in einer trockeneisgekühlten Falle; n_D^{26} 1,4432; 21% (bezogen auf verbrauchte Säure 35%); gibt bei Oxydation *Adipinsäure*, F. 149—150°. — *cis-4.5-Dimethylhexahydrophthalsäure*, $C_{10}H_{16}O_4$, F. 172—173° (W.), durch Hydrierung von cis-4.5-Dimethyl-Δ^4-tetrahydrophthalsäure in Eisessig mit PtO_2; liefert bei Zers. mit PbO_2 wie oben *cis-4.5-Dimethylcyclohexen*, C_8H_{14}, Kp. 127,8°, n_D^{25} 1,4467; 16%. Hieraus durch Oxydation mit alkal. $KMnO_4$ *β.β'-Dimethyladipinsäure*, F. 132—133°. — *cis-Cyclopentandicarbonsäure-(1.3)*, F. 120—120,5°, durch Zers. von Bicyclo-[2.2.1]-heptandicarbonsäure-(2.3) u. Oxydation mit $KMnO_4$. — *Bicyclo-[2.2.2]-octen*, F. 141—144°, durch Erhitzen von Bicyclo-[2.2.2]-octandicarbonsäure-(2.3)-anhydrid, Glaspulver u. PbO_2 auf 250° u. Extraktion mit n-Pentan. (J. Amer. chem. Soc. **74**. 4370—72. 5/9. 1952. New York, N. Y., Columbia Univ., Havemeyer and Chandler Labors.) LEHWALD. 820

M. Viscontini und **N. Merckling**, *Über eine neue Methode von β-Ketosäureestersynthese*. (Vgl. auch C. **1953**. 42.) Vff. kondensieren Acylchloride mit Acetessigsäureäthylester in Ggw. von Mg statt Na u. erhalten *α-Acylacetessigsäureäthylester*. Der Reaktionsmechanismus der Rk. unterscheidet sich von dem mit Na, da die Kondensation nur mit Acylchloriden, nicht aber mit Alkylhaliden erfolgt. Einige der dargestellten Verbb. werden durch Hydrolyse mit NH_3 oder Na-Alkoholat in die entsprechenden *Acylessigsäurederivv.* verwandelt.

V e r s u c h e: Nachst. *α-Acylacetessigsäureäthylester*, durch Rk. von Mg-Spänen mit absol. A. unter H_2O-Ausschluß u. Zusatz von etwas CCl_4; nach Abklingen der Rk. Zugeben von Ae.; nach Beendigung der Rk. Zufügen von Acetessigester in Ae., dann Säurechlorid in Ae., Stehen, Gießen in Eis + H_2SO_4; erhalten wurden folgende α-Acylester: *Acetyl-*, $Kp._{12}$ 92°; 73% (Ausbeute). — *Isovaleryl-*, $Kp._{14}$ 116°; 75%. — *Önanthoyl-*, $Kp._{0,07}$ 88°; 84%. — *Pelargonoyl-*, Kp. $_{0,06}$ 112°; 86%. — *Undecenoyl-*, $Kp._{0,09}$ 131°; 75%. — *Lauroyl-*, $Kp._{0,01}$ 135°; 66%. — *Palmitoyl-*, $Kp._{0,001}$ 175°; 56%. — *Stearoyl-*, F. 45°; 81%. — *α-[β-Carbomethoxypropionyl]-*, $Kp._{0,06}$ 97°; 87%. — *Carbomethoxy-*, $Kp._{11}$ 105°; 35%. — *Phenacetyl-*, $Kp._{0,1}$ 145°; 85%. — Nachst. *Acylessigsäureäthylester*, aus vorst. Verbb. durch Spaltung mit NH_3 bzw. Na-Alkoholat: *Isovaleryl-*, $Kp._{13}$ 98°; 70%. — *Önanthoyl-*, $Kp._{10}$ 127°; 65%. — *Pelargonoyl-*, $Kp._{0,15}$ 102°; 51%. — *Pelargonoylessigsäuremethylester*, $Kp._{0,14}$ 95°; 69%. — *Undecenoyl-*, $Kp._{0,1}$ 125 bis 130°; 58%. — *Lauroyl*, $Kp._{0,01}$ 90—95°; 74%. — *Palmitoyl-*, F. 46°; 73%. — *β-Ketoadipinsäuremethyläthylester*, $Kp._{0,06}$ 90°; 52%. — *β-Ketoadipinsäuredimethylester*, $Kp._{0,4}$ 106—108°; 20%. — *Phenacetylessigsäuremethylester*, $Kp._3$ 125°; 70%. (Helv. chim. Acta **35**. 2280—82. 1/12. 1952. Zürich, Univ., Chem. Inst.) LEHWALD. 870

G. W. Pigulewski und **I. L. Kuranowa**, *Reaktion von Ammoniak mit Oleinsäureoxyd*. *Oleinsäureoxyd* (I) wurde durch Oxydation der Methylesterfraktion $Kp._{17}$ 210—211° des Pfirsichkernöls mit Acetylhydroperoxyd u. Verseifen erhalten. Aus dem Oxydationsgemisch wurde die Fraktion $Kp._{0,064}$ 161—163° abgetrennt, verseift u. I aus A. + PAe. umkrist., F. 57—58°. I wurde mit 15 Teilen wss. NH_3 12 Std. auf 130° erhitzt u. die *Oxyaminostearinsäure* (**II**) aus A. umkrist., F. 154—155°. Für **II**, $C_{18}H_{37}O_3N$, stehen die Formeln einer *8-Amino-9-oxy-* oder *8-Oxy-9-aminoheptadecancarbonsäure-(1)* zur Wahl. Charakterist. ist die Löslichkeit in verd. NH_3; aus der Lsg. fällt beim Eindampfen II wieder aus. Die Einw. von $NaNO_2$ in verd. HCl gibt die der Elaidinsäure konfigurativ entsprechende *Dioxystearinsäure*, F. 100—101°, der cis-Stellung der Oxy- u. Aminogruppe in II entsprechend. Für die ster. Zuordnung war die Angabe von JESSAFOW (Химический Журнал Серия А. Журнал Общей Химии [Chem. J. Ser. A, J. allg. Chem.] **7.** (**69.**) [1937.] 1403), daß bei der niedrigschm. Dioxystearinsäure die OH-Gruppen in cis-Stellung stehen, maßgebend. Für die Kupferkomplexverb. von II werden 2 Konstitutionsformeln vorgeschlagen.

Versuche: *Hydrochlorid* von II, $C_{18}H_{38}O_3NCl$, beim Eindampfen einer salzsauren Lsg. von II im Vakuumexsiccator über KOH; Nadeln aus Essigester, F. 87—89°. *Kupferkomplex*, $C_{36}H_{72}O_6N_2Cu$; beim Stehen einer Lsg. von II in ammoniakal. $Cu(OH)_2$-Lsg. an der Luft; violett-blauer Nd., leicht lösl. in verd. NH_3 unter Bldg. einer blauen Lösung. (Доклады Академии Наук СССР [Ber. Akad. Wiss. UdSSR] [N. S.] **82.** 601—02. 1/2. 1952. Leningrad, Shdanow-Univ., Labor. für natürlich vorkommende Verbindungen.) TROFIMOW. 950

Robert F. Toomey, *Dibutoxyisothiocyansilan und die Silicium–Wasserstoff-Bindung.* Bei der Einw. von $(SCN)_2$ auf Tri-n-butoxysilan in Bzl. unter Eiskühlung bleibt die Si—H-Bindung erhalten, u. es entsteht *Di-n-butoxyisothiocyansilan* (I), $(C_4H_9O)_2SiH \cdot (NCS)$, $Kp._6$ 98—99°, in 44%ig. Ausbeute. I scheidet aus $AgNO_3$-Lsg. metall. Ag ab. Auch bei der Rk. von AgNCO (II) mit $HSiCl_3$ wird Ag durch den Silan-H abgeschieden, weshalb sich die Rk. von Chlorsilanen mit II bzw. AgCNS nicht zur Darst. von Isocyanaten oder Isothiocyanaten mit einer Si–H-Bindung eignet (vgl. FORBES u. ANDERSON, C. **1945.** II. 981). (J. org. Chemistry **17.** 473—74. März 1952. Cleveland, O., John Carroll Univ., Dep. of Chem.) GROSSE-RUYKEN. 980

J. F. Ellis und **W. K. R. Musgrave,** *Halogenierung in flüssiger Phase mittels Chlortrifluorid. Die Umsetzung mit Benzolderivaten und mit Tetrachlorkohlenstoff.* Die Unterss. über die Umsetzung von Bzl. (vgl. C. **1951.** II. 1420) in CCl_4-Lsg. mit ClF_3 (mit N_2 verd.) bei 0° in Ggw. von CoF_2 als Katalysator wurden auf Homologe u. Halogenderivv. des Bzl. ausgedehnt. Ebenso wie bei Bzl. erfolgt auch bei den Benzolderivv. unter der Einw. von ClF_3 Chlorierung u. Fluorierung sowie Anlagerung von je einem Cl- u. F-Atom, wobei (außer bei Benzotrichlorid) die Chlorierungs-Rk. vorherrscht. Die Menge der Fluorverb. nimmt mit wachsender Länge der Seitenkette ab. Die chlorierende Wrkg. des ClF_3 ist nicht auf eine prim. Umsetzung des ClF_3 mit dem Lösungsm. CCl_4 zu dem als Chlorierungsmittel bekannten ClF zurückzuführen. CCl_4 reagiert mit ClF_3 bereits bei 0° unter Bldg. geringer Mengen Dichlordifluormethan u. Trichlorfluormethan, aber nicht in Ggw. von Benzol. Der Anfall an Anlagerungsverbb. ist bei den Benzolhomologen größer als bei Benzol. Die Anlagerungsprodd. sind sehr unbeständig u. zers. sich schon bei der Destillation. Das Verh. der Halogenderivv. des Bzl. gegenüber ClF_3 zeigt keine Gesetzmäßigkeiten. Fluorbenzol setzt sich vollständig um, gibt aber kein Difluorbenzol, was möglicherweise darauf zurückzuführen ist, daß p-Difluorbenzol von ClF_3 vollständig zers. wird.

Versuche: Aus Toluol entstehen *Fluortoluole* (n_D^{20} 1,4743—1,4715), *Benzylfluorid* (Kp. 139°, n_D^{20} 1,4916), *o-Chlortoluol* (Kp. 159°, n_D^{20} 1,5261), *p-Chlortoluol* (Kp. 162°, n_D^{20} 1,5211) sowie ein viscoses Öl ($Kp._{10}$ 100—160°) u. ein teeriger Rückstand. — Äthylbenzol liefert *Äthylfluorbenzole* (Kp. 137—140°, n_D^{20} 1,4943—1,4792), *o-Chloräthylbenzol* (Kp. 179,5°, n_D^{20} 1,5214), *p-Chloräthylbenzol* (Kp. 184,5°, n_D^{20} 1,5175), unbeständige Anlagerungsverbb. ($Kp._{10}$ 85—125°) u. Teer. — Die Prodd. der Einw. von ClF_3 auf Cumol sind *Fluorcumole, p-Chlorcumol* ($Kp._{15}$ 82°, n_D^{20} 1,5120), unbeständige Anlagerungsverbb. ($Kp._8$ 88—110°) u. Teere. — Aus Chlorbenzol entstehen *p-Chlorfluorbenzol* ($Kp._{754}$ 129,8°, n_D^{20} 1,4967—1,4973), *p-Dichlorbenzol* ($Kp._{10}$ 62°, F. 53°), *o-Dichlorbenzol* ($Kp._{10}$ 69°, $Kp._{755}$ 180°, n_D^{20} 1,5511, F. —15,5°), Anlagerungsprodd. ($Kp._8$ 88—92°, n_D^{20} 1,5172) u. Teer. — Aus Fluorbenzol erhält man *p-Chlorfluorbenzol* (Kp. 130°, n_D^{20} 1,4965), Anlagerungsprodd. ($Kp._{19}$ 63—67°, n_D^{20} 1,4652; u. $Kp._{10}$ 90 bis 135°, n_D^{20} 1,5153) u. Teer. — Benzotrifluorid liefert ein *Fluorbenzotrifluorid, m-Chlorbenzotrifluorid* (Kp. 138,5°, n_D^{20} 1,4467), Anlagerungsprodd. ($Kp._{14}$ 63—88°, n_D^{20} 1,4352) u. Teer. — Benzotrichlorid ergibt *α.α-Dichlor-α-fluortoluol* ($Kp._8$ 65°, n_D^{20} 1,5170), *Fluorbenzotrichlorid,* nicht trennbare *Chlorbenzotrichloride* ($Kp._{15}$ 125°, n_D^{20} 1,5717), Anlagerungsverbb. ($Kp._{10}$ 145—155°, n_D^{20} 1,5352) u. teerige Produkte. (J. chem. Soc. [London] **1953.** 1063—67. April. Durham, Univ.) FORCHE. 1010

I. N. Titz-Skworzowa, A. I. Leonowa und **Ss. Ja. Lewina,** *Umwandlungen von Benzylmercaptan, α-Phenyläthylmercaptan und Dibenzylsulfid am Aluminiumsilicatkatalysator.* Benzylmercaptan, bei 300° (200°) dampfförmig über Al-Silicat (I) geleitet, gibt 28 (34,5) % eines Katalysats, das 39 (22,4) % *Toluol* enthält; außerdem entstehen durch Cracken niedrigsd. Prodd. u. hochsd. Kondensationsprodd., aus denen sich nichts Einheitliches isolieren ließ. Als H_2S werden 81,4 (85,2) % des S erhalten. α-Phenyläthylmercaptan liefert an I bei 300° 46% Katalysat, davon 48,1% *Äthylbenzol* u. 85,6% H_2S, außerdem niedrig- u. hochsd. Prodd., aber kein Styrol. Dibenzylsulfid zers.

sich an I bei 300° unter Bldg. von 35,2% Katalysat, davon 27% *Toluol* u. 24,3% *Dibenzyl*, u. 90% H_2S. (Доклады Академии Наук СССР [Ber. Akad. Wiss. UdSSR] [N. S.] **88.** 1007—10. 21/2. 1953. Moskau, Lomonossow-Univ.) R. KNOBLOCH. 1090

Michael E. Grundy, Wei-hwa Hsü und **Eugene Rothstein,** *Die Reaktion zwischen aromatischen Verbindungen und Derivaten tertiärer Säuren.* 7. Mitt. *Die Darstellung von p-tert.-Butylphenyl- und Isobuten-(1)-yl-tert.-butylketonen aus Pivaloylchlorid.* (6. vgl. C. **1953.** 849.) Die langsame Zugabe von *Pivaloylchlorid* (I) zu einer Mischung von Bzl. u. $AlCl_3$ liefert *tert.-Butyl-p-tert.-butylphenylketon* (II). Die Ausbeute schwankt u. nimmt mit Verlängerung der Reaktionszeit bis 37% zu (vgl. PEARSON, C. **1952. 4756**). Es wird dabei sicher als prim. Reaktionsprod. *tert.-Butylbenzol* (III) gebildet, das mit I zu II reagiert. In Abwesenheit von Bzl. entsteht bei der Umsetzung von I mit $AlCl_3$ *Isobutenyl-tert.-butylketon* (IV), $(CH_3)_2C{=}CH-CO-C(CH_3)_3$, dessen Bldg. aus Isobutylen u. I sichergestellt werden konnte. Das Vorliegen von tert.-Butyl-2-methallylketon, Hexamethyldiacetyl oder Hexamethylaceton konnte ausgeschlossen werden. Eine unabhängige Synth. von IV konnte aus 3-Methylbuten-(2)-säurechlorid (V) u. tert.-Butyl-MgCl erreicht werden.

Versuche: Die Umsetzung von I mit Bzl. nach PEARSON (l. c.) lieferte nach einer Zugabezeit von 20 Min. 33,6% *tert.-Butylbenzol* (III), Kp.$_{15}$ 58°, u. 17% *tert.-Butyl-p-tert.-butylphenylketon* (*tert.-Butylpivalophenon*) (II), $C_{15}H_{22}O$, Kp.$_{12}$ 147° (*Oxim*, $C_{15}H_{23}ON$, F. 205°), bei 45 Min. 17% III u. 32,5% II u. bei 50 Min. 8,5% III u. 37% II. — *Isobuten-(1)-yl-tert.-butylketon* (IV), $C_9H_{16}O$, Kp.$_{15}$ 58°, a) aus I mit $AlCl_3$ in Nitrobenzol bei 0° (2 Std.), später bei 50° (½ Std.) u. Zers. mit 10%ig. HCl; 20%; b) durch Einleiten von Isobutylen (erhalten aus tert.-Butanol u. 30%ig. H_2SO_4) in eine Lsg. von I u. $AlCl_3$ in CS_2 bei —12° u. Zers. mit Eis; c) aus V (dargestellt aus der Säure mit $SOCl_2$ nach SCHINDLER u. REICHSTEIN [C. **1942.** II. 2251], Kp. 145—150°; 90%) mit tert.-Butyl-MgCl in sd. Ae.; 14%. *Semicarbazon*, $C_{10}H_{19}ON_3$, F. 119—120°, gewonnen in Pyridin; aus W. Nadeln. IV reagiert nicht mit I u. $AlCl_3$ in Nitrobenzol unter Bldg. von CO. — *Hexamethyldiacetyl*, F. 168°, aus I mit „mol." Na in Ae.; liefert kein Semicarbazon. — *Hexamethylaceton*, Kp. 153°, a) in geringer Ausbeute aus I u. Aceton nach WHITMORE (C. **1938.** II. 2919); b) besser aus Pivalinsäuremethylester u. tert.-Butylchlorid in Ggw. von Na u. Oxydation der erhaltenen Mischung mit konz. HNO_3 nach BARTLETT u. SCHNEIDER (J. Amer. chem. Soc. **67.** [1945.] 141); liefert kein Semicarbazon. (J. chem. Soc. [London] **1952.** 4136—38. Nov. Leeds, Univ.) GOLD. 1160

James Cason, Robert E. Harman, Patricia C. Adams und **Sidney Goodwin,** *Darstellung der Dichlortoluchinone.* Vff. setzen die Arbeiten über chlorierte Benzochinone fort (vgl. C. **1952.** II. 6359) u. stellen die drei isomeren *Dichlortoluchinone* durch Red. der entsprechenden p-Nitroverbb. u. Oxydation der entstandenen Amine mit Fe^{3+} dar. Sie stellen fest, daß das von KEHRMANN u. Mitarbeitern [1915] beschriebene *3.6-Dichlortoluchinon* (F. 76°) ein Isomerengemisch sein muß, da die authent. Verb. bei 105,5 bis 106,4° schmilzt.

Versuche (FF. korr.): *2.6-Dichlor-4-nitro-m-kresol*, F. 142—143° (Zers.), aus 4-Nitro-m-kresol (F. 125—127°) durch Chlorierung in 90%ig. Essigsäure; Kristalle aus Bzl.; 73% (Ausbeute). — *2.6-Dichlor-4-amino-m-kresol* (I), F. 173—176° (wss. A.), durch Red. vorst. Verb. mit $SnCl_2$ in HCl; 75%. *Diacetylderiv.*, $C_{11}H_{11}O_3NCl_2$, F. 157,4—157,8° (Bzl.). Aus rohem I nur das *N-Acetylderiv.*, $C_9H_9O_2NCl_2$, F. 211—214° (Zers.), kurze Nadeln aus A.; 50%. — *3.5-Dichlortoluchinon*, F. 103,3—103,9° (Hexan), aus rohem I durch Oxydation mit Fe^{3+}; 94%. *Hydrochinon*, F. 172,5—173,4° (W.). *Diacetylhydrochinon*, F. 127,1—128,8° (Hexan). — *2-Methyl-3.4.6-trichloracetanilid*, $C_9H_8ONCl_3$, F. 185 bis 192° (A.), durch Chlorierung von 2-Methyl-3-chloracetanilid (F. 154—156°) wie oben; 66%. Nach schnellem Abkühlen der Schmelze schm. die Substanz bei 175° völlig, wird wieder fest u. schm. dann bei 192°, offensichtlich polymorph. — *2-Methyl-3.4.6-trichloranilin*, $C_7H_6NCl_3$, F. 69—69,8° (wss. A.), aus vorst. Anilid durch 16std. Hydrolyse in A./HCl; 80%. — *3-Chlor-o-kresol* (II), F. 85,2—85,5°, durch Verkochen von 3-Chlor-o-toluoldiazoniumsulfat; gelbe Kristalle aus Hexan, Kp.$_5$ 90—91°; 59%. — *3.4-Dichlor-6-nitro-o-kresol*, $C_7H_5O_3NCl_2$, F. 51,0—52,2°. 10 g II in 70%ig. Essigsäure werden chloriert u. dann bei 70° mit HNO_3/Eisessig nitriert; nach Wasserdampfdest. u. dreimaligem Kristallisieren aus A. 0,8 g gelber Kristalle, klar rot lösl. in verd. NaOH. — *3-Chlor-4-nitro-o-kresol* (III), F. 134,8—135,5°, aus II durch Nitrieren in Eisessig/HNO_3; nach Wasserdampfdest. wurden 55% *3-Chlor-6-nitro-o-kresol* (F. 62—63°) isoliert, aus dem Rückstand 34% III. Zur Identifizierung red. u. zum *3-Chlortoluchinon* (F. 54—55°) oxydiert; 78%. — *3.6-Dichlor-4-nitro-o-kresol*, $C_7H_5O_3NCl_2$, F. 94,8—95,6°, durch Chlorierung von III in Eisessig; Kristalle aus Hexan; 77%. — *3.6-Dichlortoluchinon*, $C_7H_4 \cdot O_2Cl_2$, F. 105,5—106,4°, aus vorst. Verb. nach der Meth. von CASON u. Mitarbeitern

(C. **1949.** I. 42), nach Wasserdampfdest. aus Hexan; 97%. *Hydrochinon*, $C_7H_6O_2Cl_2$, F. 127,5—128,3°, durch Red. des Chinons mit $NaHSO_3$. *Diacetylhydrochinon*, $C_{11}H_{10}$·O_4Cl_2, F. 105,7—106,4° (Hexan), durch reduktive Acetylierung. — *5-Chlor-o-kresol*, F. 72—73° (Bzl.), aus 5-Chlor-o-toluidin analog **II**; 65%. — *5-Chlor-4-nitro-o-kresol*, F. 144,9—145,7°, aus vorst. Verb. analog **III**; verfilzte Nadeln aus Bzl.; 74% (roh). Daneben harte gelbe Kristalle, F. 143—145°, nicht identifiziert. — *5.6-Dichlor-4-nitro-o-kresol*, $C_7H_5O_3NCl_2$, F. 141,6° (Zers.), aus vorst. Verb. wie oben; Kristalle aus Bzl.; 91%. — *5.6-Dichlortoluchinon*, $C_7H_4O_2Cl_2$, F. 77,7—78,5°, aus vorst. Verb. wie oben; 89%. *Hydrochinon*, $C_7H_6O_2Cl_2$, F. 110,7—111,5°. *Diacetylhydrochinon*, $C_{11}H_{10}O_4Cl_2$, polymorph, F. 116,6—118,2° (nach Erstarren der Schmelze schm. die Verb. bei 114,6 bis 115,2°). (J. org. Chemistry **16.** 328—33. Febr. 1951. Berkeley, Calif., Univ., Chem. Labor.) SCHÖNEWALD. 1190

P. J. C. Fierens und **J. van Rysselberge,** *Konstitutionsbeweis für 2-Methyl-6-tert.-butylbenzoesäure.* Bei der Rk. von o-Toluidin mit tert.-Butanol in Ggw. von $ZnCl_2$ unter Druck entsteht *2-Methyl-6-tert.-butylanilin.* Durch Einw. von HCOOH entsteht hieraus das entsprechende *Formanilid.* Rk. mit Zn liefert *2-Methyl-6-tert.-butylbenzonitril* u., in einer Neben-Rk. durch Red., *2-Methyl-6-tert.-butylbenzylamin.* Aus ersterem ensteht durch Hydrolyse mit konz. H_2SO_4 zunächst das entsprechende *Benzamid* u. hieraus mit konz. H_3PO_4 + H_2O *2-Methyl-6-tert.-butylbenzoesäure,* die bei Oxydation in *Hemimellitsäure* (F. 192—193°) übergeführt wird. Zum Konstitutionsbeweis wird letztere aus 2.3-Dimethylbenzylalkohol durch Oxydation mit $KMnO_4$ über die *2.3-Dimethylbenzoesäure* (F. 142—143°) dargestellt u. durch Misch-F. u. Vgl. des UV-Spektr. identifiziert (UV-Spektr. vgl. Original).

Versuche: *2-Methyl-6-tert.-butylanilin,* Kp. 243—245°, aus o-Toluidin u. tert.-Butanol in Ggw. von $ZnCl_2$ bei 250°/16 at, Aufnehmen in HCl, Alkalisieren mit konz. $NH_3 \cdot H_2O$ u. Ausäthern; nach Dest. Reinigen über das Sulfat; n_D^{20} 1,5322; 45% (Ausbeute). — *2-Methyl-6-tert.-butylformanilid,* $C_{12}H_{17}ON$, F. 95°, aus vorst. Verb. u. HCOOH durch 12std. Sieden, Kristalle aus A.; 64%. — *2-Methyl-6-tert.-butylbenzonitril,* Kp. 244—246°, durch Sieden vorst. Verb. mit Zn-Staub, Abdest. u. Reinigen über das Hydrochlorid; n_D^{24} 1,5280; 52%. — *2-Methyl-6-tert.-butylbenzoesäure,* $C_{12}H_{16}O_2$, F. 132,5—133°, aus vorst. Verb. nach BERGER u. OLIVIER (Recueil Trav. Chim. Pays-Bas **46.** [1927.] 600). (Bull. Soc. chim. belges **61.** 215—22. 31/7. 1952. Brüssel, Univ. Libre, Fac. des Sci., Serv. de Chim. org.) LEHWALD. 1210

R. Schwarz und **K. Capek,** *Eine neue Synthese der Homoisovanillinsäure und des Isovanillins.* Ausgehend von Guajacol, erhalten Vff. *Isoacetovanillonacetat,* das leicht zum freien Phenol (**VI**) verseift werden kann. Der Vers., hieraus durch WILLGERODT-Rk. *Homoisovanillinsäure* (*3-Oxy-4-methoxyphenylessigsäure*) (**III**) darzustellen, hatte wenig Erfolg. Es wird daher zum Schutz der OH-Gruppe **VI** in das alkalibeständige *Formaldehyd-bis-isoacetovanillonacetal* (**I**) verwandelt u. dann mit $KMnO_4$ oxydiert. Es entsteht nach Aufspaltung des Acetals (**VII**) *Isovanilloylameisensäure* (**II**). Schützt man die OH-Gruppe dagegen durch Verätherung mit einer Methoxymethylgruppe, so erhält man nach der Oxydation *Isovanilloylameisensäure-[methoxymethyl]-äther* u. *Methoxymethylisovanillinsäure.* Beide Methoxymethyläther sind äußerst empfindlich gegen H-Ionen, in deren Ggw. Verharzung unter Formaldehydentw. eintritt, dies läßt sich aber durch Zugabe von Ammoniumacetat vermeiden. Auch mit **I** ergibt die WILLGERODT-Rk. nur Spuren **III.** Sehr glatt dagegen verläuft die Red. von **II** nach WOLFF-KISHNER. Ein Vers., direkt durch Red. von **VII** zu **III** zu gelangen, lieferte das *Azin* **IV.** Von **II** kann man leicht durch Decarboxylierung ihres Anils (**IIa**) zu *Isovanillin* (**V**) gelangen, wobei als Zwischenprod. *Isovanillinanil* gebildet wird, das auf diesem Weg H_2O-frei (F. 92—93°) anfällt, während das aus **V** u. Anilin dargestellte kristallwasserhaltige Anil bei 51° schmilzt.

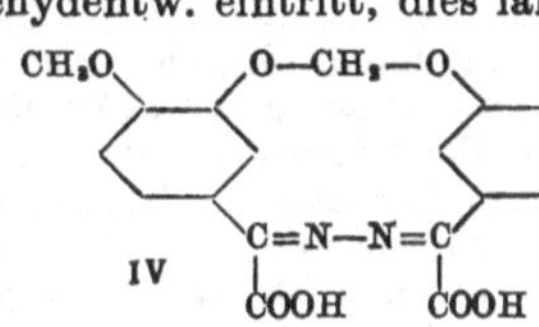

Versuche (FF. nach KOFLER): *Acetylisoacetovanillon,* Kp.$_{18}$ 195—200°, F. 66°, durch Eintragen von Guajacol in ein Gemisch von Acetanhydrid u. konz. H_3PO_4 (D. 1,75) nach 5std. Kochen Gießen in W. u. Ausäthern; Blättchen oder Nadeln aus W.; 28% (Ausbeute) bzw. 67% (bezogen auf umgesetztes Guajacol). Daneben *Acetylguajacol.* — *Isoacetovanillon* (**VI**), Kp.$_{0,01}$ 85—95° (Luftbad), F. 91—92° (Sublimation 85—95°/0,01 Torr), aus W. Hydrat vom F. 67—68°, durch Kochen vorst. Verb. mit 10%ig. KOH; 90%. — *Formaldehyd-bis-isoacetovanillonacetal* (**I**), $C_{19}H_{20}O_6$, F. 167 bis 168°, durch 30std. Kochen von Na-Alkoholat, **VI**, Methylenjodid u. etwas Cu-Bronze unter H_2O-Ausschluß, Absaugen in der Wärme, Verdünnen mit W., Extrahieren mit

Chlf. u. Abdampfen; Nadeln aus A.; 67%. — *Formaldehyd-bis-isovanilloylameisensäure-acetal* (**VII**), $C_{19}H_{16}O_{10}$, F. 165—168°, aus **I** durch Auflösen in verd. NaOH u. Zutropfen von 5%ig. $KMnO_4$-Lsg. bei 70—80°; nach Filtration u. Ansäuern mit HCl Extrahieren mit Essigester; gelbliche, filzige Nadeln aus Eisessig; 60%. — *Azin* **IV**, $C_{19}H_{16}O_8N_2$, F. 148—149°, durch Erwärmen von **VII** mit Hydrazinhydrat u. Ansäuern; gelbes, mikrokrist. Pulver aus Eisessig. — *Isovanilloylameisensäure* (**II**), $C_9H_8O_5$, F. 159—160°, durch Aufspalten von **VII** durch 1½ std. Kochen mit 3nHCl, Filtrieren, Ausäthern u. Sublimation bei 120—130°/0,015 Torr; gelbe Nadeln; 70%. — *Methoxymethylisoaceto-vanillon*, $C_{11}H_{14}O_4$, F. 43—44°, durch Zufügen von **VI** zu Na-Alkoholat in A., Abdampfen des A., Zufügen von Toluol, Zutropfen von Chlormethyläther, 1—2std. Schütteln bei 70° u. Dest. des Abdampfrückstandes bei 0,25 mm (Kp. 110—120°); Prismen aus Xylol–PAe.; 54%. — *Isovanillinsäure*, $C_8H_8O_4$, F. 250—251°, aus 10 g vorst. Verb. durch $KMnO_4$-Oxydation wie oben, Abfiltrieren, Ansäuern, sofortiges Ausäthern u. Auswaschen des Ätherauszuges mit gesätt. NaCl; Kochen des nichttrennbaren Gemisches von *Methoxymethylisovanilloylameisensäure* u. *Methoxymethylisovanillinsäure* mit 2nNH_4-Acetat (2 Std.), Ansäuern, Ausäthern u. Kristallisation des Abdampfrückstandes aus W.; Nadeln aus W.; 2 g. Aus der Mutterlauge durch Ausäthern 3 g **II**. — *Homoisovanillinsäure* (**III**), $C_9H_{10}O_4$, F. 130—131°, a) durch Zufügen von Hydrazinhydrat zu **II** in absol. A., Zutropfen von Na-Alkoholatlsg., Erwärmen unter Abdest. der flüchtigen Bestandteile auf 200°, Aufnehmen des Rückstandes in W., Ansäuern mit HCl u. Ausäthern; nach Sublimation bei 100—120°/0,01 Torr Nadeln; 84%; b) aus **VI** oder **I** nach WILLGERODT in sehr geringer Ausbeute. — *Isovanilloylameisensäureanil* (**IIa**), $C_{15}H_{13}O_4N$, F. 143—148° (Zers.; je nach Erhitzungsgeschwindigkeit), aus **II** u. Anilin durch Erwärmen eines wss. Suspension auf 100°; Nadeln aus A.; 95,7%. — *Isovanillin* (**V**), $C_8H_8O_3$, F. 116—117°, durch Erhitzen vorst. Anils in Anisol auf 140° bis zur Beendigung der CO_2-Entw., Verdünnen mit W., Wasserdampfdest., Extraktion des Destillationsrückstandes mit Chlf. u. Sublimation bei 85—95°/0,02 Torr; 85,7%. — *Isovanillinanil*, $C_{14}H_{13}O_2N$, F. 92—93°, aus **IIa** durch Erhitzen im Vakuum bis zur Beendigung der CO_2-Entw. u. Dest. bei 135—145°/0,02 Torr, Prismen aus Bzl.–PAe.; *Hemihydrat*, F. 51° (verd. A.) aus **V** u. Anilin durch Erwärmen auf dem Wasserbad. (Mh. Chem. **83**. 883—93. 15/8.; S.-B. österr. Akad. Wiss., math.-naturwiss. Kl., Abt. IIb **161**. 883—93. 1952. Wien, Univ., pharmazeut.-chem. Inst.) LEHWALD. 1250

I. M. Kogan und **D. F. Kutepow**, *Hydrolyse von 4.4'-Dinitrodiphenylharnstoff (4.4'-Dinitrocarbanilid)*. 4.4'-Dinitrodiphenylharnstoff (I) wird durch wss. HCl oder H_2SO_4 bei 100° gar nicht, oberhalb 100° mehr oder weniger schnell hydrolysiert. In NaOH verläuft die Hydrolyse bei 100° sehr langsam, oberhalb 100° schnell, doch wird die Rk. von anderweitigen Zerss. begleitet. Das beste hydrolysierende Agens ist wss. NH_3, mit dem oberhalb 100° hohe Ausbeute an *p-Nitranilin* (**II**) von hohem Reinheitsgrad (F. 146—147°) zu erreichen ist.

V e r s u c h e: Die Ausbeuten an **II** wurden durch Titration mit $NaNO_2$ ermittelt. Katalysator H_2SO_4: Angewendet ca. 1 g I in 74,8%ig. Säure; Temp. 150°; Dauer 1 Std.; 98,8% (Ausbeute). Bei niedrigerer (56%) oder höherer (85%) Konz. der Säure, niedrigerer (125°) oder höherer (175°) Temp., kürzerer (¹/₄ Std.) oder längerer (1¹/₂ Std.) Einw. sinkt die Ausbeute. Katalysator HCl: ca. 0,5 g I in 35,9%ig. HCl; 150°; 12 Std.; 90%. Höhere Temp. (170°) wirkt nicht Ausbeute vermindernd; bei geringerer Dauer unvollständige Hydrolyse. Katalysator NaOH: 10 g I in 150 g 0,5%ig. NaOH; 6 Std. im Rührautoklaven auf 150°; 90% (F. 137,5°); stärkere Lauge, höhere Temp. (170°) u. kürzere Reaktionsdauer vermindern die Ausbeute. Katalysator NH_3: 10 g I in 150 g 20%ig. NH_3 5 Std. im Rührautoklaven auf 125°; 95,5% oder 10 g I in 150 g 4,5%ig. NH_3 5 Std. auf 150°; 93,2%. Bei kürzerer Reaktionsdauer oder schwächerem NH_3 ist die Hydrolyse nicht vollständig. (Журнал Общей Химии [J. allg. Chem.] **21**. (**83**.) 2028—33. Nov. 1951.) R. KNOBLOCH. 1280

Ernst D. Bergmann und **M. Sulzbacher**, *Eine neue Synthese von 1-[m- und p-Oxyphenyl]-2-methylaminoäthanol (m- und p-Sympatol)*. *m-* (**VII**) u. *p-Sympatol* (**VI**) werden in 5 Stufen nach folgendem Schema dargestellt: 4- (**I**) u. 3-Benzyloxybenzaldehyd (aus den Oxybenzaldehyden u. Benzylchlorid) werden nach REFORMATSKI mit Bromessigester zu den *Benzyloxyphenylhydracrylsäureestern* umgesetzt, die Säureazide aus den β-Oxysäureestern erleiden CURTIUS-Umlagerung u. Ringschluß zu den *Oxazolidonderivv.*, nach N-Methylierung mit Dimethylsulfat u. Säurespaltung werden **VI** in 37,6%ig. u. **VII** in 30,5%ig. Ausbeute erhalten. Acetoxybenzaldehyde reagieren nicht mit Zn u. Bromessigester, bei den Methoxyderivv., die nach gleicher Reaktionsfolge dargestellt werden, sind die Ausbeuten der letzten Stufe unbefriedigend. Der Weg, **VI** über das p-Methoxystyrolchlorhydrin darzustellen, wurde wegen der geringen Ausbeuten (30% Chlorhydrin, 32% N-Methylderiv.) ebenfalls nicht weiter beschritten.

Versuche: *4-Benzyloxybenzaldehyd* (I), $C_{14}H_{12}O_2$, F. 72°, aus 4-Oxybenzaldehyd u. Benzylchlorid in Methyläthylketon in Ggw. von wasserfreiem K_2CO_3; $Kp._{11}$ 198°, aus A. Nadeln; 85% (Ausbeute). — *3-Benzyloxybenzaldehyd*, analog; 68,5%. — *4-Benzyloxyphenylhydracrylsäurehydrazid* (II), $C_{16}H_{18}O_3N_2$, F. 191—192°. Aus I u. Bromessigester in Bzl. in Ggw. von Zn wird der rohe *Oxyester* dargestellt u. anschließend mit 50%ig. Hydrazinhydrat in A. umgesetzt; Nadeln aus A.; 79,5%. — *3-Benzyloxyphenylhydracrylsäurehydrazid*, F. 161°, analog II; Nadeln aus A.; 75,2%. — *3-Methoxyphenylhydracrylsäurehydrazid*, $C_{10}H_{14}O_3N_2$, F. 148°, analog II; Nadeln aus Methanol; 90,5%. — *4-Methoxyphenylhydracrylsäurehydrazid*, F. 177°; 84%. — *5-[4'-Benzyloxyphenyl]-oxazolidon-(2)* (III), $C_{16}H_{15}O_3N$, F. 145—146°, aus II in verd. Essigsäure durch Schütteln mit $NaNO_2$-Lsg. bei 0°; Kristalle aus A.; 76,4%. — *5-[3'-Benzyloxyphenyl]-oxazolidon-(2)*, $C_{16}H_{15}O_3N$, F. 106—107°, analog III; 76,4%. — *5-[4'-Methoxyphenyl-oxazolidon-(2)*, $C_{10}H_{11}O_3N$, F. 108—109°, wie vorst.; 93,3%. — *5-[3'-Methoxyphenyl]-oxazolidon-(2)*, wie vorst., viscoses gelbes Öl; 69,4%. Als Nebenprod. (unlösl. in Bzl.) das *Trimere des 2-[3'-Methoxyphenyl]-2-oxyäthylisocyanats*, $C_{30}H_{33}O_9N_3$, F. 202—203°, Nadeln aus Butanol; 24,9%. — *5-[4'-Benzyloxyphenyl]-3-methyloxazolidon-(2)* (IV), $C_{17}H_{17}O_3N$, F. 101—102°, aus III durch N-Methylierung mit $(CH_3)_2SO_4$ in Toluol; Kristalle aus A.; 76%. — Analog werden dargestellt: *5-[3'-Benzyloxyphenyl]-3-methyloxazolidon-(2)*, F. 65—66°; 80,2%. — *5-[4'-Methoxyphenyl]-3-methyloxazolidon-(2)*, $C_{11}H_{13}O_3N$, F. 75° (Ae. oder A./W. 1 : 1); 78,1%. — *5-[3'-Methoxyphenyl]-3-methyloxazolidon-(2)*, gelbes Öl, nicht unzers. destillierbar. — *O-Benzyl-p-sympatolhydrochlorid* (V), $C_{16}H_{20}O_2NCl$, F. 149°, aus IV u. 40%ig. HCl bei Zimmertemp. u. anschließend Kühlen auf 0°, Kristalle aus feuchtem Aceton; 85%. *Freie Base*, $C_{16}H_{19}O_2N$, F. 104 bis 105°. — *p-Sympatol* (VI), F. 184—185°, a) aus V durch Erhitzen mit 40%ig. HCl in einer Druckflasche; 89,8%; braunviolette Färbung mit $FeCl_3$. *Hydrochlorid*, F. 150—152°, aus A./Ae., b) VI entsteht auch beim Erwärmen von IV mit 40%ig. HCl auf 25—30° ohne Isolierung von V; 81,5%. — *m-Sympatolhydrochlorid*, $C_9H_{14}O_2NCl$, F. 140—145° (Zers.), analog VI; 65,1%. *Freie Base* (VII), $C_9H_{13}O_2N$, mikrokristallin, unscharfer Zersetzungspunkt (120°). — *O-Methyl-p-sympatol*, $C_{10}H_{15}O_2N$, F. 106—107°, analog VI b); 91,2%; leicht zersetzlich an der Luft. — Entmethylierung vorst. Verb. durch Erhitzen mit Anilinhydrobromid auf 185—235° gibt je nach Reaktionsdauer 10—68% VI. — *O-Methyl-m-sympatol*, analog VI b) bei 50°; viscoses gelbes Öl; 82%. (J. org. Chemistry 16. 84—89. Jan. 1951. Rehovoth, Israel, Daniel Sieff Inst., u. London, Grosvenor Labor.) SCHÖNEWALD. 1320

Paul E. Gagnon, Guy Nadeau und **Raymond Côté**, *Synthese von α-Aminosäuren aus Cyanessigsäureäthylester.* Durch Kondensation von Cyanessigester mit 1-Brom-3-phenoxypropanen oder 1-Brom-2-phenoxyäthanen in Ggw. von K_2CO_3 wurden monosubstituierte Cyanessigester des Typs $RCH(CN)COOC_2H_5$ dargestellt, die durch CURTIUS-Abbau über die Cyanacethydrazide, $RCH(CN)CONHNH_2$, in die entsprechenden Cyanmethylisocyanate übergeführt wurden, deren alkal. oder saure Hydrolyse substituierte α-Aminosäuren, $RCH(NH_2)COOH$, ergab. Bessere Aminosäureausbeuten wurden jedoch durch Hydrolyse der aus den Cyanmethylisocyanaten dargestellten Carbobenzyloxy- oder Carbäthoxyaminonitrile, $RCH(CN)NHCOOR'$, erhalten. Durch wss. HCl wurden die Carbobenzyloxyaminonitrile leichter hydrolysiert als die Carboäthoxyaminonitrile; durch milde Behandlung mit HCl-Gas ergaben die Carbobenzyloxyderivv. die α-Aminosäuren, während unter gleichen Bedingungen aus den Carbäthoxyderivv. die Carbäthoxyaminosäureester, $R \cdot CH(COOC_2H_5)NHCOOR'$, erhalten wurden.

Versuche: Darst. der Phenoxyalkylbromide durch Erhitzen von Na-Phenolaten (0,5 Mol) u. Dibromiden (1 Mol) in W. nach MAWEL u. TANENBAUM (J. Amer. chem. Soc. **44**. [1922.] 2647): *1-Brom-3-[o-chlorphenoxy]-propan*, $C_9H_{10}OClBr$, Reaktionsdauer 5—5½ Std., $Kp._5$ 118—120°, n_D^{25} 1,555; 68—70% (Ausbeute). *1-Brom-3-[o-bromphenoxy]-*, $C_9H_{10}OBr_2$, 5½ Std., $Kp._{1-2}$ 110—115°, n_D^{25} 1,575; 73—75%. *1-Brom-3-[o-jodphenoxy]-*, $C_9H_{10}OBrJ$, 5 Std., F. 21—22°, $Kp._3$ 150—152°, n_D^{25} 1,611; 80—82%. *1-Brom-3-[o-nitrophenoxy]-*, $C_9H_{10}O_3NBr$, 10 Std., F. 37—38°, $Kp._1$ 138—140°; 58—60%. *1-Brom-3-[m-nitrophenoxy]-*, $C_9H_{10}O_3NBr$, 7—9 Std., $Kp._1$ 143—148°; 72—74%. *1-Brom-3-[p-nitrophenoxy]-*, $C_9H_{10}O_3NBr$, 6—8 Std., F. 58 bis 59°, $Kp._2$ 175—177°; 67—69%. — *1-Brom-2-[o-chlorphenoxy]-äthan*, C_8H_8OClBr, 16 Std., F. 10—11°, $Kp._2$ 134—140°, n_D^{25} 1,565; 64—66%. *1-Brom-2-[o-bromphenoxy]-* $C_8H_8OBr_2$, 20 Std., F. 34—35°, $Kp._{1-2}$ 110—111°; 72—74%. *1-Brom-2-[o-jodphenoxy]-*, 18 Std., F. 48—49°, $Kp._{1-2}$ 125—130°; 75—77%. *1-Brom-2-[m-nitrophenoxy]-*, 30 bis 35 Std., F. 39—40°, $Kp._{1-2}$ 140—145°; 70—72%. — Darst. der substituierten Cyanessigester durch 2½—3std. Kochen von 0,1 Mol vorst. Bromide u. 0,5 Mol Cyanessigester in Ggw. von 0,12 Mol K_2CO_3 bei 115—120° Ölbadtemp./15 bis

20 mm (bei Verwendung der 1-Brom-2-phenoxyäthane unter Zusatz von $CaSO_4$): *γ-[o-Chlorphenoxy]-propylcyanessigsäureäthylester*, $C_{14}H_{16}O_3NCl$, F. 49—50°, $Kp._{0,05}$ 128 bis 133°; 89—91%. *γ-[o-Bromphenoxy]-propyl-*, $C_{14}H_{16}O_3NBr$, F. 57—58°, $Kp._{0,05}$ 140 bis 145°; 57—58%. *γ-[o-Jodphenoxy]-propyl-*, $C_{14}H_{16}O_3NJ$, F. 38—39°, $Kp._{0,05}$ 150 bis 153°; 89—92%. *γ-[o-Nitrophenoxy]-propyl-*, $C_{14}H_{16}O_5N_2$, F. 76°; $Kp._{0,05}$ 175—180°; 81—85%. *γ-[m-Nitrophenoxy]-propyl-*, $C_{14}H_{16}O_5N_2$, F. 64°, $Kp._{0,05}$ 160—165°; 78—81%. *γ-[p-Nitrophenoxy]-propyl-*, $C_{14}H_{16}O_5N_2$, F. 60°, $Kp._{0,05}$ 185—190°; 75—80%. *β-[o-Chlorphenoxy]-äthyl-*, $C_{13}H_{14}O_3NCl$, F. 34—35°, $Kp._{0,05}$ 118—123°; 75—80%. *β-[o-Bromphenoxy]-äthyl-*, $C_{13}H_{14}O_3NBr$, F. 28—29°, $Kp._{0,05}$ 130—135°; 77—80%. *β-[o-Jodphenoxy]-äthyl-*, $C_{13}H_{14}O_3J$, F. 36—37°, $Kp._{0,05}$ 135—140°; 77—80%. *β-[m-Nitrophenoxy]-äthyl-*, $C_{13}H_{14}O_5N_2$, F. 64°, $Kp._{1-2}$ 190—195°; 61—65%. — Cyanacethydrazide: aus 0,1 Mol vorst. Ester u. 5 ml 100%ig. $N_2H_4 \cdot H_2O$ in 2—3 ml A.; aus verd. A.; Ausbeuten 80—90%. *γ-[o-Chlorphenoxy]-propylcyanacethydrazid*, $C_{12}H_{14}O_2N_3Cl$, F. 87—88°. *γ-[o-Bromphenoxy]-propyl-*, $C_{12}H_{14}O_2N_3Br$, F. 99—100°. *γ-[o-Jodphenoxy]-propyl-*, $C_{12}H_{14}O_2N_3J$, F. 113—114°. *γ-[o-Nitrophenoxy]-propyl-*, $C_{12}H_{14}O_4N_4$, F. 112—113°. *γ-[m-Nitrophenoxy]-propyl-*, $C_{12}H_{14}O_4N_4$, F. 120°. *γ-[p-Nitrophenoxy]-propyl-*, $C_{12}H_{14}O_4N_4$, F. 127—128°. *β-[o-Chlorphenoxy]-äthyl-*, $C_{11}H_{12}O_2N_3Cl$, F. 88—89°. *β-[o-Bromphenoxy]-äthyl-*, $C_{11}H_{12}O_2N_3Br$, F. 95—96°. *β-[o-Jodphenoxy]-äthyl-*, $C_{11}H_{12}O_2N_3J$, F. 97—98°. *β-[m-Nitrophenoxy]-äthyl-*, $C_{11}H_{12}O_4N_4$, F. 101—102°. — Carbäthoxy- u. Carbobenzyloxyaminonitrile (Carbamate): Die vorst. Hydrazide werden in Azide übergeführt, die mit Ae. oder Chlf. extrahiert werden; Erhitzen der Azide in Ggw. von Toluol gibt die *Cyanmethylisocyanate*, in Ggw. von A. oder Benzylalkohol die gesuchten Verbb., die aus PAe.-Ae. krist. werden; Carbäthoxyaminosäuren, durch Hydrolyse der Carbäthoxyderivv. mit heißer, alkoh. HCl u. anschließende milde Alkalibehandlung. *γ-[o-Chlorphenoxy]-propyl-[carbäthoxyamino]-acetonitril* (**I**), $C_{14}H_{17}O_3N_2Cl$, F. 46—47°. *γ-[o-Chlorphenoxy]-propyl-[carbäthoxyamino]-essigsäure*, $C_{14}H_{18}O_5NCl$, F. 89—90°. — *γ-[o-Bromphenoxypropyl]-[carbäthoxyamino]-acetonitril* (**II**), $C_{14}H_{17}O_3N_2Br$, F. 67—68°. *γ-[o-Bromphenoxy]-propyl-[carbäthoxyamino]-essigsäure*, $C_{14}H_{18}O_5NBr$, F. 101—102°. *γ-[o-Bromphenoxy]-propyl-[carbobenzyloxyamino]-acetonitril* (**III**), $C_{19}H_{19}O_3N_2Br$, F. 84—85°. *γ-[o-Jodphenoxy]-propyl-[carbobenzyloxyamino]-* (**IV**), $C_{19}H_{19}O_3N_2J$, F. 90—92°. — *γ-[o-Nitrophenoxy]-propyl-[carbäthoxyamino]-* (**V**), $C_{14}H_{17}O_5N_3$, F. 66°. *γ-[o-Nitrophenoxy]-propyl-[carbäthoxyamino]-essigsäure*, $C_{14}H_{18}O_7N_2$, F. 123 bis 124°. — *γ-[m-Nitrophenoxy]-propyl-[carbäthoxyamino]-* (**VI**), $C_{14}H_{17}O_5N_3$, F. 108°. — *γ-[p-Nitrophenoxy]-propyl-[carbäthoxyamino]-* (**VII**), $C_{14}H_{17}O_5N_3$, F. 62—63°. *γ-[p-Nitrophenoxy]-propyl-[carbobenzyloxyamino]-* (**VIII**), $C_{19}H_{19}O_5N_3$, F. 75—76°. — *β-[o-Chlorphenoxy]-äthyl-[carbäthoxyamino]-* (**IX**), $C_{13}H_{15}O_3N_2Cl$, F. 69°. — *β-[o-Bromphenoxy]-äthyl-[carbäthoxyamino]-* (**X**), $C_{13}H_{15}O_3N_2Br$, F. 75°. — *β-[o-Jodphenoxy]-äthyl-[carbäthoxyamino]-*, $C_{13}H_{15}O_3N_2J$, F. 74°. — *β-[o-Jodphenoxy]-äthyl-[carbobenzyloxyamino]-* (**XI**), $C_{18}H_{17}O_3N_2J$, F. 91—92°. — *β-[m-Nitrophenoxy]-äthyl-[carbobenzyloxyamino]-* (**XII**), $C_{18}H_{17}O_5N_3$, F. 83—84°. — Aminoessigsäuren: durch Hydrolyse der rohen Carbamate oder Cyanmethylisocyanate. *γ-[o-Chlorphenoxy]-propyl-aminoessigsäure*, $C_{11}H_{14}O_3NCl$, aus **I** (37%ig. HCl, 2 Std. bei 100° oder 1½ Std. bei 120°); 63—67 bzw. 65—69%; *Phenylureidoderiv.*, $C_{18}H_{19}O_4N_2Cl$, F. 169—171° (Zers.). — *γ-[o-Bromphenoxy]-propyl-*, $C_{11}H_{14}O_3NBr$, aus dem Isocyanat (½std. Kochen mit 30%ig. KOH) oder **II** (72std. Kochen mit 16%ig. HCl oder 1½ Std. bei 120° mit 37%ig. HCl); 43—47 bzw. 65—69%; oder aus **III** (9std. Kochen mit 16%ig. HCl oder mit HCl-Gas [1½ Std. Kochen] u. anschließend mit wss. KOH); 72—78 bzw. 68—72%; *Phenylureidoderiv.*, $C_{18}H_{19}O_4N_2Br$, F. 178—180° (Zers.). — *γ-[o-Jodphenoxy]-propyl-*, $C_{11}H_{14}O_3NJ$, aus **IV** (1—1¼std. Kochen mit HCl-Gas); 67—71%; *Phenylureidoderiv.*, $C_{18}H_{19}O_4N_2J$, F. 184—186° (Zers.). — *γ-[o-Nitrophenoxy]-propyl-*, $C_{11}H_{14}O_5N_2$, aus **V** (60std. Kochen mit 16%ig. HCl oder 4 bzw. 1½ Std. bei 100 bzw. 120° mit 37%ig. HCl); 76—81 bzw. 72—78%; *Phenylureidoderiv.*, $C_{18}H_{19}O_6N_3$, F. 163—165° (Zers.); *Hydantoinderiv.*, $C_{12}H_{13}O_5N_3$, F. 157—158°. — *γ-[m-Nitrophenoxy]-propyl-*, $C_{11}H_{14}O_5N_2$, aus dem Isocyanat (1 Std. Kochen mit 37%ig. HCl) oder **VI** (60std. Kochen mit 16%ig. HCl oder 3 bzw. 1½ Std. bei 100 bzw. 120° mit 37%ig. HCl); 72—77%, 77—83%, 75—81%; *Phenylureidoderiv.*, $C_{18}H_{19}O_6N_3$, F. 174—176° (Zers.). — *γ-[p-Nitrophenoxy]-propyl-*, $C_{11}H_{14}O_5N_2$, aus **VII** oder **VIII** (1½std. bei 120 bzw. 100° mit 37%ig. HCl); 69—73 bzw. 66—70%; *Phenylureidoderiv.*, $C_{18}H_{19}O_6N_3$, F. 190—192° (Zers.). — *β-[o-Chlorphenoxy]-äthyl-*, $C_{10}H_{12}O_3NCl$, aus **IX** (1½ Std. bei 120° mit 37%ig. HCl oder ½ Std. bei 160° mit gesätt. $Ba(OH)_2$-Lsg.); 60—64 bzw. 40—46%; *Phenylureidoderiv.*, $C_{17}H_{17}O_4N_2Cl$, F. 167—169° (Zers.). — *β-[o-Bromphenoxy]-äthyl-*, $C_{10}H_{12}O_3NBr$, aus **X** (72std. Kochen mit 16%ig. HCl oder 2std. bei 100° mit 37%ig. HCl); 48—52 bzw. 57—61%; *p-Toluolsulfonylderiv.*, $C_{17}H_{18}O_5NBrS$, F. 147—148°. — *β-[o-Jodphenoxy]-äthyl-*, $C_{10}H_{12}O_3NJ$, aus **XI** (1—1¼std. Kochen mit HCl-Gas); 59—63%; *p-Toluolsulfonylderiv.*, $C_{17}H_{18}O_5$·

NJS, F. 157—158°. — *β-[m-Nitrophenoxy]-äthyl-*, $C_{10}H_{12}O_5N_2$, aus **XII** (1—1¹/₄ std. Kochen mit HCl-Gas); 58—62%; *Cu-Salz*, $C_{20}H_{22}O_{10}N_4Cu$. (Canad. J. Chem. **30.** 592—97. Aug. 1952. Quebec, Can., Laval Univ., Dep. of Chem.) K. F. MÜLLER. 1350

Ja. M. Slobodin und **I. N. Schochor,** *Zur Struktur des Gustavsonschen Kohlenwasserstoffs.* 3. Mitt. *Einwirkung von Zinkstaub auf Tetrahalogenneopentane.* (2. vgl. C. **1952.** 6050.) Tetrakischlormethyl (**I**)-, Tetrakisbrommethyl (**II**)- u. Tetrakisjodmethylmethan (**III**) [Tetrachlor (-brom-, -jod-) neopentan] werden auf ihr Verh. bei der Rk. mit Zn untersucht. **I** u. **II** reagieren mit Zn-Staub in Ggw. von Na_2CO_3 in Acetamid (**IV**) bei 170—180° unter Bldg. von *Methylencyclobutan* (**V**), *Spiropentan* (**VI**) u. *2-Methylbuten-(1)* (**VII**). In Ggw. von Na_2CO_3 + NaJ erhöhen sich die Ausbeuten an **VI** bedeutend. **III** nimmt eine Sonderstellung ein, da diese Zusätze die Ausbeute an **VI** nicht beeinflussen. **I** reagiert nicht mit Zn in sd. wss. A. in Ggw. von Na_2CO_3 u. NaJ, **III** nicht mit Zn in sd. wss. Alkohol. Es wird vermutet, daß die in der Reihe **I, II, III** festgestellte Erhöhung der Ausbeute an **VI** mit dem Atomradius des Halogens in Zusammenhang steht. Bei der Diskussion des Reaktionsmechanismus wird angenommen, daß 1.1-Bis-[halogenmethyl]-cyclopropan Zwischenprod. bei der Bldg. von **V, VI** u. **VII** ist, u. geschlossen, daß in der Reihe 1.1-Bis-[halogenmethyl]-cyclopropan, -butan, -pentan u. -hexan die Spiranbldg. bei ersterem am schwierigsten, bei letzterem am leichtesten erfolgen wird. Soweit Ergebnisse in der Literatur vorliegen, bestätigt sich dies.

V e r s u c h e : Die nachst. %-Angaben für **V, VI** u. **VII** wurden mittels des RAMAN-Spektr. ermittelt; die Genauigkeit betrug nur 10%, da die Linienintensitäten visuell geschätzt wurden. *Tetrakischlormethylmethan* (**I**), F. 97°; Herst. nach MOORADIAN u. CLOCKE (J. Amer. chem. Soc. **67.** [1945.] 942): Zu einem Gemisch von $SOCl_2$ + $POCl_3$ (aus 140 g PCl_5 beim Einleiten von SO_2) mit 14 g Pentaerythrit (**VIII**) werden langsam unter Rühren u. Kühlen mit Eiswasser 8 g Pyridin zugetropft; man erhitzt 3 Std. zum schwachen Sieden u. gießt in Eiswasser; aus A. Kristalle; 21 g. — *Tetrakisbrommethylmethan* (**II**), aus **VIII** u. PBr_3. — *Tetrakisjodmethylmethan* (**III**), aus **II** u. NaJ in Methyläthylketon. — Rkk. von **I**: a) in **IV** in Ggw. von Na_2CO_3. 21 g **I** werden mit 50 g Zn-Staub u. 15 g Na_2CO_3 in 90 g **IV** unter Rühren auf 170—180° erhitzt; Ausbeute an KW-stoffen 40%, hiervon 80—85% **V**, 10% **VI**, 5—10% **VII**; b) in **IV** in Ggw. von Na_2CO_3 + NaJ; der sonst wie vorst., aber außerdem unter Zusatz von 5 g NaJ durchgeführte Vers. ergab 45% KW-stoffe, hiervon 50% **V**, 30—40% **VI** u. 10—20% **VII**. — Rkk. von **II**: a) in wss. A. unter den GUSTAVSONschen Bedingungen: 80% KW-stoffe, hiervon 80—90% **V**, 10—15% **VII**; b) in **IV** + Na_2CO_3: 40% KW-stoffe, hiervon 50—60% **V**, 20—30% **VI**, 10—20% **VII**. — Rkk. von **III**: a) in **IV** + Na_2CO_3 + NaJ: 80% KW-stoffe, hiervon 40% **V**, 50% **VI**, 10% **VII**, b) in **IV** ohne Zusätze: 80% KW-stoffe, hiervon 25% **V**, 50% **VI**, 25% **VII**. (Журнал Общей Химии [J. allg. Chem.] **23.** (**85.**) 42—46. Jan. 1953.) R. KNOBLOCH. 1810

Werner Stühmer und **Wilhelm Kaupmann,** *N-Monosubstituierte Cyclohexylamine.* α.β-ungesätt. Ketone, wie *Äthylstyrylketon*, werden durch katalyt. Red. in alkal. Medium in Ggw. von Cyclohexylamin an der Doppelbindung hydriert u. an der Carbonylgruppe aminiert. Eine Anlagerung des Amins an die Doppelbindung findet nicht statt. Die erhaltenen Verbb. lassen sich in Ggw. von Essigsäure schon bei Zimmertemp. katalyt. kernhydrieren; sie sind dann spasmolyt. wenig wirksam, hingegen aber neurotrop u. muskulotrop.

V e r s u c h e : *1-Phenyl-3-cyclohexylaminopentan*, $Kp._{14}$ 178—179°, aus 0,2 Mol Äthylstyrylketon, 0,6 Mol Cyclohexylamin (**I**) u. 12 cm³ Eisessig durch Hydrierung mit 27 g Pt–$BaSO_4$-Katalysator (2,7 g Pt) bei Raumtemp. u. 3,4 atü in Methanol; 60% (Ausbeute); ferner analog aus Äthyl-β-phenyläthylketon u. **I**. *Hydrochlorid* (**II**), $C_{17}H_{28}NCl$, F. 144,5—145° (W.). — *1-Phenyl-3-cyclohexylaminobutan*, $Kp._{12}$ 162—164°, aus Benzalaceton u. **I** wie vorst.; 85%. *Hydrochlorid* (**III**), $C_{16}H_{26}NCl$, F. 165—166° (Bzl.). — *1-Phenyl-3-aminopentanhydrochlorid*, F. 206—207°, aus Äthylstyrylketon oder Äthyl-β-phenyläthylketon mit NH_3 wie vorstehend. — *1-Cyclohexyl-3-cyclohexylaminopentanhydrochlorid*, $C_{17}H_{34}NCl$, F. 179—180°, **II** in Eisessig–W. mit obigem Katalysator bei 3,4 atü u. Zimmertemp. hydrieren; 77,5%. — *1-Cyclohexyl-3-cyclohexylaminobutanhydrochlorid*, $C_{16}H_{32}NCl$, F. 201—202° (W.–A.), aus **III** wie vorst.; 82%. (Arch. Pharmaz. Ber. dtsch. pharmaz. Ges. **285/57.** 120—22. April 1952. Hannover, TH, Inst. für Organ. Chemie.) LIEBIG. 2110

Philip Fay und **Herman P. Lankelma,** *Reaktion von Cyclohexen mit Phosphorpentasulfid.* Beim Kochen von Cyclohexen (**I**) mit P_2S_5 (4:1) tritt zwar Rk. ein, jedoch lassen sich keine definierten Verbb. isolieren. Bei der Rk. im Verhältnis 20:1 entsteht unter H_2S-Entw. das krist., hygroskop. *dimere Thioanhydrid von Cyclohexentrithiophosphon-*

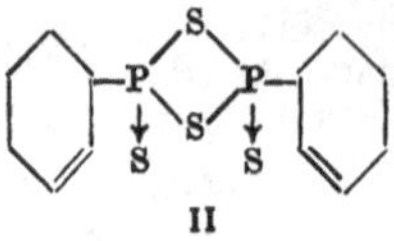

II

säure (II). II bildet kein stabiles Amid, Anilid oder p-Bromanilid. Beim Kochen von II mit Methanol entsteht eine *Verb.* $C_6H_9PS \cdot (OCH_3)(SCH_3)$. II liefert bei Hydrolyse *Cyclohexenphosphonsäure* (III; F. 104—106°), aus der Vff. ein *Dibromderiv.* (F. 195 bis 195,5°) u., durch RANEY-Hydrierung, *Cyclohexanphosphonsäure* darstellen. Zur Festlegung der Doppelbindung in III synthetisiert sie einmal eine Cyclohexenphosphonsäure aus Cyclohexanon + PCl_3 u. Dehydratisierung u. ferner eine aus Δ^2-Bromcyclohexen + Na-Dibutylphosphid u. Hydrolyse, erhalten aber beide Male die gleiche Verb. vom F. 133° (IV), die ein *Dibromderiv.* vom F. 162 bis 163° ergibt. Offensichtlich handelt es sich hier um 2 Isomere von III. Ozonolyse von IV ergibt *Adipinsäure* (IV, also das Δ^1-Isomere), Ozonolyse von III aber *Glutarsäure* (III also das Δ^2-Isomere). Letzteres Ergebnis wird durch Verwandlung des Dibromids zu Δ^2-*Cyclohexenol* (charakterist. für 2-Bromphosphonsäuren) bestätigt.

Versuche: *Dimeres Cyclohexentrithiophosphonsäurethioanhydrid* (II), $C_{12}H_{18} \cdot P_2S_4$, F. 118—120° ($CS_2$), aus 0,27 (Mol) P_2S_5 (F. 276—282°) u. 9,27 I (Kp. 81,8—82,0°; n_D^{25} 1,4450) durch 108 std. Kochen (H_2S-Entw.), Filtrieren u. Einengen; 58% (Ausbeute); hygroskop.; beim Stehen an der Luft tritt Herabsetzung des F. ein. — *Verb.* $C_6H_9PS \cdot (SCH_3)(OCH_3)$, $C_8H_{15}OPS_2$, Kp.$_{3,5}$ 133°, durch 24 std. Kochen vorst. Verb. in Methanol u. Rektifikation; n_D^{25} 1,5720; D.$^{25}_{25}$ 1,173; 62%; entfärbt Br_2 u. entwickelt beim Lösen in konz. HCl Methylmercaptan. — Δ^2-*Cyclohexenphosphonsäure* (III), $C_6H_{11}O_3P$, F. 104 bis 106° (Bzl.), durch 3tägiges Kochen von II in W. (H_2S-Entw.), Filtrieren, Einengen u. 4tägiges Extrahieren mit Ae.; 82,5%. — *Cyclohexanphosphonsäure*, F. 164,5—166°, aus III in W. durch Neutralisieren mit NaOH u. Schütteln mit RANEY-Ni bei 70 lbs./sq.in., Filtrieren, Ansäuern u. Ausäthern; 70%. — *Glutarsäure*, F. 93—97°, aus III durch 60 std. Ozonolyse in Essigester, 12 std. Kochen mit H_2O_2 (30%ig.) u. 3 std. Kochen des Abdampfrückstandes mit verd. HCl; 38%. — III-*Dibromid*, $C_6H_{11}O_3Br_2P$, F. 195—195,5° (Zers.), aus Ae., durch Bromierung von III in Ae. mit Br_2 in CCl_4 bei 0° u. Stehen; 77%; zers. sich beim Stehen in 25%ig. Sodalsg. zu Δ^2-*Cyclohexenol*. *Phenylurethan*, F. 107 bis 108°. *α-Naphthylurethan*, F. 157—158°. — Δ^1-*Cyclohexenphosphonsäure* (IV), $C_6H_{11}O_3P$, F. 132—133° (Ae.), a) aus Δ^2-*Bromcyclohexen* (Kp.$_{62}$ 90—92°, aus N-Bromsuccinimid u. Cyclohexan; 74%) u. Na-Dibutylphosphit in Heptan; 13 std. Kochen u. Auswaschen des NaBr mit W., Rektifikation (30%) u. Hydrolysieren durch Kochen in konz. HCl; 82% (bezogen auf Ester); b) aus *1-Oxycyclohexanphosphonsäure* ($C_6H_{13} \cdot O_4P$, F. 191—192° [A.], aus Cyclohexanon u. PCl_3; 86%) durch 25 Min. langes Erhitzen auf dem Ölbad auf 195°, Aufnehmen des Rückstandes in sd. W. u. Ausäthern; 50%; ergibt bei 30 Min. langer Ozonolyse u. Behandeln mit H_2O_2 wie oben *Adipinsäure*, F. 148—150° (HNO_3); 67%. — *1.2-Dibromderiv.* von IV, $C_6H_{11}O_3Br_2P$, F. 162—163° (Zers.; Ae.); 80%. (J. Amer. chem. Soc. **74**. 4933—35. 5/10. 1952. Cleveland, O., Western Reserve Univ., Morlay Chem. Labor.) LEHWALD. 2180

Richard Kuhn und **Hans R. Hensel**, *Über Di-, Tetra- und Hexahalogensalicile.* (Vgl. KUHN u. HENSEL, Chem. Ber. **84**. [1951.] 557.) Aus den entsprechenden Halogensalicylaldehyden werden durch Methylierung, Benzoinkondensation, Dehydrierung u. nachfolgende Entmethylierung zehn *Chlor-* u. *Bromsalicile* dargestellt, ihre Absorptionsspektren in Cyclohexan u. Butanol u. ihre bakteriostat. Wirksamkeiten angegeben. *4.4'-Dichlor-2.2'-dimethoxybenzil* ist gegen Mycobact. tuberculosis wirksamer als die anderen Verbindungen. An Staphylococcus aureus sind die Tetrahalogenverbb. viel wirksamer als die Dihalogenverbb., während die Hexahalogenverbb. keine weitere Steigerung der Wirksamkeit erkennen lassen. Die Absorptionsmaxima verschieben sich im allg. mit steigendem Halogengeh. nach längeren Wellenlängen. Die Hexahalogenverbb. absorbieren jedoch kurzwelliger als die Tetrahalogenverbb. u. zeigen dadurch eine Sonderstellung des 4-Halogenatoms. Ferner wurde an 4 Halogensalicilpaaren die Mischkristallbldg. nach KOFLER verfolgt.

Versuche: *3.3'-Dichlor-2.2'-dimethoxybenzil*, $C_{16}H_{12}O_4Cl_2$, F. 135—135,5°, aus 6,4 g 3-Chlorsalicylaldehyd durch Kondensation mit KCN u. anschließende Dehydrierung mit FEHLINGscher Lsg. in A., rhomb. Bipyramiden; 2 g (Ausbeute). — *3.3'-Dichlor-2.2'-dioxybenzil*, $C_{14}H_8O_4Cl_2$, F. 188—188,5°, aus 1,2 g vorst. Verb. u. $AlCl_3$ in Nitrobenzol, olivgelbe Prismen; 0,9 g. — *4-Chlor-2-methoxybenzaldehyd*, F. 73° (A.), aus 4-Chlorsalicylaldehyd, CH_3J u. K_2CO_3 in Aceton; 95%. — *4.4'-Dichlor-2.2'-dimethoxybenzil*, F. 208—209°, aus vorst. Verb. wie üblich u. in geringer Menge schon aus dem Reaktionsprod. der Kondensation nach 2tägigem Stehen. — *2-Chlor-4-methoxybenzaldehyd*, F. 64°, durch REIMER-TIEMANN-Synth. u. Methylierung, liefert kein Benzoin. — *5-Chlor-2-methoxybenzaldehyd*, F. 81°, durch Einleiten von Cl_2 in eine heiße Lsg. von Salicylaldehydmethyläther in Eisessig. — *5.5'-Dichlor-2.2'-dimethoxybenzoin* (I), $C_{16}H_{14}O_4Cl_2$, F. 99,5—100°, Tafeln aus Methanol; 47,5%. — *5.5'-Dichlor-2.2'-dimethoxy-*

benzil, F. 207—208°, aus 3 g vorst. Verb. durch Erhitzen mit Pyridinhydrochlorid, Prismen, 0,1 g. — *5.5'-Dichlor-2.2'-dimethoxybenzoinmethyläther*, $C_{17}H_{16}O_4Cl_2$, F. 70,5 bis 71°, aus 3,3 g **I** mit HCl–Methanol, Tafeln aus Bzl.–PAe.; 2,5 g. *Phenylhydrazon*, $C^{23}H_{22}O_3N_2Cl_2$, F. 154—154,5°, blaßgelbe Prismen. — *5.5'-Dichlor-2.2'-dioxybenzil*, F. 195—196°, aus 2,4 g Salicil, 2,5 g Dichloramin T (**II**) u. einigen Tropfen konz. HCl in Eisessig, citronengelbe Nadeln; 1 g. — *3.3'.5.5'-Tetrachlor-2.2'-dioxybenzil*, F. 207°, wie vorst., nur **II**-Menge verdoppelt; 84%. *Salz mit 2 Mol. Diäthylamin*, $C_{14}H_6O_4Cl_4 + C_8H_{22}N_2$, F. 162° (Zers.), wird durch verd. Säure gespalten. — *3.3'.5.5'-Tetrabrom-2.2'-dioxybenzil*, $C_{14}H_6O_4Br_4$, F. 218°, aus 2 g Salicil u. Br_2 in Eisessig, goldgelbe, stark pleochroit. Prismen aus Nitrobenzol; 3,8 g. — *3.3'-Dichlor-5.5'-dibrom-2.2'-dioxybenzil*, $C_{14}H_6O_4Cl_2Br_2$, F. 206—207°, aus 5.5'-Dibrom- oder aus 3.3'-Dichlorsalicil u. Halogen in Eisessig, goldgelbe Prismen. — *5.5'-Dichlor-3.3'-dibrom-2.2'-dioxybenzil*, $C_{14}H_6O_4Cl_2Br_2$, F. 207,5—208°, aus 5.5'-Dichlorsalicil, goldgelbe Prismen. — *3.3'.4.4'.5.5'-Hexachlor-2.2'-dioxybenzil*, $C_{14}H_4O_4Cl_6$, F. 228—229°, aus 4.4'-Dichlorsalicil u. **II**, tiefgelbe, schwach pleochroit. Prismen. — *4.4'-Dichlor-3.3'.5.5'-tetrabrom-2.2'-dioxybenzil*, $C_{14}H_4O_4Cl_2Br_4$, F. 247°, aus 4.4'-Dichlorsalicil u. Br_2 in sd. Eisessig, goldgelbe, schwach pleochroit. Prismen aus Nitrobenzol. (Chem. Ber. **85**. 72—77. 1952, ausg. 20/12. 1951. Heidelberg, Max-Planck-Inst. für Medizin. Forschung, Inst. für Chemie.) LIEBIG. 2380

William F. O'Connor und **Emil J. Moriconi**, *Diphenate*. 2. Mitt. *Synthese von 3.3'.4.4'.5.5'.6.6'-Oktachlor-2.2'-dicarboxybiphenyl*. (1. vgl. C. **1952**. 2829.) (FF. in der FISHER-JOHNS-App. bestimmt). *2-Jod-3.4.5.6-tetrachlorbenzoesäure* (**I**), $C_7HO_2Cl_4J$, aus A.–W. Nadeln, F. 223—224°, durch Diazotieren von Tetrachloranthranilsäure u. Behandeln mit CuJ, anfangs bei 10—20°; zum Schluß wurde kurz erhitzt; 70% (Ausbeute). — *2-Brom-3.4.5.6-tetrachlorbenzoesäure* (**II**), $C_7HO_2Cl_4Br$, Nadeln, F. 222—223° (A.–W.), analog **I** mit CuBr–HBr-Lsg.; 73%. — *Hg-Salz* der *3.4.5.6-Tetrachlorphthalsäure*, aus Tetrachlorphthalsäureanhydrid in NaOH u. $Hg(OOCCH_3)_2$; 77%. — *Anhydro-2-hydroxymercuri-3.4.5.6-tetrachlorbenzoesäure*, $C_7O_2Cl_4Hg$, durch Decarboxylierung vorst. Verb. bei 250°; 84%. **I** konnte auch aus vorst. Verb. durch 24std. Behandeln mit J_2-Lsg. bei 50—60° oder durch 8std. Erhitzen auf 210—220° im Bombenrohr erhalten werden; 12%. Analog wurde auch **II** mit 18% Ausbeute (im Bombenrohr mit geringerer Ausbeute) dargestellt. — **I**-*Methylester*, $C_8H_3O_2Cl_4J$, flaumige Nadeln, F. 103 bis 103,5° (A.), aus **I** u. CH_2N_2; 100%. — **II**-*Methylester*, $C_8H_3O_2Cl_4Br$, Nadeln, F. 111 bis 112°. — *3.3'.4.4'.5.5'.6.6'-Oktachlor-2.2'-dicarboxybiphenyl*, $C_{14}H_2O_4Cl_8$, gelbbraunes Pulver, Zers. bei 265—275°. **I**-Methylester wurde bei 240—290° mit Cu behandelt, es wurde mit A. extrahiert u. der nach Abdampfen erhaltene Rückstand mit 100%ig. H_2SO_4 versetzt; nach Aufbewahren über Nacht wurde auf Eis gegossen, neutralisiert, mehrmals mit Kohle behandelt u. nicht in Rk. getretenes **I** mit sd. Bzl. extrahiert; 15%. *Dimethylester*, $C_{16}H_6O_4Cl_8$, Nadeln aus A.–W., F. 152—152,5°, mit CH_2N_2 in quantitativer Ausbeute. (J. Amer. chem. Soc. **73**. 5481—82. Nov. 1951. New York, N. Y., Fordham Univ., Organ. Process Labor.) FAASS. 2420

I. A. Faworskaja und **L. W. Fedorowa**, *Homologe des Monovinylacetylens*. 2. Mitt. *Anlagerung von Methylalkohol an Δ^1-Cyclopentenylacetylen*. (1. vgl. C. **1949**. E. 388.) Bei der Einw. von CH_3OH auf Cyclopenten-(1)-yl-(1)-acetylen (**I**) wurden nachst. Verbb. erhalten. Die Anlagerung von 1 Mol CH_3OH an **I** liefert im Endergebnis eine Verb., die als *4.7-Dimethoxy-7-[cyclopenten-(1')-yl-(1')]-5.6.7.8-tetrahydroindan* (**II**) angesehen wird. Es ist anzunehmen, daß sich CH_3OH zunächst an die 3fache Bindung in **I** anlagert, wobei eine Verb. mit 2 konjugierten Doppelbindungen entsteht. Diese unterliegt dann einer Dienkondensation mit einem 2. Mol zu **II**. Bei der Hydrolyse von **II** wird nur 1 CH_3O-Gruppe verseift u. die resultierende 4-Oxyverb. in *7-Methoxy-7-[cyclopenten-(1')-yl-(1')]-hexahydroindanon-(4)* (**III**) umgelagert. Die Annahme, daß sich CH_3OH in 1.4-Stellung an das Syst. der konjugierten doppelten u. 3fachen Bindung in **I** anlagert, ist unwahrscheinlich, da bei der Dimerisierung des Anlagerungsprod. u. anschließender Hydrolyse nicht ein Monoketon entstehen würde. Eingehende Strukturbeweise für **II** liegen nicht vor. Die Anlagerung von 2 CH_3OH an **I** liefert *α.α-Dimethoxy-α-[cyclopenten-(1)-yl-(1)]-äthan* (**IV**). Die Struktur folgt aus dem Ergebnis der Hydrierung u. der anschließenden Hydrolyse; hierbei wird *Methylcyclopentylketon* erhalten. Die Anlagerung von 3 CH_3OH an **I** ergibt *α.α-Dimethoxy-α-[2-methoxycyclopentyl-(1)]-äthan* (**V**), für dessen Struktur die Hydrolyse zu *1-Methoxy-2-acetylcyclopentan* u. weitere Hydrolyse unter gleichzeitiger Dehydratation des gebildeten 1-Oxy-2-acetylcyclopentans zu *1-Acetylcyclopenten-(1)* beweisend ist. Daß **V** entsteht, u. nicht die entsprechende Verb. mit einer CH_3O-Gruppe in 1-Stellung des Cyclopentanrings, ist daraus zu folgern, daß *1-Acetylcyclopentanol-(1)*, das aus 1-Acetylenylcyclopentanol-(1) durch Hydratation erhalten wurde, gegen dehydratisierende Mittel beständig ist. — **I** wurde in einer vorhergehenden Arbeit (vgl. C. **1952**. 1629) als gelbe Fl. beschrieben. Da die Farbe nicht strukturbedingt sein konnte, wurde über die Cu-Verb. gereinigt; dies führte zu farblosem **I**. Durch spektroskop. Unters. ließ sich die Ggw. von *ω-Methylfulven* (**VI**), das die gelbe Farbe bedingt, wahrscheinlich machen. Die Oxydation lieferte von den aus **VI** zu erwartenden Prodd., *Oxalsäure* u. *Essigsäure*, nur einige %; die Verunreinigung durch **VI** kann daher nicht groß sein.

Versuche: *Cyclopenten-(1)-yl-(1)-acetylen* (**I**), durch die Cu-Verb. gereinigt, Kp.$_{100}$ 57,5—58°; D. $^{20}{}_4$ 0,8596; n_D^{20} 1,4891; n_α^{17} 1,4883; n_β^{17} 1,5032; Mol.-Refr. ($[MR]_D$) 30,94. Die Oxydation von durch **VI** gelb gefärbtem **I** mit der berechneten Menge $KMnO_4$ ergab nur 2—3% *Oxalsäure* u. einige % *Essigsäure*, dagegen viel *Ameisensäure*. — Anlagerung von CH_3OH an **I**. Man erwärmt 1,5 g rotes HgO, 0,7 g $BF_3 \cdot (C_2H_5)_2O$ u. 0,5 ml CH_3OH einige Min. auf 50—60°, fügt ca. 10 ml CH_3OH hinzu u. läßt das Gemisch des restlichen CH_3OH mit **I** unter Rühren u. Kühlen zutropfen; angewendet werden z. B. 15 g **I** u. 30 g CH_3OH; Temp. 25—26°; Dauer 6 Stunden. Die Reaktionsmasse wird nach Neutralisation mit CH_3ONa fraktioniert dest.; erhalten werden 45% **II**, 16% **IV** u. 13% **V**. — *α.α-Dimethoxy-α-[cyclopenten-(1)-yl-(1)]-äthan* (**IV**), $C_9H_{16}O_2$, Kp.$_{17}$ 71—72°; D.$^{20}{}_4$ 0,9467; n_D^{20} 1,4503; $[MR]_D$ 44,39. — *Methylcyclopentylketon*, Kp.$_{105}$ 94—95°; durch Hydrieren von **IV** (Ae.; Pt-Schwarz) u. Verrühren des Hydrierungsprod. mit sehr verd. HCl; n_D^{20} 1,4425; 2,2 g aus 4,15 g **IV**. *Semicarbazon*, F. 143—145°. — *α.α-Dimethoxy-α-[2-methoxycyclopentyl-(1)]-äthan* (**V**), $C_{10}H_{20}O_3$, Kp.$_3$ 66—67°; D.$^{20}{}_4$ 0,9840; n_D^{20} 1,4465; $[MR]_D$ 51,096. — *1-Methoxy-2-acetylcyclopentan*, $C_8H_{14}O_2$, Kp.$_{72}$ 114—115°; 3,5 g **V** werden mit 9 ml W. + 3 Tropfen HCl 1½ Std. verrührt; D.$^{19,5}{}_4$ 0,9851; $n_D^{19,5}$ 1,4485; 2 g. — *1-Acetylcyclopenten-(1)*, $C_7H_{10}O$, Kp.$_{12}$ 61—61,5°. a) 5 g **V** werden mit 25 ml 10%ig. H_2SO_4 u. einigen Kriställchen $HgSO_4$ 1½ Std. auf dem Wasserbad verrührt; 3,5 g. b) Man läßt zu einem Gemisch aus 0,6 g H_2SO_4, 0,6 g $HgSO_4$ u. 45 ml 70%ig. wss. CH_3OH 13 g **I** zutropfen u. rührt noch 2½ Std.; Reaktionstemp. 50—55°; 52,8%. D.$^{16}{}_4$ 0,9586; n_D^{16} 1,4824. *Semicarbazon*, $C_8H_{13}ON_3$, F. 206—208°; aus A. Kristalle. — *1-Acetylcyclopentanol-(1)*, $C_7H_{12}O_2$, Kp.$_8$ 73—73,5°; durch 2std. Verrühren eines Gemischs von 15 g 1-Acetylenylcyclopentanol-(1), 0,6 g H_2SO_4, 0,6 g $HgSO_4$ u. 45 g 70%ig. wss. CH_3OH bei 70°; D.$^{20}{}_4$ 1,0323; n_D^{20} 1,4642; 12,5 g. *Semicarbazon*, F. 174—175°; aus A. Kristalle. — *4.7-Dimethoxy-7-[cyclopenten-(1')-yl-(1')]-5.6.7.8-tetrahydroindan* (**II**), $C_{16}H_{24}O_2$, Kp.$_{1,5}$ 138—140°; n_D^{23} 1,5150; Mol.-Gew. (Bzl.) 260; 248,4; nicht rein erhalten. — *7-Methoxy-7-[cyclopenten-(1')-yl-(1')]-hexahydroindanon-(4)* (**III**), $C_{15}H_{22}O_2$, Kp.$_1$ 130—134°; durch 3std. Verrühren von 3,5 g **II** mit 25 ml A., 8 ml H_2O u. 1,5 ml HCl; n_D^{22} 1,5190; Mol.-Gew. (Bzl.) 227,8; CH_3O-Geh. 11,15%; 2,2 g. *Semicarbazon*, F. 230—235° (Zers.); aus A. Kristalle. (Журнал Общей Химии [J. allg. Chem.] **23**. (**85**.) 47—54. Jan. 1953. Leningrad, Univ., Faworski-Labor.)

R. KNOBLOCH. 2650

G. W. K. Cavill und **J. R. Tetaz**, *Die Oxynaphthoatreihe*. 1. Mitt. *Eine Synthese der 4-Oxynaphthoesäure und ihrer einfachen Ester*. Zur Unters. ihrer fungistat. Wirksamkeit werden die *Ester* der *4-Oxynaphthoesäure* (**I**) durch Ag_2O-Oxydation von *4-Benzyloxynaphthaldehyd* (**II**), Verestern der *4-Benzyloxynaphthoesäure* (**III**) u. hydrierende Spaltung der erhaltenen Benzyloxyester dargestellt. **I**, die auf diesem Wege nicht zugänglich war, entstand bei der Ag_2O-Oxydation von *4-Oxynaphthaldehyd* (**IV**; vgl. PEARL, C. **1947**. 1845), verunreinigt mit chinoiden Derivaten. Die $KMnO_4$-Oxydation von **II** führte zur Bldg. einer Mischung von **III** mit α-Naphthol.

Versuche: *4-Oxynaphthaldehyd* (**IV**), F. 178—179°, nach der von ADAMS u. LEVINE (C. **1924**. I. 1186) modifizierten GATTERMANN-Synth. aus α-Naphthol, $Zn(CN)_2$ u. HCl in Ae.; aus wss. A. Nadeln. *Oxim*, $C_{11}H_9O_2N$, F. 140° (Zers.), aus wss. A. Nadeln. *Acetylverb.*, $C_{13}H_{10}O_3$, F. 99°, aus wss. A. Nadeln. — *4-Oxynaphthoesäure* (**I**), $C_{11}H_8O_3$, F. 183—184° (Zers.), durch Oxydation von 4,4 g **IV** in verd. NaOH mit Ag_2O bei 40 → 90° (90 Min.); aus dem Filtrat durch Ansäuern mit SO_2 u. Extrahieren mit Ae.; aus Essigester-Leichtbenzin Nadeln; 1,1 g (Ausbeute). *Acetylverb.*, $C_{13}H_{10}O_4$, F. 179—180°, aus wss. A. Nadeln. — *4-Benzyloxynaphthaldehyd* (**II**), $C_{18}H_{14}O_2$, F. 75°, aus 20 g **IV**, Benzylchlorid u. Na-Äthylat in sd. A. (7 Std.), zunächst als gelbes Öl, Kp.$_{0,3}$ 200—208°, aus Leichtbenzin Tafeln; 9,4 g. Daneben 4,3 g *Benzyläthyläther*, Kp.$_3$ 42°, Kp.$_{760}$ 185°. **II**-*Oxim*, $C_{18}H_{15}O_2N$, F. 104°, aus wss. A. Nadeln. — *4-Benzyloxynaphthoesäure* (**III**), $C_{18}H_{14}O_3$, F. 194°, a) durch $KMnO_4$-Oxydation von 0,65 g **II** in sd. wss. Aceton (5 Min.); 0,05 g, daneben α-Naphthol; b) durch Oxydation von 1 g **II** in wss. NaOH mit Ag_2O bei 55 → 90° (30 Min.); aus Essigester Tafeln; 0,88 g. *Methylester*, $C_{19}H_{16}O_3$, F. 59—60°, mit CH_3J in sd. alkoh. Äthylat, Extrahieren aus dem Verdampfungsrückstand mit Ae. u. Sublimieren bei 120—140°/4·10^{-3} mm; aus Leichtbenzin Tafeln. Analog folgende **III**-Ester: *Äthyl-*, $C_{20}H_{18}O_3$, F. 63—64°, Nadeln. *n-Propyl-*, $C_{21}H_{20}O_3$, F. 67—68°, Prismen. *n-Butyl-*, $C_{22}H_{22}O_3$, F. 51°, Nadeln. *n-Amyl-*, $C_{23}H_{24}O_3$, Kp.$_{0,8}$ 242—246°. — **I**-*Methylester*, $C_{12}H_{10}O_3$, F. 167°, aus **III**-Methylester durch Hydrieren in A. in Ggw. von RANEY-Ni bei Zimmertemp. (10 Min.); aus wss. A. u. Bzn. + Essigester Tafeln. Analog folgende I-Ester: *Äthyl-*, $C_{13}H_{12}O_3$, F. 136°, Täfelchen. *n-Propyl-*, $C_{14}H_{14}O_3$, F. 110°, Tafeln. *n-Butyl-*, $C_{15}H_{16}O_3$, F. 114°, Tafeln. *n-Amyl-*, $C_{16}H_{18}O_3$, F. 100°, Tafeln. (J. chem. Soc. [London] **1952**. 3634—36. Sept. Sydney, Australien, N. S. W. Univ. of Technol., School of Applied Chem.) GOLD. 2700

C. T. Blood und R. P. Linstead, *Kondensierte Kohlenstoffringe.* 20. Mitt. *Versuche zur Synthese einfacher Pentalene.* (19. vgl. C. **1941.** II. 2211.) Bei Verss. zur Herst. von *Pentalen* (**I**) wurde die Synth. von *cis-Oktahydro-1.4-diketopentalen* (cis-**II**) u. einiger seiner Derivv. verbessert. Die Darst. der als Zwischenprod. notwendigen *Hexan-1.3.4.6-tetracarbonsäure* (**VII**) nach SILBERRAD [1904] konnte nicht reproduziert werden. Beim Vers., **VII** aus Äthantetracarbonsäuretetraäthylester u. 2 Mol Acrylnitril (**IX**) darzustellen, wurde festgestellt, daß nur 1 Mol **IX** reagiert unter Bldg. einer *Verb.* $C_{17}H_{25}O_8N$, die vielleicht $(C_2H_5OOC)_2CH\cdot C(COOC_2H_5)_2\cdot CH_2CH_2CN$ ist, obwohl **IX** mit dieser Verb. weiterreagieren müßte; vielleicht liegt eine carbocycl. Verb. vor. **VII** konnte auch nicht aus **IX** u. Diacetbernsteinsäurediäthylester gewonnen werden: Mit einer Quartärbase als Katalysator trat keine Rk. ein, mit $NaOC_2H_5$ wurde *α-Acetyl-β-carbäthoxy-γ-methyl-Δ^β-butenolid* gebildet. α-Bromglutarsäureester (**VIII**) führte beim Vers. der Kondensation mit Ag nur zu wenig **VII**; daneben wurde *Glutaconsäureäthylester* nachgewiesen. Gut ist **VII** als cis–trans-Gemisch dagegen aus **VIII** u. der Na-Verb. des α-Cyanglutarsäureesters über *3-Cyanhexantetracarbonsäure-(1.3.4.6)-tetraäthylester* (**III**) nach RUZICKA u. Mitarbeitern (Helv. chim. Acta **17.** [1934.] 183) zugänglich; die Bedingungen zur Darst. aller Zwischenprodd. wurden verbessert. Statt des Cyanglutarsäureesters konnte Carbäthoxyglutarnitril nicht eingesetzt werden, da es aus **IX** u. Cyanessigester auch bei Anwendung des letzteren im Überschuß nicht zugänglich ist, weil immer 2 Mol **IX** reagieren unter Bdg. von *1.3.5-Tricyanpentan-3-carbonsäureäthylester.* cis-**VII** konnte in trans-**VII** übergeführt werden u. gab mit CH_3COCl kein Anhydrid, sondern ebenfalls trans-**VII**. Beide **VII**-Isomeren geben beim Erhitzen *β-[2-Carboxy-5-ketocyclopentyl]-propionsäure,* ohne daß der zweite Ring zu einem Bicyclooctanderiv. geschlossen werden konnte. Beide **VII**-Tetramethylester (**VIIa**) lieferten jedoch durch doppelte DIECKMANN-Kondensation in guter Ausbeute *cis-* bzw. *trans-Oktahydrodiketopentalendicarbonsäuredimethylester* (**X**), die zu **II** hydrolysiert wurden. **II** hat über 200 mμ keine Absorptionsbande, läßt sich mit Pd-Kohle nicht hydrieren u. gibt keine $FeCl_3$-Rk.; die Bldg. des konjugierten Dienols findet danach nicht statt. — In allen beschriebenen Hydropentalenderivv. mit Ausnahme derjenigen, die eine Brückendoppelbindung enthalten, werden die Ringe in cis-Stellung verknüpft sein. — 2.5-Dibenzylidenoktahydro-1.4-diketopentalen, das ebenfalls ausschließlich in der Ketoform vorliegen dürfte, zeigt keine Tendenz zur Isomerisierung zu Dibenzyldioxypentalen. *2.5-Dibromoktahydro-1.4-diketopentalen* konnte nicht zu 1.4-Dioxypentalen (bzw. der entsprechenden Ketoform) dehydrobromiert werden; HBr-Abspaltung führte stets zu Polymerisaten. — Aus **II** u. CH_3MgJ wurde *3.6.7.8-Tetrahydro-1.4-dimethylpentalen* (**IV**) gewonnen, dessen Doppelbindungen nicht konjugiert sind. Es gelang nicht, durch Disproportionierung u. Dehydrierung weitere Doppelbindungen in **IV** einzuführen, während Cyclohexen mit Pd-Schwarz in sd. Tetrahydrofuran glatt zu Bzl. u. Cyclohexan disproportioniert u. Tetralin in sd. Anisol oder Dekalin über Pd p-Nitrotoluol zu p-Toluidin red. u. über Pd-Kohle beim Sieden im CO_2-Strom oder beim Überleiten (350°) zu Naphthalin dehydriert wird. — Auch Verss., **II** über *Oktahydro-1.4-dioxypentalen* (**V**) u. *Tetrahydropentalen* (**VI**) in **I** umzuwandeln, mißlangen.

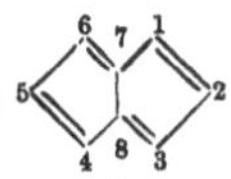

I

V e r s u c h e: *4-Cyanbutantetracarbonsäure-(1.1.2.2)-tetraäthylester,* $C_{17}H_{25}O_8N$, $Kp._{0,01}$ 165—170°, aus Äthantetracarbonsäuretetraäthylester in Dioxan, 30%ig. $[C_6H_5CH_2N(CH_3)_3]OH$ in W. u. **IX** durch 5std. Rk. bei 55—60°, Ansäuern, Eindampfen im Vakuum u. Ausäthern; n_D^{18} 1,4531; 77% (Ausbeute); blieb mit **IX** (4 Std. bei 100°) unverändert. — *α-Acetyl-β-carbäthoxy-γ-methyl-Δ^β-butenolid,* F. 106°, aus Diacetbernsteinsäurediäthylester mit 2 Mol **IX** u. C_2H_5ONa wie vorstehend. — *trans-Hexan-1.3.4.6-tetracarbonsäure* (*trans*-**VII**), F. 214—216°, durch 3std. Rühren von 50 g α-Bromglutarsäurediäthylester (**VIII**) mit Ag-Pulver bei 150—160° u. Ausäthern: 10 g *Glutaconsäurediäthylester,* 19 g **VIII** u. 8 g **VII**-Ester vom $Kp._{0,15}$ 170—200°, die redest. u. hydrolysiert wurden. — *3-Cyanhexantetracarbonsäure-(1.3.4.6)-tetraäthylester* (**III**), $Kp._{0,05}$ 205—210°: α-Cyanglutarsäurediäthylester u. C_2H_5ONa–A. im Vakuum eingedampft, mit **VIII** 3 Std. auf dem Dampfbad erhitzt, verd., mit H_2SO_4 eben angesäuert u. ausgeäthert; 74%. — *cis-* u. *trans*-**VII**, $C_{10}H_{14}O_8$, durch 18std. Kochen von 320 g **III** mit 600 cm³ konz. HCl u. 350 cm³ W. u. Einengen; Nd. aus W.: 40 g trans-**VII**, F. 216 bis 217°; aus Filtraten durch Ausäthern 60 g cis-**VII**, F. 167° (CH_3COOH–Chlf.); gab durch 24std. Kochen mit konz. HCl–W. (1:1 Vol.) u. Eindampfen trans-**VII**; 50%.

trans-**VIIa**, $C_{14}H_{22}O_8$, F. 73° (PAe.), durch 24std. Kochen von trans-**VII** mit CH_3OH, Bzl. u. konz. H_2SO_4; verd., wss. Schicht ausgeäthert u. mit Benzollsg. vereinigt; 91%. Ebenso *cis*-**VIIa**, F. 60°. — *cis-Oktahydro-1.4-diketopentalendicarbonsäure-(2.5)-dimethylester* (cis-**X**), $C_{12}H_{14}O_6$, F. 91°, aus 6,5 g cis-**VIIa** in warmem Bzl., 13,5 g Na unter Bzl. u. 0,5 cm³ CH_3OH; heftige Rk., 1,5 Std. weitergekocht, mit Eis + verd. H_2SO_4 unter N_2 zers. u. ausgeäthert; organ. Schichten mit $NaHCO_3$ gewaschen u. 10mal mit 100 cm³ 2 n Sodalsg. extrahiert, sofort angesäuert u. ausgeäthert; Nadeln aus CH_3OH; 31 g. — *cis-Oktahydro-1.4-diketopentalen* (cis-**II**), $C_8H_{10}O_2$, $Kp._{0,2}$ 86—88°, F. 46—46,5°: 31 g cis-**X** durch 1std. Kochen mit 75 cm³ konz. HCl u. 45 cm³ W. decarboxyliert u. bei p_H 9 kontinuierlich ausgeäthert; 12,6 g. — Ebenso *trans*-**II** aus trans-**X**. — *cis-2.5-Dibromoktahydro-1.4-diketopentalen,* $C_8H_8O_2Br_2$, F. 144° (Zers.) (CH_3COOH), aus 0,8 g cis-**II** u. Br_2 in CH_3COOH (15 Min. im hellen Licht); 1,2 g; sublimierbar (130—140°/0,2 mm); in sd. Xylol beständig; in wss. NaOH tiefbraun lösl. (Br'); Verss. zur Dehydrobromierung mit $(C_2H_5)_3N$ u. mit CH_3COOAg führten nicht zu definierten Produkten. — *cis-3.6.7.8-Tetrahydro-1.4-dimethylpentalen* (**IV**), $C_{10}H_{14}$, $Kp._{760}$ 160°, aus 11 g cis-**II** in Ae. u. CH_3MgJ in Ae.; nach 1 Std. in Eis + HCl gegossen u. wss. Schicht kontinuierlich ausgeäthert; Ae. über $(COOH)_2$ abdest., Rückstand dampfdest. u. Destillat kontinuierlich ausgeäthert: 2,7 g roh, $Kp._{65}$ 94—102°; Redest. (760 mm) über Na verlustreich; $D.^{20}_4$ 0,9280; n_D^{20} 1,490; Mol.-Refr. 41,8; terpenartig riechend; nahm in A. über 20%ig. Pd-Kohle 2 H_2 auf. — *Oktahydro-1.4-dioxypentalen* (**V**), aus 6,1 g cis-**II** durch Hydrierung (frisches RANEY-Ni, 24 Std.) in A. u. wenig 25%ig. NaOH, Ansäuern u. Evakuieren; glasig. *Bis-[toluol-p-sulfonylderiv.]*, $C_{22}H_{26}O_6S_2$, F. 110°, aus dem rohen **V** u. $CH_3C_6H_4SO_2Cl$ in Pyridin über Nacht bei 0°, Zugabe von Eis u. Ausziehen mit Chlf.: braunes Harz; 3std. Dampfdest. mit 30%ig. KOH unter Erhaltung der Konz.; Rückstand verd. u. ausgeäthert; aus A. Blättchen. — *2.3.5.6 (?)-Tetrahydropentalen* (**VI**): Vorst. Wasserdampfdestillat kontinuierlich ausgeäthert, Ae. durch Kolonne abdest.; Rückstand bei Zimmertemp. u. 0,2 mm dest. u. mit Trockeneis + A. kondensiert; Redest. über Na; enthielt noch O-Verb., wahrscheinlich einen Äther; 0,7 g. — Vers. zur Darst. von *Pentalen* (**I**): 0,6 g **VI** 3 Std. mit N-Bromsuccinimid u. Spur $(C_6H_5COO)_2$ in CCl_4 gekocht u. Filtrat bei 40° evakuiert; rohe Bromverb. in 20%ig. $(CH_3)_2NH$–Bzl. 3 Tage bei 5° gehalten; im Vakuum konz. u. Lsg. in Ae. mit verd. HCl ausgezogen; NaOH zugefügt, ausgeäthert; Eindampfrückstand mit CH_3J 20 Min. gekocht; Vakuumrückstand in W. 1 Std. mit Ag_2O auf Dampfbad erhitzt; Filtrat evakuiert u. bei 15 mm dest.; Rückstand dunkler Teer; Destillat gab *Trimethylaminpikrat*, F. 215°; **I** nicht isolierbar. (J. chem. Soc. [London] **1952**. 2255—62. Juni. London, Imperial Coll. of Sci. and Technol.)

LEHMSTEDT. 2950

C. T. Blood und **R. P. Linstead,** *Kondensierte Kohlenstoffringe.* 21. Mitt. *Dibenzopentalen.* (20. vgl. vorst. Ref.) *3.6.7.8-Tetrahydro-1.2;4.5-dibenzopentalen* (**I**) ließ sich nur bis zu *3.6-Dihydrodibenzopentalen* (**II**) dehydrieren. Je nach den Bedingungen red. H_2 *3.6-Dichlordibenzopentalen* katalyt. zu **I** oder **II**. Das 7.8-Dibromaddukt von **II** wurde durch CH_3COOAg zu *1.2;4.5-Dibenzopentalen* (**III**) dehydrobromiert. **III** gibt durch Hydrierung **I**, durch Red. mit Na-Amalgam **II** u. durch Ozonisation bei nachfolgender Oxydation *Benzildicarbonsäure-(2.2')*. Das *Dibromaddukt* von **III** ist gegen CH_3COOAg sehr beständig. **III** verhält sich nicht wie eine aromat. Verb., sondern wie ein Dien. — Die Ergebnisse dieser u. der vorst. Mitt. werden erörtert.

Versuche: *3.6.7.8-Tetrahydro-3.6-diketo-1.2;4.5-dibenzopentalen,* in A. λ_{max} 245 mμ (ε = 21000), 292 (3500); in A. mit 1% C_2H_5ONa 248 (23000). — *3.6.7.8-Tetrahydro-1.2;4.5-dibenzopentalen* (*Diphensuccindan; Indano-[2'.1':1.2]-indan; 4b.5.9b.10-Tetrahydroindeno-[2.1:a]-inden*) (**I**), F. 101°, aus vorst. Verb. durch CLEMMENSEN-Red. u. Dampfdest.; aus A. Nadeln. — *3.6-Dihydro-1.2;4.5-dibenzopentalen* (*Diphensuccinden; Indeno-[3'.2':2.3]-inden; 5.10-Dihydroindeno-[2.1:a]-inden*) (**II**), $C_{16}H_{12}$, F. 204—205°, durch Überleiten von 1,9 g **I** im N_2-Strom über Pd-Kohle–Asbest bei 425—450°, Dampfdest. (1 g **I** ging über) u. Chromatographie in Bzl. an Al_2O_3; Sublimation bei 140°/10 mm; aus Bzl. u. A. orangefarbene Tafeln; 0,6 g (Ausbeute); im UV stark violette Fluorescenz; λ_{max} 237 mμ (ε = 6000), 308 (11000), 315 (13000), 328 (8000); mit H_2 in A. über 20%ig. Pd-Kohle entsteht **I**. — *3.6-Dichlordibenzopentalen,* λ_{max} 227 mμ (ε = 17000), 271 (44000), 280 (41000), 395 (16000), 420 (19000); gab in A. (H_2, PtO_2), langsamer auch über Pd-Mohr, **I**; über RANEY-Ni nach Aufnahme von 2,5 Mol H_2 langsamere Rk. u. Isolierung von **II**, bei Ggw. von NH_4OH glatte Bldg. von **I**. — *1.2;4.5-Dibenzopentalen* (*Diphensuccindadien; 1.1'-Didehydroindeno-[3'.2:2.3]-inden; Indeno-[2.1:a]-inden*) (**III**), $C_{16}H_{10}$, bei 275—280° Sintern, darüber Verkohlen, aus 1,3 g **II** in CS_2 u. 0,33 cm³ Br_2 in CS_2 bei 0°, Austreiben des HBr mit N_2 u. Evakuieren, 2std. Kochen in Bzl. mit CH_3COOAg, Chromatographie des im Vakuum konz. Filtrats in Bzl. an Al_2O_3; aus 1. Eluat 0,1 g **II**, dann 0,7 g **III**; aus warmem (nicht sd.) Bzl.

bronzefarbene Flocken; in Bzl. blaßorange, im UV-Licht tiefpurpurbraun; λ_{max} 273 mμ (ε = 61000), 281 (69000), 360 (4000), 370 (6000), 381 (6000), 394 (12000), 415 (15000); polymerisiert in sd. organ. Fll., bes. in Ggw. von Spuren Mineralsäure; bildet weder 3.4.7-Trinitrifluorenonverb. noch Pikrat; unlösl. in Orthophosphorsäure, mit grüner Farbe lösl. in konz. H_2SO_4. — *Benzildicarbonsäure-(2.2')*, F. 271° (CH_3COOH); aus **III** in Essigester mit O_2–O_3 bei —20° als Vakuumrückstand *Ozonid*; 2 Std. in $CH_3 \cdot COOH$ auf Dampfbad zers., evakuiert, in W. + 2nNaOH suspendiert u. warm mit 5%ig. $KMnO_4$-Lsg. versetzt; konz. Filtrat mit HCl gefällt; 75%. *Dimethylester*, F. 191°, mit CH_2N_2. — 100 mg **III** gaben mit 2%ig. Na-Amalgam in A. 50 mg **II**. 150 mg **III** wurden in Essigester über 20%ig. Pd-Kohle in 50,5 Std. zu 120 mg **I** hydriert. — *Dibromdihydrodibenzopentalen*, $C_{16}H_{10}Br_2$, bei ca. 240° Zers., aus 50 mg **III** u. Br_2 in Chlf.; nach ½ Std. vakuumverdampft; aus Bzl.–Essigester gelbe Nadeln; 75 mg; λ_{max} 256 mμ (ε = 35000), 264 (39000), 305 (5000), 314 (5000), 363 (5000); mit $CH_3 \cdot COOAg$ sogar in sd. A. nur sehr langsame Bldg. von AgBr. (J. chem. Soc. [London] **1952**. 2263—68. Juni.) LEHMSTEDT. 2950

Edward C. Hermann und **Algird Kreuchunas**, *Die Synthese von* DL*-threo- und* DL*-erythro-1-[5-Nitrothienyl-(2)]-2-dichloracetamidopropandiol-(1.3) und verwandten Verbindungen.* Die Synth. der *Racemate* von *threo-* u. *erythro-1-[5-Nitrothienyl-(2)]-2-dichloracetamidopropandiol-(1.3)* (**VIIIb**) wird auf 2 Wegen durchgeführt. 2-[Bromacetyl]-thiophen wird durch Rk. mit Hexamethylentetramin in *[Thenoyl-(2)-methyl]-amin* (**I**) umgewandelt, aus dem auf einem schon von CARRARA u. WEITNAUER (C. **1952**. 2678) beschriebenen Weg durch Acetylieren u. Rk. mit H_2CO DL*-N-[2-Oxy-1-thenoyl-(2')-äthyl]-acetamid* (**IIIa**) erhalten wird. Red. von **IIIa** mit $NaBH_4$ führt glatt zu einem Gemisch der *threo-* u. *erythro-Racemate* von *1-[Thienyl-(2)]-2-acetamidopropandiol-(1.3)* (**IVa**), das nicht getrennt werden konnte. Nach Acetylieren zu DL*-1-[Thienyl-(2)]-2-acetamidopropandiol-(1.3)-diacetat* (**Va**) konnte durch fraktionierte Kristallisation *erythro-***Va** abgetrennt werden. Das *threo*-Isomere wurde durch Erhitzen von **Va** mit W., wobei partielle Hydrolyse zu einem O.N-Diacetat eintritt, dessen *threo*-Isomeres sich krist. abscheidet, u. durch Reacetylieren erhalten. Anschließend wurden die Racemate der threo- u. erythro-Reihe getrennt zu den isomeren *5-Nitroderivv.* (**VIa**) nitriert, zu *1-[5-Nitrothienyl-(2)]-2-aminopropandiol-(1.3)* (**VII**) hydrolysiert u. mit Methyldichloracetat zu *threo-* u. *erythro-***VIIIb** umgesetzt. Die 2. Synth. führt von **I** zu *N-[Thenoyl-(2)-methyl]-dichloracetamid* (**II**) u. weiter auf analogem Wege zu **VIIIb**. Die Trennung in die threo- u. erythro-Reihe konnte leicht bei DL*-1-[Thienyl-(2)]-2-dichloracetamidopropandiol-(1.3)* (**IVb**) durchgeführt werden. Die auf beiden Wegen erhaltenen isomeren Racemate von **VIIIb** sind identisch.

V e r s u c h e (alle FF. sind im FISCHER-JOHNS-App. bestimmt): *N-[Thenoyl-(2)-methyl]-hexamethylentetraminiumbromid*, $C_{12}H_{17}ON_4BrS$, F. 160° (Zers.), aus 2-Bromacetylthiophen u. Hexamethylentetramin in Chlf., Kristalle aus W. + Dioxan. — *[Thenoyl-(2)-methyl]-amin* (**I**), *Hydrochlorid*, C_6H_8ONClS, F. 215—217° (Zers.), aus vorst. Verb. mit konz. HCl in A., Platten aus 6nHCl. — DL*-1-[Thienyl-(2)]-2-acetamidopropandiol-(1.3)* (**IVa**), aus **IIIa** mit $NaBH_4$ in Methanol bei 20—25° (15 Min.) durch Verrühren, Eindampfen des Lösungsm. u. Erhitzen des Rückstandes mit W. (½ Std.); 94% (Ausbeute). *Diacetat* (**Va**), *Isomerengemisch*; durch fraktionierte Kristallisation aus absol. A. konnte daraus das *erythro-Racetmat* (s. unten) isoliert werden. — DL*-threo-1-[Thienyl-(2)]-2-acetamidopropandiol-(1.3)-acetat-(1* oder *3)*, $C_{11}H_{15}O_4NS$, F. 142,5 bis 143° (aus W.), aus **Va** durch Auflösen in sd. W., Eindampfen bei Normaldruck, Abtrennen der ausgeschiedenen Kristalle u. Acetylieren des nicht krist. Rückstandes mit Acetanhydrid + Pyridin. — DL*-erythro-1-[Thienyl-(2)]-2-acetamidopropandiol-(1.3)-diacetat* (*erythro-***Va**), $C_{13}H_{17}O_5NS$, F. 113—114° (aus absol. A.), aus den Mutterlaugen von vorst. Verb. durch Acetylieren. *threo-Isomeres* (*threo-***Va**), $C_{13}H_{17}O_5NS$, F. 72—73° (aus Isooctan), aus vorst. threo-O.N-Diacetat durch Acetylieren. — DL*-erythro-***IVa**, $C_9H_{13}O_3NS$, F. 144,5—145° (Platten aus Äthylacetat), aus erythro-**Va** durch Hydrolyse mit 0,2nNaOH in Aceton. — DL*-threo-***IVa**, $C_9H_{13}O_3NS$, F. 142,5—143,5° (Prismen aus Äthylacetat), ebenso aus threo-**Va**. — DL*-erythro-1-[5-Nitrothienyl-(2)]-2-acetamidopropandiol-(1.3)-diacetat* (**VIa**), $C_{13}H_{16}O_7N_2S$, F. 136,5—137,5° (aus verd. A.), aus erythro-**Va** mit HNO_3 + Acetanhydrid bei —5°; 60%. *threo-Isomeres*, $C_{13}H_{16}O_7N_2S$, F. 119—120° (gelbe Platten aus Isobutanol), ebenso aus threo-**Va**. — DL*-threo-1-[5-Nitrothienyl-(2)]-2-acetamidopropandiol-(1.3)* (**VIIIa**), $C_9H_{12}O_5N_2S$, F. 182,5—183,5° (aus Äthylacetat), aus threo-**VIa** durch Hydrolyse mit 0,2n wss. NaOH in Aceton. — DL*-erythro-1-[5-Nitrothienyl-(2)]-2-aminopropandiol-(1.3)* (*erythro-***VII**), F. 104—107° (Nadeln aus saurer Lsg. mit NaOH), aus erythro-**VIa** durch Erhitzen mit 1,5nHCl (½ Std.). *threo-Isomeres*, $C_7H_{10}O_4N_2S$, F. 130—131° (Zers.), Nadeln aus Isopropanol + Äthylendichlorid (1 : 4), ebenso aus threo-**VIa**. — DL*-erythro-1-[5-Nitrothienyl-(2)]-2-dichlor-*

acetamidopropandiol-(1.3) (**VIIIb**), $C_9H_{10}O_5N_2Cl_2S$, F. 168,5—169,5° (aus Äthylacetat u. dann aus W.), aus erythro-**VII** durch Erhitzen mit Methyldichloracetat (1,5 Std.) oder aus **VIb** durch Hydrolyse mit 0,2n wss. NaOH in Aceton; UV-Absorptionsspektr. s. Original. *threo-Isomeres*, $C_9H_{10}O_5N_2Cl_2S$, F. 132,5—133,5° (aus W.), ebenso aus threo-**VII** oder aus threo-**Vb** durch Nitrieren zu einem nichtkrist. Öl u. Hydrolyse mit 0,2n NaOH in Aceton; UV-Absorptionsspektr. s. Original. — *N-[Thenoyl-(2)-methyl]-dichloracetamid* (II), $C_8H_7O_2NCl_2S$, F. 136—137° (aus Äthylendichlorid + PAe. 1 : 1), aus I u. Dichloracetylchlorid in Äthylendichlorid durch Eintropfen von wss. NaOH bei 0°; 25,7%. — *DL-N-[2-Oxy-1-thenoyl-(2')-äthyl]-dichloracetamid* (**IIIb**), $C_9H_9O_3NCl_2S$, F. 119,5—120° (aus Bzl. oder Äthylacetat), aus **II** u. H_2CO durch Erhitzen in Ggw. von $NaHCO_3$ auf 35—40° (60 Min.). — *DL-erythro-1-[Thienyl-(2)]-2-dichloracetamidopropandiol-(1.3)* (**IVb**), $C_9H_{11}O_3NCl_2S$, F. 151,5—153° (aus Äthylacetat), aus **IIIb** mit $NaBH_4$ in CH_3OH bei 25°; 7,6%. *threo-Isomeres*, aus den Mutterlaugen; krist. nicht. — *DL-erythro-1-[Thienyl-(2)]-2-dichloracetamidopropandiol-(1.3)-diacetat* (**Vb**), $C_{13}H_{15}O_5NCl_2S$, F. 93,5—94,5° (aus PAe.), aus erythro-**IVb** mit Acetanhydrid + Pyridin; 60%. *threo-Isomeres*, $C_{13}H_{15}O_5NCl_2S$, F. 123—124°, ebenso aus threo-**IVb**; 36%. — *DL-erythro-1-[5-Nitrothienyl-(2)]-2-dichloracetamidopropandiol-(1.3)-diacetat* (**VIb**), $C_{13}H_{14}O_7N_2Cl_2S$, F. 126,5—127,5° (aus Äthylacetat + Äthylendichlorid), durch Nitrieren von erythro-**Vb**. (J. Amer. chem. Soc. **74**. 5168—72. 20/10. 1952. Wilmington, Del., E. I. du Pont de Nemours & Co., Inc., Graselli Chem. Dep., Exp. Stat.) K. Faber. 3071

Georg Wittig, Margeris Adomas Jesaitis und **Martin Glos**, *Über die Reduktion ungesättigter Säurechloride zu ungesättigten Aldehyden.* Die therm. Zers. von N-Benzoyl-N.N'-dihydrophenazon (I) lieferte *Phenazon* (II) u. wenig *Benzaldehyd*, die Zers. von N-Cinnamoyl-N.N'-dihydrophenazon (III) aber nur noch Spuren *Zimtaldehyd*. Aus 2 Mol N.N'-Dilithium-N.N'-dihydrophenazon (**IV**) u. 2 Mol C_6H_5COCl bildete sich gleich die *Dibenzoyldihydroverb.* (**V**), deren N—N'-Bindung durch **IV** unter Bldg. des *Dilithiumdienolats* von *N.N'-Dibenzoyl-o.o'-diaminodiphenyl* (**VI**) u. **II** aufgespalten wurde. Die Darst. von **I** gelang durch Rk. von C_6H_5COCl mit N.N'-Dihydrophenazon (**VII**). Das **II** entsprechende „Phenarson" war nicht darstellbar. Arsenobenzol (**VIII**) bildete ein *Dilithiumaddukt* (**IX**), das bei der Hydrolyse durch Disproportionierung der intermediären Dihydroverb. in **VIII** u. *Phenylarsin* überging. H ist also an As weniger fest gebunden als an N (Hydrazobenzol → Anilin + Azobenzol bei hoher Temp.). Daher zerfiel das aus **IX** mit C_6H_5COOH u. dann mit C_6H_5COCl gebildete *Monobenzoyldihydroarsenobenzol* schon in der Kälte in **VIII** u. *Benzaldehyd* (Ausbeute gering). **IX** gab mit CH_3J *As.As'-Dimethyl-As.As'-dihydroarsenobenzol* (**X**), das durch J_2 zu *Phenylmethylarsinjodid* aufgespalten wurde. Bessere Ausbeuten an Aldehyden gab die auf Phenanthridin (**XI**) übertragene Meth. von Reissert. 9-Cyan-10-cinnamalacetyl-9.10-dihydrophenanthridin (**XII**) lieferte bei der Zers. mit halbkonz. H_3PO_4 noch 35% *5-Phenylpentadienal*, das 7-Phenylheptatrienal aus der 10-Cinnamalcrotonylverb. (**XIX**) ließ sich aber infolge starker Verharzung nicht mehr fassen.

Versuche: *N.N'-Dibenzoyl-o.o'-diaminodiphenyl* (**VI**), $C_{26}H_{20}O_2N_2$, F. 190 bis 191°; a) aus 1,8 g **II** (F. 155—156°) in Ae. mit Li-Schnitzeln unter N_2 durch 6std. Schütteln Bldg. von *N.N'-Dilithium-N.N'-dihydrophenazon* (**IV**) (schwarzgrüne Platten aus konz. Lsg.); Filtrat kalt mit 1,4 g C_6H_5COCl versetzt u. mit W. zers. (Nd. **A**); Ae.-Schicht mit 5%ig. HCl ausgezogen (mit konz. NH_4OH 0,95 g **II**); aus Ae. 0,5 g harzige Kristalle, mit **A** aus CH_3OH umkrist.; b) 0,3 g o.o'-Diaminodiphenyl in Pyridin kurz mit C_6H_5COCl gekocht u. mit verd. HCl versetzt; 0,5 g. — *N.N'-Dibenzoyl-N.N'-dihydrophenazon* (**V**), $C_{26}H_{18}O_2N_2$, F. 157,5—158,5° (CH_3OH). Durch Zugabe von $C_6H_5 \cdot COOH$ in Ae. zu vorst. Lsg. von **IV** braune Lsg. von *Monolithiumdihydrophenazon*; Umsetzung mit C_6H_5COCl u. Zers. mit W.; aus dem Ae. bei 0° 1,3 g **VI**; Ätherfiltrat mit Sodalsg. u. 5%ig. HCl gewaschen u. Eindampfrückstand aus CH_3OH umkrist.; in Bzl. an Al_2O_3 chromatographiert; 0,5 g; aus HCl 0,85 g **II**; **V** wird in konz. H_2SO_4 (1/4 Std., 100°) zu C_6H_5COOH u. **II** verseift; **VI** blieb unzers.; aus 0,3 g **V** u. der Ätherlsg. von **IV** (bis zu bleibender Grünfärbung, Zers. mit W.) 0,3 g **VI**; aus HCl-Extrakt 0,11 g **II**. — *N-Benzoyl-N.N'-dihydrophenazon* (**I**), $C_{19}H_{14}ON_2$, F. 131,5—132,5° (CH_3OH). Durch Zugabe von 2,45 g C_6H_5COOH in Ae. zur **IV**-Lsg. (aus 1,8 g **II**) fast farblose Lsg. von *N.N'-Dihydrophenazon* (**VII**); mit 1,4 g C_6H_5COCl 1 Std. hingestellt, mit W. zers., Ae. mit Sodalsg. u. HCl ausgeschüttelt u. verdampft; 92%; wird mit konz. H_2SO_4 (einige Min. Wasserbad) u. Gießen in W. zu C_6H_5COOH u. **II** verseift; 0,5 g geben durch Aufkochen mit C_6H_5COCl in Pyridin u. Zugabe von verd. HCl 0,45 g **V**. — 1,2 g **I** u. 1 g Naturkupfer C werden bei 20 mm unter N_2 erhitzt; Destillat (<300°) hinterläßt nach Anreiben mit Ae. u. Ausziehen mit verd. HCl 0,2 g **I**; äther. Lsg. wird mit HCl u. Sodalsg. extrahiert, dann 24 Std. mit konz. $NaHSO_3$-Lsg. geschüttelt; aus wss. Schicht nach Ansäuern, Aufkochen u. Zusatz von CH_3COONa mit $C_6H_5NHNH_2$ nach 6 Std. *Benzaldehydphenylhydrazon* (**XIII**), F. 154—156° (CH_3OH); 0,09 g; aus Soda- u. HCl-Auszug 0,07 g C_6H_5COOH u. 0,54 g **II**. — *N-Cinnamoyl-N.N'-dihydrophenazon* (**III**), $C_{21}H_{16}ON_2$, F. 163—164°, durch Entfärben der **IV**-Lsg. (aus 3,3 g **II**) mit berechneter Menge äther. HCl, Zugabe von Cinnamoylchlorid (**XIV**) u. nach 1 Std. Zers. mit W.; Ae.-Schicht wird mit Sodalsg. u. HCl ausgezogen u. Eindampfrückstand mit A. ausgekocht (Rückstand **R**); Nd. 4 g. — *N.N'-Dicinnamoyl-N.N'-dihydrophenazon*, $C_{30}H_{22}O_2N_2$, F. 289—290°, a) ident. mit **R**; 0,5 g; b) durch Aufkochen von **III** in Pyridin mit **XIV** u. Gießen in W.; feines Pulver aus Anisol. Bei der therm. Zers. von 2 g **III** (wie **I**) Geruch der ersten dest. Tropfen (240° im Bad) nach Zimtaldehyd (mit $C_6H_5NHNH_2$ nur Trübung); außerdem 0,8 g **II** isoliert. — *As.As'-Dilithiumdihydroarsenobenzol* (**IX**), durch 24std. Schütteln von **VIII** in Tetrahydrofuran (**XV**) mit Li-Schnitzeln unter N_2: erst dunkelrote, dann hellere Farbe; Filtrat mit 1 n äther. C_6H_5COOH-Lsg. bis zur Entfärbung titriert. — *As.As'-Dimethyldihydroarsenobenzol* (**X**), Kp.$_{0,5}$ 150—170°, F. 71—74°, aus **IX**-Lsg. u. CH_3J; Dest. unter N_2, farblos, luftempfindlich. — Aus 7,6 Millimol **IX**-Lsg. u. 14,4 Millimol äther. HCl unter N_2 nach 1 Woche Kristalle von 0,95 g **VIII** u. aus dem Filtrat 0,8 g *Phenylarsin*, Kp.$_{10}$ 50—53°. — Aus je 5,6 Millimol **IX** u. C_6H_5COOH in **XV** tiefrote Lsg. von *Monolithiumdihydroarsenobenzol*; gibt mit 5,7 Mol C_6H_5COCl Nd. von 0,9 g **VIII** (3std. Erhitzen auf 100°); PAe.-Auszug des Eindampfrückstandes des Filtrats gibt mit $C_6H_5NHNH_2$ in Ae. 0,3 g **XIII**; aus in PAe. Unlöslichem mit W. 0,7 g C_6H_5COOH. — *9-Cyan-10-benzoyl-9.10-dihydrophenanthridin* (**XVI**), $C_{21}H_{14}ON_2$, F. 140,5—141,5° (A.), durch Eintropfen von C_6H_5COCl in Bzl. in 1,8 g **XI** u. 2—3 cm³ 100%ig. HCN bei —5°; Lsg., nach 18 Std. Nd.; Ae. zugegeben; beim Ausschütteln mit W. u. verd. H_2SO_4 wieder Lsg.; mit NH_4OH 0,9 g **XI** zurück; Waschen mit $NaHCO_3$-Lsg.; Eindampfrückstand von Ae. + Bzl. erstarrt mit verd. A.; 94%. Gibt nach Zusatz von 10n H_2SO_4 bei der Dampfdest. in p-Nitrophenylhydrazin (**XVII**) + verd. HCl *Benzaldehyd-p-nitrophenylhydrazon*, F. 188—189° (A.); 97%; aus Destillationsrückstand *Phenanthridincarbonsäure-(9)*, $C_{14}H_9O_2N$, F. 155° (Zers.), aus A. oder W.; 80%. — *9-Cyan-10-cinnamoyl-9.10-dihydrophenanthridin* (**XVIII**), $C_{23}H_{16}$·ON_2, F. 198—199°, aus **XI** u. **XIV** wie **XVI**, Nädelchen aus A.; 86%; 1,9 g **XI** zurück. 0,2 g **XVIII**, 15 cm³ H_3PO_4-Sirup u. 15 cm³ W. bis auf 15 cm³ in verd. HCl + **XVII** eindest. u. Dest. unter Ersatz des W. mehrmals wiederholt: *Zimtaldehyd-p-nitrophenylhydrazon*, F. 190—192° (A.); 97%. — *9-Cyan-10-cinnamalacetyl-9.10-dihydrophenanthridin* (**XII**), $C_{25}H_{18}ON_2$, F. 229—230° (A.), aus 3,6 g **XI**, 3—4 cm³ HCN u. 1,9 g Cinnamalacetylchlorid wie **XVI**; 2,3 g; aus $NaHCO_3$-Extrakt 0,2 g *Cinnamalessigsäure*; Zers. wie bei **XVIII** unter CO_2; in $C_6H_5NHNH_2$ + verd. HCl eindest.: *5-Phenylpentadienalphenylhydrazon*, F. 174—175° (A.); 35%; Rückstand dunkelbraunes Harz. — *9-Cyan-10-cinnamalcrotonyl-9.10-dihydrophenanthridin* (**XIX**), $C_{27}H_{20}ON_2$, F. 234—236°, aus 3,6 g **XI** u. 2,2 g Cinnamalcrotonsäurechlorid wie vorst.; hellbraune Mikrokristalle aus A.; 1,95 g; ferner 2,5 g **XI** u. 0,6 g *Cinnamalcrotonsäure*. Verss., durch Zers. wie bei **XVIII** 7-Phenylheptatrienal zu erhalten, erfolglos. Zu seinem Nachw. wurden 1,95 g **XIX** in CH_3COOH mit Dimedon gekocht; 0,63 g *Kondensat*, F. 243—244°, Nadeln aus A.; Konst. nicht untersucht. (Liebigs Ann. Chem. **577**. 1—10. 1952. Tübingen, Univ., Chem. Inst.) LEHMSTEDT. 3081

Georg Wittig und **Paul Hornberger**, *Über die Reduktion ungesättigter Säureamide zu ungesättigten Aldehyden; ein Beitrag zum Aufbau von Polyenketten.* (Vgl. vorst. Ref.) Die Red. wurde mit $LiAlH_4$, $LiBH_4$ (neue Synth.) u. den neuen Verbb. *Lithiumtributoxoborhydrid* (**I**), *Lithiumdiphenylzinkhydrid* (**II**) u. *Lithiumdiphenylberylliumhydrid* (**III**) vorgenommen. Am aussichtsreichsten erschienen solche Amide, bei denen Bereitschaft zur Bldg. eines Elektronensextetts am Carbonyl-C besteht. Das war von den *Acyldiphenylenamiden* [*N-Acylcarbazolen*] (**IV**) zu erwarten. Tatsächlich ließen sich **IV** durch Red. — am besten mit $LiAlH_4$ — in *Aldehyd* u. *Carbazol* (**V**) spalten. So wurden aus N-[9-Phenylnonatetraenoyl]-carbazol (**VI**) 81% *9-Phenylnonatetraenal* (**VII**) gewonnen. Da Ggw. von Säure höhere Polyene polymerisiert, wurde das leicht zugängliche N-Carboxyacetylcarbazol (**VIII**) mit 7-Phenylheptatrienal (**IX**) in Pyridin mit Piperidinacetat unter CO_2-Entw. zu **VI** kondensiert. Auch 11-Phenylundecapentaenal (**X**) wurde so in das nächste Vinylhomologe, *13-Phenyltridecahexaenal* (**XI**), übergeführt. Das günstige Verh. der **IV** bei der Red. u. die Beständigkeit der Zwischenprodd. RCH(OLi)N·$C_{12}H_8$ erklärt sich aus den ketonähnlichen Eigg. der CO-Gruppen in **IV**. Daher wurde untersucht, ob sich die **IV** auch aus N-Acetylcarbazol (**XII**) statt aus **VIII** herstellen ließen. Zum Vgl. wurden N.N-Dimethylacetamid (**XIII**), **XII** u. N-Acetyl-3-nitrocarbazol (**XIV**) mit Zimtaldehyd (**XV**) kondensiert. Bei **XIV** sollte der Elektronensog vom N hinweg bes. stark sein. In Ggw. von K-Äthylat bildeten sich aus **XIII** 0, aus **XII** 1 u. aus **XIV** 21% Kondensat.

Versuche: *Lithiumborhydrid*, $LiBH_4\cdot(C_2H_5)_2O$, F. 278—279°, durch 24std. Erhitzen von 2,7 g LiH + Ae. u. 7,1 g BF_3–Ae. in Ae. (beide bei —78° gemischt) auf 125° im Druckrohr (größere Ansätze erst im Autoklaven gemischt bei Zimmertemp.), Zugabe von Ae., Filtrieren u. Einengen; Nadeln, bei 20° vakuumgetrocknet; sehr hygroskop., verpufft in der Flamme; 83% (Ausbeute). — *Natriumborhydrid*, analog **I**; in Ae. unlösl., Filterrückstand mit $(CH_3)_2CHNH_2$ extrahiert; 85—90%. — *Lithiumtributoxoborhydrid* (**I**), $Li[BH(OC_4H_9)_3]$; 11,5 g $B(OC_4H_9)_3$ u. 0,4 g LiH unter N_2 erhitzt; bei 175° Rk. unter Nebelbldg. u. Erstarren; Suspendieren in Ae., Überführen in Doppel-SCHLENK-Rohr (DSR) mit G 3-Fritte u. Zuschmelzen im Vakuum; 10maliges Extrahieren durch Überdest. des Ae. (Kältegemisch bzw. Erwärmen); rechteckige Kristalle, bei 20° evakuiert; 10,9 g; an Luft, in W. oder A. Zersetzung. *4 $LiOH\cdot C_4H_8O_2$*, aus wss. LiOH mit Dioxan Nadeln, luftbeständig. — *Lithiumdiphenylzinkhydrid* (**II**), $Li[ZnH\cdot(C_6H_5)_2]\cdot(C_2H_5)_2O$, durch Erhitzen von 2,2 g $Zn(C_6H_5)_2$ u. 0,8 g LiH unter Rühren; bei 90° zäh, dann fest; wie **I** mit Ae. gereinigt, rechteckige Kristalle, über Paraffin getrocknet. — *Diphenylberyllium*, $Be(C_6H_5)_2\cdot 2\,(C_2H_5)_2O$, F. 28—32°, nach WITTIG u. Mitarbeitern (C. **1951**. II. 2575), aber Xylol unter N_2 abdest., in 50 cm^3 Ae. gelöst, in DSR filtriert; Würfel; nach Entäthern bei 130° im Vakuum F. 160—165° (Zers.); 86%. — *Lithiumdiphenylberylliumhydrid* (**III**), $Li[BeH(C_6H_5)_2]\cdot(C_2H_5)_2O$, aus 3,1 g vorst. Ätherat u. 0,8 g LiH im DSR unter N_2; bei 160—165° Erstarren der fl. M.; ca. 20malige Extraktion mit Ae. wie bei **I**; Rhomben aus Ae.; 2 g; mit W. starke H_2-Entw.; an der Luft Zers., manchmal unter Aufglühen. — *Zimtsäure-N.N-diphenylamid* (**XVI**), $C_{21}H_{17}$·ON, F. 152—153° (A.), aus Zimtsäurechlorid (**XVII**) u. $(C_6H_5)_2NH$, beide in Ae., u. Eindampfen; 80%; gibt durch 1std. Kochen mit $^1/_4$ Mol $LiBH_4$ in Ae. u. Zers. mit W. + HCl Blättchen der *Modifikation* **XVIa**, F. 191—192° (A.); 90%; **XVIa** geht beim Animpfen ihrer Schmelze bei 130° mit **XVI** in **XVI** über; umgekehrte Rk. gelang nicht. **XVIa** ensteht auch wie oben mit $LiAlH_4$; aber aus 10 Millimol **XVI** u. 5 Millimol $LiAlH_4$ in sd. Ae. (1 Std.) *Zimtalkohol*, Kp.$_{0,1}$ 135—138°. *Phenylurethan*, F. 89—91°; 37%. — *Zimtsäurediphenylenamid* (*N-Cinnamoylcarbazol*), $C_{21}H_{15}ON$, F. 96—96,5° (CH_3OH), durch ½std. Rühren von **XVII** u. **V** bei 200°, Zugabe von CH_3OH u. 24std. Stehen bei 0°; 70%; 10 Millimol in Ae. u. 2,5 cm^3 mol. äther. $LiAlH_4$-Lsg. bei 0° vermischt, nach $^1/_4$ Std. mit $C_6H_5NHNH_2$ versetzt u. mit W. u. HCl zers., gibt *Zimtaldehydphenylhydrazon*, F. 166—167° (A.); 49%; daneben aus dem Nd. durch Sublimation bei 120°/0,1 mm 84% **V**. — *Cinnamalacetyl-N.N-dimethylamid* (**XVIII**), $C_{13}H_{15}ON$, F. 109—110° (Bzl.-PAe.), aus Cinnamalacetylchlorid (**XIX**) in Ae. u. $(CH_3)_2NH\cdot HCl$ mit konz. KOH; 88%; entsteht nicht aus **XIII** u. **XV** analog nachst. Verb.; geht mit $LiAlH_4$ in Ae. in die *Modifikation* vom F. 70—72° (aus Cyclohexan im Dunkeln) über, die nach einigen Std. bei 109—110° schmolz. — *N-Cinnamalacetylcarbazol* (**XX**), $C_{23}H_{17}ON$, F. 124—125°, aus **XIX** u. **V** in sd. Xylol (ca. 3 Std.), citronengelbe Blättchen aus Butanol + etwas CH_3OH; 63%, oder aus 10 Millimol **XII** u. 100 Millimol **XV** in absol. A. u. 1 cm^3 mol. C_2H_5OK bei 0° u. 24 Std. bei 0°; mit 1 cm^3 1 n alkoh. HCl rohes **V** (94%) ausgefällt; mit A. u. öfter mit CH_3OH ausgekocht; keine Depression mit reiner Verb.; ca. 1%. — *Cinnamalacetaldehydphenylhydrazon*, F. 177—179°, a) durch 2std. Kochen von **XX** in Ae. mit $^1/_4$ Mol $LiBH_4$ in Ae., Zers. mit W. + verd. HCl u. Zugabe von $C_6H_5NHNH_2$ zum Ae.; 62%; b) analog mit $LiAlH_4$ ($^1/_4$std. Stehen); 72,9%. — *9-Phenylnonatriensäure*, $C_{15}H_{14}O_2$, F. 213—214°, durch 3std. Kochen von 7-Phenylheptatrienal (**IX**) u. Malonsäure in Pyridin–Piperidin (100 : 1) u. Gießen in verd. H_2SO_4; Nd. in sd. CH_3COOH 1 Std. decarboxyliert, gelbe Blättchen aus CH_3COOH, dann Xylol; 52%. *Chlorid* (**XXI**), in PAe. (60—80°) u. $SOCl_2$ durch 1std. Kochen; Nd. dekantiert, mit PAe. gewaschen u. sofort verarbeitet. — *N-Carboxyacetylcarbazol* (**VIII**), $C_{15}H_{11}O_3N$, F. 135—137° (Zers.), aus $HOOCCH_2COCl$ in Ae. u. Carbazol-K bei 0°, 1std. Weiterrühren u. 12 Std. bei Raumtemp.; Eindampfrückstand des Filtrats in Ae. mit PAe. gefällt; 54%. — *N-[9-Phenylnonatetraenoyl]-carbazol* (**VI**), $C_{27}H_{21}ON$, F. 190,5—191,5°, a) durch 3std. Kochen von **XXI** u. Carbazol-K in Xylol u. Heißfiltrieren; 24 Std. bei 0°; gelbe Nadeln aus Essigester, dann $HCON(CH_3)_2$–A.; 68%; b) aus 1,84 g **IX** in 10 cm^3 Pyridin u. kalt bereiteter Lsg. von 3,8 g **VIII** in 15 cm^3 Pyridin, Zugabe von je 5 Tropfen Piperidin u. CH_3COOH u. 2std. Erwärmen auf 70—80° (CO_2-Entw.); krist. mit 25 cm^3 A. über Nacht bei 0°; 59%. — *9-Phenylnonatetraenal* (**VII**), F. 141—143°, a) 10 Millimol **VI** in Tetrahydrofuran u. 2,5 cm^3 mol. äther. $LiAlH_4$-Lsg. nach $^1/_4$std. Stehen 10 Min. mit verd. HCl geschüttelt, Nd. getrocknet u. 2mal mit 15 cm^3 Chlf. digeriert: 1,42 g **V** [F. 235—237° (A.)]; Chlf. verdampft, Rückstand 2mal aus Butanol umkrist. u. bei 130°/0,1 mm sublimiert, karminrote Kristalle; 81%; b) analog a) mit $LiBH_4$ (12std. Stehen); Nd. in A. mit CH_3COOH u. GIRARD-Reagens D 1 Std. gekocht, verd. u. bei 0° filtriert: 74% **V**; Filtrat 2 Std. mit halbkonz. HCl hingestellt; 69%; c) analog b) aus 5 Millimol **VI** mit 5 Millimol **I**,

II oder III; neben 75—80% V 68 bzw. 45 (neben 0,16 g Diphenyl) bzw. 37%. *Phenylhydrazon*, $C_{21}H_{20}N_2$, F. 224—226°; in Butanol; rote Blättchen aus $HCON(CH_3)_2$. — *N-[13-Phenyltridecahexaenoyl]-carbazol*, $C_{31}H_{25}ON$, F. 206—207°, aus **X** u. **VIII** analog **VI** nach b) (3 Std., 70—80°), dunkelrote Nädelchen aus $HCON(CH_3)_2$; 61%. — *13-Phenyltridecahexaenal* (**XI**), F. 210—213°, aus vorst. Verb. wie **VII** nach a); Nd. im SOXHLET mit sd. CH_3OH von **V** (91%) befreit; Rückstand aus Amylalkohol oder $HCON(CH_3)_2$ umkrist. (F. 202—208°; 60%) u. mit Al-Grieß bei 180°/0,01 mm (verlustreich) sublimiert, karminrote Kristalle. *Phenylhydrazon*, $C_{25}H_{24}N_2$, F. 250° (Zers.) [$HCON(CH_3)_2$], Herst. in Amylalkohol. — 100 Millimol **XV** u. 10 Millimol **XIV** wie bei **XX**; Nd. mit A. ausgekocht; Rückstand 14% **XIV**; aus dem A. *3-Nitrocarbazol*, F. 208—210°, gelbe Blättchen; 74%; Eindampfrückstand des Filtrats in Ae. gelöst u. mit Sodalsg. extrahiert; mit HCl *Cinnamalessigsäure*, nach Kochen in Bzl. im UV-Licht F. 163—164°; 21%; aus Ae. mit $NaHSO_3$-Lsg. 62% **XV**. (Liebigs Ann. Chem. **577**. 11—25. 1952.)

LEHMSTEDT. 3081

Ng. Ph. Buu-Hoï, Ng. Hoán, Ng. H. Khôi und **Ng. D. Xuong**, *Möglicherweise carcinogene Stickstoffheterocyclen. 9. Mitt. Halogenhaltige angulare Benzo- und Dibenzocarbazole und ihre Thiophenanalogen.* (8. vgl. C. **1951**. I. 2573.) Um den biol. Einfl. von Halogenatomen an mehrkernig substituierten Carbazolen festzustellen, wird von Vff. nach den bereits benutzten Methoden aus halogensubstituierten Tetralonen u. Arylhydrazinen eine Reihe 1.2-Benzo-, 1.2;5.6- u. 1.2;7.8-Dibenzocarbazole dargestellt.

Versuche: *7-Chlortetralon-(1)* (I), *7-Bromtetralon-(1)* (II), *6-Chlor-7-methoxytetralon-(1)* (III) u. *2-Chlor-4-keto-4.5.6.7-tetrahydrothionaphthen* (IV) werden aus den entsprechenden Halogen-KW-stoffen mittels Bernsteinsäureanhydrids, nachfolgende WOLFF-KISHNER-Red. u. Cyclisierung mit $AlCl_3$ dargestellt (vgl. 6. Mitt., C. **1951**. I. 2571). — Die Carbazolsynthesen erfolgen durch Cyclisierung der entsprechenden (teilweise leicht oxydierbaren) Arylhydrazone obiger Tetralone mittels HCl-gesätt. Essigsäure (vgl. 5. Mitt., C. **1951**. I. 2570). *2'-Chlor-3.4-dihydro-1.2-benzocarbazol*, $C_{16}H_{12}NCl$, F. 145°, aus I-Phenylhydrazon durch Indolisierung mittels HCl–Essigsäure; Nadeln (Bzl.); mit H_2SO_4 orangegelbe Färbung. — *2'-Chlor-1.2-benzocarbazol*, $C_{16}H_{10}$·NCl, F. 208°, durch Dehydrierung vorst. Verb. mit Chloranil in sd. Xylol; schillernde Blättchen (Bzl.). — *2'-Brom-3.4-dihydro-1.2-benzocarbazol*, $C_{16}H_{12}NBr$, F. 133°; aus II-Phenylhydrazon; Prismen (Bzl./PAe.); mit H_2SO_4 gelbe Färbung. — *2'-Brom-1.2-benzocarbazol*, $C_{16}H_{10}NBr$, F. 213°, schillernde Blättchen (Bzl.). — *2'-Chlor-6-methyl-3.4-dihydro-1.2-benzocarbazol*, $C_{17}H_{14}NCl$, F. 170°, aus I-4-Tolylhydrazon; schillernde Blättchen (Bzl.); mit H_2SO_4 orangegelbe Färbung. — *2'-Chlor-6-methyl-1.2-benzocarbazol*, $C_{17}H_{12}NCl$, F. 227°, aus Bzl. schillernde Blättchen. — *2'-Brom-6-methyl-3.4-dihydro-1.2-benzocarbazol*, $C_{17}H_{14}NBr$, F. 178°, aus II-4-Tolylhydrazon; mkr. Nadeln (Bzl.). — *2'-Brom-6-methyl-1.2-benzocarbazol*, $C_{17}H_{12}NBr$, F. 236°, Prismen (Xylol); mit H_2SO_4 orange Färbung. — *6-Brom-2'-chlor-3.4-dihydro-1.2-benzocarbazol*, $C_{16}H_{11}NClBr$, F. 120°, aus I-4-Bromphenylhydrazon; feine Nadeln (Bzl./PAe.). — *6-Brom-2'-chlor-1.2-benzocarbazol*, $C_{16}H_9NClBr$, F. 201°, schillernde Blättchen (Bzl.); mit H_2SO_4 gelbe Färbung. — *2'.6-Dibrom-3.4-dihydro-1.2-benzocarbazol*, $C_{16}H_{11}NBr_2$, F. 120°, aus II-4-Bromphenylhydrazon; feine Nadeln (PAe.). — *3'-Chlor-2'-methoxy-3.4-dihydro-1.2-benzocarbazol*, $C_{17}H_{14}ONCl$, F. 210—211°, aus III-Phenylhydrazon; Nadeln aus Bzl.; mit H_2SO_4 gelbe Färbung. — *3'-Chlor-2'-methoxy-1.2-benzocarbazol*, $C_{17}H_{12}ONCl$, F. 236°, Nadeln (Bzl.); sublimiert oberhalb 210°. — *3'-Chlor-2'-oxy-1.2-benzocarbazol*, $C_{16}H_{10}ONCl$, F. 191°, durch Erhitzen vorst. Verb. mit Pyridin–HCl; feine Nadeln aus Bzl.; mit H_2SO_4 gelbe Färbung. — *6-Brom-3'-chlor-2'-methoxy-3.4-dihydro-1.2-benzocarbazol*, $C_{17}H_{13}ONClBr$, F. 220° aus III-4-Bromphenylhydrazon; Nadeln (Bzl.). — *6-Brom-3'-chlor-2'-methoxy-1.2-benzocarbazol*, $C_{17}H_{11}ONClBr$, F. 254°, Nadeln (Bzl.); sublimiert leicht oberhalb 220°. — *6-Brom-3'-chlor-2'-oxy-1.2-benzocarbazol*, $C_{16}H_9ONClBr$, F. 259°, fast farblose Nadeln (Bzl.); lösl. in wss. NaOH. — *2'-Chlor-3.4-dihydro-1.2;5.6-dibenzocarbazol*, $C_{20}H_{14}NCl$, F. 185°, aus I-β-Naphthylhydrazon, gelbgetönte Nadeln (Bzl.); mit H_2SO_4 orange Färbung. — *2'-Chlor-1.2;5.6-dibenzocarbazol*, $C_{20}H_{12}NCl$, F. 237°, irisierende Blättchen (Xylol); mit H_2SO_4 orangerote Färbung. — *2'-Brom-3.4-dihydro-1.2;5.6-dibenzocarbazol*, $C_{20}H_{14}NBr$, F. 204°, aus II-β-Naphthylhydrazon; aus Bzl./PAe. gelbliche Kristalle. — *2'-Brom-1.2;5.6-dibenzocarbazol*, $C_{20}H_{12}NBr$, F. 248°, graue Nadeln (Xylol); mit H_2SO_4 braunrote Färbung. — *3'-Chlor-2'-methoxy-3.4-dihydro-1.2;5.6-dibenzocarbazol*, $C_{21}H_{16}ONCl$, F. 274°, aus III-β-Naphthylhydrazon; Blättchen (Bzl.); mit H_2SO_4 orange Färbung. — *3'-Chlor-2'-methoxy-1.2;5.6-dibenzocarbazol*, $C_{21}H_{14}$·ONCl, F. 311°, glänzende Nadeln aus Xylol u. nachfolgende Vakuumsublimation; mit H_2SO_4 orange Färbung. — *3'-Chlor-2'-oxy-1.2;5.6-dibenzocarbazol*, $C_{20}H_{12}ONCl$, F. 254°, glänzende Nadeln (Xylol); mit H_2SO_4 rote Färbung. — *2'-Chlor-3.4-dihydro-1.2;7.8-di-*

benzocarbazol, $C_{20}H_{14}NCl$, F. 172°, aus I-α-Naphthylhydrazon; graugetönte Blättchen (PAe.); mit H_2SO_4 tiefrote Färbung. — *2'-Chlor-1.2;7.8-dibenzocarbazol*, $C_{20}H_{12}NCl$, F. 235°, Blättchen (Xylol). — *2'-Brom-3.4-dihydro-1.2;7.8-dibenzocarbazol*, $C_{20}H_{14}NBr$, F. 184°, aus II-α-Naphthylhydrazon; graugetönte Nadeln (Bzl.); mit H_2SO_4 orange Färbung. — *2'-Brom-1.2;7.8-dibenzocarbazol*, $C_{20}H_{12}NBr$, F. 231°, Blättchen (Toluol); mit H_2SO_4 rote Färbung. — *3'-Chlor-2'-methoxy-3.4-dihydro-1.2;7.8-dibenzocarbazol*, $C_{21}H_{16}ONCl$, F. 217°, aus III-α-Naphthylhydrazon, Nadeln (Bzl.). — *3'-Chlor-2'-methoxy-1.2;7.8-dibenzocarbazol*, $C_{21}H_{14}ONCl$, F. 243°, glänzende Nadeln (Bzl.); mit H_2SO_4 rote Färbung. — *3'-Chlor-2'-oxy-1.2;7.8-dibenzocarbazol*, $C_{20}H_{12}ONCl$, F. 328°, glänzende Nadeln (Xylol); mit H_2SO_4 rote Färbung. — *5'-Chlor-3.4-dihydrothiopheno-[3'.2':1.2]-carbazol*, $C_{14}H_{10}NClS$, F. 130°, aus IV-Phenylhydrazon bei 60°; bei längerem Erhitzen weitgehende Zers. (H_2S); feine Nadeln (Bzl./PAe.). — *5'-Chlorthiopheno-[3'.2':1.2]-carbazol*, $C_{14}H_8NClS$, F. 210°, glänzende Blättchen (Bzl.); mit H_2SO_4 gelbe Färbung. — *5'-Chlor-3.4-dihydrothiopheno-[3'.2':1.2]-5.6-benzocarbazol*, $C_{18}H_{12}NClS$, F. 181°, aus IV-β-Naphthylhydrazon, gelbe Nadeln (Bzl.). — *5'-Chlorthiopheno-[3'.2':1.2]-5.6-benzocarbazol*, $C_{18}H_{10}NClS$, F. 227°, graugefärbte Nadeln (Bzl.); mit H_2SO_4 braune Färbung. — *5'-Chlor-3.4-dihydrothiopheno-[3'.2':1.2]-7.8-benzocarbazol*, aus IV-α-Naphthylhydrazon, F. 106°, aus PAe. gelbliche Nadeln. — *5'-Chlorthiopheno-[3'.2':1.2]-7.8-benzocarbazol*, $C_{18}H_{10}NClS$, F. 206°, graugefärbte Nadeln (Bzl.); mit H_2SO_4 tiefrote Färbung. (J. org. Chemistry **16**. 309—14. Febr. 1951. Paris, Univ., Radium Inst., Organ. Chem. Labor.)

SCHÖNEWALD. 3081

Ng. Ph. Buu-Hoï, Ng. H. Khôi und **Ng. D. Xuong**, *Möglicherweise carcinogene Stickstoffheterocyclen. 10. Mitt. Carbazole mit Acenaphthen- und Cyclopenta-[a]-phenanthren-Kernen.* (9. vgl. vorst. Ref.) Die Synth. mehrkerniger N-haltiger Heterocyclen wird auf Acenaphthen- u. Cyclopentaphenanthren-Gerüst enthaltende Carbazole ausgedehnt, um den Einfl. des Carbazolringes auf diese teilweise schon als carcinogen bekannten Stoffe zu untersuchen. Eines der Zwischenprodd. der Synth., das *15-Keto-15.16-dihydrocyclopenta-[a]-phenanthren* (Steroidbezifferung), wird durch Chromsäureoxydation des entsprechenden KW-stoffes dargestellt; Vff. vermuten, daß der oxydative Angriff am C-Atom 15 (statt 17) durch die verschieden starke π-Elektronendichte am Phenanthren-Gerüst gesteuert wird. Die Darstellungsmethoden der folgenden Verbb. schließen sich eng an die in den vorhergehenden Reff. zitierten an.

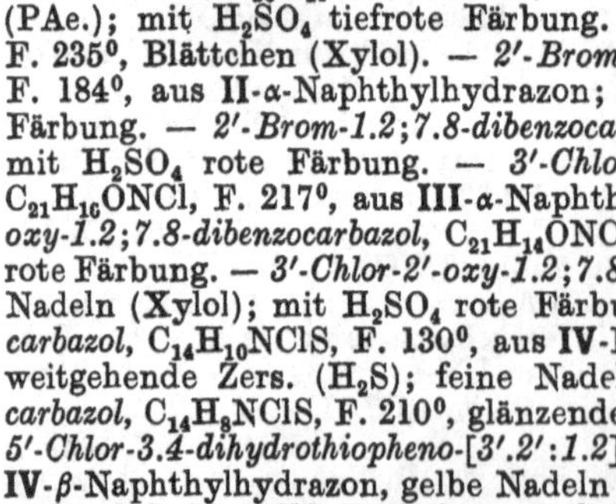

I II

V e r s u c h e: *7-Keto-7.8.9.10-tetrahydroacephenanthren* (I). Die Red. von *β-Acenaphthoyl-(3)-propionsäure* (F. 205°) mit Hydrazinhydrat (75%ig) u. KOH in Diäthylenglykol ergibt *γ-Acenaphthyl-(3)-buttersäure*, F. 139°; 90% (Ausbeute). Die Cyclisierung zu I erfolgt mit H_2SO_4/W. (3 : 1); 60%. — *1.2-Dihydroacenaphtheno-[3'.2':3.4]-acridincarbonsäure-(9)* (II), $C_{24}H_{17}O_2N$, aus I u. Isatin in verd. A. in Ggw. von KOH; feine gelbliche Nadeln (Eisessig), die bei 160° erweichen u. bei 295° klar schmelzen. — *1.2-Dihydroacenaphtheno-[3'.2':3.4]-acridin*, $C_{23}H_{17}N$, F. 141°, durch Decarboxylierung vorst. Verb. durch Vakuumdest. der Schmelze; schwach gelbe Nadeln (A.). *Pikrat*, F. 216° (Zers.), lange rote Nadeln (A.). — *7-Brom-1.2-dihydroacenaphtheno-[3'.2':3.4]-acridincarbonsäure-(9)*, $C_{24}H_{16}O_2NBr$, aus I u. 5-Bromisatin; schwach gelbe Nadeln (Eisessig). — *3.4-Dihydroacenaphtheno-[2'.3':1.2]-carbazol*, $C_{22}H_{17}N$, F. 254°, aus I-Phenylhydrazon durch Indolisierung mittels Eisessigs/HCl, glänzende Nadeln (Bzl.); orangegelbe Färbung mit H_2SO_4: rotviolettes Pikrinsäurederivat. — *Acenaphtheno-[2'.3':1.2]-carbazol*, $C_{22}H_{15}N$, F. 276° (leichte Zers.), durch Dehydrierung vorst. Verb. mit Chloranil, feine gelbliche Nadeln (Toluol); mit H_2SO_4 orangerote Färbung. — *6-Methyl-3.4-dihydroacenaphtheno-[2'.3':1.2]-carbazol*, $C_{23}H_{19}N$, F. 261°, aus I-4-Tolylhydrazon, Nadeln (Bzl.); mit H_2SO_4 orangegelbe Färbung. — *6-Methylacenaphtheno-[2'.3':1.2]-carbazol*, $C_{23}H_{17}N$, F. 293°, feine gelbgefärbte Nadeln (Xylol); mit H_2SO_4 braunrote Färbung. — *3.4-Dihydroacenaphtheno-[2'.3':1.2]-5.6-benzocarbazol*, $C_{26}H_{19}N$, F. 268°, aus I-β-Naphthylhydrazon; gelbe Nadeln (Bzl.); mit H_2SO_4 orange Färbung. — *Acenaphtheno-[2'.3':1.2]-5.6-benzocarbazol*, $C_{26}H_{17}N$, F. 315° (leichte Zers.), graugefärbte Nadeln (Xylol). — *3.4-Dihydroacenaphtheno-[2'.3':1.2]-7.8-benzocarbazol*, $C_{26}H_{19}N$, F. 183°, aus I-α-Naphthylhydrazon, feine gelbliche Nadeln (Bzl.); mit H_2SO_4 rote Färbung; violettes Pikrat. — *Acenaphtheno-[2'.3':1.2]-7.8-benzocarbazol*, $C_{26}H_{17}N$, F. 195°, fahlgelbe Nadeln (Toluol); mit H_2SO_4 braunrote Färbung. — *15-Keto-15.16-dihydrocyclopenta-[a]-phenanthren*, F. 183°, aus dem KW-stoff nach COOK u. HEWETT (J. chem. Soc. [London] **1933**. 1098) durch Chromsäureoxydation. — *Naphtho-[2''.1'':4'.5']-indeno-[3'.2':2.3]-indol*, $C_{23}H_{15}N$, F. 251°, aus dem Phenylhydrazon vorst. Ketons, feine, fast farblose Nadeln (Bzl.). (J. org. Chemistry **16**. 315—19. Febr. 1951.) SCHÖNEWALD. 3081

William E. Parham und **James L. Bleasdale**, *Die Kondensation von Diazoverbindungen mit Nitroolefinen.* 2. Mitt. *3-Brom- und 3-Nitropyrazole.* (1. vgl. C. **1952**. 1315.) Es werden Reaktionsmechanismen diskutiert für die Zers. von *3-Nitropyrazolinen* zu *Pyrazolen* in saurem u. bas. Medium. *1-Brom-1-nitro-2-phenyläthylen* (I) wurde mit *Diazomethan* (II) kondensiert u. die Zers. des entstandenen *Pyrazolins* mit Säure u. Base untersucht. Aus *3-Brom-3-nitro-4-phenylpyrazolin* wurde mit HCl *3-Brom-4-phenylpyrazol* (III), mit $NaHCO_3$ *3-Nitro-4-phenylpyrazol* (IV) erhalten, dessen Struktur durch Red. zum *Amin* (VI) bewiesen wurde; letzteres konnte auch aus *3-Carbäthoxy-4-phenylpyrazol* (V) nach CURTIUS dargestellt werden. — Die Umsetzung von Halogennitroolefinen mit II eignet sich gut zur Darst. von *3-Halogen-* u. *3-Nitropyrazolen*, die auf anderem Wege schwer zugänglich sind.

V e r s u c h e : *1-Brom-1-nitro-2-phenyläthylen* (I), F. 67—68°; aus ω-Nitrostyroldibromid in Cyclohexan u. Pyridin durch ¹/₄std. Kochen; gelbe Nadeln aus Eisessig, dann Cyclohexan; 92,7% (Ausbeute). — *3-Nitro-4-phenylpyrazol* (IV), $C_9H_7O_2N_3$, F. 209—210°, aus I u. II in Ae.; gelbe Platten aus Methanol; 42,3%. — Saure Zers. von *3-Brom-3-nitro-4-phenylpyrazolin*: In I u. II in absol. Ae. wurde nach 3std. Stehen bei 0° ein Gemisch von trockenem HCl u. N_2 (30 Min.), dann 30 Min. N_2 geleitet, dann eingedampft u. in Ae. aufgenommen; Reinigung durch Chromatographie an Al_2O_3, Entw. u. Elution der gelben Bande mit absol. Ae. ergab *3-Brom-4-phenylpyrazol* (III), $C_9H_7 \cdot N_2Br$, F. 146—147°, Nadeln aus 50%ig. Methanol; 66%; nachfolgende Elution der Al_2O_3-Säule mit 15%ig. Eisessig/Essigester lieferte IV; 10,6%. — Zers. des vorst. Ansatzes mit 5%ig. $NaHCO_3$-Lsg. bei 20°, dann Chromatographie der Ae.-Lsg. an Al_2O_3: Die Säule wurde ausgestoßen, in die Zonen geteilt u. diese mit 15%ig. Eisessig/Essigester eluiert; dabei wurden folgende Fraktionen erhalten: 1. orangefarbene Bande: Öl; 2. u. 3. gelb: IV; 73,5%; 4. hellgelb: F. 145—190°; 5. hellgelb: III; 10,4%. — Red. von IV mit PtO_2/H_2 in A. lieferte *3-Amino-4-phenylpyrazol* (VI), $C_9H_9N_3$, F. 173 bis 173,5°; Nadeln aus Chlf.; 99%. *Pikrat*, $C_{15}H_{12}O_7N_6$, F. 202—203° (Methanol). — *4-Phenylpyrazol-3-carbohydrazid*, $C_{10}H_{10}ON_4$, F. 186—186,5°, aus V u. Hydrazin; Nadeln aus W.; 94,5%. — Daraus *4-Phenylpyrazolcarbaminsäure-(3)-äthylester*, $C_{12}H_{13}O_2N_3$, F. 170—171° (verd. A.); 75%. — Daraus durch 3std. Kochen in stark verd. A. mit NaOH VI; 89%. — Die Hydrolyse von III gelang auch bei 6std. Kochen mit 2%ig. wss. NaOH nicht. (J. Amer. chem. Soc. **73**. 4664—66. Okt. 1951. Minneapolis, Minn., Univ. of Minnesota, School of Chem.) GOEBEL. 3122

John H. Billman, Ju Yu Chen Ho und **Lyman R. Caswell**, *Die Bildung fester Derivate von Aldehyden.* 1. Mitt. *2-substituierte 1.3-Bis-[p-methoxybenzyl]-tetrahydroimidazole.* Vff. erhalten aus *1.2-Bis-[p-methoxybenzylamino]-äthan* (I) u. zahlreichen Aldehyden feste *2-substituierte 1.3-Bis-[p-methoxybenzyl]-tetrahydroimidazole*, aus denen mit verd. HCl die Aldehyde nahezu quantitativ zurückgewonnen werden. Die Derivv. von Hydrozimt-, n-Capro-, n-Önanth-, α-Amylzimt-, α-Äthyl-n-capro-, 2.4-Dichlorbenz-, α-Äthyl-n-butyr-, Isobutyr-, m-Oxybenz- u. Brenztraubenaldehyd sowie von Citronellal, 2-Äthyl-3-propylacrolein, Aldol u. Acrolein konnten nicht krist. erhalten werden. Von den untersuchten Ketonen (Aceto- u. Benzophenon, Cyclohexanon, Diäthyl-, Methylpropyl-, Methylisopropyl-, Diisopropyl- u. Diisobutylketon sowie Aceton) reagiert nur Aceton mit I.

V e r s u c h e (FF. korr.): *1.2-Bis-[p-methoxybenzylidenamino]-äthan*, F. 110—111°, aus 1.2-Diaminoäthan u. Anisaldehyd in absol. A. bei 120°; 96% (Ausbeute). — *1.2-Bis-[p-methoxybenzylamino]-äthan* (I)-*Dihydrochlorid*, $C_{18}H_{26}O_2N_2Cl_2$, schm. nicht bis 270° (W.), durch Hydrierung vorst. Verb. in Äthylacetat in Ggw. von PtO_2 bei 45 lbs./sq.in. während 1½ Std. u. Ansäuern mit 20%ig. HCl; 64,8%. — 2-substituierte 1.3 - B i s - [p - m e t h o x y b e n z y l] - t e t r a h y d r o i m i d a z o l e, durch 10 bis 15 Min. Schütteln von I (aus I·HCl mit 10%ig. NaOH) in A. mit dem Aldehyd, gegebenenfalls Erwärmen auf 65° u. Kristallisation aus A.: *2-Äthyl-*, F. 48,5—49,5°; 44%. — *2-[2-Nitrophenyl]-*, F. 57—57,5°; 27%. — *2-n-Propyl-*, F. 65—65,5°; 57%. — *2-[3.4-Diäthoxyphenyl]-*, F. 67,5—68,5°; 59,1%. — *2-n-Butyl-*, F. 70—70,5°; 51,7%. — *2-Isobutyl-*, F. 75,5—76,5°; 62,9%. — *2-[2-Chlorphenyl]-*, F. 76,5—77,5°; 58%. — *2-[3.4-Dimethoxyphenyl]-*, F. 78—78,5°; 58%. — *2-[3.4-Dichlorphenyl]-*, F. 87—87,5°; 72,1%. — *2-[Naphthyl-(2)]-*, F. 85—86°; 36%. — *2-[4-Methylphenyl]-*, F. 90—91°; 85%. — *2-[Thienyl-(3)]-*, F. 99—100°; 13%. — *2-[4-Chlorphenyl]-*, F. 102—102,5°; 72%. — *2-[4-Oxy-5-methoxyphenyl]-*, F. 105—106°; 36%. — *2-[2-Phenyläthenyl]-*, F. 108,5—109°; 56%. — *2-[4-Diäthylaminophenyl]-*, F. 110—110,5°; 53,7%. — *2-[4-Di-*

methylaminophenyl]-, F. 111,5—112,5°; 57,4%. — *2-[2-Oxyphenyl*]-, F. 122—123°; 70,8%. — *2-[4-Oxyphenyl*]-, F. 130,5—131,5°; 28,3%. — *2-[4-Nitrophenyl*]-, F. 150 bis 150,5°; 56%. — *2-[3-Nitrophenyl*]-, F. 154—155°; 80,4%. — *2-[2.4-Dioxyphenyl*]-, F. 158—159° (Zers.); 67,5%. — *2.2-Dimethyl-*, $C_{21}H_{28}O_2N_2$, F. 110—110,5°, aus 2 g I·2 HCl u. 0,6 ml Aceton; 0,2 g. (J. org. Chemistry **17.** 1375—78. Okt. 1952. Bloomington, Ind., Univ., Dep. of Chem.) Frohloff. 3122

A. Quilico, G. Stagno und **P. Grünanger,** *Über die Nitriloxyde.* 2. Mitt. *Nitriloxyde und Verbindungen mit Doppelbindungen.* (1. vgl. C. **1950.** II. 2798.) Benzonitriloxyd (**I**) addiert sich bei Raumtemp. leicht an Malein- (**II**) u. Fumarsäuredimethylester (**III**), Malein- u. Citraconsäureanhydrid sowie an Acryl- u. Methacrylsäuremethylester, wobei Derivv. des Δ^2-*Isoxazolins* (**IV**) entstehen. Die aus **II** bzw. **III** erhaltenen **IV**-Derivv. sind stereoisomer; sie gehen bei Hydrolyse in dieselbe Dicarbonsäure über.

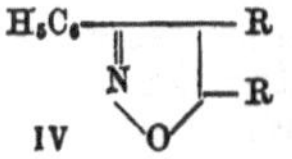

IV

Versuche: *3-Phenyl-Δ^2-isoxazolindicarbonsäure-(4.5)-anhydrid* (**V**), $C_{11}H_7O_4N$, F. 162—163°, aus Maleinsäureanhydrid u. **I** (dargestellt aus Benzhydroximsäurechlorid u. 14%ig. NaOH) in wasserfreiem Ae. bei 20° u. dann unter Rückfluß (30 Min.), aus W. Kristalle. *Anilid,* $C_{17}H_{14}O_4N_2$, F. 137—138° (unter Gasentw.), durch Erhitzen mit Anilin in A., aus A. Nadeln; beim Erhitzen über 140° entsteht **VI**. — *3-Phenyl-Δ^2-isoxazolindicarbonsäure-(4.5)* (**VII**), $C_{11}H_9O_5N$, F. 119—120° (Zers.), durch Erhitzen von **V** mit W., aus W. Nadeln. *Di-K-Salz,* $C_{11}H_7O_5NK_2 \cdot H_2O$, Nadeln. *Ba-Salz,* $C_{11}H_7 \cdot O_5NBa \cdot 2\,H_2O$, Nadeln. *Cu-II-Salz,* $C_{11}H_7O_5NCu \cdot H_2O$, blaue Nadeln. *Fe-III-Salz,* fleischfarben. *Ag-Salz,* Flocken. Mit äther. CH_2N_2 entsteht **VIII**. — *3-Phenyl-Δ^2-isoxazolincarbonsäure-(5)* (**IX**), $C_{10}H_9O_3N$, F. 143—144°, aus **VII** durch Erhitzen über 120°, aus W. glänzende Nadeln. *Methylester,* $C_{11}H_{11}O_3N$, F. 73—74°, Nadeln aus Methanol. *Amid,* $C_{10}H_{10}O_2N_2$, F. 204°, aus vorst. Methylester mit alkoh. NH_3 im Rohr bei 100°, aus A. glänzende Nadeln. *Anilid* (**VI**), $C_{16}H_{14}O_2N_2$, F. 158—159°, durch Erhitzen von **IX** mit $SOCl_2$ (30 Min.) u. dann mit Anilin in Bzl., aus A. Kristalle. — *3-Phenyl-Δ^2-isoxazolindicarbonsäure-(4.5)-dimethylester,* hochschm. Form (**VIII**), $C_{13}H_{13}O_5N$, F. 91—92°, aus Maleinsäuredimethylester u. **I** in Ae. bei 20° (1 Tag), Tafeln aus Ae. oder Methanol. Bei Hydrolyse mit 20%ig. KOH entsteht **VII**. *Niedrigschm. Form,* $C_{13}H_{13}O_5N$, F. 44 bis 45°, ebenso aus Fumarsäuredimethylester, Prismen aus Methanol. Bei Hydrolyse mit 20%ig. KOH entsteht **VII**. — Bei Rk. zwischen frisch dest. Acrylsäuremethylester u. **I** entsteht **IX**-*Methylester.* — *3-Phenyl-5-methyl-Δ^2-isoxazolindicarbonsäure-(4.5)* (**X**), $C_{12}H_{11}O_5N$, F. 134—135° (unter CO_2-Entw.) aus Citraconsäureanhydrid u. **I** in Ae. durch 2std. Erhitzen, aus Ae. Nadeln. *Di-K-Salz,* $C_{12}H_9O_5NK_2 \cdot 2\,H_2O$. *Dimethylester,* $C_{14}H_{15}O_5N$, F. 189—190°, mit äther. CH_2N_2, Nadeln aus Methanol. — *3-Phenyl-5-methyl-Δ^2-isoxazolincarbonsäure-(5),* $C_{11}H_{11}O_3N$, F. 109—110°, durch Erhitzen von **X** auf 140°, aus Bzl. Nadeln. *Methylester,* $C_{12}H_{13}O_3N$, F. 60°, mit äther. CH_2N_2 oder aus Methacrylsäuremethylester u. **I** in Ae. durch 1,5std. Erhitzen, Blättchen aus Methanol. *Amid,* $C_{11}H_{12}O_2N_2$, F. 173°, aus verd. A. oder W. Nadeln. (Gazz. chim. ital. **80.** 479—95. Juli 1950. Mailand, Polytecn., Ist. di chim. gen. e anal., Centro di Chim. ind. del CNR.) K. Faber. 3132

A. H. Cook und **G. Shaw,** *Synthesen auf dem Penicillingebiet.* 10. Mitt. *4-Formylisoxazolone und davon abgeleitete Thiazolidine.* (9. vgl. C. **1951.** I. 3495.) Substituierte *4-Formylisoxazolone* (**I**), die nach anderen Methoden schlecht zugänglich sind, werden aus 4 Benzylidenisoxazolonen (**II**) durch Verschmelzen mit Diphenylformamidin nach Dains u. Griffin (J. Amer. chem. Soc. **35.** [1913.] 959) zu *Anilinomethylenisoxazolonen* (**III**) u. vorsichtige Hydrolyse dieser Verbb. erhalten. Bei Kondensation von **I** mit Penicillamin bilden sich *Thiazolidinderivv.* (**IV**).

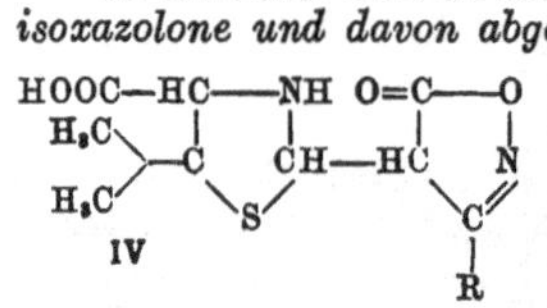

Versuche: Die verwendeten *β-Ketoester* wurden nach Spassow (Ber. dtsch. chem. Ges. **70.** [1937.] 2381) u. Ogata (J. pharmac. Soc. Japan [Yakugaku Zasshi] **59.** [1939.] 105) durch Erhitzen von Acetessigester, Säurechlorid u. Mg-Spänen in Chlf. u. anschließende Hydrolyse mit 2%ig. wss. NH_3 erhalten; ca. 50% (Ausbeute). — Bei Rk. von Phenylacetessigester u. $NH_2OH \cdot HCl$ in konz. wss. NH_3 bei 20° (18 Std.) entsteht das *Ammoniumsalz* von *3-Benzyl-4-[3'-benzylisoxazolinyliden-(5')]-isoxazolon-(5)* (?), $C_{20}H_{19}O_3N_3$, F. 185° (Zers., Nadeln aus A. + Bzl.). — *4-[5'-Keto-3'-phenylisoxazolinyl-(4')-methylen]-3-phenylisoxazolon-(5)* (**V**), $C_{19}H_{12}O_4N_2$, F. 200° (gelbe Platten aus Chlf. + PAe.), aus 3-Phenylisoxazolon-(5) durch Erwärmen mit Orthoameisensäureäthylester u. Acetanhydrid (2 Std., 100°) oder mol. Na. — Folgende *4-Benzyliden-* (**II**) u. *4-Anilinomethylenisoxazolone-(5)* (**III**) werden (l. c.) dargestellt: *3-Benzyl-4-benzyliden-*, $C_{17}H_{13} \cdot$

O_2N, F. 146—147° (hellgelbe Platten aus A.). *3-Benzyl-4-anilinomethylen-*, $C_{17}H_{14}O_2N_2$, F. 185—186° (Zers., hellgelbe Platten aus Bzl.). *3-n-Amyl-4-benzyliden-*, $C_{15}H_{17}O_2N$, F. 76—77° (gelbgrüne Blättchen aus A.). *3-n-Amyl-4-anilinomethylen-*, $C_{15}H_{18}O_2N_2$, F. 86—87° (gelbe Platten aus Äthylacetat + PAe.). — *4-Formylisoxazolone-(5)* (I), durch Wasserdampfdest. von III in Ggw. von 2%ig. Na_2CO_3-Lsg. (250 ml für 12 g III), bis im Destillat kein Anilin mehr auftritt (1—2 Std.); nach Ansäuern mit HCl scheiden sich die I krist. ab. *3-Benzyl-*, *Monohydrat*, $C_{11}H_9O_3N \cdot H_2O$, F. 80° (hellgelbe Platten aus Äthylacetat + PAe.); beim Erwärmen auf 60° im Vakuum entsteht die *kristallwasserfreie Verb.* $C_{11}H_9O_3N$, F. 112—113° (Zers., hellgelbe Prismen, aus Äthylacetat + PAe.); *2.4-Dinitrophenylhydrazon*, $C_{17}H_{13}O_6N_5$, F. 150° (Zers., gelbe Nadelrosetten aus A. + W.); aus den Mutterlaugen von vorst. Monohydrat wird durch Chloroformextraktion *3-Benzyl-4-[3'-benzyl-5'-ketoisoxazolinyl-(4')-methylen]-isoxazolon-(5)*, $C_{21}H_{16}O_4N_2$, F. 154—155° (Zers., gelbe Platten aus Chlf. + PAe.) erhalten. *3-Phenyl-*, $C_{10}H_7O_3N$, F. 178° (Zers., gelbe Prismen aus Äthylacetat + PAe.); *Monohydrat*, $C_{10}H_9O_4N$, F. 79—80° (hellbraune Nadeln aus Äthylacetat + PAe.); *2.4-Dinitrophenylhydrazon*, $C_{16}H_{11}O_6N_5$, F. 167—168° (Zers., orange Nadeln aus verd. Essigsäure); als Nebenprod. entsteht V. *3-n-Amyl-*, $C_9H_{13}O_3N$, F. 45° (aus A. + W. hellgelbe Nadeln); *2.4-Dinitrophenylhydrazon*, $C_{15}H_{17}O_6N_5$, F. 135° (Zers., rote Nadeln aus A. + W.); als Nebenprod. entsteht *3-n-Amyl-4-[3'-n-amyl-5'-ketoisoxazolinyl-(4')-methylen]-isoxazolon-(5)*, $C_{17}H_{24}O_4N_2$, F. 60° (aus Äthylacetat + PAe.). *3-Methyl-*, $C_5H_5O_3N$, F. 143—144° (Zers., hellbraune Nadeln aus Äthylacetat + PAe.); *2.4-Dinitrophenylhydrazon*, $C_{11}H_9O_6N_5$, F. 198° (Zers., rote Prismen aus CH_3OH + Eisessig). — *2-substituierte 5.5-Dimethylthiazolidincarbonsäuren-(4)* (IV): *2-[3'-Benzyl-5'-ketoisoxazolinyl-(4')]-*, $C_{16}H_{18}O_4N_2S$, F. 163° (Zers.), durch Erwärmen von I u. Penicillamin in Methanol (2—3 Min.), gelbes Kristallpulver durch Fällen aus $NaHCO_3$-Lsg. mit Säure. *2-[3'-Methyl-5'-ketoisoxazolinyl-(4')]-*, $C_{10}H_{14}O_4N_2S$, F. 170—171° (Zers., gelbes Kristallpulver). *2-[3'-n-Amyl-5'-ketoisoxazolinyl-(4')]-*, $C_{14}H_{22}O_4N_2S$, F. 141—142° (Zers., gelbes Kristallpulver). *2-[3'-Phenyl-5'-ketoisoxazolinyl-(4')]-*, $C_{15}H_{16}O_4N_2S$, F. 124—125° (Zers., gelbes Kristallpulver). (J. chem. Soc. [London] **1952**. 4466—69. Nov. London, S. Kensington, Imp. Coll. of Sci. and Technol., u. Sydney, Australien, Univ. of Technol.) K. FABER. 3142

Raymond I. Longley jr., William S. Emerson und **Theodore C. Shafer,** *Einige Reaktionen von 2-Alkoxy-3.4-dihydro-2H-pyranen.* 2-Methoxy (I)- u. 2-Äthoxy-3.4-dihydro-2H-pyran (II) werden bei 125° in Ggw. von RANEY-Ni zu *2-Methoxy-* bzw. *2-Äthoxytetrahydropyran* (III) hydriert, bei 250—255° in Ggw. von Cu-Chromit entsteht jedoch aus II neben III durch Hydrogenolyse *5-Äthoxypentanol.* Aus 2-n-Butoxy-3.4-dihydro-2H-pyran bildet sich bei dieser Rk. neben *Tetrahydropyran 2-n-Butoxytetrahydropyran* u. *5-n-Butoxypentanol.* Hydrolyse substituierter 2-Alkoxy-3.4-dihydro-2H-pyrane mit verd. Säuren u. Hydrierung mit RANEY-Ni liefert die entsprechenden Pentandiole. Hydrolyse von 2-Äthoxy-4-phenyl-3.4-dihydro-2H-pyran ergibt *3-Phenylglutaraldehyd*, der 1 Mol W. zu *2.6-Dioxy-4-phenyltetrahydropyran* (?) addiert. Hydrolyse u. Hydrierung verläuft bei Ggw. von Cu-Chromit bei 180—260° in einer Stufe. In dieser Weise wurden I, sowie dessen 4-Methyl (IV)- u. 3-Äthylderiv. in die entsprechenden Diole verwandelt. Verwendung von Kieselgel–Ni-Katalysatoren zur Rk. ergibt geringere Ausbeuten. Bei der Hydrolyse von IV entsteht *β-Methyl-δ-valerolacton* (VI) als Nebenprod., das ebenfalls beim Überleiten von 3-Methylpentandiol-(1.5)-(X)-Dampf über Cu-Bimsstein oder durch Erhitzen des Glykols in der fl. Phase mit Cu-Chromit gewonnen werden kann. Desgleichen entsteht es analog *δ-Valerolacton* (V) u. *β-Phenyl-δ-valerolacton* aus dem entsprechenden Dialdehyd durch wss. Alkali. Behandlung von **V** bzw. **VI** mit NH_3 liefert *Piperidon-(2)* (**VIII**) bzw. *4-Methylpiperidon-(2)* (**VII**). **VI** reagiert mit 4-[2-Aminoäthyl]-morpholin zu *1-[2-Morpholinoäthyl]-4-methylpiperidon-(2).* Behandlung von **VII** mit NaH in Xylol u. dann mit Methallylbromid ergibt *1-Methallyl-4-methylpiperidon-(2).* **VII** u. **VIII** lassen sich bei Einw. von Acetylen u. Alkali zu *4-Methyl-1-vinyl-* u. *1-Vinylpiperidon-(2)* vinylieren.

V e r s u c h e: *2-Äthoxytetrahydropyran* (III), $C_7H_{14}O_2$, Kp.136°, aus II mit RANEY-Ni bei 125°/1200 lbs./sq.in., Filtrieren u. Dest.; n_D^{25} 1,4238; 77% (Ausbeute). — *2-Methoxytetrahydropyran*, $C_6H_{12}O_2$, Kp. 123—126°, aus I wie vorst.; n_D^{25} 1,4223—1,4227; 92%. — *5-Äthoxypentanol*, $C_7H_{16}O_2$, $Kp._{14-15}$ 98°, aus II u. Cu-Chromit bei 260°/1600 lbs./sq.in. u. Rektifikation; n_D^{25} 1,4288; 13%. Daneben *Tetrahydropyran* (IX), Kp. 74 bis 77°, III u. *Äthanol.* — *5-n-Butoxypentanol*, $C_9H_{20}O_2$, $Kp._{9-10}$ 108°, wie vorst. aus 2-n-Butoxy-3.4-dihydro-2H-pyran; n_D^{25} 1,4342; 19%. Daneben *Butanol* (Kp. 100°) u. *2-n-Butoxytetrahydropyran* ($Kp._{12}$ 70—72°; n_D^{25} 1,4294; 22%). — *3-Methylpentandiol-(1.5)* (X), $Kp._{17}$ 139—146°, aus 2-Methoxy-4-methyl-3.4-dihydro-2H-pyran in verd. HCl, Neutralisieren mit Bicarbonat u. Hydrieren (125°/1625 lbs./sq.in.; RANEY-Ni); n_D^{25} 1,4518—1,4512; 91%. — *3-Furylpentandiol-(1.5)*, $C_9H_{14}O_3$, Kp.$_5$ 173°, durch Hydrolyse von 2-Äthoxy-4-furyl-3.4-dihydro-2H-pyran u. Hydrierung wie vorst.; n_D^{25} 1,4843; D^{25}_{25} 1,088; 58%. — *3-Phenylglutaraldehyd*, $C_{11}H_{12}O_2$, Kp.$_{0,6}$ 140—142°, durch Erwärmen von 2-Äthoxy-4-phenyl-3.4-dihydro-2H-pyran in wss. Dioxan u. konz. HCl bis zur Homogenität u. Zufügen von $NaHCO_3$; aus der oberen Schicht durch Dest.; n_D^{25} 1,5484; 41%. — *2.6-Dioxy-4-phenyltetrahydropyran*, $C_{11}H_{14}O_3$, F. 102 bis 104° (Bzl.), aus vorst. Verb. durch mehrtägiges Stehen in W.; 66%. — **X** entsteht ferner a) bei Hydrierung von **IV** mit Cu-Chromit in wss. Lsg. (180°/2800 lbs./sq.in.); 90%; b) bei Hydrierung von **IV** mit Ni-Kieselgur (160—235°/1200—2000 lbs./sq.in.); 70%; u. c) bei Hydrierung mit Cu-Chromit (210°/1500—2250 lbs./sq.in.); 38%. *Dibenzoat*, $C_{20}H_{22}O_4$, Kp.$_{0,1}$ 174°; n_D^{25} 1,5371; D^{25}_{25} 1,110; 84%. Daneben bei c) *β-Methyl-δ-valerolacton* (**VI**), $C_6H_{10}O_2$, Kp.$_2$ 72°; n_D^{25} 1,4496; 10%. — *Pentandiol-(1.5)*, Kp.$_{19-20}$ 141—144°, durch Hydrierung von **I** mit Cu-Chromit wie vorst.; n_D^{25} 1,4462 bis 1,4482; 87%. — *2-Methoxy-3-äthyl-3.4-dihydropyran*, $C_8H_{14}O_2$, Kp.$_{13}$ 51°, aus Acrolein u. Buten-(1)-yl-methyläther bei 160°; n_D^{25} 1,4420; D^{25}_{25} 0,962; 74%. — *2-Äthylpentandiol-(1.5)*, $C_7H_{16}O_2$, Kp.$_{11}$ 143—146°, durch Hydrierung von 2-Methoxy-3-äthyl-3.4-dihydro-2H-pyran mit Cu-Chromit bei 240—260°/2600—4000 lbs./sq.in.; n_D^{25} 14567, D^{25}_{25} 0,967; 75%. — **VI**, Kp.$_{14}$ 107°, a) aus **IV** durch Hydrieren mit Cu-Chromit (5 Std., 200°); 52%; b) durch Überleiten von H_2 über mit bas. Cu-Carbonat getränkten Bimsstein (24 Std., 200°), dann den Dampf von **X** bei 240°; 90%; c) aus **X** u. Cu-Chromit 90 Min. bei 190—205°; 95%; d) aus 3-Methylglutaraldehyd (aus **IV** in verd. HCl) u. NaOH (20%ig.) unter 45°, Ausäthern nach 11 std. Stehen u. Ansäuern der wss. Lsg.; 47%. Daneben bei d) aus dem Ätherauszug durch Dest. *2.6-Dimethoxy-4-methyltetrahydropyran (?)*, $C_8H_{16}O_3$, Kp.$_{20}$ 76—78°; n_D^{25} 1,4252; D^{25}_{25} 0,983; 7%. — *δ-Valerolacton* (**V**), Kp.$_{22}$ 112—116°, aus **I** durch Erwärmen mit HCl, Zutropfen verd. NaOH bei 25—35°, Rühren, Aussalzen, Ausäthern u. Dest. des Extraktes; aus dem entstandenen *2.6-Dimethoxytetrahydropyran* ($C_7H_{14}O_3$, Kp.$_{21}$ 65—67°, n_D^{25} 1,4262; D^{25}_{25} 1,013; 4%) durch Kochen mit verd. HCl, Sättigen mit Bicarbonat, Zufügen von Hydroxylaminhydrochlorid unter Aufrechterhaltung einer schwachen Alkalität mit $NaHCO_3$, Abfiltrieren des *Glutaraldoxims* (F. 165—167° [W.]), Ansäuern der wss. Lsg., kontinuierliche Extraktion mit Ae. u. Dest.; n_D^{25} 1,4546—1,4573; 54%. — *β-Phenyl-δ-valerolacton*, $C_{11}H_{12}O_2$, Kp.$_{0,4}$ 135°, aus 3-Phenylglutaraldehyd in Ae. u. wss. Alkali; aus der abgetrennten wss. Lsg. durch Ansäuern u. Ausäthern; n_D^{25} 1,5475; D^{25}_{25} 1,150; 51%. Aus der äther. Schicht *2.6-Diäthoxy-4-phenyltetrahydropyran (?)*, $C_{15}H_{22}O_3$, Kp.$_1$ 143—146°, n_D^{25} 1,4980; D^{25}_{25} 1,035. — *Piperidon-(2)* (**VIII**), Kp.$_{23}$ 147 bis 150° (Zers.), aus **V** mit NH_3 bei 230° u. Dest.; 79% (roh). — *4-Methylpiperidon-(2)* (**VII**), $C_6H_{11}ON$, Kp.$_{13}$ 143—145°, F. 88—91° (Hexan), aus **VI** u. NH_3 bei 1200 lbs./sq.in. H_2-Druck u. 230° wie vorst.; 91%. — *1-[2-Morpholinoäthyl]-4-methylpiperidon-(2)*, $C_{12}H_{22}O_2N_2$, Kp.$_1$ 150—151°, aus 4-[2-Aminoäthyl]-morpholin u. **VI** in Bzl. bei 240° unter Abdest. des sich bildenden W. u. Rektifikation; n_D^{25} 1,4953; 60% (roh). — *1-Methallyl-4-methylpiperidon-(2)*, $C_{10}H_{17}ON$, Kp.$_{0,5}$ 80°, aus **VII** in Xylol u. einer auf 70° erwärmten Suspension von NaH in Xylol unter N_2, dann Methallylbromid bei 90°, Abnutschen u. Rektifikation; n_D^{25} 1,4834; 30%. — *1-Vinylpiperidon-(2)*, Kp.$_{25}$ 125 bis 126°, F. 42—48° (Hexan), durch Auflösen von K in geschmolzenem **VIII** unter N_2 u. 2std. Schütteln bei 155° bei einem Acetylendruck von 250 lbs./sq.in. u. Dest.; 67%. — *4-Methyl-1-vinylpiperidon-(2)*, $C_8H_{13}ON$, Kp.$_{12}$ 113—114°, aus **VII** wie vorst.; n_D^{25} 1,5040; D^{24}_{25} 1,006; 43%. (J. Amer. chem. Soc. **74**. 2012—15. 20/4. 1952. Dayton, O., Monsanto Chem. Co., Central Res. Labor.) LEHWALD. 3211

V. Boekelheide und **Frank C. Pennington**, *Cumarine als Zwischenprodukte bei der Synthese von Colchicinanalogen.* Es wurde geprüft, wieweit die v. PECHMANN-Cumarinkondensation zur Darst. von Colchicinderivv. geeignet ist. So lieferte Pyrogallol mit 2-Carbäthoxycyclohexanon in glatter Kondensation **I**. Mit CH_3J/K_2CO_3 wurden die beiden Oxygruppen von **I** methyliert, während mit Dimethylsulfat u. starker Lauge gleichzeitig der Lactonring geöffnet wurde. Da der Ring C des Colchicins nun als 7gliedrig angenommen wird, wurde die entsprechende Kondensation mit 2-Carbäthoxycycloheptanon durchge-

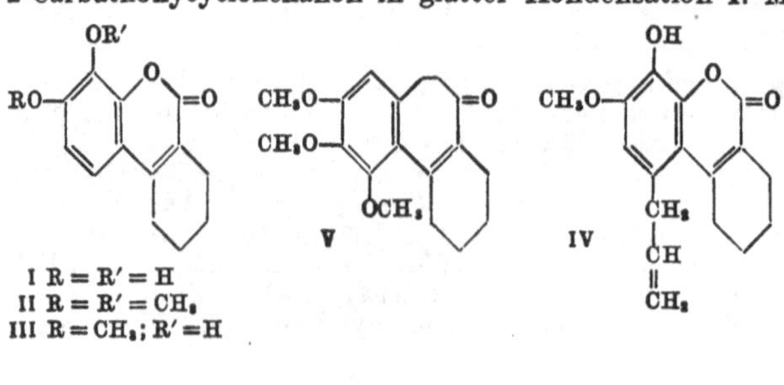

V IV

I R = R′ = H
II R = R′ = CH_3
III R = CH_3; R′ = H

führt u. zeigte gleichsinnigen Verlauf. Größere Schwierigkeiten machte die Synth. von V. Die von 3-Methoxy-4.5-dioxybenzaldehyd ausgehende Synth. ergibt sich aus dem Versuchsteil. In entsprechender Weise war eine Darst. von Hexahydrodesmethoxydesoxycolchicin nicht möglich, da bereits die Cumarinkondensation von 3-Methoxy-4.5-diacetoxyhydrozimtsäure mit 2-Carbäthoxycyclohexanon mißlang. Deswegen sollte der Propionsäurerest nach der Cumarinkondensation eingeführt werden. Modellverss. hierzu wurden durchgeführt.

Versuche: *3.4-Dioxy-7.8.9.10-tetrahydrodibenzopyron-(6)* (I), $C_{13}H_{12}O_4$, F. 269 bis 276°. 6,3 g Pyrogallol, 8,5 g 2-Carbäthoxycyclohexanon u. 40 ml 75 Vol.%ig. H_2SO_4 werden nach 15std. Stehen in Eiswasser gegossen, Kristalle (Dioxan/W.); 65% (Ausbeute). — *3.4-Dimethoxy-7.8.9.10-tetrahydrodibenzopyron-(6)* (II), $C_{15}H_{16}O_4$, F. 126—127°, durch Methylierung von I mit CH_3J/K_2CO_3 in CH_3OH; 69%. — *3.4-Pentamethylen-7.8-dioxycumarin*, $C_{14}H_{14}O_4$, F. 270—273° (A.), wie I; 66%. — *3.4-Pentamethylen-7.8-dimethoxycumarin*, $C_{16}H_{18}O_4$, F. 134—135° (A.), aus Vorst. mit Dimethylsulfat/K_2CO_3; 96%. — *2.3.4-Trimethoxy-2'-carboxy-3'.4'.5'.6'-tetrahydrobiphenyl*, $C_{16}H_{20}O_5$, F. 128—130° (A.), durch Erhitzen von II mit Dimethylsulfat u. 20%ig. KOH auf dem Wasserbad; 47%. *Methylester*, $C_{17}H_{22}O_5$, F. 70,5—72,5° (Pentan), aus Vorst. mit äther. CH_2N_2. — *1-Carboxy-2-[2'.3'.4'-trimethoxyphenyl]-cyclohepten-(1)*, $C_{17}H_{22}O_5$, F. 122—122,5°, analog; 29%. *Methylester*, $C_{18}H_{24}O_5$, F. 63—64°, durch Veresterung mit CH_3OH/H_2SO_4; 85%. — *3-Methoxy-4.5-diacetoxyzimtsäure*, $C_{14}H_{14}O_7$, F. 161,5—163° (W.), aus 3-Methoxy-4.5-dioxybenzaldehyd in einer PERKIN-Synth.; 26,6%. Daneben entstand *Verb.* $C_{16}H_{18}O_9$ (wahrscheinlich 3-Methoxy-4.5-dioxybenzaldehydtetraacetat), F. 128—129°. Andere Verss., diese Säure darzustellen, gingen fehl. Die Kondensation z. B. von Gallaldehyd mit Cyanessigester nach ROSENMUND (1924) führte zu *α-Cyan-β-[3-methoxy-4.5-dioxyphenyl]-acrylsäureäthylester*, $C_{13}H_{13}O_5N$, F. 179,5—181°, gelbe Kristalle (Chlf.). Hydrolyse ergab die *Säure*, $C_{11}H_9O_5N$, F. 195—199° (Zers.). Die Decarboxylierung der Säure verlief jedoch nicht glatt. — *3-Methoxy-4.5-diacetoxyhydrozimtsäure*, $C_{14}H_{16}O_7$, F. 102—104° (Ae./Pentan), durch Hydrierung der vorst. Zimtsäure mit Pt/H_2 in A.; 74%. — *3.4-Tetramethylen-5-[β-carboxyäthyl]-7-methoxy-8-oxycumarin*, $C_{17}H_{18}O_6$, F. 284—288° (Zers.) (A.). 9,8 g vorst. Verb. u. 5,6 g 2-Carbäthoxycyclohexanon werden nach 20std. Stehen in 50 ml Methansulfonsäure in Eiswasser gegossen; 10,4%. Mit 2-Carbäthoxycycloheptanon entstand wahrscheinlich bei dieser Rk. *1.2-Dioxy-3-methoxyhydrindanon-(7)*, $C_{10}H_{16}O_4$, F. 152,5 bis 154,5°. — *3.4-Tetramethylen-5-[β-carboxyäthyl]-7.8-dimethoxycumarin*, $C_{18}H_{20}O_6$, F. 133—134,5°, Nadeln (CH_3OH), aus vorst. Cumarin mit Dimethylsulfat u. 20%ig. KOH bei 50—55°. — *1-Carboxy-2-[2'.3'.4'-trimethoxy-6'-(β-carboxyäthyl)-phenyl]-cyclohexen-(1)*, $C_{19}H_{24}O_7$, F. 156,5—157,5°, durch Erhitzen von vorvorst. Verb. unter N_2 in 20%ig. NaOH auf dem Wasserbad u. Zugeben von Dimethylsulfat. — *1-Carbomethoxy-2-[2'.3'.4'-trimethoxy-6-(β-carbomethoxyäthyl)-phenyl]-cyclohexen-(1)*, $C_{21}H_{28}O_7$, Öl, $Kp._2$ 210—230° (Badtemp.), aus vorst. Verb. mit äther. CH_2N_2. — *1.2.3-Trimethoxy-5.6.8.9.10.11-hexahydrodibenzo-[a:c]-cycloheptatrienon-(7)* (V). Zur Lsg. von 0,25 g K u. 1 Tropfen CH_3OH in 5 ml. Toluol werden 576 mg vorst. Verb. in 5 ml Toluol gegeben u. 11 Std. gekocht. Mit Bzl. wird verd., K mit W. zerstört u. der Rückstand der Lsg. in 5 ml 0,5n alkoh. KOH aufgenommen. Nach Stehen über Nacht wird der A. abgetrieben u. der Rückstand mit sd. verd. HCl behandelt. Durch Benzolextraktion wird ein Öl erhalten, das mit Hydroxylamin ein *Oxim*, $C_{18}H_{23}O_4N$, F. 122,5—125°, liefert. *2.4-Dinitrophenylhydrazon*, $C_{24}H_{26}O_7N_4$, F. 142,5—143,5°, orangerote Kristalle (A.). — *3-Methoxy-4-oxy-7.8.9.10-tetrahydrodibenzopyron-(6)* (III), $C_{14}H_{14}O_4$, F. 194 bis 196°, schwach gelbe Kristalle (A.), aus 1-Methoxy-2.3-dioxybenzol u. 2-Carbäthoxycyclohexanon in 75 Vol.-%ig. H_2SO_4; nach 24 Std. wird in heißes W. gegossen. — *3-Methoxy-4-propionoxy-7.8.9.10-tetrahydrodibenzopyron-(6)*, $C_{17}H_{20}O_5$, F. 141—142°, aus vorst. Verb. mit Propionsäureanhydrid u. etwas konz. H_2SO_4 während 24 Std., beim Verdünnen mit W. Kristalle. — *3-Methoxy-4-allyloxy-7.8.9.10-tetrahydrodibenzopyron-(6)*, $C_{17}H_{18}O_4$, F. 97,5—100,5° (Hexan), aus vorvorst. Verb. u. Allylbromid in wss. CH_3OH in Ggw. von K_2CO_3. — *1-Allyl-3-methoxy-4-oxy-7.8.9.10-tetrahydrodibenzopyron-(6)* (IV), $C_{17}H_{18}O_4$, F. 184,5—186,5°, durch Kochen vorst. Verb. in Dimethylanilin während 8 Std., anschließend Eingießen in überschüssige verd. HCl. — *1-Allyl-3.4-dimethoxy-7.8.9.10-tetrahydrodibenzopyron-(6)*, $C_{18}H_{20}O_4$, F. 148—149°, durch Methylierung vorst. Verb. mit CH_3J/K_2CO_3 in CH_3OH. — *1-[β.γ-Epoxypropyl]-3.4-dimethoxy-7.8.9.10-tetrahydrodibenzopyron-(6)*, $C_{18}H_{20}O_5$, F. 149—150° (A.), aus Vorst. mit Perbenzoesäure in Chlf. während 3 Tage. (J. Amer. chem. Soc. **74**. 1558—62. 20/3. 1952. Rochester, N. Y., Univ., Dep. of Chem.) NEZEL. 3211

Price Truitt, Burl Bryant, William E. Goode und Bennie Arnwine, *Untersuchungen über antituberkulöse Mittel.* 2. Mitt. *4-Alkyl-1-phenacylpyridiniumhalide und ihre Reduk-*

tionsprodukte. (1. vgl. C. **1952.** 6214.) Alkylpyridine wurden mit Phenacylbromid zu *Alkylphenacylpyridiniumbromiden* umgesetzt. Wenn der Alkylrest nicht länger als Äthyl war, war es möglich, entweder den Pyridinkern allein oder Kern u. Carbonyl zu hydrieren. Bei längeren Alkylen trat jedoch immer gleichzeitig eine Red. des Carbonyls zur sek. Alkoholgruppe ein. Unter den Verbb. mit längerer Alkylgruppe, z. B. Nonyl, befanden sich recht stark antituberkulös wirkende Substanzen.

Versuche: *2-Methyl-1-phenacylpyridiniumbromid,* F. 208—213°, aus Phenacylbromid u. 2-Methylpyridin in Ae. während einer Woche bei 20°; 88% (Ausbeute). — Analog wurden folgende alkylierte 1-Phenacylpyridiniumhalogenide erhalten: *3-Methyl-, Bromid,* $C_{14}H_{14}ONBr$, F. 192—193°; 88%. — *4-Methyl-, Bromid,* $C_{14}H_{14}ONBr$, F. 226 bis 230°; 83%. — *4-Äthyl-, Chlorid,* $C_{15}H_{16}ONCl$, F. 225—227°; 64%. — *2-n-Amyl-, Bromid,* $C_{18}H_{22}ONBr$, F. 125—128°; 36%. — *4-n-Amyl-, Chlorid,* $C_{18}H_{22}ONCl$, F. 179 bis 180,5°; 72%. — *2-n-Hexyl-, Bromid,* $C_{19}H_{24}ONBr$, F. 136°; 6%. — *4-n-Hexyl-, Chlorid,* $C_{19}H_{24}ONCl$, F. 181—182°; 61%. — *4-n-Octyl-, Chlorid,* $C_{21}H_{28}ONCl$, F. 188 bis 190°; 61%. — *4-n-Nonyl-, Chlorid,* $C_{22}H_{30}ONCl$, F. 187—190°; 66%. — *4-[Octyl-(2')-methyl]-, Chlorid,* $C_{22}H_{30}ONCl$, F. 145—147°; 58%. — *4-Nonyl-(5')-, Chlorid,* $C_{22}H_{30}$·ONCl, F. 162—167°; 41%. — *4-n-Hexyl-1-[2'-oxy-2'-phenyläthyl]-pyridiniumbromid,* $C_{19}H_{26}ONBr$, F. 144—147°, aus Styrolbromhydrin u. 4-n-Hexylpyridin in A. während 14 Std. unter Rückflußkochen. — *4-n-Octyl-1-[2'-oxy-2'-phenyläthyl]-pyridiniumbromid,* F. 149°. — *2-Methyl-1-phenacylpiperidinhydrochlorid,* $C_{14}H_{20}ONCl$, F. 145 bis 150°, aus dem Pyridiniumsalz durch Hydrierung in wss. oder alkoh. Lsg. über PtO_2; 85%. — *3-Methyl-1-phenacylpiperidinhydrobromid,* $C_{14}H_{20}ONBr$, F. 175—177°; 63%. — *4-Methyl-1-phenacylpiperidinhydrobromid,* F. 177—178°; 80%. *Base,* $C_{14}H_{19}$·ON, F. 87—88°; 86%. — *4-Äthyl-1-phenacylpiperidin,* $C_{15}H_{21}ON$, F. 76,5°; 68%. — *4-n-Amyl-1-[2'-oxy-2'-phenyläthyl]-piperidin,* $C_{18}H_{29}ON$, F. 59—61°; 35%. — *4-n-Hexyl-1-[2'-oxy-2'-phenyläthyl]-piperidinhydrochlorid,* $C_{19}H_{32}ONCl$, F. 214—217°; 40%. *Acetathydrochlorid,* $C_{21}H_{34}O_2NCl$, F. 169—171° (Zers.). — *4-n-Octyl-1-[2'-oxy-2'-phenyläthyl]-piperidin,* $C_{21}H_{35}ON$, F. 72,5°; 83%. *Acetathydrochlorid,* $C_{23}H_{38}O_2NCl$, F. 152 bis 157°. — *4-n-Nonyl-1-[2'-oxy-2'-phenyläthyl]-piperidin,* $C_{22}H_{37}ON$, F. 76,5; 72%. *Acetathydrochlorid,* $C_{24}H_{40}O_2NCl$, F. 150—156°. — *4-Nonyl-(5')-1-[2''-oxy-2''-phenyläthyl]-piperidin,* $C_{22}H_{37}ON$, F. 66°; 82%. *Hydrochlorid,* $C_{22}H_{38}ONCl$, F. 174—179°. *Acetathydrochlorid,* $C_{24}H_{40}O_2NCl$, F. 150—157°. — *4-[Octyl-(2')-methyl]-1-[2''-oxy-2''-phenyläthyl]-piperidin,* $C_{22}H_{37}ON$, F. 64°. (J. Amer. chem. Soc. **74.** 2179—81. 5/5. 1952. Denton, Tex., State Coll., Chem. Labor.) NEZEL. 3231

S. M. McElvain und **John C. Safranski jr.**, *Piperidinderivate.* 23. Mitt. *Einige halogenierte 1-Methyl-4-phenylpiperidine und verwandte Verbindungen.* (22. vgl. C. **1952.** 6369.) Es werden die Darst. u. Eigg. einiger *Halogen-* u. *Oxyderivv.* von *1-Methyl-4-phenylpiperidin* u. *-tetrahydropyridin* beschrieben. Die Einw. von $SOCl_2$ auf *1-Methyl-4-phenyl-4-oxypiperidin* (**I**)-*Hydrochlorid* führt zu einem nichttrennbaren Gemisch der *Hydrochloride* von *1-Methyl-4-phenyl-4-chlorpiperidin* (**II**) [70%] u. *1-Methyl-4-phenyl-1.2.3.6-tetrahydropyridin* (**IV**). Durch Einw. von wss. KOH oder C_2H_5MgBr wird das HCl-Salz von **II** quantitativ in das HCl-Salz von **IV** übergeführt; 2std. Erhitzen des Gemisches in Ae. führt dagegen nur zu einem 25%ig. Umsatz des HCl-Salzes von **II**. Die Darst. eines Salzes von **IV** erfolgt am besten durch Erhitzen von **I** mit konz. HCl oder HBr. **IV**-*Hydrobromid* addiert HBr unter Bldg. von *1-Methyl-4-brom-4-phenylpiperidinhydrobromid.* Die Addition von Br_2 liefert das *HBr-Salz* von *1-Methyl-3.4-dibrom-4-phenylpiperidin* (**VII**) in 2 rac. Formen. Die Rk. von **VII** mit NaCN oder KOH führt zu *1-Methyl-3-oxy-4-phenyl-1.2.3.6-tetrahydropyridin* (**V**), das auch durch Einw. von wss. Alkali auf *1-Methyl-3-brom-4-phenyl-1.2.3.6-tetrahydropyridin* (**VI**) gebildet wird. **VI** entsteht beim Verrühren von **VII** mit H_2O. — Die Titrierbarkeit des Gesamtbroms von **VI** u. **VII** nach der Meth. von MOHR führen Vff. auf Umlagerung in die cycl. *Äthylenimonium-Form* (**IX**) zurück. — Die Überführbarkeit der Hydrobromide von **V** u. **VI** in *1-Methyl-3.4-dioxy-4-phenylpiperidin* (**VIII**) zusammen mit der erwähnten Umwandlung von **VII** in **VI** beweist die Struktur von **V**. — Die Ausbeuten an **I** bei der Darst. aus *1-Methylpiperidon-(4)* (**X**) u. C_6H_5MgBr (**XI**) sinken bei der Verwendung gealterter Lsgg. von **XI**. Als Nebenprodd. entstehen dann *1-Methylpiperidinol-(4)* u. *1-Methyl-3-[1'-methyl-4'-oxypiperidyl-(4')]-4-oxy-4-phenylpiperidin* (**III**). Die Bldg. von **III** erfolgt zweifellos durch Aldolisierung von **X** u. folgende Rk. des Oxyketons mit **XI**. Die besten Ausbeuten an **I** werden durch Rk. von **X** mit *Phenyllithium* erzielt.

IX

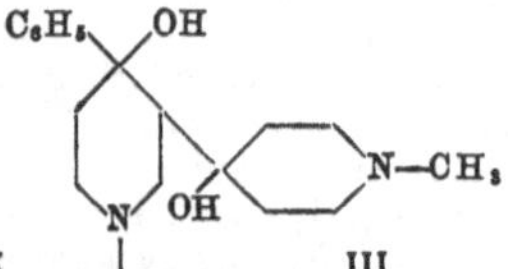

III

Versuche (Ausbeuten in []): *1-Methyl-4-oxy-4-phenylpiperidin* (**I**) u. *1-Methyl-3-[1'-methyl-4'-oxypiperidyl-4']-4-phenylpiperidin* (**III**), $C_{18}H_{28}O_2N_2$: a) Zu 0,2 Mol Phenylmagnesiumbromid (**XI**) (3 Wochen alt) werden unter N_2 nach Abdest. von Ae. absol. Bzl. u. 0,156 Mol 1-Methylpiperidon-(4) (**X**) in absol. Bzl. im Verlauf einer Std. zugefügt; nach 2 Std. erfolgt Hydrolyse mit 20%ig. HCl. Ausbeuten: 14% unumgesetztes **X**, Kp.$_6$ 45—48°; 17% *1-Methylpiperidinol-(4)*, Kp.$_6$ 80—85°; 1,0 g *Biphenyl*, Kp.$_6$ 85—95°; 35% **I**, Kp.$_{0,9}$ 128—130°, F. 114—115° (Aceton); 14% **III**, Kp.$_{0,9}$ 195 bis 205°, F. 185—186,5° (Aceton); b) aus *Phenyllithium* u. **X** bei 0—5°; nach 2 Std. mit W. unter Kühlung hydrolysieren; Ausbeuten: 76% **I** u. 8% **III**. — *1-Methyl-4-phenyl-1.2.3.6-tetrahydropyridin* (**IV**), *Hydrochlorid*, $C_{12}H_{16}NCl$, aus **I**·HCl u. $SOCl_2$ in Chlf. bei 0°; nach Abdest. im Vakuum Behandeln mit Aceton; es krist. ein Gemisch der Hydrochloride von *1-Methyl-4-phenyl-4-chlorpiperidin* (**II**) u. **IV**, das sich nicht durch Kristallisation trennen läßt; F. 238—245°. Halogenbest. ergibt 70% **II** u. 30% **IV**. Einw. von KOH auf die wss. Lsg. des Gemisches führt zum **IV**-*Hydrochlorid*, F. 248—250°; [77%]; **IV** entsteht außerdem durch Einw. von C_2H_5MgBr auf **II** + **IV** in Ae. unter N_2; nach Abtreiben des Ae. hinterbleibt ein fester Gummi; mit Ae. extrahieren u. durch HCl in das Hydrochlorid überführen; [88%]; **IV** entsteht am besten aus **I** durch 4std. Erhitzen in konz. HCl u. anschließendes Eindampfen im Vakuum; [80%]. **IV**-*Hydrobromid*, $C_{12}H_{16}NBr$, durch Einw. von 48%ig. HBr auf **I** wie beschrieben; F. 216—218°. — *1-Methyl-4-brom-4-phenylpiperidinhydrobromid*, aus **IV**-HBr in Eisessig durch Einleiten von trockenem HBr; nach Abdest. des Eisessigs unter 45° Kristalle aus Aceton, F. 217—219° (Zers.); [94%]. Halogenbest. zeigt, daß das Material zu 95% rein ist; Umkristallisieren aus Chlf.-Ae. vermindert den Halogengeh.; die Lsg. raucht an feuchter Luft. — *1-Methyl-3.4-dibrom-4-phenylpiperidin* (**VII**), *Hydrobromid*, $C_{12}H_{16}NBr_3$, aus dem **IV**-Hydrobromid u. Br_2 in Eisessig nach 2 Std.; aus absol. A., F. 131—132° (Zers.); [96%]; manchmal Bldg. eines Öls; Kristalle aus Aceton, F. 189—191° (Zers.). Das niedrigerschm. Prod. isomerisiert sich beim Stehen bei Zimmertemp. zur höherschm. Form. **VII**, $C_{12}H_{15}NBr_2$, aus dem Hydrobromid in W. durch Einw. von KOH u. schnelles Abfiltrieren des Nd.; F. 85—90° (Zers.); [68%]. — *1-Methyl-3-oxy-4-phenyl-1.2.3.6-tetrahydropyridin* (**V**), $C_{12}H_{15}ON$, a) aus **VII**-Hydrobromid in W. mit KOH u. NaCN nach 6 Std. u. Ausäthern des bas. Filtrats; Kp.$_2$ 105 bis 115°; [44%]; Kühlen in CO_2-Aceton führt zu gelber M.; nach Kristallisation aus Bzn. bei —70° F. 45—47°. *Jodmethylat*, $C_{13}H_{18}ONJ$, F. 167—168° (A.). *Pikrat*, $C_{18}H_{18}O_8N_4$, gelbe Nadeln, F. 156—157° (A.); b) aus **VI**-Hydrobromid in W. u. KOH nach 2std. Kochen; [67%]; krist. nicht, obgleich Pikrat u. Jodmethylat mit den vorst. beschriebenen ident. sind. — *1-Methyl-3-brom-4-phenyl-1.2.3.6-tetrahydropyridin* (**VI**), *Hydrobromid*, $C_{12}H_{15}NBr_2$, aus **VII**-Hydrobromid durch Dest. der wss. Lsg. im Vakuum; F. 182—183° (Zers.) (Eisessig); [quantitativ]; oder aus **VII** durch Verrühren mit W. u. Vakuumdest.; [90%]. — *1-Methyl-3.4-dioxy-4-phenylpiperidin* (**VIII**), $C_{12}H_{17}O_2N$. Durch Hydrolyse des **VI**-Hydrobromids bei 100° (35 Std.) u. Abdest. des W. im Vakuum bildet sich ein gummiartiger Rückstand; nach Trocknen bei 0,2 mm u. Behandeln mit Aceton Bldg. des *Hydrobromids*, $C_{12}H_{18}O_2NBr$, F. 215—216° (abol. A.); [28%]. Alkalisieren des Gummis mit KOH u. Extrahieren mit Ae. u. Chlf. führt nach Abdest. des Lösungsm. u. 2 Std. Trocknen bei 0,2 mm zur Base; Nadeln aus Bzn., F. 159 bis 160°; [23%]; **VIII** entsteht auch aus **V** u. 48%ig. HBr durch 11std. Erhitzen auf 100°; nach Abdest. des W. im Vakuum u. Trocknen bei 0,2 mm (6 Std.) mit Aceton behandeln: **VIII**-Hydrobromid. Nach Abdest. des Acetons Lösen des Rückstandes in W., Alkalisieren mit KOH, Eindampfen im Vakuum, Extrahieren mit Bzn.: **VIII**, [15%]; ferner durch Einw. von wss. $AgNO_3$ auf das **VI**-Hydrobromid in W. u. 30 Min. stehenlassen: 28% **VIII** neben 35% **V**. (J. Amer. chem. Soc. **72**. 3134—38. Juli. 5807. Dez. 1950. Madison, Wis., Univ. of Wisconsin, Labor. of Organ. Chem.) HULDSCHINSKY. 3231

S. M. McElvain und **Paul M. Laughton**, *Piperidinderivate*. 24. Mitt. *1-Methyl-4-phenylpiperidon-(3) und verwandte Verbindungen*. (23. vgl. vorst. Ref.) Der DIECKMANN-Ringschluß von *γ-[N-Carbäthoxymethyl-N-methylamino]-α-phenylbuttersäureäthylester* (**I**) zu dem instabilen *1-Methyl-4-phenyl-2-carbäthoxypiperidon-(3)* (**II**), das nur als *Methojodid* isoliert werden konnte, u. von *γ-[N-Carbäthoxymethyl-N-methylamino]-α-carbäthoxy-α-phenylbuttersäureäthylester* (**III**) zum *1-Methyl-4-phenyl-2.4-dicarbäthoxypiperidon-(3)* (**IV**) wurde mit NaH bzw. $NaOC_2H_5$ durchgeführt. Es entstanden die jeweiligen Na-Enolate. Durch Decarboxylierung wurde **II** in *1-Methyl-4-phenylpiperidon-(3)* (**V**) u. **IV** nach anschließender Veresterung mit A. in **I** übergeführt. Bei letzterer Rk. entstand nebenbei wenig **V**. Die zu erwartende Verb. 1-Methyl-4-phenyl-4-carbäthoxypiperidon-(3) konnte nicht erhalten werden. **I** u. **III** wurden aus γ-Chlor-α-phenylbuttersäureäthylester bzw. γ-Brom-α-carbäthoxy-α-phenylbuttersäureäthylester (**IX**) u. Sarkosinester (**VII**) dargestellt.

Versuche: *Sarkosinäthylester* (**VII**)-*Hydrochlorid* (**VI**), F. 122—123° (Aceton), aus 350 g Methylammoniumchlorid in überschüssigem 37%ig. HCHO u. 270 g NaCN in W. durch Rk. unterhalb 10°, Aufnehmen des Sarkosinnitrils in Ae., Rk. mit äther. HCl, Aufnehmen in A. bei 65°, Zugabe des erhaltenen *Sarkosinnitrilhydrochlorids* (F. 102—105°; 53% [Ausbeute]) zu gesätt. alkoh. HCl u. 24std. Rk. des entstandenen Iminoesterhydrochlorids mit W.; 180 g. **VII**, $Kp._{19}$ 55°; n_D^{25} 1,4107; aus **VI** in fl. NH_3; 95%. **VII**-*Pikrat*, F. 147,5—148,5° (A.). *Nitrososarkosinäthylester*, $C_5H_{10}O_3N_2$, $Kp._{0,3}$ 70—73°, n_D^{25} 1,4471, aus **VII** in wss. Lsg. u. HNO_2. *Sarkosinanhydrid* (*1.4-Dimethyl-2.5-diketopiperazin*), F. 145—146° (Essigester), Kp. 304—306°, sublimiert bei 120°/0,35 mm, aus **VII** durch 6std. Kochen; 35%. *Methylen-N.N'-bis-*[*N-methylaminoacetonitril*], $CH_2(N[CH_3]CH_2CN)_2$, $C_7H_{12}N_4$, $Kp._{18}$ 153—154°, n_D^{25} 1,4498, entsteht bei der Darst. von **VI**, wenn die Temp. wenige Minuten auf 25° steigt; 54%. Daraus *Sarkosinhydrobromid*, F. 185—190° (Zers.), durch Eindampfen mit HBr; aus A. Nadeln. *N-Äthylsarkosinäthylester*, $C_7H_{15}O_2N$, Kp. $_{24}$ 69—70°, n_D^{25} 1,4158, aus **VII** u. Äthylbromid (2:1) in Bzl. durch 16std. Erhitzen im Bombenrohr 16 Std. auf 100°; 36%; daneben **VII**-*Hydrobromid*; 98%. — *γ-Brom-α-carbäthoxy-α-phenylbuttersäureäthylester* (**IX**), aus dem mit NaH gewonnenen Na-Enolat des Phenylmalonsäurediäthylesters u. Äthylenbromid bei 106° Badtemp. (4 Std.). Nach Aufarbeiten ergab sich eine klare, rote, viscose Fl., die **IX** enthielt. Gehaltsbest. u. Best. des Br; 59%. — *α.α'-Dicarbäthoxy-α.α'-diphenyladipinsäurediäthylester* (**VIII**), $C_{28}H_{34}O_8$, F. 116—116,5° (A.), als Nebenprod. bei der Darst. von **IX**. — *α.α'-Diphenyladipinsäure*, $C_{18}H_{18}O_4$, F. 250 bis 253°, aus **VIII** durch Kochen mit Alkali; Prismen aus Dioxan. — *γ-Diäthylamino-α-carbäthoxy-α-phenylbuttersäureäthylester*, $C_{19}H_{29}O_4N$, $Kp._{0,10}$ 129—130°, n_D^{25} 1,4910, $D.^{25}_4$ 1,0363, aus rohem **IX** von bekanntem Geh. u. Diäthylamin in Bzl. durch 22std. Erhitzen in einer Stahlbombe auf dem Dampfbad; 80%. *Methojodid*, $C_{20}H_{32}O_4NJ$, F. 107—109° (A. u. Essigester). — *γ-*[*N-Carbäthoxymethyl-N-methylamino*]*-α-carbäthoxy-α-phenylbuttersäureäthylester* (**III**), $C_{20}H_{29}O_6N$, $Kp._{0,4}$ 175—176°, n_D^{25} 1,4910, $D.^{25}_4$ 1,0994, aus berechneten Mengen **IX** u. **VII** in Bzl. in einer Stahlbombe bei 100° (24 Std.); 39%. Daneben **VII**-*Hydrobromid*, $C_5H_{12}O_2NBr$, F. 74—77° (alkoh. Essigester oder Aceton); 75%. **III**-*Methojodid*, $C_{21}H_{32}O_6NJ$, F. 130—131,5° (Essigester). — *α-Phenyl-α-carbäthoxy-γ-butyrolacton*, $Kp._3$ 170—173°, n_D^{25} 1,5193, durch Dest. des **IX** enthaltenden Rohprod. u. Fraktionierung; 50%; daneben *Phenylessigsäureäthylester*, *Phenylmalonester* (18,5%) u. **VIII**. — *α-Phenyl-γ-butyrolacton*, $C_{10}H_{10}O_2$, $Kp._{0,2}$ 116°, n_D^{25} 1,5436, $D.^{25}_4$ 1,1604, aus vorst. Verb. durch Verseifen u. Decarboxylieren; 97%. — *α-Phenyl-γ-chlorbuttersäureäthylester*, $C_{12}H_{15}O_2Cl$, $Kp._{0,5}$ 100—105°, n_D^{25} 1,5050, $D.^{25}_4$ 1,1092, aus vorst. Verb. in absol. A. durch Sättigen mit HCl; 82%. — *γ-*[*N-Carbäthoxymethyl-N-methylamino*]*-α-phenylbuttersäureäthylester* (**I**), $C_{17}H_{25}O_4N$, $Kp._{0,15}$ 130—131°, n_D^{25} 1,4911, $D.^{25}_4$ 1,0554, aus einer Mischung von **VII** u. vorst. Verb. (2:1) (3 Std. bei 130°); 92%. Daneben **VII**; 10%. **I**-*Methojodid*, $C_{18}H_{28}O_4NJ$, F. 151—153° (alkoh. Essigester). — *1-Methyl-4-phenyl-2-carbäthoxypiperidon-(3)* (**II**)-*Methojodid*, $C_{16}H_{22}O_3NJ$, F. 140—141° (Zers.) (alkoh. Essigester u. Ae.): **I** wurde zu gekörntem NaH unter N_2 in absol. Bzl. gegeben. Nach 5½ Std. Kochen wurden Eisessig, W. u. wenig Na-Acetat zugegeben; die organ. Lsg. wurde eingedampft u. das Methojodid aus dem rohen **II** gewonnen. — *1-Methyl-4-phenylpiperidon-(3)* (**V**), $C_{12}H_{15}$·ON, $Kp._{0,3}$ 111—113°, n_D^{25} 1,5417, durch Decarboxylierung von rohem **II** mit 18%ig. HCl unter N_2. Das entweichende CO_2 u. der A. wurden quantitativ aufgefangen. **V** wurde als Hydrochlorid isoliert. **V**-*Hydrochlorid*, $C_{12}H_{16}ONCl$, F. 162—164° (Zers.) (A., Eissigester u. Ae.). — *1-Methyl-4-phenyl-2.4-dicarbäthoxypiperidon-(3)* (**IV**), $C_{18}H_{23}O_5N$: Unter stark vermindertem Druck wurde **III** unter N_2 zu $NaOC_2H_5$ gegeben, 4 Std. bei 125° unter Rühren gehalten. Das Na-Enolat wurde als wießes Pulver erhalten. Die Aufarbeitung ergab ein durchsichtiges rotes Öl, n_D^{25} 1,5038; 47%. Die Darst. von krist. Derivv. sowie die Dest. des Öls waren nicht möglich. Saure Hydrolyse liefert bei Dest. mit 18%ig. HCl unter N_2 CO_2, *A.*, **V** u. **I**. (J. Amer. chem. Soc. **73**. 448—52. Jan. 1951.) L. FISCHER. 3231

William S. Johnson und **Bennett G. Buell**, *1.2-Dihydrochinolin.* Vff. haben *1.2-Dihydrochinolin* (**IV**) dargestellt durch Pyrolyse von *4-*[*β-Phenyläthylamino*]*-1.2.3.4-tetrahydrochinolin*, das neben *4-*[*β-Phenyläthylamino*]*-chinolin* (**III**) als Disproportionierungsprod. bei der Kondensation von 4-Keto-1.2.3.4-tetrahydrochinolin (**I**) mit *β*-Phenyläthylamin (**II**) erhalten wurde. Strukturbeweis für **IV** durch Analyse, Mol.-Gew.-Best., Dehydrierung zu Chinolin, Hydrierung zur Tetrahydroverb. u. UV-Absorptionsspektr. (Abb.). **IV** zeigt in A. ein Maximum bei 343 mμ, das beim Stehen der Lsg. an der Luft verschwindet; dafür tritt die charakterist. Chinolinbande bei 312 mμ auf (Dehydrierung, aber keine Disproportionierung). Die Bande bei 343 mμ spricht gleichzeitig für die $Δ^3$-Lage der Doppelbindung (Konjugation zum Benzolkern, Ähnlichkeit mit dem

Spektr. von o-Aminostyrol u. 2.2.4-Trimethyl-1.2-dihydrochinolin). N-[o-Methylphenyl]-2.2-dimethylpropylimin (**V**), als Modell mit offener Kette für ein 3.4-Dihydrochinolin, besitzt kein ähnliches Spektr. wie **IV** (Enamintautomerie ist bei **V** ausgeschlossen).

Versuche (FF. korr.; UV-Spektren in A.): *1.2-Dihydrochinolin* (**IV**), C_9H_9N, F. 72—74,5°. 10 g **I** (F. 42—44,5°), 9,3 g **II** u. 60 mg NH_4Cl wurden in 50 cm³ absol. Bzl. 17 Std. gekocht; beim Einengen krist. 2,92 g *4-[β-Phenyläthylamino]-chinolin* (**III**), F. 155,5—159,5°; das Filtrat wurde auf 40 cm³ mit Bzl. verd. u. weiter 12 Std. mit Wasserabscheider gekocht; nach Einengen nochmals 5,3 g **III**; der ölige Rückstand liefert bei Fraktionierung (Bad 195—230°) 1. $Kp._{22}$ 90—95°, 1,44 g reines **II**; 2. $Kp._{0,2}$ 52 bis 86°, 2,15 g hauptsächlich **II**; 3. $Kp._{0,2}$ 86—91,5°, 1,21 g, n_D^{30} 1,587, u. 4. $Kp._{0,2}$ 91,5°, 2,19 g, n_D^{30} 1,598; 3. u. 4. enthalten **IV** mit etwas **II** (*Benzoylderiv.*, F. 114—116°), durch Umlösen aus Methanol reines **IV**, harte hexagonale Platten, λ_{max} 228, 278 u. 343 mμ (log ε = 4,48, 318 bzw. 3,35). **IV** gibt mit Benzoylchlorid nach SCHOTTEN-BAUMANN oder mit Acetanhydrid nur gummiartige Prodd., mit HNO_2 bei 5° ein orangefarbenes Öl; mit Pikrinsäure in A. entsteht ein Gemisch, aus dem rote Kristalle von *Chinolinpikrat*, $C_{15}H_{10}O_7N_4$, F. 202,5—203,5°, u. wenig gelbe Nadeln vom F. 199,5 bis 203° (keine Depression mit Chinolinpikrat) isoliert wurden. — Aus **IV** in A. mit H_2/Pd-Kohle u. anschließend Benzoylierung *N-Benzoyl-1.2.3.4-tetrahydrochinolin*, F. 74 bis 75,2°, aus wss. A. Kristalle. — *4-[β-Phenyläthylamino]-1.2.3.4-tetrahydrochinolin*, aus **I** u. **II** in Bzl. mit $ZnCl_2$, Entfernung von **III** als *Pikrat* (F. 198—199°), Zers. der tiefroten Mutterlauge des **III**-Pikrats mit 6nKOH, dann Extraktion mit Bzl., Waschen des Extraktes mit verd. KOH, dann mit 5%ig. HCl, sauren Extrakt alkal. stellen, ausäthern u. einengen; hellgelbes Öl, das nicht krist.; 42% (Ausbeute). Daraus durch Kochen mit Acetanhydrid das *Diacetylderiv.*, $C_{21}H_{24}O_2N_2$, $Kp._{0,05-0,08}$ 150—165°. — *o-Aminostyrol*, $Kp._{20}$ 111,7—111,9°, durch Red. von o-Nitrophenyläthylalkohol, dann basenkatalysierte Wasserabspaltung nach SABETAY u. Mitarbeitern (Bull. Soc. chim. France, Mém. [4] **49.** [1931.] 3); Öl, n_D^{21} 1,6100, λ_{max} 221, 250 u. 314 mμ (log ε = 4,25, 3,90 bzw. 3,46). *Acetat*, F. 94—95,6° (Bzl./PAe.). — *N-[o-Methylphenyl]-2.2-dimethylpropylimin* (**V**), $C_{12}H_{17}N$, $Kp._{0,1}$ 51—51,2°, aus frisch dest. o-Toluidin u. Pivalinaldehyd unter Kühlung; n_D^{26} 1,5030, λ_{max} 279 mμ (log ε = 3,34); hydrolysiert mit verd. HCl. — *1.2.3.4-Tetrahydrochinolin*, $Kp._{30}$ 140°, als Nebenprod. aus **I** mit $LiAlH_4$. *Hydrochlorid*, F. 182—183,5°. *Benzoylderiv.*, F. 74—75,5°. — *2.2.4-Trimethyl-1.2-dihydrochinolin*, $Kp._{0,02}$ 90—95°, F. 26—28°, aus Anilin u. Aceton nach CRAIG (J. Amer. chem. Soc. **60.** [1938.] 1458); λ_{max} 230, 267 u. 341 mμ (log ε = 4,49, 3,36 bzw. 3,44). (J. Amer. chem. Soc. **74.** 4517—20. 20/9. 1952. Madison, Wis., Univ. of Wisconsin, Labor. of Organ. Chem.) GOEBEL. 3231

D. Ll. Hammick und **A. M. Roe**, *Chinaldinoylchlorid.* Vff. beweisen mit Hilfe von Infrarotspektren, daß es sich bei der von MEYER (1905) aus Chinaldinsäure (**I**) u. $SOCl_2$ dargestellten Verb. mit F. 175—176° (Zers.) um **I**-*Hydrochlorid* handelt; die bei derselben Rk. von BESSHORN u. IBELE (1905) erhaltene Verb. mit F. 96° ist das wirkliche *Chinaldinsäurechlorid* (**II**), $C_{10}H_6ONCl$, das auch von HAMMICK u. DICKINSON (J. chem. Soc. [London] **1929.** 214) aus reinem **I** u. PCl_5 durch Kochen in trockenem, frisch über Na dest. Ligroin dargestellt wurde. Infrarotspektren (in Paraffin): **I**, λ_{max} 5,18 μ; **I**-HCl, λ_{max} 3,08, 5,05 u. 5,82 μ; **II**, λ_{max} 5,05, 5,70 u. 5,82 μ. — **II** hydrolysiert sehr leicht; **I** liegt in fester Form als Zwitterion vor. (J. chem. Soc. [London] **1952.** 4545—46. Nov. Oxford, Univ., Dyson Perrins Labor.) GOEBEL. 3231

Arthur P. Phillips, *Kondensationen von Cinchoninaldehyd.* 5. Mitt. *Mit Phenylacetonitrilen.* (4. vgl. C. **1949.** II. 660.) Cinchoninaldehyd (**I**) reagiert mit Phenylacetonitrilen außerordentlich leicht unter Bldg. von *α-Phenyl-β-[chinolyl-(4)]-acrylonitrilen* (**A**). Die Rk. wird durchgeführt durch Zugabe von Alkali zur alkoh. Lsg. der Reaktionspartner u. verläuft unter Farbwechsel von Gelb über Orange nach Tiefrot. Die Kondensation von *p-Nitrophenylacetonitril* liefert unter dem katalyt. Einfl. von Alkali schlechte, mit weniger bas. Stoffen [$(C_2H_5)_2NH$, Piperidin] jedoch gute Ausbeuten. Mit o-Methoxyphenylacetonitril tritt kein Farbumschlag während der Rk. auf u. die Kondensation verläuft langsam (ster. Hinderung). Aus Phenylacetonitril entsteht in A. oder in wss. Suspension mit $(C_2H_5)_2NH$ als Katalysator nicht das ungesätt. Prod. **II**, sondern das entsprechende Aldol **III**.

Versuche: Allg. Darstellungsmeth. durch Zugabe von 20%ig. KOH zu **I** u. Phenylacetonitril in 95%ig. A.; innerhalb 1 Min. kristallisieren die Verbb. aus, weiße oder gelbe Kristalle aus A. oder Bzl./Skellysolve B; Ausbeuten 80% oder mehr. Dargestellt wurden folgende Verbb. der Formel **A**: *X* = *H*, $C_{18}H_{12}N_2$ (**II**), F. 134 bis 135°. — *X* = *4-CH₃*, $C_{19}H_{14}N_2$, F. 168—169°. *X* = *4-Cl*, $C_{18}H_{11}N_2Cl$, F. 165—166°. —

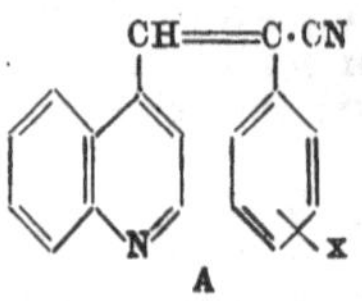

A

$X = 4\text{-}NO_2$, $C_{18}H_{11}O_2N_3$, F. 199—200°; mit KOH (24 Std., 25°) 20% (Ausbeute); mit 5 Tropfen $(C_2H_5)_2NH$ (2 Std., 100°) 60%; mit Piperidin (24 Std., 25°) 95%. — $X = 2\text{-}CH_3O$, $C_{19}H_{14}ON_2$, F. 149—150°; 3 Std., 100°, dann nochmals 1 cm^3 KOH zusetzen; kein Farbumschlag; 70%. — $X = 4\text{-}CH_3O$, $C_{19}H_{14}ON_2$, F. 180—181°. — $X = 4\text{-}C_2H_5O$, $C_{20}H_{16}ON_2$, F. 155—156°. — $X = 3\text{-}CH_3O\text{-}4\text{-}C_2H_5O$, $C_{21}H_{18}O_2N_2$, F. 160—161°. — *α-Phenyl-β-oxy-β-[chinolyl-(4)]-propionitril* (III), $C_{18}H_{14}ON_2$, F. 184—185°; mit $(C_2H_5)NH$, 2 Std., 100°; 60%. (J. Amer. chem. Soc. **74.** 5230—31. 20/10. 1952. Tuckahoe, N. Y., Wellcome Res. Labors.) GOEBEL. 3231

A. G. Caldwell und **L. P. Walls,** *Die Nitrierung von Phenanthridin.* H_2SO_4–HNO_3 nitriert Phenanthridin (I) zu *1-* (**II**), *2-* (**III**), *3-* (**IV**), *4-* (**V**), *5-* (**VI**) u. *7-Nitrophenanthridin* (**VII**) mit folgenden Ausbeuten: **V** 26, **VI** 21, **VII** 11, **III** 6, **IV** 3 u. **II** 1%, obwohl **II** theoret. als Hauptprod. erwartet wurde. **II** u. **IV** wurden auch aus den 9-Methylverbb. über die Aldehyde u. Carbonsäuren dargestellt. Die Amine aus **III** u. **VII** waren ident. mit den aus den Carbäthoxyamino-9-methylverbb. gewonnenen Basen. Die Konst. von **V** u. **VI** wurde durch Oxydation zu den *Nitrophenanthridonen* (**XIII** bzw. **XIV**) bestätigt. Die *2-*, *3-* u. *7-Aminophenanthridiniumsalze* hatten sehr schwache trypanocide Wrkg., das *5-Aminosalz* war wirkungslos. *5-Nitrophenanthridon* (**VIII**) entstand in sehr geringer Menge bei der SCHMIDT-Rk. von 4-Nitrophenanthrenchinon (**IX**), während diese Rk. bei Fluorenoncarbonsäure-(4) (**X**) zu *4-Aminophenanthridon* (**XI**) führte. HNO_3 nitrierte Phenanthridon (**XII**) zu *1-* u. *3-Nitrophenanthridon.*

Versuche: Durch Eintragen von **I**-Nitrat in konz. H_2SO_4 u. Aufarbeitung des Rohprod. durch fraktionierte Kristallisation aus verschied. Lösungsmitteln u. manuelle Trennung wurden erhalten: *3-Nitrophenanthridin* (**IV**), $C_{13}H_8O_2N_2$, F. 266—267°, blaßgelbe Nadeln aus A., dann $C_2H_5OCH_2CH_2OH$; *5-Nitrophenanthridin* (**VI**), F. 166 bis 166,5°, sehr blaßgelbe Platten aus Bzl., dann A.; *4-Nitrophenanthridin* (**V**), F. 160,5 bis 161,5°, blaßgelbe Nadeln aus A.; *2-Nitrophenanthridin* (**III**), F. 196—197°, aus A. Nadeln; *1-Nitrophenanthridin* (**II**), F. 190°, Prismen aus A.; *7-Nitrophenanthridin* (**VII**), F. 159—161°, aus A. cremefarbige Nädelchen. — *Phenanthridinaldehyde-(9)*, aus den 9-Methylverbb. mit sublimiertem SeO_2: *1-Nitro-*, $C_{14}H_8O_3N_2$, F. 203—204°, cremefarbene Nädelchen aus Bzl.-PAe. (30% Ausgangsprod. zurück); 30% (Ausbeute); daneben *1.2-Bis-[1-nitrophenanthridinyl-(9)]-äthylen,* $C_{28}H_{16}O_4N_4$, F. >360°, orangerote Nadeln aus Pyridin; 4%. — *6-Carbäthoxyamino-* (**XVI**), $C_{17}H_{14}O_3N_2$, F. 201—203°, blaßgelbe Tafeln aus Bzl.; 70%; daneben *1.2-Bis-[6-carbäthoxyaminophenanthridinyl-(9)]-äthylen,* $C_{34}H_{28}O_4N_4$, F. 295—300° (Zers.), gelbe Täfelchen aus Pyridin; 7%; entstand auch aus **XVI** u. 6-Carbäthoxyamino-9-methylphenanthridin. — *8-Carbäthoxyamino-*, $C_{17}H_{14}O_3N_2$, F. 221—223° (Zers.), hellgelbe Tafeln aus Bzl.; 60%. — *Phenanthridincarbonsäuren-(9)*, durch $^1/_2$—$^3/_4$std. Zugabe von $KMnO_4$ in W. zur Lsg. von 2 g des Aldehyds in Pyridin bei 40°, ½—1std. Rühren (40°), Kochen u. Heißfiltrieren; vereinigte Filtrate stark verd. u. eingeengt; meist 200—300 mg Phenanthridonderiv. u. mit HCl 1,2—1,7 g Säure; Hydrolyse der Carbäthoxyaminogruppe mit sd. 2nNaOH (5 Min.) u. Neutralisieren: *1-NO_2-* (**XV**), $C_{14}H_8O_4N_2$, F. 170° (Zers.), cremefarben. — *3-NO_2-* (**XVII**), F. 265—266°. — *2-NH_2-*, $C_{14}H_{10}O_2N_2$, F. 183° (Zers.), aus W., tiefrot. — *3-NH_2-*, F. 190° (Zers.), aus W., orange. — *6-NH_2-*, F. 235° (Zers.), aus CH_3COOH, hellgelb. — *7-NH_2-*, F. 202° (Zers.), aus W., tiefrot. — *Carbäthoxyamino-*, $C_{17}H_{14}O_4N_2$: *2-*, F. 175° (Zers., bei schnellem Erhitzen), F. 224—225° (Zers., bei langsamem Erhitzen), aus Dioxan; *3-*, F. 193° (Zers.), aus CH_3COOH, gelb; *7-*, F. 192° (Zers.), aus wss. Dioxan; *8-*, F. 105—110°, Wiederfestwerden, F. 158 bis 160° (Zers.). — Carbäthoxyaminophenanthridone, $C_{16}H_{14}O_3N_2$: *2-*, F. ca. 250° (Zers., bei schnellem Erhitzen), aus Dioxan. — *3-*, F. 285° (Zers.), aus CH_3COOH. — *6-*, aus A., F. 280° (Zers.). — *8-*, F. 295° (Zers.), aus C_2H_5OH. — Phenanthridine: **II** u. **IV** wurden außer durch Nitrierung von **I** durch Decarboxylierung von **XV** bzw. **XVII** durch 5 Min. Kochen in Eisessig u. Verdünnen mit W. erhalten. — Die *Aminoderivv.*, $C_{13}H_{10}N_2$, wurden erhalten durch a) Erhitzen der Carbonsäure 5—10° über ihren F., Lösen in n/2 CH_3COOH (Kohle) u. Zusatz von NaOH, b) 2—5 Min. Kochen der Carbonsäure in Chinolin, Dampfdest. u. wie bei a), c) 4std. Kochen der Nitroverb. mit Fe-Pulver, W. u. 2nCH_3COOH: *2-*, F. 144—145° (Bzl.), nach a) u. c), gelb. — *3-*, F. 152—153° (Bzl.), nach b) u. c), blaßgelb. — *4-*, F. 115,5 bis 117° (Bzl.), nach c), gelb. — *5-* (**XVIII**), F. 143,5—144,5° (Bzl.), nach c), blaßgelb. — *6-*, F. 192—194° (wss. CH_3OH), nach b). — *7-*, F. 203—204° (wss. CH_3OH), nach a) u. c), blaßgelb. — *Carbäthoxyaminoderivv.*, $C_{16}H_{14}O_2N_2$: *2-*, (**XIX**), F. 227—229° (Zers.; A.). — *3-*, F. 221° (Zers.; A.). — *7-*, F. 205—206° (CH_3OH). — *8-*, F. 161—163° (Bzl.-PAe.). — *2-Carbäthoxyamino-10-methylphenanthridiniumbromid* (**XX**), $C_{17}H_{17}$-

O_2N_2Br, F. 252° (Zers.), aus 450 mg **XIX** u. $(CH_3)_2SO_4$ in $C_6H_5NO_2$ bei 150° (5 Min.), Zugabe von Bzl. u. Waschen mit Aceton, Lösen in W. u. Zugabe von KBr, gelbe Nädelchen aus CH_3OH. — *3-Carbäthoxyamino-Isomeres*, F. 242° (Zers.), wie **XX**, aus A. gelbe Nadeln. — *7-Carbäthoxy-Isomeres*, F. 255° (Zers.), hellgelbe Nädelchen aus CH_3OH–Essigester. — *2-Amino-10-methylphenanthridiniumjodid*, $C_{14}H_{13}N_2J$, F. 243 bis 245°, durch 25 Min. Erhitzen von 450 mg **XX** mit konz. H_2SO_4-W. (1,2 : 1) auf 140°, Verdünnen, Neutralisieren mit NH_3 u. Zugabe von KJ; orangerote Tafeln aus CH_3OH; 400 mg. — *3-Amino-Isomeres*, F. 255—257°, aus wss. A. orangefarbene Nadeln. — *7-Amino-Isomeres*, F. 250—251°, aus wss. A. orangerote Nadeln. — *5-Acetamido-phenanthridin*, $C_{15}H_{12}ON_2$, F. 206°, aus **XVIII** u. Acetanhydrid; aus A. Nadeln. — *5-Acetamido-10-methylphenanthridiniummethylsulfat*, $C_{17}H_{18}O_5N_2S$, F. 215—220° (Zers.), aus 3 g vorst. Verb. in $C_6H_5NO_2$ u. $(CH_3)_2SO_4$ bei 180°; hellbraune Nadeln; 3,7 g. — *5-Amino-10-methylphenanthridiniumchlorid*, $C_{14}H_{13}N_2Cl \cdot 1{,}5\ H_2O$, F. 233—234° (Zers.), aus vorst. Verb. in sd. 5nHCl (1 Std.) u. Zugabe von W.; orangefarbene Nadeln. — 1 g **V** wurde mit 8,5 g $KMnO_4$ in W. bis zur Entfärbung gekocht, eingedampft u. angesäuert: *Phthalsäure*, F. 205° (Zers.); durch Sublimation *Anhydrid*, F. 132°. — *1-Nitrophenanthridon*, $C_{13}H_8O_3N_2$, F. 265—267°, durch Nitrierung von 5,5 g **XII** nach MOORE u. HUNTRESS (J. Amer. chem. Soc. **49**. [1927.] 1327) u. 8malige Extraktion mit je 200 cm³ sd. A. (Rückstand 4,5 g **R**); tiefgelbe Prismen aus CH_3COOH; 400 mg. — *3-Nitrophenanthridon*, $C_{13}H_8O_3N_2$, F. 380—384° (Zers., bei 370° eingetaucht), a) durch Umlösen von **R** aus Pyridin; cremefarbige Nadeln; b) durch Chromatographie der Pyridinlsg. des ziegelroten Oxydationsprod. von 9-Methyl-3-nitrophenanthridin an Al_2O_3, Elution bis Eluat nicht mehr rot, Auskochen des Al_2O_3 mit Pyridin u. Einengen. — *4-Nitrophenanthridon* (**XIII**), F. 325—327°, aus 500 mg **V** in heißer $2\,n\,H_2SO_4$ mit 1 g $KMnO_4$; Pyridinextrakt des Nd. verd.; Nadeln aus CH_3COOH; 300 mg roh. — *5-Nitrophenanthridon* (**VIII**), F. 316—318°, a) analog **XIII**, hellbraune Prismen aus CH_3COOH; b) durch ½std. Einrühren von 2,3 g NaN_3 in konz. H_2SO_4-Lsg. von 1 g **IX** bei 10°; nach 1 Std. Eis zugesetzt; Nd. mit W. ausgekocht; aus Filtrat 800 mg **A**; Rückstand mit n NaOH ausgekocht; durch Ansäuern 150 mg **B**; Rückstand ca. 20 mg **VIII**, wie bei a) gereinigt. — *Nitrodiphenamidsäure I*, $C_{14}H_{10}O_5N_2$, F. 205—209°, aus **A**, Nadeln aus H_2O. — *Nitrodiphenamidsäure II*, $C_{14}H_{10}O_5N_2$, F. 219—221°, aus **B**, talkartige Kristalle. — *7-Nitrophenanthridon* (**XIV**), $C_{13}H_8O_3N_2$, F. 324—326° (Zers.), durch Oxydation von **VII** wie **XIII**, Chromatographie in Pyridin an Al_2O_3 u. Konz. des Eluats, gelbe Nadeln aus CH_3COOH; bei Zers. des MnO_2 mit HCl Bldg. der *Verb.* $C_{13}H_7O_3N_2Cl$, F. ca. 305°. — *4-Aminophenanthridon* (**XI**), $C_{13}H_{10}ON_2$, F. 319—323° (Schwärzung), a) durch Hydrierung (PtO_2, Zimmertemp., 10 at) von 500 mg **XIII** in A. u. Einengen des Heißfiltrats; 250 mg hellbraune Nadeln; b) aus 3 g **X** in konz. H_2SO_4 u. NaN_3 unter Kühlung; nach ½ Std. W. zugegeben, Nd. mit warmer n NaOH u. dann sd. H_2SO_4 ausgezogen: fast weiße Nadeln des *Sulfats*, $C_{13}H_{10}ON_2 \cdot 0{,}5\ H_2SO_4$; mit NH_4OH zers.; 1,1 g roh. — *5-Aminophenanthridon*, $C_{13}H_{10}ON_2$, F. 330—334° (Schwärzung), aus **VIII** wie **XI** nach a), hellbraune Prismen aus Pyridin. (J. chem. Soc. [London] **1952**. 2156—64. Juni. Beckenham, Kent, Wellcome Res. Labors., Chem. Div.)

LEHMSTEDT. 3231

John T. Braunholtz und **Frederick G. Mann**, *Die Darstellung von Bis-[2-cyanäthyl]-derivaten aromatischer primärer Amine und ihre Umwandlung in 1.6-Diketojulolidine.* In Fortsetzung früherer Verss. (vgl. MANN u. SMITH, J. chem. Soc. [London] **1951**. 1898 u. früher) werden weitere prim. Amine durch Erhitzen mit Vinylcyanid (**I**) in Essigsäure in die entsprechenden *N-Mono-* bzw. *N.N-Bis-[2-cyanäthyl]-derivv.* übergeführt u. letztere mit $AlCl_3$ in Chlorbenzol zu *1.6-Diketojulolidin* (**II**) bzw. dessen Analogen umgewandelt. In Ggw. von Cu-Pulver u. Cu-Salz wird die Umsetzung der prim. Amine eher gehemmt als gefördert (s. Verss.); Acetanilid kann nicht als intermediäre Verb. fungieren, da dieses bei 14std. Erhitzen mit **I** in Essigsäure auf 140° (auch in Ggw. von etwas W.) unverändert bleibt. Die Bis-cyanäthylverbb. bilden Hydrochloride, Chloroplatinate u. p-Nitrosoderivv., aber im Gegensatz zu tert. Monocyanäthylaminen keine Pikrate u. reagieren auch nicht mit sd. CH_3J, p-Toluolsulfonsäuremethylester (**III**) oder 30%ig. H_2O_2.

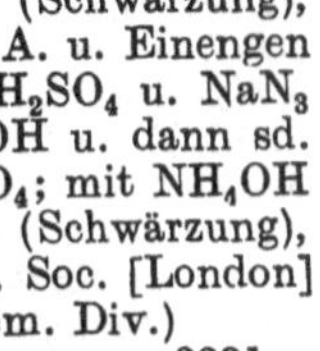

II

N.N-Bis-[2-cyanäthyl]-p-toluidin (**IV**) liefert im Gegensatz zur glatt reagierenden m-Verb. nur in 7%ig. Ausbeute *8-Methyl-1.6-diketojulolidin*; ebenso träge verläuft die Umsetzung mit *N.N-Bis-[2-cyanäthyl]-p-anisidin* (**V**), aus dem *8-Oxy-1.6-diketojulolidin* entsteht. **II**-*Dioxim* (**VI**) erweist sich als ungewöhnlich stabil gegenüber Reduktionsverss. mit CH_3ONa, Na-Amalgam, $LiAlH_4$ oder H_2 in Ggw. von Pd-Kohle. Bei der Darst. des *Dibenzoats* u. des *Bis-[p-toluolsulfonats]* aus **VI** wurden keine eindeutigen FF. erhalten; Vff. erklären diese Tatsache damit, daß **VI** u. seine

Derivv. als syn-, anti- oder amphi-Isomere vorliegen können; es könnte auch BECKMANNsche Umlagerung in Frage kommen. Bei Anwendung von etwas weniger $AlCl_3$ (ca. 5 statt 6,7 Mol auf 1 Mol Dinitril) werden an Stelle der Diketojulolidine *Monoketone* erhalten; so entsteht aus **V** eine *Verb.* $C_{13}H_{14}O_2N_2$; durch Vgl. ihres in A. ermittelten UV-Absorptionsspektr. mit dem von **V** ergibt sich, daß es sich dabei wahrscheinlich um *1-[2'-Cyanäthyl]-1.2.3.4-tetrahydro-6-methoxychinolon-(4)* u. nicht um das theoret. mögliche *3-Cyan-1-[p-methoxyphenyl]-piperidon-(4)* handelt. Analog liefert *N.N-Bis-[2-cyanäthyl]-m-toluidin* (**VII**) wahrscheinlich *1-[2'-Cyanäthyl]-1.2.3.4-tetrahydro-5-methylchinolon-(4)*.

Versuche: *N-[2-Cyanäthyl]-anilin*, F. 51,5° (wss. A.), Kp.$_{0,35}$ 120—130°, durch Erhitzen von Anilin u. **I** in Essigsäure auf 140—145° im Autoklaven (3½ Std.); 32% (Ausbeute); daneben *N.N-Bis-[2-cyanäthyl]-anilin* (**VIII**), F. 80—82° (wss. A.), Kp.$_{0,35}$ 180—190°; 13%; wird unverändert zurückgewonnen nach 14std. Erhitzen in CH_3J auf 100° im Rohr, nach 1¼std. Kochen in CH_3J in Ggw. von CH_3NO_2, nach ½std. Erhitzen mit **III** auf 165° oder nach 15std. Einw. von 30%ig. H_2O_2 in Aceton. *Hydrochlorid*, $C_{12}H_{13}N_3 \cdot HCl$, F. 115,5—116,5° (aus Aceton mit Ae. gefällt). *Chloroplatinat*, $(C_{12}H_{13}N_3)_2 \cdot H_2PtCl_6$, F. 148—149° (konz. HCl; Zers.), orangebraun. — *N.N-Bis-[2-cyanäthyl]-p-nitrosoanilin*, $C_{12}H_{12}ON_4$, F. 138—139°; aus A. grüne Blättchen. — *N-[2-Cyanäthyl]-m-toluidin*, $C_{10}H_{12}N_2$, F. 47,5—48,5°, Kp.$_{0,2}$ 125—150°, analog **VIII** aus m-Toluidin; 4½ Std.; aus A. Blättchen; 50%; daneben *N.N-Bis-[2-cyanäthyl]-m-toluidin* (**VII**), $C_{13}H_{15}N_3$, F. 85—86°, Kp.$_{0,2}$ 160—190°; aus A. Nadeln; 32%. Daraus mit HNO_2 *N.N-Bis-[2'-cyanäthyl]-4-nitroso-3-methylanilin*, $C_{13}H_{14}ON_4$, F. 157—158°; aus A. dunkelgrüne Blättchen. — *N.N-Bis-[2-cyanäthyl]-p-toluidin* (**IV**), $C_{13}H_{15}N_3$, F. 61—62°, Kp.$_{0,2}$ 180—205°, analog **VIII** aus p-Toluidin (**IX**); 6 Std.; aus A. Nadeln; 42%; daneben *N-[2-Cyanäthyl]-p-toluidin*, $C_{10}H_{12}N_2$, F. 103—104°, Kp.$_{0,2}$ 140 bis 180°; aus A. Blättchen; 54%; entsteht auch in geringer Menge als einziges Reaktionsprod. bei 3std. Erhitzen von **I** u. **IX** in Ggw. von Cu-Pulver u. Cu-Formiat in Ameisensäure auf 180—190°; bei 3std. Erhitzen von **I** u. **IX** in Ggw. von CH_3ONa in Cyclohexan auf 140—150° bildet sich weder vorst. Verb. noch **IV**; **IX** wird zurückgewonnen; 77%. — *N.N-Bis-[2-cyanäthyl]-p-anisidin* (**V**), $C_{13}H_{15}ON_3$, F. 100—101° (A.), Kp.$_{0,2}$ 214 bis 218°, analog **VIII** aus p-Anisidin als einziges Reaktionsprod.; 5½ Std.; 52%. — *p-Chlor-N.N-bis-[2-cyanäthyl]-anilin*, $C_{12}H_{12}N_3Cl$, F. 91°, Kp.$_{0,1}$ 180—210°, analog **VIII** aus p-Chloranilin; 3¼ Std.; aus A. Nadeln; 4%; daneben *p-Chloracetanilid*, C_8H_8ONCl, F. 175—176°. — *N-[2-Cyanäthyl]-N.N-dimethylaniliniumjodid*, $C_{11}H_{15}N_2J$, F. 126° (A.), durch 1std. Kochen von N-[2-Cyanäthyl]-N-methylanilin in CH_3J. — *1.6-Diketojulolidin* (**II**), F. 134—136° (A.), durch 7½std. Erhitzen von **VIII** mit der 6,7fach mol. Menge $AlCl_3$ in Chlorbenzol + HCl auf 150°, Zers. mit Eiswasser u. Dampfdest.; **II** im Rückstand; 89%. Daraus durch 3std. Kochen mit $HONH_2 \cdot HCl$ in 10%ig. Sodalsg. u. etwas A. **II**-*Dioxim* (**VI**), $C_{12}H_{13}O_2N_3$, F. 237,5—238,5° (Zers.); aus wss. A. hellgelbe Nadeln; 70%; wird nicht red. durch Na in Methanol, Na-Amalgam in Ggw. von Essigsäure in Methanol, $LiAlH_4$ in Ae. oder bei 2std. Hydrierung in Ggw. von Pd-Kohle in Ae. u. etwas 2-Methoxyäthanol; *Dibenzoat*, $C_{26}H_{21}O_4N_3$, aus **VI** u. Benzoylchlorid in Alkali; bei verschied. Verss. erhaltene FF.: 143, 172, 175,5, 186, 193 u. 204° (Zers.); aus A.–Aceton gelbes Pulver; *Bis-[p-toluolsulfonat]*, $C_{26}H_{25}O_6N_3S_2$, aus **VI** u. p-Toluolsulfochlorid in Alkali; aus A.–Aceton hellgelbe Nadeln, die bei 145° zu schm. beginnen u. bei 200° vollständig geschmolzen sind; *Diacetat*, $C_{16}H_{17}O_4N_3$, F. 192,5° (Vakuumröhrchen; Zers.), aus **VI** u. sd. Essigsäureanhydrid; aus A.–Aceton gelbe Kristalle. — *1.6-Diketo-7-methyljulolidin*, $C_{13}H_{13}O_2N$, F. 121—122°, analog **II** aus **VII** in 9std. Rk.; aus A. gelbe Nadeln; 35%. Daraus mit Phenylhydrazin u. etwas Essigsäure in sd. Methanol *Bis-phenylhydrazon*, $C_{25}H_{25}N_5$, F. 207—208°; gelb; 97%; fast unlösl. in allen gebräuchlichen Lösungsmitteln. *Dioxim*, $C_{13}H_{15}O_2N_3$, F. 211—212° (Zers.; Vakuumröhrchen), analog **VI** in 4½std. Rk.; aus wss. A. hellgelbe Nadeln; 88%. — *1-[2'-Cyanäthyl]-1.2.3.4-tetrahydro-5-methylchinolon-(4)*, $C_{13}H_{14}ON_2$, F. 114 bis 115°, entsteht in sehr geringer Menge bei 8std. Erhitzen von **VII** mit der 5fach mol. Menge $AlCl_3$ in Chlorbenzol u. etwas konz. HCl auf 140°, Zers. mit W., Dampfdest., Aufnehmen des Rückstands in Chlf., dann in PAe. u. Erhitzen auf 110° bei 0,2 Torr; aus Bzl.–Cyclohexan strohgelbe Kristalle. — *1.6-Diketo-8-methyljulolidin*, $C_{13}H_{13}O_2N$, F. 151—152°, analog **II** aus **IV** nach 14 Std. bei 160°; aus Cyclohexan gelbe Nadeln; 7%. *Bis-phenylhydrazon*, $C_{25}H_{25}N_5$, F. 269° (Zers.; Vakuumröhrchen); gelb. *Dioxim*, $C_{13}H_{15}O_2N_3$, F. 218° (Zers.; Vakuumröhrchen); aus wss. A. hellgelbe Nadeln; 85%. — *8-Oxy-1.6-diketojulolidin*, $C_{12}H_{11}O_3N$, F. 258—259° (Zers.), analog **II** aus **V** nach 15 Std. bei 165°; aus A. orangefarbene Nadeln; 7%. *Bis-phenylhydrazon*, F. 271—272° (Zers.; Methanol; Vakuumröhrchen); gelb. — *8-Acetoxy-1.6-diketojulolidin*, $C_{14}H_{13}O_4N$, F. 208,5—209,5° (Zers.; Vakuumröhrchen), durch 1std. Kochen von vorst.

Diketon in Ggw. von CH_3COONa in Essigsäureanhydrid u. Zugeben von W.; aus A. gelbe Nadeln; 67%. *Bis-phenylhydrazon*, $C_{26}H_{25}O_2N_5$, F. 263° (Zers.; A.; Vakuumröhrchen); gelb. — *1-[2'-Cyanäthyl]-1.2.3.4-tetrahydro-6-methoxychinolon-(4)*, $C_{13}H_{14}$·O_2N_2, F. 174—174,5° (A.; Vakuumröhrchen), entsteht in geringer Menge bei 5½ std. Erhitzen von **V** mit der 4,9fach mol. Menge $AlCl_3$ in Chlorbenzol u. etwas konz. HCl auf 180—190°, Hydrolysieren, Dampfdest. u. Aufnehmen des Rückstands in Chlf.; gelb. (J. chem. Soc. [London] **1952**. 3046—51. Aug. Cambridge, Univ., Chem. Labor.) W. HOFFMANN. 3231

John C. Roberts, *Eine Bestätigung der Struktur von 2.6-Dimethylpyrimidyl-(4)-methyllithium und einige Beobachtungen über die Kondensation von 1.3-Diketonen mit Acetamidin. 4-Äthyl-2.6-dimethylpyrimidin* (**I**) u. *2.4.5.6-Tetramethylpyrimidin* werden nach unzweideutigen Methoden synthetisiert. Bei der Einw. von C_6H_5Li auf *2.4.6-Trimethylpyrimidin* (**II**) u. anschließenden Behandlung mit CH_3J wird ein Rohprod. erhalten, aus dem sich Derivv. von **I** isolieren lassen. Damit werden die Strukturen des bereits früher (vgl. C. **1951**. II. 2316) dargestellten *2.6-Dimethylpyrimidyl-(4)-methyllithiums* u. des daraus gewonnenen *2.6-Dimethyl-4-n-tridecylpyrimidins* bewiesen. Durch Oxydation von **II** mit $KMnO_4$ entsteht eine *Dicarbonsäure* nicht genau ermittelter Konstitution. Die Kondensation von Acetamidinhydrochlorid (**III**) u. Acetylaceton (**IV**) nach BOWMAN läßt sich auf andere Diketone ausdehnen; neben den entsprechenden *Pyrimidinen* werden dabei *Diketonmonoimine* erhalten, deren Konst. nicht eindeutig bestimmt wird.

V e r s u c h e: *2.4.6-Trimethylpyrimidin* (**II**), Kp.$_{11,5}$ 68—72°, durch Kondensation von 77 g **IV** mit **III**, Zugabe von K_2CO_3 u. Aufnehmen in Ae.; 18,6 g (Rohausbeute); daneben aus der höhersd. Fraktion *2-Aminopenten-(2)-on-(4)*, C_5H_9ON, F. 39—40°, Kp.$_{11,5}$ 98—99°; Prismen; 3,1 g. — *6(2)-Methylpyrimidin-2(6).4-dicarbonsäuredihydrat*, $C_7H_6O_4N_2 \cdot 2\,H_2O$, F. 196—208° (Zers.), durch 33 std. Kochen von **II** in W. mit 2%ig. $KMnO_4$-Lsg., Filtrieren, Einengen u. Ansäuern (p_H <1); aus W. Prismen; 0,48 g; gibt weinrote Farb-Rk. mit $FeSO_4$; daneben aus der Mutterlauge ein Gemisch wahrscheinlich aus vorst. Verb. u. *Pyrimidin-2.4.6-tricarbonsäure*; 0,18 g. — *4-Äthyl-2.6-dimethylpyrimidin* (**I**), $C_8H_{12}N_2$, Kp.$_{11}$ 72—76°, a) durch 27tägige Rk. von 11,4 g Propionylaceton u. **III** in Ggw. von K_2CO_3 in W., Aufnehmen in Ae., Waschen mit 2nNaOH u. Einengen; 1,6 g; b) rohes **I** (Kp.$_{13}$ 77—81°) durch Rk. von 12,2 g **II** mit C_6H_5Li in Ae. bei 0°, 2 std. Kochen mit CH_3J, Zugabe von W., Aufnehmen in 2nHCl, Alkalisieren u. Ausäthern; 3,1 g. *Pikrat*, $C_8H_{12}N_2 \cdot C_6H_3O_7N_3$, F. 86—88°, aus 0,3 g **I** in A.; citronengelbe Prismen; 0,5 g. *Pikrolonat*, $C_8H_{12}N_2 \cdot C_{10}H_8O_5N_4$, F. 191—192° (Zers.), aus A. gelbes Pulver. *$HgCl_2$-Verb.*, $C_8H_{12}N_2 \cdot 2\,HgCl_2$, F. 103—105°, aus W. seidige Nadeln. — *2-Aminohexen-(2)-on-(4)* oder *3-Aminohexen-(3)-on-(5)*, $C_6H_{11}ON$, F. 62°, Kp.$_{11}$ 102—104°, als Nebenprod. bei der Darst. von **I** (Meth. a); aus PAe. Prismen; 0,5 g. — *2.4.5.6-Tetramethylpyrimidinpikrat*, $C_8H_{12}N_2 \cdot C_6H_3O_7N_3$, F. 129 bis 130°, analog **I** durch 7 wöchige Rk. von 12,3 g 3-Methylpentandion-(2.4) u. **III** in Ggw. von K_2CO_3 in W., Dest. bei 20 Torr u. Zugabe von alkoh. Pikrinsäure; nach 12 Std. bei —2° grünlichgelbe Kristalle; 0,7 g. (J. chem. Soc. [London] **1952**. 3065—68. Aug. Nottingham, Univ.) W. HOFFMANN. 3272

S. R. Safir und **J. H. Williams,** *Darstellung cyclischer Hydroxamsäurederivate des Pyrazins.* Durch Kondensation von α-Aminohydroxamsäuren mit 1.2-Dicarbonylverbb. in wss. Medium bei Raumtemp. werden *1-Oxy-2-ketopyrazine* dargestellt. Die wachstumshemmenden Eigg. von *1-Oxy-2-keto-3-isobutyl-5.6-dimethyl-1.2-dihydropyrazin* u. von *1-Oxy-2-keto-3-sek.-butyl-5.6-dimethyl-1.2-dihydropyrazin* werden an 15 verschied. Bakterienstämmen untersucht u. mit der Wrkg. der *Aspergillsäure* verglichen.

V e r s u c h e: *Glycinhydroxamsäure*, F. 142—143° (Zers.), durch Zugabe von 12,5nNaOH zu einer wss. Lsg. von Glycinäthylesterhydrochlorid u. $HONH_2 \cdot HCl$ während ½ Std. bei 0° u. Ansäuern mit 12nHCl; 39% (Ausbeute). — Analog werden dargestellt: *Aminomalonhydroxamsäure* (**I**), $C_3H_7O_4N_3$, F. 142—143° (W.; Zers.), aus Aminomalonester; 43%. — *l-Leucinhydroxamsäure* (**II**), $C_6H_{14}O_2N_2$, F. 195—200° (Zers.; W.); 55%. — *dl-Isoleucinhydroxamsäure* (**III**), $C_6H_{14}O_2N_2$, F. 180—182° (Zers.; W.); 73%. — *1-Oxy-2-keto-3-isobutyl-5.6-dimethyl-1.2-dihydropyrazin*, $C_{10}H_{16}O_2N_2$, F. 95—96° (A.), durch 2tägige Rk. zwischen **II** u. Diacetyl (**IV**) in W. bei Raumtemp.; gelb; 44%; bei Sublimation bildet sich eine farblose instabile Modifikation, F. 69 bis 71°. — *1-Oxy-2-keto-3-sek.-butyl-5.6-dimethyl-1.2-dihydropyrazin*, $C_{10}H_{16}O_2N_2$, F. 83 bis 85°, durch ½tägige Rk. zwischen **III** u. **IV** in W. u. Sublimation bei 110° u. 0,5 Torr; 29%. — *1-Oxy-2-keto-5.6-dimethyl-1.2-dihydropyrazin-3-hydroxamsäure*, $C_7H_9O_4N_3$, F. 220—222° (Zers.; W.), durch kurzes Schütteln von **I** u. **IV** in wss. Lsg.; gelb; 84%. — *1-Oxy-2-keto-1.2-dihydropyrazin-3-hydroxamsäure*, $C_5H_5O_4N_3$, F. 185—186° (Zers.), durch Rk. von **I** mit 30%ig. wss. Glyoxal, Zugabe von 10%ig. $NaHCO_3$ bis zum p_H 5 u. Ansäuern der sd. wss. Suspension des isolierten *Na-Salzes*; orangegelb; 38%. — *1-Oxy-2-keto-3-isobutyl-5.6-diphenyl-1.2-dihydropyrazin*, $C_{20}H_{20}O_2N_2$, F. 217—220° (Zers.), durch 17std. Kochen von **II** u. Benzil in 50%ig. A. u. Waschen mit n-HCl; aus Bzl. Nadeln; 67%; bildet schwer lösl. *Na-Salz*. — Alle synthetisierten Verbb. geben mit $FeCl_3$ tiefrote Farb-Rkk., **I**—**III** außerdem mit $(CH_3COO)_2Cu$ grüne *Salze*. (J. org. Chemistry **17**. 1298—1301. Okt. 1952. Pearl River, N. Y., Amer. Cyanamid Comp., Lederle Labor. Div.) W. HOFFMANN. 3272

E. C. Taylor jr. und **C. K. Cain,** *Pteridine*. 7. Mitt. *Synthese von 2-Alkylaminopteridinen*. (6. vgl. C. **1952**. 5420.) Aus 2-Mercapto- oder 2-Methylmercapto-4-amino-

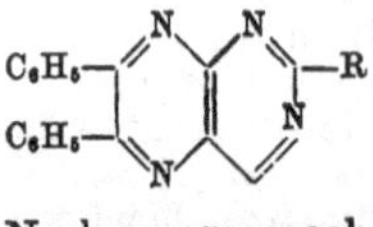

6.7-diphenylpteridinen wurden durch Erhitzen mit einem Amin verschied. *2-Alkylaminoderivv*. nebenst. Zus. dargestellt. Gegenüber den 2-Amino- besitzen die 2-Alkylaminopteridine einen tiefer enF., sind löslicher in W. u. organ. Lösungsmitteln, zeigen Veränderungen im UV-Spektr. u. eine Verminderung der Antifolsäurewirksamkeit. Noch ausgesprochener sind die Unterschiede bei den 2-Dialkylaminopteridinen.

Versuche (FF. korr.): *4.6-Diamino-2-methylmercaptopyrimidin*, F. 187—189°, aus 4.6-Diamino-2-mercaptopyrimidin u. CH_3J in absol. A. während 1 Std. auf dem Wasserbad. Die Lsg. wird mit Kohle geklärt, im Vakuum zur Trockne gedampft, mit heißem W. aufgenommen u. mit NH_3 auf p_H 9 eingestellt; beim Abkühlen lange Prismen, die noch etwas Ausgangsmaterial enthalten. Beim Lösen in sd. Aceton bleibt die Verunreinigung ungelöst; 83% (Ausbeute). — *4.5.6-Triamino-2-methylmercaptopyrimidinsulfat*, durch Red. von 4.6-Diamino-2-methylmercapto-5-nitrosopyrimidin mit $Na_2S_2O_4$ in W.; mit Kohle wird geklärt u. das Filtrat mit H_2SO_4 versetzt; Kristalle bei 0°; 68%. — *4-Amino-2-mercapto-6.7-dimethylpteridin*, $C_8H_9N_5S$, Zers. $>$280°. Eine wss. Lsg. von 4.5.6-Triamino-2-mercaptopyrimidinsulfat (**II**) wird mit verd. NaOH auf p_H 7 gebracht u. mit Diacetyl in 50%ig. A. versetzt; 93%. Reinigung aus n-NaOH, Klären mit Kohle u. Fällen mit n-Essigsäure; rhomboedr. Plättchen (60%ig. Dimethylformamid). — *4-Amino-2-methylmercapto-6.7-dimethylpteridin*, $C_9H_{11}N_5S$, F. 274—275° (Zers.), entsprechend aus vorvorst. Verb., gelbe Plättchen; 59%. — *4-Amino-2-mercapto-6.7-diphenylpteridin* (**I**), $C_{18}H_{13}N_5S$, F. 283°, aus **II** in sd. W. bei p_H 9 mit Benzil (in A./Methyläthylketon) während 3 Std. unter Rückflußkochen; nach Abtreiben der organ. Lösungsmittel im Vakuum Ansäuern mit Essigsäure u. Reinigung der Kristalle mit PAe. (30—60°); citronengelbe Prismen (50%ig. Dimethylformamid); 84%. — *4-Amino-2-methylmercapto-6.7-diphenylpteridin*, $C_{19}H_{15}N_5S$, F. 252,5—253°, aus 4.5.6-Triamino-2-methylmercaptopyrimidin u. Benzyl, 47%, schlanke Nadeln (A.) oder in 71%ig. Ausbeute durch Methylierung vorst. Verb. mit CH_3J. — Durch Erhitzen von 4-Amino-2-mercapto-(oder methylmercapto-)pteridinen mit NH_3 oder Aminen in absol. A. im Bombenrohr bei 180—190° während 10 Min. wurden folgende Verbb. erhalten: *2.4-Diamino-6.7-diphenylpteridin*, F. 280—283° (unkorr.); Kristalle (80%ig. wss. HCOOH); 84%. — *4-Amino-2-methylamino-6.7-diphenylpteridin*, $C_{19}H_{16}N_6$, F. 264—265°; gelbe Prismen (25%ig. wss. A.); 97%. — *4-Amino-2-dimethylamino-6.7-diphenylpteridin*, $C_{20}H_{18}N_6$, F. 192—195°; gelbe Nadeln (CH_3OH); 97%. — *4-Amino-2-dimethylamino-6.7-dimethylpteridin*, $C_{10}H_{14}N_6$, F. $>$260° (Zers.), gelbe Prismen (CH_3OH). — *4-Amino-2-piperidino-6.7-diphenylpteridin*, $C_{23}H_{22}N_6$, F. 209°, aus **I** u. Piperidin in Dimethylformamid unter Rückflußkochen während 12 Std., rechtwinklige Prismen (CH_2Cl_2/PAe.); 65%. — *4-Amino-2-morpholino-6.7-diphenylpteridin*, $C_{22}H_{20}ON_6$, F. 231—232°, aus **I** u. Morpholin während 10 Std. unter Rückfluß. Nach Zusatz von W. Kristalle bei 2°, lange gelbe Prismen (wss. Aceton); 45%. (J. Amer. chem. Soc. **74**. 1644—47. 5/4. 1952. Urbana, Ill., Univ., Noyes Chem. Labor.; Cornell Univ., Labor. of Chem.) NEZEL. 3272

E. C. Taylor jr., *Pteridine*. 8. Mitt. *Die Synthese von 2.4-Bis-[alkylamino]-6.7-diphenylpteridinen*. (7. vgl. vorst. Ref.) Die Darst. von *2.4-Bis-[alkylamino]-6.7-diphenylpteridinen* erfolgte nach 3 Methoden: **A.** Umsetzung von Aminen mit 4-Amino-2-mercapto-6.7-diphenylpteridin; **B.** Rk. von 2.4-Dichlor-6.7-diphenylpteridin mit Aminen; **C.** 2.4-Diamino-6.7-diphenylpteridin (**I**) u. Amine in Ggw. einer Spur HCl. Ohne HCl entstand entweder 2-Amino-4-alkylamino-6.7-diphenylpteridin, oder es trat keine Rk. ein. Für die Rk. nach **C** wird ein möglicher Mechanismus diskutiert.

Versuche (FF. korr.): *6.7-Diphenylpteridine*: *2-Amino-4-[3'-dimethylaminopropylamino]-*, $C_{23}H_{25}N_7$, F. 218,5—219,5°, aus **I** u. 3-Dimethylaminopropylamin im Bombenrohr bei 180° während 20 Std.; 91%. — *2.4-Bis-[benzylamino]-*, $C_{32}H_{26}N_6$, F. 226—226,5° (A.), nach **C** 91%, **B** 87%, **A** 79%. — *2.4-Dihydrazino-*, $C_{18}H_{16}N_8$, Zers. $>$230° [aus wss. $HCON(CH_3)_2$ wie die folgenden, wo nichts angegeben]; **A** 100%,

B 91%, **C** 66%. — *2.4-Diäthanolamino-*, $C_{22}H_{22}O_2N_6$, F. 211—212°, **A** 100%, **B** 87%, **C** 100%. — *2.4-Dipiperidino-*, $C_{28}H_{30}N_6$, F. 180—181°; **A** lieferte *4-Amino-2-piperidino-* zu 65%, **B** 88%, **C** 40% bei 200°. — *2.4-Dimorpholino-*, $C_{26}H_{26}O_2N_6$, F. 200—201,5° (CH_2Cl_2/PAe.); **A** lieferte *4-Amino-2-morpholino-* zu 45%, **B** 91%, **C** 65% bei 200°. — *2.4-Bis-[γ-dimethylaminopropylamino]-*, $C_{28}H_{36}N_8$, F. 144,5—145,5°; **A** 84%, **B** 92%, **C** 86% bei 180°. — *2.4-Bis-[γ-diäthylaminopropylamino]-*, $C_{32}H_{44}N_8$, F. 137,3—138° (CH_2Cl_2/PAe.); **A** 90%, **B** 78%, **C** 95%. — *2.4-Bis-[γ-isopropylaminopropylamino]-*, $C_{30}H_{40}N_8$, F. 141—142° (CH_2Cl_2/PAe.); **A** 82%, **B** 81%, **C** 92%. (J. Amer. chem. Soc. **74**. 1648—50. 5/4. 1952.) NEZEL. 3272

E. C. Taylor jr., *Pteridine.* 9. Mitt. *Hydrolytische Ringspaltung des 3-Benzyl-6.7-diphenyl-[3 H]-pteridinons-(4).* (8. vgl. vorst. Ref.) Beim Vers., *3-Benzyl-6.7-diphenyl-[3 H]-pteridinon-(4)* (**I**) durch Benzylierung von 6.7-Diphenyl-[3 H]-pteridinon-(4) (**II**) mit Benzylchlorid u. KOH in CH_3OH darzustellen, entstand bei Behandlung der Reaktionslsg. mit verd. Alkali *3-Amino-5.6-diphenyl-N-benzylpyrazincarbonsäure-amid* (**III**). Auch durch Behandlung einer authent. Probe **I** mit KOH u. 90%ig. CH_3OH entstand **III**. In absol. methanol. Lsg. bildete sich **III** bei der Benzylierung von **II** nicht, wohl aber entstand **I** in geringer Menge bei Ggw. von Alkali.

Versuche (FF. korr.): *6.7-Diphenyl-[3 H]-pteridinon-(4)* (**II**), $C_{18}H_{12}ON_4$, F. 297—298° (Zers.). 15 g 5.6-Diamino-4-oxy-2-mercaptopyrimidinsulfat in 300 ml W. werden bis zur Lsg. mit 20%ig. Sodalsg. versetzt, mit HCl auf p_H 10 eingestellt u. 80 g RANEY-Ni eingetragen. Nach 4std. Rückflußkochen werden der kalten filtrierten Lsg. 12,4 g Benzil in 100 ml Methyläthylketon u. 350 ml A. zugesetzt; nach 8std. Kochen, Ansäuern u. Kühlen Plättchen (wss. Dimethylformamid); 75% (Ausbeute). — *3-Amino-5.6-diphenyl-N-benzylpyrazincarbonsäureamid* (**III**), F. 188,5—189°, beim Benzylierungsvers. von **II** mit Benzylchlorid/KOH in CH_3OH nach Zusatz von 2nNaOH u. Erwärmen, gelbe Nadeln (A.); 76%. Auch aus **I** mit wss.-methanol. KOH unter Rückflußkochen; 87%. — *3-Benzyl-6.7-diphenyl-[3 H]-pteridinon-(4)* (**I**), F. 248° (aus A. Plättchen), aus **II** u. KOH (1 : 1) in CH_3OH durch Benzylierung bei 1std. Rückflußkochen unter Vermeidung der alkal. Hydrolyse; 25%; daneben 29% **III**. (J. Amer. chem. Soc. **74**. 2380—81. 5/5. 1952.) NEZEL. 3272

Arno Müller, *Zur Kenntnis der Konstitution des trimeren Phenylacetaldehydes.* Vf. teilt eine einfache Meth. zur Herst. von *trimerem Phenylacetaldehyd* (**I**; F. 155—156°) mit. Hiernach wird eine Lsg. von Phenylacetaldehyd in säurefreiem CCl_4 in braunen Flaschen diffusem Tageslicht ausgesetzt. Nach wenigen Tagen scheiden sich in organ. Lösungsmitteln lösl. Kristalle von **I** aus. Lsgg. von **I** in Hexan zeigen gegenüber dem Monomeren ein dem Bzl. ähnliches Absorptionsmaximum in der Nähe von 250 mμ. Es wird deshalb ein Ring aus je 3 alternierenden C- bzw. O-Atomen mit je einem an den C-Atomen gebundenen H u. einem Benzylrest angenommen. Bei dem vom W. her bekannten Valenzwinkel am O kann nach Ansicht des Vf. die Spannung des Ringes nicht sehr groß sein, was auch die relativ leichte Bldg. u. Beständigkeit von **I** erklärt. (Fette Seifen einschl. Anstrichmittel **53**. 221—22. April 1951. Genf.)

GERHARD GÜNTHER. 3354

M. L. Wolfrom und **Kimiko Anno,** *Acetylierte Thioacetale des D-Glucosamins.* Das von WOLFROM, LEMIEUX u. OLIN (vgl. J. Amer. chem. Soc. **71**. [1949.] 2870) früher erhaltene, irrtümlich als das Pentaacetat angesprochene *Tetraacetyl-2-amino-2-desoxy-D-glucosediäthylmercaptal* ließ sich nicht mehr herstellen. Dafür wurde das wahre Pentaacetat, das *Pentaacetyl-2-amino-2-desoxy-D-glucosediäthylmercaptal* (**I**) aus N-Acetylglucosamin über das *N-Acetyl-2-amino-2-desoxy-D-glucosediäthylmercaptal* (**II**) mit einem von den Ergebnissen von KENT (C. **1951**. II. 2183) abweichenden F. (Dimorphie?) erhalten. Aus D-Glucosamin ließ sich *2-Amino-2-desoxy-D-glucosediäthylmercaptal* (**III**) erhalten u. in **I** überführen.

Versuche: *Tetraacetyl-2-amino-2-desoxy-D-glucosediäthylmercaptal*, $C_{18}H_{31}O_8NS_2$, F. 126—127° (aus Methanol/W.), $[\alpha]_D^{22}$ —32° (c = 4 in Chlf.). — *N-Acetyl-2-amino-2-desoxy-D-glucosediäthylmercaptal* (**II**), F. 129,5—130,5° (aus Methanol/Chlf./Ae.) durch 24std. Rühren von N-Acetylglucosamin in konz. HCl mit Äthylmercaptan bei 0°, Zugabe von bas. $PbCO_3$, Eindampfen des Filtrats u. Extraktion des Rückstandes mit absol. A.; $[\alpha]_D^{30}$ —35° (c = 4 in W.); 81% (Ausbeute). — *Pentaacetyl-2-amino-2-desoxy-D-glucosediäthylmercaptal* (**I**), $C_{20}H_{33}O_9NS_2$, F. 75—77° (aus PAe.), durch Acetylierung von **II** mit Essigsäureanhydrid u. Pyridin bei Zimmertemp. in 24 Std.; oder durch Acetylierung von **III** in gleicher Weise bei hoher Ausbeute; längliche Nadeln, $[\alpha]_D^{28}$ +1° (c = 4 in Chlf.); 79%. Durch Behandlung mit wasserfreiem NH_3 (20 Min. langes Durchleiten bei 0° u. 2std. Stehen bei Zimmertemp. in methanol. Lsg.) wurde **I** in **II** umgesetzt. — *2-Amino-2-desoxy-D-glucosediäthylmercap-*

tal (III), $C_{10}H_{23}O_4NS_2$, F. 109—110°, durch 2tägiges Schütteln von D-Glucosamin mit konz. HCl u. Äthylmercaptan im Rohr bei Zimmertemp., Nadeln aus A./Ae., $[\alpha]_D^{23}$ —24° (c = 1 in W.); 40%; reagiert alkal. in wss. Lsg., Ninhydrin-Rk. positiv. (J. Amer. chem. Soc. **74.** 6150—51. 5/12. 1952. Columbus, O., Ohio State Univ., Dep. of Chem.) WILLENBERG. 3400

A. D. Kusowkow, P. Ss. Massagetow und **R. I. Bogomasowa,** *Untersuchung der Alkaloide von Stizolophus balsamita (Lam.).* Aus der in Transkaukasien wachsenden Komposite Stizolophus balsamita (Lam.) (Centaurea balsamita Lam.) wurde ein neues krist. Alkaloid, *Stizolophin,* $C_{15}H_{23}O_5N$ (?), isoliert. Es enthält eine CH_3N-Gruppe. Die meisten Salze sind amorph; krist. wurden nur das *Salicylat* u. das *Salz* mit *Viridiflorinsäure* (vgl. MENSCHIKOW, Журнал Общей Химии [J. allg. Chem.] **18.** (**80.**) [1948.] 1736) erhalten. Die Lsgg. in verd. Mineralsäuren zers. sich beim Aufbewahren oder kurzen Kochen. Pharmakol. wenig akt.; die antibakterielle Wrkg. ist gering. — Auch Centaurea macrocephala u. C. squarrosa enthalten (nicht krist. erhaltene) Alkaloide, 0,3 bzw. 0,12% vom Trockengewicht.

Versuche: *Stizolophin,* $C_{15}H_{23}O_5N$ (?), F. 122—123°. 4,6 kg lufttrockne, oberird. Teile der Juni/Juli gesammelten Pflanze wurden mit 10%ig. NH_3 durchfeuchtet u. mit $C_2H_4Cl_2$ extrahiert. Nach Schütteln mit nicht überschüssiger 10%ig. H_2SO_4 wurde die Lsg. des Sulfats mit 25%ig. NH_3 alkal. gemacht u. mit Chlf. extrahiert. Trocknen u. Konzentrieren der Chloroformlsg. führte zur Kristallisation. Aus Chlf. Nadeln; $[\alpha]_D$ +24,6° (1,272 g; 10 cm³ A.); Mol.-Gew. (Bzl.) 281; Äquivalentgewicht (potentiometr.) 304; leicht lösl. in A. u. Aceton, weniger in W. u. Chlf.; 12 g (Ausbeute). *Salicylat,* $C_{15}H_{23}O_5N \cdot C_7H_6O_3$, F. 168—169°; aus Aceton Kristalle. *Viridiflorinat,* $C_{15}H_{23}O_5N \cdot C_7H_{14}O_4$, F. 168—169°; aus Aceton Kristalle. (Журнал Общей Химии [J. allg. Chem.] **23.** (**85.**) 157—58. Jan. 1953. Allunions Wiss. Chem.-Pharmazeut. Ordshonikidse-Forschungsinst.) R. KNOBLOCH. 3500

P. Karrer und **C. H. Eugster,** *Carotinoidsynthesen.* 8. Mitt. *Synthese des Dodekapreno-β-carotins.* (7. vgl. C. **1952.** 58.) Vitamin-A-alkohol (aus dem krist. Acetat) wurde mit Aceton u. Al-tert.-Butylat zum krist. C_{23}-*Keton* (I) kondensiert. Mit Zn u. Propargylbromid ließ sich hieraus der tert. Acetylenalkohol **II** erhalten, dessen Di-Mg-Salz (**III**) mit Octen-(4)-dion-(2.7) zum Tetraol **IV** kondensiert wurde. Nach partieller Hydrierung der Dreifachbindungen wurde mit p-Toluolsulfonsäure die Wasserabspaltung durchgeführt, die zu einem komplexen Reaktionsprod. führte, das sich durch wiederholtes

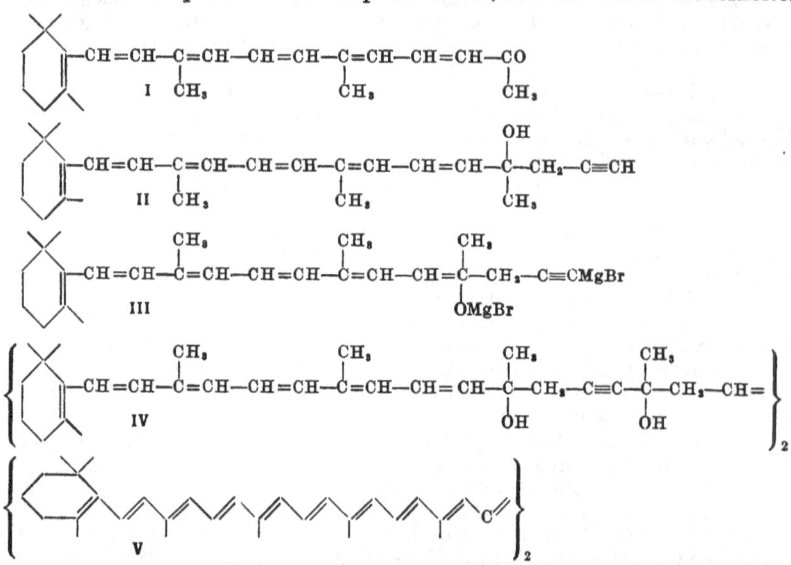

Chromatographieren auftrennen ließ u. in geringer Ausbeute *Dodekapreno-β-carotin* (**V**) ergab, das aus 12 Isopreneinheiten aufgebaut ist. An Regelmäßigkeiten im opt. Verh. der verschied. Carotinoid-KW-stoffe werden von Vff. hervorgehoben: 1. Das charakterist. Dreibandenspektr. ist am ausgeprägtesten bei mittlerer Anzahl (7—12) von Doppelbindungen. Stoffe mit kleinerer Anzahl von Doppelbindungen zeigen noch kein Dreibandenspektrum. Die Schärfe der Aufspaltung in Teilbanden nimmt bei großer

Zahl konjugierter Doppelbindungen wieder ab. 2. Der Lösungsmitteleinfl. auf die Lage der Banden nimmt mit steigender Anzahl konjugierter Doppelbindungen zu. 3. Der Einfl. einer neu hinzutretenden Doppelbindung auf die Lage des Maximums wird mit steigender Doppelbindungszahl geringer.

Versuche (alle Verss. unter reinem N_2, alle Lösungsmittel sorgfältig gereinigt, Eindampfen ohne Capillare im Vakuum): *C_{23}-Keton* (I), $C_{23}H_{32}O$, F. 105—106°. 10 g krist. Vitamin-A-acetat werden nach ISLER u. Mitarbeiter (Helv. chim. Acta **32.** [1949.] 489) verseift, der Vitamin-A-alkohol nach Trocknen im Hochvakuum in 80 ml reinstem Aceton gelöst, 9 g frisch sublimiertes Al-tert.-Butylat in 200 ml Bzl. zugegeben u. 45 Std. zum gelinden Sieden erwärmt. Nach dem Erkalten werden 5 ml W. zugesetzt, durch Celite wird filtriert u. der Verdampfungsrückstand des Filtrats mit 150 ml trockenem CH_3OH, 10 g GIRARD-Reagens T u. 0,5 ml Eisessig versetzt u. 30 Min. unter Rückfluß gekocht. Der Nichtketonanteil wird erneut mit GIRARD-Reagens behandelt. Nach Zerlegung der Hydrazone nach HEILBRON (J. chem. Soc. [London] **1938.** 175) resultierten 6,7 g **I**, große Rhomben (PAe.). — *Acetylenalkohol* (**II**), $C_{26}H_{36}O$. 3,5 g **I**, 1,6 g Propargylbromid, 1,5 g aktivierte Zn-Wolle in 20 ml Ae./Tetrahydrofuran-Gemisch zum Sieden erhitzen, etwas J_2 u. $HgCl_2$ zusetzen u. schwach erwärmen. Nach ½ Std. kühlen u. mit Eis/verd. Essigsäure zerlegen. Reinigung aus PAe. an $Ca(OH)_2$. **II** wurde aus der langen, gelben Zone eluiert; 2,5 g. — *Tetraol* **IV**, $C_{60}H_{84}O_4$. 6,45 g **II** in 40 ml Ae. u. etwas Cu_2Cl_2 werden so lange mit äther. Äthyl-MgBr-Lsg. tropfenweise versetzt, als noch Äthan entsteht (gegen Ende bei 50°). In die sd. Lsg. werden 1,4 g Octen-(4)-dion-(2.7) in Ae. eingetragen. Nach 2std. Kochen wird mit Eis/verd. H_2SO_4 zers. u. nach Aufarbeitung an Al_2O_3 (Aktivität II—III) chromatograph. getrennt. Mit 10% CH_3OH enthaltendem Ae. wird **IV** eluiert. Es wird in Bzl. gelöst u. auf eine mit PAe. vorbereitete $Ca(OH)_2$-Säule gegeben, mit PAe./Bzl. (2 : 1) entwickelt. Die lange, gelbe Zone wird eluiert; 3,72 g gelbe, pulverisierte Substanz. Mit Pd/$BaSO_4$- u. Pd/$CaCO_3$-Kontakt wird in Essigester semihydriert, orangefarbiger, blasiger Schaum. — *Dodekapreno-β-carotin* (**V**), $C_{60}H_{80}$. 1,5 g vorst. Verb. in 30 ml Toluol werden nahe am Sieden mit 200 mg p-Toluolsulfonsäure (in Toluol) versetzt. Kurz darauf wird mit Eis gekühlt, mit NH_3-Gas neutralisiert u. sofort auf eine Säule gegeben, die unten 8 cm $Ca(OH)_2$ u. darüber 6 cm $ZnCO_3$ enthält. Beim Waschen mit Bzl. entwickelt sich die sepiafarbige **V**-Zone, die herausgeschnitten u. mit Ae./CH_3OH eluiert wird. Der Farbstoff wird aus Cyclohexan an einer MgO-Säule chromatographiert, mit PAe./Aceton (1 : 1) entwickelt. **V** befindet sich in der blauen Zone, wird mit Essigester/CH_3OH eluiert u. aus Cyclohexan an $CaCO_3$ chromatographiert. Nach Entw. mit PAe. u. PAe. mit 1% Bzl. enthielt die blauviolette Zone **V**; aus Methylcyclohexan u. PAe. bei —15° in evakuierter Ampulle fast schwarze Mikrokristalle, F. 190—191° (evakuierte Capillare); λ_{max} 579 mμ (CS_2); 531 mμ (PAe.). (Helv. chim. Acta **34.** 1805—14. 15/10. 1951. Zürich, Univ., Chem. Inst.) NEZEL. 3550

H. Schmid und **K. Kägi**, *Über einige Umsetzungen von Epicholesterintosylat.* Die Darst. von *Epicholesterintosylat* (I) wird beschrieben. Bei Red. von **I** mit $LiAlH_4$ werden *Δ^5-Cholesten* (19%) u. *$\Delta^{3,5}$-Cholestadien* (**II**; 74%) erhalten. **II** ist auch das Hauptreaktionsprod. bei Solvolyse-Rkk. von **I**. Bei Rk. mit Methanol–K-Acetat werden neben **II** (50%) ein *Methyläther A*, $C_{28}H_{48}O$ (**III**; 6,4%), ein isomerer *Methyläther B* (**IV**; 15,6%), *Epicholesterin* (12,7%) u. *Cholesterinmethyläther* (0,5%) erhalten. Für **III** bzw. **IV** wird auf Grund ihrer Rkk., ihrer Infrarotspektren u. der Bldg. von Epoxyden (**IIIa** u. **IVa**) mit Monoperphthalsäure die Konst. *6-Methoxy-Δ^4-cholesten* u. *4β-Methoxy-Δ^5-cholesten* angenommen. **IV** ist deutlich verschieden von *4α-Methoxy-Δ^5-cholesten*, das aus 4α-Oxy-Δ^5-cholesten mit K u. CH_3J erhalten wird. — Für den aus 3.5-Cyclocholestan durch Hydrierung früher (C. **1951.** II. 1288) erhaltenen *KW-stoff $C_{27}H_{48}$* bleiben Vff. bei der vorgeschlagenen Formulierung u. lehnen die Ansicht von PROUT u. RIEGEL (J. Amer. chem. Soc. **74.** [1952.] 3190) ab, wonach es sich um unreines 3-Methyl-A-nor-$\Delta^{3,5}$-cholesten handeln soll, da letzteres im Gegensatz zum KW-stoff $C_{27}H_{48}$ intensive LIEBERMANN-BURCHARD- u. deutliche $C(NO_2)_4$-Rk. gibt.

Versuche: *Epicholesterintosylat* (I), $C_{34}H_{52}O_3S$, F. 109.5° (Zers. u. Rotfärbung; Ae.–PAe.), aus Epicholesterin (F. 145°) u. Tosylchlorid in Pyridin unter Eiskühlung, 1 Std. bei 0°, 4 Std. bei 20° u. über Nacht bei 30°; 89% (Ausbeute). Unverändert nach 20 Std. bei 20° mit 3%ig. KOH. 103 mg **I** gaben durch 24std. Kochen mit Aceton u. W. 32 mg **II**. Nach 3½ std. Kochen von **I** mit Methanol-CH_3COOK ergab die Chromatographie an Al_2O_3 50% **II** ([eluiert mit] Pentan; F. 79,5—80,5°); 6,4% **III** (Pentan + 5% Bzl.), 15,6% **IV** (Pentan + 5% Bzl., spätere Fraktionen), 0,54% *Cholesterinmethyläther* (Pentan–Bzl.-Gemische u. Bzl.; $C_{28}H_{48}O$, F. 78—81°, Sinterbeginn 76°; Blättchen aus A., Methanol–Ae. u. Aceton; $[\alpha]_D^{17}$ —29,3 ± 4° [c = 0,547 in Chlf.]) u. 12,7% *Epi-*

cholesterin (Bzl. + 15% Ae.; *Acetat*, F. 85—86%). — *Methyläther A* (**III**), $C_{28}H_{48}O$, F. 98,5—99,5°, Plättchen aus A., $[\alpha]_D^{19}$ +79,6 ± 3° (c = 0,887 in Chlf.); LIEBERMANN-BURCHARD-Rk. rot → blau → grün; ROSENHEIM-Test (90%ig. Trichloressigsäure) gelb → rotbraun → carminrot (nach 2—3 Min.); Tetranitromethan-Rk. schwachgelb. Gibt beim Erhitzen mit p-Toluolsulfonsäure in Methanol **II**. — *Epoxyd A* (**IIIa**), $C_{28}H_{48}O_2$, F. 107,5—109,5° (Ae.-Methanol), aus 26,6 mg **III** in Ae. u. Phthalmonopersäure, 3 Tage bei 2° u. 1 Tag bei 20°; 22,6 mg; ROSENHEIM-Test nach 4—6 Min. intensiv carminrot. — *Methyläther B* (**IV**), $C_{28}H_{48}O$, F. 67,5—68,5°, Nadeln aus A., $[\alpha]_D^{17}$ —72,6 ± 2° (c = 0,992 in Chlf.); LIEBERMANN-BURCHARD-Rk. rot → blau → grün; ROSENHEIM-Test braun → rot → carminrot (nach 2—3 Min.); Tetranitromethan-Rk. schwachgelb, gleich intensiv wie **III** u. 3.5-Cyclocholestan; nach 20 Min. keine Farbintensivierung. Gibt mit p-Toluolsulfonsäure in Methanol **II**. Gibt bei Hydrierung mit PtO_2 in Eisessig u. Essigester *Cholestan* (F. 81°, Plättchen aus A. u. Ae.-A. nach Chromatographie). — *Epoxyd B* (**IVa**), $C_{28}H_{48}O$, F. 57,5—59,5° (Methanol u. Ae.-Methanol nach Chromatographie), aus 38,1 mg **IV** wie **IIIa**; 27,8 mg; keine ROSENHEIM-Farbreaktion. — Nach Einw. von $LiAlH_4$ (20 Std. rühren bei 20°) auf **I** in Ae. ergab die Chromatographie an Al_2O_3 u. Elution mit Pentan 19% Δ^5-Cholesten [$C_{27}H_{46}$, F. 93,5—94° (Ae.-A.), $[\alpha]_D$ —53,5° (c = 1,289 in Chlf.)] u. mit Pentan + 20% Bzl. 74% **II**. — Nach Einw. von CH_3COOK–Essigsäureanhydrid (38 Std. bei 75°) auf 1,0 g **I** ergab die chromatograph. Trennung 56% **II** u. 16 mg *Cholesterinacetat* [$C_{29}H_{48}O_2$, F. 114,5 bis 116,5° (A.), $[\alpha]_D^{19}$ —39,3 ± 3° (c = 0,712 in Chlf.)]. — *4α-Methoxy-Δ^5-cholesten*, $C_{28}H_{48}O$, F. 85,5—86,5° (Ae.-Methanol nach Chromatographie), aus 48,6 mg 4α-Oxy-Δ^5-cholesten in Ae. mit K u. CH_3J unter N_2, 2 Std. beim Kp. gerührt; 28 mg. (Helv. chim. Acta **35**. 2194—2201. 1/12. 1952. Zürich, Univ., Chem. Inst.) H.-J. KOCH. 3700

C. A. Grob und **H. von Sprecher**, *Synthesen in der Biotinreihe*. 3. Mitt. *DL-epi-Biotin, DL-epi-allo-Biotin und zur Konfiguration der Biotinisomeren.* (2. vgl. Helv. chim. Acta **33**. [1950.] 1776.) Die Synth. von *DL-epi-* u. *DL-epi-allo-Biotin* wurde auf folgendem Wege durchgeführt: ω-Carbomethoxyvaleraldehyd u. CH_3NO_2 reagieren in Ggw. von Alkali zu *6-Oxy-7-nitroheptansäuremethylester* (**Ia**), der mit PCl_5 in die *6-Chlor-*, mit CH_3COCl in die *6-Acetoxyverbb.* (**III**) übergeführt wird. Diese beiden Verbb. reagieren mit Mercaptoacetaldehyddimethyl- (oder -diäthyl-)-acetal (**IIa**, **IIb**) zu *6-[2'.2'-Dimethoxy-* (bzw. *Diäthoxy*)*-äthylmercapto*]*-7-nitroheptansäureestern* (**Va**, **Vb**). Als Zwischenprodd. sind Nitroolefine anzunehmen. Aus **Va** u. **Vb** werden durch Säurehydrolyse die freien *Aldehyde* (**VI**) erhalten, die mit Na-Alkoholaten Gemische isomerer *2-[ω-Carbalkoxybutyl]-3-nitro-4-oxythiophane* (**VII**), mit NaOH die entsprechenden *Carbonsäuren* (**VIII**) liefern. Diese Verbb. haben 3 Asymmetriezentren u. bilden demnach 4 verschied. Racemate, von denen 2 aus den Reaktionsprodd. als p-Nitrobenzoate abgeschieden werden konnten. Das Isomerengemisch **VII** wird acetyliert u. mit NH_3 in Dioxan in ein Gemisch zweier isomerer *2-[ω-Carbomethoxybutyl]-3-nitro-4-aminothiophane* übergeführt, aus dem 2 stabile isomere *2-[ω-Carbomethoxybutyl]-3-nitro-4-acetamidothiophane* (**IXa**, **IXb**) erhalten werden. Nach Red., Hydrolyse u. Ringschluß mit $COCl_2$ werden 2 isomere *Biotine* (**XII**) erhalten, die als *DL-allo-* bzw. *DL-epi-allo-Biotin* erkannt wurden. Auf Grund theoret. Überlegungen u. an Hand von Hydrierungsverss. von HARRIS u. Mitarbeitern (J. Amer. chem. Soc. **67**. [1945.] 2102) werden für die 4 isomeren Biotine die Konfigurationen **XIa—d** vorgeschlagen.

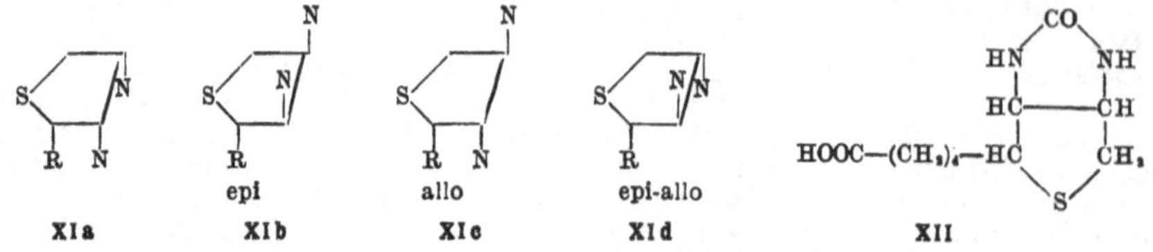

epi allo epi-allo

XIa XIb XIc XId XII

Versuche (FF. korr.): *6-Oxy-7-nitroheptansäuremethylester* (**Ia**), $C_8H_{15}O_5N$, F. 36—37°, Kp.$_{0,01}$ 114—116°, aus ω-Carbomethoxyvaleraldehyd u. CH_3NO_2 in Methanol + NaOH unter Eiskühlung u. dann bei 20° (14 Std.), Kristalle aus Ae.; n_D^{24} 1,4611; 85% (Ausbeute). *Äthylester* (**Ib**), $C_9H_{17}O_5N$, analog aus ω-Carbäthoxyvaleraldehyd, Kp.$_{0,05}$ 126—131°, n_D^{19} 1,4595; 83%. — *6-Acetoxy-7-nitroheptansäuremethylester* (**III**), $C_{10}H_{17}O_6N$, Kp.$_{0,01}$ 114—115°, aus **Ia** mit CH_3COCl zunächst unter Kühlung, dann bei 40° (40 Min.), Fl., $n_D^{22,5}$ 1,4503; 95%. *Äthylester*, analog aus **Ib**, Kp.$_{0,01}$ 115 bis 120°, $n_D^{27,5}$ 1,4480; 96%. — *6-Chlor-7-nitroheptansäureäthylester* (**IV**), aus **Ib** mit PCl_5 in Chlf. bei 30° (30 Min.); bei Dest. im Hochvakuum tritt Zers. ein, weshalb das rohe Reaktionsprod. weiterverarbeitet wurde. — *Mercaptoacetaldehyddiäthylacetal* (**IIb**),

$Kp._{13}$ 59°, durch Eintragen von Bromdiäthylacetal in mit H_2S gesätt. alkoh. KOH unter N_2 u. 6—7 std. Stehenlassen bei 70—80°; 57%. *Hg-Salz,* $C_{12}H_{26}O_4S_2Hg$, F. 94°, mit HgO in A., Nadeln. — *Mercaptoacetaldehyddimethylacetal* (**IIa**), $Kp._{13}$ 43—44°, analog **IIb**. *Hg-Salz,* $C_8H_{18}O_4S_2Hg$, F. 52° (aus Methanol). Beim Stehenlassen von **IIa** mit einer Spur HBr entsteht *2.5-Dimethoxydithian* (?), $C_6H_{12}O_2S_2$, F. 83° nach Sublimieren bei 60°/0,05 mm. — *6-[2'.2'-Dimethoxyäthylmercapto]-7-nitroheptansäuremethylester* (**Va**), $C_{12}H_{23}O_6NS$, $Kp._{0,01}$ ca. 130°, durch Eintragen von **III** in eine Lsg. von **IIa** u. $NaOH_3$ in absol. Methanol unter N_2 bei —10°, Stehenlassen bei —10° (1 Std.) u. dann bei 20° (12 Std.). — *6-[2'.2'-Diäthoxyäthylmercapto]-7-nitroheptansäureäthylester* (**Vb**), $C_{15}H_{29}O_6NS$, $Kp._{0,01}$ ca. 130°, ebenso aus **IV** u. **IIb**, Öl, n_D^{18} 1,4738. — *6-[2'-Oxoäthylmercapto]-7-nitroheptansäure* (**VI**), aus **Va** durch Stehenlassen mit wss.-methanol. KOH bei 20° (16 Std.), krist. nicht; *Semicarbazon,* $C_{10}H_{18}O_5N_4S$, F. 131 bis 132,5° (aus Dioxan). *Methylester,* aus **Va** durch Erhitzen mit 5nHCl in 50%ig. wss. Dioxan auf dem Dampfbad (5 Min.), nichtdestillierbares Öl, 94%; *Methylestersemicarbazon,* $C_{11}H_{20}O_5N_4S$, F. 109,5° (aus Methanol). *Äthylester,* ebenso aus **Vb**; *Äthylestersemicarbazon,* $C_{12}H_{22}O_5N_4S$, F. 108—109° (aus A.). — *2-[ω-Carbomethoxybutyl]-3-nitro-4-oxythiophan* (**VII**), aus **VI**-Methylester durch Stehenlassen mit Na in absol. Methanol bei 20° (15 Std.), Ansäuern mit Eisessig bei 0°, Eindampfen im Vakuum u. Ausziehen des in Ae. gelösten Rückstandes mit verd. $KHCO_3$-Lsg., gelbes Öl, das beim Aufbewahren teilweise kristallisiert. *p-Nitrobenzoate,* a) *schwerlösl. Isomeres,* $C_{17}H_{20}O_8N_2S$, F. 104 bis 105° (aus CCl_4), mit p-Nitrobenzoylchlorid in absol. Bzl. in Ggw. der theoret. Menge Pyridin bei 20° (48 Std.); b) *leichtlösl. Isomeres,* $C_{17}H_{20}O_8N_2S$, F. 67—68°, aus den Mutterlaugen (aus CCl_4 + Ae.). — *2-[ω-Carboxybutyl]-3-nitro-4-oxythiophan* (**VIII**; Isomerengemisch), aus **VI** durch Stehenlassen mit wss. KOH bei 20° (6 Std.), orangerotes Öl, das nach längerem Stehen teilweise krist. (F. unscharf 50—55°). Aus dem krist. Anteil wurde mit $(CH_3)_2NH$ in Aceton + A. ein *Dimethylaminsalz,* $C_{11}H_{22}O_5 \cdot N_2S$, F. 110° (Zers., aus Methanol + Aceton), erhalten. — *2-[ω-Carbomethoxybutyl]-3-nitro-4-acetamidothiophan* (**IX**; Isomerengemisch), Kristallmasse, aus **VII** durch Erwärmen mit CH_3COCl auf 40° (20 Min.) u. Eintropfen der im Hochvakuum von Lösungsmittelresten befreiten u. in Dioxan gelösten *4-Acetoxyverb.* (**X**) in mit NH_3 gesätt. Dioxan in 3,5 Std. bei 10—12°, Weiterrühren unter Einleiten von NH_3 (3 Std.), Filtrieren vom gebildeten NH_4-Acetat, Entfernen überschüssigen NH_3 im Vakuum, Zusetzen von Acetanhydrid u. Stehenlassen bei 20° (15 Std.). Nach Anreiben mit W. krist. der Eindampfrückstand langsam; 85%. *epi-allo-Isomeres* (**IXa**), $C_{12}H_{20}O_5N_2S$, F. 114°, aus dem Isomerengemisch durch Kristallisieren aus Methanol, Nadeln. *epi-Isomeres* (**IXb**), $C_{12}H_{20}O_5N_2S$, F. 90—91°, wird aus den Mutterlaugen des vorst. Isomeren auch durch mehrfaches Kristallisieren aus Bzl.–Ae.-Gemischen nicht ganz rein erhalten; ein einheitliches Material wurde aus einer Fraktion F. 76—79° durch Erhitzen mit Acetanhydrid (1 Std.), Eindampfen im Vakuum, Aufnehmen des Rückstandes in Ae., Abtrennen ungelöster Anteile, Einengen u. Versetzen mit PAe. erhalten, Nadeln aus Ae. + wenig Benzol. — *2-[ω-Carbomethoxybutyl]-3-nitro-2.5-dihydrothiophen,* $C_{10}H_{15}O_4NS$, F. 43—43,5°, $Kp._{0,01}$ 70—80°, aus **X** durch Erhitzen in äther. Lsg. mit $KHCO_3$ (5½ Std.); 85%. Färbt sich an der Luft rasch dunkel. Bei Behandeln mit NH_3 in Dioxan bei 12—15°, wie bei **IX** beschrieben, u. anschließender Acetylierung wird **IX** erhalten, aus dem **IXa** u. **IXb** isoliert werden können. — *2-[ω-Carboxybutyl]-3-nitro-4-acetamidothiophan, epi-allo-Isomeres,* $C_{11}H_{18}O_5N_2S$, F. 183 —184° (aus Dioxan + W.), aus **IXa** durch Stehenlassen mit 2nNaOH + Methanol bei 20° (12 Std.) oder aus **VI** durch Erwärmen mit fl. NH_3 im Autoklaven auf 30° (20 Std.) u. Acetylieren des Reaktionsprod. mit Acetanhydrid bei 75°, prismat. Nadeln. *epi-Isomeres,* $C_{11}H_{18}O_5N_2S$, 118—121° (aus W. u. Methanol, nicht ganz einheitlich), ebenso aus **IXb**. — *epi-allo-2-[ω-Carbamidobutyl]-3-nitro-4-acetamidothiophan* (**XIII**), $C_{11}H_{19}O_4N_3S$, F. 192 bis 193,5° (aus A.), aus **VI**-Methylester durch Erwärmen mit fl. NH_3 im Autoklaven auf 30° (20 Std.) u. Acetylieren des Reaktionsprod. mit Acetanhydrid in Eisessig bei 75°. Daneben entstandenes **IXa** wird auf Grund seiner Löslichkeit in Bzl. abgetrennt. — *DL-epi-allo-2-[ω-Carbamidobutyl]-3.4-diacetamidothiophan* (**XIV**), $C_{13}H_{23}O_3N_3S$, F. 267 bis 269° (KOFLER-Block), Zers. 260° (Capillare) (aus W.), aus **XIII** durch Red. mit amalgamiertem Al in CH_3OH (18 Std.), Auskochen des Rückstandes mit CH_3OH, Eindampfen der Lsgg. u. Acetylieren des Trockenrückstandes. — *2-[ω-Carbomethoxybutyl]-3-amino-4-acetamidothiophan, epi-allo-Isomeres* (**XVa**), $C_{12}H_{22}O_3N_2S$, F. 125° (aus CH_3OH + Ae.), aus **IXa** mit amalgamiertem Al in CH_3OH + Ae. bei 20° (20 Std.); 97%. *Benzoylderiv.,* $C_{19}H_{26}O_4N_2S$, F. 197—198° (aus Methanol), mit C_6H_5COCl in Pyridin. *epi-Isomeres* (**XVb**), teilweise krist. viscoses Öl, ebenso aus nicht ganz reinem **IXb**. *Benzoylderiv.,* $C_{19}H_{26}O_4N_2S$, F. 139—140° (aus Methanol + W.); kleine Mengen des epi-allo-Isomeren werden auf Grund seiner Methanolunlöslichkeit abgetrennt. —

2-[ω-Carboxybutyl]-3.4-diaminothiophan, epi-allo-Isomeres, Sulfat (**XVIa**), F. 248 bis 249° (KOFLER-Block), Zers. 273° (Capillare) (aus W.), aus **XVa** oder **XIV** durch Erhitzen mit $Ba(OH)_2$ u. W. im Rohr auf 125—150° (16—18 Std.); *Bishydrochlorid*, $C_9H_{20}O_2N_2Cl_2S\cdot H_2O$, F. 127—129° (aus W. + A.), aus **XVa** durch Erhitzen mit HCl (D. 1,19) auf 100° (12 Std.), krist. aus wss. Aceton mit 1 Mol Kristallwasser. *epi-Isomeres, Sulfat* (**XVIb**), $C_9H_{20}O_6N_2S_2$, F. 246—247° (aus Methanol + W.), aus dem Benzoylderiv. von **XVb** mit $Ba(OH)_2$ wie vorst. beschrieben. — *DL-epi-allo-Biotin*, $C_{10}H_{16}\cdot O_3N_2S$, durch Einleiten von $COCl_2$ in eine Lsg. von **XVIa** in wss. Na_2CO_3 bei 0°, prismat. Nadeln (aus Methanol) oder kugelige Kristalle (aus W.), die sich oberhalb 195° zers., ohne bis 300° zu schmelzen. *Methylester*, $C_{11}H_{18}O_3N_2S$, F. 151—152° (aus Methanol + Ae.), mit CH_2N_2, Nadeln. — *DL-epi-Biotin*, $C_{10}H_{16}O_3N_2S$, F. 190—191° (aus W.), ebenso aus **XVIb**. *Methylester*, $C_{11}H_{18}O_3N_2S$, F. 119—120° (aus Ae. u. wenig Methanol), Platten. (Helv. chim. Acta **35**. 885—901. 2/5. 1952. Basel, Univ., Org.-chem. Anstalt, u. Gümlingen-Bern, HACO-Gesellschaft AG., Wiss. Abt.) K. FABER. 3800

C. A. Grob und **H. von Sprecher**, *Synthesen in der Biotinreihe*. 4. Mitt. *Herstellung substituierter Thiophane*. (3. vgl. vorst. Ref.) Das aus 1-Nitropropanol-(2) (**I**) mit PCl_5 bzw. CH_3COCl erhaltene *1-Nitro-2-chlor-*(**II**) (bzw. *2-acetoxy*)*-propan* läßt sich mit Mercaptoacetaldehyddiäthylacetal zu *[1-Nitropropyl-(2)]-[1'.1'-diäthoxyäthyl-(2')]-sulfid* (**III**) umsetzen. Das daraus mit HCl in Dioxan erhaltene *[1-Nitropropyl-(2)]-[1'-oxoäthyl-(2')]-sulfid* (**IV**) geht durch intramol. Aldolkondensation in *2-Methyl-3-nitro-4-oxythiophan* (**V**) über, das bei Red. mit Fe + CH_3COOH glatt *2-Methyl-3-amino-4-oxythiophan* (**VII**) liefert. **V** wird über die entsprechende *Acetoxyverb.* (**VI**) durch Umsetzen mit NH_3 in *2-Methyl-3-nitro-4-aminothiophan* übergeführt, das nach Red. der Nitrogruppe mit $COCl_2$ in *2-Methyl-2'-oxotetrahydroimidazolo-[4'.5':3.4]-thiophan* umgewandelt wird. Eine analog aufgebaute Reaktionsfolge ermöglichte die Synth. zweier *Biotinisomeren* (vgl. vorst. Ref.).

V e r s u c h e (FF. in der Capillare): *1-Nitro-2-oxypropan* (**I**), Kp.$_{11}$ 90—94°, durch Eintropfen von Acetaldehyd in eine Lsg. von CH_3NO_2 in wss. A. in Ggw. von K_2CO_3 unter Kühlung u. je 24std. Stehenlassen bei 0 u. 20°; 79—81% (Ausbeute). *p-Nitrobenzoat*, $C_{10}H_{10}O_6N_2$, F. 94—95° (aus CCl_4), mit p-Nitrobenzoylchlorid in Pyridin. — *1-Nitro-2-chlorpropan* (**II**), Kp.$_{13,5}$ 63°, aus **I** mit PCl_5 in Chlf. zunächst bei 15°, dann bei 20—25°, $n_D^{20,5}$ 1,4447; 76%. — *1-Nitro-2-acetoxypropan*, $C_5H_9O_4N$, Kp.$_{11}$ 101 bis 102°, aus **I** mit CH_3COCl (20% Überschuß) bei 40°, $n_D^{23,5}$ 1,4255; 90%. — *[1-Nitropropyl-(2)]-[1'.1'-diäthoxyäthyl-(2')]-sulfid* (**III**), $C_9H_{19}O_4NS$, Kp.$_{0,01}$ 72°, Kp.$_{0,3}$ 108 bis 110°, aus **II** oder vorst. Verb. durch Eintropfen in eine Lsg. von Mercaptoacetaldehyddiäthylacetal (l. c.) u. Na in absol. A. bei —10° u. Stehenlassen bei —10° (1 Std.) u. dann bei 20° (10 Std.), n_D^{23} 1,4683; 87—89%. — *[1-Nitropropyl-(2)]-[1'-oxoäthyl-(2')]-sulfid* (**IV**), $C_5H_9O_3NS$, Kp.$_{0,01}$ 64—65°, aus **III** durch Erhitzen mit nHCl in Dioxan unter CO_2 (5. Min.), n_D^{25} 1,5031; 95%. *Semicarbazon*, $C_6H_{12}O_3N_4S$, F. 125—130° (KOFLER-Block) u. nach Wiedererstarren bei 143—144°, aus Methanol. *p-Nitrophenylhydrazon*, $C_{11}H_{14}O_4N_4S$, F. 126,5°, aus Methanol. — *2-Methyl-3-nitro-4-oxythiophan* (**V**), $C_5H_9O_3NS$, Kp.$_{0,01}$ 66—67°, aus **IV** mit methanol. KOH durch 12std. Stehenlassen bei 0° unter N_2, gelbliches Öl, n_D^{24} 1,5305; 84,5%. *p-Nitrobenzoat*, $C_{12}H_{12}O_6N_2S$, F. 95 bis 97°, aus A. u. CCl_4. — *2-Methyl-3-nitro-4-acetoxythiophan* (**VI**), $C_7H_{11}O_4NS$, Kp.$_{0,01}$ 78°, aus **V** mit CH_3COCl, n_D^{20} 1,5009; 95—98°. — *2-Methyl-3-amino-4-oxythiophan* (**VII**, Isomerengemisch), F. 70—80° (aus Ae.), Kp.$_{0,05}$ 105—107°, aus **V** durch Red. mit Fe + CH_3COOH bei 50—60°, Fällen von Fe mit K_2S in Methanol, Filtrieren des Fe-Sulfids, Eindampfen des Filtrates u. Extraktion des in W. gelösten u. phenolphthaleinalkal. gemachten Rückstandes mit Ae.; 75%. *Pikrat*, $C_{11}H_{14}O_8N_4S$, F. 193—194° (aus A. oder Dioxan). *Bis-p-nitrobenzoat*, $C_{19}H_{17}O_7N_3S$, F. 193—195° (Zers.) (aus Aceton + A.). — *2-Methyl-3-ureido-4-oxythiophan* (Isomerengemisch), $C_6H_{12}O_2N_2S$, F. 176—180° (aus A. u. Ae. + A.), aus **VII**-Hydrochlorid mit KOCN in W. durch kurzes Erwärmen. — *2-Methyl-3-ureido-4-chlorthiophan*, $C_6H_{11}ON_2ClS$, F. ca. 178° u. nach Wiedererstarren 212—213°, aus vorst. Verb. mit PCl_5 in Chlf. bei 0°, Nadeln. — *2-Methyl-3-nitro-4-acetamidothiophan*, $C_7H_{12}O_3N_2S$, F. 180—181° (A. + Ae.), aus **IV** oder **V** mit fl. NH_3 bei 30° im Rohr (20 Std.) u. dann mit Acetanhydrid bei 60° oder aus **VI** durch Verrühren mit methanol. NH_3 bei 0° u. anschließendes Acetylieren; 55 bzw. 55 bzw. 66%. — *2-Methyl-3.4-diaminothiophan*, Kp.$_{0,01}$ 62—63°, aus **VI** durch Verrühren mit gesätt. methanol. NH_3 bei 0° (3½ Std.) u. Red. des Reaktionsprod. mit Fe + CH_3COOH wie bei **VII**, Öl; 45%. *Diacetylverb.*, $C_9H_{16}O_2N_2S$, F. 260—263° (aus W.), mit Acetanhydrid bei 100°. *Dibenzoylverb.*, $C_{19}H_{20}O_2N_2S$, F. 268—71° (aus A.), mit C_6H_5COCl in Pyridin. *Dipikrat*, $C_{17}H_{18}O_{14}N_8S$, Zers. 234° (aus A. + W.). *Dihydrochlorid*, $C_5H_{14}N_2Cl_2S$, Zers. >270° (aus A.). *Diureid*, $C_7H_{14}O_2N_4S$, Zers. >263° (aus A. + W.), mit KOCN. —

2-Methyl-2'-oxotetrahydroimidazolo-[4'.5':3.4]-thiophan, $C_6H_{10}ON_2S$, sublimiert bei 150°/0,01 mm, verkohlt >350° ohne zu schm., durch Zutropfen von $COCl_2$ in Toluol zu einer Lsg. vorst. Diamins in W. in Ggw. von $KHCO_3$ bei 0° u. anschließendes 1½ std. Rühren, aus A. + Ae. Kristalle. (Helv. chim. Acta **35**. 902—09. 2/5. 1952.)
K. FABER. 3800

R. Brunner, *Die Chemie des Penicillins.* Ausführliche Darst. der Syntheseverss., der Umwandlungs- u. Abbau-Rkk.: a) der den Lactamring angreifenden u. b) der am Thiazolidinring ansetzenden. Die Abbau-Rkk. durch milde Hydrolyse in alkal. u. saurem Medium, die Entschwefelung mit RANEY-Ni u. die Einw. von $KMnO_4$. Ein Reaktionsschema des Benzylpenicillins veranschaulicht die Mannigfaltigkeit der Reaktionen. (Scientia pharmac. **20.** 163—80. 30/9. 1952.) ENDRASS. 3900

Kurt Sellhorn, *Neuere Arbeiten zur chemischen Konstitution der herzaktiven Krötengifte.* Übersicht unter Berücksichtigung der Literatur bis 1951. (Arch. Pharmaz. Ber. dtsch. pharmaz. Ges. **285/57.** 382—91. Okt. 1952. Hamburg, Univ., Chem. Staatsinst., Biochem. Abt.) LEHWALD. 3950

L. Crombie, S. H. Harper und **D. Thompson,** *Versuche über die Synthese von Pyrethrinen.* 7. Mitt. *Die Synthese von trans-Pyrethron, trans-Pyrethrolon und ein Pyrethrin-I.* (6. vgl. C. **1952.** 5099.) Die Struktur des natürlich vorkommenden *Pyrethrolons B-2* konnte als (±)-*4-Oxy-3-methyl-2-cis* (oder *trans*)*-n-pentadien-*(*2'.4'*)*-ylcyclopenten-*(*2*)*-on* (**I**) ermittelt werden. Die Hydrierung ergab (±)-*Tetrahydropyrethrolon* (**II**), das mit einem synthet. *n-Amylrethrolon* (**III**) ident. war, u. die Ozonolyse ergab nur Formaldehyd. Die Synth. von **III** wurde auf dem Wege *2-Keto-n-octan-1-carbonsäureäthylester* → *3-Oxy-n-undecandion-*(*2.5*) → **III** durchgeführt (vgl. auch 5. Mitt., C. **1951.** II. 1292). — Das für die Synth. von **I** u. *Pyrethron* (**IV**) als Zwischenprod. wichtige *trans-n-Pentadien-*(*2.4*)*-ol-*(*1*) (**V**) kann auf 4 verschied. Wegen dargestellt werden. Während die anionotrope Umlagerung von n-Pentadien-(1.4)-ol-(3) nur in geringer Ausbeute verläuft (HEILBRON, J. chem. Soc. [London] **1945.** 84) u. die Semihydrierung von n-Penten-(2)-in-(4)-ol-(1) (**VI**) (HEILBRON u. Mitarbeiter, C. **1949.** I. 186) ein unreines Präp. liefert, entsteht **V** rein u. in guter Ausbeute bei der $LiAlH_4$-Red. des aus 2-Äthoxy-5.6-dihydropyran-(2) (**VII**) erhältlichen *n-Pentadien-*(*2.4*)*-als* (**VIII**) oder bei der $LiAlH_4$-Red. der Vinylacrylsäure (**IX**). **VI**, das stabiler als **V** ist, konnte leicht in **X** übergeführt werden, das mit Na-Acetessigester u. Ketonspaltung des erhaltenen Esters *n-Octen-*(*5*)*-in-*(*7*)*-on-*(*2*) (**XI**) lieferte. Das bei der Semihydrierung von **XI** gewonnene *n-Octadien-*(*5.7*)*-on-*(*2*) (**XII**) war mit einem Prod. ident., das auf dem gleichen Wege wie **XI** aus **VI** aus **V** erhalten worden war. Die Carbäthoxylierung von **XII** mit Äthylcarbonat in Ggw. von NaH ergab *2-Keto-n-octadien-*(*5.7*)*-carbonsäureäthylester* (**XIII**), der mit Bromaceton u. Ringschluß des entstandenen *2.5-Diketoundecadien-*(*8.10*)*-carbonsäure-*(*4*)*-äthylesters* (**XIV**) zu **IV** bzw. durch Verseifen, Umsetzen des erhaltenen Na-Salzes (**XVII**) mit Brenztraubenaldehyd u. Ringschluß des entstandenen *3-Oxy-n-undecadien-*(*8.10*)*-dions-*(*2.5*) (**XV**) zu **I** führt. Da das auf diesem Wege aus *trans*-**V** gewonnene *trans*-**IV** mit Pyrethrolon B-2 nicht ident. ist, die Hauptabsorptionsbanden im Infrarot aber zusammenfallen, wird angenommen, daß dem Naturprod. die *cis*-Struktur zukommt. Die Veresterung von *trans*-**I** mit (+)-trans-Chrysanthemumsäure führte zur ersten Totalsynth. eines Pyrethrins-I. — Infrarotabsorption von *trans*-**I** u. (±)-*Pyrethrolon B-2* vgl. Original.

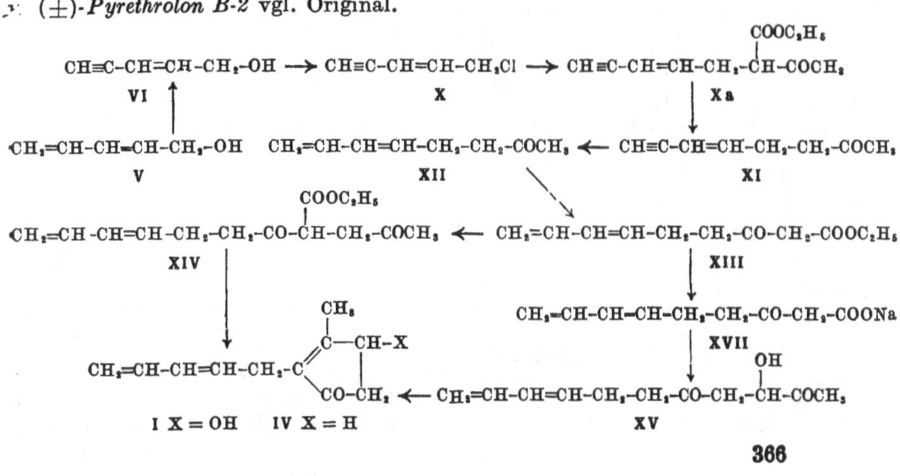

Versuche: *Natürliches Pyrethrolon B-2* (**I**), aus dem Semicarbazon (**XVI**) vom F. 204—206° (Zers.) mit wss. Oxalsäure auf dem Wasserbad unter N_2, Fraktion vom n_D^{20} 1,5406, λ_{max} 2230 Å ($\varepsilon = 29900$) u. 2270 Å ($\varepsilon = 29900$). Die Ozonolyse in CCl_4 lieferte Formaldehyd. *Dimedonderiv.*, F. 188—189° (aus 50%ig. A.). — (±)-*Tetrahydropyrethrolonsemicarbazon*, F. 176,5—177,5° (erweicht bei 172,5°), durch Hydrieren von **XVI** in Essigester in Ggw. von $Pd/CaCO_3$. — *3-Oxy-n-undecandion-(2.5)*, $C_{11}H_{20}O_3$, Kp.$_{0,2}$ 104—124°, aus dem Na-Salz von 2-Keto-n-octancarbonsäure (vgl. 5. Mitt., l. c.) mit Brenztraubenaldehyd, n_D^{20} 1,4542—1,4582; 23% (Ausbeute). — (±)-*Tetrahydropyrethrolon* (**II=III**), Kp.$_{0,1}$ 120—128°, n_D^{20} 1,4856, aus Vorst. mit 3%ig. NaOH bei Zimmertemp., λ_{max} 2220 Å ($\varepsilon = 9100$) u. 2270 Å ($\varepsilon = 9100$); 40%. *3.5-Dinitrobenzoylverb.*, F. 98—99°, aus Methanol. *Semicarbazon*, F. 167—169°. — *trans-n-Penten-(2)-in-(4)-ylchlorid* (**X**), C_5H_5Cl, Kp.$_{175}$ 80°, n_D^{20} 1,4932, aus **VI** mit PCl_3 in Pyridin bei —10° unter N_2 (12 Std.); 76%. — *trans-n-Penten-(2)-in-(4)-ylbromid*, Kp.$_{16}$ 92—100°, n_D^{20} 1,538, analog mit PBr_3; 46%. — *trans-n-Octen-(5)-in-(7)-on-(2)* (**XI**), $C_8H_{10}O$, Kp.$_{10}$ 86—88°, n_D^{20} 1,4788, aus **X** mit Na-Acetessigester in sd. A., Verseifen des rohen **Xa** mit 5%ig. NaOH bei Zimmertemp. (4 Std.) u. Decarboxylieren mit H_2SO_4 bei 50°, λ_{max} 2230 Å ($\varepsilon = 14000$); 32%. *2.4-Dinitrophenylhydrazon*, $C_{14}H_{14}O_4N_4$, F. 124°, aus A. orangefarbene Nadeln. Liefert beim Hydrieren in A. in Ggw. von $Pd/BaSO_4$ *n-Octanon-(2)*; *2.4-Dinitrophenylhydrazon*, F. 58°. — *trans-n-Octadien-(5.7)-on-(2)* (**XII**), $C_8H_{12}O$, Kp.$_{22}$ 86,5—87°, n_D^{20} 1,4693, λ_{max} 2220 Å ($\varepsilon = 20000$); Kp.$_{22}$ 87—87,5°, n_D^{20} 1,4712; Kp.$_{22}$ 87,5—88°, n_D^{20} 1,4724, λ_{max} 2230 Å ($\varepsilon = 19500$), a) durch Semihydrierung von **XI** in Essigester in Ggw. von Pd/Kohle u. fraktionierte Dest.; b) Kp.$_{12}$ 75—78°, n_D^{20} 1,4768, λ_{max} 2260 Å ($\varepsilon = 23000$), aus *trans-n-Pentadien-(2.4)-ylchlorid*, wie **X** → **XI**; 40 bzw. 47%. *2.4-Dinitrophenylhydrazon*, $C_{14}H_{16}O_4N_4$, F. 79° bzw. 82 bis 82,5° (aus A.), orangefarbene Nadeln. — *3-3'-Keto-n-butylcyclohexen-(4)-dicarbonsäure-(1.2)-anhydrid*, $C_{12}H_{14}O_4$, F. 90—91° (aus Bzl.), aus **XII** u. Maleinsäureanhydrid in Bzl., aus Bzl. Tafeln. — *2-Äthoxy-5.6-dihydropyran-(2)* (**VII**), Kp.$_{12}$ 50—60°, Kp. 154 bis 157°, n_D^{20} 1,448, durch Umsetzen von Dihydropyran mit Br_2 in CCl_4 bei —35 bis —45° u. Behandeln des rohen 2.3-Dibromtetrahydropyrans mit alkoh. NH_3 bei 0° u. Zimmertemp.; 42%. Ebenso mit Cl_2 in Ae. oder durch Einleiten von Cl_2 in eine Lsg. von Dihydropyran in A. in Ggw. von $CaCO_3$ bei 10° u. Kochen der Reaktionsmischung mit KOH; 52 bzw. 38%. — *trans-n-Pentadien-(2.4)-al* (**VIII**), Kp.$_{20}$ 38—40°, n_D^{20} 1,514, aus dem Vorst. nach WOODS u. SANDERS (J. Amer. chem. Soc. **68**. [1946.] 2483); 25%. — *trans-n-Pentadien-(2.4)-ol-(1)* (**V**), C_5H_8O, Kp.$_{12}$ 55—57°, Kp.$_{32}$ 75—76°, n_D^{20} 1,4890, durch Red. des Vorst. mit $LiAlH_4$ in Ae. unter Kühlen mit Eis; 77%, oder vom Kp.$_{26}$ 66—68°, n_D^{20} 1,4838, durch Red. von **IX** mit $LiAlH_4$ in Ae.; λ_{max} 2260 Å ($\varepsilon = 25200$). *α-Naphthylurethan*, F. 99—99,5°, aus Bzn. Nadeln. *3-Oxymethylcyclohexen-(4)-1.2-dicarbonsäurelacton*, F. 177°, mit Maleinsäure in Bzl., aus W. Nadeln. — *trans-n-Pentadien-(2.4)-ylchlorid*, C_5H_7Cl, Kp.$_{240}$ 80—82°, n_D^{20} 1,492—1,493, aus **V** mit PCl_3 in Pyridin bei —10°; 92%. — *trans-2-Keto-n-octadien-(5.7)-carbonsäureäthylester* (**XIII**), $C_{11}H_{16}O_3$, Kp.$_{0,1}$ 82—90°, n_D^{20} 1,477—1,482, aus **XII** mit NaH u. Äthylcarbonat in sd. Ae., λ_{max} 2260 Å ($\varepsilon = 27000$, aus **V**) bzw. 2240 Å ($\varepsilon = 23000$, aus **VI**); 42%. — *trans-Pyrethron* (**IV**), $C_{11}H_{14}O$, F. ca. 60°, Kp.$_{0,08}$ 70—72°, n_D^{20} 1,5350, durch Umsetzen der Na-Verb. von **XIII** mit Bromaceton in sd. Ae. u. Ringschließen des rohen **XIV** mit 3%ig. NaOH bei 40° (3 Std.), λ_{max} 2270 Å ($\varepsilon = 34000$). *Semicarbazon*, $C_{12}H_{17}ON_3$, F. 198—200°, in A. + Pyridin, aus wss. A., λ_{max} 2260 Å ($\varepsilon = 25100$) u. 2645 Å ($\varepsilon = 22400$). — *trans-3-Oxyundecadien-(8.10)-dion-(2.5)* (**XV**), $C_{11}H_{16}O_3$, Kp.$_{0,15}$ 102 bis 128°, n_D^{20} 1,498—1,504, durch alkal. Verseifung von **XIII** u. Umsetzen von **XVII** mit Brenztraubenaldehyd bei 35°, λ_{max} 2260 Å ($\varepsilon = 27500$); 33%. — (±)-*trans-Pyrethrolon* (**I**), $C_{11}H_{14}O_2$, Kp.$_{0,1}$ 120—122°, n_D^{20} 1,540—1,546, durch Cyclisieren von **XV** in 6%ig. NaOH (2 Std.), λ_{max} 2270 Å ($\varepsilon = 33000$); 26%. (±)-*Tetrahydropyrethrolon* (**II**), Kp.$_{0,1}$ 115—116°, n_D^{20} 1,4902, durch Red. von **I** in Essigester in Ggw. von $Pd/BaSO_4$. *3.5-Dinitrobenzoylverb.*, F. 99°, aus Methanol. — (±)-*trans-Pyrethronyl-(+)-trans-chrysanthemat*, $C_{21}H_{28}O_3$, Kp.$_{0,002}$ 112—113°, n_D^{20} 1,5210, aus **I** mit (+)-trans-Chrysanthemoylchlorid in Bzl. + Pyridin, λ_{max} 2220 Å ($\varepsilon = 47500$) u. 2270 Å ($\varepsilon = 47500$). (J. chem. Soc. [London] **1951**. 2906—15. Nov. London, Imp. Coll. of Sci. and Technol., u. Univ., King's Coll.) GOLD. 3950

Leslie Crombie und **Stanley H. Harper**, *Versuche über die Synthese von Pyrethrinen.* 8. Mitt. *Die Stereochemie von Jasmon und die Identität mit Dihydropyrethron.* (7. vgl. vorst. Ref.; vgl. auch LAFORGE u. HALLER, J. org. Chemistry **2**. [1938.] 546, u. WEST, J. chem. Soc. [London] **1945**. 412.) Von den möglichen 3-Methyl-2-n-pentenylcyclopenten-(2)-onen werden 5 Isomere dargestellt, die die Struktur des Dihydropyrethrons besitzen. *cis-3-Methyl-2-[n-penten-(2')-yl]-cyclopenten-(2)-on* war mit dem *natürlichen Jasmon* (**Va**) aus Jasminum grandiflorum identisch. Die Synthesen erfolgten nach bekannten Verff. (vgl. 2. Mitt., C. **1946.** I. 1570 u. C. **1951.** II. 1289 u. folgende): $R-CH_2-COOH \rightarrow R-CH_2-COCl \rightarrow R-CH_2COCH(COCH_3)-COO\cdot C_2H_5 \rightarrow R-CH_2COCH_2-COOCH_3 \rightarrow R-CH_2COCH(COOCH_3)-CH_2COCH_3 \rightarrow$ **V**. *trans-Jasmon* (**Vb**) wurde aus trans-n-Penten-(2)-ylbromid (**III**) nach dem in der 5. Mitt. (C. **1951.** II. 1292) beschriebenen Verf. dargestellt: **III** $\rightarrow C_2H_5-CH=CHCH_2CH(COCH_3)-COOC_2H_5 \rightarrow C_2H_5-CH=CHCH_2CH_2COCH_3$(**IV**) $\rightarrow C_2H_5-CH=CHCH_2CH_2-COCH_2COOC_2H_5$ (**VI**) $\rightarrow C_2H_5-CH=CHCH_2CH_2COCH(COOC_2H_5)-CH_2COCH_3 \rightarrow$ **V** (Infrarotabsorptionsspektren vgl. Original). — Um einen Einblick in die Beziehungen zwischen Struktur u. Wrkg. als Insekticid zu erreichen, wurden die Chrysanthemumsäureester von (±)-*n-Penten-(4)-ylrethrolon* dargestellt.

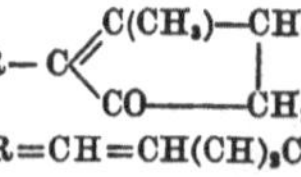

V $R=CH=CH(CH)_2CH_3$

Versuche: *cis-n-Hepten-(4)-oylchlorid* (**I**), $C_7H_{11}OCl$, Kp.$_{35}$ 72—76°, n_D^{20} 1,4500, aus *cis-n-Hepten-(4)-säure* [Kp.$_{12}$ 116°, n_D^{20} 1,4400; *Anilid*, Öl. *p-Bromphenacylester*, F. 46°] mit $SOCl_2$; 89%. — *trans-n-Hepten-(4)-oylchlorid*, Kp.$_{12}$ 69—71°, n_D^{20} 1,4473, analog aus *trans-n-Hepten-(4)-säure* [Kp.$_8$ 105°, n_D^{20} 1,4400; *Anilid*, F. 93°. *p-Bromphenacylester*, F. 79°]; 97%. — *cis-n-Hepten-(5)-oylchlorid*, $C_7H_{11}OCl$, Kp.$_{11}$ 65°, n_D^{20} 1,4417; 93%. — *trans-n-Hepten-(5)-oylchlorid*, Kp.$_{16}$ 65,5—68°, n_D^{20} 1,4490; 80%. — *n-Hepten-(6)-oylchlorid*, Kp.$_{17}$ 69°; 94%. — *cis-2-Keto-n-octen-(5)-carbonsäuremethylester* (**II**), $C_{10}H_{16}O_3$, Kp.$_{30}$ 131—137°, n_D^{20} 1,4524, aus **I** mit Na-Acetessigester in Ae. u. Behandeln des rohen 2.4-Diketo-n-decencarbonsäure-(3)-äthylesters mit methanol. Methylat; 56%. — *trans-2-Keto-n-octen-(5)-carbonsäuremethylester*, Kp.$_7$ 109—115°, n_D^{20} 1,4488, analog; 56%. — *cis-2-Keto-n-octen-(6)-carbonsäuremethylester*, $C_{10}H_{16}O_3$, Kp.$_{15}$ 122—126°, n_D^{20} 1,4436; 43%. — *trans-2-Keto-n-octen-(6)-carbonsäuremethylester*, Kp.$_{0,85}$ 90—94°, n_D^{20} 1,4472; 46%. — *2-Keto-n-octen-(7)-carbonsäuremethylester*, Kp.$_{0,5}$ 95—102°; 56%. — Alle Ketoester zeigen eine tiefrote $FeCl_3$-Reaktion. — *trans-n-Penten-(2)-ylbromid* (**III**), Kp.$_{114}$ 69—74°. — *trans-n-Octen-(5)-on-(2)* (**IV**), $C_8H_{14}O$, Kp. 169 bis 173°, n_D^{20} 1,4316, aus Vorst. mit Na-Acetessigester in A. nach Weg **D** (vgl. 5. Mitt., C. **1951.** II. 1292). *2.4-Dinitrophenylhydrazon*, $C_{14}H_{18}O_4N_4$, F. 60°, aus A. orangerote Nadeln. — *trans-2-Keto-n-octen-(5)-carbonsäureäthylester* (**VI**), Kp.$_{0,05}$ 69—76°, n_D^{20} 1,4488, aus **IV** mit NaH u. Äthylcarbonat; 62%. — *cis-Jasmonsemicarbazon* (**VII**), $C_{12}H_{19}ON_3$, F. 204—206°, nach dem in der 2. Mitt. (vgl. HARPER, C. **1946.** I. 1570) beschriebenen Verf. aus **II** oder **VI** mit Na oder NaH u. Bromaceton, Behandeln des rohen 2.5-Diketoundecencarbonsäure-(4)-esters mit wss. NaOH u. Überführen in das Semicarbazon in Pyridin + A., aus A. Prismen oder kleine Tafeln, λ_{max} 2650 Å (ε = 21900); 40—60%. — *trans-Jasmonsemicarbazon*, F. 200—202°, aus **III** bzw. **IV**, Nadeln, λ_{max} 2650 Å (ε = 25700); Misch-F. mit **VII** 197—200°. — *cis-Jasmon* (**Va**), *cis-3-Methyl-2-[n-penten-(2')-yl]-cyclopenten-(2)-on*, $C_{11}H_{16}O$, Kp.$_{27}$ 146°, n_D^{20} 1,4978, aus **VII** wie in der 2. Mitt. (l. c.) beschrieben, λ_{max} 2350 Å (ε = 12000). *2.4-Dinitrophenylhydrazon*, $C_{17}H_{20}O_4N_4$, F. 117,5°. — *trans-Jasmon* (**Vb**), *trans-3-Methyl-2-[n-penten-(2')-yl]-cyclopenten-(2)-on*, Kp.$_{23}$ 142°, n_D^{20} 1,4974, λ_{max} 2340 Å (ε = 12300). *2.4-Dinitrophenylhydrazon*, F. 128,5°. — Ferner: *cis-3-Methyl-2-[n-penten-(3')-yl]-cyclopenten-(2)-onsemicarbazon*, F. 174—175°, λ_{max} 2660 Å (ε = 20000). — *trans-3-Methyl-2-[n-penten-(3')-yl]-cyclopenten-(2)-on*, Kp.$_{20}$ 130°, n_D^{20} 1,4946, λ_{max} 2360 Å (ε = 12100). *Semicarbazon*, F. 171—172°, λ_{max} 2650 Å (ε = 22100). *2.4-Dinitrophenylhydrazon*, F. 165°. — *3-Methyl-2-[n-penten-(4')-yl]-cyclopenten-(2)-on*, Kp.$_{15}$ 126°, n_D^{20} 1,4955, λ_{max} 2350 Å (ε = 13700). *Semicarbazon*, F. 173°, λ_{max} 2650 Å (ε = 21000). *2.4-Dinitrophenylhydrazon*, F. 118°. — *n-Octen-(7)-on-(2)*, $C_8H_{14}O$, Kp. 172—179°, n_D^{15} 1,4324, aus n-Penten-(4)-ylbromid mit Na-Acetessigester in A. u. Behandeln des rohen Esters mit 5%ig. NaOH; 58%. *2.4-Dinitrophenylhydrazon*, $C_{14}H_{18}O_4N_4$, F. 65°, gelb. — *2-Keto-n-octen-(7)-carbonsäureäthylester*, $C_{11}H_{18}O_3$, Kp.$_{0,6}$ 94—100°, n_D^{20} 1,445—1,450, aus Vorst. mit NaH u. Äthylcarbonat in sd. Ae.; 53%. — *3-Oxy-n-undecen-(10)-dion-(2.5)*, $C_{11}H_{18}O_3$, Kp. 120—127°, n_D^{20} 1,466—1,471, durch Verseifen des Vorst. mit NaOH u. Kondensieren des Na-Salzes der erhaltenen Säure mit Brenztraubenaldehyd; 55%. — (±)-*n-Penten-(4)-ylrethrolon*, $C_{11}H_{16}O_2$, Kp.$_{0,1}$ 126—134°, n_D^{20} 1,504—1,505, aus Vorst. mit 3%ig. NaOH; 32%. Liefert bei der Ozonolyse Formaldehyd. — (±)-*n-Penten-(4)-ylrethronyl-(±)-trans-chrysanthemat*, $C_{21}H_{30}O_3$, Kp.$_{0,005}$ 154—164°, n_D^{20} 1,5023—1,5026, in Pyridin + Bzl.; 61%. — (±)-*n-Penten-(4)-ylrethronyl-(±)-cis-chrysanthemat*, Kp.$_{0,01}$ 152—161°, n_D^{20} 1,5013—1,5030; 62%. (J. chem. Soc. [London] **1952.** 869—75. März.) GOLD. 3950

D_3. Makromolekulare Chemie.

H. Staudinger, *Zur Konstitutionsaufklärung makromolekularer Kunststoffe.* 357. Mitt. *über makromolekulare Verbindungen.* (356. vgl. BATZER u. PETRY, C. **1953.** 1116.) Zusammenfassender Überblick. Vf. weist eingangs bes. darauf hin, daß die makromol. Verbb. ebenso gebaut sind wie die niedermol., nur treten bei ersteren infolge der Größe der Moll. eine Reihe neuer Erscheinungen auf, die sich in der niedermol. Chemie nicht vorfinden u. die Bearbeitung der Hochpolymeren anfangs erschwerten. Im einzelnen werden behandelt: Identifizierung makromol. Verbb. (Gemisch aus Moll. verschied. Größe; Vorliegen von isomeren Makromoll., z. B. von 1.2- u. 1.3-Polymerisation bei Vinylverbb.; Einfl. geringster Mengen von Fremdstoffen auf die Eigg. der Hochpolymeren, z. B. von Divinylbenzol im Polystyrol; Polykondensations-, Polymerisations- u. halbsynthet. Prodd.; die Beispiele zeigen, daß in der Kunststoffchemie keine wohldefinierten, einheitlichen Stoffe vorliegen); Reinigung von makromol. Stoffen (hier wird bes. auf die vom Vf. gefundene Erscheinung hingewiesen, daß in den Hochpolymeren niedermol. Verbb., z. B. Monomere oder Lösungsmittel, inkludiert werden u. mitunter durch Trocknen prakt. nicht zu entfernen sind); Konstitutionsaufklärung (Widerlegung der Micellarvorstellung; Nachw. der Existenz von Makromoll., polymeranaloge Umsetzungen an Cellulosederivv., Polyvinylalkohol, Polyäthylen u. Polyvinylchlorid; Vortäuschung eines makromol. Baues durch starke Assoziation niedermol. Verbb., z. B. bei den Aminoplasten, während die Phenoplaste wirklich makromol. sind); Gestalt der Makromoll. (sphäro- u. linearmakromol. Stoffe. Zusammenhang zwischen Viscosität u. Mol.-Gew.; Einfl. des Lösungsm. auf die Gestalt); Gestaltsänderungen der Makromoll. durch chem. Rkk. (Verkürzung von Makromoll. bei chem. Umsetzungen infolge intramol. Cyclisierung bei gleichbleibendem Polymerisationsgrad. Beispiele: Chlorierung von Poly-KW-stoffen, wie Kautschuk oder Polyäthylen, Übergang von Kautschuk in Cyclokautschuk bei Säurebehandlung, Oxydation von Polystyrol). (Angew. Chem. **64**. 149—58. 21/3. 1952. Freiburg/Br., Staatl. Forschungsinst. für makromol. Chem.) FUCHS. 4000

K. Ueberreiter und **H. J. Orthmann**, *Schmelzviscosität und Fließmechanismus homologer Polyäthylene.* Von 9 unfraktionierten Polyäthylenen (Zahlenmittel-Mol.-Gew. M_n = 4000—38000) bestimmten Vff. die Temperaturabhängigkeit (T = 110—160°) der Schmelzviscosität η (Meßbereich 3,7—1,3·10⁵ Poise) u. erörtern den Fließmechanismus. Die Änderung der log η/1/T-Kurve läßt erkennen, daß Polyäthylen in 2 Zuständen vorliegt: als n. Fl. u. als „Fl. mit fixierter Struktur" (vgl. Z. Physik. Chem., Abt. A **45**. [1940.] 261), in die krist. Bereiche eingelagert sind. Empir. wurde die Gleichung (für 130°) $\log \eta_{130°} = -1{,}54 + 0{,}035\,(M_n)^{1/2}$ ermittelt. Der Knickpunkt der Vol./Temperatur-Kurve wird als F. (der bei allen Homologen übereinstimmende Zustand) definiert. Für die F.-Viscosität η_F gilt: $\log \eta_F = -1{,}206 + 0{,}0351\,(M_n)^{1/2}$. Mit der ARRHENIUSschen Beziehung wurde für jedes M_n die zum Fließen notwendige Aktivierungsenergie ermittelt. Auf Grund der Meßergebnisse zeigen Vff., daß nicht die Theorie des Segmentfließmechanismus gelten kann, sondern daß das gesamte Makromol. als kinet. Einheit beim Fließvorgang ihren Platz wechselt. Vff. erörtern den Zustand der „Fl. mit fixierter Struktur" (Knotenpunkte einer stehenden Welle auf dem Makromol. wirken als Haftpunkte, die bei kristallisationsfähigen Polymeren zu Kristallkeimen werden). Zur Deutung der Befunde wird die Vorstellung des Makromol. als schwingender Saite entwickelt u. eine Beziehung abgeleitet, die mit der Funktion der Kettenlängenabhängigkeit der Fließenergie eine Gleichung für log $\eta_{130°}$ ergibt, die mit der obigen log $\eta_{130°}/M_n$-Beziehung befriedigend übereinstimmt. Das Saitenmodell wird durch den konstanten Wert des Platzwechselvol. der homologen Paraffinreihe bestätigt. (Kolloid-Z. **126**. 140—49. Mai 1952. Berlin-Dahlem, Kaiser-Wilhelm-Inst. für physikal. Chem. u. Elektrochem.) SCHÄFF. 4010

F. H. Müller, *Weitere Versuche und Betrachtungen zur Kaltverstreckung.* (Vgl. C. **1950**. I. 1107.) Neuere, bei sehr kleinen Verformungsgeschwindigkeiten u. in Abhängigkeit von der Temp. erhaltene Zugspannungs–Dehnungs-Diagramme von *Polyvinylchlorid*-Bändern zeigen, daß diese Kurven, die in dem von einer parabelähnlichen Kurve begrenzten Bereich der eigentlichen Kaltverstreckung liegen, tatsächlich nahezu senkrecht verlaufen, also „Koexistenzspannugen" aufzeigen gemäß der Quasi-VAN DER WAALSschen Gleichung. Definitionsgemäß liegen im Polymeren in diesem Bereich nebeneinander 2 „Phasen", der verstreckte Anteil u. das noch unverstreckte, vor, jedoch nicht im thermodynam. Gleichgewichtszustand, da der Vorgang der Kaltverstreckung nicht — im strengen Sinne der Thermodynamik — „reversibel" ist. Die bei der Kaltverstreckung auftretenden „Koexistenzspannungen" sind also diejenigen Spannungswerte, bei denen jeweils gerade die notwendigen, gesteuerten Platzwechsel erzwungen werden. Vf. erörtert die Möglichkeit, thermodynam. Ungleichgewichte durch ein verallgemeinertes thermodynam. Potential u. eine Zeitkonstante zu charakterisieren. Überraschenderweise bleiben nämlich bestimmte Beziehungen der klass. Thermodynamik zum mindesten formal erhalten. Ferner diskutiert Vf. die Kinetik der Kaltverstreckung von Hochpolymeren, wobei gezeigt wird, daß gewisse Erscheinungen auch bei Metallen auftreten. Der Vorgang wird in seinen einzelnen Stufen betrachtet. Die Einleitung des Gleitvorganges u. das Wachsen der Gleitkeime entsprechen modellmäßig der Vorstellung über die Keimbldg. u. das Wachstum beim Kristallisationsprozeß. Abschließend folgert Vf., daß man zum Verständnis der Vorgänge bei Hochpolymeren gleichzeitig den Zustand u. die Kinetik der Materie berücksichtigen muß. (Kolloid-Z. **126.** 65—72. Mai 1952. Marburg/Lahn, Univ., Physik.-chem. Inst.) SCHÄFF. 4010

A. T. Hutcheon, R. J. Kokes, J. L. Hoard und **F. A. Long,** *Gegenseitige Diffusion von Polyvinylacetat und mehreren Lösungsmitteln.* Mit der LAMMschen Skalenmeth. wurde die gegenseitige Diffusion von *Polyvinylacetat* (**I**, nichtfraktioniertes Prod. vom Mol.-Gew. 170000) u. den Lösungsmitteln *Aceton* (**II**), *Äthylacetat* (**III**), *Propylacetat* (**IV**), *Isopropylacetat* (**V**), *Butylacetat* (**VI**) u. *Triacetin* (**VII**) untersucht. Für den Diffusionskoeff. D (in cm^2/Std.) wurde bei 30° für die in () genannten Konzz. c (in g **I** in 100 cm^3 Lsg.) erhalten: 85 (0), 110 (20), 126 (40), 70 (70) u. 22 (90) in **II**; 59 (10), 68 (20), 70 (40), 56 (70), 26 (90) für **III**; entsprechend 36, 41, 38, 25 u. 12 für **IV**; 31, 36, 37, 25 u. 12 für **V**; 26, 28, 27, 16 u. 6 für **VI**; 1,6, 1,4, 1,2, 0,51 u. 0,14 für **VII**. Die gefundene c-Abhängigkeit von D läßt sich auf Grund der von HARTLEY u. CRANK (Trans. Faraday Soc. **45.** [1949.] 801) angestellten Betrachtungen (Kombination von wahren Diffusions- u. von Fließvorgängen) erklären. Ferner wurde D des Syst. **I** + **II** auch bei 20 u. 40° bestimmt; daraus berechnet sich die Aktivierungsenergie E der Diffusion zwischen c = 0 u. 40 zu ca. 1 kcal/Mol (unabhängig von c). Bei höheren c-Werten steigt E stark an u. erreicht bei c = 90 den Wert 10 kcal/Mol. Weitere Verss. mit fraktionierten **I**-Proben vom Mol.-Gew. 170000 u. 360000 zeigen keinen merklichen Einfl. von M auf D. Der Brechungsindex des Syst. **I** + **III** steigt fast linear mit c an (Messungen zwischen c = 0 u. c = 18). (J. chem. Physics **20.** 1232—36. Aug. 1952. Ithaca, N. Y., Cornell Univ., Dep. of Chem.) FUCHS. 4010

N. S. Wooding und **W. C. E. Higginson,** *Anionenpolymerisation.* 2. Mitt. *Der Säuren-Basen-Charakter der Anionenpolymerisation.* (1. vgl. HIGGINSON u. WOODING, C. **1952,** 7983.) Vff. untersuchten die Polymerisation von *Acrylonitril* (**I**), *Methylmethacrylat* (**II**), *Styrol* (**III**) u. *Butadien* (**IV**) in Ae. als Lösungsm. bei 20° unter Verwendung von Triphenylmethylnatrium (**V**) als Katalysator, sowie in fl. NH_3 als Lösungsm. bei —33,5° unter Verwendung von KNH_2. Zur Beeinflussung der l. c. genannten Abbruch-Rk., bei der ein Protonübergang vom NH_3 zum wachsenden Polymerion stattfindet, wurden den Polymerisationsansätzen folgende schwache Säuren mit den in () genannten p_K-Werten zugesetzt: CH_3OH (17), A. (18), Acetophenon (**VI**; 19), Triphenylcarbinol (**VII**; 19), Inden (**VIII**; 21), Phenylacetylen (**IX**; 21), Diphenylamin (**X**; 23), Fluoren (**XI**; 25), Anilin (**XII**; 27), p-Methoxyanilin (**XIII**; 27), Xanthen (**XIV**; 29) u. Triphenylmethan (**XV**; 33) für die Rkk. in Ae. u. A., **VI, VII, VIII, IX, X, XI**, Acetylen (**XVI**; 26), **XII, XIV** u. **XV** für die Rkk. in NH_3. **I** wurde in allen Fällen polymerisiert; **II** in Ae. bei Ggw. von **VIII, IX, X, XI, XIV** u. **XV** u. in NH_3 bei Ggw. von **X, XII, XIV, XV** u. **XVI**, sowie in NH_3 allein; **III** in Ae. nur durch **XIV** u. **XV**, in NH_3 durch **XII, XIV, XV** u. in NH_3 allein; **IV** nur in Ae. durch **XIV** u. **XV**. Das Ausbleiben einer Polymerisation wird darauf zurückgeführt, daß zwischen den wachsenden Radikalionen R^- u. den zugesetzten schwachen Säuren bes. leicht ein Protonenübergang stattfindet u. dadurch die Polymerisations-Rk. vorzeitig abbricht. Die Ergebnisse (bes. der Einfl. der p_K-Werte auf die Polymerisation) stehen somit im Einklang mit dem l. c. angenommenen Anionenmechanismus der Polymerisation. Mol.-Geww. M wurden nur für das Syst. **II** + **V** + **VII** in Ae. angegeben. Bei konstanten Konzz. von **V** u. **VII** steigt M von 6150 für c_{II} = 0,43 Mol/Liter an bis 11000 für c_{II} = 1,76; ist $c_{VII} = 2{,}5 \cdot c_V$, so fällt jedoch M mit steigendem c_{II}. Der obengenannte p_K-Wert von *Acetylen* wurde in fl. NH_3 bei —33,5° nach dem von CONANT u. WHELAND (J. Amer. chem. Soc. **54.** [1932.] 1212) angegebenen Wert bestimmt. (J. chem. Soc. [London] **1952.** 774—79. März.) FUCHS. 4010

G. Smets und **G. Tasset,** *Abbau von Vinylpolymeren in Lösung.* (vgl. DE PAUW u. SMETS, C. **1951.** II. 2050.) Unters. des durch Benzoylperoxyd katalysierten Abbaus von Polymethylmethacrylat (**I**), Polystyrol (**II**), Polyvinylacetat (**III**) u. von Polyäthyl-α-chloracrylat (**IV**). Verfolgung des Abbaus durch viscosimetr. Messungen in Bzl. unter Ausschluß von O_2. Die Zahl der pro g Polymerisat aufgespaltenen Kettenbindungen ergibt sich aus der Beziehung $1/M_t = 1/M_o + k_b t$ (M_o = Mol.-Gew. vor, M_t = nach Abbau, k_b = Maß für die aufgespaltenen Bindungen). Unter den angewendeten Bedingungen (75°, 1% Peroxyd, 1% Polymerisat) bleibt **III** unverändert, während bei den anderen Polymerisaten die Abbaugeschwindigkeit in der Reihenfolge **II, I, IV** zunimmt. Ohne Zusatz von Peroxyd erfolgt kein Abbau. Die UV-Spektralphotometrie ergibt die Menge der durch Depolymerisation vom Kettenende oder von Bruchstellen in der Kette her entstandenen Monomeren. Die Ergebnisse stützen die Arbeiten von MESROBIAN u. TOBOLSKY (C. **1945.** II. 464) über die von Peroxyden katalysierte Polymerisation u. Depolymerisation des Styrols. (Chim. Peintures **15.** 281. Juli 1952. Louvain.) DALL'ASTA. 4010

M. F. Schosstakowski, Je. P. Gratschewa und **W. A. Neterman,** *Zerfall von Benzoylperoxyd im Medium einiger Vinylverbindungen.* Benzoylperoxyd (**I**) zerfällt beim Erhitzen mit einer Lsg. von *Vinylacetat* (**II**) oder *α-Methylacrylsäuremethylester* (**III**) in PAe. nach dem Schema $(C_6H_5CO)_2O_2 \rightarrow (C_6H_5CO)_2O + O$; als Zwischenprod. ist das Radikal $C_6H_5COO\cdot$ anzunehmen. Da Diphenyl u. Phenylbenzoat nicht entstehen, kommt der Zerfall nach dem Schema $(C_6H_5CO)_2O_2 \rightarrow C_6H_5\cdot + C_6H_5COO\cdot + CO_2$ u. $C_6H_5COO\cdot \rightarrow C_6H_5\cdot + CO_2$ nicht in Frage. **II** u. **III** werden durch den entstehenden, katalyt. wirkenden O in *polymere Prodd.* übergeführt. Das von GELISSEN u. HERMANS (Ber. dtsch. chem. Ges. **58.** [1925.] 285) festgestellte Schema der Zers. von **I** nach vorst. 2. Zerfallsmodus ist demnach nicht in allen Fällen zutreffend. In Lsgg. von *Styrol* (**IV**) in PAe. wird der entstehende O völlig zur Oxydation von **IV** verbraucht. **I** polymerisiert unter den gleichen Bedingungen, *Vinyl-n-butyläther* nicht. Hiermit wird das angegebene Zerfallsschema bestätigt; denn schon früher ist festgestellt worden, daß O die Polymerisation von Vinylalkyläthern nicht katalysiert.

V e r s u c h e : Ein Gemisch von 72,12 g **II**, 12 g **I** u. 120 g PAe. unter N_2 wurde innerhalb einiger Std. von 53 auf 86° erhitzt; hierbei entstanden neben dem **II**-*Polymeren* O_2 in einer Menge, die 94,33%ig. Zers. von **I** entsprach, u. sehr wenig *Acetaldehyd, Essigsäure* (?), CO_2 u. H_2O, deren Bldg. auf Oxydation von **II** zurückzuführen ist. Die analoge Rk. mit 100,1 g **III** u. 12 g **I** ergab neben dem *Polymeren* u. unzers. **I** 51% O_2. (Журнал Общей Химии [J. allg. Chem.] **23.** (**85.**) 54—60. Jan. 1953. Inst. für organ. Chem. der Akad. der Wiss. der UdSSR, Labor. für Vinylverbindungen.) R. KNOBLOCH. 4010

Bahattin Baysal und **Arthur V. Tobolsky,** *Startgeschwindigkeiten bei der Vinylpolymerisation.* Unter Verwendung von *Azo-2.2'-bis-isobuttersäurenitril* (**I**) bzw. *Benzoylperoxyd* (**II**) bzw. *Cumylhydroperoxyd* (**III**) bzw. *tert.-Butylhydroperoxyd* (**IV**) als Katalysatoren wurden *Styrol* (**V**) u. *Methacrylsäuremethylester* (**VI**) unter Luftausschluß bei 60° polymerisiert (Blockpolymerisation). Bestimmt wurden die Polymerisationsgeschwindigkeiten u. die mittleren Polymerisationsgrade P (osmot. Messungen), woraus sich weiter die Geschwindigkeit R für die Start-Rk. ergibt. Für R (je in Mol/Liter Sek.) wurden so erhalten: $1{,}28\cdot10^{-5}$ für **V** + **I**, $2{,}96\cdot10^{-6}$ (**V** + **II**), $6{,}12\cdot10^{-7}$ (**V** + **III**), $9{,}96\cdot10^{-8}$ (**V** + **IV**), $1{,}42\cdot10^{-5}$ (**VI** + **I**), $6{,}62\cdot10^{-6}$ (**VI** + **II**), $3{,}92\cdot10^{-7}$ (**VI** + **III**), $7{,}30\cdot10^{-8}$ (**VI** + **IV**). Für die gleichen Systeme wurden die Kettenübertragungskonstanten (Übertragungs-Rkk. mit den Katalysatoren) bestimmt zu 0,048—0,055; ∼0; 0,063; 0,035; ∼0; ∼0; 0,33; 1,27·c, wo c = Konz. von **IV**. Die Katalysatorwirksamkeit von **I** u. **II** für **V** u. **VI** ist je fast gleich 1. Ferner wurde **VI** bei 60° unter der Einw. von UV-Licht (2900 Å) polymerisiert; das Kettenwachstum erfolgt nur in einer Richtung, eine merkliche Polymerisation über photochem. erzeugte Biradikale findet also nicht statt. Messungen von P u. [η] (je bei 20°) an den Polymeren von **VI** führen zu den Beziehungen: $\log P = 3{,}261 + 1{,}256\cdot\log[\eta]$ in Chlf. u. $\log P = 3{,}420 + 1{,}13\cdot\log[\eta]$ in Benzol. (J. Polymer Sci. **8.** 529—41. Mai 1952. Princeton, N. J., Univ., Frick Chem. Labor.) FUCHS. 4010

R. B. Stambaugh, *Ein elektrisches Analogon zur Untersuchung des Verhaltens von Elastomeren.* Für die Erklärung des elast. u. plast. Verh. von Kautschuk u. anderen Kettenpolymeren werden oft mechan. Modelle herangezogen, die jedoch bei größerer Komplexität in der mathemat. Analyse oder dem Bau des Modells Schwierigkeiten bereiten. Auf Grund der zwischen mechan. u. elektr. Systemen bestehenden Analogien beschreibt Vf. eine App. unter Verwendung der elektr. Komponenten, die eine schnelle u. einfache Handhabung gestattet, u. bespricht als Beispiel der Anwendung das Verh. von *GR-S-Kautschuk.* Die App. verspricht auch zur Entw. nichtlinearer Modelle Erfolge, während diese im mechan. Syst. schwierig zu untersuchen sind. (Ind. Engng. Chem. **44.** 1590—94. Juli 1952. Akron, O., Goodyear Tire & Rubber Co.) RUSKE. 4030

K. E. Polmanteer, P. C. Servais und **G. M. Konkle,** *Tieftemperaturverhalten von Silicon- und organischen Kautschuken.* Aus dem Verhältnis der E-Moduln, der Torsionssteifigkeit u. der Geschwindigkeit der elast. Erholung bei tiefen Tempp. folgt, daß Siliconkautschuk in der Kältebeständigkeit Naturkautschuk u. Butadien-GR-S überlegen ist. Während Spezialtypen, wie *Silastic 250* u. *6000*, erst bei —80° steif werden, ähnelt z. B. *Silastic 160* mehr den beiden organ. Kautschuken, die bei —60° verspröden, was schon nach Messungen des Versprödungspunkts u. des Einfrierbereichs zu erwarten war. Mißt man bei der Torsionssteifigkeit jeweils nach 5 Min., so zeigt sich beim Erwärmen von —130° an bei —80°, dem Versprödungsbereich, nach der anfänglichen Elastifizierung eine erneute Versteifung. Zur Messung der elast. Erholung wurde nach 25%ig. Stauchung die Rückbldg. nach 10 Sek. u. 30 Min. ermittelt. Wie sich am GEHMANschen Kaltbiegungsapp. zeigte, lassen sich die kältebeständigen Silicontypen stark unterkühlen u. krist. dann sehr rasch. Vff. erklären das unterschiedliche Verh. der verschied. Kautschuktypen durch den spezif. Molekülbau u. die verschied. Rotationsenergie der Seitengruppen u. ziehen Parallelen zur Viscosität u. deren Temperaturabhängigkeit u. zur Schmelzgeschwindigkeit. Sie stellen fest, daß man Langzeitprüfungen bei tiefen Testtempp. abkürzen kann, indem man den Prüfkörper 15—45 Min. auf —90 bis —110° unterkühlt, dann auf die Testtemp. erwärmt u. ½ Std. bei dieser Temp. vor der Prüfung beläßt. (Ind. Engng. Chem. **44.** 1576—81. Juli 1952. Midland, Mich., Dow Corning Corp.) SCHENCK. 4030

Kurt Edelmann, *Der Einfluß des Molekulargewichtes auf die Rheologie der Lösungen von Hochpolymeren.* Vf. zeigt am Beispiel der verschied. abgebauten Cellulosen den starken Einfl. des Mol.-Gew. der gelösten Makromoll. auf die Strukturviscosität der Lösungen. Wird diese Strukturviscosität gemessen u. graph. dargestellt (doppeltlogarithm. Koordinatensyst.), so zeigt sich, daß die Wendepunkte aller Fließkurven der verschied. Konzz. eines Präp. auf einer zur Abscisse parallelen Geraden liegen. Diese Gerade, das „krit. Geschwindigkeitsgefälle", rückt um so näher an die Abscisse heran, je größer das Mol.-Gew. der makromol. Substanz ist. Im Wendepunkt der Fließkurve ist die Platzwechselfrequenz der Molekülknäuel gleich ihrer Eigenfrequenz. Es ist also möglich, aus der Kenntnis der Viscositätstemperaturfunktion, der Viscositätskonzentrationsfunktion u. der Gestalt der Fließkurve die Dimensionen der Molekülknäuel auf absol. viscosimetr. Wege zu bestimmen, ohne Hypothesen über Gestalt, Elastizität u. Solvatation der gelösten Makromoleküle. Abschließend wird die Berechnung dieser Molekülknäueldimensionen beschrieben. (Kautschuk u. Gummi **6.** Nr. 3. Wiss. u. Techn. WT51—54. März 1953. Berlin.) WINIKER. 4050

R. D. Smith, *Die Pyrolyse gelöster Nitrocellulose.* Vf. führt die therm. Zers. von *Nitrocellulose* (11,85% N) in Lsgg. (1%ig.) in *1-Chlor-2.4-dinitrobenzol* (**I**), *Benzophenon* (**II**) u. *1-Nitronaphthalin* (**III**) zwischen 165—200° durch. Die Rk. verläuft im wesentlichen nach der 1. Ordnung, zeigt aber Abweichungen. Die Geschwindigkeitskonst. wird als $K(sec^{-1}) = 10^{18,0}exp(-43,0\cdot 10^3/RT)$ angegeben. In **I**- u. **II**-Lsgg. werden von jedem Submol Nitrocellulose 5 Mol Gas, in **III**-Lsgg. dagegen nur 3½ Mol Gas pro Mol entwickelt, da **III** einen Teil der Zersetzungsprodd. absorbiert. Nach den erhaltenen Ergebnissen scheint sich Nitrocellulose bei der Zers. nicht wie ein n. Nitrat zu verhalten. (Nature [London] **170.** 844—45. 15/11. 1952. Stevenston, Ayrshire, Imp. Chem. Ind. Ltd., Res. Dep.) FAHRNLAENDER. 4050

Stanley Peat, W. J. Whelan und **Gwen J. Thomas,** *Der Beweis einer vielfachen Verzweigung in der Wachs-Mais-Stärke.* Vff. diskutieren für *Amylopektin* (**I**) die Strukturformeln von HAWORTH (C. **1937.** II. 3464), von STAUDINGER (C. **1937.** II. 750) u. von MEYER u. Mitarbeitern (C. **1940.** II. 1723). **I** wurde mit β-Amylase hydrolysiert; das nach Entfernung der *Maltose* (**II**) durch Dialyse erhaltene β-Dextrin wurde mit R-Enzym behandelt u. das dialysierbare Prod. chromatograph. getrennt. Es wurden **II** u. *Maltotriose* (**III**) im Verhältnis 1,45:1 isoliert, dann folgten *Maltohexaose* u. höhere Dextrine. Das Überwiegen von **II** gegenüber **III** wird mit einer nicht vollständigen Abtrennung der durch β-Amylase abgespaltenen **II** erklärt. Die Menge an **I** + **II** entspricht 5,3% des β-Dextrins, während die HAWORTHsche Formulierung 0,083 u. die STAUDINGERsche 25% erfordert, so daß die mehrfach verzweigte Struktur von MEYER bevorzugt wird, die mit den Ergebnissen in Übereinstimmung steht. (J. chem. Soc. [London] **1952.** 4546—48. Nov. Bangor, Univ. Coll.) FAHRNLAENDER. 4050

Jacques Pouradier und **Anne Marie Venet,** *Untersuchungen über das Vorkommen von Aldehyden in photographischen Gelatinen.* Inhaltlich ident. mit der C. **1953.** 1660 referierten Arbeit. (Sci. Ind. photogr. [2] **23.** 303—07. Aug. 1952. Paris-Vincennes, Kodak-Pathé, Labor. de Rech.) W. GÜNTHER. 4070

C. W. N. Cumper und **A. E. Alexander,** *Die Viscosität und Rigidität der Gelatine in konzentrierten wässerigen Lösungen.* 1. Mitt. *Viscosität.* Es wird die Viscosität η von *Gelatine*-Lsgg., die 100—500 g Gelatine/Liter enthalten, in Abhängigkeit vom p_H-Wert, der Ionenstärke u. der Temp. gemessen. Die Viscositätszahl ändert sich bei verd. Lsgg. nahezu linear mit der Konz. c, auch für die höheren Konzz. ist log η_{sp}/c in Abhängigkeit von c annähernd eine Gerade. Die η–p_H-Kurve zeigt ein ziemlich breites Maximum in der Gegend des isoelektr. Punktes (p_H 5). In den konz. Gelatinelsgg. wird η der isoelektr. Gelatine durch Zugabe von NaCl bis zu einer Ionenstärke von $\mu = 1,5$ herabgesetzt, während bei noch höheren NaCl-Konzz. η, wahrscheinlich infolge von Aussalzung,

zunimmt. Mit steigender Temp. fällt η bis zu einer Temp. von 43° rasch, oberhalb dieser Temp. langsamer ab. Die Ergebnisse werden im Hinblick auf die COULOMBschen Kräfte zwischen entgegengesetzt geladenen Ionen, die Dipolkräfte, die Wasserstoffbindungen, die LONDONschen Kräfte u. die Vernetzung der makromol. Ketten erörtert, wobei den ersteren der wichtigste Einfl. zukommt. (Austral. J. sci. Res., Ser. A **5.** 146—52. März 1952. Sydney, Univ. of Technol., School of Appl. Chem.)
HENTSCHEL. 4070

C. W. N. Cumper und **A. E. Alexander,** *Die Viscosität und Rigidität der Gelatine in konzentrierten wässerigen Lösungen.* 2. Mitt. *Rigidität.* (1. vgl. vorst. Ref.) Die durch Abkühlen der Lsgg. mit 50—500 g *Gelatine*/Liter erhaltenen Gele werden nach dem Verf. der konzentr. Zylinder von ALEXANDER u. JOHNSON auf ihre Rigidität (n) bei 25° u. am isoelektr. Punkt geprüft. Bis zu einer Konz. von 200 g/Liter besteht Proportionalität zwischen der Konz. u. der Quadratwurzel aus der Rigidität. Der Einfl. des p_H-Wertes bei konstanter Konz. u. Ionenstärke μ zeigt sich in einem Maximum bei p_H 9, während sich der Einfl. von μ durch die Beziehung $n = n_0 \cdot (1 - 0{,}77 \sqrt{\mu})$ wiedergeben läßt. Bis zu einer Konz. von 270 g/Liter äußert sich der Temperatureinfl. gemäß der Formel von FERRI. Die Ergebnisse lassen sich durch die Annahme einer Vernetzung der durch elektrostat. Bindungen zusammengehaltenen Gelatinemoll. deuten. (Austral. J. sci. Res., Ser. A. **5.** 153—59. März 1952.) HENTSCHEL. 4070

N. B. Kurnick und **Marilee Foster,** *Methylgrün.* 3. Mitt. *Reaktion mit Desoxyribonucleinsäure, Stöchiometrie und Verhalten des Reaktionsprodukts.* (2. vgl. J. gen. Physiol. **33.** [1950.] 243, vgl. auch KURNICK, C. **1951.** I. 2739.) Die früher beobachtete selektive Färbung von *Nucleinsäuren* durch *Methylgrün* (**I**) oder *Pyronin* (**II**) gestattet eine histochem. Abschätzung des Geh. an hochpolymerer *Desoxyribonucleinsäure* (**III**) durch Färbung mit **I**, während **II** depolymerisierte **III** u. *Ribonucleinsäure* anfärbt. Die Verb. zwischen hochpolymerer **III** u. **I** in den Zellkernen wurde zu 10 P-Atomen/Farbstoffmol. mit einem Extinktionsmaximum ε_{645} 75000 gefunden, die Rk. ist wahrscheinlich reversibel. Das in vorliegender Unters. verwendete **I** ist ein kommerzielles *Äthylhexamethylpararosanilin* (**IV**), dessen Kristallviolettgeh. durch Chloroformextraktion entfernt u. dessen Reinheit durch UV-Spektrophotometrie geprüft wurde. Mit dem Na-Salz der polymeren **III** resultierte wie mit dem früher verwendeten *Heptamethylpararosanilin* (**V**) in Acetatpuffer bei p_H 4,2 ein stabiler Zustand mit dem mol. Extinktionskoeff. $\varepsilon_{642,5}$ 100700. Dieser Farbstoff bleicht bei p_H-Werten außerhalb 3,5—5,0: Bei p_H 7,5 verblaßt die **III–IV**-Verb. auf 2,3% des Extinktionswertes bei p_H 4,2, die **III–V**-Verb. auf 2,0%. Die ursprüngliche Intensität kann dann durch Neueinstellung des p_H auf 4,2 erreicht werden. Lsgg. mit hohem **III**-Geh. verblassen nicht bei p_H 7,5. Die Verb. zwischen **III** u. **IV** oder **V** verblaßt daher nicht wie freies **I** bei p_H 7,5, jedoch bedingt Erhöhung des p_H auf >8,0 schnelles Schwinden der Färbung. Unterhalb p_H 3,5 fällt die **I–III**-Verb. als weiße Fasern aus. Depolymerisierte **III** jedoch schützt **I** nicht gegen Nachlassen der Färbung bei p_H 7,5, **I** verbindet sich auch nicht mit depolymerisierter **III**. Die **I–III**-Verb. zeigt nach Depolymerisation der **III** durch Kochen in wss. Lsg. oder durch *Desoxyribonuclease* (**VI**) das charakterist. Verblassen der Färbung von freiem **I**. Bei p_H 7,5 gebleichtes **I** (*Leukomethylgrün*) erhält mit polymerer **III** seine Färbung zurück, mit depolymerisierter **III** jedoch nicht. Aus den Verss. der Vff. folgt, daß die **III–IV**-Verb. ein Verhältnis Atome P/Farbstoffmol. wie 13,6, die **III–V**-Verb. wie 12,8 hat, Berechnung ergibt den Wert 12,9. Das Verhältnis Atome P/Farbstoffmol. gegen den Wert von ε_{645} ist damit für die Zellkerne mit 10/75000 das gleiche wie das in vitro gefundene mit 13/100000. Das Nachlassen der Farbintensität bei **I** wurde auf Überführung der chinoiden Form in die benzoide Carbinolform erklärt. Beide müssen im Gleichgewicht vorhanden sein, denn so, wie sich die chinoide Form mit **III** verbindet, wird sie aus der benzoiden unter Aufrechterhaltung des Gleichgewichts nachgeliefert. Das Nachlassen der Farbintensität der **I–III**-Verb. unter Einfl. von **VI** kann als empfindliche Probe auf dieses Enzym verwendet werden. (J. gen. Physiol. **34.** 147—59. 20/11. 1950. New Orleans, Tulane Univ., Dep. of Med.) RUSKE. 4090

E. Biologische Chemie. Physiologie. Medizin.

E_1. Allgemeine Biologie und Biochemie.

Norman D. Lee und **Robert H. Williams,** *Die Wirkung von Stoffwechselstörungen auf die ^{35}S-Cystin-Verteilung der Rattenlebercytostrukturen.* Mit Hilfe von ^{35}S-markiertem DL-*Cystin* (**I**) wurde die Wrkg. verschied. Veränderungen des Stoffwechsels, wie Eiweißerschöpfung u. -überschuß, chem. Carcinogenese durch *p-Dimethylaminoazobenzol*, Stimulierung durch Wachstumshormon u. Regeneration nach partieller Hepatektomie, auf den Einbau einer *Aminosäure* in die Cytostrukturen der Rattenleber untersucht. Die Art u. das Verhältnis des Einbaues von ^{35}S I in die einzelnen Proteinkomponenten des Kern-, Mitochondrien-, Mikrosomen- u. Restanteils der Rattenleber hängt von der Stoffwechsellage des Tieres ab. Der „Beteiligungsindex", d. h. die Relation der spezif. Aktivität des Eiweißes (II) der subcellulären Komponenten zur spezif. Aktivität des Gesamtleber-II, ist der Größe des Anteils des betreffenden II-Bausteins an der Leber-II-Markierung u. damit an der Leber-II-Synth. direkt proportional. Die jeweiligen Relationen sind nur für n. Tiere konstant u. charakterist. u. ändern sich bei Störungen des Stoffwechsels. Die Befunde werden hinsichtlich einer raschen II-Umwandlung als einer notwendigen Voraussetzung der enzymat. Adaptation diskutiert. (J. biol. Chemistry **200.** 451—59. Jan. 1953. Seattle, Wash., Univ. of Washington, School of Med., Dep. of Med.) K. MAIER. 4150

P. R. Whitfeld, *Nucleinsäuren in erythrocytischen Stadien eines Malariaparasiten.* In im Blut von weißen Mäusen gezüchteten erythrocyt. Stadien von *Plasmodium berghei* wurden bei zunehmender Parasitämie erhöhte Nucleinsäurewerte gefunden. Bei 25%ig. Blutinfektion war der *Ribonucleinsäure* (I)-Geh. um das 20—25fache u. der *Desoxyribonucleinsäure* (II)-Geh. um das 8—10fache höher als der einer n. Blutprobe. Pro Parasit wurden durchschnittlich $1{,}16 \cdot 10^{-7}\gamma$ I u. $0{,}59 \cdot 10^{-7}\gamma$ II gefunden, während beispielsweise ein Vogelerythrocytenkern $0{,}09 \cdot 10^{-6}\gamma$ I u. $2{,}62 \cdot 10^{-6}\gamma$ II, also I u. II gerade im umgekehrten Verhältnis, enthielt. — Die qualitative (spektroskop.) Prüfung der Nucleinsäuren von P. berghei ergab Anwesenheit von I u. II. An Purinkörpern wurden unter Zuhilfenahme chromatograph. Methoden (vgl. WYATT, Biochem. J. **48.** [1951.] 584) *Guanin, Adenin, Cytosin, Uracil* u. *Thymin* gefunden. (Nature [London] **169.** 751—52. 3/5. 1952. Sydney, Commonwealth Sci. and Ind. Res. Org., Div. of Animal Health and Production, McMaster Labor.) LIPPOLD. 4150

Roger Baker, *Die Serumaldolase und ihre Beziehungen zur Hormonkontrolle des Krebses.* Bei 16 Patienten mit Prostatacarcinom, teils mit Metastasenbldg., wurde der Geh. des Serums an *Aldolase* (I) vor u. nach therapeut. Maßnahmen kontrolliert. Die Behandlung bestand entweder in Orchiektomie oder Gaben von Stilböstrolpräparaten. 12 der Patienten zeigten vor Behandlung erhöhte Werte, die sich bei 10 von ihnen unter der Behandlung normalisierten. Auch bei solchen Patienten, die n. Werte vor der Behandlung zeigten, wurde I danach reduziert. Es bestehen keine parallelen Beziehungen zum Verh. der sauren oder alkal. Serumphosphatase. Wie aus Kontrollverss. bei Patienten mit Bronchialcarcinomen, bzw. bei solchen mit Hodenatrophie hervorgeht, ist die Änderung der I nicht durch die Hormontherapie allein bedingt, sondern eher durch die Aktivität des Krebses selbst ausgelöst. Anästhesie, chirurg. Maßnahmen, Blutverluste oder verschied. Ernährungszustände beeinflussen I ebenfalls nicht. (J. Urology **69.** 426—32. März 1953. Chicago, Ill., Univ., Dep. of Surg., Div. of Urology.)
P. G. SCHEURLEN. 4160

Jószef Baló, Jenö Juhász und **Gyula Varga,** *Über durch Urethan verursachte experimentelle Lungenadenome.* Bericht über Verss. an weißen Mäusen, denen intraperitoneal *Urethan* (I) injiziert wurde (0,2 cm³ 10%ig. I-Lsg., 2 mal/Woche, 7 Wochen lang, dann 3 Wochen Pause, hierauf nochmals die gleiche Dosis 2 Wochen lang). Während spontane Lungenadenome sehr selten sind (ca. 1%), war bei diesen Verss. bei 42% der Tiere eine Erkrankung festzustellen (Größe der Adenome von 0,5 mm bis zur Größe einer Erbse). Bei den durch I verursachten Lungenadenomen handelt es sich meist um gutartige Geschwülste (Zahl: 4—6, aber auch 40—50 wurden beobachtet). Eine maligne Entartung kann stattfinden. Nach Ansicht der Vff. gehen die Adenome meist vom Bronchialepithel aus. (Acta morphol. Acad. Sci. hung. **3.** 101—10. 1953. Budapest, Med. Univ., Inst. für Patholog. Anatomie u. Exp. Krebsforschung.) R. KÖNIG. 4160

Hugh J. Creech, *Chemische und immunologische Eigenschaften von Konjugaten aus Cancerogenen und Proteinen.* Vf. gelang es, durch Rk. verschied. Isocyanate von cancerogenen Verbb. mit Proteinen Konjugate herzustellen. Am besten war hierzu Serumalbumin geeignet, das ziemlich viel *Lysin* enthält, das mit der endständigen NH_2-Gruppe reagierte (Ar—N=C=O + H_2N—Protein → Ar—NH—CO—NH—Protein). Spektrophotometr. konnte die Anzahl der in das Protein eingetretenen prosthet. Gruppen bestimmt werden. Mit gereinigten Antikörpern reagierten die Isocyanate unter Erhaltung der ursprünglichen serolog. Spezifität. Die Antigen-Antikörper-Rk. mit *1.2-Benzanthril-10-carbamido-, 3.4-Benzpyrenyl-5-carbamido-, 1.2.5.6-Dibenzanthril-9-carbamido-, 4-Dimethylaminostilbenyl-4'-carbamido-* u. *2'-Methyl-4-dimethylaminostilbenyl-4'-carbamido-Konjugaten* von Pferde-, Rinder- u. Menschenserumalbumin, jeweils mit einer verschied. Anzahl von prosthet. Gruppen pro Mol., zeigen, daß die Spezifität der durch Konjugate mit steigender Anzahl an prosthet. Gruppen gebildeten Antiseren abnimmt.

— Zahlreiche Literaturangaben. (Cancer Res. **12**. 557—64. Aug. 1953. Philadelphia, Inst. for Cancer Res., u. Lankenau Hosp. Res. Inst.) H. SCHEURLEN. 4160

Sidney D. Kobernick, Edna W. Toovey und **D. R. Webster,** *Die Wirkung der Anwendung von Cancerogenen auf die freigelegte Magenschleimhaut der Ratte.* Vff. transplantierten bei Ratten die Magenschleimhaut in den musculus anterior abdominalis. Die Schleimhaut blieb dabei erhalten u. wurde nicht von der Haut überwachsen. In diese Magenschleimhaut wurde ein mit *20-Methylcholanthren* (I) getränkter Faden implantiert, doch trat dadurch keine Tumorbldg. auf, da der Faden ziemlich bald resorbiert wurde. Ebenso blieb die Pinselung mit I, *Polyäthylenglykol* oder *Acetaminofluoren* ohne Erfolg. (Cancer Res. **12**. 591—93. Aug. 1952. Montreal, Can., Univ., Dep. of Pathol., u. Exp. Surgical Labor.) H. SCHEURLEN. 4160

Donald C. Malcolm und **Carl Rusche,** *Laboratoriumskontrollen bei Prostatacarcinom: Östrogene und androgene Wirkungen.* Das Verh. der Enzyminhibitoren *Antichymotrypsin* u. *Antirennin* ist zwar für die Diagnose von Tumoren ungeeignet, kann aber für die Beurteilung therapeut. Effekte auf Tumoren benutzt werden. Bei n. Patienten besteht ein konstantes Verhältnis zwischen beiden. Traumen, Schwangerschaft, Infektionen u. Tumoren führen zum Anstieg der Antichymotrypsin-Aktivität. Wenn die Werte bei der Behandlung der Krebskranken wieder absinken u. die Antirennin-Werte dafür ansteigen, so deutet das auf die Wirksamkeit der Therapie. Das wird für die Wrkg. von Androgenen, Östrogenen u. der Kastration bei Prostatatumoren an Beispielen gezeigt. (J. Urology **67**. 982—87. Juni 1952. Long Beach, Calif., Veterans Admin. Hosp.) DRUCKREY. 4160

Edward Meilman, *Falscher positiver Test auf Phäochromocytom mit einer „adrenolytischen“ Verbindung.* Bericht über eine 58jährige Frau mit Hypertonie, bei der die intravenöse Injektion eines *Dibenamin* (I)-Deriv. (*N-[9-Fluorenyl]-N-äthyl-β-chloräthylamin*) den Blutdruck erniedrigte u. für einen Tag normalisierte. Der Beweis für die Vollständigkeit der adrenerg. Blockade wurde durch Umkehr der *Adrenalin*-Wrkg. (Blutdrucksenkung) erbracht. Die Patientin starb an den Folgen eines Schlaganfalles; bei der Sektion wurde kein chromaffiner Tumor gefunden. — Nach Vf. ist es angesichts des häufigen Vork. von Blutdrucksenkungen nach I-Applikation bei Hypertonie unwahrscheinlich, daß solche Rkk. in irgendeiner Weise als so spezif. betrachtet werden dürfen, wie die Rk. auf *Benzodioxan* bei einem Phäochromocytom. (New England J. Med. **245**. 177—79. 2/8. 1951. Boston, Beth Israel Hosp.) VINCKE. 4160

A. R. Bainborough, *Squamöse Metaplasie der Prostata nach östrogener Therapie.* Es wird über 7 Prostatacarcinome berichtet, die bei einer histolog. Ausweitung 28 Tage bis 2 Jahre nach erfolgter Hormonumstimmungstherapie eine squamöse Metaplasie aufwiesen. Die squamösen Zellen enthielten keine *saure Phosphatase*, aber *Glykogen.* (J. Urology **68**. 329—36. Juli 1952. Lethbridge Alberta, Can., St. Michael's Hosp.) DUCHO. 4160

C. Blanco-Soler, José W. Otte und **I. Madrigal,** *Kombinierte Behandlung des inoperablen Lungenkrebses mit Stickstofflost und radioaktivem Phosphor.* Vf. berichtet über 12 Patienten mit prim. Krebsen der Lunge bzw. Bronchien u. mit Metastasen anderer Tumoren in der Lunge, die nicht operabel waren. Es wurden 30 mg *Stickstofflost* u. 25 mC ^{32}P gegeben, wonach es in einigen Fällen zu einer günstigen, röntgenolog. sichtbaren Remission der Tumoren kam. Die Besserungen hielten in den meisten Fällen über ein halbes Jahr an. (Rev. clín. españ. **46**. 284—91. 15/9. 1952. Madrid, Hosp. San José y Sta. Adela.) P. G. SCHEURLEN. 4160

Edoardo Gallico, *Neue Gesichtspunkte in der Chemotherapie der Tumoren.* Ausführliche Übersicht über die bisher bekannten chemotherapeut. wirksamen Mittel gegen Tumoren. Es werden eingehend Biologie u. pharmakolog. Wrkg. folgender Substanzen u. ihrer Derivv. besprochen: *Urethane*: *Äthylcarbamid, Phenyläthylcarbamid. Lost*: *Bis-[β-chloräthyl]-sulfid*; ähnliche Wrkg. mit *Methyl-bis-[β-chloräthyl]-amin* (*Dichloren*), *Tris-[β-chloräthyl]-amin, N.N-Bis-[β-chloräthyl]-aminostilben, N.N-Bis-(β-chloräthyl)-anilin,* entsprechende *Derivv.* des α- u. *β-Naphthylamins, Divinylsulfon, Triäthylenmelamin* (*2.4.6-Triäthylenimino-symm.-triazin*) u. seine Verwandten; *Folsäure* (*Pteroylglutaminsäure*) u. dessen Antagonisten: *Teropterin, Aminopterin, 4-Amino-N_{10}-methylpteroylglutaminsäure, 4-Amino-9-methylpteroylglutaminsäure* u. *4-Aminopteroylasparagin. Stilbamidin* u. *Pentamidin* (*4.4'-Diamidino-α.ε-diphenyloxypentan* bzw. *4.4'-Diamidinostilben*); *Colchicin*; *Podophyllin* u. *Podophyllotoxin*; *Hormone*: weibliche u. männliche Sexualhormone; *ACTH.* (Minerva med. [Torino] **43**. II. 1264—78. 6/12. 1952. Milano, Ist. Naz. per lo Studio e la Cura dei Tumori.) P. G. SCHEURLEN. 4160

Emil A. Wessely, *Erfahrungen mit Polydyn.* Vf. berichtet über Unterss. mit *Polydyn* u. stellt fest, daß Polydyn das Wachstum von echten Krebsgeschwülsten nicht beeinflußt. (Wiener med. Wschr. **102**. 727—29. 13/9. 1952. Wien VII.) GUMMEL. 4160

Maurice Sullivan, Laurence Zell und **Hugh McCulloch jr.,** *Das Versagen von Podophyllin in der Behandlung von Hautcarcinomen.* Die Behandlung von Basal- u. Stachelzellcarcinomen der Haut mit *Podophyllin* ist gefährlich u. führt 100%ig. innerhalb von 6 Wochen bis zu 22 Monaten zu Recidiven der behandelten Tumoren. (Bull. Johns Hopkins Hosp. **90.** 368—71. Mai 1952.) GUMMEL. 4160

John W. Schulte, Frank Hinman jr. und **Bertram V. A. Low-Beer,** *Radiokobalt in der Behandlung von Blasentumoren. Radiokobalt* hat für die Krebstherapie den Vorteil vor Radium, daß die β-Strahlung relativ gering u. die γ-Strahlung homogen ist u. daß ferner keine gasförmigen Zerfallsprodd. auftreten. Die Anwendung erfolgt mit einer Ballonmethode. Die bisherigen Resultate erlauben noch kein Urteil. (J. Urology **67.** 916—24. Juni 1952. San Francisco, Calif., Univ., School of Med., Div. of Urology and Radiology.) DRUCKREY. 4160

C. Blanco-Soler, *Krebsbehandlung mit radioaktiven Isotopen.* Hinweis auf die Anwendung radioakt. Substanzen zur Diagnostik. Allg. Übersicht über die Behandlung der Bluterkrankungen, sowie des Schilddrüsencarcinoms, des Osteosarkoms, des Melanoms u. der Reticulosarkome mit radioakt. J bzw. P. (Med. clín. [Barcelona] **18.** (**10.**) 393—400. Juni 1952. Madrid, Hosp. de S. José y Sta. Adela.) P. G. SCHEURLEN. 4160

E_2. Enzymologie. Gärung.

C. Lenti und **S. di Bella,** *Über die Schutzwirkung des Natriumsalzes der Caprylsäure gegen die Wärmedenaturation der Proteide.* Während einige Eigg. nativer Proteine durch längeres Erhitzen (p_H 7,0; 60°; 3 Std.) nicht verändert werden, wenn *Na-Caprylat* zugesetzt wird (vgl. BURGER u. Mitarbeiter, J. biol. Chemistry **162.** [1946.] 181; RICE u. Mitarbeiter, C. **1946.** **1414**; DUGGAN u. Mitarbeiter, Arch. Biochem. **28.** [1950.] 174) werden Enzyme wie *Amylase, Adenosintriphosphatase, Arginase, Urease, Succinodehydrase* u. auch *Insulin* unter diesen Bedingungen inaktiviert. Anwendung von I als Na-Salz, 0,05 molar. (Arch. Scienze biol. **36.** 75—79. Jan./Febr. 1952. Torino, Univ., Ist. di Chim. biol.) P. G. SCHEURLEN. 4210

M. Rabinovitz, M. P. Stulberg und **P. D. Boyer,** *Die Regulierung der Pyruvatoxydation in einem zellfreien Rattenherzpräparat durch Phosphatacceptoren.* Vff. untersuchten den für eine maximale Geschwindigkeit der *Pyruvat* (**I**)-Oxydation durch ein gewaschenes Rattenherzpräpp. (**IV**) erforderlichen Bedarf an *Hexokinase* (**II**) u. *Glucose* (**III**). **II**-Zusatz steigerte bei **IV** in Ggw. von **I**, *Fumarat, Adenosintriphosphat* (**V**), Mg^{2+}, *Phosphat* (**VI**) u. **III** die Geschwindigkeit der **I**-Oxydation nahezu auf das 3fache, von *Oxalacetat* auf mehr als das Doppelte. Die Steigerung fand auch in Abwesenheit von *Fluorid* (**VII**) statt. In Übereinstimmung mit der Tatsache, daß die endständige **VI**-Gruppe von **V** durch **II** auf **III** übertragen wird, stimuliert Zusatz von **III**, als dem endgültigen **VI**-Acceptor, zum vollständigen Syst. die **I**-Oxydation. **II**-Zugabe in Abwesenheit von **III** bewirkte keine O_2-Aufnahme. Ohne **I** betrug der O_2-Verbrauch nur 7% des n., d. h. zugesetzte **III** diente als **VI**-Acceptor u. nicht als oxydierbares Substrat. Die höchsten bei der **I**-Oxydation durch Ratten- oder Kaninchenherzpräpp. erhaltenen P : O-Werte (= Zahl der aufgenommenen Moll. anorgan. **VI**: Zahl der verbrauchten O-Atome) betrugen in Ggw. von 0,02 mol. **VII** 2,4—2,6, ohne **VII** noch >2. Ohne **VI**-Acceptoren wird die Geschwindigkeit der Bldg. von *Adenosindiphosphat* aus **V** durch die Wrkg. der Enzyme der Herzpräpp. begrenzt. Das wahrscheinliche theoret. P : O-Maximum für die vollständige **I**-Oxydation ergibt sich aus kinet. u. thermodynam. Überlegungen, die die Annahme einer Aufnahme von 1 Mol anorgan. **VI** unter Übertragung von 2 Elektronen auf *Cytochrom c* aus *Flavoproteinen* (**VIII**) oder *Bernsteinsäuredehydrogenase,* Aufnahme von 1 Mol **VI** unter Wechselwrkg. von red. *Diphosphopyridinnucleotid* oder *Triphosphopyridinnucleotid* mit oxydierten **VIII** für alle Substrate des Citronensäurecyclus, Succinat ausgenommen, u. Aufnahme von 1 oder, weniger wahrscheinlich, 2 Moll. **VI** unter oxydativer Decarboxylierung von **I** u. α-*Ketoglutarat* als möglich erscheinen lassen, zu 2,2—2,6. Bei Ablauf der Oxydation nur bis zur *Citrat*-Stufe würde das wahrscheinliche P : O-Verhältnis 3,0 betragen. **I**-Oxydation u. die damit gekoppelte Phosphorylierung regulieren sich gegenseitig durch die verschied. miteinander verknüpften Enzymreaktionen. (Science [Washington] **114.** 641—42. 14/12. 1951. St. Paul, Univ. of Minnesota, Div. of Agric. Biochem.) K. MAIER. 4210

Kurt Wallenfels, *Enzymatische Synthese von Oligosacchariden aus Disacchariden.* Vf. berichtet über Beobachtungen bei der enzymat. Hydrolyse von Disacchariden mit Pilzenzymen. *Maltose, Saccharose* u. *Lactose* werden der Einw. von Enzympräpp. aus einer Aspergillus oryzae-Kultur unterworfen u. papierchromatograph. untersucht. Es wird gefunden, daß die 3 erhaltenen Zonen des Chromatogramms ein *Oligosaccharid* (**I**), ein *Gemisch aus Lactose* u. *synthet. Disaccharid* u. ein *Gemisch aus Glucose* u. *Galaktose* enthalten. I ergibt durch 16std. Hydrolyse mit der obigen Schimmelpilzlactase *Glucose, Galaktose, Lactose, synthet. Disaccharid*, Oligosaccharid (Substrat) u. *Tetrasaccharid.* I setzt sich aus Galaktose u. Glucose im Verhältnis 2 : 1 zusammen. Es zeigt sich, daß gleichzeitig mit der Spaltung der obigen Disaccharide in die Monosaccharide Oligosaccharide gebildet werden. Es wird vermutet, daß das Pilzenzym beide Glykosidbindungen angreift. (Naturwissenschaften **38.** 306—07. Juli 1951. Mannheim-Waldhof, C. F. Boehringer u. Söhne GmbH.), Biochem. Labor. Tutzing.) FAHRNLAENDER. 4210

K. Wallenfels und **E. Bernt,** *Über die gruppenübertragende Wirkung von disaccharidspaltenden Enzymen.* Mittels Papierchromatographie läßt sich die früher (vgl. vorst. Ref.) aufgefundene Gruppenübertragung u. die Synth. von Oligosacchariden bei der enzymat. Hydrolyse von *Lactose, Maltose* u. *Saccharose* quantitativ (Kinetik) untersuchen. — Bei Spaltung von Lactose u. Maltose in Ggw. von *Fructose* entstehen neue Syntheseprodd., die ohne Fructose nicht nachweisbar sind. Offenbar werden neue Disaccharide durch Gruppenübertragung eines Monosaccharidrestes auf Fructose gebildet. — Die prim. Rk. einer Disaccharidspaltung ist die Bldg. eines Monosaccharid-Enzym-Komplexes unter Freilegen eines zweiten Monosaccharidrestes: Monosaccharid I–O–Monosaccharid II + Enzym-H → Monosaccharid I–Enzym + Monosaccharid II–OH. Nach dem Papierchromatogramm wird bei Spaltung von Lactose in der ersten Phase nur Glucose freigelegt, die Galaktose also durch das Enzym abgehängt u. übertragen. Bei Spaltung von Saccharose wird Fructose durch das Enzym gebunden, u. es werden durch Übertragung von Fructose neue Saccharide gebildet. Bei Spaltung von Maltose wird prim. die 1.4-Glykosidbindung gespalten u. eine Glucose-Enzym-Verb. gebildet; dann folgt die Spaltung: Monosaccharid I-Enzym + ROH → Monosaccharid I–O–R + Enzym-H. (Dabei kann R = H oder CH_3 sein oder freie Glucose, Fructose, Lactose, Saccharose, Maltose oder ein Trisaccharid sein. Es entstehen also Alkylglykoside, Di-, Tri- oder Tetrasaccharide.) — Die Bindungsenergie der Glykosidbindung stellt offenbar die treibende Kraft für die genannten Umsetzungen dar. Diese muß noch in der intermediären Monosaccharid-Enzym-Verb. vorhanden sein; sie wird für die Synth. der neuen Saccharide benötigt. Neben der Gruppenübertragung erfolgt stets hydrolyt. Spaltung des Monosaccharid-Enzym-Komplexes, bei der die gesamte Bindungsenergie frei wird, so daß die Rk. in diese Richtung getrieben wird. — Bei Aufarbeitung von größeren Spaltansätzen werden noch nähere Syntheseprodd. nachgewiesen. (Angew. Chem. **64.** 28—29. 7/1. 1952. Tutzing, Boehringer u. Söhne, G. m. b. H., Biochem. Labor.) HESSE. 4210

Günther Wolff, *Neues über das Hyaluronsäure–Hyaluronidase-System.* Übersicht mit 58 Literaturzitaten. (Med. Mschr. **7.** 74—77. Febr. 1953. Ansbach, Städt. Krankenhaus.) GIBIAN. 4210

Gunnar Birke, *Das Hautspreading von Hyaluronidase und Streptokokken unter dem Einfluß von Stress (Kälte), ACTH, Cortison und Desoxycorticosteronacetat.* Beobachtet wurden an männlichen Albinokaninchen die genannten Einflüsse teils auf das 1-, meist auf das 24std. Spreading von subcutan mit *Testeshyaluronidase* (I) oder hyalurinodasehaltiger Streptokokkenkulturlsg. (II) angewandtem Evans Blau. Kurzfristiger (24 Std.) Kältestress hemmte, länger dauernder (120 Std.) begünstigte **I** u. **II**. Kurzdauernde ACTH-Behandlung hemmte **I** im 24-, **II** nur im 1-Std.-Test; längere Einw. beeinflußte **I** nicht, begünstigte **II**. Kurzdauernde Cortisonbehandlung ergab gleiches Ergebnis wie ACTH, längere Einw. hemmte **I** u. **II** u. verhinderte auch die durch sonst langandauernden Stress eintretende Begünstigung der **I** u. **II**-Reaktion. Kurzdauernde DOCA-Applikation vermehrte das Spreading von **II**, langdauernde Einw. begünstigte **I** u. **II**. Die durch **II** vermehrte Capillarpermeabilität wurde durch Kältestress weiter verstärkt, was durch ACTH unterbunden werden kann. — Die Eigg. werden theoret. diskutiert, wobei besonders auf den Zeitfaktor hingewiesen wird, der durch die verschied. Phasen der Stress-Rk. bedingt ist. (Acta med. scand. **144.** 455—66. 28/2. 1953. Stockholm, Forschungsinst. König Gustav V.) GIBIAN. 4210

K. Vas, *Eine neue Methode zur Untersuchung der Pektolyse.* Vf. verfolgt den enzymat. Abbau des *Pektins* mit Hilfe turbidimetr. bzw. nephelometr. Messungen. Es werden 0,75%ig. Pektinlsgg. (p_H 3,9, Veresterungsgrad ca. 30%) mit einem Geh. von 0,2% Enzym aus Aspergillus niger verwendet. Die Hydrolyse wird bei 5, 26, 31 u. 36° beobachtet. Es wird festgestellt, daß die Viscosität der Lsgg. schneller sinkt als die Turbidität. (Acta chim. Acad. Sci. hung. **3.** 165—68. 1953. Budapest, Res. Inst. for Canning.) FAHRNLAENDER. 4210

James R. Thistlethwaite und **Robert P. Hill,** *Serumamylasewerte bei der experimentellen Pankreatitis.* Bei Hunden wurde a) durch Ligation des Ductus pancreaticus major (D. p. m.), b) durch Injektion von 3 ml Galle in den D. p. m., c) durch Injektion von 3 ml Salzlsg. in den D. p. m. Pancreatitis hervorgerufen. In allen 3 Fällen konnte eine beachtliche Erhöhung der *Serumamylase* festgestellt werden, die jedoch nicht der Schwere der Erkrankung parallel ging. Bei Pancreatitis ohne Beteiligung der D. p. m. blieben die Amylasewerte normal. (Surgery **31.** 495—501. April 1952. Washington, D. C., George Washington Univ., School of Med.) LOCH. 4230

Irving H. Sher und **M. F. Mallette,** *Die Verwendung eines Bakteriophagen zur Abspaltung zweier Decarboxylasen aus Escherichia coli B.* Mehrere Methoden zur Zellzerkleinerung zwecks Isolierung der adaptiven Enzyme *L-Lysindecarboxylase* u. *L-Arginindecarboxylase* aus *E. coli B* wurden vergleichend untersucht. Lyse durch T_2r^+-Bakteriophagen („lysis from without", ohne typ. Infektion des Wirtsorganismus oder Virusvermehrung) gab die höchsten Gesamt- u. spezif. Aktivitäten u. eignet sich zur Enzymdarst. in großem Maßstab am besten. Mit 100 Phagen/Bacterium wies das Lysat nach 15 Min. das 4—9fache der in intakten Zellen meßbaren Gesamtaktivität auf. 20 Phagen/Bacterium spalteten innerhalb 2 Std. 92% der Gesamtenzymmenge ab. Vff. nehmen an, daß die Meth. auch auf andere lösl. Bakterienenzyme anwendbar ist. (J. biol. Chemistry **200.** 257—62. Jan. 1953. Baltimore, Md., Johns Hopkins Univ., School of Hyg. and Publ. Health, Dep. of Biochem.) K. MAIER. 4210

R. Bernal Johnson und **W. W. Ackermann** (unter techn. Mitarbeit von **Leonard E. Keith**), *Eine Funktion der Kerne bei der oxydativen Phosphorylierung.* Die mit der Oxydation von *α-Ketoglutarsäure* (I) gekoppelte Veresterung von anorgan. Phosphat (II) wurde in Gesamthomogenaten u. verschied. isolierten Zellkomponenten von Hühnerembryonenleber untersucht. Die Geschwindigkeit der II-Veresterung u. der I-Oxydation war in Mitochondrien beträchtlich niedriger als in Gesamthomogenaten. Die Geschwindigkeit der II-Veresterung, I-Verwertung u. O_2-Aufnahme durch Mitochondrien wurde durch Zusatz von Kernfraktionen, die selbst das Substrat nicht oxydieren konnten, auf ein Mehrfaches gesteigert. Dieser stimulierende Effekt von Kernmaterial auf die Geschwindigkeit der Fixierung von anorgan. II ist von dem mit der Kern-*Adenosintriphosphatase*-Wirksamkeit verknüpften zu unterscheiden, u. es wird angenommen, daß derselbe bei der Übertragung von energiereichem II auf *Adenosindiphosphat* eine Rolle spielt. Die Mitochondrien enthalten anscheinend einen gewissen Anteil jeder der zur I-Oxydation u. gleichzeitigen II-Veresterung erforderlichen Komponenten. Jedoch ist das mitochondriale Enzymsyst. unvollständig u. wird durch die entsprechenden Bestandteile der Kerne vervollständigt. (J. biol. Chemistry **200.** 263—69. Jan. 1953. Ann Arbor, Mich., Univ. of Michigan, School of Public Health, Dep. of Epidemiol., u. Virus Labor.) K. MAIER. 4210

Yasumasa Yamao, *Histochemisches über Endoparasiten.* Die Verteilung von *Phosphomonoesterase* (I) in den verschied. Geweben wird nach dem Verf. von GOMORI (C. **1941.** I. 2951) untersucht. Im Verdauungstrakt von Fasciola hepatica ist die Rk. für saure I stark positiv, für alkal. negativ; I von p_H 6—7 nur am Rande des Epithels. Im Ausscheidungskanal ist I positiv für alkal. u. neutrale Rk., saure I ist nur wenig vorhanden. Neben alkal. u. saurer I wird auch das Vorhandensein neutraler I (optimales p_H 6—7) angenommen. Ähnliche Beobachtungen bei Anoplocephala perfoliata. (Kagaku [Science] **21.** 418—19. Aug. 1951. Chiba, Univ. [Orig.: japan.].) SCHULER. 4210

F. C. Lu, *Die Wirkungen proteolytischer Enzyme auf den isolierten Kaninchendarm. Chymotrypsin* (I) u. *Trypsin* (II) setzen in geeigneten Konzz. die spontane Bewegung des isolierten Kaninchendarms (Ileum) herab oder heben sie vollständig auf. *Pepsin* u. hitzeinaktiviertes II (60°, 1 Std.) zeigten unter den Versuchsbedingungen keine Wirkung. I-behandelter Darm verliert seine Reaktionsfähigkeit gegenüber *Acetylcholin* (III) u. *$BaCl_2$*, während II die Wrkg. von III aufhebt, ohne die von *Ba* zu beeinflussen. Vf. nimmt an, daß eine Receptorsubstanz, die die Wrkg. von III vermittelt, durch die trypt. Verdauung zerstört wird u. I durch Einw. auf die kontraktile Substanz des glatten Muskels die Darmbewegung beeinflußt. (Brit. J. Pharmacol. Chemotherapy **7.** 637—40. Dez. 1952. Montreal, Can., McGill Univ., Dep. of Pharmacol.) K. MAIER. 4210

George M. Naimark und **William A. Mosher,** *Inaktivierung von Pepsin durch inerte Gase.* Beim Durchleiten von Gasblasen von Argon, N oder Argon–Butan-Gemisch durch 0,2%ig. Lsg. von *Pepsin* (I; MERCK; U. S. P.) erfolgt eine rasche Inaktivierung von I. Die Gasatmosphäre als solche schädigt nicht. Die durch das Durchperlen bewirkte Inaktivierung ist beim längeren Stehenlassen nicht reversibel; sie beruht nicht auf etwaigen Verunreinigungen der Gase. Vff. nehmen an, daß sich Gas–Fl.-Grenzflächen bilden, auf denen das I sich ausbreitet u. monomol. Filme bildet. Das Zusammenfallen der Gasblasen zerstört diese Filme u. verändert dabei mechan. die Struktur des I-Proteins. (J. Franklin Inst. **254.** 344. Okt. 1952. Philadelphia, Pa., Franklin Inst., Biochem. Res. Found.) HESSE. 4210

P. G. Tulpule und **V. N. Patwardhan,** *Anwendung der Papierchromatographie auf die Untersuchung des Transaminasesystems.* Untersucht wird die Rk.: *L-Asparaginsäure* + *α-Ketoglutarsäure* (I) = *Oxalessigsäure* + *L-Glutaminsäure* in Ggw. von *Transaminase* (II) (Leberenzym) + Coenzym (gekochter Muskelextrakt) bei einem Überschuß an Asparaginsäure. Die gebildete Oxalessigsäure wurde auf chem. Wege (mit Hilfe von Anilincitrat) in Brenztraubensäure verwandelt. Diese, sowie die unverbrauchte I, wurden in ihre 2.4-Dinitrophenylhydrazone übergeführt, welche chromatograph. nach CAVALLINI, FRONTALI u. TOSCHI (C. **1949.** E. 283) getrennt wurden. Auf diese Weise konnte die Wrkg. der II gut verfolgt werden. In 24 Min. waren 88% der vorhandenen I umgewandelt. (Nature [London] **169.** 671. 19/4. 1952. Coonor, Indian Council of Med. Res., Nutrit. Res. Labor.) HESSE. 4210

A. Je. Braunstein und **M. M. Schemjakin,** *Eine Theorie der durch Pyridoxalenzyme katalysierten Prozesse des Aminosäureumsatzes.* Die Austausch-Rkk. der *Aminosäuren* (I) unter Teilnahme des *Pyridoxals* (II) erklären sich aus der Fähigkeit der

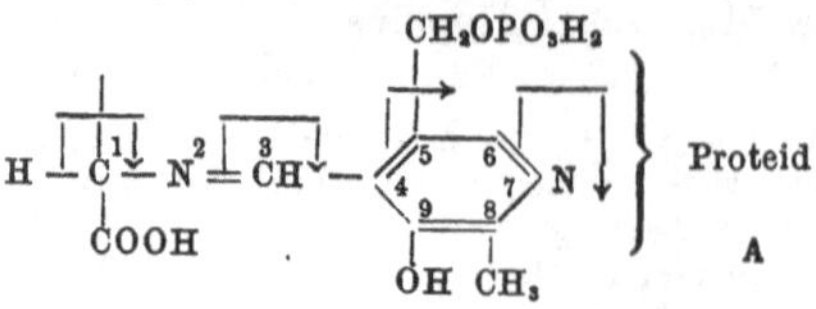

prosthet. Gruppe der II-Enzyme, mit I entsprechende *Azomethine* (III) zu bilden. Hier ist als Folge der Struktur u. der äußeren Einflüsse eine solche Umlagerung der Elektronendichte möglich, daß Umwandlungen eintreten, die bei den Ausgangs-I unmöglich sind. Einige dieser Umwandlungen sind mit einer Dissoziation des H-Atoms an $C_{(1)}$ verbunden, wobei im gebildeten Anion an den C-Atomen 1, 3, 5, 7 u. 9 eine erhöhte Elektronendichte eintritt. Die Affinität zwischen II-Enzymen u. I sowie die Umwandlungsart von I richten sich nach der I-Struktur u. der Natur der spezif. Eiweißkomponenten der Enzyme. Die bei fast allen Eiweiß-I beobachtete Umaminierung durch spezif. Aminopherasen verläuft über die Bldg. der **A-III,** verbunden mit einer Dissoziation des H-Atoms, einer Verschiebung der Doppelbindung in III u. mit dessen hydrolyt. Spaltung. Die Racemisierung von L- u. D-Alanin durch I-haltige Racemase erfolgt ebenfalls über die Bldg. des **A-III.** Bei der α-Decarboxylierung von I durch II-Proteide werden die gebildeten **A-III** bei gleichzeitiger Verschiebung der Bindungen ionisiert. Die entstehenden α-Ketosäureabkömmlinge (HOOCC=N—) werden durch die Umlagerung der Elektronendichte leicht decarboxyliert. Diese Umwandlungen erfolgen auch nichtenzymatisch. Bei der β-Decarboxylierung von Asparaginsäure spaltet das über **A-III** gebildete Oxalessigsäurederiv. $HOO\overset{\alpha}{C}C(\overset{\beta}{C}H_2COOH)=N-$ unter Bldg. der SCHIFFschen Base am β-Carboxyl CO_2 ab. Die SCHIFFsche Base geht in α-Alanain über. Ähnlich verläuft die Spaltung der α-Amino-γ-ketosäuren. Bei der enzymat. Spaltung der β-substituierten α-Aminosäuren vom Typ HOOCC·(CHX—)HN H_2(X = OH, SH, β-Indolyl usw.) wird das α-H des zunächst gebildeten III HOOC—CH(CHX—)—N=CH— (**B**) unter dem Einfl. der Substituenten (starke Elektronenacceptoren) ionisiert u. als HX abgespalten. Das entstehende **III** HOOCC (=CH—)—N=CH— liefert durch Hydrolyse die α-Ketosäuren. Ähnlich verläuft die enzymat. Spaltung der γ-substituierten α-Aminosäuren. Bei der enzymat. Kondensation von YH (Y = β-Indolyl, SH usw.) u. β-substituierten α-Aminosäuren vom Typ $XCH_2CH(COOH)NH_2$ (X = OH, SH) verläuft die Bldg. von $YCH_2CH(COOH)NH_2$ über die Komplexbldg. zwischen YH u. B-Azomethin. Die Kondensation von YH u. γ-substituierten α-Aminosäuren unter der Einw. des II-Enzyms verläuft über das Azomethin $H-CH_2-CH_2-C(COOH)=N-$, sonst wie bei den β-substituierten α-Aminosäuren. (Доклады Академии Наук СССР [Ber. Akad. Wiss. UdSSR] [N. S.] **85.** 1115—18. 11/8. 1952. Inst. für biol. u. med. Chem. der Akad. der Med. Wiss. der UdSSR.) LEBTAG. 4210

Robert R. Sealock und **Ruth L. Goodland,** *Ascorbinsäure, ein Coenzym der Tyrosinoxydation.* Enzympräpp. aus der Leber n. Meerschweinchen verlieren die Fähigkeit zur Oxydation von *Tyrosin* (I) vollständig, wenn die Darst. derart erfolgt, daß die Gesamtmenge gebundener u. freier *Ascorbinsäure* (II) prakt. vollständig zerstört wird (z. B. durch Dialyse, Acetonentwässerung oder bestimmte spezif. Eiweißfraktionierungen). Derartige II-freie Enzympräpp. bedürfen zur Durchführung der I-Oxydation eines Zusatzes von *α-Ketoglutarsäure* (III) als NH_2-Acceptor. Diese 1. Stufe ist wahrscheinlich eine nichtoxydative Transaminierung. Die I-Oxydation erfolgt nach Zusatz von Enzymlsg., stöchiometr. Mengen III (5—10 μMol) u. katalyt. Mengen II (150—200 γ) zu I (5 μMol) unter Aufnahme von 4 Atomen O/Mol I. Ohne II-Zusatz wird ≪1 Atom O verbraucht. II wirkt anscheinend als Coenzym des für die 1. oxydative Stufe erforderlichen Enzyms.

Die Oxydationsgeschwindigkeit hängt von der **II**-Konz. ab. Als Ergebnis der Transaminierung ist *p-Oxyphenylbrenztraubensäure* (**IV**), an der dann die Oxydation einsetzt, anzunehmen. **IV** wird in Ggw. von **II** u. unter Weglassung von **III** durch die gleichen Enzympräpp. wie **I** oxydiert. Der Mechanismus der **II**-Wrkg. ist unbekannt; sie beruht möglicherweise auf der reversiblen Umwandlung der *Endiol*-Redoxgruppierung von **II**, wobei das Enzym mittels der Dehydroascorbinsäureform H aus **IV** entfernt u. anschließend auf O überträgt. (Science [Washington] **114.** 645—46. 14/12. 1951. Ames, Iowa, Iowa State Coll., Dep. of Chem.) K. MAIER. 4210

J. A. Cohen und **Mia G. P. J. Warringa,** *Reinigung von Cholinesterase aus Ochsenerythrocyten.* Aus Ochsenerythrocyten wurde ein lösl. *Cholinesterase* (I)-Präp. hergestellt, das I in 250—400facher Anreicherung enthielt: Defibriniertes Frischblut 1 Std. bei 0° zentrifugieren, rote Blutzellen 6mal mit 0,9% NaCl-Lsg. waschen, über Nacht in 10—15 Voll. dest. W. (Zusatz fester CO_2) hämolysieren, Stroma 5mal mit 1 : 9 verd. TYRODE-Lsg. waschen, in dest. W. aufnehmen, Gefriertrocknung, Material in trockenem, kaltem Butanol suspendieren, mischen, zentrifugieren (Kühlung!), Nd. trocknen, in 0,01 mol. Phosphatpuffer (II). (p_H 8,0) zentrifugieren, überstehende Fl. mit gleichem Vol. kaltem, gesätt. $(NH_4)_2SO_4$ bei p_H 7,0 fällen, erneut umfällen (p_H 6,0), Nd. mit 0,01 mol. II + 2% NaCl (p_H 8,0) aufnehmen, bei 0° LLOYDs Reagens zugeben (p_H 6,0), überstehende Fl. mit 1,8 Voll. gesätt. $(NH_4)_2SO_4$ fällen, Nd in II (p_H 8,0) aufnehmen, zentrifugieren, Lsg. in der Kälte dialysieren (20 Std. gegen 1%ig. NaCl-Lsg.). (Biochim. biophysica Acta [Amsterdam] **10.** 195—96. Jan. 1953. Leyden, Netherlands, Nat. Defence Res. Council, T. N. O., Med. Biol. Inst.) K. MAIER. 4210

E$_3$. Mikrobiologie. Bakteriologie. Immunologie.

M. Earl Balis, Daniel H. Levin, George Bosworth Brown, Gertrude B. Elion, Henry Vanderwerff und **George H. Hitchings,** *Die Verwertung von Purinribotiden durch Lactobacillus casei.* Die *b*-Isomeren der *Nucleotide* von *Adenin* (I) u. *Guanin* begünstigten das Wachstum von *L. casei* ebenso stark wie die freien Basen, während die *a*-Isomeren u. *Adenosin-5'-phosphat* in dieser Hinsicht stark unterlegen waren. Die unter Verwendung im Purinring ^{14}C-markierter *Ribonucleotide* erhaltenen Aufnahmewerte standen mit den Wachstumsverss. in Übereinstimmung. Wahrscheinlich ist die beobachtete Aktivität dieser Ribotiu. `ir die Nucleotide selbst charakteristisch. Zur Klärung des Wirkungsortes von *2.6-Diaminopurin* (II) wurde eine Anzahl I enthaltender Mono- u. Dinucleotide (*Adenosindiphosphat, Adenosintriphosphat, Diphosphopyridinnucleotid, Triphosphopyridinnucleotid, Flavinadenindinucleotid*) auf ihre Fähigkeit zur Aufhebung der Hemmwrkg. von II getestet, jedoch keine als wirksam gefunden. Ebenso war *Urethan* unwirksam. (J. biol. Chemistry **200.** 1—6. Jan. 1953. New York, N.Y., Sloan-Kettering Inst. for Cancer Res.; Tuckahoe, New York, Wellcome Res. Labors.) K. MAIER. 4320

Gertrude B. Elion, Henry Vanderwerff, George H. Hitchings, M. Eearl Balis, Daniel H. Levin und **George Bosworth Brown,** *Der Purinstoffwechsel eines Diaminopurin-resistenten Lactobacillus casei-Stammes.* Mit Hilfe von Wachstumsverss. u. Messungen des Einbaues verschied. *Purine* (I), *Purin* (**Ia**)-*Riboside* u. *Ribotide* mit ^{14}C-markierter **Ia**-Komponente ($^{14}C_{(8)}$-*Adenin* [III], $^{14}C_{(8)}$-*Guanin*, $^{14}C_{(2)}$-*2.6-Diaminopurin* [II], $^{14}C_{(2)}$-*Isoguanin* [IV], II-*Ribosid*, IV-*Ribosid*, *Inosin, Xanthosin, Adenosin, Guanosin,* markierte *Adenylsäure a* u. *b*, sowie *Guanylsäure a* u. *b*) wurde der **Ia**-Stoffwechsel einer *Diaminopurin*-resistenten *L. casei*-Mutante untersucht. Diese unterschied sich im Stoffwechsel durch verminderten Einbau von II u. III in *Pentosenucleinsäure*-I u. größere Fähigkeit, mit II-*Ribosid* als alleiniger **Ia**-Quelle zu wachsen, vom Wildtyp. Die biochem. Unterschiede stimmen damit überein, daß II ein kompetitiver III-Antagonist ist. Vff. nehmen an, daß II u. III im Wildstamm prim. auf dem gleichen Wege umgewandelt werden u. die Änderung oder Ausschaltung dieses Mechanismus die II-Resistenz der Mutante hervorruft. (J. biol. Chemistry **200.** 7—16. Jan. 1953. Tuckahoe, N. Y., Wellcome Res. Labors.; New York, N. Y., Sloan-Kettering Inst. for Cancer Res.) K. MAIER. 4320

Jesse C. Rabinowitz und **Esmond E. Snell,** *Die mikrobiologische Aktivität von Pyridoxylaminen.* Die bereits von HEYL, LUZ, HARRIS u. FOLKERS (vgl. C. **1952.** 7501) beschriebenen *Pyridoxylamine* zeigten, mit Ausnahme von *Pyridoxyläthylamin*, keine bemerkenswerte Vitamin-B_6-Wrkg. auf *Saccharomyces carlsbergensis, Streptococcus faecalis* u. *Lactobacillus casei.* Auf *Neurospora sitophila* übten einige Derivv. eine sehr geringe Wrkg. aus. (J. Amer. chem. Soc. **75.** 998—99. 20/2. 1953. Madison, Wis., Univ., Dep. of Biochem.) RUTKOWSKI. 4325

J. E. Auclair und **N. J. Berridge,** *Die Trennung der beiden Lacteninkomponenten durch Acetonfällung.* Der die Hemmung von *Streptococcus pyogenes* bewirkende Faktor der rohen Milch, *Lactenin* (JONES u. SIMUES, J. exp. Medicine **51.** [1930.] 327), besteht aus 2 Komponenten (L_1, L_2), die durch Acetonfraktionierung bei tiefer Temp. weitgehend getrennt werden können. Durch Labkoagulation entrahmter Milch erhaltenes Milchserum wird ab 0° portionsweise mit 1 Vol. Aceton versetzt u. gleichzeitig auf —7° abgekühlt, zentrifugiert, die wss. Lsg. des Nd. 48 Std. bei 2° dialysiert, Na-Acetat (Endkonz. 0,015 mol.) zugesetzt; bei p_H 6,8—7,0 wieder fraktioniert gefällt u. jeder Nd. abzentrifugiert. L_2 fällt größtenteils mit den ersten Ndd., L_1 mit den letzten aus. Die besten Fraktionen enthalten L_1 u. L_2 in 20—30facher Anreicherung. (Biochim. biophysica Acta [Amsterdam] **10.** 196—97. Jan. 1953. Paris, Inst. Nat. de la Rech. Agronomique, Stat. Centrale de Microbiol. et Rech. Laitières; Reading, England, Univ., Nat. Inst. for Res. in Dairying.) K. MAIER. 4330

G. Gillissen, *Ursache und Bedeutung des antimikrobiellen Antagonismus.* (Übersichtsref.) Übersicht über die Bedeutung des antibakteriellen Antagonismus im W. u. Erdboden für Mensch u. Tier. Die Theorien über das Zustandekommen antagonist. Erscheinungen werden aufgezählt. — 180 Literaturangaben. (Zbl. Bakteriol., Parasitenkunde, Infektionskrankh., Hyg., I. Abt. **151.** 161—82. 16/3. 1953. Mainz, Univ., Hyg. Inst.) RUTKOWSKI. 4340

A. J. Ultée jr., *Chemie des Streptomycins.* 2. Mitt. (1. vgl. C. **1950.** I. 1370.) Übersicht mit 56 Literaturangaben (1948—1951). (Chem. Weekbl. **49.** 49—53. 24/1. 1953.) SCHLOTTMANN. 4340

H. Yaniv, Y. Avi-Dor und **A. L. Olitzki,** *In vitro-Entwicklung der Streptomycinresistenz im Bacterium tularense.* Es werden 12 streptomycinresistente *B. tularense*-Stämme gezüchtet. Erscheinungsform u. Stoffwechsel sind im Vgl. zum nichtresistenten Elternstamm unverändert, jedoch sind die resistenten Stämme durch $^1/_{160}$n NaCl-Lsg. agglutinierbar u. von wesentlich niedrigerer Virulenz als der hochvirulente Ausgangsstamm. (Experientia [Basel] **9.** 23—24. 15/1. 1953. Jerusalem, Hebrew Univ., Hadassa-Med. School, Dep. of Bacteriol., and Israeli Inst. for Biol. Res.) BAUMANN. 4340

David Gottlieb, Paul Siminoff und **Mary M. Martin,** *Die Bildung und Rolle von Antibioticis im Boden.* 4. Mitt. *Actidion und Clavicin.* (3. vgl. C. **1953.** 4387.) Die Antibiotica *Actidion* u. *Clavicin* werden im Boden durch die Pilze Streptomyces griseus u. Aspergillus clavatus (Asp. cl.) gebildet. Sie sind in W. unlösl. u. werden durch Illit u. Bentonit nicht absorbiert bzw. ausgeflockt. Beide vermögen das Wachstum sensitiver Bodenorganismen zu hemmen. Auf sterilem Boden werden sie nicht gebildet. Asp. cl. ist ein Antagonist für B. subtilis im Boden. (Phytopathology **42.** 493—96. Sept. 1952. Jersey City, N. J.) GRIMME. 4340

Anton Haninec, *Antibiotische Wirkungen von Extrakten aus echtem Barbarakraut auf M. tuberculosis.* Ae.-A.-Extrakte aus Wurzeln von Barbaraea vulgaris sind in einer Konz. 1 : 5000 gegen M. tuberculosis wirksam, Extrakte aus den Stengeln nur in Konz. 1 : 500. Die Polysaccharidfraktion ist ohne Wirkung. Der Vgl. mit bekannten Befunden läßt darauf schließen, daß nicht nur Boden u. Klima, sondern auch die Parasiten u. Saprophyten der Pflanze Einfl. auf ihre antibiot. Wrkg. haben. (Bratislavské Lékarské Listy **32.** 53—57. 1952. Vyšne Hágy, Masarykova LU, Chirurg. Odd.) R. K. MÜLLER. 4340

W. I. Towarnitzki, *Der Grippevirus.* Darst. des gegenwärtigen Standes der Kenntnis des Grippevirus. (Природа [Natur] **42.** Nr. 3. 95—100. März 1953. Inst. für Virusforschung der Akad. der Med. Wiss. der UdSSR.) ULMANN. 4374

Gerhard Schramm, *Die biokatalytische Wirkung der Viren.* Die Viren werden als Biokatalysatoren aufgefaßt, die in der Zelle eng umschriebene Rkk. für die Selbstreproduktion auslösen. Enzyme sind nur in größeren Viren wie z. B. im Vaccinevirus festgestellt worden. Den ersten Hinweis auf enzymähnliche Eigg. von Viren hat die Receptorlyse z. B. des Influenzavirus im Hühnerembryo an Erythrocyten gezeigt. Künstliche u. spontane Strukturveränderungen, wie Änderung der Ladungsverhältnisse u. räumliche Umlagerung weisen auf die besondere Rolle hin, die der Nucleinsäure beim Vermehrungsprozeß zukommt. An Bakteriophagen gesammelte Erfahrungen lassen auf eine Umsteuerung des Stoffwechsels für die Vermehrung der Zelle schließen u. darauf, daß die Neubldg. der Virusnucleinsäure aufs engste mit der Proteinsynth. verknüpft ist. Der Vermehrungsvorgang der Viren wird theoret. so gedeutet, daß unter Benützung der Enzyme des Wirtes spezif. Anziehung, Anlagerung u. Bldg. kleinerer Untereinheiten als Vermehrungsform erfolgt. (Ergebn. Enzymforsch. **12.** 207—31. 1951. Tübingen.) SCHÖNBERG. 4374

W. R. Jones, *Experimentelle Versuche zur Herbeiführung einer Arzneimittelresistenz bei Entamoeba histolytica.* Die Toxizität von *Emetin* (I) gegenüber Entamoeba histolytica in vitro wurde über 4½ Monate an verschied. Kulturen beobachtet. Die wachstumshemmende Konz. variiert von Vers. zu Versuch. Die I-Therapie von Infektionen, die bei Ratten durch 2 verschied. Kulturen von Ent. histol. hervorgerufen wurden, hing von der verwendeten Dosis ab. (Exp. Parasitology **1.** 118–28. März 1952. Blackley, Manchester, ICI Ltd., Biol. Labor.) PATZSCH. 4380

E_4. Pflanzenchemie. Pflanzenphysiologie. Pflanzenpathologie.

R. B. Bradbury und **D. E. White,** *Die Chemie des Unterirdischen Klees.* 1. Mitt. *Isolierung von Formononetin und Genistein.* Aus der „Chloroplastfraktion" (I) des DWALGANOP-Stammes von *Trifolium subterraneum* konnten zwei Isoflavone isoliert u. durch Vgl. von Derivv. u. Abbauprodd. mit *Formononetin* (II) u. *Genistein* (III) identifiziert werden, wobei im wesentlichen der Geh. an letzterem für die östrogene Aktivität obiger Kleeart verantwortlich sein dürfte.

Versuche: Die aus dem Preßsaft aus 4020 kg frisch gemähtem, zerkleinertem Klee erhaltene „Chloroplastfraktion" (I), 15 kg, ergibt durch Perkolation, Umlösen u. Ausfällen 0,1% (von I) rohes **II**, das durch Umfällung aus Lauge/Säure oder durch Chromatographie von Al_2O_3 gereinigt wird: *Formononetin* (**II**), *7-Oxy-4'-methoxyisoflavon,* $C_{16}H_{12}O_4$, F. 258°, Nadeln aus A., ε_{max} (in A.) = 27440 (bei 2500 Å) bzw. 11240 (3000). *Acetat,* $C_{18}H_{14}O_5$, F. 171–172°, aus **II** mit Acetanhydrid, Nadeln (A.). *Propionat,* $C_{19}H_{16}O_5$, F. 132°, Nadeln (A.). *7-Methyläther* (*7.4'-Dimethoxyisoflavon*), $C_{17}H_{14}O_4$, F. 162–163°, aus **II** mit Diazomethan in Ae./A., Rosetten (A. oder Bzl.). — *Daidzein,* F. 325°, aus **II** mit HJ (D. 1,7) nach 2 Std. Kochen, Nadeln (A.). — *2.4-Dioxyphenyl-4'-methoxybenzylketon,* $C_{15}H_{14}O_4$, F. 158°, aus **II** in NaOH durch Erhitzen u. Wiederansäuern, Prismen (A.). *Diacetat,* $C_{19}H_{18}O_6$, F. 123–124°, mit Acetanhydrid u. Pyridin, Prismen (A.). *Dipropionat,* $C_{21}H_{22}O_6$, F. 79–80°, Nadeln (A.). — *4-Methyläther* (*2-Oxy-4-methoxyphenyl-4'-methoxybenzylketon*), $C_{16}H_{16}O_4$, F. 102°, mittels Diazomethan oder durch alkal. Verseifung der entsprechenden obigen Verbb., Nadeln (A.). — *Genistein* (*5.7.4'-Trioxyisoflavon,* **III**), $C_{15}H_{10}O_5$, F. 300–301° (Zers.), aus der 1. Mutterlauge von **II** durch Chromatographieren nach Verdünnen mit Ae. (1 : 20) an saurem Al_2O_3; Elution vor allem mit A./Ae. 1 : 10 u. mit heißer 5%ig. alkoh. HCl (Abdampfen zur Trockene, Aufnehmen mit W., Extraktion mit Ae.); Ausbeute ca. 0,5% von **I**; Nadeln aus A., ε_{max} (in A.) = 42700 (bei 2625 Å). *Triacetat,* F. 203–204°, Nadeln (A.). *Tripropionat,* $C_{24}H_{22}O_8$, F. 192°, Nadeln (A.). — *Trimethyläther* (*5.7.4'-Trimethoxyisoflavon*), $C_{18}H_{16}O_5$, F. 162–163°, aus **III** mit Diazomethan oder synthet. aus nachst. Verb. in Ameisensäureäthylester mit Na bei 0°; Prismen (A.). — *2-Oxy-4.6-dimethyloxyphenyl-4'methoxybenzylketon,* $C_{17}H_{18}O_5$, F. 88–89°, durch Verseifung vorst. Verb. mit NaOH in wss. A., Prismen aus Bzl.-Leichtbenzin. — **III** wirkt mit 1 mg/Maus östrogenakt. u. dürfte wahrscheinlich ein Proöstrogen sein. (J. chem. Soc. [London] **1951.** 3447–49. Dez. Univ. of Western Australia, Organic Chem. Dep.) GIBIAN. 4420

N. G. Cholodnyi, *Bodengase und ihre biologische Bedeutung.* Zusammenfassende Darst. der Arbeiten des Vf. über die Bedeutung der durch die Lebenstätigkeit von Mikroorganismen, bei Zers. von Humus u. Lignin gebildeten flüchtigen, meist in W. unlösl. organ. Stoffe für die Wurzelernährung der Pflanzen. Auch fossile Kohlen, bes. Braunkohlen, geben die Wurzeltätigkeit günstig beeinflussende Stoffe ab. (Природа [Natur] **42.** Nr. 3. 37–47. März 1953.) ULMANN. 4450

N. W. Kowalewa und **M. Ja. Schkolnik,** *Über den Einfluß des Bors auf die jodreduzierende Eigenschaft von Geweben und die Reaktion des Bors mit anderen mineralischen Elementen beim Stoffwechsel.* An Flachs u. Sommerweizen in Nährlsgg. u. in W. wird der Einfl. von *B* bei Zusatz verschied. anderer Elemente auf die jodreduzierende Eig. der Gewebe u. auf die Aktivität der Katalase untersucht u. festgestellt, daß die mineral. Elemente eine gleiche oder diametral entgegengesetzte Wrkg. auf die oxydierenden u. reduzierenden Vorgänge ausüben u. damit für den gesamten Stoffwechsel von entscheidender Bedeutung sind. (Доклады Академии Наук СССР [Ber. Akad. Wiss. UdSSR] [N. S.] **85.** 425–28. 11/7. 1952. Bot. Komarow-Inst. der Akad. der Wiss. der UdSSR.) G. REICHARDT. 4460

Marian Cramer und **Jack Myers,** *Wachstum und photosynthetische Eigenschaften von Euglena gracilis.* Quantitative Messungen der Wachstumseigg. von *Euglena gracilis, var. bacillaris* (I) u. *var. Vischer* (II) bei Licht- u. Dunkelwachstum werden beschrieben. Das Wachstumsverhältnis von I im Licht mit CO_2 als alleiniger C-Quelle ist vergleichbar demjenigen im Dunkeln unter Verwendung von organ. Substanzen als C-Quelle. Bei Stamm **II** ist das Wachstum im Dunkeln nur annähernd halb so groß wie im Licht.

Für Licht- oder Dunkelwachstum von I werden *Thiamin* u. *Vitamin* B_{12} benötigt, als N-Quelle dient Ammoniak, während Nitrat nicht ausreicht. I zeigt Dunkelwachstum auf Substraten, die organ. Säuren, Aminosäuren u. Glucose (III) enthalten, während das Dunkelwachstum von II auf die niederen gesätt. Fettsäuren begrenzt ist. Der Verbrauch von III durch I ist abhängig vom CO_2-Druck, dem p_H des Mediums u. der III-Konzentration. Die photosynthet. Eigg. von I u. II können mit denen von *Chlorella* verglichen werden. Das maximale Verhältnis der Photosynth. von I ist vergleichbar mit *Chlorella pyrenoidosa*, während es bei II höher liegt. Die Werte des Assimilationsquotienten von I u. II liegen annähernd bei —0,9. (Arch. Mikrobiol. **17.** 384—402. 1952. Austin, Tex., Univ., Dep. of Zool., u. Pazific Grove, Calif., Hopkins Marine Stat.) RUTKOWSKI. 4460

N. Uri, *Chlorophyll-photosensibilisierte Polymerisation und freie Radikale als Zwischenprodukte bei der Photosynthese.* Vorl. Mitt. über Verss. mit *Methacrylaten*, rotem Licht u. photosynthetisierenden Algen (Anzeichen freier Radikale), isolierten Chloroplasten (negative Eigg.), oder *Chlorophyll* (in Bzl. oder Aceton sowie in Ggw. von O_2 negativ) ohne Lösungsm. bzw. in A. oder Pyridin. In letzteren Fällen entstehen Polymere mit Mol.-Gew. $\sim 10^5$. Oxydierende Substanzen hemmen, reduzierende (Ascorbinsäure u. Thioharnstoff) beschleunigen enorm (Quantenausbeute über 100!). (J. Amer. chem. Soc. **74.** 5808—09. 20/11. 1952. Chicago, Ill., Univ., Inst. of Radiobiol. and Biophysics.) GIBIAN. 4460

Harry Beevers, *2.4-Dinitrophenol und Pflanzenatmung.* Vf. untersucht den Einfl. von *2.4-Dinitrophenol* (DNP) auf die Atmung u. die aerobe Fermentation bei Getreidekoleoptile u. -wurzel, Wurzelspitze der Karotte u. Sonnenblumenepicotyl. Messungen der O_2-Aufnahme u. CO_2-Abgabe in Ggw. von DNP ergeben folgendes: Geringe Konzz. von DNP (ca. 10^{-5} mol. bei p_H 5) regen die Atmung am stärksten bei der Karotte u. weniger bei den Getreidewurzelspitzen an. Zunehmende Konzz. von DNP bewirken ein Abnehmen der Respiration u. ein Ansteigen des Atmungskoeffizienten. In Karotte u. Getreide wird die Atmung in Ggw. von DNP-Konzz. größer als 10^{-5} mol. von aerober Fermentation begleitet, als deren Endprodd. Acetaldehyd, Alkohol u. CO_2 bestimmt werden. Die untersuchten Gewebearten weisen Unterschiede auf bzgl. des Ausmaßes der Fermentation sowie der DNP-Konzz., die die Maxima der O_2-Aufnahme u. CO_2-Abgabe ergeben. Berechnungen ergeben, daß der CHO-Verlust in Ggw. von DNP beträchtlich größer ist als der bei Ggw. von N_2. — Die Ergebnisse sind graph. dargestellt. — Vf. nimmt an, daß DNP in entsprechenden Konzz. ein Ansteigen des Glykolysegrades bewirkt. (Amer. J. Bot. **40.** 91—95. Febr. 1953. Lafayette, Ind., Purdue Univ., Dep. of Biol. Sci., Div. of Plant Sci.) ERIKA HAAS. 4462

Virginia Carey, H. L. Mitchell und **Kling Anderson**, *Wirkung der Stickstoffdüngung auf die chemische Zusammensetzung der Trespe.* Der N-Geh. der Trespe (Bromus) wurde durch Gaben von 0, 100 bzw. 200 lbs. N/acre als NH_4NO_3 (I) progressiv, durch weitere Steigerung auf 300 lbs. nur noch geringfügig erhöht. Cyanamid (300 lbs. N) hatte annähernd die gleiche Wrkg. wie die entsprechende I-Menge. Die mit Uramon (300 lbs. N) gedüngten Pflanzen enthalten jedoch etwas weniger N. In allen Fällen bewirkten höhere N-Gaben deutliche Steigerung des Geh. an NH_4-Ion. Die Amide nahmen in den frühen Wachstumsabschnitten schnell zu, in reifenden Pflanzen dagegen ab. Gaben von bis zu 300 lbs. N/acre als I erhöhten den Nitrat (II)-Geh. der Pflanzen merklich. Mit dieser I-Menge gedüngtes Gras enthält für Weidevieh tox. II-Mengen, die jedoch in den reifenden Pflanzen schnell abnehmen. Durch Düngung mit 100 lbs. N/acre als I wurde der Riboflavingeh. der Pflanzen beträchtlich erhöht; weitere Steigerung auf 200 lbs. blieb ohne zusätzliche Wirkung. (Agronomy J. **44.** 467—69. Sept. 1952. Manhattan, Kans., Kansas Agric. Exp. Stat., Dep of Chem. u. Dep. of Agronomy.) RANG. 4470

Poul Larsen und **Erik Bonde**, *Auxin und Auxinvorstufen in Pflanzen.* Zusammenfassende Darst. u. Diskussion der Ergebnisse verschied. Arbeiten über Vorstufen der *Indolylessigsäure.* (Nature [London] **171.** 180—81. 24/1. 1953. Bergen, Univ., Botan. Labor., u. Los Angeles, Calif., Univ., Div. of Botany.) BEINERT. 4485

W. W. Kopershinski, *Die Verwendung von 2.4-Dichlorphenoxyessigsäure zur Erhöhung des Ernteertrages der Samen von Luzerne und Esparsette.* Die als Wachstumsstimulans verwendete 2.4-Dichlorphenoxyessigsäure (russ. Handelsname *2.4-DU*) u. ihr Na-Salz kann man in Lsg. (Optimum 0,0005%) während der vollen Blüte u. 2—3 Wochen danach auf Luzerne u. Esparsette versprühen. Dadurch wird der Samenertrag um 16—90% gesteigert. Bei jedem Versprühen werden ca. 1000 m^3 W. mit 5 g auf 1 ha angewandt. Bei Esparsette wird auch eine Verminderung der abfallenden Bohnen beobachtet. (Доклады Академии Наук СССР [Ber. Akad. Wiss. UdSSR] [N. S.] **88.** 353—56. 11/1. 1953.) R. K. MÜLLER. 4485

F. Herold, *Untersuchungen zur Rettichschwärze und zur Biologie ihres Erregers Aphanomyces raphani Kendr. im Vergleich mit weiteren Aphanomycesarten.* Die Rettichschwärze steht in keinem Zusammenhang mit der Borernährung der Wirtspflanze. Hoher Wassergeh. des Bodens begünstigt, geringer hemmt das Auftreten der Schwärze. Zur Bekämpfung der Krankheit hat sich Saatgutbeizung als zwecklos erwiesen. Starke Mineraldüngung kann eine Einschränkung des Befalls bewirken. (Phytopathol. Z. **19.** 79—125. April 1952. Bonn, Univ., Inst. für Pflanzenkrankheiten.) GRIMME. 4490

Robert Longchamp, Michel Roy und **Roger Gautheret,** *Wirkung des Äthylesters von 2.4-D auf die Entwicklung von Claviceps purpurea in Getreidefeldern.* In Getreidefeldern, die mit *2.4-D*-haltigen Unkrautbekämpfungsmitteln behandelt worden waren, konnte bereits früher (Ann. agronom. **19.** [1949.] 380) ein erhöhter Befall mit *Cladosporium herbarum* u. *Puccinia graminis* beobachtet werden. In Verss. mit Winterweizen im Jahr 1949/50 war nach Behandlung mit dem *Äthylester von 2.4-D* (**I**; 2—10 kg/ha) ein starker Befall mit Steinbrand aufgetreten. Daraufhin wurde im Jahr 1950/51 das Auftreten von *Claviceps purpurea* im Versuchsanbau an 10 verschied. Sorten von Wintergetreide nach Behandlung mit **I** u. mit dem *Na-Salz von 2 4-D* (**II**) als Vgl. (2,5 u. 10 kg/ha) geprüft. Die Stärke des Befalls nach Behandlung mit **I** war bei beiden Konzz. ungefähr gleich, jedoch sortenmäßig u. je nach der Zeit der Anwendung sehr verschieden. Auf Parzellen, die zu Beginn des Auflaufens behandelt worden waren, trat kein Befall auf; Behandlung der Parzellen während des Auflaufens rief jedoch bei allen Varietäten Befall hervor. Dagegen trat keine Entw. von Mutterkorn auf bei im Zeitpunkt des Schossens behandelten Pflanzen. Die klimat. Bedingungen, bes. die große Feuchtigkeit, während des Sommers 1951 werden als begünstigende Faktoren für die Wrkg. von **I** bzgl. des Auftretens von Mutterkorn angesehen, obwohl in den unbehandelten Kontrollen u. in den mit **II** behandelten Parzellen niemals ein Auftreten von C. purpurea beobachtet wurde. (C. R. hebd. Séances Acad. Sci. **233.** 888—90. 15/10. 1951.) KLESSE. 4495

Gertraud Repp, *Zur Kenntnis der Selektivwirkungen von 2.4-D-Verbindungen.* 1. Mitt. *Physiologische Reaktionen resistenter und empfindlicher Pflanzen und ihre ökologische Auswirkung.* Bericht über Verss. mit Gräsern u. verschied. Dikotylen. Der osmot. Wert der Grenzplasmolyse kann als brauchbarer Test für das selektiv verschied. Ausmaß der Beeinflussung des Kohlenhydratstoffwechsels durch *2.4-D* dienen. Direkte (Kontakt-) Giftwirkungen konnten im Freiland an intakten Pflanzen nicht festgestellt werden. Auch im Wasserhaushalt ergaben sich deutliche Unterschiede zwischen empfindlichen u. resistenten Pflanzen. Bei den resistenten Pflanzen sind die Stomata auch nach der 2.4-D-Behandlung n. geöffnet, u. das Transpirationsverh. wird nicht beeinflußt. Bei empfindlichen Arten öffnen sich die Stomata nicht mehr, wodurch die Wasserdurchströmung u. die Nährstoffaufnahme stark beeinträchtigt werden. Je stärker die Pflanze wächst, desto intensiver ist die prim. 2.4-D-Einwirkung. Warmtrocknes Wetter vergrößert die schädigende Wirkung. (Pflanzenschutzberichte [Wien] **9.** 161—81. Nov. 1952. Wien.) GRIMME. 4495

E. Landolt, *Über Welkestoffbildung bei Fusarium culmorum (W. G. Sm.) Sacc.* Bei den Verss. konnte aus dem Pilzmycel vor allem der Dimethyläther *Aurofusarin* isoliert werden, welches jedoch keine Welkewrkg. hervorrief. Da das Filtrat der Kultur jedoch Welkewrkg. hervorruft, muß hierfür ein noch unbekanntes anderes Prinzip verantwortlich sein. $^1/_4$std. Erhitzen des Filtrates (p_H 4,5) verändert das Welkevermögen nicht, ½ std. Erhitzen (p_H 10) läßt den Welkeeffekt verschwinden. (Phytopathol. Z. **19.** 126—28. April 1952. Zürich, ETH, Inst. für spez. Botanik.) GRIMME. 4495

E_5. Tierchemie. Tierphysiologie. Tierpathologie.

M. I. Groschikow, *Über den Gehalt des Speichels an Brenztraubensäure bei der Caries.* Im Speichel aus dem Ductus stenonianus u. in der Mund-Fl. ist ca. 3—4 mal mehr *Brenztraubensäure* (**I**) enthalten als im Blut derselben Versuchsperson. Die Schwankungen von **I** im Blut von Personen mit cariösen bzw. gesunden Zähnen erlauben keine Schlußfolgerungen über die Beziehungen des Blut- u. Speichelgeh. an **I** zur Stärke des cariösen Prozesses. (Стоматология [Stomatologie] **1953.** Nr. 1. 17—20. Moskau, Med. Stomatol. Inst., Lehrstuhl für therapeut. Stomatologie.) RENTZ. 4520

P. H. Staple, *Die organischen Bestandteile des Dentins.* Stellungnahme zu der Arbeit von STACK (C. **1952.** 3879) mit dem Hinweis, daß eine bestimmte Fraktion des Dentinkollagens säurelösl. u. somit von großer Bedeutung für die Entw. der Caries ist. (Brit. dental J. **90.** 270. 15/5. 1951. London, Univ., King's Coll., Dep. of Zool.) KLESSE. 4525

Maurice V. Stack, *Die organischen Bestandteile des Dentins.* Antwort auf die Arbeit von STAPLE (vgl. vorst. Ref.). (Vgl. auch C. **1951.** II. 840.) (Brit. Dental J. **90.** 294—95. 5/6. 1951. London, Guy's Hosp., Dep. of Dental Med.) KLESSE. 4525

Otto Völker, *Die Isolierung von Lutein aus Vogelfedern und der Nachweis von Astaxanthin im Gefieder einiger Vögel.* Die goldgelben Federn des Pirols wurden nach sorgfältiger Reinigung der Extraktion mit methanol. NaOH in der Wärme unterzogen. Weitere Aufarbeitung vgl. KUHN, WINTERSTEIN u. LEDERER (Hoppe-Seyler's Z. physiol. Chem. **197.** [1931.] 141). Chromatograph. Reinigung ($CaCO_3$; Entwickler: Bzn.), Elution u. Abscheidung aus Methanol–PAe. ergab *Lutein* (F. u. Misch.-F. 182°). Identität auch durch Spektrogramm sichergestellt. — Aus den Federn des Rotbauchwürgers (Laniarius atrococcineus) ließ sich nach achttägiger Vorbehandlung mit konz. KSCN-Lsg. durch sd. Methanol *Astaxanthin* entziehen. Nach dieser Meth. konnte in den Federn vom Flamingo (Phoenicopterus ruber) u. roten Silcher (Guara rubra) kein Astaxanthin nachgewiesen werden. Das Entstehen der Carotinoide in den Vogelfedern wird im Zusammenhang mit der Ernährung der Tiere diskutiert. (Hoppe-Seyler's Z. physiol. Chem. **288.** 20—24. Juli 1951. Gießen, Justus-Liebig-Hochschule, Zoolog. Inst.) LOCH. 4525

F. Lenzi und **A. Caniggia,** *Biochemie des Myocards und ihre patho-physiologischen und klinischen Auswirkungen: die Elektrolyte.* Vff. suchen die Frage zu beantworten, welche Rolle in der Biochemie des Myocards den Elektrolyten zukommt. Nach Abwägen der Hypothesen u. Anführen experimenteller Daten sind Vff. der Ansicht, daß jede Störung in der Beziehung zwischen intra- u. extracellulären Konzz. oder des n. Ablaufs des Ionenaustausches Störungen im Kontraktionsablauf herbeiführt. (Schweiz. med. Wschr. **82.** 1150—51. 1/11. 1952. Siena, Italien, Univ., Med. Klinik.) SCHÜMANN. 4550

N. S. R. Maluf, *Die Resorption von Wasser, Harnstoff, Glucose und der Elektrolyte durch die menschliche Harnblase.* An einem Patienten mit geringem Blasencarcinom, bei dem zur Operationsvorbereitung beide Harnleiter in den Dickdarm umgepflanzt worden waren, wurde die Permeabilität der Blase gegen folgende Stoffe untersucht: W., Harnstoff (**I**), Glucose (**II**), Na^+, Cl^-, K^+. Es zeigte sich, daß eine physiol. NaCl-Lsg. als Blaseninhalt unverändert blieb, während bei einer 2%ig. Lsg. Na u. Cl aus der Blase entfernt wurden unter gleichzeitiger Erhöhung des Wassergehaltes. Bei gering hyperton. KCl-Lsgg. blieb der K- u. Cl-Spiegel gleich. Bei 50 cm^3 einer 2%ig. **I**-Lsg. wurden innerhalb von 1 Std. 56 g **I** aus der Blase entfernt, während bei **II** keine nennenswerten Permeationen beobachtet wurden, auch nicht dann, wenn der Blut-**II**-Spiegel auf 360 mg-% erhöht worden war. Bei Instillation reinen W. wurden K, Na u. Cl aus dem Blut in die Blase aufgenommen. (J. Urology **69.** 396—404. März 1953. New York, N. Y., Columbia-Presbyterian Hosp.) P. G. SCHEURLEN. 4550

Erik Landboe-Christensen und **H. H. Wandall,** *Hämatopoetische Wirkung (intrinsic factor) durch reine pylorische Sekretion vom Schwein.* In 2 Fällen mit perniciöser Anämie erreichten Vff. hämatopoet. Wrkg. durch tägliche Verabreichung von 150 ml pylor. Sekret vom Schwein. Durch diese Beobachtungen erkannten Vff. in der pylor. schleimigen Fläche die Produktionsstätte eines akt. hämatopoet. Stoffes, der mit dem intrinsic faktor von CASTLE ident. sein soll. (Acta med. scand. **144.** 467—72. 28/2. 1953. Kopenhagen, Rigshosp., u. Gentofte, Copenhagen County Hosp.) BRATFISCH. 4555

C. Pérez-Vitoria, *Die Indikationen der verlangsamten Hormonbehandlung.* Es wird die Hormonbehandlung mit Depotpräpp. besprochen, die sich vor allem dadurch bewährt, daß die Injektionszahl verringert u. meist auch die Behandlungskosten herabgesetzt werden können. Die Indikationen sind dann gegeben, wenn eine protrahierte Wrkg. erwünscht ist u. wenn bei intensiverer Therapie Gegenregulationen zu befürchten sind. Es wird die Anwendung der Kristallsuspensionen folgender Hormone besprochen: *Insulin, DOCA, Cortison, ACTH, Sexualhormone, Hypophysenhormone.* (Med. clín. [Barcelona] **20.** (**11.**) 141—52. März 1953.) P. G. SCHEURLEN. 4558

E. A. Haunz, *Übersicht über Fortschritte in der Endokrinologie.* 1. Mitt. Zusammenfassender Bericht über Indikation, Kontraindikation, Nebenwirkungen u. die Grenzen der therapeut. Wirksamkeit von *Cortison* u. *ACTH.* (Clinical Med. **58.** **111.** Mai 1951. Grand Forks, N. Dak., Grand Forks Clinic.) LOCH. 4558

E. A. Haunz, *Übersicht über Fortschritte in der Endokrinologie.* 2. Mitt. (1. vgl. vorst. Ref.) Anwendung u. Wrkg. von *NPH-Insulin,* einem gepufferten Gemisch von unverändertem Insulin u. Protaminzinkinsulin, bei Diabetes melitus werden besprochen. Auf die Bedeutung der K- u. P-Verluste u. entsprechende Gegenmaßnahmen wird hingewiesen. Bei Kropfbehandlung mit radioakt. J wird jetzt das Isotope ^{131}J statt ^{127}J oder ^{130}J vorgezogen. *Propylthiouracil* ist das am wenigsten tox. *Uracil.* Außerdem sind noch LUGOLsche Lsg. u. *1-Methyl-2-mercaptoimidazol* (*Tapazole*) sowie Schilddrüsenpräpp. erwähnt. Auf die Gefährlichkeit der Behandlung mit *Östrogenen* während der Menopause wird hingewiesen. (Clinical Med. **58.** 143—47. Juni 1951.) LOCH. 4558

William W. Byrnes und **Roland K. Meyer,** *Die Wirkung von physiologischen Östrogenmengen auf die Sekretion von Follikelstimulierungs- und Luteinisierungshormon.* Prüfung der Wrkg. von 8 verschied. *α-Östradiol* (I)-Dosen, die 10 Tage lang subcutan injiziert wurden (0,002—0,05 γ/Tag) auf den Einfl. des hypophysären *Gonadotropins* bei infantilen u. erwachsenen ♀ Ratten, die zum Teil kastriert waren. Aus Gewicht u. Änderung der Ovarien u. Uteri wird geschlossen, daß die *Follikelstimulierungshormon*-Sekretion durch I in sehr kleinen Dosen verringert wird. Zufuhr von etwas höheren I-Dosen ergab Luteinisierung der Follikel; als Ursache hierfür wird eine vermehrte *Luteinisierungshormon* (LH)-Sekretion angenommen. Relativ hohe I-Mengen schließlich verringerten die Ausschüttung von LH durch die Hypophyse u. die Östrogenproduktion durch die Ovarien. — Alle I-Dosen waren relativ klein u. lagen innerhalb physiol. Grenzen. Vff. sehen ihre Befunde als Beweis dafür an, daß der Östruscyclus der Ratte durch geringe Schwankungen des Östrogenspiegels des Blutes reguliert wird. (Endocrinology **49.** 449—60. Okt. 1951. Madison, Wis., Univ. of Wisconsin, Dep. of Zool.) VINCKE. 4559

F. G. Sulman und **F. Bergmann,** *Adrenocorticotrope Wirksamkeit von Placentaextrakten. ACTH* wird in der menschlichen Placenta gebildet. Vff. unterscheiden 3 wirksame Faktoren: A-, B- u. C-Faktor, von denen der letzte noch als chromatophorotroph. Faktor bezeichnet wird. Seine Best. in der menschlichen Placenta dient als Maß für den gesamten ACTH-Gehalt. Es zeigte sich, daß bei der gleichen Patientin der C-Faktor 3—12 mal mehr in der Placenta als im retroplacentaren Blut vorkommt. Vergleichende Unterss. an einigen Organen u. am Blut einer Hündin ergaben nur geringe Anteile an C-Faktor (1 Froscheinheit entspricht 1 des internationalen ACTH-Standards). Der Geh. an ACTH in der menschlichen Placenta ist aber nicht so hoch, daß sich eine industrielle Verwertung lohnen würde. (J. Obstetr. Gynaecol. Brit. Empire [N. S.] **60.** 123—25. Febr. 1953. Jerusalem, Israel, Hebrew Univ., Hadassah Med. School, Dep. of Pharmacol.) R. KÖNIG. 4559

C. Frederic Fluhmann, *Einige endokrine Wirkungen von Neostigmin.* Die Ovarialfunktion kann durch das autonome Nervensyst. beeinflußt werden. Der Hypophysenvorderlappen vermittelt diese Wirkung. Tägliche Anwendung von *Neostigmin* (I) bei Ratten ergab: 1. vorzeitige Entw. der Ovarialtätigkeit mit Öffnung des Vaginaleingangs, 2. eine Periode der Funktionsabnahme u. 3. eine n. Ovarialfunktion mit regelmäßigem östr. Cyclus. Bei hypophysektomierten oder kastrierten noch nicht geschlechtsreifen Ratten konnte eine Vaginaleröffnung durch I nicht erreicht werden. (Western J. Surgery, Obstetr. Gynecol. **61.** 116—28. März 1953. San Francisco, Calif., Stanford Univ., School of Med., Dep. of Obstetr. and Gynecol.) R. KÖNIG. 4559

R. L. Murphree, W. G. Black, G. Otto und **L. E. Casida,** *Wirkung des Ortes der Befruchtung auf die Fruchtbarkeit von mit Gonadotropin behandelten Kaninchen in verschiedenen Trächtigkeitsstadien.* Kaninchen, die, im Östrus, seit 10 Tagen pseudoträchtig oder trächtig waren, wurden mit *Gonadotropin*-Präpp. zur Erzielung einer Ovulation behandelt u. dann durch Injektion von verd. Samenlsg. in die Vagina oder verschied. Stellen des Uterus besamt. Tötung der Tiere nach 30—48 Stunden. Bei den brünstigen Tieren war der Ort der Injektion von geringer Wrkg. auf die hohe Befruchtungsquote, bei den anderen war die Befruchtung bei intravaginaler Besamung sehr schlecht. (Endocrinology **49.** 474—80. Okt. 1951. Madison, Wis., Univ. of Wisconsin, Dep. of Genet.) VINCKE. 4559

Frank Ungar, Ralph I. Dorfman, Robert M. Stecher und **Paul J. Vignos jr.,** *Stoffwechsel der Steroidhormone; Stoffwechsel von Progesteron und verwandten Steroiden.* In chron. Verss. erhielten 4 Frauen mit rheumat. Arthritis im Alter von 19—59 Jahren intramuskulär *Progesteron* (I) in Dosen von 100—500 mg/Tag, ein 38 jähriger Mann mit rheumat. Arthritis 185 mg *Allopregnandion-(3.20)* (II) 3 mal täglich per os, ein 19 jähriges Mädchen 170 mg *Pregnandion-(3.20)* (III) 3 mal täglich per os u. 5 rheumat. Männer sowie ein Mann mit nicht spezif. Myositis 200—500 mg *Δ^5-Pregnenol-(3 β)-on-(20)* (IV) pro Tag intramuskulär. — Aus dem Urin der Versuchspersonen wurden folgende Verbb. [in % der zugeführten Steroidmenge] isoliert: Nach Verabfolgung von I: Progesteron [0,5]; Pregnanol-(3 α)-on-(20) [0,6]; Pregnandiol-(3 α; 20 α) [6,0]; Allopregnandiol-(3 α; 20 α) [0,4]. Nach Verabfolgung von II: Allopregnandiol-(3 β; 20 α) [2,2]; Allopregnandiol-(3 α; 20 α) [1,2]. Nach Verabfolgung von III: Pregnandiol-(3 α; 20 α) [7,8]. Nach Verabfolgung von IV: Δ^5-Pregnandiol-(3 β; 20 α) [0,5]; Pregnandiol-(3 α; 20 α) [1,2]. (Endocrinology **49.** 440—48. Okt. 1951. Cleveland, O., Western Res. Univ., School of Med., Dep. of Biochem. and Med., u. Lakeside Hosp.) VINCKE. 4559

Charles D. West, *Der Stoffwechsel von intravenös injiziertem Testosteron bei Versuchstieren.* Die *Testosteron* (I)-Lsgg. wurden nach BISCHOFF u. Mitarbeiter (J. biol. Chemistry **174.** [1948.] 663) durch 12 Std. langes Schütteln in Blutserum mit krist. I bei 37° hergestellt; sie enthielten 0,450—0,750 mg I/cm³. Als Versuchstiere wurden Kaninchen, Hunde u. Ratten verwendet; sie erhielten intravenöse Dosen von 20,4 bis 53,5 mg I. An intakten Hunden u. Kaninchen wurde gefunden, daß ca. 90% des injizierten I binnen 10 Min. nach der Zufuhr bereits wieder die Blutbahn verlassen hatten. Dieser Vorgang wurde durch Hepatektomie u. zusätzliche Nephrektomie nicht beeinflußt. Bei der Unters. der verschied. Gewebe fand sich bei 1 Std. nach der I-Zufuhr getöteten Kaninchen das meiste I im Körperfett wieder; dann folgten Lunge, Milz, Niere, Herzmuskel, Skelettmuskel u. Testikel. In Leber u. Prostata wurde kein I gefunden. I war in freier, leicht mit Ae. extrahierbarer Form vorhanden; durch Hydrolyse wurden keine höheren Ausbeuten erhalten. Jedoch bleibt offenbar I auch im Fettgewebe nur kurze Zeit, da es bei Ratten binnen 3 Std. nach der Injektion in ihm nicht mehr nachweisbar war. Die Entfernung von Leber u. Niere während der 1. Std. nach der Zufuhr war ohne wesentliche Wrkg. auf die Verteilung von I im Gewebe. (Endocrinology **49.** 467—73. Okt. 1951. Salt Lake City, Univ. of Utah, Coll. of Med., Dep. of Biochem.) VINCKE. 4559

Joseph T. Velardo und **Frederick L. Hisaw,** *Quantitative Hemmung von Progesteron durch Östrogene bei der Entwicklung von Deciduomen.* Unterss. an insgesamt 459 Albinoratten von 200—235 g Gewicht; die Tiere wurden 5 Tage nach elektr. Cervixreizung (GREEP u. HISAW, Proc. Soc. exp. Biol. Med. **39.** [1938.] 359) kastriert u. bei ihnen durch Durchbohren eines Uterushorns mit einer Nadel Deciduome erzeugt. Jedes Tier erhielt 1,5 mg *Progesteron* (I)/Tag 3 Tage lang u. wurde 72 Std. nach der 1. Injektion getötet. Die nach dieser Meth. erzeugten Deciduome hatten etwa denselben Durchmesser wie bei n. pseudoträchtigen Tieren ohne I-Behandlung. Es wurde nun versucht, die Östrogendosen zu bestimmen, die bei den kastrierten Tieren die Rk. teilweise oder völlig hemmten. Am wirksamsten war *β-Östradiol* (II); z. B. verhüteten 0,110 γ II/Tag, 3 Tage lang neben I appliziert, die Decidual-Rk. völlig. *Östron* war nur $^1/_{10}$ bis $^1/_{22}$ so wirksam wie II. Noch sehr viel schlechter wirksam waren II-*Benzoat, Östriol* u. *Equilenin*; die beiden letzten Hormone besaßen nur 0,5—0,25% der II-Wirkung. Dagegen wirkte *Diäthylstilböstrol* gegen I relativ stark antagonistisch. (Endocrinology **49.** 530—37. Okt. 1951. Cambridge, Mass., Harvard Univ., Biol. Labors.) VINCKE. 4559

Fritz Brachat, Herbert Brilmayer und **Gertrud Zimmerer,** *Testosteron in der modernen Fluorbehandlung.* Prüfung von *Vagramin*-Vaginaltabletten (I; SIEGFRIED, Säckingen), enthaltend pro Tablette 0,2 mg *Methyltestosteron* (II), an 70 Fluorpatientinnen durch laufende Unters. der Vaginalabstriche. Bes. gute Erfolge mit I bei Vorhandensein von Trichomonaden. Zur Heilung waren 6,5—9,5 g I notwendig. Die gute therapeut. Wrkg. von I wird auf die durch den II-Geh. bedingte Epithelproliferation u. die damit verbundene Reinigung des Scheidensekrets zurückgeführt. (Med. Klin. **48.** 240—46. 20/2. 1953. Freiburg/Br., Univ., Frauenklinik.) DOSSMANN. 4559

Betty L. Rubin, Adeline S. Dorfman, Lila Black und **Ralph I. Dorfman,** *Biologische Auswertung von Östrogenen unter Verwendung der Reaktion des Mäuseuterus.* Beschreibung der Auswertung von Östrogenen an infantilen 23—25 Tage alten weißen Mäusen, die das zu bestimmende Hormon einmal täglich, 3 Tage lang, subcutan in 0,1 cm³ Öl injiziert erhielten. 24 Std. nach der letzten Injektion wurden die Tiere getötet u. das Körper- sowie Uterusgewicht bestimmt. Berechnung des Uteruskoeff. (UK.; = Uterusgewicht in mg·100:Körpergewicht in g). Innerhalb bestimmter Hormonmengen wurde zwischen UK. u. dem Logarithmus der Hormondosis eine lineare Kurve erhalten. Bei einer Gesamtzahl von 40 Tieren/Auswertung betrug der mittlere Fehler ±13%. *Östron* (I) u. *α-Östradiol* (II) gaben zwischen 0,1—0,32 γ I u. 0,02—0,06 γ II parallel verlaufende Kurven. II ist, so gemessen, 5,41 mal wirksamer als I. Ferner erhielt man mit 0,04—0,08 γ I u. 1—4 γ *Östriol* (III) ebenfalls Parallelkurven. Die Wirksamkeit von III ist nur $^1/_{20}$ von der des I. Die Meth. ermöglicht die Best. von weniger als 0,02 γ II bzw. 0,04 γ I bzw. 2 γ III). — Beschreibung der Auswertung von Urinextrakten in I.E. I. Zusammenstellung u. Diskussion der bisher bereits bekannten biol. Auswertungsverff. am Nager. (Endocrinology **49.** 429—39. Okt. 1951. Cleveland, O., Western Res. Univ., School of Med., Dep. of Biochem. and Med., u. Lakeside Hosp.) VINCKE. 4559

Wilfred Leith, Mary J. Graham und **Walter S. Burrage,** *Die Wirkung von ACTH auf die direkte Hautreaktion und den passiven Übertragungstest beim Menschen.* 10 an Heufieber erkrankte Patienten im Alter von 21—44 Jahren (2 ♀, 8 ♂) erhielten 2 Tage lang 80 mg *ACTH* (I)/Tag in 4facher Unterteilung intramuskulär injiziert. Unter dieser Behandlung verschwanden die Heufiebersymptome bei 4 dieser Patienten vorübergehend. Der positive Cutan- u. der passive Übertragungstest (PRAUSNITZ-KÜSTNER) wurden durch I bei dieser Dosierung nicht beeinflußt. Eine Rk. der Nebennieren auf I wurde durch Abfall der eosinophilen Zellen bei allen Patienten u. Anstieg des *17-Ketosteroid*-Geh. des Urins in 6 Fällen bewiesen. (J. Allergy **22.** 99—105. März 1951. Boston, Mass., Massachusetts Gen. Hosp.) VINCKE. 4560

F. Coste, B. Piguet, P. Galmiche und **J. Cayla,** *Cortison, ACTH und Infektionen.* Literaturübersicht. Besondere Aufmerksamkeit wird der Besprechung der experimentellen u. klin. Befunde bei Tuberkulose u. der Verhinderung von Infektionen während der Hormontherapie sowie ihrer Behandlung gewidmet. — 138 Zitate. (Ann. Méd. **52.** 747—802. 1951.) VINCKE. 4560

F. Coste, Pierre-Bourgeois, P. Galmiche, Vic-Dupont, R. H. Mollon, Nahel und **Ch. Blatrix,** *Wirkung des Cortisons und des ACTH: A) Auf die experimentelle Meerschweinchentuberkulose, B) Auf die Tuberkulinallergie des Menschen und des Meerschweinchens.* Verss. an mit Tuberkelbakterien infizierten Meerschweinchen u. an 16 Patienten (darunter 14 Rheumatiker u. 1 Patient mit HODGKINscher Krankheit), die mit *Cortison* u./oder *ACTH* behandelt wurden. Beide Hormone bewirkten anscheinend bei den Meerschweinchen eine Verschlimmerung der Krankheit. Die tuberkulöse Allergie war bei den Tieren teils vergrößert, teils verringert; bei den Patienten war sie im allg. erhöht. (Rev. Tuberculose [5] **15.** 698—704. 1951. Paris.) VINCKE. 4560

Edward H. Frieden, *Experimentell herbeigeführte Änderungen im Melanophorenhormongehalt der Rattenhypophyse.* Bei 2—4 Wochen lang fortgesetzter täglicher subcutaner Injektion von *Intermedin* (**I**; aus ganzen Schweinehypophysen) beobachtete Vf. bei starken Schwankungen der Normalwerte eine Abnahme des I-Geh. der Hypophyse der Versuchstiere beiderlei Geschlechts um ca. 30—80%. Derselbe Befund ergab sich nach Thyreoidektomie bzw. nach mehrere Monate lang fortgesetzter Verabfolgung von *Thiouracil.* Verfütterung von getrocknetem Schilddrüsenpulver mehrere Wochen lang bewirkte bei n. Tieren eine vorübergehende geringfügige Zunahme des I-Gehaltes. (Endocrinology **49.** 557—64. Okt. 1951. Cambridge, Mass., Harvard Univ., Biol. Labors.) VINCKE. 4560

Hanne Uhrbrand, *Das Verhältnis zwischen der Zahl eosinophiler Zellen in Blut und Knochenmark unter gewöhnlichen Verhältnissen und unter Einwirkung von ACTH.* Die Zahl der eosinophilen Zellen (% der Leukocyten) im Blut (E_B) u. im Sternalmark (E_M) geht im allg. parallel, jedoch ist bei geringer Gesamtzahl $E_M > E_B$, bei hoher Gesamtzahl $E_M < E_B$. Nach Zufuhr von *ACTH* nimmt E_B durchweg ab, während E_M zunächst überwiegend zunimmt, nach 3 Tagen aber zur Norm zurückgekehrt ist. (Ugeskr. Laeger **115.** 387—92. 12/3. 1953. Kopenhagen, Frederiksberg Hosp., Med. Afd. E.) R. K. MÜLLER. 4560

St. Greif, *Vergleichende Untersuchungen über ACTH, Insulin und Neo-Pyracyl.* Bericht über Verss. an 10 Patienten mit chron. rheumat. Erkrankungen, denen *ACTH* (**I**; Dosis: 400 mg intramuskulär, verteilt auf 10 Tage in fallender Dosierung), *Neo-Pyracyl* (**II**; RIESWERKE) u. *Insulin* (**III**) verabreicht wurden. Im Hinblick auf die Corticoidausscheidung wurden die höchsten Werte nach Gabe von I erreicht. Hierauf folgen **III** u. **II.** Ähnlich verhielten sich die eosinophilen Zellen, die nach dem Verabreichen von I fast völlig aus dem peripheren Blutbild verschwanden. Nach **II** u. **III** kam es ebenfalls zu einem starken, aber relativ kurz dauernden Abfall. I verursacht eine Wasser- u. NaCl-Retention. Bei **II** u. **III** normalisierten sich die Werte bei fortschreitender Therapie. (Wiener med. Wschr. **103.** 149—51. 21/2. 1953. Graz, Landeskrankenhaus, II. Med. Abt.) R. KÖNIG. 4560

Robert Clément, *Behandlung der Lipoidnephrose beim Kinde.* Hinweis auf diätet. Maßnahmen bei der Behandlung der kindlichen Lipoidnephrose. Als Therapeutica wurden bisher angewandt: Reizkörper, wie Pyrifer, Öle usw., u. Thyroxinpräpp. (0,25 g täglich). Vor allem Empfehlung des *ACTH* (3 mal täglich 8—10 Tage lang je 50—100 mg), das nach einer passageren Verschlechterung zu einer frappanten Besserung des Bluteiweißes u. zur Ödemausschwemmung führen soll. (Presse méd. **61.** 509. 4/4. 1953.) P. G. SCHEURLEN. 4560

Howard C. Goodman, Jessie Marmorston, Alvin L. Sellers, Stephen Smith III und **Jack Manders,** *Endokrine Einflüsse auf die Proteinausscheidung im Urin bei der Ratte: Wirkung der Hypophysektomie.* Bei n. ♂ Ratten wurde durch intraperitoneale Injektion von *Renin* (**I**) eine Proteinausscheidung im Urin erzeugt, die einen Mittelwert von 57,4 mg/Std. während der 1. Std. nach der Injektion hatte. Weder bei ♂ noch bei ♀ hypophysektomierten Tieren wurde eine solche Eiweißausscheidung beobachtet. Diese Proteinurie nach I wurde bei hypophysenlosen ♂ Tieren nur nach *Cortison*-Zufuhr in ähn-

lichem Ausmaß manifest wie bei n. Tieren, während *Desoxycorticosteronacetat*, *ACTH*, hypophysäres *Wachstumshormon*, *Testosteron* u. *Thyroxin* wirkungslos waren. (Endocrinology **49.** 490—96. Okt. 1951. Los Angeles, Calif., Cedars of Lebanon Hosp., Inst. for Med. Res., u. Univ. of Southern California, School of Med., Dep. of Med.)
VINCKE. 4560

Erik Andersson, *Standardisierung von ACTH-Präparaten.* Die Bewertung von *ACTH*-Präpp. allein nach der Red. des Ascorbinsäuregeh. der Nebennieren gibt keine zuverlässige Grundlage für die Anwendung. Da ACTH eine Stoffgruppe darstellt, ist für die Beurteilung eines Präp. die Kenntnis folgender 5 Faktoren erforderlich: Nebennierengewichtsfaktor (adrenal weight factor, AWF), Nebennieren-Ascorbin-Faktor (adrenal ascorbic factor, AAF), Eosinopeniewirksamkeit (eosinopenic activity, EA), Vasopressin u. Oxytocin, letztere beide als Verunreinigung, wovon Oxytocin völlig zu beseitigen, Vasopressin in nichttox. Dosis erwünscht ist. (Ugeskr. Laeger **115.** 210. 5/2. 1953.)
R. K. MÜLLER. 4560

Frank L. Engel, *Weitere Beobachtungen über die Rolle der Nebennierenrinde beim Aminosäurenstoffwechsel.* ♂ 220—280 g schwere Ratten wurden nephrektomiert bzw. zusätzlich adrenalektomiert. Der *Harnstoff* (I)-Geh. des Blutes nach intravenöser Aminosäurenzufuhr 18 Std. nach der Operation war bei den mit *ACTH* (II) behandelten nephrektomierten Tieren größer als bei den unbehandelten Kontrollen. Die I-Bldg. war bei nephrektomierten Tieren größer als bei zusätzlich adrenalektomierten Tieren. Gleichzeitige Applikation von 0,5 g Glucose/100 g Körpergewicht senkte die I-Bldg. bei den Tieren nach beiden Operationen. — Vf. schließt, daß die Nebennierenrinde auf den Aminosäurenabbau in der Leber wie auf den Proteinabbau in der Peripherie wirkt, wobei der erste Effekt nur in Ggw. eines genügenden Glucosegeh. manifest wird. (Endocrinology **49.** 538—47. Okt. 1951. Durham, N. C., Duke Univ., Dep. of Med. and Physiol.)
VINCKE. 4561

Roger Baker und **George H. Miller jr.,** *„Panendokrinektomie" und die Serumproteine beim Hund.* Als „Panendokrinektomie" bezeichnen die Vff. die Exstirpation von Nebennieren, Hypophyse, Pankreas, Testikel oder Ovarien, Schilddrüse u. Nebenschilddrüsen. Sie führten diese Prozedur beim Hund durch, betonen jedoch selbst, daß die erhaltenen Resultate schwer zu werten sind, da ein solches Versuchstier nur äußerst schwer im Elektrolyt- u. Nahrungsgleichgewicht zu halten ist. — Im einzelnen fanden die Autoren nach dieser Operation sowie bei Hypophysektomie, bilateraler Adrenalektomie oder einer Kombination der beiden letzten Eingriffe ein Absinken des Geh. an Serumproteinen. Beim adrenalektomierten Hund wurden durch *Cortison*-Behandlung n. Proteinwerte erhalten; dies war nach *ACTH*-Applikation beim hypophysenlosen Tier nicht völlig der Fall. (Endocrinology **49.** 484—89. Okt. 1951. Chicago, Ill., Univ., Dep. of Res.)
VINCKE. 4561

Albert S. Gordon, Sam J. Piliero und **David Landau,** *Die Beziehung der Nebenniere zur Blutbildung bei der Ratte.* Ausführliche Wiedergabe der bereits früher von Vff. (C. **1953.** 5204) kurz geschilderten Ergebnisse. Bei der mit NaCl-Lsg. im Gleichgewicht gehaltenen adrenalektomierten jungen erwachsenen ♀ Ratte bildet sich eine Anämie aus, deren Maximum ca. 2—3 Wochen nach der Operation erreicht ist. Nach ca. 60 Tagen sind ungefähr n. Blutwerte wieder erreicht. Durch *Nebennierenrindenextrakte* (I), *Adrenalin* u. *Verb. E* (*Cortison*, **II**) werden diese Symptome verhindert; dagegen wird bei diesen Tieren das periphere Blutbild durch *Verb. A* u. *Desoxycorticosteronacetat* oder Nebennierenmarkentfernung nicht wesentlich beeinflußt. Ausführliche Beschreibung des Knochenmarkbildes, das vermehrte Granulocytenzahl u. einen verminderten Anteil kernhaltiger Erythroblasten aufweist. **I** u. **II** wirkten diesen Veränderungen entgegen. **II** erzeugte im Knochenmark auch eine Senkung des prozentualen Anteils an eosinophilen Zellen u. vermehrte Vacuolisierung. (Endocrinology **49.** 497—511. Okt. 1951. New York City, N. Y., Univ., Washington Square Coll. of Arts and Sci., Dep. of Biol.)
VINCKE. 4561

Eugene L. Komrad und **Leland C. Wyman,** *Histaminotoleranz bei Ratten mit intramuskulären Nebennierenrindentransplantaten.* 249 ♂ Albinoratten wurden ihre Nebennieren exstirpiert u. in die Rückenmuskulatur implantiert, während 40 weitere adrenalektomierte Ratten als Kontrollen dienten. Bei den Tieren mit den Transplantaten betrug die DL_{50} für *Histamin* (I) bei intraperitonealer Injektion nach 5 Tagen 10,2 u. nach 10 Tagen 27,0 mg/100 g Körpergewicht, jedoch wurde die Resistenz des n. Tieres gegen I nicht erreicht: Nach 30 Tagen betrug DL_{50} 28 mg, während sie für 10 n. Ratten zu $>$40 mg/100 g bestimmt wurde. — Vff. schließen, daß vom 10. Tage nach der Operation ab das transplantierte Gewebe genügend Hormon sowohl für den Bedarf des Organismus als auch für schwere Belastungen ausschüttet. (Endocrinology **49.** 481—83. Okt. 1951. Boston, Mass., Boston Univ., Dep. of Biol.) VINCKE. 4561

E. Deutsch, *Beeinflussung der Nierenclearance durch Nebennierenrindenwirkstoffe.* Filtrationsleistung u. Durchblutung der Niere werden durch *DCA* wie *Cortison* (I) in gleicher Weise im Sinne einer Steigerung beeinflußt, jedoch wird in erster Linie die tubuläre Aktivität verändert. *DCA* u. I beeinflussen Wasser- u. Elektrolythaushalt sowie das Tm_G (maximale Rückresorptionsfähigkeit des Tubulus für Glucose), wobei es vorwiegend von der Applikationsdauer u. vom Zustand des Patienten abhängt, ob eine Retention oder eine Ausscheidung stattfindet. Der Ablauf beider Phasen verläuft am schnellsten nach *DCG* (Desoxycorticosteronglucosid), langsamer nach *DCA* u. am langsamsten nach I, wobei die Ausschläge nach *DCA* am größten, nach I flach sind. Der Vers. einer Behandlung der genuinen Nephrosen erscheint nach diesen Ergebnissen mit I u. *ACTH* möglich, während bei akuter u. chron. Nephritis sowie chron. Nephritis mit nephrot. Einschlag kein Erfolg zu erwarten ist. Bei allen Fällen, wo eine Hypertonie, Infektion oder Rest-*N*-Steigerung besteht, erscheint eine I-Therapie kontraindiziert. (Wiener klin. Wschr. **65.** ([N. F.] 8.) 172—74. 27/2. 1953. Wien, Univ., I. Med. Klinik.) K. MAIER. 4561

Harriet Bratlund und **C. Holten,** *Vorläufige Ergebnisse der Dauerbehandlung von Polyarthritis chronica mit ACTH und Cortison.* Bei 40 Patienten (12 ♂, 28 ♀) mit verschied. Stadien von rheumatoider Arthritis (auch Spondylarthritis ankylopoietica u. Polyarthritis psoriatica) wird zunächst mit *ACTH* (60 mg/Tag) Symptomfreiheit hergestellt, dann allmählich ACTH durch *Cortison* (I) oral (75—100 mg in 3—5 Tagesdosen) ersetzt u. die I-Dosis auf den zur Erhaltung eines erträglichen Zustandes erforderlichen Mindestwert vermindert. In einer Beobachtungszeit von 100 Tagen bis über 1 Jahr (Hälfte über 6 Monate) werden in 33 Fällen gute bis ausgezeichnete Ergebnisse erzielt, auch bei alten Fällen. Mißerfolge werden nur bei Frauen in Menopause (oder darüber) festgestellt, Nebenwirkungen (Symptome von Ulcus duodeni) nur in 3 Fällen, jedoch ohne daß Unterbrechung der Behandlung nötig wurde. (Ugeskr. Laeger **115.** 197—203. Århus, Kommunehosp., Univ., Med. Klinik.) R. K. MÜLLER. 4561

Finn Fischer und **Knud Brøchner-Mortensen,** *Dauerbehandlung von Polyarthritis chronica mit ACTH und Cortison.* Von 51 Patienten mit Polyarthritis chronica (15 ♂, 36 ♀) wird nach Einleitung mit *ACTH* (40—100 mg/Tag, mindestens 3 Tage) einem Teil (19) bis zu 6 Monaten weiter ACTH gegeben, der Rest mit *Cortison* weiterbehandelt (anfangs 100—200 mg/Tag, später red. auf 12,5—50 mg). Ergebnisse: In 8 Fällen Behandlung aufgegeben (3 wegen schlechten Ansprechens, 3 wegen psych. Störungen), in 3 Fällen Weiterbehandlung nicht mehr erforderlich (3—6 Monate Anhalten der Besserung), 40 Fälle noch in Beobachtung, 6 Fälle unverändert oder verschlechtert. Nebenwirkungen werden in fast allen Fällen festgestellt (meist induzierter Hypercorticoidismus), jedoch ohne ernstere Folgen. (Ugeskr. Laeger **115.** 203—10. 5/2. 1953. Kopenhagen, Rigshosp., Med. Afd. A.) R. K. MÜLLER. 4561

A. Robecchi und **R. Capra,** *Das Hydrocortison (Compound F). Erste klinische Erfahrungen beim Rheumatismus.* Nach einem Hinweis auf die physiol. Eigg. u. bisherigen Erfahrungen mit *Hydrocortison* (*Compound F*; I) berichteten Vff. über eigene Beobachtungen in der Behandlung von 3 Patienten verschied. Alters, die an Gelenkrheumatismus erkrankt waren. I kann im Gegensatz zu Cortison intraarticulär injiziert werden u. bedingt hier eine ziemlich rasche, allerdings auf das betreffende Gelenk beschränkte Besserung der Schmerzen. Vff. gaben je 25 mg I 2—3mal. Allg. Unverträglichkeits-Rkk. traten nicht ein. Die Blutkörperchensenkung wurde nicht beeinflußt. (Minerva med. [Torino] **43.** II. 1259—64. 6/12. 1952. Torino, Ospedale Magg.) P. G. SCHEURLEN. 4561

J. García-Llauradó und **R. Carreras Linares,** *Unbrauchbarkeit der Formalinarthritis als Studienobjekt für die Beurteilung des antirheumatischen Effektes der Steroide.* Vff. untersuchten an 32 männlichen adrenalektomierten Ratten Ausmaß u. Beeinflußbarkeit der nach Formalininjektionen in die Plantaraponeurosis entstehenden Arthritis. Sie fanden entgegen der Meinung von SELYE (vgl. Brit. Med. J. **1949.** II. 1129) keine Unterschiede, ob den Tieren *Cortison* oder *Desoxycorticosteron* verabreicht worden war, was dafür spricht, daß es sich hier um einen für Unterss. der Steroidwrkg. ungeeigneten Test handelt. (Rev. clín. españ. **46.** 311—15. 15/9. 1952. Barcelona, Cátedra de Patología Médica.) P. G. SCHEURLEN. 4561

A. N. Ashworth, *Cortison in der Behandlung der syphilitischen Augenerkrankungen.* Vf. berichtet über Erfahrungen bei der Behandlung der syphilit. Augenerscheinungen mit *Cortison* (I). Vf. beurteilt den Erfolg dieser Therapie mit großer Zurückhaltung u. ist der Ansicht, daß die Therapie mit I bei diesen Erkrankungen nur unterstützend neben anderen konsequent durchgeführten Therapien wirken kann. (Brit. J. vener. Diseases **29.** 3—11. März 1953. Manchester, Royal Eye Hospital.) REICHLE. 4561

A. F. Munro, *Die Wirkung von Adrenalin und Noradrenalin auf die Aktivität isolierter Darmpräparate von fötalen Meerschweinchen.* Verwendet wurden Präpp. verschied.

Darmabschnitte von reifen Meerschweinchenföten. Durch *Adrenalin* (I) u. *Noradrenalin* (II) werden die oberen u. unteren Dünndarmabschnitte zur Kontraktion gebracht, während die mittleren nicht beeinflußt oder gelähmt werden. Durch *Atropin* wird die I-Kontraktion verstärkt, die I-Lähmung erfährt eine Umkehrung. Am unteren Ileum verursacht I in höheren Konzz. Kontraktion, in niederen Erschlaffung, auch bei ausgewachsenen Tieren. Die durch II ausgelöste Kontraktion oder Erschlaffung fötaler Dünndarmabschnitte wird durch I gehemmt. (Brit. J. Pharmacol. Chemotherapy **8.** 38–41. März 1953. London, Univ., King's Coll., Dep. of Physiol.)
DAUTZENBERG. 4561

R. F. Whelan und **I. Maureen Young,** *Die Wirkung von Adrenalin- und Noradrenalininfusionen auf die Atmung beim Menschen.* Intravenöse Infusionen von *Adrenalin* (I) u. *Noradrenalin* (II; 10–20 γ/Min.) steigern bei n. Menschen das Atem-Minuten-Vol. bei gleichzeitigem Absinken der CO_2-Konz. in der Alveolarluft. Meist wird auch die Atemfrequenz erhöht. Einer anfänglichen plötzlichen Hyperpnoe folgt langsame Verringerung der Reaktion. Der O_2-Verbrauch wird durch I um ca. 32% erhöht, durch II nicht signifikant verändert. Die Hyperpnoe nach I u. II ist demnach nicht die direkte Folge einer allg. Stoffwechselsteigerung. (Brit. J. Pharmacol. Chemotherapy **8.** 98–102. März 1953. London, St. Thomas's Hosp., Med. School, Sherrington School of Physiol.)
DAUTZENBERG. 4561

Mary D. McDougal und **C. B. West,** *Die Wirkung von Arzneimitteln auf isolierte Säugetierbronchialmuskeln.* An isolierten Trachealringen von Ratten, Meerschweinchen, Kaninchen, Katzen u. Hunden sowie an isolierten menschlichen Bronchien wurde die bronchienerweiternde Wrkg. von *l-Adrenalin* (I), *l-Noradrenalin* (II), *Isoprenalin* (= *dl-Isopropylnoradrenalin*; III), *l-Ephedrin* (IV) u. *Aminophyllin* (V; BURROUGHS WELLCOME) untersucht, nachdem die Präpp. durch *Histamin* (VI) oder *Acetylcholin* (VII) zur Kontraktion gebracht worden waren. VII erzeugt bei allen Präpp. Kontraktion in Konzz. von 10^{-5} bis 10^{-8} je nach Tierart. Am stärksten broncholyt. wirksam war III; II war bei den Tieren gleich oder fast so wirksam wie I, jedoch beim menschlichen Präp. nur ca. $^1/_{100}$. Sehr schwach wirkte V. — Mit VI wurde regelmäßig bei Meerschweinchen, Hunden u. beim Menschen Bronchospasmus ausgelöst (10^{-5} bis 10^{-6}), bei Ratten nur gelegentlich, bei Kaninchen u. Katzen auch mit 10^{-3} nie. Die Wirksamkeit von I, II, III u. IV beim VI-Spasmus entspricht der gegenüber VII, desgleichen gegenüber einem Gemisch von VI u. VII zu gleichen Teilen. V wirkt dagegen stärker gegenüber VI als gegenüber VII. (Brit. J. Pharmacol. Chemotherapy **8.** 26–29. März 1953. Dundee, Univ. of St. Andrews, Med. School, Dep. of Pharmacol. and Therap.)
DAUTZENBERG. 4561

Russell Fraser, Q. J. G. Hobson, D. G. Arnott und **E. W. Emery,** *Die Harnabscheidung von Radiojod als klinischer Test für die Schilddrüsenfunktion.* Die Möglichkeit der Diagnose von Schilddrüsenerkrankungen durch Injektion von ^{131}J u. Beobachtung der durch den Urin in verschied. zeitlichen Abständen nach der Injektion abgeschiedenen Mengen wird geprüft. Gegenüber der Messung der in der Schilddrüse abgelagerten Mengen ^{131}J durch Zähler hat die Meth. den Vorzug, geringere Mengen akt. Substanz zu erfordern. Aus den zu verschied. Zeiten gemessenen Mengen ^{131}J im Urin wird ein Index berechnet, der als Indikator für den Zustand der Thyreoidea ausgewertet wird u. der unabhängig von etwaigen Nierenschäden des Patienten ist. (Quart. J. Med. [N. S.] **22.** 99–120. Jan. 1953. London, Postgraduate Med. School, u. M. R. C. Radiotherapeutic Res. Unit.)
REUSSE. 4562

Heinrich Schur, *Nachträge zur Insulinfrage.* Zusammenfassender Überblick über *Insulin*-Wrkg. auf den gesamten Stoffwechsel, bes. auf die Assimilation. (Klin. Med. [Wien] **7.** 106–15. 1/3. 145–56. 1/4. 1952. Wien.)
SCHWEIGER. 4564

George R. Fearnley und **J. Moore Tweed,** *Der Beweis eines aktiven fibrinolytischen Enzyms im normalen Humanplasma mit Beobachtungen einer Hemmung in Verbindung mit der Anwesenheit von Calcium.* Vff. stellten im Plasma von 60 gesunden Personen im Alter zwischen 18–40 Jahren bei 50 fibrinolyt. Aktivität fest (28 von 30 männlichen u. 22 von 30 weiblichen). Die Anwesenheit von Ca bewirkte Hemmung der Lysis bei geringer Plasmaverdünnung unabhängig von Gerinnungsagentien. Vff. schreiben die Hemmwrkg. einer Zwischen-Rk. des Ca mit einem anderen Faktor zu. (Clin. Sci. **12.** 81–89. 1953. London, Postgraduate Med. School, Dep. of Med.)
BRATFISCH. 4574

F. Meißner, *„Zur Anämiebehandlung bei chirurgischen Erkrankungen" unter besonderer Berücksichtigung der Kobalttherapie.* Vf. hat in vielen Fällen gute Erfahrungen mit einer kombinierten *Fe–Co*-Therapie gemacht, wobei er vor Co-Überdosierungen, bes. bei Tumoranämien, warnt. (Zbl. Chirurg. **77.** 1589–97. 1952. Leipzig, Univ., Chirurg. Klinik.)
MATTHIES. 4575

H. M. Tsuchiya, N. N. Hellman und **H. J. Koepsell,** *Faktoren, die auf das Molekulargewicht des auf enzymatischem Wege synthetisierten Dextrans einwirken.* Vff. führen an, daß *Dextrane* (I) mit vorherrschend *α-1.6-Glucopyranosebindungen* u. einem Mol.-Gew. von 6—100 · 10^6 auf üblichem fermentativem Wege u. in Reaktionsgemischen, die 10% *Saccharose* (II) u. das Enzym *Dextransucrase* (III) enthalten, gebildet werden. III wird aus Leuconostoc mesenteroides erhalten. Niedrigmol. I werden aus 70% II enthaltenden Gemischen gebildet. Reaktionsgemische, die Enzym, II u. Glucosylacceptoren, wie Fructose oder Maltose, enthalten, ergeben ebenfalls niedrigmol. I. So wird aus einem Gemisch von 40000 III-Einheiten, 2000 mg niedrigmol. I u. 40 g II ein I mit einem Mol.-Gew. von 81400 (Ausbeute: 32,8% der Theorie) synthetisiert, das dem I des Blutplasmas ähnlich ist u. somit als Blutplasmabestandteil klin. Verwendung finden könnte. (J. Amer. chem. Soc. **75.** 757—58. 5/2. 1953. Peoria, Ill., Northern Reg. Res. Labor.)
FAHRNLAENDER. 4576

Benjamin Rush und **B. L. Truscott** (unter techn. Mitarbeit von **Norah Grant-Rush**), *Der Einfluß von Alter, Tierstamm, Kastration und Östrogenen auf die Speicherung von Vitamin A in der Leber der Maus.* 125 Mäuse beiderlei Geschlechts wurden als intakte oder kastrierte Tiere verwendet; die letzten erhielten subcutane Implantate von 2 mg schweren *Östron*-Preßlingen. Nach verschied. Zeiträumen wurden die Tiere getötet u. der *Vitamin-A* (I)-Geh. der Leber nach der Meth. von CARR u. PRICE bestimmt. Als Mittelwerte wurden an 17 n. ♀ Mäusen 337 E. u. an 25 n. ♂ Mäusen 287 E. I/g Leber gefunden. Diese Tiere waren 60—70 Tage alt. Der I-Geh. der Leber nahm bei n. u. in noch stärkerem Maße bei kastrierten Tieren mit dem Alter zu. Bei den kastrierten Tieren war das Maximum ca. 1 Jahr nach der Kastration erreicht (bei ♀ 4 448 u. bei ♂ 5 222 E./g Leber im Mittel); die erhöhte I-Konz. der kastrierten Tiere wurde durch Geschlecht, Gewichtszunahme oder -verlust oder durch Östrogenimplantation nicht beeinflußt. (Endocrinology **49.** 461—66. Okt. 1951. Yale Univ., School of Med., Dep. of Surg., Div. of Oncology, u. Univ. of North Carolina, Dep. of Anat.) VINCKE. 4587

Günther Malyoth und **Hans Walther Stein,** *Bemerkung zur Papierchromatographie des Aneurins.* Aneurin wird papierchromatograph. (WHATMAN-Papier Nr. 1) nach einer für Cholinester ausgearbeiteten Meth. (vgl. C. **1953.** 1697) nachgewiesen. Entw. des Chromatogramms erfolgt aufsteigend mit 2 verschied. Gemischen von Essigester, Pyridin u. Wasser. Die Aneurinflecken werden durch Aufsprühen von Dipikrylaminreagens kenntlich gemacht. (Biochem. Z. **323.** 265. 1952. München, Univ., Kinderklinik.)
FRESENIUS. 4587

M. L. Rochlina, *Die Bedeutung von Vitamin B_2 für den Sehapparat.* In Verss. an Fröschen u. Ratten stellt Vf. mit Hilfe der Luminescenzmikroskopie fest, daß *Vitamin B_2* die Licht- u. Farbempfindlichkeit des Neuroepithels der Retina direkt zu erhöhen vermag. (Доклады Академии Наук СССР [Ber. Akad. Wiss. UdSSR] [N. S.] **88.** 373—76. 11/1. 1953. Wiss. Helmholtz-Forschungsinst. für Augenkrankheiten.) RENTZ. 4587

T. T. Beresow, *Die Rolle von Vitamin B_6 bei der Umwandlung von L- und D-Aminosäuren im tierischen Organismus. Der Einfluß der B_6-Avitaminose auf die Umwandlung von L- und D-Phenylalanin im lebenden Organismus der Ratte.* Ratten mit B_6-Avitaminose erhielten per os in Zwischenräumen von 2—3 Tagen *L-* (I) u. *D-Phenylalanin* (II). Im Harn wurden bestimmt Gesamtharnstoff (III)-, Ammoniak (IV)-, Amino (V)- u. Peptid (VI)-N. Gegenüber gesunden Ratten zeigen kranke viel weniger III (bis 54%) bei gleichzeitigem Anstieg von zu noch nicht festgestellten Prodd. gehörendem N (von 9—36%), die Verteilung des sonstigen N entspricht dem Harn der n. Ratten. Einführung von *Phenylalanin* (bes. von II) bewirkt einen geringen Zuwachs des V u. VI; bei mehr I oder II steigt auch IV leicht an. Große Gaben von I rufen eine starke weitere Erniedrigung des III hervor, bei gleichzeitigem Anstieg des nicht bestimmten N. Dagegen erhöht sich bei B_6-avitaminot. Ratten bei II-Gaben der Geh. an III stark, während der nicht bestimmte N abfällt. Nach Heilung der Ratten durch Injektion von Pyridoxin (4 · 100 γ) erreicht der Stoffwechsel bei I- oder II-Gaben wieder seinen n. Zustand. Vf. nimmt an, daß der Zerfall des I u. seine Bldg. aus *Phenylbrenztraubensäure* (VII) im Organismus der Ratte auf dem Wege der Umaminierung verläuft. Bei B_6-Avitaminose eingeführtem II werden D-Aminosäuren desaminiert, u. gebildetes NH_3 geht nach teilweiser Bldg. von Asparaginsäure in III über. Infolge einer erniedrigten Aktivität der Aminopherase ist die Bldg. von I aus VII bei avitaminot. Ratten gestört, u. sie scheiden bei II-Gaben größere Mengen an α-Ketosäuren aus. Bei Avitaminose ist der Übergang eines wesentlichen Teiles des Eiweiß-N u. in noch stärkerem Maße des N von I in III als Resultat der gestörten Überführung von NH_2-Gruppen auf die L-Asparaginsäure gestört. (Доклады Академии Наук СССР [Ber. Akad. Wiss. UdSSR] [N. S.] **86.** 605—08. 21/9. 1952. Inst. für biol. u. med. Chem. der Akad. der Med. Wiss. der UdSSR.)
ULMANN. 4587

W. M. McKay, *Antibiotica und antibiotisch wirkende Gärungsprodukte bei der Viehfütterung.* Bericht über die Entdeckung des „Animal Protein Factor's" sowie die Wrkg. von *Vitamin* B_{12}. (Fertiliser, Feeding Stuffs Farm Suppl. J. **38.** 175—76. 19/3. 1952.) Grimme. 4587

Edward H. Reisner jr. und **Leo Weiner,** *Die Behandlung der perniciösen Anämie mit großen parenteralen Dosen von Vitamin* B_{12}. Nach der Verabreichung von überhöhten Dosen des *Vitamins* B_{12} (1000 μg einmalig intramuskulär) erfolgt eine derart erhöhte Ausscheidung durch die Nieren, daß von einem Vorteil gegenüber der Verabreichung in mehreren kleinen Dosen nicht gesprochen werden kann. Außerdem wurden Störungen im Zentralnervensyst. beobachtet. (Blood **8.** 81—85. Jan. 1953. New York, N. Y., Univ., Dep. of Med., Div. of Hematology, u. Bellevue Hosp.) Lüpnitz. 4587

A. Mahlo, *Zur Therapie der chronischen Colitis.* Bericht über 1 Fall mit chron. Colitis, bei dem nach Versagen anderer Mittel Beschwerdefreiheit durch wöchentlich 2 Injektionen mit dem B_{12}-Präp. *Pernipuron* nach 3 Monaten erzielt wurde. Zusätzlich wurde noch $CaCO_3$ u. Bi subgallicum gegeben. Vf. vermutet, daß B_{12} eine Verb. mit dem Darmschleim eingeht, wodurch eine Schutzwrkg. für das Dickdarmepithel zustande kommt. (Med. Klin. **48.** 246—47. 20/2. 1953. Hamburg.) Dossmann. 4587

Jonathan Gould, *Behandlung von Delirium, Psychosen und Coma, hervorgerufen durch Arzneimittel.* Die Behandlung besteht in vornehmlich intravenöser Verabreichung großer Mengen von Komponenten des *Vitamin-B-Komplexes,* von *Ascorbinsäure* u. *Glucose.* Sie wurde in den verschiedensten Krankheitsfällen der oben erwähnten Gruppen mit sehr gutem Erfolg angewandt. (Lancet **264.** 570—73. 21/3. 1953. London, St. Bartholomew's Hosp., Dep. of Psychol. Med.) Gerda Schulze. 4587

M. G. Smirnowa, *Der Einfluß einiger Arzneimittel auf den Gehalt an Ascorbinsäure im Blut.* An Gesunden, denen bei gemischter Nahrung mit 15—20 mg *Ascorbinsäure* (I) täglich 300 mg I bis zur Sättigung des Organismus (10—15 mg % I im Urin), dann 50 mg täglich zugeführt wurden, wird festgestellt, daß Verabreichung von *weißem Streptocid* u. *Aspirin* (3 mal täglich je 0,5 g) u. *KJ* (3 %ig. Lsg. je 1,2 g) während einer Woche eine Herabsetzung des I-Geh. im Blut bewirkt. (Клиническая Медицина [Klin. Med.] **30.** (**33.**) Nr. 6. 86—87. Juni 1952. Archangelsk, Med. Inst., Lehrstuhl für Biochem.) R. K. Müller. 4587

Anne Bourquin und **Elena Musmanno,** *Vorläufiger Bericht über die Wirkung des Rauchens auf den Ascorbinsäuregehalt des gesamten Blutes.* Unters. an 3 Rauchern u. 2 Nichtrauchern bei kontrollierter Diät, denen laufend Blutproben zur Best. des *Ascorbinsäure* (I)-Blutspiegels entnommen wurden. Es konnte festgestellt werden, daß der I-Spiegel durch das Rauchen erniedrigt wird. Bei in vitro-Verss. an menschlichem Blut mit bekanntem I-Geh. wurde durch Zugabe von *Nicotin* (II) der I-Geh. des Blutes um 24—31 % gesenkt. Wie die II-Wrkg. auf I im Blut zustande kommt, ist nicht bekannt. Möglichkeiten werden diskutiert. (Amer. J. Digest. Diseases **20.** 75—77. März 1953. Syracuse, N. Y., Univ., Dep. of Foods and Nutr.) Dossmann. 4587

James S. Dinning, *Leukocytose bei Vitamin-E-Mangelkaninchen.* Da früher ein Einfl. von *Vitamin-E* (I)-Mangel auf den Nucleinsäurestoffwechsel u. das Blutbild im Sinne einer Leukocytosis bei Affen beobachtet worden war (vgl. Young u. Dinning, C. **1952.** 4479), wurden nun Verss. mit einer I-freien synthet. u. mit einer mit $FeCl_3$ behandelten Nahrung bei Kaninchen durchgeführt. Nach Auftreten von Symptomen von Muskeldystrophie (nach 2—4 Wochen Versuchsfütterung) wurde eine starke Vermehrung der zirkulierenden Leukocyten festgestellt. Bei Zufuhr von I (2 mg α-Tocopherolacetat je kg Körpergewicht) wurde das periphere Blutbild wieder normalisiert. Im übrigen war das Blutbild normal. Es wird angenommen, daß hier nicht eine direkte I-Wrkg. vorliegt, sondern eine leukocyt. Infiltration des dystroph. Muskels, wobei aber auf die Feststellung hingewiesen wird, daß I-Mangelkaninchen zusätzliche Mengen von Kreatin bilden u. dieses mit der Bldg. weißer Blutzellen in Beziehung steht. (Proc. Soc. exp. Biol. Med. **79.** 231—32. Febr. 1952. Little Rock, Univ., School of Med., Dep. of Biochem.) Schwaibold. 4587

Milton Farber, Ade F. Milhorat und **Harris Rosenkrantz,** *Schnelle Bestimmung von Plasmatocopherolen.* Es wird berichtet, daß die Mikrobest. der Bluttocopherole (Vitamin E) nach Quaife u. Mitarbeitern (J. biol. Chemistry **180.** [1949.] 1229) im Makromaßstab, ausgehend von 1—3 ml Serum oder Plasma, einfach u. schnell durchführbar ist. Es wird dabei gleichfalls Enteiweißung mit gleichem Vol. A., Extraktion mit 5 ml Xylen, Best. der Carotinfärbung in dem Extrakt u. die Rk. des Extraktes mit 1 ml $FeCl_3$ (1,2 mg/ml A.) u. 3 ml $\alpha.\alpha'$-Dipyridyl (1,0 mg/ml Propanol) vorgenommen. Die Messung wurde in einem Evelyn-Colorimeter mit einem 490 mμ- bzw. 515 mμ-Filter durchgeführt. Die Berechnung wird dargelegt. Beleganalysen mit dem Mikro-

u. Makroverf. werden mitgeteilt. Die Übereinstimmung erscheint sehr gut. (Proc. Soc. exp. Biol. Med. **79.** 225. Febr. 1952. New York, N. Y., Cornell Univ., Depp. of Med. and Psychiatry.) SCHWAIBOLD. 4587

Hans-Georg Schulz, *Zur Methode der α-Tocopherolbestimmung im Serum nach Emmerie und Engel.* Die zur Aufstellung einer Eichkurve für die colorimetr. Best. von *α-Tocopherol* (I) notwendige Titration des I wird wie folgt vorgenommen: Der nach Verseifung von I-Acetat erhaltene Extrakt wird eingedampft u. mit PAe. aufgenommen. Anschließend Waschen mit 50%ig. A., 1 n HCl u. W., darauf werden 20 ml des Extraktes mit 50 ml 0,01 n $Ce(SO_4)_2$ + 2 ml 20%ig. H_2SO_4 geschüttelt. Es bildet sich gelbes I-Chinon. Die Ce-Lsg. wird abgetrennt, auf 70° erwärmt u. 40 ml 0,01 n Oxalsäure + 2 ml 20%ig. $HgSO_4$ dazugegeben. Oxalsäureüberschuß mit 0,01 n $KMnO_4$ zurücktitrieren. — Um aus den PAe.-Extrakten der Untersuchungsproben störende Carotinoide zu entfernen, empfiehlt Vf. Adsorptionssäulen mit Watteschicht (6 cm) u. schwach aktivierte Al_2O_3-Schicht (6 cm). In Kontrollverss. zugesetztes Vitamin A konnte mit den ersten 25 ml PAe. quantitativ eluiert werden. (Hoppe-Seyler's Z. physiol. Chem. **288.** 31. Juli 1951. Göttingen, Univ., Med. Klinik u. Poliklinik.) LOCH. 4587

R. Ferrando und **J. Philippe,** *Der „animal protein factor" (APF), Vitamin B_{12} und die Antibiotica in der Ernährung der Haustiere.* In einer Übersicht mit 94 Literaturzitaten berichten Vff. über den Einsatz von *APF, Vitamin B_{12}* u. *Antibioticis* in der Tierernährung unter besonderer Berücksichtigung der belg. Verhältnisse u. weisen auf den Wert derartiger Futterzusätze zur Erhöhung der Wachstumsgeschwindigkeit u. besseren Futterverwertung von Ferkeln u. Geflügel hin. (Rev. Fermentat. Ind. aliment. **7.** 79—87. Juni 1952. Lyon, École Nation. Vét., u. Paris, Inst. de Rech. Roussel-Sofrapen.) NEHRING. 4589

Jean Levesque und **J.-P. Hardouin,** *2 Fälle schwerer dysenteriformer Diarrhoe infolge Stickstoffunterernährung.* An 2 Fällen von extremem Eiweißmangel bei einem 1- u. einem 2jährigen Kind, verbunden mit schwerer dysenteriformer Diarrhoe, weisen Vff. auf die Ähnlichkeit des Krankheitsbildes mit dem Eiweißmangel bei Erwachsenen hin. Die bedeutende therapeut. Wrkg. der Bluttransfusion deuten Vff. hauptsächlich als Aufnahme sofort verwertbarer *Aminosäuren* für die Synth. von Verdauungsfermenten. (Nourrisson **41.** 10—22. Jan./Febr. 1953.) NEHRING. 4589

Alfred Enders, *Die Ausschaltung des Geruchssinnes bei Dauerversuchen mit künstlichen Fetten.* Beim Genuß von synthet. Fetten werden im wesentlichen nur Geruchsempfindungen (Reizung durch anomale Oxydationsprodd. usw.) ausgelöst, die bei Hunden Nahrungsverweigerung bedingen. Nach Ausschaltung des Geruchssinnes durch Abtrennung oder Exstirpation des Lobus olfactorius fraßen die Tiere das mit verschied. künstlichen Fetten vermengte Futter in größeren Mengen u. längere Zeit als die Kontrolltiere. (Naunyn-Schmiedebergs Arch. exp. Pathol. Pharmakol. **214.** 404—10. 1952. Freiburg/Br., Univ., Pharmakol. Inst.) C. VOGEL. 4589

Ragnar Nicolaysen und **Alexander Pihl,** *Fütterungsversuche an Ratten und am Menschen mit einem handelsüblichen hitzebehandelten Heringsöl.* N-, Ca- u. Fettunterss. der Faeces von jungen Ratten, denen hitzebehandeltes Heringsöl verabreicht worden war, ließen keine tox. Wirkungen erkennen. Analoge Unterss. an 2 jungen Männern führten zum gleichen Resultat. Der Ca-Stoffwechsel scheint nicht beeinflußt zu werden. (Tidsskr. Kjemi, Bergves. Metallurgi **13.** 5—7. Jan. 1953. Oslo, Univ., Nutr. Res. Inst.) R. KÖNIG. 4589

Theodore Peters jr., *Das wahrscheinliche Auftreten von Zwischenprodukten bei der Synthese der Serumalbumine.* Radioakt. ^{14}C tritt in *Serumalbumin* (I) 15—20 Min. später als im Gesamtprotein von Hühnerleberschnitten auf, wobei während dieser Zeit nichtmarkiertes I weitergebildet wird. Mit Methoden, die auf 3 verschied. I-Eigg., antigene Aktivität, elektrophoret. Beweglichkeit u. Löslichkeit, beruhen, wurde aus Bebrütungsverss. mit Leberschnitten markiertes I abgetrennt. Als Tracerverbb. dienten $^{14}CO_2$ u. $^{14}C_{(1)}$*-Glycin.* In allen Fällen scheint I jede der 3 angeführten Eigg. gleichzeitig zu erwerben. Die Ergebnisse lassen vermuten, daß die Umwandlung von *Aminosäuren* in vollständige Proteine eine meßbare Zeit beansprucht u. die Endstufe der Synth. die biol. u. physikal. Eigg. des Mol. beeinflußt. (J. biol. Chemistry **200.** 461—70. Jan. 1953. Philadelphia, Pa., Univ. of Pennsylvania, School of Med., Dep. of Physiol. Chem.) K. MAIER. 4596

N. A. Fedorow, A. A. Grabetzki, N. W. Lissenko, L. N. Dagajewa, Je. W. Borowski, M. Je. Roshanski und **A. A. Prochontschukow,** *Untersuchung des Mineralstoffwechsels in den harten Zahngeweben mit Hilfe radioaktiver Indicatoren.* In Verss. an Hunden, Katzen u. weißen Ratten wird mit Hilfe von ^{32}P, ^{45}Ca, ^{89}Sr u. ^{35}S nachgewiesen, daß im Zahngewebe, einschließlich des Zahnschmelzes, ununterbrochen eine Erneuerung der Bestandteile vor sich geht. Der P-Stoffwechsel junger Hunde ist wesentlich intensiver als beim ausgewachsenen Tier. Verss. an Hunden mit chron. Fistel des Ausführungsganges der Parotisdrüse zeigten, daß *P* u. *Ca* nach subcutaner Zufuhr gesetzmäßig im Speichel erscheinen. Quelle für die Mineralsalze des Zahnschmelzes ist vorwiegend der Speichel. In den Zähnen des Unterkiefers ist mehr Radio-P enthalten als in jenen des Oberkiefers. Der Schmelz depulpierter u. nachher gefüllter Zähne verliert — im Gegensatz zum Dentin — seine Fähigkeit nicht, aus dem Speichel die Radioindicatoren aufzunehmen. Im Schmelz von Zähnen, die Metallkronen tragen, ist fast keine Radioaktivität nachzuweisen. Bei der experimentellen B_1-Avitaminose ist die P-Aufnahme in den harten Zahngeweben intensiver als normal. Verss. an denervierten Zahngeweben zeigten die Bedeutung des neurogenen Faktors bei der Regulierung der Erneuerungsprozesse in den Zähnen. (Стоматология [Stomatologie] **1953.** Nr. 1. 3—16.) RENTZ. 4596

Jörg Jürgens, *Über das Verhalten antithrombischer Substanzen bei Erkrankungen der Leber.* Bei antithromb. Substanzen ist streng zwischen heparinartigem *Antithrombin* (I) u. lipoidartigem *Serumantithrombin* (II) zu unterscheiden. Vf. weist auf die prakt.-diagnost. Bedeutung bes. des Verh. von II bei Erkrankung der Leber für die Klinik hin. Bei Hepatitis epidemica Vermehrung von I, kein Anwachsen von II, bei hypertroph. Lebercirrhose vom Typ HANOT, jeder Form der cardialen Insuffizienz mit Leberstauung. — Schwund von II bei den atroph. Cirrhosen vom Typ LAENNCE, plötzlicher Sturz von II bei akuter gelber Leberatrophie. (Dtsch. Arch. klin. Med. **200.** 67—85. 1952. Berlin, Univ., I. Med. Klinik der Charité.) BRATFISCH. 4597

E6. Pharmakologie. Therapie. Toxikologie. Hygiene.

A. Forssberg und **G. Hevesy,** *Der Einfluß von Röntgenstrahlungen auf den Phosphatstoffwechsel bei Mäusen.* Vff. haben den Phosphorumsatz im Organismus röntgenbestrahlter Mäuse untersucht. Die Tiere wurden in einem Zeitraum von 15 Min. mit 2000 r bestrahlt u. erhielten unmittelbar anschließend intravenöse oder intraperitoneale Injektionen mit 0,1 ml einer Natriumphosphatlsg. mit einer ^{32}P-Aktivität von 0,5 μC. Nach 15 Min. wurden die Tiere getötet u. die P-Aufnahme des Lebergewebes durch Messung von dessen Radioaktivität bestimmt. Es zeigte sich, daß die Leber bestrahlter Tiere ca. 40% mehr ^{32}P aufgenommen hatte als diejenige unbestrahlter Tiere. Die ^{32}P-Aufnahme von Skelett u. Muskeln zeigte demgegenüber eine entsprechende Abnahme. An die mitgeteilten Befunde wird eine eingehende Diskussion des P-Stoffwechsels u. seiner Rk. auf ionisierende Strahlen angeschlossen. (Ark. Kemi **5.** Nr. 11. 93—95. 1953. Stockholm, Karolinska Sjukhuset, Inst. of Radiophys., u. Univ., Labor. for Organic and Biochem.) REUSSE. 4601

James W. Sherrill und **Arne N. Wick,** *Der Einfluß langfristiger Einwirkungen von radioaktivem ^{65}Zn auf den Pankreas.* Weiße Ratten von 160—180 g Gewicht (♂) erhielten intraperitoneale Injektionen von Zinkacetat, u. zwar zum Teil mit inakt. Zn, zum Teil mit 10 μC ^{65}Zn, zum Teil mit 36 μC ^{65}Zn. Urin- u. Blutglucosebestimmungen über Zeiten bis zu 78 Tagen gaben Aufschluß über die Wrkg. des β-Strahlers ^{65}Zn auf die insulinbildenden Zellen des Pankreas. Bei dieser Synth. soll nach Veröffentlichungen anderer Autoren das Zn eine Rolle spielen. Obwohl ^{65}Zn im Pankreas angereichert war, konnten Vff. keine diabet. Symptome wie Körpergewichtsverluste, Glykosurie oder anomal hohen Blutzuckergeh. nachweisen. (J. Lab. clin. Med. **41.** 40—42. Jan. 1953. La Jolla, Calif., Scripps Metabolic Clinic.) REUSSE. 4601

Giorgio Fusi, *Experimentelle Untersuchung über radiologische Manifestation einer beginnenden Osteoporosis.* Unterss. am isolierten n. Lendenwirbel ergaben, daß eine beginnende Osteoporose röntgenolog. erfaßbar wird, wenn der Kalkgeh. um ca. 3% gesunken ist. In vivo werden solche Änderungen erst nachweisbar, wenn der Wirbel bereits 60% seines Kalkgeh. eingebüßt hat. (Radiol. clin. [Basel] **22.** 123—29. März 1953. Firenze, Univ., Ist. di Radiol.) REUSSE. 4601

Ejnar Gilg, *Diphenhydramin (Benadryl) intravenös und die Nebenwirkungen bei intravenöser Urographie mit Diodon. Diodon* mit *Diphenhydramin* (*Benadryl*) erscheint indiziert, wenn bei einer ersten Urographie Beschwerden auftraten, jedoch bietet der Antihistaminzusatz keine Gewähr gegen schwere Komplikationen, bes. muß auch mit Idiosynkrasie gegen das Antihistaminicum gerechnet werden. Es wird bei 75% der Fälle Abnahme des Blutdrucks, in der Regel von kurzer Dauer, beobachtet. (Ugeskr. Laeger **115.** 404—06. 12/3. 1953. København, Kommunehosp. Röntgenklin.) R. K. MÜLLER. 4601

J. N. Smith, R. H. Smithies und **R. T. Williams,** *Stereochemische Gesichtspunkte beim Äthylbenzolstoffwechsel. Äthylbenzol* (I) wird vom Körper am β-Atom der Seitenkette zu Phenylmethylcarbinol (II) oxydiert, das als Glucuronid im Harn ausgeschieden wird. An Kaninchen verfüttertes Acetophenon wird red. u. als (—)-II ausgeschieden (als Triacetyl-β-[—]-phenylmethylcarbinyl-D-glucuronidmethylester isoliert, F. 113°, $[\alpha]_D^{20}$ —83° in $CHCl_3$). Der Triacetylmethylester des Urins nach I-Verabfolgung zeigt $[\alpha]_D$ —50,2°, wovon sich durch fraktionierte Kristallisation die (—)-Form (F. 113°; [α] —50,2°) u. eine unreine (+)-Form (F. 130—136°, $[\alpha]_D$ —10°) isolieren ließen. Bei der Oxydation von I in vivo treten also beide Stereoisomere auf. Als möglichen Weg der Oxydation nehmen Vff. an, daß von I 1 H-Atom des β-C enzymat. abgespalten wird, worauf an das freie Radikal eine OH-Gruppe tritt. (Biochem. J. **53**. IV. Jan. 1953. London, St. Mary's Hosp. Med. School, Dep. of Biochem.) NEHRING. 4607

Birger Ekman und **J. P. Strömbeck,** *Untersuchungen über den Anilinstoffwechsel bei Ratten bei verschiedenen Diäten.* (Vgl. EKMAN u. STRÖMBECK, Acta pathol. microbiol. scand. **26**. [1949.] 472.) Es gelang, neben *Anilin* u. p-Aminophenol ein weiteres prim. Amin papierchromatograph. als Stoffwechselprod. des Anilins im Harn nachzuweisen. Eine die p-Aminophenolausscheidung steigernde Diät verhinderte gleichzeitig das Auftreten von Gallenblasenschäden im Gefolge von Anilingaben. p-Aminophenol wird 24 Std. nach Äthyl-α-naphthylaminzusatz mit dem PULFRICH-Photometer bestimmt. (Acta physiol. scand. **25**. 377—86. 19/6. 1952. Lund, Inst. of physiol. Chem.) SCHWEIGER. 4607

E. D. S. Corner, F. S. Billett und **L. Young,** *Die Umwandlung von Naphthalin in 1.2-Dihydronaphthalindiol-(1.2)-monoglucuronid durch das Kaninchen.* Aus dem Harn von Kaninchen, an die Naphthalin verfüttert wurde, ließ sich ein glucuronidhaltiges Pulver isolieren. Nach Behandlung mit äther. Diazomethan u. anschließender Acetylierung erhielten Vff. eine kristalline Substanz, deren Analysenwerte mit dem Tetraacetylderiv. des *1.2-Dihydronaphthalindiol-(1.2)-monoglucuronidmethylesters* übereinstimmen. Während das aus dem Harn erhaltene Pulver kein freies 1.2-Dihydronaphthalindiol-(1.2) enthält, läßt sich dieses nach Einw. von β-Glucuronidase nachweisen. Vff. nehmen an, daß die Glucuronsäure in $C_{(1)}$ des Naphthylglucuronid resultiert. (Biochem. J. **53**. III—IV. Jan. 1953. London, St. Thomas's Hosp. Med. School, Dep. of Biochem.) NEHRING. 4607

A. McCoubrey, *Einige morphinähnliche Eigenschaften von (±)-Cyclohexyloxy-α-phenyläthylaminen.* Untersucht wurden an Mäusen u. Ratten *m-* u. *p-Cyclohexyloxy-α-phenyläthylamin* (I), *m-* u. *p-Isopropoxy-α-phenyläthylamin* (II) u. *p-Äthoxy-α-phenyläthylamin* (III). I wirkt auf Schmerzempfindung, Blutdruck, Atmung u. Körpertemp. qualitativ ähnlich wie *Morphin,* obwohl es chem. dem Antipyreticum *Phenacetin* verwandt ist. II u. III sind nicht analget. wirksam u. haben außer der atemlähmenden Wrkg. keine pharmakol. Ähnlichkeit mit *Morphin* u. I. (Brit. J. Pharmacol. Chemotherapy **8**. 22—25. März 1953. London, Univ., Brit. Postgraduate Med. Feder., Inst. of Psychiatry, Biochem. Labor.; Maudsley Hosp.) DAUTZENBERG. 4607

F. Brücke, H. Klupp, O. Kraupp und **H. Stormann,** *Über den Monocholinester der Bernsteinsäure (Succinylmonocholin).* Der *Monocholinester* (I) der *Bernsteinsäure* wird durch Pferdeserum-*Cholinesterase* fermentativ nicht gespalten u. hemmt in den untersuchten Konzz. (bis 150 Millimol/Liter) vollkommen die Spaltung von *Acetylcholin.* Injektionen von 1—2 mg I/kg bewirken vorübergehend Lähmung des Gastrocnemius u. der Spontanatmung der mit Chloralose narkotisierten Katze u. vermindern kurze Zeit die ganglionäre Erregungsübertragung (rhythm. tetan. Reizung des präganglionären Halssympathicus unter Registrierung der Nickhautkontraktionen). Das Wirkungsbild ist, abgesehen von der ca. 20—40fach höheren Dosierung, von der des *Succinyl-bischolins* (II) kaum unterschieden. Die nicotinartig erregende Wrkg. wird nach Befunden am M. rectus abdominis des Frosches durch *Eserin*-Vorbehandlung nicht verstärkt, wie es bei II in geringem Maße der Fall ist. Die kontrahierende Wrkg. von I am M. rectus abdominis des Frosches beträgt nur ca. $^1/_{10}$—$^1/_{15}$ der von II. Der Wirkungsmechanismus der Lähmung quergestreifter Muskeln entspricht jener der „dekamethoniumartigen" Verbb., wie Verss. am Ischiadicus gastrocnemius-Präp. der Taube zeigen. I ruft, wenn auch erst in weit höheren Dosen, ebenso wie II eine Kontraktur nahezu gleicher Dauer hervor. (Wiener med. Wschr. **102**. 972—73. 6/12. 1952. Wien, Univ., Pharmakol. Inst.) K. MAIER. 4607

Meyer Friedman und **Sanford O. Byers,** *Der für die durch Triton WR–1339 hervorgerufene Hypercholesterinämie verantwortliche Mechanismus.* Intravenöse Injektion einer 10%ig. Lsg. der oberflächenakt. Substanz *Triton WR–1339* (I) (*p-Isooctylpolyoxäthylenphenol*) in Pufferlsg. (p_H 7,2) bewirkt bei Ratten eine rasche Zunahme der *Cholesterin* (II)-, *Cholat* (III)- u. verschied. *Lipid*-Fraktionen des Blutes, wobei die II-Zunahme auf das Blut beschränkt bleibt. Der II-Zuwachs verteilt sich annähernd gleichmäßig auf freies II (von 8,9 mg auf 158 mg/100 cm³ Plasma in 24 Std. nach 100 mg I) u. II-Ester (von 38,5 auf 191). Die Hypercholesterinämiewrkg. von I hängt nicht von einer vorangehenden III-Anhäufung im Plasma ab u. beruht nicht auf einer Veränderung der intestinalen II-Ausscheidung. Die Quelle des II-Überschusses war die Leber. Die Geschwindigkeit der II-Synth., die III-Ausscheidung u. der II-Geh. der Leber wurden durch I-Injektion nicht verändert. Blutübertragungen zwischen I-behandelten u. n. Ratten bewirkten bei jenen Verschwinden u. bei diesen Auftreten der Hypercholesterinämie. Die Plasmaproteine der I-behandelten Tiere sind qualitativ deutlich verändert. Die n. *Lipoproteine* fehlen nahezu u. neue überwiegen. *Heparin* (**IV**) verringert den Hypercholesterinämieeffekt von I (nach 50 mg **I**: 63 → 168 mg II/100 cm^3 Plasma, nach 50 mg I + 100 mg **IV**: 59 → 100) wahrscheinlich dadurch, daß es die durch I bewirkten Veränderungen der Lipoproteine des Plasmas mehr oder weniger rückgängig macht u. wieder eine n. II-Ausscheidung durch die Leber ermöglicht. Die nach I-Zufuhr einsetzende Hypercholesterinämie scheint auf einer tiefgreifenden physikochem. Veränderung der Plasmaproteine zu beruhen. (J. exp. Medicine **97**. 117—30. 1/1. 1953. San Francisco, Calif., Harold Brunn Inst. Mount Zion Hosp.) K. MAIER. 4607

C. J. Earl und **R. H. S. Thompson**, *Cholinesterasekonzentrationen des Nervensystems bei Triorthokresylphosphatvergiftung.* Hennen wurden durch eine perorale Einzeldosis von *Triorthokresylphosphat* (1 cm^3/kg Körpergewicht) vergiftet. Nach 10—14 Tagen trat regelmäßig eine Paralyse der Beine auf. Die Konzz. der Plasma-*Cholinesterase* (I) sowie von „*echter*“ u. „*Pseudo*“-I des Gehirns u. Rückenmarks wurden in wechselnden Abständen nach der Vergiftung untersucht u. mit denen n. Tiere verglichen. Die *Pseudo*-I-Aktivität von Plasma, Gehirn u. Rückenmark ist bereits 1 Tag nach der Vergiftung deutlich herabgesetzt u. bleibt im Nervengewebe mindestens 10 Tage lang erniedrigt, während „*echte*“ I diese Gewebe relativ unbeeinflußt läßt. Es wird angenommen, daß diese Enzymveränderungen dem Beginn der Entmyelinisierung vorausgehen. (Brit. J. Pharmacol. Chemotherapy **7**. 685—94. Dez. 1952. London, Guy's Hosp. Med. School, Dep. of Chem. Pathol.) K. MAIER. 4607

J. Green und **P. O. Williams**, *Wirkung von Butazolidin auf die Exkretion von Wasser und Elektrolyten.* Klin. Unterss. über die Wrkg. von intravenöser Injektion von *Butazolidin* (*3.5-Dioxo-1.2-diphenyl-4-n-butylpyrazolidin*) ergaben eine Verringerung der Harnmenge, wobei die Na-Konz. jedoch etwa die gleiche blieb u. somit eine ausgesprochen selektive Retention des Na stattfand, während die Konzz. von K u. Harnstoff entsprechend der verringerten Harnmenge anstiegen, ähnlich der Wrkg. der suprarenalen Hormone. (Lancet **264**. 575—77. 21/3. 1953. London, Royal free Hosp.) G. SCHULZE. 4607

P. Barceló und **A. Serra-Peralba**, *Untersuchungen über die Wirksamkeit des Butazolidin.* An einer größeren Zahl von Patienten meist mit rheumat. Affektionen wurde die Wrkg. des *Butazolidin* (I) untersucht. Es wurde gefunden, daß die Gefäßpermeabilität u. Capillarbrüchigkeit vermindert ist. Die Leukocytenzahlen sowie die Verhältnisse zwischen den einzelnen Leukocytenformen bleiben unverändert. Die Blutkörperchensenkung wird gering vermindert, während die Eiweißlabilitätsproben, ausgenommen die Formolgel-Rk., unverändert bleiben; entsprechend sieht man auch keine Veränderungen des Proteinspiegels im Serum. I kann wochen- oder über einen Monat lang, ohne Unverträglichkeitserscheinungen zu entwickeln, gegeben werden. Gewöhnlich werden täglich 0,3—1,0 g peroral oder rectal verabfolgt. (Med. clín. [Barcelona] **20**. (**11**.) 152—61. März 1953. Barcelona, Clín. Méd. Univ.) P. G. SCHEURLEN. 4607

Hans König, *Untersuchungen über Solaninwirkung bei Rind und Schaf im Zusammenhang mit Kartoffelkrautfütterung.* Als Ersatz für Futtermittel nach dem ungewöhnlich trockenen Sommer 1947 wurde Kartoffelkraut (K.), vor allem in Form von Silofutter, verwendet. Es wird zur Klärung der an verschied. Orten beobachteten Gesundheitsstörungen der Frage nachgegangen, ob *Solanin* (I)-Vergiftung vorliegt. Siliertes K. wird (täglich 5—10 kg/Kuh) als guter Ersatz bei Futtermangel bezeichnet. Einige Tiere zeigten Gesundheitsstörungen. Beim Schaf werden per os 225 u. intravenös 17 mg I/kg vertragen, tödlich wirkten 500 mg per os u. 50 mg/kg intravenös. Diskussion der Ergebnisse. — 128 Literaturangaben. (Schweiz. Arch. Tierheilkunde **95**. 97—120. Febr. 1953. Bern, Univ., Veterinär-pathol. Inst.) PATZSCH. 4608

D. R. Laurence und **R. S. Stacey**, *Mechanismus der Verhütung von Nicotinkrämpfen durch Hexamethonium und adrenergisch blockierende Substanzen. Hexamethonium, Dibenamin, SKF 688–A, Yohimbin, Ergotamin* u. *Dihydroergotamin* schützen Mäuse u. Ratten gegen *Nicotin*-, nicht aber gegen *Leptazol*-Krämpfe. Schwächer wirksam sind *Tolazolin, Diparcol* u. *Artan.* Nebennierenentfernung verringert die Schutzwirkung. Nicht wirksam ist Vorbehandlung mit *Atropin, Hyoscin, Ergometrin* u. *Promethazin.* Die Krampfwrkg. von *Nicotin* u. *Leptazol* wird durch gleichzeitige Gabe von *Adrenalin*

u. *Noradrenalin* gesteigert. Durch *Pitressin* konnten Leptazolkrämpfe gesteigert werden, während die Wrkg. des *Nicotins* nur nach Vorinjektion von *Hexamethonium* erhöht wurde. Vff. vermuten daher, daß die zentrale Nicotinwrkg. durch die gleichzeitige Sympathicuserregung, vor allem infolge der Sympathicuswrkg. auf die Hirngefäße, gesteigert wird, u. daß daher eine Sympathicusblockade krampfhemmend wirkt. (Brit. J. Pharmacol. Chemotherapy **8**. 62—65. März 1953. London, St. Thomas's Hosp. Med. School, Dep. of Therap.) DAUTZENBERG. 4608

S. R. Kottegoda, *Erregung des isolierten Herzohrs von Kaninchen durch ganglienerregende Substanzen.* Am isolierten Kaninchenherzohr hat *Nicotin* sowohl erregende als auch hemmende Wirkung. Bei Hemmung des „Muscarineffektes" durch *Atropin* wirken *Nicotin, Cholinphenyläther* u. *Acetylcholin* deutlich erregend auf das Herzohr. Dieser Effekt ist durch *Hexamethonium* reversibel hemmbar. (Brit. J. Pharmacol. Chemotherapy **8**. 83—86. März 1953. Oxford, Univ., Dep. of Pharmacol.) DAUTZENBERG. 4608

Herbert Weinfeld und **A. A. Christman,** *Der Stoffwechsel von Coffein und Theophyllin.* Eine Versuchsperson schied nach oraler Aufnahme von *Coffein* (I) im Urin *1-Methylharnsäure* (II), daneben möglicherweise eine geringe Menge *1.3-Dimethylharnsäure* (III), aus. II wurde mit ammoniakal. *Ag*-Reagens gefällt, ferner papierchromatograph. identifiziert. Ein Kaninchen schied nach I-Zufuhr III u. wahrscheinlich II aus. Beim Menschen, der Ratte u. dem Kaninchen wurden nach *Theophyllin*-Zufuhr II u. III ausgeschieden. (J. biol. Chemistry **200**. 345—55. Jan. 1953. Ann Arbor, Mich., Univ. of Michigan, Med. School, Dep. of Biol. Chem.) K. MAIER. 4608

Leif Nyfos, *Wasserlösliches Chlorophyll als Fehlerquelle bei der Benzidinreaktion in Faeces.* Im Hinblick auf die Ähnlichkeit des *Chlorophyll* (I)-Mol. mit dem Häm-Mol. im Hämoglobin wird untersucht, ob wasserlösl. I-Präpp. bei peroraler Verabreichung eine positive Rk. mit Benzidin (II) + BaO_2 in der Unters. der Faeces geben. Noch in einer Konz. von $5 \cdot 10^{-6}$ bzw. nach peroraler Zuführung von 3mal 10—20 cg gibt I eine positive Rk. mit II. Prakt. kann bei Ausscheidung von 1—2 mg I mit positiver II-Rk. gerechnet werden. Das wasserlösl. I hat demnach *Peroxydase*-Eigg., die vielleicht teilweise die pharmakol. Eigg. begründen. (Ugeskr. Laeger **115**. 406—09. 12/3. 1952. Naestved, St. Elisabeths Hosp., Med. Afd.) R. K. MÜLLER. 4608

Walter M. Simpson, *Brucellose.* Fortschritte in der Therapie der Brucellose mit Antigenen, Chemotherapeuticis, Antibioticis u. kombinierter Behandlung. — 66 Literaturangaben. (U. S. Armed Forces med. J. **4**. 337—49. März 1953. Laguna Beach, Calif.) LOCH. 4610

Douglas J. Campbell und **J. Oliver Doyle,** *Durch Sulfonamidhypersensibilität bedingte lokalisierte Eruptionen.* Vff. berichten über 2 Patienten, von denen der eine im Verlaufe einer Gonorrhoe, der andere bei einer nicht gonorrhoischen Urethritis mit *Sulfatriad*-Tabletten (I) behandelt wurden, nachdem sie früher schon einmal I erhalten hatten. Bei den Patienten zeigte sich eine Überempfindlichkeit gegenüber I, die sich bei dem einen in der Form einer scharf umschriebenen Urticaria am Finger u. bei dem anderen durch eine erythematöse Eruption am Penis zeigte. (Brit. J. vener. Diseases **29**. 32 bis 33. März 1953. Sheffield, Royal Hosp., Dep. Venereology.) REICHLE. 4610

W. Föllmer und **J. Bockenheimer,** *Über den Einfluß von Sulfonamiden auf die bestehende Schwangerschaft. Experimentelle Untersuchungen an Ratten.* Es werden die in der Literatur geäußerten Ansichten über die chem. Zusammenhänge bei der Aufhebung der Einw. von *Sulfonamiden* (I) auf eine bestehende Schwangerschaft durch *p-Aminobenzoesäure* (II) diskutiert. Vff. versuchen zu klären, ob die I-Einw. auch durch die *Vitamine* B_1 u. B_2 aufzuheben ist. Durchführung der Verss. an 45 weiblichen geschlechtsreifen Ratten. Untersucht wurden: *Protocid* (III; SCHERING), *Supronalum* (IV; BAYER), das Na-Salz von II in 10%ig. Lsg. (CHEMIEWERK HOMBURG), *Betabion* (V; MERCK) u. *Beflavin* (VI; HOFFMAN-LA ROCHE). Es wurden Gewichtszunahme u. Entw. von Muttertieren u. Jungen laufend kontrolliert. Gleiche Wachstumshemmungen durch III u. IV. Nekrosen traten unter IV schneller u. häufiger auf als unter III. Mit gleichzeitigen V- u. VI-Gaben ließ sich die wachstumshemmende III-Wrkg. fast aufheben. IV + V + VI führte zu den stärksten Ausfällen u. der größten Hemmung in der Entw. der Rattenjungen. Danach geht die entwicklungshemmende III-Wrkg. durch Einw. auf den *Vitamin-B_1*- u. -*B_2*-Stoffwechsel vor sich, während die schädigende Wrkg. von IV sicher nicht über dieses Fermentsyst. zustande kommt. Gleichzeitige u. gleich große Gaben von III oder IV mit II ergaben keine Kompensation der III- u. IV.Wirkung. Bei Überdosierung hat II gleichfalls eine schädigende Wrkg. auf die Frucht. (Arch. Gynäkol. **181**. 232—45. 1952. Frankfurt/M., Univ., Frauenklinik.) DOSSMANN. 4610

J. Civil Inglés, R. Capellá Valls und **A. Marti Abad,** *Cyclische Behandlung der Lungentuberkulose mit den Hydraziden. Ergebnisse.* Ausführl. klin.-statist. Bericht über die

Anwendung des *Isonicotinsäurehydrazids* (I) bei verschied. schweren Lungentuberkulosen. Um eine Bakterienresistenz zu umgehen, wird empfohlen, I in Intervallen, u. zwar je Cyclus 50 mg zu geben, während in der Zwischenzeit PAS verordnet wird. Es wird darauf hingewiesen, daß beim Meerschweinchen die Wirksamkeit am höchsten bei I ist, es folgen das Isopropylderiv. des I, Streptomycin, Tb I u. PAS. In vitro ist ebenfalls I am wirksamsten u. PAS am schwächsten. (Med. clín. [Barcelona] **20.** (**11.**) 161—72. März 1953. Barcelona, Sanatorio „Tres Torres".) P. G. SCHEURLEN. 4610

Dieter Windfuhr, *Erfahrungen mit der Fluoroxyphenylessigsäure bei der Behandlung der Lungentuberkulose.* Die bei der Lungentuberkulose auftretende Appetitlosigkeit u. Gewichtsabnahme beruht einesteils auf einer Störung der Stoffwechselvorgänge durch das Tuberkulosetoxin mit vermutetem Angriffspunkt an der Schilddrüse, zum anderen auf der Störung der Magenfunktion durch die Verabreichung der modernen Chemotherapeutica, bes. *p-Aminosalicylsäure* (I) u. *Thiosemicarbazon* (II). Vf. untersuchte die Wrkg. der *Fluoroxyphenylessigsäure* (III) (*Capacin*, KNOLL, Ludwigshafen) auf die Appetitlosigkeit, da es, wie auch andere Fluorpräpp., eine thyreostat. Wrkg. haben könne. Auch besteht die Möglichkeit, daß es in den intermediären Kohlenhydratstoffwechsel eingreift. Bes. gute Erfolge zeigten sich bei den durch I oder II appetitlos gewordenen Patienten, während alle anderen nur ungenügend reagierten. (Z. Tuberkulose **101.** 315—18. 1952; ausg. Febr. 1953. Süchteln, Tuberkulose-Hilfskrankenhaus. Johannistal.) L. BERGER. 4610

Aage Ladehoff, *Penicillinbehandlung bei Erysipeloid.* 45 Fälle von Erysipeloid kamen nach 3—6tägiger Behandlung mit *Penicillin–Procain* (300000 E.) zur Heilung. Immobilisierung des Fingers ist hierbei entbehrlich. (Ugeskr. Laeger **115.** 409. 12/3. 1953. København, Kommunehosp. kir. Poliklinik.) R. K. MÜLLER. 4611

Herman Beerman, *Die Penicillinbehandlung der cardiovasculären Syphilis.* Vf. gibt einen Überblick über die Literatur, die sich mit der Penicillintherapie der cardiovasculären Syphilis befaßt u. ist der Ansicht, daß Penicillin das zur Zeit wirksamste Therapeuticum ist. (Brit. J. vener. Diseases **29.** 18—31. März 1953. Pensylvania, Pa., Univ., Univ., Dep. of Dermatol.) REICHLE. 4611

C. D. Alergant, *P. A. M. und Sulfathiazol in der Behandlung der Gonorrhöe.* Vf. behandelte Patientinnen mit nichtkomplizierter Gonorrhöe entweder mit *P. A. M. Procain–Penicillin* (*G* + 2% *Aluminiummonostearat*; I) + *Sulfathiazol* (II), oder die Therapie wurde mit I allein durchgeführt. Vf. konnte durch zusätzliche Verabreichung von II keine besseren Therapieerfolge beobachten. (Brit. J. vener. Diseases **29.** 34—35. März 1953. Liverpool, Royal Infirmary.) REICHLE. 4611

R. R. Willcox, *Behandlung der Gonorrhöe mit zwei Gramm Terramycin in unterteilten Dosen über 24 Stunden.* Bericht über orale Behandlung von 46 Fällen unkomplizierter Gonorrhöe mit *Terramycin* in 4 Gaben zu je 500 mg in 24 Stunden. In 40 Fällen war Nachbeobachtung möglich, 31 Erfolge, 3 Versager, 1 Reinfektion. (Med. J. Australia **40.** I. 260—61. 21/2. 1953. London, St. Mary's Hosp.) DOSSMANN. 4611

Keith S. Henley, *Terramycin beim frühen Lymphogranuloma venereum.* 19 Patienten mit frühem Lymphogranuloma venereum wurden mit 1 g *Terramycin* (I) 6stündlich über 1 Woche behandelt. I zeigte sich in seiner Wrkg. den Sulfonamiden u. Antimon überlegen. (Brit. J. vener. Diseases **29.** 36—38. März 1953. Accra, Military Hosp.) REICHLE. 4611

Joan B. Walker, *Die Anwendung von Terramycin bei Diabetikern mit Infektionen unter besonderer Berücksichtigung vom Gangrän.* Diabet. Patienten mit Infektionsfällen, bes. an den Füßen, erhielten *Terramycin* (I) 0,5 g dreimal täglich oral; die mittlere Gesamtdosis lag bei 10 g. Ausgezeichnete Erfolge in 67, gute in 18 u. mäßige in 2 Fällen, 6 Versager. Da es sich bei Diabetikern oft um Mischinfektionen handelt, ist I-Therapie wegen des breiten Wirkungsspektr. von I sehr geeignet. EineBeeinträchtigung der diabet. Maßnahmen durch I wurde nicht beobachtet. Selbst bei wiederholten I-Kuren wurde keine Resistenzentw. beobachtet. (Lancet. **264.** 521—22. 14/3. 1953. Leicester, Royal Inf.) DOSSMANN. 4611

Je. A. Schkolnikowa, *Bestimmung der Streptomycinresistenz von Tuberkelbacillen im flüssigen Nährboden.* Vf. empfiehlt einen fl. Nährboden, der ein Puffergemisch aus K- u. Na-Phosphaten, $MgSO_4$ u. Na-Citrat, etwas Asparagin u. 25% Humanplasma enthält. In diesem Nährboden wachsen die Tbc-Stäbchen (TS) innerhalb von 3 bis 10 Tagen. Die Ablesung erfolgt in 2—3 Wochen. Stämme, die noch bei einer Einheit Streptomycin (I) pro 1 cm^3 Nährboden wachsen, wurden als hochempfindlich, die bis zu einem Geh. von 10 E. I/cm^3 wachsen, empfindlich, darüber als resistent, hochresistent (10—50 E. I/cm^3) u. maximal resistent (über 50 E. I/cm^3) bezeichnet. Zur Anreicherung des Materials wurden Orthophosphate statt der üblichen Säuren gebraucht. Diese verflüssigen das Material, statt es zur Gerinnung zu bringen. Es wurden 45 TS-Stämme geprüft. Die Unters. von neuen Stämmen, die von noch nie antibiot. behandelten Patienten gezüchtet wurden, zeigte, daß es prim. Unterschiede in der Empfindlichkeit der TS gegenüber I gibt. Es fanden sich TS, die noch bei einer Konz. von 0,5—5,0 E. I/cm^3 wuchsen. Von 36 Stämmen, die von behandelten Patienten isoliert wurden, waren nur noch 15 empfindlich gegen I. Diese stammten in der Regel von nur kurz behandelten Kranken. Es fanden sich Stämme, die noch bei einer I-Konz. von 10—2000 E./cm^3 wuchsen. Unregelmäßige Behandlung mit geringen Dosen u. Unterbrechungen fördert das Entstehen hochresistenter Stämme. Einige der resistenten Stämme wurden 3 bis 13 Monate nach Abschluß der Behandlung isoliert. In 6 Fällen wurden die Erreger durch I in ihrem Wachstum angeregt. Diese Stämme traf man nur bei bereits behandelten Kranken. (Проблемы Туберкулеза [Probleme Tuberkulose] **1952.** Nr. 5. 31—36. Sept./Okt. Moskau, Wiss. Gebiets-Forschungsinst. für Tuberkulose, Abt. für exp. Pathol.) DU MANS. 4611

P. G. Mischusstina, *Die Behandlung tuberkulöser Erkrankungen des Auges mit Streptomycin.* Bei der metastat. Tbc des Auges erwies sich *Streptomycin* (I) in Form subconjunctivaler u. retrobulbärer Injektionen als hochwirksam (73,5% gute, 24,1% befriedigende Ergebnisse). Die Dosierung betrug 50000 I.E. I-Sulfat in 0,5 cm^3 W. oder physiol. NaCl-Lsg. täglich 3 Tage lang, dann zu 30000 I.E. jeden 2.—3. Tag, insgesamt 600000—1300000 I.E. Die besten Erfolge erzielte man bei exsudativen Herderkrankungen des vorderen Augenabschnittes, bes. in frischen Fällen. Alte recidivierende hämorrhag. Erkrankungen, bes. des hinteren Augenabschnittes, erfordern eine lang dauernde energ. Behandlung mit I in Kombination mit p-Aminosalicylsäure u. desensibilisierender Therapie. Die Wiederherst. der Funktionen des Auges erfolgt unter I rascher als jene der Gewebsprozesse u. der Rkk. des Organismus auf die Tuberkulinprobe. (Вестник Офталмологии [Nachr. Ophthalmol.] **32.** Nr. 1. 35—41. Jan./Febr. 1953. Moskau, II. Med. Stalin-Inst., Klinik für Augenkrankheiten.) RENTZ. 4611

I. I. Potapow und **A. A. Gorlina,** *Zur Frage der Anwendung von Streptomycin bei Ohrenerkrankungen.* Die besten Erfolge mit *Streptomycin* (I; 0,5—1 g täglich intramuskulär auf 2—4 Portionen verteilt, insgesamt 3—24 g) wurden bei akuten Mittelohrentzündungen erzielt. Als Nebenwirkungen traten in 10% der Fälle allerg. Hauterscheinungen bzw. Vestibularisstörungen auf. Bei chron. eitrigen Entzündungen wandte man I in Kombination mit Penicillin an (intramuskulär u. in den Absceß). Waren die Abscesse von Gehirnschäden begleitet, so hatte auch diese Therapie keinen Erfolg. (Вестник Ото-Рино-Ларингологии [Nachr. Oto-Rhino-Laryngol.] **15.** Nr. 1. 20—24. Jan./Febr. 1953. Moskau, II. Med. Stalin-Inst., Ohren-, Hals- u. Nasenklinik.) RENTZ. 4611

Guido Izar, *Über die Prophylaxe der Typhusinfektion.* Vf. empfiehlt zur Behandlung u. Prophylaxe späterer Recidive eine Kombination von *Chloramphenicol* u. *Coliseptal* (ein Gunaidin-haltiges Sulfonamid). Dieses wird in mehreren Stößen angewandt. Gesamtbehandlungsdauer 20 Tage. Bakteriolog. Kontrollen von Faeces u. Urin sind dann negativ. Typhusträger unwahrscheinlich. (Minerva med. [Torino] **43.** II. 1401—03. 20/12. 1952. Siena, Ist. di Clinica Med. Generale.) P. G. SCHEURLEN. 4611

William J. Brown, Rose Winston und **Sheldon C. Sommers,** *Staphylokokkenenteritis mit Membranbildung nach antibiotischer Therapie. Bericht über 2 Fälle.* Es werden 2 Krankengeschichten von Patienten mit Magen- u. Darmoperation mitgeteilt, die infolge Enteritis u. Septicämie ad exitum kamen. Die Fälle hatten nach der Operation verschied. *Antibiotica* (I) erhalten. Die Autopsie ergab das Vorhandensein einer Membran auf der Darmschleimhaut, die sich leicht ablösen ließ u. in den Staphylokokken nachgewiesen wurde; die Koagulation von *Fibrin* zu einer Membran wird auf Einw. pathogener Staphylokokken zurückgeführt, die offenbar gegenüber I resistent waren. (Amer. J. Digest. Diseases **20.** 73—75. März 1953. Boston, Mass., New England Deaconess Hosp.) DOSSMANN. 4611

E. Ortiz de Landázuri, *Der maligne Hochdruck.* Überblick über Ätiologie, Klinik u. Therapie des malignen Hochdrucks. Neben der Sympathektomie wird für die Behandlung angeführt: Sympathicolytica wie *T. E. A. C.* (*Tetraäthylammoniumchlorid*) u. *Hexamethonium,* sowie Präpp., die die Adrenalinwrkg. aufheben, wie *Priscolin* (*2-Benzylimidazolon*), *Hydergin* u. *Dibenamin.* Besprechung der Wrkg. dieser Präpp. u. ihrer Derivate. (Rev. clín. españ. **46.** 277—84. 15/9. 1952.) P. G. SCHEURLEN. 4620

N. D. Edge, *Mydriasis bei der Maus: eine quantitative Methode zur Bestimmung einer parasympathischen Ganglienblockade.* Die durch Blockade der parasympath. Ganglien bei der Maus erzeugt Mydriasis wird zum Vgl. der Wrkg. verschied. blockierender Substanzen benutzt. Ausgewertet wird der prakt. linear verlaufende obere Teil der schwach parabol. gekrümmten log. Dosis–Wrkg.-Kurve. Das method. Vorgehen wird genau beschrieben u. die Richtigkeit an verschied. Dosen *Hexamethoniumdibromid* geprüft. Damit verglichen war die Wrkg. von *Tetraäthylammoniumbromid* $^1/_3$-, *Pentamethoniumdibromid* $^1/_4$-, *Hexamethylen-bis-(äthyldimethylammonium)-dibromid* 3fach. *Nicotinsäuretartrat* konnte wegen der flüchtigen Wrkg. nicht bestimmt werden. (Brit. J. Pharmacol. Chemotherapy **8.** 10–14. März 1953. Dagenham, Essex, May & Baker Biol. Div.) DAUTZENBERG. 4628

Robert C. Gill, *Weitere Beobachtungen über die Wirkung von Dihydroergotamin auf die menschliche Uterustätigkeit.* Vf. hebt zunächst die Bedeutung von *Dihydroergotamin* (I) bei der durch gestörte Uterustätigkeit verzögerten Entbindung hervor u. diskutiert verschied. Ansichten über den noch nicht geklärten Wirkungsmechanismus. Verss. mit **I**, *Priscol* (II) u. *Piperoxan* (III) werden beschrieben. Während **II** ähnlich wie **I** Uteruskontraktionen hervorruft, waren solche bei Anwendung von **III** nicht festzustellen. **I** u. **II** (Dosis: 0,25–0,5 mg I) zeigen eine blockierende Wrkg. gegenüber der Oxytocineig. von Ergot u. Pitocin, jedoch keine antagonist. Wrkg., wenn Oxytocin zuerst gegeben wurde. (J. Obstetr. Gynaecol. Brit. Empire [N. S.] **60.** 103–09. Febr. 1953. Sydney, Univ., Dep. of Obstetrics.) R. KÖNIG. 4628

Otto Muth, *Das l-Arterenol und seine Bedeutung für die Lokalanästhesie.* Nach kurzer Darst. der Wirkungen des *l-Arterenols* u. seiner klin. Bedeutung als gefäßkontrahierender Zusatz zum Lokalanästheticum, bes. bei Herzkranken, im Vgl. zum *Adrenalin*, werden 4 von ingesamt 300 Fällen ausführlich geschildert, bei denen trotz starker Gefährdung keinerlei unangenehme Rkk. seitens des Kreislaufs aufgetreten waren. *l-Arterenol* wird nach diesen Erfahrungen vom Vf. als derzeit optimales Vasoconstringens bei Lokalanästhesie empfohlen. (Zahnärztl. Rdsch. **62.** 96–98. 20/2. 1953. Unna/Westf.). DAUTZENBERG. 4630

Jørgen Marquardsen, John P. Munck und **Fini Schulsinger,** *Die Wirkung von Mersalylbehandlung bei cardial bedingter Lungenstase, nach Vitalkapazitätsbestimmungen.* Die mit einem neuen deutschen „Taschenspirometer" nach dem Gasuhrprinzip gemessene Vitalkapazität wird bei 16 Patienten mit durch Herzinsuffizienz (14 Fälle von Arteriosklerose bzw. Hypertonie, 2 von Mitralstenose) bedingter Lungenstase nach Behandlung mit *Mersalyl* (2mal wöchentlich 2 cm^3, insgesamt 3–6 intravenöse Injektionen) geprüft. Das Diureticum bewirkt eine (oft schon nach 2 Min. bis 1 Std. erkennbare) Besserung, bes. bei Patienten ohne peripheres Ödem. (Ugeskr. Laeger **115.** 394–99. 12/3. 1953. Bispeberg Hosp., Afd. C) R. K. MÜLLER. 4634

Max Matthes, *Zur Frage der Hepatitisbehandlung.* Vf. berichtet über das Kombinationspräp. *Litrison* (HOFFMANN-LA ROCHE), das sich ihm bei der Hepatitis epidemica gegenüber der alten Behandlung mit den Einzelkomponenten, bes. dem *B-Vitamin-Komplex* u. dem *Methionin* als gleichwertig erwiesen hat. Dosierung: 3mal 5, fallend auf 3mal 1 Dragée. (Münchener med. Wschr. **95.** 123–25. 16/1. 1953. Freiburg/Br. Univ., Med. Klin.) K. BÖHM. 4640

Aristeo Bertola, *Die Behandlung der essentiellen Fettsucht mit jodiertem und dialysiertem Eiweiß.* Vf. berichtet über die Behandlung von 20 Patienten mit nicht nahrungsbedingter Fettsucht. Es wurde *„Jo-Altrix"* verwandt, bei welchem es sich um ein Caseinhydrolysat mit einem J-Geh. von 7% handelt. Als allg. Effekt war eine Grundumsatzerhöhung festzustellen. Als Nebenerscheinungen ohne subjektive Unverträglichkeit konnten beobachtet werden: Pulserhöhung, Blutdruckerhöhung. Wesentliche Blutveränderungen oder elektrocardiograph. sichtbare Herzschädigungen traten nicht auf. Die Behandlung wurde bis zu drei Monaten in Intervallen durchgeführt; tägliche Dosis 0,01–0,03 g/kg. Durchschnittliche Gewichtsabnahme monatlich 2–3 kg. (Minerva med. [Torino] **43.** II. 1413–16. Dez. 1952. Cremona, Ospedale.) P. G. SCHEURLEN. 4670

L. Cartellieri-Bauer und **H. v. Keyserlingk,** *Die Wirksamkeit der Acroagonin-Behandlung nach Cerletti bei Depressionen.* Vff. untersuchten die Meth. von CERLETTI (vgl. Lavore neuropschiatrico **1.** [1947.] 367), der Tiere (Schweine) elektroschockte, wobei Wirkstoffe, sog. *Acroagonine*, im Gehirn frei werden, dann das Gehirn dieser Tiere zu einer Emulsion verarbeitete u. diese in 5%ig. Lsg. Patienten mit den verschiedensten seel. Störungen i. m. injizierte. Die von Vff. an 15 Fällen gemachten Beobachtungen ließen keine wesentliche Beeinflussung des man.-depressiven Krankheitsbildes bei den Patienten erkennen. (Psychiatrie, Neurol. med. Psychol. **4.** 370–71. Dez. 1952. Jena, Univ., Klinik für Psychiatrie u. Neurologie.) REICHLE. 4670

H. W. Spier und **R. Natzel,** *Zur Pathogenese des Zementekzems.* 1. Mitt. *Zementekzem und Chromatallergie.* Übersicht über Zementekzem u. Bedeutung der Chromatallergie. Angabe einer colorimetr. Best. des Cr^{IV} mittels *Diphenylcarbacid.* 67 Zementproben von 30 deutschen Zementfabriken wurden auf Chromat untersucht, $^2/_3$ waren chromathaltig. Vff. sehen das Chromat nicht als den auslösenden, sondern als einen unterhaltenden Faktor an. (Arch. Dermatologie Syphilis **193.** 537—50. 1952. München, Univ., Dermatol. Klinik.) MATTHIES. 4681

H. Spannagel, *Eine Untersuchungsmethode zur Bestimmung von Chrom in Blut und Urin. Bisherige Ergebnisse und deren vorläufige Auswertung.* Bes. bei Arbeitern in chromaterzeugenden Betrieben tritt als Folge der Cr-Einw. Bronchialcarcinom auf. Cr gelangt darüber hinaus durch das Düngemittel Thomasschlacke über Pflanzen u. Tiere ebenfalls in den menschlichen Körper. Es wird eine Meth. zur colorimetr. Best. des Cr im Blut u. Urin beschrieben. Die Meth. geht davon aus, daß sechswertiges Cr mit Diphenylcarbazid eine intensiv rote Färbung gibt. Geringe Cr-Spuren sollen noch zu bestimmen sein. Das Ergebnis von Unterss. an einer Reihe von Chromatarbeitern war: Im Liter Urin wurden gefunden: Im Mittel 79,2 γ Cr, im Maximum 832 γ Cr, im Minimum 1 γ Cr. Vergleichsweise wurde der Cr-Geh. von Urin bei nicht mit Cr in Berührung gekommenen Personen festgestellt: Im Mittel wurden gefunden 11 γ Cr (Maximum 16,3 γ). Bei Personen, die gelegentlich mit Cr in Berührung kamen (Labor.), betrugen die Werte: Im Mittel 18,2 γ, im Maximum 76,8 γ. Warum bei an Bronchialcarcinom erkrankten Chromatarbeitern das Cr vielfach nicht im Urin, sondern im Blut gefunden wird, konnte nicht befriedigend geklärt werden. Durch regelmäßige Kontrolle der Chromatarbeiter soll der Entw. eines Carcinoms vorgebeugt werden. (Zbl. Arbeitsmed. Arbeitsschutz **1.** 15—17. Jan. 1951. Krefeld-Uerdingen, Farbenfabriken Bayer, Werkspoliklinik.) BRAUKMANN. 4681

E. Asang, *Chronische Chromatschädigung mit Entwicklung eines Lungentumors.* Schilderung eines beginnenden Chromatkrebses der Lunge bei einem Arbeiter, welcher aus einer krebsdisponierten Familie stammte. Er hatte 9 Jahre als Gußputzer mit chromatgebeizten Metallen gearbeitet. In der erkrankten Lunge (Operationspräp.) wurde *Chrom* in der Größenordnung von 8—10,5 mg % nachgewiesen (Normalwerte bis zu 4 γ % bei Kontrollunterss.). Hinweis auf die arbeitsmedizin. wichtige Überwachung von Chromatarbeitern durch Kontrolle des Blutes u. Urins mit der Untersuchungsmeth. nach SPANNAGEL (vgl. vorst. Ref.). (Zbl. Arbeitsmed. Arbeitsschutz **2.** 181—84. Nov. 1952. München, Krankenhaus München-Schwabing, Path. Inst.) ZELLER. 4681

Zdenko Njemirovskij, *Die oralen Symptome bei der gewerblichen Quecksilbervergiftung.* In den Hg-Minen von Idria u. in einer jugoslaw. Filzhutfabrik, die mit Hg-Präpp. arbeitet, wurden zahlreiche Hg-Vergiftungen festgestellt. Als wichtigste vorbeugende Maßnahme wird eine erhöhte Hygiene der Mundhöhle hervorgehoben. (Arhiv Higijenu Rada **3.** 463—67. 1952. Zagreb, Med. Fak., Stomatolog. Klinik.) BECKMANN. 4681

F. Pharmazie. Desinfektion.

Radovan Damaška, Mladen Brajdić und **Josip Kolačný,** *Die Calciumtherapie und die Problematik der Herstellung von Calciumpräparaten.* Übersicht über Herst. u. Anwendung von *Calcium gluconicum.* (Farmac. Glasnik **7.** 381—92. Okt. 1951.) BECKMANN. 4806

V. Gaunø Jensen und **Erik Jerslev,** *Wärmebehandlung von p-Aminosalicylsäurelösungen.* Mittels eines BECKMANschen Spektrophotometers werden die Absorptionskurven für Gemische von *p-Aminosalicylsäure* (**I**) u. m-Aminophenol (**II**) in 0,1 n salzsaurer wss. Lsg. gemessen. Bei nicht zu niedriger **II**-Konz. läßt sich der Geh. (mg/Liter) an **I** (x) u. **II** (y) berechnen nach $E_{271\,m\mu} = 0{,}011777\,x + 0{,}01724\,y$ u. $E_{300\,m\mu} = 0{,}03218\,x$. Die Zers. der **I** bei 30 Min. Erhitzen auf 100° nimmt mit abnehmendem p_H von p_H 7 an stark zu u. ist bei p_H 3,5 prakt. vollständig. Bei p_H 7,5 sind die **I**-Verluste bei 20 Min. Autoklavbehandlung bei 120° oder mehrstd. Erhitzen auf 100° gering. Die Verhinderung von Verfärbung durch Zusatz von Pyrosulfit ist nicht zu empfehlen, da die damit verbundene Herabsetzung des p_H die Zers. fördert. (Dansk Tidsskr. Farmaci **26.** 227—41. Dez. 1952. Kopenhagen, Danm. farm. Højskole, Afd. for farmaci.) R. K. MÜLLER. 4806

Albert Roux, *Isoniazid, neuer Fortschritt der Chemotherapie (Isonicotinylhydrazid).* (Produits pharmac. **7.** 493—95. Aug. 1952. Grenoble, Centre Hosp.) KRUSEN. 4806

—, *Bromierung mit N-Bromsuccinimid (NBS).* In den USA findet N-Bromsuccinimid (NBS) als Bromierungsmittel, in CCl_4 gelöst, besondere industrielle Beachtung. Es hat die Eig., H-Atome gegen Br zu substituieren, ohne daß dieses an anwesende Doppelbindungen addiert wird. $(CH_2 \cdot CO)_2NBr + CH_2{=}CH{-}CH_2{-}CH_3 \rightarrow (CH_2 \cdot CO)_2 \cdot NH + CH_2{=}CH{-}CHBr{-}CH_3$. Anwendung zu Synthesen von Vitaminen u. Hormonen. (Chem. pharmac. Techniek **6.** 196. 15/3. 1951.) FREYTAG. 4808

K. R. Dietrich, *Kornschlempe als Nährsubstrat bei der Herstellung von Antibioticis.* Kornschlempe wird in den USA in zunehmendem Maße als ein dem Maisquellwasserkonzentrat überlegenes Nährsubstrat für biol. Prozesse, bes. für die Herst. von *Streptomycin*, gebraucht. Für den Handel wird die Schlempe in 3 Formen aufbereitet: a) Die Fl., die die lösl. Stoffe enthält, wird in 3—4stufigen Verdampfern auf ein Konzentrat von 25—40% Trockensubstanz eingeengt oder mit Hilfe von Walzentrocknern auf Trockenprod. umgearbeitet, b) die abgesiebten Festbestandteile werden abgepreßt u. in Drehtrommeln getrocknet, c) die Trockensubstanzen von a) u. b) werden vereinigt. In einer schemat. Skizze wird der Vorgang der Schlempetrocknung erläutert u. in Tabellen die Zus. der einzelnen Prodd. aufgezeigt. Besondere Bedeutung wird den Bemühungen beigemessen, die Schlempepräpp. durch Vergärung mit *Ashbya gossypii* zu veredeln u. den Geh. an B-Vitaminen durch Biosynth. zu steigern. In einer weiteren Tabelle wird der dadurch erzielte Mengenzuwachs an *Riboflavin, Pantothensäure, Pyridoxin, p-Aminobenzoesäure* usw. dargestellt. (Branntweinwirtschaft **74**. 349—51. 10/10. 1952.) ENDRASS. 4810

Konrad Hummel und **Ernst Thesen,** *Über die Wirkungsabhängigkeit der Sprühdesinfektion von Sprüheffekt und Trägerstoff.* Verwendet wurden *Formalin, Sagrotan* u. *Delegol* sowie auf Glas, Tapeten, Stoffe u. Holz aufgesprühte lufttrockene Staphylokokken- u. Colibakterienaufschwemmung. Bei der Sprühdesinfektion muß für die Praxis beachtet werden: Arbeiten mit konstantem Sprühdruck, günstigste Verhältnisse bei 3—4 atü Druck u. 0,75—1,5 m Entfernung. Zweimaliges Abfahren der zu desinfizierenden Flächen. Verwendung von Desinfektionsmitteln, die in ihrer Wrkg. von den zu desinfizierenden Flächen am wenigsten beeinflußt werden u. die eine lange Verdunstungszeit haben. (Z. Hyg. Infektionskrankh. **134**. 578—90. 1952. Freiburg, Univ., Hygien. Inst.) BOYE. 4834

R. Słupik, *Neues einfaches Verfahren zum Verschließen von Gefäßen mit sterilisierten Flüssigkeiten.* Das die Fl. enthaltende Gefäß wird mit Cellophan locker verschlossen in den Sterilisator eingebracht u. nach dem Sterilisieren das Cellophan mit Paraffin bei einer Temp. oberhalb seines F. abgeschlossen. (Farmacja polska **8**. 422—23. Nov. 1952. Bielsko-Biała, Aptek Szpitala miejskiego.) R. K. MÜLLER. 4836

M. Schirm, *Vergleichende Untersuchungen über die Gehaltsbestimmung von ätherischem Öl in Drogen nach den Destillationsverfahren.* Theoret. Betrachtungen über die Wasserdampfdest., die Löslichkeit äther. Öle in W., die Dest. von Lösungen. Verss. mit der Neo-CLEVENGER-App. (I) nach MORITZ ergaben, daß mit ihr die Ausbeute an Kamillenöl aus Droge geringer ist als bei dem DAB.-Verfahren. Bei Wertbest. von Fol. Salviae in I ist Zusatz von NaCl oder Xylol ohne Einfl., bei Dest. von Nelkenöl oder der Wertbest. der Flor. Caryophyll. aber wird dadurch die Ausbeute erhöht. Auch für die Dest. von Flor. Chamomill. wird ein solcher Zusatz empfohlen. Für äther. Öle wird eine neue Begriffsbest. gegeben. (Dtsch. Apotheker-Ztg. **93**. 273—80. 16/4. 1953. Freiburg/Br., Univ., Pharmaz. Inst.) FRESENIUS. 4880

D. Barković und **M. Movrin,** *Über die Bestimmung von Silber in einigen pharmazeutischen Präparaten.* Verbesserte Vorschriften für die Best. von *Ag* nach MAUE (Pharmaz. Ztg. **67**. [1922.] 751) in organ. pharmazeut. Präpp. werden angegeben. — *Argentum colloidale*: 0,2 g mit 15 cm^3 50%ig. HNO_3 erhitzen, bis Entw. nitroser Gase aufhört, 5 cm^3 2%ig. $KMnO_4$-Lsg. zugeben u. 5—6 Min. unter Rühren kochen. Abkühlen, $FeSO_4$ zugeben, bis MnO_2 gelöst, mit 50—60 cm^3 W. verd., mit 0,1 n NH_4SCN titrieren. — *Argentum proteinatum* u. *Targesin*: 1 g mit 20 cm^3 50%ig. HNO_3 erhitzen, 45 cm^3 2%ig. $KMnO_4$-Lsg. zugeben, 5—6 Min. kochen. Wenn Nd. beinahe gelöst, nochmals einige cm^3 $KMnO_4$-Lsg. zugeben; weiter wie oben. — *Argentum proteinatum mite*: wie oben; 0,5 g Substanz, 15 cm^3 HNO_3, 20—30 cm^3 $KMnO_4$-Lsg., 40—50 cm^3 Wasser. — *Argentum gelatosatum*: wie oben; 0,6 g Substanz, 15 cm^3 HNO_3, 30—35 cm^3 $KMnO_4$-Lsg., 30—40 cm^3 Wasser. — Das Verf. ist auch für Tabletten u. verd. Lsgg. geeignet. (Acta pharmac. jugosl. **1**. 27—36. 1951. Zagreb, Univ., Pharmaz.-Chem. Inst.) BECKMANN. 4880

J. Faschalek, *Methoden zur Bestimmung von m-Aminophenol in p-Aminosalicylsäure. Eine vergleichende Übersicht.* Die Meth. nach PESEZ (C. **1950**. II. 2096) ist bei Vorhandensein eines Photometers die Meth. der Wahl. Bei Gehh. von über 0,5% arbeitet man andernfalls nach den gravimetr. Verff. von NEUFELD (C. **1952**. 1701) oder FASCHALEK (C. **1953**. 259 u. 2802). Bei Mengen unter 0,5% sind die Verff. nach HABERLAND, FASCHALEK u. LENAERS gleichwertig. (Pharmazie **8**. 208—10. März 1953. Wolfen, Kreis Bitterfeld, Farbenfabrik.) FRESENIUS. 4880

A. Ringer, *Über eine neue chemische Reaktion auf Lobelin.* Besprechung der in der Literatur beschriebenen Meth. zum Lobelinnachweis. Eine neue Rk. zum Nachw. des bei alkal. Spaltung von Lobelin auftretenden Acetophenons durch Rotfärbung mit m-Dinitrobenzol wird zur Aufnahme in ein neues Arzneibuch vorgeschlagen. Nachw. bei Tinct. Lobeliae noch in D 3. (Pharmazie 8. 220—21. März 1953. Mühlhausen/Thür.) FRESENIUS. 4880

Chemische Fabrik von Heyden, Akt.-Ges., Radebeul (Erfinder: **Rudolf Gebauer,** Jena), *Basische Äther fettaromatischer Oxysäureester.* Man setzt bas. substituierte Alkohole mit Halogeniden von fettaromat. Oxysäureestern in Ggw. halogenwasserstoffbindender Mittel um. — *Dimethylaminoäthyläthermandelsäureäthylester.* Man kocht Dimethylaminoäthanol mit Na in Bzl. u. versetzt mit Phenylchloressigester; $Kp._{10}$ 165 bis 175°. — *Diäthylaminoäthyläthermandelsäureäthylesterhydrochlorid,* F. 112°. — *Piperidinoäthyläthermandelsäureäthylesterhydrochlorid,* F. 127°. — *Diäthylaminoäthyläthermandelsäurebenzylester,* $Kp._{12}$ 230°. — *Piperidinoäthylätherbenzilsäureäthylesterhydrochlorid.* — *Spasmolytica, Sedativa.* (**D. R. P. 752 871** Kl. 12g vom 30/5. 1941, ausg. 17/11. 1952.) LANGER. 4807

Roche Products Ltd., Welwyn Garden City, Hertfordshire, England, *m-Aminophenolphosphorsäureester* zeigen *Anticholesterinasewirkung.* — (*m-Dimethylaminophenyl-* = **I**). — **I**-*Diäthylphosphat.* Beim Kochen von m-Dimethylaminophenol-Na mit Diäthylphosphorsäureesterchlorid in Alkohol, $Kp._{0,003}$ 116—120°. — Analog: **I**-*Diisopropylphosphat,* $Kp._{0,0001}$ 110—114°. — **I**-*Dimethylphosphat,* $Kp._{0,05}$ 120—123°. — **I**-*Dimethylphosphatmethylmethylsulfat,* F. 84—86°. — **I**-*Diäthylphosphatmethylmethylsulfat,* F. 101—103°. — **I**-*Diisopropylphosphatmethylmethylsulfat,* F. 82—84°. — **I**-*Di-sek.-butylphosphat,* Kp. bei $2{,}3\cdot10^{-5}$—$2{,}8\cdot10^{-4}$ mm: 119—124°. — **I**-*Di-sek.-butylphosphatmethylmethylsulfat,* F. 90—92°. (**E. P. 665 315** vom 4/5. 1949, ausg. 23/1. 1952.) LANGER. 4807

Haco-Gesellschaft Akt.-Ges., Gümlingen, Bern (Erfinder: **Cyril Grob,** Basel), Schweiz, *Benz-(cd)-indoline* der Formel **I**, worin R H oder Alkyl bedeutet, letzteres auch durch Alkoxy- oder Arylsulfonylgruppen substituiert sein kann, u. X H oder ein Acylrest ist, erhält man dadurch, daß man Naphthalinderivv. der Formel **II** (Y = Acyl) mit CH_2O u. HCl oder HBr kondensiert, die erhaltenen Halogenmethylverbb. mit Ätznatron in Ggw. eines Verdünnungsmittels behandelt u. gegebenenfalls den Alkylrest R u. den Acylrest Y mittels saurer Hydrolysierungsmittel abspaltet. — 1-Methoxy-5-acetylaminonaphthalin → *5-Methoxy-N-acetylbenz-(cd)-indolin* (**III**), F. 150°; **III** → *5-Oxy-N-acetylbenz-(cd)-indolin,* F. 236—240° (Zers.); **III** → *5-Oxybenz-(cd)-indolin,* F. ca. 160° (Zers.). — *Zwischenprodd.* zur Herst. von *Heilmitteln.* (**D. B. P. 859 166** Kl. 12p vom 10/3. 1951, ausg. 11/12. 1952. Schwz. Prior. 11/3. 1950.) BRÖSAMLE. 4807

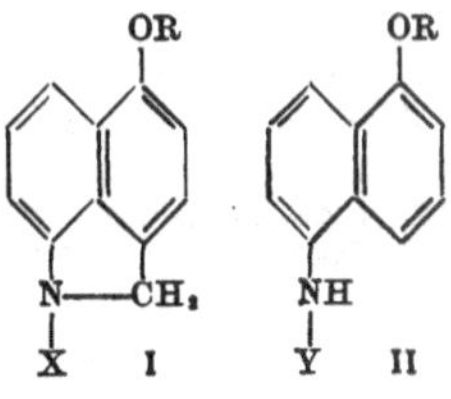

I II

Soc. des Usines Chimiques Rhône-Poulenc (Erfinder: **Paul Gailliot**), Paris, *Herstellung von 1-(2'-Diäthylamino-1'-propylamino)-4-methylthiaxanthon* der Formel **I**. Man kondensiert 2-Diäthylamino-1-chlorpropan mit 1-Amino-4-methylthiaxanthon in Ggw. eines Säureacceptors, z. B. $NaNH_2$. *Chlorhydrat,* F. 210°. Für Human- u. Veterinärmedizin zur Behandlung von *Schistosomiasen.* (**D. B. P. 858 408** Kl. 12q vom 3/6. 1951, ausg. 8/12. 1952. F. Prior. 15/6. 1950.) FABEL. 4807

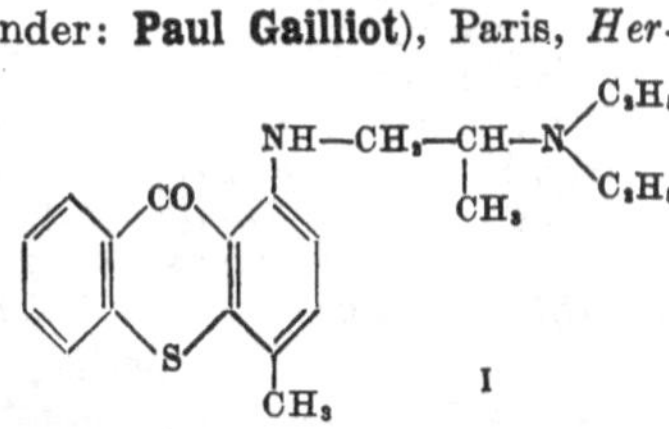

I

Wm. S. Merrell Co., Cincinnati, O., übert. von: **Edward Delbert Amstutz,** Bethlehem, Pa., V. St. A., *2-Amino-7-(2'-pyrimidylamino)-thioxanthondioxyd* (**I**; P = Pyrimidinrest), F. 317—320° (Zers.), erhält man über folgende Stufen: p-Jodthiophenol + 5-Nitro-2-chlorbenzaldehyd → 5-Nitro-2-(p-jodthiophenoxy)-benzaldehyd → 2-Nitro-7-jodthioxanthondioxyd → 2-Amino-7-jodthioxanthondioxyd → **I.** Durch Red. mit Zn-Staub in kochender Essigsäure erhält man aus **I** *2-Amino-7-(2'-pyrimidylamino)-thioxanthenoldioxyd.* — *2-Amino-7-(2'-thiazolylamino)-thioxanthondioxyd.* — *Bakterieide.* (**A. P. 2 592 529** vom 23/7. 1946, ausg. 15/4. 1952.) BRÖSAMLE. 4807

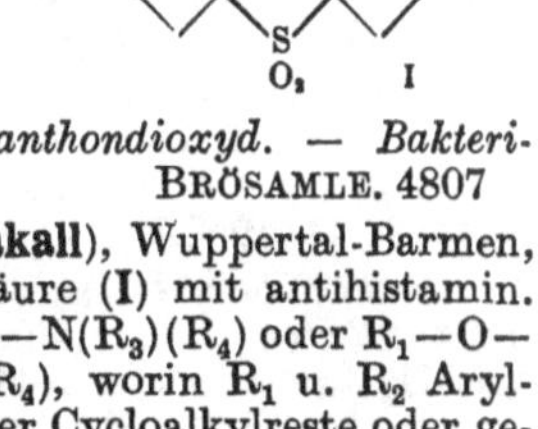

I

Aug. Luhn & Co. G. m. b. H. (Erfinder: **Alexander Szakall**), Wuppertal-Barmen, *Herstellung von Nicotinsäuresalzen* durch Rk. von Nicotinsäure (**I**) mit antihistamin. wirksamen Basen der allg. Formeln $(R_1)(R_2)N—CH_2—CH_2—N(R_3)(R_4)$ oder $R_1—O—CH_2—CH_2—N(R_3)(R_4)$ oder $R_1—CH_2—CH_2—CH_2—N(R_3)(R_4)$, worin R_1 u. R_2 Aryl- oder Aralkylreste bzw. heterocycl. Reste, R_3 u. R_4 Alkyl- oder Cycloalkylreste oder gemeinsam mit dem N einen heterocycl. Rest bedeuten. Es können die Salze der Basen angewendet werden. — Z. B. werden 22,4 (Teile) Phenylbenzylaminoäthylen-N-pyrrolidin (II) u. 9,8 I in 20 A. leicht erwärmt. Reaktionsprod. krist. nach längerer Zeit. — Das gleiche Salz mit besserer Kristallisationsfähigkeit wird durch gründliches Verreiben obiger Mengen von I u. II im Mörser erhalten. Weitere Beispiele. — *Gefäßerweiternde Wirkung*. (**D. B. P. 834 247** Kl. 12p vom 29/6. 1950, ausg. 17/3. 1952.) K. Heinze. 4807

Cilag Akt.-Ges., Schaffhausen, Schweiz, *Chemotherapeutica.* Nicotinsäureoxymethylamid (I) wird im Autoklaven 25 Std. bei 100—125° in Ggw. von Dioxan mit Methylchlorid geschüttelt. Man erhält *N¹-Chlor-N¹-methylnicotinsäureoxymethylamid* als farblose, wasser- u. alkohollösl. Kristalle, unlösl. in Ae., Aceton u. Dioxan, F. 160—161°. Analog erhält man aus I u. n-Dodecylbromid: *N¹-Brom-N¹-n-dodecylnicotinsäureoxymethylamid,* farblose Kristalle, lösl. in heißem W. u. A., unlösl. in Ae., Aceton, Essigester, F. 140—145°; aus I u. Chloressigsäure: *N¹-Chlor-N¹-carboxymethylnicotinsäureoxymethylamid,* farbloses Pulver, lösl. in W. u. Methanol, wenig lösl. in Ae., Aceton u. Essigester, F. 120° (Zers.); aus I u. Chloracetamid: *N¹-Chlor-N¹-carbamidomethylnicotinsäureoxymethylamid,* farbloses Pulver, lösl. in A. u. Methanol, wenig in W. u. Aceton. (**Schwz. PP. 279 838, 279 840, 279 841** u. **279 842,** alle vom 12/7. 1949, ausg. 1/4. 1952. **Zusätze zu Schwz. P. 276 857; C. 1952. 4815.**) Kalix. 4807

Geschickter Fund for Medical Research, Inc., New York, N. Y., übert. von: **Charles F. Geschickter,** Rock Creek Hills, und **Martin I. Rubin,** Silver Spring, Md., V. St. A., *Antihistaminica,* die bes. bei *allerg.* Krankheiten wirksam sind. Man stellt in üblicher Weise das *Monosalicylat* des *8-(5'-Isopropylaminoamylamino)-6-methoxychinolins* (I) durch kurzes Erhitzen von I mit Salicylsäure (II) in A.-Lsg. her. Ferner werden durch Erhitzen von II mit *7-Chlor-4-(4'-diäthylamino-1'-methylbutylamino)-chinolin* bzw. mit *7-Chlor-4-(3'-diäthylamino-2'-oxypropylamino)-chinolin* in Ae.-Lsg. deren *Disalicylate* hergestellt. (**A. PP. 2 594 418** u. **2 594 419** vom 30/9. 1949, ausg. 29/4. 1952.) Brösamle. 4807

G. D. Searle & Co., Skokie, übert. von: **Richard A. Robinson,** Morton Grove, Ill., V. St. A., *Aminoalkylaminoderivate des Isochinolins.* Beim Erhitzen von 1-Chlorisochinolin mit δ-Diäthylamino-α-methylbutylamin auf 190—200° erhält man *1-(δ-Diäthylamino-α-methylbutylamino)-isochinolin* (I), Kp.$_2$ 180—185°; *Dihydrochlorid,* F. 95 bis 100°. Analog: *1-(γ-Diäthylaminopropylamino)-isochinolindihydrochlorid* (II), F. 125°; *1-(γ-Dihexylaminopropylamino)-isochinolindihydrochlorid,* F. 163°; *1-(γ-Dibutylaminopropylamino)-isochinolindihydrochlorid,* F. 135°; *1-(δ-Diäthylaminobutylamino)-isochinolindihydrochlorid,* F. 90°; *3-Chlor*-II, F. 120—125°; *4-Chlor*-I, Kp.$_{0,35}$ 180°; *5-Chlor*-II, F. 227°; *7-Chlor*-II, F. 161°; *5-Chlor*-I, *Phosphat,* F. 110°; *8-Chlor*-I, *Phosphat,* F. 152°; *7-Methoxy*-II, F. 120°; *5-Methoxy*-II, F. 232°; *6-Methoxy*-II, F. 184°; *1-(ω-Diäthylaminoheptylamino)-isochinolin,* Kp.$_{0,25}$ 210°. Durch Rk. von 7-Oxyisochinolin mit γ-Diäthylaminopropylamin in Ggw. von SO_2 erhält man *7-(γ-Diäthylaminopropylamino)-isochinolin*; *Dihydrochlorid,* F. 145°. Analog: *5-* u. *8-(γ-Diäthylaminopropylamino)-isochinolin,* deren *Dihydrochloride* bei 85 bzw. 231° schmelzen. — *Therapeutica.* (**A. P. 2 593 798** vom 22/5. 1947, ausg. 22/4. 1952.) Brösamle. 4807

J. R. Geigy Akt.-Ges., Basel, Schweiz, *2.9-Dimethyl-1.10-phenanthrolin–$CdSO_4$-Verbindung* entsteht aus den Komponenten in heißem Alkohol. Wirkt *fungistatisch.* (**Schwz. P. 282 648** vom 31/3. 1950, ausg. 1/8. 1952.) Langer. 4807

United States of America, übert. von: **James F. Couch,** Glenside, und **Charles F. Krewson,** Erdenheim, Philadelphia, Pa., V. St. A., *Geruchfreies Rutin* (I). Buchweizenblättermehl wird mit W. extrahiert, die Verunreinigungen werden mit Alkohol gefällt u. I aus der Lsg. kristallisiert. Dieses Prod. wird dann mit einem Nichtlöser (Chlf., Ae., Bzl.) ca. 16 Std. bei erhöhter Temp., zweckmäßig im Soxhlet, extrahiert. Das extrahierte I wird bei 110° getrocknet u. zeigt nach 3 Monaten nur einen ganz schwachen Geruch. Der Extrakt ist ein nach starken Säuren riechendes Öl. (**A. P. 2 587 600** vom 23/7. 1948, ausg. 4/3. 1952.) Krauss. 4807

Rhein-Chemie G.m.b.H. (Erfinder: **Carl Müller,** Lauda, und **Willy Lautsch**), Heidelberg, *Wasserlösliche Rutinverbindungen.* Rutin wird unter Luftabschluß in W. unter Zusatz von Alkalien oder Erdalkalien in Lsg. gebracht. Dann wird im Vakuum eingedampft. — Herst. von *Injektionslösungen.* (**D. B. P. 856 150** Kl. 12q vom 31/3. 1949, ausg. 20/11. 1952.) Fabel. 4807

Rhein-Chemie G.m.b.H. (Erfinder: **Carl Müller,** Lauda, und **Willy Lautsch**), Heidelberg, *Alkalisalze des Rutins* (I). Eine alkoh. Lsg. von I, z. B. in CH_3OH, wird mit NaOH (KOH) im gewünschten Molverhältnis umgesetzt. Das Salz wird durch organ. Lösungsmittel (Ae., Bzl., CH_2Cl_2, CH_2Cl–CH_2Cl) ausgefällt u. getrocknet. — *Pharmazeut.* Verwendung. (**D. B. P. 851 345** Kl. 12q vom 31/3. 1949, ausg. 2/10. 1952.) Fabel. 4807

Rhein-Chemie G. m. b. H. (Erfinder: **Willy Lautsch**, Heidelberg, und **Carl Müller**, Lauda), *Beständige sterilisierbare Lösungen der Alkali- oder Erdalkalisalze des Rutins* durch Zusatz von Puffersubstanzen, gegebenenfalls während der Herst., Einstellung auf p_H 7 mit Glykokoll oder Borsäure bzw. deren Salzen oder mit Tetraboraten. Arbeiten unter Luftabschluß. — Z. B. werden 37,5 (g) Rutin mit 4,6 $Ca(OH)_2$ in 800 cm^3 W. gelöst u. mit 7,5 Glykokoll, 5,85 NaCl, 0,32 NaOH in 100 cm^3 W. versetzt u. auf 1000 cm^3 W. aufgefüllt u. sterilisiert. — *Klin. Verwendung.* (**D. B. P. 859 515** Kl. 30h vom 26/4. 1949, ausg. 15/12. 1952.) K. HEINZE. 4807

Sandoz Akt.-Ges., Basel, Schweiz, *Lysergsäurederivate* erhält man durch Behandeln eines Lysergsäureesters oder -amids mit einem Reduktionsmittel. — Isolysergsäuremethylester wird mit $LiAlH_4$ in Ae. stehen gelassen, dann gießt man auf Eis u. erhält nach dem Verjagen des Ae. *Isolysergol*, $C_{16}H_{18}ON_2$, aus Methanol Prismen, F. 138°, $[\alpha]_D^{20}$ +228° (c = 0,3, Pyridin), das die KELLERsche Farb-Rk. liefert. Aus Lysergsäurediäthylamid erhält man *6-Methyl-8-diäthylaminoäthylergolen*, $C_{20}H_{27}N_3$, aus Aceton, F. 205°, $[\alpha]_D^{20}$ +69° (c = 0,5, Pyridin). — Zwischenprodd. zur Herst. von *therapeut.* wirksamen Verbindungen. (**Schwz. PP. 280 365** u. **280 366** vom 14/4. 1949, ausg. 16/4. 1952. **Zusätze zu Schwz. P. 276 415; C. 1952, 6099.**) KRAUSS. 4807

Schering Akt.-Ges. (Erfinder: **Adolf Butenandt, Josef Schmidt-Thomé** und **Hans Dannenbaum**), Berlin, *Gesättigte und ungesättigte Cyclopentanopolyhydrophenanthrencarbonsäuren.* In 17-Stellung eine Cyanhydringruppe enthaltende Cyclopentanopolyhydrophenanthrene werden in Ggw. bekannter wasserabspaltender Mittel dehydratisiert u. die 16.17-ungesätt. Nitrile in bekannter Weise zu den Carbonsäuren verseift u. gegebenenfalls durch Hydrierung in gesätt. Verbb. übergeführt. — Dehydroandrosteroncyanhydrinacetat-3-epimere werden in Pyridin mit $POCl_3$ 10 Min. erhitzt. Nach dem Neutralisieren mit HCl in Eiswasser u. Kristallisieren aus Aceton–W. erhält man *17-Cyan-$\Delta^{5.16}$-3-acetoxyandrostadien*, F. 210°, das mit NaOH u. W. 3 Std. auf 180° im Druckrohr erhitzt wird, wobei sich *$\Delta^{5.16}$-3-Oxyandrostadien-17-carbonsäure*, F. 256°, bildet, die nach dem Hydrieren mit H_2 u. RANEY-Ni *Δ^5-3-Oxyätiocholensäure*, F. 276°, u. nach der Acetylierung *Δ^5-3-Acetoxyätiocholensäure*, F. 242°, liefert. — Androsteronacetat + HCN → Cyanhydrin → Androsteronacetatnitril, F. 198—200°, → *Δ^{16}-3-Oxyandrosten-17-carbonsäure* → *3-Oxyalloätiocholansäure*, F. 256—258°. Vgl. D. R. P. 657 017; C. **1938**. II. 1088. (**D. R. P. 764 647** Kl. 12o vom 22/4. 1938, ausg. 15/12. 1952.) KRAUSS. 4809

I. G. Farbenindustrie Akt.-Ges. (Erfinder: **Max Bockmühl, Gustav Ehrhardt, Heinrich Ruschig** und **Walter Aumüller**), Frankfurt/M., *Stickstoffhaltige Cyclopentanopolyhydrophenanthrene* erhält man durch Oxydation von 3-Oxycyclopentanopolyhydrophenanthrenen, die am C_{17}-Atom eine die Amino- oder Ketimingruppe tragende Seitenkette aufweisen, in Ggw. von H-Acceptoren mit Al-Alkoholaten. — 3-Oxyternorcholenylamin liefert beim Erhitzen mit tert. Al-Butylat in Bzl. in Ggw. von wasserfreiem Aceton *3-Oxoternorcholenylamin*, das sich mit äther. H_2SO_4 als *Sulfat* fällen läßt. — 3-Oxyandrostenmethylketimin → *3-Oxoandrostenmethylketimin* → *Progesteron*, F. 118—119°. (**D. R. P. 752 829** Kl. 12o vom 3/12. 1937, ausg. 10/11. 1952.) KRAUSS. 4809

Farbenfabriken Bayer, Leverkusen (Erfinder: **Gerhardt Haberland**, Bromberg), *Tetracyclische Sterinderivate.* γ-Naphthalinbuttersäuren oder ihre Derivv. werden über die Diazoketone in Halogenketone übergeführt, aus denen man durch Kondensation in Ggw. von Halogenwasserstoff bindenden Mitteln mit Malonsäure-, Cyanessigsäure- oder Acetessigsäureestern die entsprechenden Ketoester erhält, die dann nach erfolgter Verseifung mit kondensierenden Mitteln in die Polycyclen umgewandelt werden. — γ-[6-Methoxynaphthyl]-α-methylbuttersäure gibt mit $SOCl_2$ in Chlf. das Säurechlorid, das bei 0° mit CH_2N_2 behandelt wird. Nach dem Zusatz von 48%ig. wss. HBr wird das hellgelbe Öl mit Na-Malonester in Toluol erhitzt. Nach der Verseifung u. Decarboxylierung wird die gebildete Säure mit CH_2N_2 verestert (Ester, Kp.$_{0,1}$ 190—200°), die nach

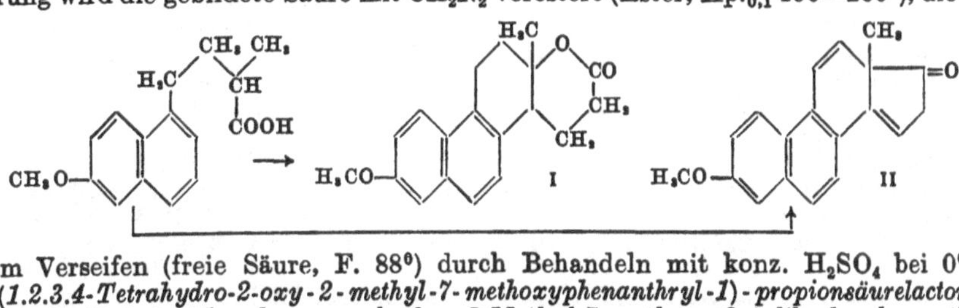

dem Verseifen (freie Säure, F. 88°) durch Behandeln mit konz. H_2SO_4 bei 0° das *β-(1.2.3.4-Tetrahydro-2-oxy-2-methyl-7-methoxyphenanthryl-1)-propionsäurelacton* (I), F. 198°, liefert. Man kann auch den 2-Methyl-7-methoxy-3.4-dihydrophenanthren-

1-propionsäuremethylester, F. 137°, mit $Ba(OH)_2$ in Methanol zum Ba-Salz verseifen, das nach Behandeln mit PCl_5 u. anschließend mit $SnCl_4$ in CS_2 *3-Methoxy-13-methyl-$\Delta^{14.15}$-cyclopentenon-17-phenanthren* (II), F. 168—170°, gelbe Nadeln, liefert. Dunkelrotes *Dinitrophenylhydrazon.* Nach der Entmethylierung der 3-Methoxygruppe mit HBr–Eisessig erhält man ein *östrogen* wirksames Produkt. (**D. B. P. 859 617** Kl. 12o vom 24/7. 1937, ausg. 15/12. 1952.) KRAUSS. 4809

Ciba Akt.-Ges., Basel (Erfinder: **Karl Miescher,** Riehen, und **Jules Heer,** Binningen), Schweiz, *Hydrophenanthryl-2-methanale oder -methanole* erhält man durch Red. von Hydrophenanthren-2-carbonsäuren bzw. ihren funktionellen Abkömmlingen, die in 1- u. 2-Stellung KW-stoffreste u. gegebenenfalls in 7-Stellung eine phenol. OH-Gruppe oder einen in eine solche überführbaren Substituenten enthalten, bes. mit katalyt. aktiviertem oder nascierendem H. — n-7-Methoxy-2-methyl-1-äthyl-1.2.3.4-tetrahydrophenanthren-2-carbonsäure wird mittels Oxalylchlorid in das Säurechlorid, F. 143 bis 144°, übergeführt, das dann mit Pd-Tierkohle u. H_2 bei 90—100° zum *n-7-Methoxy-2-methyl-1-äthyl-1.2.3.4-tetrahydrophenanthryl-2-methanal* (I), F. 92—93°, red. wird. Als Nebenprod. entsteht *n-7-Methoxy-2-methyl-1-äthyl-1.2.3.4-tetrahydrophenanthryl-2-methanol* (II). — *Iso-7-methoxy-2-methyl-1-äthyl-1.2.3.4-tetrahydrophenanthryl-2-methanal,* F. 105—107°. Aus diesen Aldehyden lassen sich *Acetale* oder *Thioacetale* herstellen. — *d-7-Methoxy-2-methyl-1-äthyl-1.2.3.4.9.10.11.12-oktahydrophenanthryl-2-methanal,* F. 85 bis 86°; $[\alpha]_D^{23}$ 104°. — *7-Methoxy-2-methyl-1-äthyl-1.2.3.4.9.10-hexahydrophenanthryl-2-methanal.* I läßt sich in Ggw. von Pt mit H_2 zu II reduzieren. *Acetat,* F. 81—82,5°. — *Iso-7-methoxy-2-methyl-1-äthyl-1.2.3.4-tetrahydrophenanthryl-2-methanol. Acetat,* F. 86 bis 87°. *d-7-Methoxy-2-methyl-1-äthyloktahydrophenanthryl-2-methanol,* F. 71°; $[\alpha]_D^{22}$ 91°. Die Prodd. sind *östrogen* wirksam. (**D. B. P. 843 409** Kl. 12o vom 1/1. 1949, ausg. 7/7. 1952. Schwz. Priorr. 22/11. 1946 u. 29/8. 1947.) KRAUSS. 4809

Ciba Akt.-Ges. (Erfinder: **Karl Miescher** und **Georg Anner**), Basel, Schweiz, *Hydrofluoren-2-carbonsäuren und ihre Derivate* (bes. *Ester* u. *Äther*), die in 7-Stellung eine phenol. OH-Gruppe u. in 1- u. 2-Stellung einen KW-stoffrest aufweisen. 1-Ketohydrofluorene, die in 2-Stellung neben einem KW-stoffrest eine funktionell abgewandelte Carboxylgruppe u. in 7-Stellung eine freie phenol. OH-Gruppe oder eine in eine solche überführbare Gruppe enthalten, werden zur Einführung eines KW-stoffrestes in 1-Stellung mit einer entsprechenden metallorgan. Verb. umgesetzt, die neuentstandene tert. OH-Gruppe wird direkt oder indirekt entfernt u. gegebenenfalls die funktionell abgewandelte Carboxylgruppe in 2-Stellung u./oder der Substituent in 7-Stellung in eine freie Carboxyl- bzw. OH-Gruppe übergeführt u. nichtaromat., mehrfache C-Bindungen auf beliebiger Reaktionsstufe werden nach der Rk. mit der metallorgan. Verb. hydriert. Die freien Carboxylgruppen können verestert, die freien phenol. OH-Gruppen verestert oder veräthert werden. — 7-Methoxy-1-oxo-2-methyl-1.2.3.4-tetrahydrofluoren-2-carbonsäuremethylester gibt bei Rk. mit C_2H_5Br nach GRIGNARD u. anschließender Wasserabspaltung mit $POCl_3$ oder J 7-Methoxy-2-methyl-1-äthyliden-1.2.3.4-tetrahydrofluoren-2-carbonsäuremethylester, Kp.$_{0,05}$ 170°. Daraus erhält man durch Verseifung 7-Methoxy-2-methyl-1-äthyliden-1.2.3.4-tetrahydrofluoren-2-carbonsäure, F. 176 bis 178°, die nach der Hydrierung in 1%ig. NaOH in Ggw. von Ni *7-Methoxy-2-methyl-1-äthyl-1.2.3.4-tetrahydrofluoren-2-carbonsäure* (I), F. 151—152°, liefert; mit Diazomethan entsteht daraus *7-Methoxy-2-methyl-1-äthyl-1.2.3.4-tetrahydrofluoren-2-carbonsäuremethylester,* F. 56 bis 57°. Die Methoxygruppe der freien Carbonsäure wird mit Pyridinhydrochlorid verseift u. die erhaltene *7-Oxy-2-methyl-1-äthyl-1.2.3.4-tetrahydrofluoren-2-carbonsäure,* F. 174—176°, mit Diazomethan u. Benzoylchlorid in den *7-Benzoyloxy-2-methyl-1-äthyl-1.2.3.4-tetrahydrofluoren-2-carbonsäuremethylester,* Kp.$_{0,05}$ 180°, übergeführt. *7-Propionat. 7-Butyrat.* — 7-Methoxy-1-oxo-2-methyl-1.2.3.4-tetrahydrofluoren-2-carbonsäuremethylester → 7-Methoxy-2-methyl-1-methylen-1.2.3.4-tetrahydrofluoren-2-carbonsäure, F. 125—127°, → 7-Methoxy-1.2-dimethyl-1.2.3.4-tetrahydrofluoren-2-carbonsäure, F. 174—176°, → *7-Oxy-1.2-dimethyl-1.2.3.4-tetrahydrofluoren-2-carbonsäure.* Die als Ausgangsstoffe verwendeten 1-Ketohydrofluorene erhält man durch Kondensation von z. B. m-Methoxybenzylmalonsäurediäthylester mit Glutarsäureäthylesterchlorid. Die Cyclisierung erfolgt mit H_3PO_4, dann wird die Tricarbonsäure zur Dicarbonsäure decarboxyliert u. der Monomethylester der DIECKMANN-Kondensation unterworfen. Die Prodd. sind *östrogen* wirksam. (**D. B. P. 842 051** Kl. 12o vom 1/1. 1949, ausg. 23/6. 1952. Schwz. Priorr. 20/12. 1946 u. 1/9. 1947.) KRAUSS. 4809

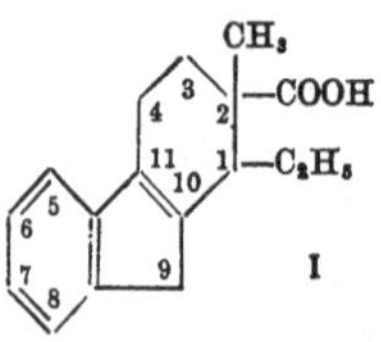

I

Upjohn Co., übert. von: **John A. Hogg,** Kalamazoo, Mich., V. St. A., *2-Alkoxyphenäthyl-6-carboxycyclohexen-1-on-3-ester* der allg. Zus. **III** erhält man durch Rk. von

Phenäthylhalogeniden der Zus. I mit Cyclohexenonen II in Ggw. von Alkalimetallen, -amiden oder Alkylaten bei 80—150° (A = Alkoxy-, X = Halogen-, R_1 = H oder niedere Alkyl-, R′ = Alkohol-, R_3 = Alkylreste).

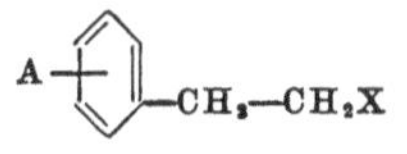
I

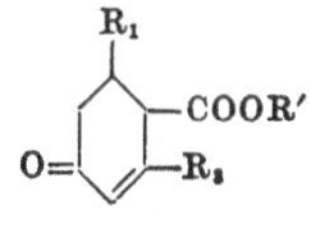
II

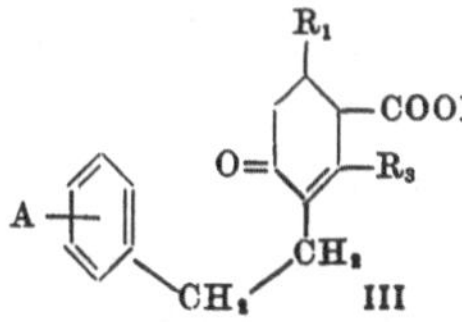
III

— Beispiel: Man gibt Na zu fl. NH_3 mit einem Geh. von $Fe(NO_3)_3$·aqu., rührt, kühlt u. gibt 1-Methyl-6-carbäthoxycyclohexen-1-on-(3) zu usw., gibt m-Methoxyphenäthylbromid zu u. erhält *1-Methyl-2-(m-methoxyphenäthyl)-6-carbäthoxycyclohexen-1-on-(3)*, $C_{19}H_{24}O_4$, Kp.$_{0,3}$ 180—184°. Weiter wird hergestellt: *1.5-Dimethyl-2-(m-methoxyphenäthyl)-6-carboäthoxycyclohexen-1-on-(3)*, Kp.$_{0,3}$ 178—195°. — *1-Methyl-2-(m-methoxyphenäthyl)-5-isopropyl-6-carbäthoxycyclohexen-1-on-(3)*, Kp.$_{0,3}$ 188—210°. — Zwischenprodd. zur *Herst. von östrogenen Verbindungen.* (**A. P. 2 582 252** vom 15/9. 1947, ausg. 5/1. 1952.) MÜLLER-MEININGEN. 4809

Evagoras Joannou Georgiou, Limassol, Cypern, *Gewinnung von Wirkstoffen gegen maligne Tumoren aus Blut oder Milch.* Das Blut wird vorzugsweise während der letzten Tage einer Schwangerschaft entnommen, während als Milch bes. Kolostralmilch verwendet wird. Die Ausgangs-Fll. werden mit einem organ. Lösungsm., wie Ae., entfettet u. dann mit einem Adsorptionsmittel, wie Bolus alba, behandelt. Das Adsorbat wird im Vakuum getrocknet u. mit einer physiol. Salzlsg., die Na_2HPO_4 enthält, eluiert. Das abgetrennte Eluat kann injiziert werden. Das ganze Verf. wird unter sterilen Bedingungen durchgeführt. — Beispiele. (**E. P. 682 017** vom 16/5. 1950, ausg. 5/11. 1952.) K. HEINZE. 4809

Evagoras Joannou Georgiou, Limassol, Cypern, *Gewinnung von Wirkstoffen gegen maligne Tumoren aus Blut oder Milch.* Das Blut wird während der letzten Tage einer Schwangerschaft entnommen, u. als Milch wird Kolostralmilch verwendet. Die Ausgangs-Fll. werden bei ca. 40° zwecks Fällung der wirkstoffhaltigen Eiweißkörper mit einem Überschuß eines in W. lösl. organ. Lösungsm., wie A. oder Aceton, behandelt. Die Fällung wird abgetrennt, getrocknet u. in einer neutralen oder schwach alkal. physiol. Salzlsg. aufgenommen, die durch Behandlung mit Bolus alba gereinigt werden kann. Die vom Bolus abzentrifugierte Lsg. enthält die Wirkstoffe. — Intramuskuläre oder perorale Anwendung. (**E. P. 682 048** vom 19/1. 1951, ausg. 5/11. 1952.) K. HEINZE. 4809

Merck & Co., Inc. (Erfinder: **Lloyd Everett McDaniel,** Rahway, N. J., und **Arabelle Banton Hodges,** Washington, D. C.), V. St. A., *Züchtung Streptomycin* (**I**) *erzeugender Stämme von Streptomyces griseus,* dad. gek., daß die Züchtung zunächst in einem Nährmedium erfolgt, dessen Anfangskonz. an **I** ausreicht, um das Wachstum zu hemmen. Die erhaltene Kultur wird dann in eine Nährlsg. höherer **I**-Konz. geimpft, u. durch Weiterzüchtung werden Stämme erzeugt, die höhere **I**-Ausbeuten liefern. Der Mutterstamm soll mindestens 250 $\mu g/cm^3$ **I** erzeugen. Die Anfangskonz. an **I** soll wenigstens 500 $\mu g/cm^3$ betragen. — Tabellen. (**D. B. P. 859 194** Kl. 30h vom 23/1. 1949, ausg. 11/12. 1952. A. Prior. 14/2. 1948.) SCHINDLER. 4811

Merck & Co., Inc., V. St. A., übert. von: **Lloyd Everett McDaniel,** *Gewinnung von Streptomycin.* Eine Nährlsg., die als wesentliche Bestandteile eine aus Casein durch enzymat. Abbau gewonnene N-Verb., eine C-Quelle u. Mineralsalze enthält, wird mit den Sporen von Actinomyces griseus geimpft. Die Kulturlsg. wird unter Belüftung u. Bewegung, z. B. mittels einer Schüttelmaschine, ca. 2—4 Tage bei 28° behandelt, bis das Maximum an Streptomycin gebildet worden ist. Die Isolierung des Streptomycins erfolgt in üblicher Weise. — Als Beispiele für geeignete Nährlsgg. sind angegeben: 1. 1,6 (g) N-Verb., 2,0 Glucose, 1,0 NaCl, 0,1 K_2HPO_4; 2. 1,6 N-Verb., 2,0 Glucose, 1,0 NaCl, 0,05 K_2HPO_4, 0,1—0,25 $NaNO_3$. Wesentlich ist, daß die Nährlsg. K- u. Cl-Ionen enthält. — Weitere Beispiele u. Angaben über Kulturverss. mit Nährlsgg. unterschiedlicher Zusammensetzung. (**F. P. 999 986** vom 13/10. 1948, ausg. 6/2. 1952. A. Prior. 18/10. 1947.) HEYNE. 4811

Distillers Co. Ltd., Edinburgh, **John Marshall Whitmarsh, Clifford William Hale, Colin Wilfrid Calcott-James,** Clevedon, und **James Burnside Diamond,** Liverpool, England, *Reinigung von Streptomycin.* Die rohe wss. Lsg. wird an feste, wasserunlösl. Polycarbonsäureester eines Kohlenhydrats, zweckmäßig bei $p_H > 4$, adsorbiert u. fraktioniert eluiert, bes. mit verd. wss. HCl, H_2SO_4, H_3PO_4 mit $p_H < 2,5$ oder wss. Lsgg. von Erdalkali- oder Al-Salzen. Streptomycin wird histaminfrei erhalten. Als Adsorptionsmittel verwendet man zweckmäßig die Bernstein-, Phthal- oder Maleinsäureester von Cellulose, bes. in Form ihrer Alkalisalze. (**E. P. 669 348** vom 20/4. 1949, ausg. 2/4. 1952.) KRAUSS. 4811

Merck & Co., Inc., Rahway, N. J. (Erfinder: **John Clark Sheehan,** Adington Heigths, Mass., und **Max Tishler,** Westfield, N. J.), V. St. A., *Reinigen und Entfärben von Streptomycin* (I), bes. zur Beseitigung histaminähnlicher Stoffe, dad. gek., daß eine neutrale wss. I-Lsg. mit Phenol (II) extrahiert wird. Das in der wss. Lsg. verbleibende II wird vorteilhaft mit Isoamylalkohol u. dann mit Ae. entfernt. — Mengenbeispiele. (**D. B. P. 859 356** Kl. 30h vom 1/1. 1949, ausg. 15/12. 1952. A. Prior. 30/2. 1946.) SCHINDLER. 4811

E. R. Squibb & Sons, New York, N. Y., V. St. A., *Herstellung von Streptomycinderivaten* durch Red. von Streptomycintrihydrochlorid in nichtalkal. Milieu in Ggw. eines Hydrierkatalysators (RANEY-Ni, PtO_2) u. HCl. Das erhaltene *Dihydrostreptomycintrihydrochlorid,* $[\alpha]_D^{25}$ —86°, kann über das Reineckat gereinigt werden. Erhöhter therapeut. Effekt. (**Schwz. P. 279 461** vom 9/5. 1947, ausg. 17/3. 1952. A. Prior. 9/5. 1946.) SCHINDLER. 4811

Merck & Co., Inc., Rahway, N. J., V. St. A., *Stabile Lösungen von Dihydrostreptomycinsalzen* durch Puffern der wss. Lsgg. mit $NaHSO_3$ in Verbindung mit Formaldehydsulfoxylat auf ein p_H 5,0—8,0. — Beispiele. (**E. P. 684 459** vom 24/4. 1951, ausg. 17/12. 1952 u. **Belg. P. 503 158** vom 10/5. 1951, ausg. 29/8. 1952. Beide A. Prior. 10/5. 1950.) SCHINDLER. 4811

American Cyanamid Co., New York (Erfinder: **Joseph Francis Weidenheimer, Charles Claude Reed,** Pearl River, N. Y., **Lawrence Ritter,** Spring Valley, und **Sidney Dayton Upham,** Stillwater, Okla.), V. St. A., *Komplexe Aureomycinverbindungen* erhält man durch Umsetzen von Aureomycin (I) oder dessen Derivv. mit einem Metallhalogenid in einem Lösungsmittel. — Zu I-Hydrochlorid in wasserfreiem Methanol gibt man Triäthylamin u. $AlCl_3 \cdot 6H_2O$ in W., verjagt das Methanol im Vakuum u. erhält eine wss. Lsg. mit p_H 1,0, die durch Ausfrieren konz. wird. Durch Verdunsten des W. erhält man das feste Prod., das auch aus der Lsg. beim isoelektr. Punkt ausgefällt werden kann. Ferner werden hergestellt: die Komplexe von I mit $CoCl_3$, $MgCl_2$, $FeCl_3$, $AlBr_3$. Verwendung als kaum reizend wirkende *Therapeutica.* (**D. B. P. 854 952** Kl. 12o vom 5/8. 1950, ausg. 10/11. 1952. A. Prior. 10/8. 1949.) KRAUSS. 4811

F. Hoffmann-La Roche & Co. Akt.-Ges., Basel, Schweiz. *Herstellung von Chloramphenicol.* Man setzt D-1-(p-Nitrophenyl)-2-amino-1.3-propandiol mit einem Dichloracetimidäther zu einem Gemisch von Oxazolinderivv. um u. spaltet letztere hydrolyt. auf. (**Schwz. P. 282 878** vom 24/3. 1950, ausg. 1/9. 1952.) LÜTTGEN. 4811

Fisons Ltd., Ipswich, England, *Gewinnung des Antibioticums Nisin* durch Züchtung von Streptococcus lactis (Gruppe N Lancefield) in Glucose–Hefeextrakt-Nährlsg. bei p_H 5,9—6,0 in Ggw. von Ca-Pantothenat u. Extraktion der Zellen mit angesäuertem Aceton bei p_H 2. (**E. P. 683 428** vom 26/4. 1950, ausg. 26/11. 1952.) SCHINDLER. 4811

G. Analyse. Laboratorium.

—, *Dewar-Gefäße.* Schilderung der Entw. in der Herst. von DEWAR-Gefäßen u. der Anwendungsgebiete. (Chem. Rdsch. [Solothurn] **5.** 299—300. 15/9. 1952.) EICHHOFF. 5006

Ernst Jäger, *Ein automatischer Probenehmer und Dosierapparat.* Inhaltlich ident. mit der C. **1953.** 2005 referierten Arbeit. (Stärke **4.** 245—46. Sept. 1952. Bückeburg-Harrl.) MOSLÉ. 5012

Klaus Ziock, *Fein- und Hochvakuummeßtechnik und ihre Anwendung in der Chemie.* Es werden Vor- u. Nachteile der Vakuummeßgeräte mit ihren Meßbereichen zusammengestellt. Eingegangen wird auf das MACLEOD-, das thermoelektr. u. PIRANI-Manometer, das Alphatron, das Ionisationsmanometer u. PHILIPS-Vakuummeter. Das thermoelektr. Manometer wird als das günstigste bezeichnet, als robustes Instrument für Hochvakuum kommt das PHILIPS-Manometer u. für größere Meßgenauigkeit das Ionisationsmanometer in Betracht. Zum Schluß wird noch der ionenopt. Lecksucher erwähnt, der die Spektrallinie eines Prüfgases anzeigt, wenn dieses durch eine Undichtigkeit in den Meßraum gelangt ist. (Dechema Monogr. **16.** 137—44. 1951. Köln-Bayental.) MIETHING. 5026

Norman S. Radin, *Apparat zum Destillieren und Rühren.* Beschreibung der einfachen Anordnung. (Analytic. Chem. **24.** 1686—87. Okt. 1952. Austin, Tex., Univ., Biochem. Inst., u. Clayton Found. for Res.) GOTTFRIED. 5038

Ernest Levens und **Richard S. Cass,** *Für temperaturkonstante Bäder anwendbarer Stromkreis.* Beschreibung der Anordnung mit ausführlichen Schaltskizzen. Die Temperaturkonstanz der Bäder beträgt ±0,005°. (Analytic. Chem. **24.** 1685—86. Okt. 1952. Watertown, Mass., Frederick S. Bacon Labor.) GOTTFRIED. 5046

William Arnold, E. W. Burdette und **J. B. Davidson,** *Ein registrierender Warburg-Apparat.* Ein nach dem üblichen Prinzip arbeitender Warburg-App. erlaubt durch Verwendung von Drucküberträgern an Stelle der Manometer selbsttätige Aufzeichnung. (Science [Washington] **114.** 364—67. 5/10. 1951. Oak Ridge, Oak Ridge Nat. Labor., Biol. Div. and Instrument Dep.) Wallis. 5048

Pierre Chevenard und **Xavier Waché,** *Der Fließversuch als physikalisch-thermisches Analysenverfahren.* Für Metalle u. Legierungen, welche bei hohen Tempp. u. hohen Drucken, also schon im Bereich des Fließens, eingesetzt werden, sind Untersuchungsmethoden wichtig, welche die in verschied. Zeiträumen gewonnenen Versuchsergebnisse auf die Lebensdauer der App. u. Maschinen (>10000 Std.) extrapolieren lassen. Neben die bisher üblichen Methoden, 1. Kurzdauerverss. (100 Std., Zeit/Dehnung, sehr genaue App., weitreichende Extrapolation), 2. Langdauerverss. (1000 Std., Zeit u. verschied. Belastung/merkbare Dehnung von 0,1 bzw. 1,5%) tritt eine dritte, kurz beschriebene Meth., die gestattet, physikal.-chem. oder strukturelle Änderungen zu erfassen, welche das Fließen der Werkstoffe beschleunigen oder vermindern. Die App. arbeitet mit großer Temperaturkonstanz u. 1000 facher Übersetzung für eine graph. Aufzeichnung (Dehnung/Zeit) (vgl. C. R. hebd. Séances Acad. Sci. **205.** [1937.] 107). Die logarithm. Übertragung auf die Koordinaten Geschwindigkeit/Zeit ermöglicht es, innere Vorgänge in den Legiereungen zu erfassen. Als Beispiele werden angeführt: 1. Stahl mit 0,06% C, 1,7% Si, 6,8% Cr, 1,2% Mo, 0,5% V, bei 1000° gehärtet u. bei 800° untersucht, zeigt nach 300 Std. eine Geschwindigkeitsabnahme der Dehnung (Verteilungsänderung der Zusätze zwischen Ferrit- u. C-Phase). 2. Austenit. Stahl mit 1,5% C, 14% Ni, 10% Cr, 3,4% Mo hat bei 900° nach 300 Std. eine sichtbare Beschleunigung in der Dehnung (Nd. der σ-Phase). (C. R. hebd. Séances Acad. Sci. **232.** 2161—64. 11/6. 1951.) Kleffner. 5060

A. B. Foster, *Eine vereinfachte Apparatur für die Filterpapierionophorese.* Vf. beschreibt in allen Einzelheiten eine App. zur Durchführung der Filterpapierionophorese, die sich durch einfachen Aufbau u. zuverlässiges Arbeiten für laufende Unterss. eignet. Die wesentlichen Merkmale der App. sind, daß das Filterpapier zur Verhinderung von Verdampfungsverlusten zwischen zwei Glasplatten eingespannt wird u. daß eine Kühlschlange für Temperaturkonstanz sorgt. (Chem. and Ind. **1952.** 1050—51. 25/10. Birmingham, Edgbaston, Dep. of Chem.) G. Heinrich. 5062

—, *Etwas über Papierchromatographie.* Kurze, allg. Darstellung. (Chem. pharmac. Techniek **7.** 251—52. 15/5. 1952.) Freytag. 5062

Kurt Erne, *Entwicklungslinien in der Papierchromatographie.* Übersicht. — 93 Literaturhinweise. (Farmac. Revy **52.** 35—39. 16/1. 53—64. 23/1. 1953. Stockholm, Apotekens Kontrollabor.) R. K. Müller. 5062

L. Hagdahl, R. J. P. Williams und **A. Tiselius,** *Elutions- und Verdrängungsanalysenverfahren unter besonderer Berücksichtigung der Chromatographie an Kohle.* Besprechung der gemeinsamen Grundlagen der Elutions- u. Verdrängungsanalyse. Beim Elutionsvorgang wandert die zu untersuchende Substanz langsamer als die Front des Entwicklers, beim Verdrängungsvorgang schneller u. bildet daher, unabhängig von der Länge der Säule, eine Zone vor diesem. Ob Elution oder Verdrängung erfolgt, bedingen weitgehend die (konzentrationsabhängigen) Adsorptionsisothermen. Die Isothermen der *Fettsäuren* (in wss. A.), *aliphat. Alkohole, Zucker* u. Aminosäuren [alle in W., von den letzten wurden *Leucin, Tryptophan* (**IV**), *Phenylalanin* (**III**), *Tyrosin* u. einige *Oligopeptide* untersucht] schneiden sich nicht; zwischen Gliedern homologer Serien scheint „ideale" Verdrängung möglich zu sein. Zur vollständigen Trennung müssen jedoch ein oder mehrere indifferente Träger („carrier") herangezogen werden, deren Adsorptionsisothermen zwischen denen der zu trennenden Substanzen liegen. Hierzu eignen sich bei den Aminosäuren Hexanol (**I**), Phenylessigsäure u. andere. Das für „ideale" Verdrängung notwendige Gleichgewicht zwischen Ad- u. Desorptionsprozessen stellt sich am schnellsten bei Sättigung des Adsorbens (hier der Kohlesäule) ein, z. B. mit einer 0,1%ig. Lsg. von **I** in Wasser. Aus einer solchen Säule kann man mit 0,1% Isopentanol (**II**; in 0,1% **I**) 1 ml 0,1% **III** + 0,1% **IV** (in 0,1% **I**) verdrängen. Mit Diäthylcarbinol als Träger können beide Aminosäuren getrennt werden. Niedere Alkohole, wie Butanol, eluieren **III** u. **IV**. **II** steht dazwischen, ist ein „nichtidealer" Verdränger, denn bei niederen Konzz. wird **II** zum Elutionsmittel. Durch ständige Neuzugabe des Verdrängers in steigender Konz. erhält man ein Konzentrationsgefälle von der Spitze zur Basis der Säule, d. h. ein ganzes Syst. von Trägern. Mit einer solchen Anordnung lassen sich mehrere Substanzen — ihren Adsorptionsisothermen entsprechend — durch aufeinanderfolgende Verdrängung u. Elution voneinander trennen. (Ark. Kemi **4.** Nr. 10. 193—219. 1952. Uppsala, Inst. of Biochem.) Dressler. 5062

D. Pillon, *Eine neue Methode zur Trennung organischer Substanzen: Die Chromatographie in flüssiger Phase oder die Gegenstromverteilungsmethode nach Craig.* An Beispielen wird gezeigt, daß die Meth. der Gegenstromverteilung in der Anwendung auf organ. Verbb. den großen Vorteil gegenüber anderen Trennungsmethoden besitzt, sich mathemat. erfassen zu lassen. Ein weiterer Vorteil ist die schonende Behandlung der zur Trennung gelangenden Verbb. (Vermeidung von Erhitzung), wodurch sie sich, bes. für die Aufarbeitung biochem. Komplexe, vorteilhaft erweist. — Diskussion der Meth. bzgl. Berechnungsmöglichkeiten, Anwendung u. Versuchsbedingungen. (Bull. Soc. chim. France, Mém. [5] **19.** D1—8. Jan./Febr. 1952. Lyon, Fac. des. Sci., Labor. de Chimie biol.) LIPPOLD. 5062

J. Ainger Hall, *Ein tragbarer Keilspektrograph für Präzisionsmessungen.* Vf. beschreibt einen Spektrographen, der Farb- u. Helligkeitstempp. zu messen gestattet, indem die unbekannte Lichtquelle zu einer Reihe von Vergleichsspektren in Beziehung gebracht wird, die durch eine geeichte W-Lampe erzeugt wurden. Mit Hilfe der angegebenen Anordnung ist es möglich, Tempp. von fl. Stahl im Bereich von 1450—1750° mit einer Genauigkeit von $\pm 5^0$ zu bestimmen. (Photographic. J., Sect. B **92.** 170—77. Nov./Dez. 1952. Nat. Phys. Labor.) W. GÜNTHER. 5063

J. L. Hales, *Ein optisches System und Thermosäulenverstärker für Zweistrahlregistrierung von Infrarotspektren.* Es wird eine App. beschrieben, bei welcher Meß- u. Vergleichsstrahlung abwechselnd auf eine Thermosäule mit kurzer Ansprechzeit fallen, die im Primärkreis eines Niederfrequenztransformators 1:100 liegt. Der Ausgang geht in einen im genauen Schaltbild wiedergegebenen Breitbandverstärker mit geringem Störpegel, der eine Gesamtverstärkung der Spannung von $>10^9$ liefert. Die beiden verstärkten Signale werden durch einen genau beschriebenen mechan. Schalter, der mit dem Strahlungsunterbrecher gekoppelt ist, getrennt u. gleichgerichtet. Das Verhältnis der Verstärkerausgänge wird mit einem registrierenden Potentiometer gemessen. Der Ausgang der Vergleichsstrahlung wird außerdem zur Spaltverstellung benutzt u. gewährleistet eine konstante Vergleichsenergie auf dem Thermoelement über den gesamten Spektralbereich. (J. sci. Instruments **30.** 52—57. Febr. 1953. Teddington, Middlesex, Chem. Res. Labor.) EICHHOFF. 5063

D. A. H. Brown und **V. Roberts,** *Ein einfaches, schnell arbeitendes Spektrometer für das Infrarotgebiet.* Beschreibung eines Einprismenspektrometers mit oscillierendem LITTROW-Spiegel, welches einen *PbTe*-Photowiderstand kurzer Ansprechzeit als Empfänger benutzt, um die Spektren bis zu 5,5 μ mit einer Wiederholungsrate bis zu 100/Sek. durch eine Kathodenstrahlröhre wiederzugeben. Mit anderen Empfängern ist das Instrument auch in dem Gebiet längerer Wellen u. im UV u. Sichtbaren zu verwenden. Wiedergabe von Photographien typ. Spektren sowie genauer elektr. Schaltpläne. (J. sci. Instruments **30.** 5—8. Jan. 1953. Malvern, Worcestershire, Ministry of Supply, Telecommunications Res. Est.) EICHHOFF. 5063

Paul D. Zemany, *Identifizierung komplexer organischer Stoffe durch massenspektrometrische Analyse ihrer Pyrolyseprodukte.* Zur Identifizierung nichtflüchtiger organ. Stoffe hat Vf. eine Meth. entwickelt, bei der die Probe in reproduzierbarer Weise der Pyrolyse unterworfen wird u. die gasförmigen Pyrolyseprodd. massenspektrometr. bestimmt werden. Die Probe von ca. 0,1 mg wird in einem Öfchen aus Ni innerhalb einer Glühdoppelwendel aus einer Fernsehbildröhre in wenigen Sek. bis auf 1700° erhitzt. Die dabei auftretenden Zersetzungsprodd. sind in fast allen Fällen charakterist. für den Ausgangsstoff. Die Meth. wurde an einer Reihe von Stoffgruppen geprüft. Lineare Homopolymere gaben das Massenspektr. des Monomeren. Andere komplexere Stoffe, wie Copolymere, Alkyde oder biol. Material, können nur mit Hilfe von Eichaufnahmen identifiziert werden, da die Massenspektren der Pyrolyseprodd. nicht zu deuten sind. Für die Vielfalt solcher Eichaufnahmen u. ihre Auswertung wird die Benutzung von Lochkarten empfohlen. (Analytic. Chem. **24.** 1709—13. Nov. 1952. Schenectady, N. Y., Gen. Electr. Res. Labor.) CONRAD. 5063

Børge Bak, *Infrarotspektroskopie als analytisches Hilfsmittel.* Vortrag über die Grundlagen der Infrarotspektroskopie, ihre apparative Durchführung, die infraroten Gruppenfrequenzen u. einige prakt. Erfahrungen in ihrer analyt. Verwertung. (Kem. Maanedsbl. nord. Handelsbl. kem. Ind. **33.** 111—14. 1952. Kopenhagen, Univ., Kem. Labor.) R. K. MÜLLER. 5063

William M. MacNevin und **Michael Levitsky,** *Reproduzierbare platinierte Platinelektrode für anodische Polarographie.* Um die Reproduzierbarkeit von rotierenden Pt-Mikroelektroden zu erhöhen, überziehen Vff. den eingeschmolzenen Pt-Draht mit einer dünnen Glasschicht, die vorsichtig abpoliert wird. Der Pt-Draht wird dann in einer 3%ig. H_2PtCl_6-Lsg. mit 0,06% Pb-Acetat, $HgCl_2$ oder $CuSO_4$ platiniert. Man erhält so eine Elektrode, deren Überzug gut haftet u. mit einer mittleren Abweichung von $\pm 1,1\%$ den gleichen Anodenstrom ergibt. Die polarograph. Ergebnisse bei der Oxydation von 0,01 mol. *Dextrose*-Lsg. in $0,2\,n\,KH_2PO_4$-Lsg. u. $0,2\,n\,NaOH$ zeigen die Brauchbarkeit des Verf., das auch zur Best. von *Methanol*, *A.* u. *Galaktose* geeignet ist. (Analytic. Chem. **24.** 973—75. Juni 1952. Columbus, O., Ohio State Univ.) WEITBRECHT. 5066

H. Reuther, *Über eine einfache Meßanordnung zur elektrometrischen Bestimmung von p_H-Werten mittels Glaselektroden.* Unter Hinweis auf mögliche Fehler bei der Anwendung moderner Geräte zur elektrometr. p_H-Best. wird eine Anleitung zum Selbstbau einer Kompensationsmeßeinrichtung beschrieben, die sich für die elektrometr. p_H-Messung auch mittels Glaselektroden gut eignet. (Pharmaz. Zentralhalle Deutschland **92.** 41—45. Febr. 1953. Dresden.) SCHEIBE. 5066

Ralph H. Müller und **Alfred M. Vogel,** *Konduktometer zum Einstellen von Normallösungen.* Es wird ein Leitfähigkeitsmeßinstrument zum Einstellen von Normallsgg. beschrieben, welches eine lineare Skala hat, auf der sofort die Normalität der Lsgg. abzulesen ist. Wesentlich bei dieser Anordnung ist, daß die Temp. automat. durch einen in die Zelle eintauchenden Thermistor, der an der WHEATSTONEschen Brücke angeschlossen ist, so ausgeglichen wird, daß keine Temperaturschwankung die Messung stören kann. Auf solche Weise kann eine einfache, schnelle Einstellung von Normallsgg. mit großer Genauigkeit für relativ kleine Mengen von Lsgg. durchgeführt werden. Vff. machten unter Benutzung dieses Instrumentes eine Reihe von Verss. mit *KCl*- u. $K_2Cr_2O_7$-Lösungen. Es konnte eine Genauigkeit von 1/600 Einheiten im Meßbereich für die Tempp. zwischen 18 u. 33° u. für die Konzz. von 0,09—0,11 n erreicht werden. (Analytic. Chem. **24.** 1590—92. Okt. 1952. New York, N. Y., New York Univ., Washington Square Coll. of Arts and Sci.) HILDEGARD SCHULZ. 5070

Robert McCarthy und **Carl E. Moore,** *Bestimmung von freiem Kohlenstoff in atmosphärischem Staub.* Um freien C neben anorgan. u. organ. Substanz in Staub zu bestimmen, kocht man eine Probe von 0,2—0,8 g mit 70%ig. HNO_3 für 20 Min., filtriert durch einen Porzellanfiltertiegel, trocknet bei 140° 2 Std. u. erhitzt auf 700°. Der Gewichtsverlust zwischen 140 u. 700° ist freier C. Die Ergebnisse an Ruß, synthet. Mischungen mit Holzmehl, SiO_2 u. an städt. Staubproben zeigen die Brauchbarkeit der Methode. Störungen durch gegebenenfalls vorhandenen Tongeh. werden diskutiert. (Analytic. Chem. **24.** 411—12. Febr. 1952. Louisville, Ky., Univ. of Louisville.) WEITBRECHT. 5088

a) Elemente und anorganische Verbindungen.

Margaret J. Price und **Osman J. Walker,** *Fluoridbestimmung in Wasser nach der Aluminium-Hämatoxylin-Methode.* Es wurde eine photometr. Meth. auf Grund des bleichenden Effekts des Fluoridions auf Al-Hämatoxylinlack entwickelt. Diese Meth. erlaubt die Best. von 0—1,5 p.p.m. F^- mit einer Genauigkeit von 0,05 p.p.m., wenn umkrist. Hämatoxylin, welches mit H_2O_2 oxydiert wird, bei p_H 4,6 benutzt wird. Vff. untersuchten den Einfl. von Sulfat u. Phosphat. Diese stören bei dieser Meth. weniger als bei anderen colorimetr. Methoden. Die Meth. kann exakt u. schnell ausgeführt werden, wenn die störenden Sulfate u. Phosphate vorher bestimmt u. gegebenenfalls die nötigen Korrekturen angebracht werden. Vff. geben folgende Vorschrift zur Herst. einer stabilen Hämatoxylinlsg. an: 0,1 g umkrist. Hämatoxylin wird in 55 ml 0,009 n HCl gegeben, auf 60° erhitzt, u. nach vollständiger Lsg. 0,02 n NaOH, bis die Lsg. gerade rot wird, u. dann werden 3 ml 3%ig. H_2O_2 u. 100 ml 1%ig. Essigsäure hinzugefügt. Nach 1 std. Stehen ist die Lsg. gebrauchsfertig. Der Indicator wird durch Verdünnen von 100 ml einer Al-Sulfatlsg. (0,05 mg Al/ml) mit 850 ml dest. W. hergestellt, unter Hinzufügen von 25 ml gesätt. $NaHCO_3$-Lsg. u. von 15 ml der oxydierten Hämatoxylinlösung. Nach 1 Std. werden 10 ml Essigsäure hinzugefügt. Nach 48 Std. ist die Lsg. gebrauchsfertig (Haltbarkeit ca. 10 Tage). Die Absorptionskurven von Hämatoxylin u. dem Al-Hämatoxylinlack zeigen ein Absorptionsmaximum des Purpurlackes bei 550 mμ, während die Absorption des Hämatoxylins bei dieser Wellenlänge klein ist. Daher wurden Farbfilter von 550 mμ bei der colorimetr. Best. gebraucht u. so beste Resultate bei der Fluoridbest. erzielt. Infolge der Abhängigkeit des Indicators von der Zeit werden die Messungen am besten nach 4 Std. gemacht. Außerdem zeigt das p_H einen Einfl. auf die Farbwrkg., die sich am klarsten beim p_H 4,6 entwickelt. Von verschied. untersuchten Puffersubstanzen ist $NaHCO_3$ zur Einstellung des p_H gut geeignet u. gibt eine genügende Farbentwicklung. (Analytic. Chem. **24.** 1593—95. Okt. 1952. Edmonton, Alberta, Can., Univ. of Alberta, Dep. of Chem.) HILDEGARD SCHULZ. G 246

Christina C. Miller und **Robert A. Chalmers,** *Mikroanalyse von Silicatgesteinen.* 2. Mitt. *Die Fällung der Kieselsäure als 2.4-Dimethylchinolinsilicomolybdat und ihre gravimetrische*

Bestimmung als Silicomolybdänsäureanhydrid. (1. vgl. C. **1952.** 6416.) Nach dem Aufschluß mit wasserfreiem Na_2CO_3 wird die Schmelze in W. zers. u. zu einem Gemisch aus 1,5 ml 10%ig. NH_4-Molybdatlsg. u. 0,45 ml 6nHCl gegeben. Nach 5 Min. wird die Lsg. 3—4 Min. auf 75° erhitzt, weitere 1,55 ml 6nHCl u. anschließend 1,5 ml 2.4-Dimethylchinolin (2 g in 100 ml 0,25nHCl) werden unter dauerndem Rühren zugegeben. Nach dem Abkühlen in Eiswasser wird durch einen Filtertiegel abfiltriert, 4 mal mit 0,75 ml Eiswasser gewaschen. Nach 15 Min. Trocknen bei 120—150° wird zur Verflüchtigung des Chinolins 5 Min. auf 250—300° u. anschließend zur Entwässerung auf 500—560° erhitzt u. als Silicomolybdänsäureanhydrid ausgewogen. Ein Auswiegen des auf 120 bis 150° erhitzten Chinolinkomplexes ist nicht zu empfehlen, da dieser hygroskop. ist. Die NH_4-Molybdatlsg. kann auch erst nach vollkommener Auflsg. der Schmelze in HCl zugegeben werden. Fe, Al, Ti, Mn, V, Ca u. Mg stören nicht, As u. Ge dürfen nicht vorhanden sein. P_2O_5 wird spektrophotometr. (vgl. nachst. Ref.) bestimmt u. abgezogen. (Analyst **78.** 24—32. Jan. 1953. Edinburgh, Univ., Chem. Inst.) ENSSLIN. G 261

Robert A. Chalmers, *Mikroanalyse von Silicatgesteinen.* 3. Mitt. *Die spektrophotometrische Bestimmung von Phosphorsäure in Gegenwart von Kieselsäure.* (2. vgl. vorst. Ref.) 5 mg Gestein werden mit Soda aufgeschlossen, nach dem Zersetzen der Schmelze mit W. durch 0,6—0,65 ml 6nHCl angesäuert u. das Fe durch einen Silberreduktor reduziert. Nach Zugabe von 2 ml $FeNH_4(SO_4)_2$(5 g Eisensalz in 30 ml W. mit 7,5 ml n-H_2SO_4 u. Verdünnen auf 50 ml) u. 2,5 ml saurer NH_4-Molybdat (I)-Lsg. (12,5 g I in 250 ml W. + 40 ml kalte konz. H_2SO_4 in 200 ml W., Verdünnen auf 500 ml) wird gut durchgemischt u. 10 Min. auf 35° erwärmt. Der Nd. wird abzentrifugiert, die Absorption bei 750 mμ im Spektrophotometer gemessen u. aus einer Eichkurve der P_2O_5-Wert errechnet. Fe^{III} u. V^{V} müssen im Silberreduktor red. werden. As u. Ge stören. Al, Ti, Ca u. Mg stören nicht. (Analyst **78.** 32—36. Jan. 1953.) ENSSLIN. G 263

L. A. Conradi und **Sverre Jarp,** *Absorptiometrische Phosphorbestimmung in Fencarbonat nach der Phosphormolybdänblaumethode.* Bei der untersuchten Meth. ist die Reaktionsdauer, die Dauer des Stehens nach der Abkühlung u. die Acidität der Endlsg. (zwischen 0,70 u. 1,15n) ohne wesentlichen Einfl. auf das Ergebnis. Dagegen stören bereits geringe NO_3^--Konzz. (z. B. 0,004 mVal) derart, daß bei Verwendung von Hydrazin als Reduktionsmittel überhaupt kein P_2O_5 mehr zu bestimmen ist. Die Meth. eignet sich für rasche u. zuverlässige P_2O_5-Best. in säurelösl. mineral. Prodd. u. ist vermutlich auch in der Silicatanalyse von Vorteil. (Tidsskr. Kjemi, Bergves. Metallurgi **12.** 96—98. Juni 1952. Forsvarets Forskningsinst., Avd. for kjemi.) R. K. MÜLLER. G 264

G. Capuano, *Bestimmung der Zinnmenge auf verzinnten Metallstreifen.* Ausgehend von der Tatsache, daß bei der Verzinnung von Eisenblechen die Schichtdicke des Zinns an den verschied. Stellen erheblich schwankt, werden Vorschläge zur Auswahl der zur analyt. Sn-Best. am besten geeigneten Blechsegmente gemacht. Die Meth. liefert einen guten Überblick über die Gesamtschichtdicke. (Ind. ital. Conserve **27.** 115—21. Juli/Aug. 1952. Parma, Staz. Sperim. per l'Ind. Conserve Alim.; Labor. Recip. ed Imball.) DALL'ASTA. G 327

Louis Meites, *Polarographische Bestimmung von Eisen in Nichteisenlegierungen.* Um Gehh. von 0,002—2,5% Fe in NE-Legierungen ohne zu große Schwierigkeiten polarograph. bestimmen zu können, untersucht Vf. das polarograph. Verh. von Fe in *Citronensäure.* Danach ist der Diffusionsstrom bei —0,55 V (gegen gesätt. HgCl-Elektrode) im p_H-Bereich von 3,0—6,7 konstant. Zur Neutralisation eignet sich bes. *Methylrot* als Indicator, das in einer Konz. von 0,0005% noch als Maximumunterdrücker wirkt u. die photokatalyt. Red. des Fe^{3+} verkleinert. In einer 0,25 F·NH_4-Citratlsg. ist im Konzentrationsbereich von 0,01—20 mmol Fe^{3+}-Lsg. die Diffusionsstromkonstante = 1,241 ± 0,007. Zur Analyse löst man 1—10 g Legierung in 25 ml konz. HCl + 10 ml konz. HNO_3, raucht mehrfach mit 10 ml konz. HCl ab, löst in W. u. schüttelt 1 Min. mit Zn-Amalgam (>1% Hg). Die dekantierte u. filtrierte Lsg. oxydiert man mit einigen Tropfen $KMnO_4$-Lsg., setzt 2 ml 1 mol. Oxalsäure, 5 g Citronensäure u. 0,5 ml einer 0,1%ig. Lsg. von Methylrot zu, neutralisiert mit NH_4OH auf den ersten feststellbaren Farbumschlag u. verwendet einen aliquoten Teil zur polarograph. Bestimmung. Die Ergebnisse an *Eichlsgg., Al-Bronze, Al-Gußlegierung, Mn-Bronze, Phosphorbronze, Messingblech, Münzmetall, Sn-haltigem Lagermetall, Bronzeguß, Zn-Schalengußlegierung* u. *Mg-Legierungen* zeigen die Brauchbarkeit der Methode. (Analytic. Chem. **24.** 1374 bis 1376. Aug. 1952. New Haven, Conn., Yale Univ.) WEITBRECHT. G 354

John L. Hague, Eric D. Brown und **Harry A. Bright,** *Photometrische Bestimmung von Kupfer in Eisen und Stahl mit Diäthyldithiocarbamat.* In prakt. allen Eisen u. Stählen können Gehh. von 0,005—0,26% Cu mit sehr guter Genauigkeit innerhalb von 30 Min. photometr. bestimmt werden. Die Substanz wird in verd. HNO_3 gelöst u. mit einem

H_2SO_4–H_3PO_4–$HClO_4$-Gemisch versetzt. Nach Abrauchen der $HClO_4$ u. Verdünnen mit W. wird Citronensäure zugesetzt u. schwach ammoniakal. gemacht. Als Komplexbildner wird für Ni-Gehh. <4% Na-Dimethylglyoxim, für höhere Gehh. aber Äthylendiamintetraacetat hinzugesetzt. Nach Zugabe einer Na-Diäthyldithiocarbamatlsg. wird der Cu-Diäthyldithiocarbamatkomplex mit Butylacetat ausgeschüttelt u. der Extrakt danach mit verd. H_2SO_4 gewaschen, um das Ni zu entfernen, u. schließlich bei 560 bis 600 mμ photometriert. Es wird eine Arbeitsvorschrift für C-Stähle sowie für Stähle mit Ni- u. Co-Gehh. unter 4% sowie eine Arbeitsvorschrift für Ni-, Ni–Cr- oder Ni–Cr–Co-Stähle u. -Legierungen gegeben. Zahlreiche Beleganalysen zeigen die hohe Genauigkeit der Ergebnisse bei den NBS-Standardproben. (J. Res. nat. Bur. Standards **47.** 380—84. Nov. 1951. Washington, Nat. Bur. of Standards.) v. Vogel. G 358

b) Organische Verbindungen.

Earle C. Farmer und **Irving A. Berstein,** *Bestimmung spezifischer Aktivitäten von mit ^{14}C markierten organischen Verbindungen mit einem wasserlöslichen Flüssigkeitsscintillator.* Mit einem für organ. u. wasserlösl. Stoffe brauchbaren Flüssigkeitsscintillator (p-Dioxan + ½% p-Terphenyl) in Kombination mit Photomultiplierröhre wurden die spezif. Aktivitäten von mit ^{14}C markierten organ. Verbb. in wss. Lsg. gemessen, indem aliquote Teile zur Scintillationslsg. zugefügt u. die Impulszahlen mit einem ^{90}Sr-Standard verglichen wurden. Die mittlere Energie der ^{14}C-β-Teilchen wurde zu 58 ± 7 keV bestimmt. Durch Vgl. mit Verbrennungsanalysen ergab sich eine Wirksamkeit der Bestimmungsmeth. von 75—90%. (Science [Washington] **115.** 460—61. 25/4. 1952. Boston, Mass., Tracerlabor. Inc., Dep. of Phys. and Chem.) Conrad. 5364

Elizabeth D. Olleman, *Bestimmung von reaktivem Wasserstoff in organischen Verbindungen.* Übersichtsbericht (mit 190 Literaturangaben), umfassend die Best. des „akt. H" durch Grignard-Reagentien oder $LiAlH_4$ in organ. Verbb. (*Alkoholen, Phenolen, Enolen, Mercaptanen, Säuren, Aminen, Amiden*) u. die Best. acylierbarer Verbb. (durch Acetylierung, Benzoylierung, Phthaloylierung, Formylierung, Stearoylierung). Durch Variation der gebräuchlichsten Acylierungsmethoden können *prim.* u. *sek. Alkohole* u. *Amine,* sowie ster. nicht gehinderte *Phenole* bestimmt werden. Die Anwendbarkeit verschied. Acylierungsmethoden zur Best. von *prim., sek.* u. *tert. Alkoholen, Mercaptanen, Phenolen, Thiophenolen, prim.* u. *sek. Aminen* u. *Pyrrolen* ist in einer Tabelle zusammengefaßt. (Analytic. Chem. **24.** 1425—39. Sept. 1952. Pittsburgh, Pa., Carnegie Inst. of Technol., Coal Res. Inst.) K. F. Müller. 5364

Giuseppe Franchi, *Über die Anwendung der selenigen Säure in der Maßanalyse. Bestimmung von Mercaptoderivaten.* SeO_2 (I) reagiert mit Stoffen, die eine —SH-Gruppe enthalten, quantitativ unter Red. zu Se, der I-Überschuß kann jodometr. zurücktitriert werden. Die bei Siedehitze ausgeführte Rk. erfolgt in wss. Lsg., erfordert aber in essigsaurer Lsg. nur die halbe Zeit. Die mol/10 I-Lsg. (1,11 g/100 cm³) wird nach Zusatz von 10%ig. KJ-Lsg. u. 10%ig. H_2SO_4 mit mol/10 $Na_2S_2O_3$-Lsg. eingestellt (theoret. 4fache Menge). 0,2—0,6 g Probe werden in ca. n/10 NaOH gelöst, auf 100 cm³ verd. u. 10 cm³ dieser Lsg. mit 20 cm³ mol/10 I-Lsg. u. 10—20 cm³ konz. Essigsäure ca. 4 Std. am Rückflußkühler erhitzt, nach Abkühlen filtriert u. eine aliquote Menge Filtrat (5—10 cm³) nach Zugabe von KJ u. H_2SO_4 mit $Na_2S_2O_3$-Lsg. titriert. 1 Mol Substanz verbraucht 1½ Mol I. Das Verf. gestattet die quantitative Best. z. B. von *2-Thio-4-methyluracil, Diäthylthiobarbitursäure, 2-Mercapto-4.8-dimethylchinolin, Hydrothiobicin,* allg. *Thiosemicarbazonen,* auch pharmazeut. Präpp. wie „*Fenucil*" (*2-Thio-6-phenyl-uracil*) u. *Conteben* (*4-Acetylaminobenzaldehydthiosemicarbazon*). (Ann. Chimica **42.** 701—05. Nov./Dez. 1952. Siena, Univ., Ist. di Chim. farm. e tossical.) R. K. Müller. G 3272

Robert Roy Bridges, *Quantitative Bestimmung von Pentosen mit Anthron.* Das bisher zur Best. von Hexosen verwendete Anthron wurde auf die Best. von Pentosen durch Anwendung einer einfachen Abänderung der Operationstechnik ausgedehnt. Hexosen stören bei dieser Best.; die mit Pentosen erhaltene blaugrüne Farbe bleibt lange genug erhalten, um genau reproduzierbare Ablesungen zu gestatten, vorausgesetzt, daß das Reaktionsgemisch in einem Eisbad gekühlt wird. (Analytic. Chem. **24.** 2004—05. Dez. 1952. Laurel, Mo., Masonite Corp.) Walcker. G 3400

V. Schwarz, *Ein halbquantitativer Tüpfelschnelltest für reduzierende Steroide.* Der Test beruht auf der durch reduzierende Steroide mit *Arsenmolybdat* (I) entstehenden Blaufärbung. Er wird folgendermaßen ausgeführt: der Rückstand (hauptsächlich Propylenglykol) eines im Luftstrom eingeengten aliquoten Teiles der zu prüfenden Lsg. wird in 1 Tropfen A. + 2 Tropfen Chlf. aufgelöst u. mittels einer Capillare auf einen 1 cm breiten Papierstreifen (Whatman Nr. 1) gebracht. Das Lösungsm. wird durch einen Luftstrom entfernt u. der Papierstreifen mit einer Längskante auf eine Glasplatte gebracht, die mit I-Reagens bestrichen worden ist. Nach völligem Auflegen des Streifens auf die Glasplatte wird der Streifen mit einer vorher auf 65° erwärmten 2. Glasplatte bedeckt u. 30 Min. lang bei dieser Temp. gehalten. Nach Trocknen des Streifens in der Luft wird die erhaltene Blaufärbung mit der von gleichzeitig vorgenommenen Rkk. von Standardlsgg. passenden Geh. verglichen. — Als Reagens wurde die von Nelson (J. biol. Chemistry **153.** [1944.] 375) angegebene Mischung verwandt (Mischung einer Lsg. von 25 g NH_4-Molybdat in 450 cm³ W. mit 21 cm³ konz. H_2SO_4 u. Zusatz einer Lsg. von 3 g $Na_2HAsO_4 \cdot 7\,H_2O$ in 25 cm³ Wasser. Das Gemisch wird 48 Std. bei 37° gehalten u. dann filtriert; Aufbewahrung in braunen Glasstöpselflaschen). — Der Test ist für Nebennierenrindensteroide nicht spezif., jedoch sehr empfindlich: *Desoxycorticosteron* kann bis zu 1 γ/cm³ nachgewiesen werden (Fleckendurchmesser 7—9 mm). Die Rk. mit I kann man zur Lokalisation von reduzierenden Steroiden bei der Papierchromatographie benutzen, indem der gebildete, mehrere Tage lang stabile blaue Farbkomplex eluiert u. colorimetr. quantitativ bestimmt wird. (Nature [London] **169.** 506—07. 22/3. 1952. Ware, Herts., Allen and Hanburys, Ltd.) Vincke. G 3750

K. H. Pfeffer, W. Ruppel, H. J. Staudinger und **L. Weissbecker,** *Getrennte Bestimmung der 11-Oxy- und 11-Desoxycorticoide (Methode und einige Ergebnisse).* Die Trennung der *11-Oxycorticosteroide* (I, *Corticosteron, 11-Dehydro-, 17-Oxycorticosteron, Cortison*) u. der *11-Desoxycorticosteroide* (II, *11-Desoxy-* u. *11-Desoxy-17-oxycorticosteron*) wird durch Verteilung zwischen W. u. PAe. vorgenommen; danach werden die beiden Hormonanteile nach der früher beschriebenen Meth. (C. **1951.** II. 1454) in Eisessig mit Phosphormolybdänsäurereagens colorimetr. bestimmt. Genaue Arbeitsvorschrift im Original. Auf die zahlreichen Fehlerquellen — Störung durch viele Arzneimittel — wird hingewiesen; es wird betont, daß zuverlässige Ergebnisse erst nach längerer Einarbeitung erzielt werden können. Zahlenwerte für 28 gesunde Männer im Alter von 25—50 Jahren 550—680 γ I bzw. 120—180 γ II/Tag. (Naunyn-Schmiedebergs Arch. exp. Pathol. Pharmakol. **214.** 165—73. 1952. Freiburg/Br., Univ., Med. Klinik, u. Mannheim, Städt. Krankenhaus.) Vincke. G 3750

d) Medizinische und toxikologische Analyse.

Hermann Germ und **Maria Kietreiber,** *Wirkstoffteste mit der Keimrollenmethode.* Botan. Objekte können unter Umständen an Stelle von Tierverss. zu medizin. Wirkstoffmessungen herangezogen werden. Die zu untersuchenden wss. Fll. u. ausgesiebte Hirsesamen (*Panicum miliaceum*) werden auf einen Filtrierpapierstreifen gebracht, dieser wird eingerollt u. 72 Std. bei 30° im Thermostaten gehalten. Dann werden die entwickelten Keimlinge gemessen. Kontrollverss. mit dest. Wasser. Eine Arzneilsg. (synthet. Östrogen) (I), Harn u. Serum werden als Beispiele ausgewertet. Für den Indicator „Sproßwachstum" ist die für I gefundene Wachstumsförderung von 6,7% mit 95% Wahrscheinlichkeit gesichert. (Subsidia med. [Wien] **4.** 211—16. Dez. 1952.) Fresenius. 5725

Søren L. Ørskov, *Bestimmung von Kalium und Natrium in Blut und Geweben mit dem Flammenphotometer nach Elektrolyse.* Die Meth. von Ørskov u. Ratjen (Acta physiol. scand. **13.** [1947.] 238) wurde durch Abänderung der App. verbessert. Zugabe von NH_3 zu der Gewebesuspension macht die Extraktion vollständig. Bei der Elektrolyse von Serum ist diese NH_3-Zugabe nicht notwendig. Vergleichswerte für Na u. K nach dem Elektrolysverf., Fällung mit Trichloressigsäure oder Veraschung werden ermittelt. Die Werte nach dem Elektrolyseverf. liegen am höchsten. (Acta physiol. scand. **27.** 321—27. 28/2. 1953. Aarhus, Univ., Physiol. Inst.) Fresenius. 5727

L. Jacobsson und **H. Hansen,** *Eine einfache Methode zur Bestimmung von Dextran in Blut und Urin.* Das Verf. beruht auf der Messung der beim Fällen von *Dextran* mit 5 Voll. A. entstehenden Trübung. Blut u. nötigenfalls Urin wird vorher mit Trichloressigsäure enteiweißt. Die Trübungswerte sind weitgehend unabhängig vom Mol.-Gewicht. Die Trübung ist von 0,2—1,1% direkt proportional der Konzentration. Der mittlere Fehler betrug bei Konzz. über 0,06% höchstens ±2,5%. Bei Konzz. über 1,1% muß der A.-Zusatz erniedrigt werden, doch dauert die Erreichung der maximalen Trübung dann länger. (Scand J. clin. lab. Invest. **4.** 352—54. 1952. Gothenburg, Schweden, Sahlgren's Hosp.) Willenberg. 5727

Hermann Bennhold, Ekkehard Kallee und **Eva Roth,** *Autoradiographisches Verfahren zur qualitativen papierelektrophoretischen Auftrennung kleiner und kleinster Eiweißmengen.* An Autoradiogrammen von Papierelektrophoresestreifen wird gezeigt, inwieweit ein mit ^{131}J jodiertes *n. Serum* u. *Gewebshomogenisat* ^{131}J aufnimmt u. wie dieses in einzelne Fraktionen aufgetrennt wird. Bei stark verd. Seren wurde den durch Adsorption an das Papier bedingten Schwierigkeiten dadurch entgegengetreten, daß vor dem Auftragen von 0,01 ml einer radioakt. Eiweißlsg. 0,01 ml einer nicht radioakt. Lsg. aufgetragen wurde. Die getrockneten Streifen wurden in einer gewöhnlichen Röntgenkassette autoradiographiert. Die Beweglichkeit der Banden des ^{131}J-Serums ist von der Art mitgeführten „Ballast"-Eiweißes unabhängig, u. die Bandenspuren jodierter Seren unterscheiden sich auch von denen nativer Proteine nicht. (Z. Naturforsch. **7b.** 324. Mai 1952. Tübingen, Med. Univ.-Klinik.) ENDRASS. 5728

H. Seiler, E. Sorkin und **H. Erlenmeyer,** *Über die papierchromatographische Bestimmung von Alkali- und Erdalkaliionen in biologischen Materialien.* Das enteiweißte *Serum* wird auf dem Ionenaustauscher Amberlite 410 (Acetatform) ausgetauscht, die Lsg. bis zur Trockne eingedampft u. in Essigsäure aufgenommen. Es wird in Trögen mit aufgeschliffener u. beschwerter Glasplatte bei 23° aufsteigend chromatographiert. Als Lösungsm. dient ein Gemisch von 80 Voll. A. (96%) u. 20 Voll. 2nEssigsäure. Entwicklungsdauer 14—16 Stunden. Die Sichtbarmachung der Na^+-, K^+-, Mg^{2+}- u. Ca^{2+}-Flecken geschieht durch Besprühen mit einer wss. 0,1nViolursäurelösung. Die umrandeten Flecken werden mit dem Planimeter ausgemessen. (Helv. chim. Acta **35.** 2483—86. 1/12. 1952. Basel, Univ., Anst. für anorgan. Chem.) KAISER. 5728

E. Dannenberg, *„Rapidanalyse" Eiweißnachweis mit Trockenreagens.* Das Eiweißtrockenreagens besteht aus 85 Teilen bes. gereinigtem Seesand u. 15—20 Teilen Sulfosalicylsäure. Der Nachw. erfolgt durch Schütteln mit *Harn,* der bei Ggw. von Eiweiß trübe wird. Ein etwaiger Glucosenachw. mit FEHLINGscher Lsg. usw. kann im Anschluß an die Eiweiß-Rk. in derselben Probe Harn erfolgen. (Münchener med. Wschr. **95.** 102. 9/1. 1953. Santiago del Estero, Hosp. Mixto.) FRESENIUS. 5732

H. Angewandte Chemie.

I. Allgemeine chemische Technologie.

Badische Anilin- & Soda-Fabrik (Erfinder: **Robert Werner**), Ludwigshafen/Rh., *Dichtungsmittel.* Die zum Abdichten u. Verschließen von Gefäßen gegen die Atmosphäre bestimmte M. besteht aus Paraffin, Ozokerit, Wachsen usw. u. einer geringen Menge damit verträglichen Polyvinyläthern. (**D. B. P. 858 442** Kl. 22i vom 25/1. 1950, ausg. 8/12. 1952.) LÜTTGEN. 5813

A/S. Norduco, Oslo, Norwegen (Erfinder: **Jan Pluim, Hendrik Sipkes** und **Adriaan Gerard van Steeden,** Den Haag, Holland), *Kristallisation schwerlöslicher Stoffe* u. deren Abscheidung in konz. Form aus reichlichen Mengen Fl. (I), wobei **I**, zusammen mit einem Fällungsmittel, durch eine Kristallisationskammer (**II**) aufwärts geleitet wird, in welcher die gebildeten Kristalle (**III**) im **I**-Strom klassiert werden. Dann wird der Strom mit den feinsten Kristallen in einen Absetzbehälter geleitet, aus welchem die geklärte **I** überfließt; die abgesetzten **III** werden nach einem spaltförmigen Raum, der um **II** herum verläuft, gekehrt. Durch diesen sinken die **III** nach dem unteren Teil der **II** zurück, indem die größten **III** im **II** zu Boden sinken. Sie werden dort abgeführt. — Vorrichtung. (**D. B. P. 854 496** Kl. 12c vom 1/4. 1950, ausg. 4/11. 1952. Holl. Prior. 31/3. 1949.) NEBELSIEK. 5869

F. Hoffmann-La Roche & Co. Akt.-Ges., Basel, Schweiz, *Herstellung eines bleihaltigen Palladiumkatalgsators für selektive Hydrierungen.* Ein nichtselektiver Pd-Katalysator wird in wss. Milieu mit einem Pb-Salz (z. B. sd. Bleiacetatlsg.) behandelt. (**Schwz. P. 280 466** vom 15/8. 1949, ausg. 16/4. 1952.) SCHREINER. 5905

III. Elektrotechnik.

Eugen Dürrwächter, Pforzheim, *Bimetallkontakt.* Die Kontaktschicht besteht aus gepreßten u. gesinterten pulverförmigen Edelmetallen oder deren Legierungen oder Mischungen, auch mit einem geringen Zusatz von Nichtedelmetallen (I), z. B. 93 (%) Au, 5 Ni u. 2 Cu, oder 70 Au u. 30 Pd, die Trägerschicht aus gepreßten u. gesinterten pulverförmigen **I** oder deren Legierungen oder Mischungen, z. B. 98 Cu u. 2 Ni. (**D. B. P. 850 031** Kl. 21g vom 9/3. 1943, ausg. 21/9. 1952.) KESSEL. 5953

Felten & Guilleaume Carlswerk Akt.-Ges., Köln (Erfinder: **Henry J. Kauth,** New York, N. Y., V. St. A.), *Elektrisches Isoliermaterial,* bes. für elektr. Leitungen. Biegsame, hitzebeständige, nicht entflammbare Faserstoffe, z. B. Asbest oder Glaswolle, werden mit einem wärme- u. wasserbeständigen anorgan. oder überwiegend anorgan. polymerisierten oder kondensierten Stoff getränkt, z. B. mit einem Phosphornitrilhalogenid, einem Thiophosphorylamid–Formaldehyd-Harz oder einem Triarylphosphat-

Metalloxyd-Harz. (**D. B. P. 855 880** Kl. 21c vom 15/6. 1939, ausg. 17/11. 1952. A. Prior. 16/6. 1938.) KESSEL. 5957

Gesellschaft zur Förderung der Forschung an der Eidgenössischen Technischen Hochschule (G. F. F.) (Erfinder: **Hans Stäger**), Zürich, Schweiz, *Elektrisches Isoliermaterial* enthält Formaldehydkondensationsprodd. von Oxyarylverbb., die an der Aryloxygruppe mindestens zu 25% mit solchen Verbb. veräthert sind, die befähigt sind, verätherte Aryloxygruppen zu bilden, die gegenüber den unverätherten eine stark herabgesetzte Beweglichkeit im elektr. Feld aufweisen. Als Oxyarylverbb. dienen z. B. Phenol, o-, m- oder p-Kresol, als verätherungsfähige Verbb. Aralkylverbb., die außer der reaktionsfähigen Gruppe keine polaren Gruppen enthalten, z. B. Benzylverbb., bes. Benzylchlorid u. Dibenzylsulfat oder deren Homologe. (**D. B. P. 856 648** Kl. 21c vom 28/10. 1939, ausg. 24/11. 1952. Schwz. Priorr. 11/11. 1938, 14/1. u. 19/10. 1939.) KESSEL. 5957

International General Electric Co., Inc., New York, N. Y. (Erfinder: **Willard A. Roberts,** Euclid, O.), V. St. A., *Leuchtstoff für Gasentladungsleuchtröhren.* Ein Erdalkaliphosphat, bes. $Ca_3(PO_4)_2$, $Ca(PO_3)_2$ oder $Ca_2P_2O_7$, wird mit 4—15 Gew.-% einer als Aktivator dienenden Cero-Verb. (z. B. Cero-Phosphat, -Oxyd, -Nitrat, -Sulfat) innig vermengt u. in reduzierender Atmosphäre (z. B. in H_2) bei 950—1300° gebrannt. (**D. B. P. 849 731** Kl. 21f vom 26/9. 1950, ausg. 18/9. 1952. A. Priorr. 16/1. u. 2/9. 1941.) KESSEL. 5975

Patent-Treuhand-Gesellschaft für elektrische Glühlampen m. b. H., Heidenheim (Erfinder: **Franz Skaupy,** Berlin), *Leuchtschichten für Kathodenstrahlröhren und Gasentladungsleuchtröhren.* Als Grundstoff (I) dienen Mischungen oder Mischkristalle aus Fluoriden, bes. der Erdalkalien, der Seltenen Erden oder der wenig gefärbte Fluoride liefernden Schwermetalle, wie Zn oder Mn, oder aus Doppelfluoriden, wie Silico-, B-, Ta- oder Zr-Fluoriden der genannten Elemente. Als färbende Zusätze, die mit **I** Mischkristalle bilden, dienen Substanzen, die im Mischkristall bei höheren Tempp. eine starke Strahlung im Sichtbaren aufweisen, z. B. Ce-Fluorid in La-, Co-, Ni-, Mn-, UO_2- oder Eu-Fluorid. Als Aktivatoren dienen z. B. Cu, Ag, Zn, Bi, Mn, Sa oder deren Fluoride. (**D. B. P. 837 578** Kl. 21g vom 10/9. 1949, ausg. 1/12. 1952.) KESSEL. 5975

Lumalampan Aktiebolag, Stockholm (Erfinder: **Gunnar Georg Johan Günther,** Stockholm, und **Gordon Gustaf Bertram Andersson,** Hammabyjöhden), Schweden, *Leuchtschichten für Gasentladungsleuchtröhren.* Das Leuchtstoffpulver (I) wird mit einem verbrennbaren Bindemittel (**II**), dem eine geringe Menge eines härtbaren Siliconharzes (**III**) beigemengt ist, versetzt. Beim Ausbrennen des **II** wird das **III** gehärtet. — Beispiel: 1 kg **I**, 750 cm^3 Butylacetat, 30 g 20%ig. Collodiumpaste, 1,5—12 cm^3 60%ig. **III**-Lösung. (**D. B. P. 851 386** Kl. 21f vom 15/9. 1950, ausg. 2/10. 1952. Schwed. Prior. 9/9. 1949.) KESSEL. 5975

Siemens & Halske Akt.-Ges., Berlin und München (Erfinder: **Helmut Kehler,** Berlin), *Si-Trockengleichrichter,* bes. als Hochfrequenzdetektor. Das Si enthält 0,001 bis 0,01% Be. (**D. B. P. 856 170** Kl. $21a^4$ vom 2/10. 1948, ausg. 20/11. 1952.) KESSEL. 5977

Deutsche Gold- und Silber-Scheideanstalt vorm. Roessler (Erfinder: **Max Kollmar**), Frankfurt/M., *Elektrisch leitende Flächen* auf isolierenden Unterlagen, bes. für *Kondensatoren.* Es werden wss. Edelmetallsuspensionen eingebrannt, die neben organ., mit W. mischbaren Bindemitteln (z. B. Leim, Dextrin, Methylcellulose, Polyvinylalkohol, Stärkeprodd.) oder Netzmitteln (z. B. Ochsengalle oder Fettalkoholsulfonate) noch wasserlösl. Elektrolyte enthalten können, deren Zersetzungsprodd. beim Einbrennen als Flußmittel dienen u. keinen Rückstand hinterlassen, z. B. wasserlösl. Bi-, Pb-, B- oder Edelmetallverbindungen. (**D. B. P. 849 733** Kl. 21g vom 5/4. 1951, ausg. 18/9. 1952.) KESSEL. 5983

N. S. F. Nürnberger Schraubenfabrik und Elektrowerk G. m. b. H., Nürnberg (Erfinder: **Karl Pfister,** Fürth), *Elektrischer Kondensator.* Ein aus einem keram. Dielektrikum bestehender Körper wird zusammen mit den z. B. aus Ag bestehenden Elektrodenbelägen (I) mit einer Glasur aus einem als Isolator u. als Löt- u. Flußmittel dienenden Stoff (II), z. B. B_2O_3, überzogen u. bei einer Temp. unterhalb des E. der **I** u. oberhalb der Zersetzungstemp. von **II** (z. B. bei ca. 800° bei Ag u. B_2O_3) gebrannt. (**D. B. P. 850 023** Kl. 21g vom 9/6. 1949, ausg. 22/9. 1952.) KESSEL. 5983

R. Müller, Kopenhagen, Dänemark, *Herstellung von elektrischen Kondensatoren.* Man belegt Isolierfolien aus Polyvinylverbb., bes. Polystyrol, mit Ag-Schichten. Hierbei zieht man die Folien zunächst durch eine alkal. Ag-Lsg., die ein Reduktionsmittel enthält, dann durch ein Bad mit Ag in Form positiv geladener Ionen, z. B. als $[Ag(NH_3)_2]^+$. Im 2. Bad wird das Ag elektrolyt. ausgefällt, wobei der Elektrolyt vorzugs-

weise im Gleichstrom zur Folie geführt wird. In der 1. Stufe wird bei ca. 30—80° gearbeitet. Man erhält sehr gleichmäßige Belegungen u. somit Kondensatoren mit konstanter Kapazität. — Zeichnung. (**Schwed. P. 131 620** vom 9/2. 1945, ausg. 8/5. 1951.)
JÜRGEN SCHMIDT. 5983

IV. Wasser. Abwasser.

Charles R. Loose III, *Vollständige Beseitigung des Cyangehaltes des Abwassers durch geändertes Fabrikationsverfahren.* Zur Verminderung des CN-Geh. der Abwässer der Acrylnitrilfabrikation von anfänglich 1800 mg/Liter CN wurde die Belüftungsstufe vergrößert u. damit neben Ausbeutesteigerung der CN-Geh. des Abwassers auf 1 mg/Liter vermindert; das gesondert gesammelte Abwasser wird erst einem Erdbecken mit 10 Tagen Aufenthaltszeit zugeführt, schließlich neutralisiert u. gechlort. Weitere Abwässer des Werkes mit 100 mg/Liter Ruß werden nach Vergrößerung der Flotationsbecken ausreichend geklärt. Benzolhaltige Abwässer werden an der Stelle des Anfalls durch Belüftung von geruch- u. geschmackbildenden Stoffen befreit. (Publ. Works **83.** 84—85. 120—21. Okt. 1952. American Cyanamid Co., Fortier Plant.)
MANZ. 6040

W. Töller, *Chemisch-physikalische Prüfeinrichtungen bei der Speisewasserpflege.* Für die wirksame dauernde Überwachung des Speisewasserkreislaufes stehen ständig arbeitende chem.-physikal. Prüfeinrichtungen zur Ermittlung der Resthärte (Härteprüfer Durometer mit Messung der durch Eriochromschwarz bei Pufferzusatz erzeugten Färbung, Rest-Mg-Härteprüfer auf Titangelbgrundlage, BASF-Gerät mit photometr. Messung der durch Seifenlsg. verursachten Trübung), Leitfähigkeitsmeßapp., p_H-App. mit auch für ungepufferte Kondensate brauchbaren Glaselektroden u. Geräte zur Messung des gelösten O_2 nach dem Verf. von TÖDT in verbesserter Ausführung (Gerät HARTMANN u. BRAUN mit Meßzelle aus Fe, durch Zinkstreifen vor Passivierung geschützt, u. der verbesserte Sauerstoffprüfer Bauart Chlorator mit $Cd/CdSO_4$-Anode, Pt-Kathode u. zusätzlicher Besalzung des W. zur Verringerung der durch Leitfähigkeitsänderungen bedingten Schwankungen u. des inneren Widerstandes) verfügbar. Die O_2-Geräte gestatten nunmehr eine Eichung u. haben sich im bisherigen Betriebe prakt. bewährt. Es werden die zur Vermeidung von Störungen u. Fehlanzeigen zweckmäßige Handhabung der Geräte u. der Stand der Bemühungen um einwandfreie Probenahme aus dem Dampf besprochen. (Mitt. Vereinig. Großkesselbesitzer **1952.** 252—61. Mannheim.)
MANZ. 6056

F. Zehender, *Über die Ozonbestimmung bei der Trinkwasseruntersuchung.* Bei der jodometr. Ozontitration mit Thiosulfat werden nach dem Ansäuern wie bei der Best. des akt. Cl höhere Werte erhalten; mit Thiosulfat werden um so niedrigere Werte gefunden, je höher die Verdünnung u. der p_H-Wert ist; in n/1000 Lsg. noch gute Werte bei p_H nicht über 5. Durch Titration mit Arsenit bei p_H 5—9 erhält man bessere Ergebnisse. Zu möglichst vollständiger Erfassung des Ozons in größerer Verdünnung u. zur Ausschaltung von Störung durch Nitrit empfiehlt es sich, ohne Ansäuern mit Arsenit zu titrieren, ausgenommen bei Fe-haltigem W., wobei nach Ansäuerung mit Phosphorsäure Titration mit Thiosulfat geboten ist. (Mitt. Gebiete Lebensmittelunters. Hyg. [Bern] **43.** 144—51. 1952.)
MANZ. 6060

L. W. Slanetz, *Membranfilter und ihre Verwendung für die bakteriologische Wasseruntersuchung.* Erläuterung der Membranfiltertechnik. Der auf Membranfiltern ermittelte Colititer liegt allg. höher als nach der üblichen Technik. (J. New England Water Works Assoc. **66.** 335—39. Sept. 1952. Durham, N. H., Univ.)
MANZ. 6064

Robert H. Hill und **L. K. Herndon,** *Bestimmung von Phenolen nach der p-Nitrosodimethylanilinmethode.* Nachprüfung u. Verfeinerung der Meth. von HOUGHTON u. PELLY hinsichtlich optimaler p_H-Werte u. Reagensmengen, Anpassung an opt. Messung. Reagentien: 5%ig. $NaHCO_3$-Lsg. (I), 0,1%ig. frisch mit Zn-Staub u. 1 Tropfen 10%ig. $CuSO_4$-Lsg. je 10 cm³ red. p-Nitrosodimethylanilinstammlsg. (II), Hypochloritlsg. mit 0,05% wirksamem Cl (III) u. 0,1%ig. wss. Phenollsg. (IV). Arbeitsvorschrift 1, für Konzentrationsbereich über 0,1 mg/Liter: zu 3 je 100 cm³ Proben (1 Blindprobe, 1 Vergleichsprobe mit 0,5 mg/Liter Phenol u. der Untersuchungsprobe) gibt man je 5 cm³ I, 2 cm³ II, dann aus Bürette vorsichtig II bis Rot- in Blaufärbung übergeht, mißt im Spektrophotometer bei 650 mμ gegen die Blindprobe die Extinktion u. berechnet Phenolgeh. nach gleich hergestellten Vergleichskurven. — 2, für Konzentrationsbereich 0,005—0,1 mg/Liter: Zu 3 je 200 cm³-Proben (Blindprobe notfalls aus über Akt.-C filtriertem redest. W., Vergleichsprobe 0,05 mg/Liter) gibt man im Schütteltrichter je 5 cm³ I, 4 cm³ II, so viel II, bis Rotfärbung eben verschwunden, extrahiert mit erst 10, dann 5 cm³ Isoamylalkohol, trocknet die vereinigten mit Na_2SO_4, mißt bei 610 mμ. Wahlweise kann man auch eine 500 cm^3-Probe nach Zusatz von 8 cm^3 **I**, 8 cm^3 **II**, der zur Entfärbung eben erforderlichen Menge **III** nach 15—20 Min. 2 mal mit 20 cm^3 CCl_4 ausschütteln, die vereinigten getrockneten Auszüge in 50 cm^3 NESSLER-Zylindern sofort gegen Vergleichsproben auswerten. Empfindlichkeit 0,005 mg/Liter. o- u. m-Kresol ergeben ca. 10% stärkere bzw. schwächere, p-Kresol u. Naphthol weniger als $^1/_{10}$ der Phenolfärbung. (Sewage ind. Wastes **24**. 1389—96. Nov. 1952. Columbus, O., State Univ.) MANZ. 6068

V. Anorganische Industrie.

H. Niederreither, *Die Herstellung von verdichtetem Wasserstoff und Sauerstoff im Druckzersetzer.* Überblick über verschied. Druckzersetzertypen nebst Hinweis auf die Vorteile der Druckelektrolyse (bessere Energieausbeute als bei Atmosphärendruck, größere Reinheit der Gase, Fortfall des Verdichters beim Füllen der Gase in Stahlflaschen). (Z. Ver. dtsch. Ing. **92**. 995—99. 11/12. 1950. Prien/Chiemsee.) WINIKER. H 239

D. Annable, *Anwendung der Temkinschen Gleichung für die Geschwindigkeit der Ammoniaksynthese in großräumigen Reaktionsgefäßen.* Die Gleichung von TEMKIN u. PYZHEV (Acta Physico chim. **12**. [1940.] 327) für die Reaktionsgeschwindigkeit der NH_3-Synth., die auf der Annahme beruht, daß die aktivierte Adsorption des N_2 am Katalysator der geschwindigkeitsbestimmende Schritt der NH_3-Synth. ist (unter Berücksichtigung der von diesen Autoren vernachlässigten Faktoren sowohl für das Geschwindigkeitsverhältnis von N_2-Adsorption u. NH_3-Synth. als auch für die Volumenänderung bei dieser, beide = 2), wird benutzt, um die nur näherungsweise gemachten Messungen an einer Syntheseanlage auszuwerten u. damit ein Maß für die Aktivität des Katalysators zu finden u. die besten Reaktionsbedingungen festzulegen. (Chem. Engng. Sci. **1**. 145—54. 1952. I. C. I. Ltd., Res. Dep., Billingham Div.) METZENER. H 243

Morris Katz, *Schwefel aus Industrieabfällen.* Vf. gibt einen Überblick über die Möglichkeiten der Nutzbarmachung von SO_2- u. H_2S-haltigen Abgasen (Gewinnung von elementarem S, fl. SO_2 u. Schwefelsäure). — 27 Literaturhinweise. (Chem. in Canada **4**. Nr. 9. 27—34. Sept. 1952.) WINIKER. H 253

G. M. Butler, *Fünfzig Jahre Fortschritte auf dem Gebiet der Elektrothermie. Siliciumcarbidherstellung im Elektroofen.* Vf. gibt eine kurze Übersicht über die Verbesserung der SiC-Elektroöfen, die Gewinnung des anfallenden CO, die Erforschung der chem. u. kristallograph. Vorgänge bei der SiC-Bldg., die Einw. der Rohstoffe auf die Güte des SiC-Prod., die vielseitige Verwendung des SiC (z. B. Schleifscheiben, Detektorkristalle, Muffeln, Reduktionsmittel beim Eisenhüttenprozeß, Trägersubstanz für Katalysatoren) u. den Produktionsanstieg seit 1891. (J. electrochem. Soc. **99**. 51 C—54 C. März 1952. Niagara Falls, N. Y., Carborundum Co.) OPPERMANN H 261

Directie van de Staatsmijnen in Limburg, Holland, *Auswaschen kleiner Mengen von Sauerstoff aus Gasen* mittels ammoniakal. Cuprosalzlösungen. Der Cu-Geh. wird durch elektrochem. Red. konstant gehalten. Dabei wird ein Teil der Wasch-Fl. durch eine elektrolyt. Zelle geleitet, in der Cu abgeschieden wird, während in einer 2. Zelle mittels metall. Cu die 2-wertigen Cu-Salze red. werden. Period. wechseln die Zellen untereinander ihre Funktion. Der p_H-Wert der Anoden-Fl. wird durch Zusatz von NH_3 auf wenigstens 8 gehalten. Die Elektroden sind aus Cr–Ni-Stahl. Das Verf. findet Anwendung bei der *Reinigung von Ar* für die Leuchtröhrenfabrikation. Das gereinigte Ar hat einen O_2-Geh. von 0,002%. (**F. P. 1 008 344** vom 13/1. 1950, ausg. 16/5. 1952. Holl. Prior. 14/1. 1949.) SCHÖNAUER. H 233

Hydrocarbon Research, Inc., New York, N. Y., **Edward G. Scheibel,** Nutley, N. J., V. St. A., *Gewinnung von Sauerstoff durch Luftverflüssigung.* Die Luft wird in einem 1. Wärmeaustauscher (**I**) durch die kalten Rektifikationsprodd. (**II**) O_2 u. N_2 vorgekühlt. Dann wird ein Teil der Luft expandiert. Beide Luftströme (**III**) werden getrennt in einem 2. **I** durch die **II** so weit gekühlt, daß sich CO_2 aus beiden **III** ausscheidet. Period. werden im 2. **I** die Ströme der Luft mit den Strömen der beiden **II** vertauscht, so daß die **II** die abgeschiedene CO_2 wieder entfernen. (**A. P. 2 504 051** vom 30/4. 1947, ausg. 11/4. 1950.) ZÜRN. H 239

Bamag-Meguin Akt.-Ges. (Erfinder: **Thomas Fischer**), Berlin, *Herstellung konzentrierter HNO_3 durch thermische Zersetzung dünner HNO_3.* Dünne HNO_3 wird nach teilweiser Red. durch im Kreislauf geführtes NO verdampft; die HNO_3-Dämpfe werden durch das im Kreislauf geführte NO vollständig red. u. das NO_2–Dampf-Gemisch wird anschließend bei 500—700° in NO, O_2 u. Wasserdampf (**I**) aufgespalten. Der überschüssige I wird durch Kühlung abgetrennt u. das restliche Gas–Dampf-Gemisch nach Autoxydation des NO zu konz. HNO_3 weiterverarbeitet. Man kann den nach Kondensation bzw. Absorption des NO_2 verbleibenden O_2 nach Reinigung komprimieren u. für die Überführung des O_2–NO_2-Gemischs in HNO_3 verwenden. Für die Druckoxydation des NO_2 kann man zusätzlich O_2 gewinnen, indem man einen kleinen Teil der dünnen HNO_3, z. B. im Spaltofen, von den Spaltgasen abgetrennt zu O_2, N_2 u. H_2O zersetzt. — Vorrichtung. (**D. R. P. 744 370** Kl. 12i vom 31/12. 1939, ausg. 5/1. 1953.) ZÜRN. H 243

Achille Cres, Frankreich, *Herstellung von Ammoniak und Salpetersäure im elektrischen Lichtbogen.* Nach F. PP. 1 002 968 u. 1 002 330 werden Luft oder NH_3 u. Luft zur Herst. von HNO_3, nach F. P. 1 002 329 N_2 u. H_2 zur Herst. von NH_3 durch einen Hochfrequenzlichtbogen geleitet, dessen Frequenz der Wellenlänge des charakterist. Spektr. der herzustellenden Verb. oder einer zu jener harmon. Wellenlänge entspricht, z. B. bei NH_3 3002 Å u. bei HNO_3 6400 Å. Die bei der Rk. frei werdende Energie wird in oscillierenden Strömen in Form von elektromagnet. Energie wiedergewonnen. (**F. PP. 1 002 329** u. **1 002 330** vom 10/9. 1946, ausg. 5/3. 1952 u. **1 002 968** vom 13/11. 1946, ausg. 12/3. 1952.) SCHÖNAUER. H 243

Soc. d'Études de Recherches et d'Applications des Fréquences Élevées (S. E. R. F. E. S.), Frankreich, *Herstellen von Stickoxyden aus Luft im elektrischen Lichtbogen.* Der Lichtbogen wird mit Strom hoher Frequenz betrieben. Dabei werden gleichzeitig Schwingungen bestimmter Wellenlänge erzeugt, die der Wellenlänge einer der Hauptlinien des charakterist. Spektr. der Stickoxyde oder einem vielfachen Ganzen dieser Wellenlänge entsprechen. Die Schwingungen können von den im Lichtbogen verdampften Metallen der Elektroden erzeugt werden, z. B. Ni, Ba, Al, Cu, Mg. (**F. P. 1 005 817** vom 29/9. 1947, ausg. 16/4. 1952.) SCHÖNAUER. H 243

Comp. Pan-Européenne d'Installations et d'Equipements Industriels (S. A. R. L.), Frankreich, *Ammoniaksynthese.* Die zur Gewinnung von H_2 u. N_2 dienende Kohle wird in Grobes u. Feines unterteilt. Das Grobe (über 6 mm) wird indirekt erhitzt zur Verkokung der Kohle u. Zers. der KW-stoffe. Auf den Koks wird bei 900° überhitzter Wasserdampf derart zur Einw. gebracht, daß sich neben H_2 + CO Reste von CH_4 umsetzen nach der Formel $CH_4 + H_2O = CO + 3\ H_2$. Ein Teil des Feinen dient zum Vortrocknen, der größere Teil zur Herst. eines N_2–CO-Gemisches im WINKLER-Generator oder nach SCHMALFELD, wobei die Wärme zur Erhitzung des Groben Verwendung findet. Das CO der N_2–CO- u. H_2–CO-Gemische wird in bekannter Weise mit Wasserdampf zur Bldg. von $H_2 + CO_2$ umgesetzt. Nach dem Verf. gelingt es, die für die Ammoniaksynth. notwendige stöchiometr. Mischung $N_2 : H_2 = 1 : 3$ einzustellen, ohne daß es eines Zusatzes von N_2 aus fl. Luft bedarf. Ebenso erübrigt es sich, CH_4 durch Ausfrieren abzutrennen. (**F. P. 1 007 758** vom 26/3. 1948, ausg. 9/5. 1952.) SCHÖNAUER. H 243

Food Machinery & Chemical Corp., San Jose, Calif., V. St. A., *Gewinnung von Stickoxyden.* Ein aus O_2 u. N_2 bestehendes Gasgemisch, z. B. Luft, wird durch einen ersten Turm mit Füllkörpern zu seiner Vorwärmung, dann durch eine Reaktionszone geleitet, die zur Bldg. von NO auf Reaktionstemp. erhitzt ist, u. danach durch einen zweiten, kühl gehaltenen Füllkörperturm zur Kühlung u. Stabilisierung des gebildeten NO. Die Durchströmungsrichtung wird period. jedesmal dann umgekehrt, wenn der zweite Turm zur entsprechenden Vorwärmung des Gemisches genügend Wärme aufgenommen hat u. der erste Turm so viel Wärme abgegeben hat, daß er das NO zu kühlen vermag. Die Füllkörper werden in bzw. aus den Türmen period. bzw. kontinuierlich ein- oder ausgefahren. (**Oe. P. 173 233** vom 25/1. 1950, ausg. 25/11. 1952.) WITTHOLZ. H 243

Air Reduction Co., Inc., New York, N. Y., übert. von: **Wolcott Dennis**, Davien, Conn., V. St. A., *Gewinnung der Bestandteile von Gasgemischen* (I), bes. von H_2, N_2, Ar u. CH_4, bei der NH_3-Synth. durch Kompression u. anschließende Kühlung. Die Gemische werden zuerst einer Partialkondensation durch Wärmeaustausch mit dem im Verf. gebildeten fl. Ar unterworfen, wobei der größte Teil des N_2 u. H_2 gasförmig abgetrennt wird. Durch Rektifikation der verbleibenden Fl. wird CH_4 in der fl. Phase von dem dampfförmigen Ar abgetrennt. (**A. P. 2 530 602** vom 12/12. 1946, ausg. 21/11. 1950.) REICHELT. H 243

E. I. du Pont de Nemours & Co., V. St. A., *Herstellen von Hydroxylamin.* Man läßt am Pt-Kontakt in Ggw. von Mineralsäurelsgg. H_2 mit NO_2 bei einer Temp. von 0—10° u. im mol. Verhältnis $NO_2 : H_2 = 1 : 1{,}5$ bis $1 : 6$ reagieren. Der p_H-Wert der Lsg. soll unter 2,5 sein. — Z. B. wird das Gasgemisch durch eine 10%ig. Lsg. von HCl geleitet, die einen Katalysator von 10% Pt auf Holzkohle enthält. Das Verf. ergibt bis zu

69,5% der theoret. Ausbeute, bezogen auf NO_2. (**F. P. 1 006 865** vom 5/12. 1949, ausg. 28/4. 1952. A. Prior. 27/8. 1949.) Schönauer. H 243

Johnson & Sons' Smelting Works, Ltd., Enfield, Middlesex, England, *Gewinnung von Nitraten des Ag und Bi.* Man läßt in einem Reaktionsturm bei 65—100° auf granuliertes Metall HNO_3 sprühen u. leitet gleichzeitig Luft ein. (**E. P. 634 189** vom 21/2. 1947, ausg. 15/3. 1950.) Nebelsiek. H 243

Badische Anilin- & Soda-Fabrik, Ludwigshafen/Rh. (Erfinder: **Heinz Krekeler**, New York, N. Y., V. St. A., und **Helmut Schlecht**, Ludwigshafen/Rh.), *Gewinnung von reinem Chlor* aus seinen Gemischen mit anderen Gasen, z. B. CO_2 oder H_2, durch Behandeln des Gasgemisches mit Cl_2-aufnehmenden Lösungsmitteln u. Wiederaustreiben des Cl_2 aus diesen, dad. gek., daß als Lösungsm. SCl_2 verwendet u. das Cl_2 durch fraktionierte Dest. unter Verwendung von fl. Cl_2 als Rückflußmittel aus dem mit Cl_2 beladenen SCl_2 gewonnen wird. — Apparatur. (**D. B. P. 868 741** Kl. 12i vom 10/3. 1942, ausg. 26/2. 1953.) Schreiner. H 247

Soc. d'Électro-Chimie, d'Électro-Métallurgie et des Aciéries Électriques d'Ugine, Paris, Frankreich (Erfinder: **Willis S. Hutchinson**, St. Paul, Minn., und **Dale K. Mecham**, Albany, Calif., V. St. A.), *Herstellung von Chlordioxyd* durch Leiten von Cl_2 über festes Na- oder Ca-Chlorit, vorzugsweise kontinuierlich in Ggw. solcher Mengen eines gegenüber Cl_2, ClO_2 u. dem verwendeten Chlorit inerten Gases (z. B. Luft oder N_2), daß das Gasgemisch 2—10 Vol.-% Cl_2 enthält. Auf diese Weise kann auch Cl_2-haltiges ClO_2 gereinigt werden. (**D. B. P. 868 597** Kl. 12i vom 23/9. 1950, ausg. 26/2. 1953. A. Prior. 28/11. 1941.) Schreiner. H 247

Degussa (Deutsche Gold- und Silberscheideanstalt vorm. Roessler), Deutschland, *Herstellen von Chlordioxyd* durch Einw. von Reduktionsmitteln, wie $(COOH)_2$, auf schwefelsaure $NaClO_3$-Lsgg. unter Einleiten inerter Gase zum Verdünnen des gebildeten ClO_2. Dabei wird die Zufuhr des inerten Gases so geregelt, daß der Wärmeüberschuß der Rk. durch die infolge der Gaszufuhr vermehrte Verdampfung von W. verbraucht wird. Nach F. P. 1 009 372 wird das Gas auf demselben Wege wie die Lsgg. in den Reaktionsbehälter eingeführt, u. zwar zweckmäßig in Form von Schaum. Nach F. P. 1 009 373 wird ein Teil der den Reaktionsbehälter verlassenden Lsg. wieder mit frischer Lsg. in den Reaktionsbehälter eingeführt. Bei diesem Verf. ist es möglich, die Reaktionstemp. bis auf 95° zu erhöhen, während sonst bei dieser Temp. bereits spontane Zers. von ClO_2 eintritt. Als Reduktions- u. Schaummittel kann Celluloseharz (poix de cellulose) verwendet werden. (**F. PP. 1 009 371, 1 009 372 u. 1 009 373** vom 10/6. 1948, ausg. 28/5. 1952.) Schönauer. H 247

Degussa (Deutsche Gold- und Silber-Scheideanstalt vorm. Roessler), Deutschland, *Herstellen von Chloriten* durch Rk. von ClO_2 mit alkal. Lsgg. in Ggw. von Reduktionsmitteln. Zur Absorption von ClO_2 werden gesätt. alkal. Chloritlsgg. verwendet. Aus den übersätt. Lsgg. wird Chlorit nach Zusatz von Kristallkeimen ausgeschieden. Die gesätt. Lsgg. werden von neuem nach Zusatz von Reduktionsmitteln, wie Zn oder H_2O_2, zur Absorption von ClO_2 verwendet. (**F. P. 1 009 374** vom 10/6. 1948, ausg. 28/5. 1952.) Schönauer. H 247

Bozel-Maletra, Frankreich, *Herstellen von Alkalichloriten* durch Einw. von ClO_2 auf Alkaliperborat in Suspension enthaltende alkal. Lösungen. Die Reaktionstemp. wird auf 20° u. darunter gehalten. — Beispiel: Zu 100 Liter, enthaltend 270 g/Liter $NaClO_2$, werden 30 kg $Na_2B_4O_7 \cdot 10\,H_2O$ u. 25 Liter Natronlauge von 36° Bé zugesetzt. Nach Sättigen mit ClO_2, Filtrieren u. Abschleudern vom Borax erhält man 102 Liter reine gesätt. $NaClO_2$-Lösung. (**F. P. 1 006 020** vom 30/10. 1947, ausg. 18/4. 1952.) Schönauer. H 247

Marcel A. L. Marre, Frankreich, *Herstellung von Eau de Javel.* Mit Cl_2 gesätt. Holzkohle, die das 200fache ihres Gewichts an Gas absorbieren kann, wird in einer Vorr. auf 100° erhitzt u. das frei werdende Cl_2 in W., NaOH oder Na_2CO_3-Lsg. aufgefangen. Dadurch ist selbst in den Tropen die Herst. konz. Javelscher Lsgg. möglich. — Beispiele. (**F. P. 968 455** vom 9/4. 1948, ausg. 28/11. 1950.) Wittholz. H 247

F. I. Collin Akt.-Ges., Dortmund, *Reinigung teerhaltiger S-CS_2-Lösungen* mittels Oleum (**I**). Das Mischen der zu reinigenden Lsg. mit **I** u. die Trennung der gereinigten Lsg. erfolgt in zwei verschied. hintereinander geschalteten Behältern, über die **I** im Kreislauf umgewälzt wird u. die von der CS_2-Lsg. kontinuierlich durchströmt werden. Die gereinigte S-Lsg. wird mit Alkali, z. B. Na_2CO_3, in der gleichen Weise behandelt. Die Säurebehandlung, die Neutralisierung sowie die Vorbehandlung der zu neutralisierenden Lsg. mit W. kann mittels Strahlmischer u. anschließender Trennung vorgenommen werden. — Abbildung. (**Oe. P. 176 624** vom 3/2. 1950, ausg. 25/9. 1952. D. Prior. 15/12. 1948.) Wittholz. H 253

Soc. An. des Manufactures des Glaces et Produits Chimiques de Saint-Gobain, Chauny et Cirey, Frankreich, *Ausnützen der Energie der heißen Röstgase beim Abrösten von Schwefel oder Sulfiden zur Herstellung von Schwefelsäure.* Die Sulfide bzw. S werden mit komprimierter Luft geröstet u. die heißen Gase zum Antrieb einer Turbine verwendet. Beim Rösten von S-haltigen Erzen wird zwischen Röstofen u. Turbine ein Staubfilter angeordnet, um Erosion an den Turbinen zu vermeiden. (**F. P. 1 005 836** vom 3/10. 1947, ausg. 16/4. 1952.) SCHÖNAUER. H 253

West End Chemical Co., übert. von: **James V. Wiseman, Lynn A. Blackmun** und **Henry D. Hellmers,** Westend, Calif., V. St. A., *Herstellung von wasserfreiem Natriumsulfat.* In einen von oben durch einen Brenner geheizten senkrechten Verdampfungsraum führt man eine gesätt. Lsg. von Na_2SO_4 so, daß sich ein Film an der Wand bildet u. daß gleichzeitig die Lsg. in der mittleren Zone von außen durch Öffnungen in der Wand eingesprüht wird. Zu der erhaltenen übersätt. Lsg. fügt man so viel $Na_2SO_4 \cdot 12\,H_2O$, daß das verdampfte W. ersetzt wird, trennt das sich ausscheidende wasserfreie Na_2SO_4 ab u. führt die Mutterlauge zurück. (**A. P. 2 504 097** vom 30/8. 1948, ausg. 11/4. 1950.) ZÜRN. H 253

Socony-Vacuum Oil Co., Inc., übert. von: **Ernest A. Bodkin,** Pitman, N. J., V. St. A., *Verformen von anorganischen Hydrogelen.* Man preßt die Gele (I) durch Lochscheiben, die aus synthet. thermoplast. Material (II) bestehen oder mit ihm bedeckt sind. **II** reagiert nicht mit **I** u. weist eine bestimmte mittlere Härte auf. Diese soll nach ROCKWELL 50—130 betragen, bestimmt mit ½ Zoll-Kugeln u. 60 kg. — Beispiel für **I**: SiO_2-Al_2O_3-MnO-Hydrogel; für **II**: Polymethylmethacrylat. — 2 Abbildungen. (**A. P. 2 604 662** vom 2/8. 1949, ausg. 29/7. 1952.) ZÜRN. H 261

Hall Laboratories, Inc., V. St. A., *Herstellung von Ammoniummetaphosphat.* Geschmolzener P wird in einer Reaktionskammer mit einer mindestens 300% größeren als der theoret. notwendigen Menge feuchter Luft verbrannt. Der Luft ist mindestens 30% über der zur Bldg. von NH_4PO_3 theoret. notwendigen Menge NH_3 zugesetzt. Die Rk. zwischen dem gasförmigen P_2O_5 u. NH_3 verläuft exotherm. Durch Wärmeaustauscher wird das Gasgemisch abgekühlt. NH_4PO_4 fällt in feinkristalliner Form an. — Abb., Vorrichtung. (**F. P. 988 806** vom 20/6. 1949, ausg. 31/8. 1951. A. Prior. 23/6. 1948.) VIER. H 264

Wintershall Akt.-Ges., Celle, und **Hellmuth Keitel,** Kassel, *Schmelzen anorganischer Substanzen,* bes. anorgan. Salze oder Salzgemische oder Mineralien, die bei dieser Behandlung eine Erweichungszone durchschreiten, z. B. *Alkalichloride.* Die Sinterzone wird vorverlegt durch Vermehrung der Heizgasmenge u./oder Erhöhung der Heizgastemp. u./oder durch Vorverlegen der Heizflamme u./oder andere, an sich auch bekannte Maßnahmen; nach Abschmelzen der Verkrustung wird sie wieder zurückgezogen, so daß der Arbeitsgang des Schmelzens ohne Betriebsunterbrechung durchgeführt werden kann. — Zeichnung. (**D. B. P. 868 586** Kl. 12b vom 27/4. 1951, ausg. 26/2. 1953.) NEBELSIEK. H 272

Soc. d'Électro-Chimie, d'Électro-Métallurgie & des Aciéries Électriques d'Ugine, Paris, Frankreich (Erfinder: **Edward Cornelius Soule,** Niagara Falls, N. Y., V. St. A.), *Herstellung von Alkalichloriten.* ClO_2 wird in einer wss., H_2O_2 u. Alkalibicarbonat (bes. im mol. Anfangsverhältnis von 1 : 2) enthaltenden Lsg. absorbiert. (**D. B. P. 866 190** Kl. 12i vom 29/9. 1950, ausg. 9/2. 1953. A. Prior. 13/6. 1941.) SCHREINER. H 272

Metal Hydrides Inc., übert. von: **Peter P. Alexander,** Beverly, Mass., V. St. A., *Herstellung von LiH.* Ein Li-Halogenid wird mit metall. Mg, Ca oder Ba, oder mit BaH_2 oder CaH_2 gemischt. Die Mischung wird in H_2 auf eine Temp. erhitzt, die $>$F. des Halogenids u. $<$ Dissoziationstemp. von LiH liegt. Die entstehende Schmelze wird in dünner Schicht der Einw. von H_2 ausgesetzt. LiH sammelt sich über dem Halogenid des reduzierenden Metalles an. Ggw. von LiH oder den Hydriden von Zr, Ti, Ta begünstigt die Reaktion. (**A. P. 2 606 100** vom 14/5. 1949, ausg. 5/8. 1952.) ZÜRN. H 273

Dow Chemical Co., übert. von: **Wallis R. Bennett,** und **Claude A. Cummins,** Midland, Mich., V. St. A., *Entfärbung von Natriumhydroxydlösungen.* Konz. wss. NaOH-Lsgg., die bei der Elektrolyse von Salzlaugen in Zellen vom Diaphragmatyp gewonnen wurden u. bei der Konz. eine Blaufärbung aufweisen, werden bei ca. 60—85° mit wss. NaOCl-Lsgg. (I) (0,033 g NaOCl je cm³) in Mengen von 0,4—0,6 (cm³) je 1000 NaOH-Lsg. (50%ig) versetzt. Die Menge der zugefügten **I** wird mittels einer Wolfram- u. Kalomelelektrode gemessen, wobei die NaOH-Lsg. bei einer EMK von ca. 0,895 bis 0,930 V farblos wird. (**A. P. 2 601 203** vom 10/10. 1949, ausg. 17/6. 1952.) KARST. H 274

Vulcan Chemical Co. Ltd., David William Milner, und **Ernest Clifford Holdsworth,** Cleckheaton, Yorkshire, England, *Kaustifizieren von Natriumsulfit.* Konz. Na_2SO_3-

Lsgg. werden mit Kalk kaustifiziert, worauf der M. wasserfreies Na_2SO_3 (I) zugefügt u. auf >33,4° gekühlt wird. Das unter Rühren, z. B. bei 17,5°, ausgeschiedene wasserhaltige Na_2SO_3 wird abfiltriert u. geht in das Verf. zurück. Aus dem teilweise eingedampften Filtrat werden I u. NaOH-Lauge gewonnen. I geht ebenfalls in den Kreislauf des Verf. zurück. In der 1. Stufe des Verf. kann Ca-Sulfit abgeschieden werden. (**E. P. 680 985** vom 21/6. 1951, ausg. 15/10. 1952.) Karst. H 274

Kalivertriebsstelle G. m. b. H., Abteilung Kaliforschungsstelle (Erfinder: **Hans Autenrieth**), Hannover, *Herstellung hochprozentigen Kaliumchlorid aus Kalirohsalzen.* Die in Kalirohsalz verarbeitenden Betrieben bei der Abkühlung von heißen Lsgg. anfallenden Kristallisate werden in solche von hohem u. solche von niedrigem Steinsalzgeh. aufgespalten, wobei die Lsg. abwechselnd langsam u. schnell abgekühlt wird u. die bei der schnellen Abkühlung anfallenden NaCl-armen Kristallisate rasch von der Mutterlauge abgetrennt werden. Die letzte Kühlstufe zur Gewinnung von hoch-%ig. KCl wird schnell durchlaufen u. die dabei entstehende übersätt. Mutterlauge als Löselauge verwendet. (**D. B. P. 868 144** Kl. 12e vom 25/12. 1951, ausg. 23/2. 1953.) Karst. H 275

Kalivertriebsstelle G. m. b. H., Abteilung Kaliforschungsstelle, Hannover (Erfinder: **Rudolf Bachmann,** Hannover, und **Hans Henne,** Heringen/Werra), *Reinigen von Kaliumsulfat durch Schwimmaufbereitung.* Als Sammlerschäumer werden die schwefelsauren Ester der Alkylalkohole mit einer Kettenlänge von 7—14 C-Atomen verwendet. Als Schwimmlauge dient eine KCl-Lsg. mit >20 g/Liter KCl, die außerdem an K_2SO_4 gesätt. ist. Auch eine gesätt. KCl-Lsg. kann verwendet werden, die nach der Flotation in üblicher Weise im K_2SO_4-Prozeß Anwendung findet. Trenneffekt u. Ausbeute werden vergrößert. (**D. B. P. 868 744** Kl. 121 vom 22/12. 1951, ausg. 26/2. 1953.) Karst. H 275

Magno-Syn-Werk G. m. b. H., Deutschland, *Granuliertes Filtriermaterial. Erdalkalihydrate* (I) werden mit einer Metallsalzlsg. behandelt, so daß sich Hydrate bilden, die in der zu behandelnden Lsg. weniger lösl. sind als die Ausgangshydrate. **I,** z. B. MgCa-Hydrat in Körnung, wird mit Salzlsg. von $MnCl_2$, $FeCl_2$, $CuCl_2$ behandelt, der Nd. abgetrennt u. getrocknet. Er kann als Filtermaterial, zur Entfärbung, zu Sterilisation von W., zur Behandlung von Gasen u. Dämpfen, sowie als Kontaktmasse bei chem. Rkk. verwendet werden. (**F. P. 980 147** vom 4/2. 1949, ausg. 8/5. 1951.) Wittholz. H 280

Max Hicguet, Paris, Frankreich, *Herstellung von Magnesiumoxyd und Calciumcarbonat* durch Erhitzen von Dolomit, der in Ggw. von CO_2 auf 500—800° u. nach Erreichen der Höchsttemp. weiter in Ggw. von CO_2 abkühlt. (**D. B. P. 862 003** Kl. 12m vom 21/12. 1949, ausg. 8/1. 1953. F. Priorr. 21/12. 1948 u. 21/10. 1949.) Nebelsiek. H 283

Hans P. Kaufmann, Münster/Westf., *Herstellung von Calciumnitrit* durch Rk. von $NaNO_2$ mit $CaCl_2$. Das so erhaltene Salzgemisch aus $Ca(NO_2)_2$ u. NaCl trennt man mit Hilfe niedrigmol. Alkohole, bes. CH_3OH. (**D. B. P. 867 989** Kl. 12m vom 28/1. 1951, ausg. 23/2. 1953.) Nebelsiek. H 283

Badische Anilin- & Soda-Fabrik (Erfinder: **Günther Hamprecht, Hans Gettert** und **Leo Unterstenhöfer**), Ludwigshafen/Rh., *Herstellung von Calciumcarbid* im Schachtofen mit Heizung durch Verbrennen fester C-haltiger Heizstoffe, bes. Koks, mit O_2. CaO, Heizstoff u. O_2 werden so aufeinander eingestellt, daß in der Reaktionszone stets mehr C vorhanden ist, als für die Umsetzung zu CaC_2 u. für ihren Wärmebedarf erforderlich ist. (**D. B. P. 868 600** Kl. 12i vom 21/1. 1951, ausg. 26/2. 1953.) Zürn. H 283

VI. Silicatchemie. Baustoffe.

A. Hübler, *Der Einfluß reduzierender Gase auf die Färbung gelbgebeizter Gläser.* Vf. gibt eine kurze Übersicht über die üblichen Verff. des Einbrennens von Ag in die Oberfläche von Gläsern zum Zwecke der Gelbfärbung („Gelbbeize, Gelbätze, Gelblasur") u. zeigt, daß bereits vor dem Erreichen der sogenannten „Anschlagtemp." (also der beginnenden Gelbfärbung) Ag in das Glas einwandert, das dann durch Brennen in red. Atmosphäre kräftig gelb gefärbt wird. Die benötigte Ag-Menge liegt dabei unter der sonst üblichen. Vorglühen des Glases in H_2 zeigt ebenfalls Farbgebung schon nach dem Behandeln bei niedrigeren Tempp. wie bisher üblich, ähnlich wie die Verwendung von sogenanntem „Ätzglas", das As_2O_3 oder Sb_2O_3 enthält u. über das Vf. ebenfalls Versuchsergebnisse mitteilt. (Glas-Email-Keramo-Techn. **3.** 447—49. 15/12. 1952.) Kühnert. 6176

G. B. Hughes, H. D. Bowsher und **J. A. Schiefferle,** *Beziehungen der Bläschenstruktur zum Abplatzen von Emailüberzügen durch Frieren und Auftauen.* Die Struktur der Bläschen im Email wurde mkr. nach progressivem Ätzen mit 24%ig. HF studiert.

Eine definierte Beziehung zwischen Abplatzneigung u. Zahl der Bläschen pro sq.in. wurde bei Bläschen mit einem Mindestdurchmesser von 0,003 in. festgestellt. Die Auswertung der Verss. ist innerhalb einer Std. möglich. — Diagramme u. Abbildungen. (Amer. ceram. Soc. Bull. **31.** 199—203. Juni 1952. Erie, Pa., V. St. A., General Electric Co., Refrigator Div.) MARKHOFF. 6212

F. Trojer, *Einige Beobachtungen an Tricalciumsilicat und Tricalciumaluminat.* Es wurde an Portlandzementklinker-Anschliffen festgestellt, daß das Tricalciumsilicat in zwei Modifikationen kristallisiert. Eine davon ist zwischen 1350 u. 1175° beständig u. tritt gewöhnlich in polysynthet. verzwillingten Kristallen in Erscheinung. Oberhalb 1350—1900° ist die andere Modifikation stabil. An schnell gekühlten Klinkern konnte zonar aufgebautes Tricalciumaluminat beobachtet werden. Es wird vermutet, daß Calciumaluminatkristalle, welche im geätzten Zustand eine Parallelstreifung aufweisen, zonar ausgebildete Kristalle sind. (Radex-Rdsch. **1952.** 267—69. Nov.) K. SEIDEL. 6222

Juan Ramón Ruiz Castellanos, *Graphische Darstellung zur Auslegung der Verbrennung in einem Zementofen, ausgehend von den Gasanalysen.* Einleitend werden die Verbrennungsvorgänge im Zementofen besprochen. An Hand einer Reihe von mathemat. Ableitungen u. Berechnungen über die Verbrennungsvorgänge geht Vf. dazu über, zeichner. das Verbrennungsdreieck an einen Zementofen anzuwenden, wobei die CO_2-Zufuhr, die von der Decarbonisierung der Rohmasse herrührt, beachtet werden muß. Beispiele veranschaulichen den Verbrennungsvorgang, der um so besser vor sich gehen wird, je kleiner der %-Geh. an CO ist, wobei aber der Luftüberschuß möglichst gering sein soll. (Cemento-Hormigón [2] **18.** (**20.**) 162—68. Mai. 198—204. Juni 1952.) PISTOR. 6222

O. Winternitz, *Kassettenplatten aus Ziegelsplitt.* Bericht über Eigg., Abmessungen, Art der Bewehrung, Kornzus. der Zuschlagstoffe, Zementgeh. u. Raumgewicht von Kassettenplatten aus Ziegelsplittbeton. (Betonstein-Ztg. **18.** 450—51. Dez. 1952.) K. SEIDEL. 6228

Robert Glafey, *Neuerungen auf dem Gebiete der Asbestverarbeitung.* An Hand der Patentliteratur gibt Vf. einen Überblick über Verbesserungen u. Neuerungen auf dem Gebiet der Asbest (**I**)-Verarbeitung sowie der Verwendung bzw. Verwendungsformen von Erzeugnissen aus **I** allein oder in Verbindung mit anderen Werkstoffen während der letzten 20 Jahre. (Gummi u. Asbest **5.** 410—11. 1952. **6.** 62—64. 108—10. 1953.) WINIKER. 6234

I. Je. Dudawski, M. P. Dragilewa und **E. W. Lewintowitsch,** *Schnellbestimmung der Feuchtigkeit in Rohmaterial, Massen und Halbfabrikaten durch Strahlungstrocknung.* Beim vorgeschlagenen Verf. erfolgt die Entwässerung der Probe durch Bestrahlung mit einer Glühspirale. Der Abschluß der Entwässerung wird durch ein Thermoelement angezeigt, welches die Temp. im Boden der Trocknungsschale angibt. Die Trocknung der Einwaage (25 g für Rohstoffe u. Halbfabrikate der Schamotte- u. Dinasindustrie, 50 g bei Magnesit- u. Chrommagnesitmassen) ist in der Bestrahlungsapp. in 2—3 Min. beendet (Schälchenbodentemp. 130—160°). (Огнеупоры [Feuerfeste Mater.] **17.** 370—78. Aug. 1952. Charkow, Inst. für feuerfeste Materialien.) v. WILPERT. 6240

C. A. De Bas, *Prüfung von hochsäurefestem Email.* Einige emaillierte Geräte werden beschrieben. Zur Prüfung der Korrosionsfestigkeit gießt man so viel 10%ig. HCl-Lsg. in eine kleine Emailschale, daß die Anzahl cm^3 möglichst gleich der Anzahl cm^2 der von der Fl. bedeckten Oberfläche ist, erwärmt den Schaleninhalt 2 Std. am Rückflußkühler auf 100°, dampft den Schaleninhalt in einer Pt-Schale ein u. drückt die Säurefestigkeit des Emails aus durch die Menge des verbleibenden Nd., bezogen auf 1 cm^2 der von der Fl. bedeckt gewesenen Schalenoberfläche. Gutes Email soll unter diesen Bedingungen einen Wert unter 0,07 mg/cm^2 aufweisen. (Chem. pharmac. Techniek **8.** 96—98. 15/12. 1952.) WESLY. 6242

—, *Versuchsmethode zur direkten Bestimmung von Aluminiumoxyd in feuerfesten Materialien.* 1. Mitt. *Versuchsmethoden zur direkten Bestimmung von Aluminiumoxyd in Silicatgestein, Sanden und feuerfesten Silicasteinen.* 0,5—2 g Substanz (bei 105—110° getrocknet) werden in einem Pt-Tiegel mit 5 Tropfen H_2SO_4 (D. 1,84) u. 8 cm^3 HF (40 Gew.-%) durchfeuchtet. Nach einigen Min. wird zur Trockne eingedampft u. das SO_3 abgeraucht. Anschließend wird 5 Min. auf 1000° erhitzt. Der Rückstand wird mit 2 g wasserfreier Soda u. 1 g wasserfreiem Borax bei mittlerer Temp. geschmolzen u. dann 20 Min. auf 1000° erhitzt. Nach Abkühlen des Tiegels wird aq. bidest. zugegeben u. die Schmelze gelöst. Fe u. Ti werden abfiltriert u. das Filtrat in einem 400 cm^3-Becherglas gesammelt. Der Tiegel wird einige Male mit heißer Sodalsg. ausgespült. Die vereinigten Spül-Fll. werden nach Filtration mit dem Hauptfiltrat vereinigt. Das Filtrat wird dann gegen Methylorange neutralisiert, mit 10 cm^3 verd. HCl (1 : 9) versetzt u. 1 Min. zur Entfernung des CO_2 gekocht. Nach Abkühlen auf Zimmertemp. werden 4 cm^3 50%ig. $NH_2OH \cdot HCl$-Lsg. u. 3 cm^3 1%ig. o-Phenanthrolinlsg. zugegeben. Es wird auf 40—50° erwärmt. Unter ständigem Rühren wird dann eine ausreichende Menge 5%ig. 8-Hydroxychinolin- u. 40 cm^3 40%ig. Ammonacetatlsg. zugefügt. Die Lsg. wird dann unter ständigem Weiterrühren auf 70° erhitzt u. 10 Min. auf dieser Temp. gehalten. Man läßt darauf 30 Min. abkühlen, filtriert, wäscht mit 40—50° warmem W., trocknet bei 150° u. wägt, oder der Nd. wird in 100 cm^3 annähernd kochender verd. HCl (1 : 1) gelöst, in einer 500 cm^3-Flasche auf ca. 200 cm^3 verd. u. mit 3 Tropfen Indigo-Carminlsg. (1%) versetzt. Anschließend wird mit Bromat-Bromid-Lsg. bis zum Umschlag nach Goldgelb titriert. Man fügt noch einen Überschuß Titrationslsg. hinzu u. titriert nach Zugabe von 10 cm^3 20%ig. KJ-Lsg. mit $Na_2S_2O_3$-Lsg. gegen Stärke zurück. Es ist erforderlich, parallel Blindproben durchzuführen. Die Meth. ist anwendbar für Al_2O_3-Gehh. von 0,1—10%. Fehlergrenze bei 1% Al u. 1 g Einwaage 0,03%. (Trans. Brit. ceram. Soc. **51.** 478—83. Sept. 1952. Chem. Analysis Sub-Committee of the Brit. Cer. Res. Assoc.) LINK. 6256

—, *Versuchsmethode zur direkten Bestimmung von Aluminiumoxyd in feuerfesten Materialien.* 2. Mitt. *Versuchsmethode zur direkten Bestimmung von Aluminiumoxyd in Aluminosilicatsteinen und Rohmaterialien.* Die in der 1. Mitt. beschriebene Meth. (vgl. vorst. Ref.) ist anwendbar im Bereich 10—65% Al_2O_3. Fehlergrenze: 0,3%. 0,1 g getrocknete Substanz werden in einem Pt-Tiegel mit 0,2 g wasserfreier Soda u. 0,04 g wasserfreiem Borax vermischt u. erst vorsichtig 10 Min. auf 900° u. anschließend 15 Min. auf 1200° erhitzt. Nach Abkühlung werden 5 cm^3 HCl (1 : 1) zugegeben, u. die Mischung wird auf dem Wasserbad bis zur völligen Lsg. erhitzt (ca. 20—30 Min.). Es wird in ein 100 cm^3-Becherglas übergespült u. mit NaOH (ca. 10%) neutralisiert. Diese Lsg. wird langsam in 30 cm^3 NaOH (ca. 10%) eingegossen (Pt-Tiegel!) u. 5 Min. erwärmt. Nach Filtration wird verd. HCl (1 : 1) zugegeben, so daß ein Überschuß von ca. 4 cm^3 vorhanden ist. Der Nd. wird mit heißer NaOH (2%) u. W. gewaschen. Darauf werden 4 cm^3 50%ig. $NH_2OH \cdot x\,HCl$-Lsg. u. 3 cm^3 1%ig. o-Phenanthrolinlsg. zugefügt. Das Ganze wird auf 40—50° erhitzt u. anschließend die erforderliche Menge 50%ig. 8-Hydroxychinolin- u. 40 cm^3 40%ig. (Gew.-%) Ammonacetatlsg. zugegeben. Nach 10 Min. Erwärmen auf 70° bleibt die Lsg. zum Abkühlen 30 Min. stehen. Anschließend wird filtriert u. der Nd. gemäß vorst. Ref. weiterverarbeitet. (Trans. Brit. ceram. Soc. **51.** 483—87. Sept. 1952. Chem. Analysis Sub-Committee of the Brit. Cer. Res. Assoc.) LINK. 6256

General Motors Corp., Detroit, Mich., V. St. A., *Herstellung keramischer Gegenstände.* Ein Gemisch von feingepulvertem keram. Stoff, z. B. Al_2O_3, einem organ. Bindemittel, z. B. einem thermoplast. Kunstharz, wird durch Pressen geformt u. dabei so stark erwärmt, daß das Bindemittel fließt u. der Preßdruck gleichmäßig durch die ganze M. verteilt wird. Hierdurch gelingt es, Körper mit völlig homogenem Gefüge herzustellen. Das Verf. eignet sich bes. zum Erzeugen von Zündkerzenisolatoren. (**D. R. P. 763 264** Kl. 80b vom 14/8. 1935, ausg. 7/8. 1952. A. Prior. 25/1. 1935.) REINHART. 6221

Dr. C. Otto & Co. G. m. b. H., Bochum (Erfinder: **Friedrich Cramer** und **Otto Saffran**, Bochum-Dahlhausen), *Herstellen von Silicasteinen.* Hochkieselsäurehaltiger Sand wird, vorzugsweise unter Zugabe eines Mineralisators, in der Weise vorgebrannt, daß er sich dabei in steter Bewegung befindet. Auch wasserlösl. Mineralisatoren, wie Na_2CO_3, K_2CO_3 u. NaCl, können angewendet werden. Der Vorbrand erfolgt z. B. in einem Drehofen bei Tempp. von ca. 1550°. Dabei wird der Sand in Tridymit umgewandelt. Der Tridymit wird gemahlen, mit Kalkhydrat, Sulfitablauge u. W. vermischt u. zu Steinen geformt, die in einem Tunnelofen bei ca. 1350—1400° gebrannt werden. (**D. B. P. 814 422** Kl. 80b vom 23/4. 1949, ausg. 24/11. 1952.) REINHART. 6229

Dr. C. Otto & Co. G. m. b. H., Bochum (Erfinder: **Friedrich Cramer** und **Otto Saffran**, Bochum-Dahlhausen), *Herstellung von Silicasteinen.* Silicasteine werden aus hochkieselsäurehaltigen Sanden durch Mischen gröberer u. feinerer, durch Mahlen hergestellter Kornfraktionen u. Verarbeitung durch Formen u. Brennen erzeugt. Die Ausgangsmischung wird dabei derart aufgebaut, daß zwischen einer gröberen Kornfraktion, deren Korngröße überwiegend zwischen 0,2 u. 0,5 mm liegt, u. einer feinen Kornfraktion etwa unter 0,1 mm ein Mittelkornbereich, dessen Umfang mindestens einem Korngrößenverhältnis von 1 : 20 entspricht, entweder fehlt oder höchstens bis zu einer Menge unter 10% der Gesamtmasse vorhanden ist. Auf diese Weise werden Steine mit geringer Porigkeit erhalten. (**D. B. P. 858 659** Kl. 80b vom 2/10. 1948, ausg. 8/12. 1952. F. Prior. 7/7. 1948.) REINHART. 6229

André Loire, Frankreich, *Hitzebeständige Masse zum Bekleiden von Wänden.* Die M. besteht aus einer Mischung von Wasserglas u. weißem Asbestmehl oder gemahlener

Lava. — Auf 1 Liter W. nimmt man 300—500 (g) Kaliwasserglas des Handels u. 500—900 weißes Asbestmehl. Die Bestandteile werden gut gemischt. Die pastenartige M. kann durch Spritzen, mit der Maurerkelle oder dem Spachtel aufgebracht werden. Der Auftrag ist hochhitzebeständig u. schalldämpfend. Es können auch Platten oder Ziegel aus der M. geformt werden. (**F. P. 1 005 616** vom 26/8. 1947, ausg. 15/4. 1952.) HEYNE. 6229

N. V. Philips' Gloeilampenfabrieken, Eindhoven, Holland, *Verbesserung der Nichtbrennbarkeit von den Schall dämmendem Material,* das z. B. bei Frequenzen >600 Hz einen Absorptionskoeff. von mindestens 70% besitzt. Das Material, z. B. *Faserplatten,* wird mit einem nicht brennenden, klebrigen Stoff, z. B. Wasserglas, in W. im Verhältnis 1 : 2—1 : 4, besprüht, so daß sich darauf ein poröser Film bildet. Das Sprühen kann nach vorherigem Trocknen mehrmals wiederholt werden. (**E. P. 673 067** vom 29/9. 1948, ausg. 4/6. 1952. Holl. Prior. 2/10. 1947.) STEIL. 6229

Hellefors Bruks Aktiebolaget, Hällefors, Schweden, *Faserplatten.* Holzfasern, Stroh, Bagasse oder Bambusfasern werden mit 50—100° warmer 0,05—0,70%ig. NaOH behandelt, zerfasert u. verpreßt. (**E. P. 673 416** vom 20/3. 1950, ausg. 4/6. 1952. Schwed. Prior. 24/3. 1949.) SALZMANN. 6229

Fried. Krupp Akt.-Ges., Essen (Erfinder: **Walter Dawihl,** Kohlhasenbrück bei Berlin), *Herstellung von Borcarbid.* B_2O_3 wird durch Abbrennen mit Mg-, Al- oder Ca-Pulver oder -Spänen in ein $>70\%$ B enthaltendes O-armes B-Oxyd übergeführt. Dieses wird in carburierender Atmosphäre oder unter Zusatz der erforderlichen Menge C auf 1400—2100° erhitzt. Man kann auch gleichzeitig carburieren u. abbrennen. Anschließend kann das B_4C mit Säuren oder Laugen gereinigt werden. Das B_4C ist gleichmäßig u. von sehr kleiner Korngröße. Es kann unmittelbar als *Schleifkorn* u. zur Herst. von *Polierpasten* verwendet werden. Es kann auch durch Pressen u. Sintern zur Herst. von Werkzeugen dienen. (**D. R. P. 752 324** Kl. 12i vom 5/8. 1942, ausg. 10/11. 1952.) ZÜRN. 6239

VII. Agrikulturchemie. Schädlingsbekämpfung.

Alwin Mittasch, *Einiges über Stickstoffbindung und Stickstoffdüngung.* Es wird eine allg. gehaltene Übersicht über techn. Verff. zur Bindung von Luft-N u. die Herst. von N-Düngemitteln gegeben. (Naturwiss. Rdsch. **3.** 310—12. Juli 1950. Heidelberg.) NEHRING. 6284

W. Ss. Isstomina, *Spaltende Wirkung von dünnen Wasserschichten zwischen den Teilchen eines gebundenen Bodens.* An 2 Lehmböden u. 1 Sandboden von bekanntem Wassergeh. u. bekanntem Volumgewicht wurde nach eingetretenem Gleichgewicht in W. die Tiefe h_{exp}, in welcher Feuchtigkeit u. Volumgewicht des Bodens konstant blieben, bestimmt u. die spaltende Wrkg. der Wasserschichten σ (gleich dem Außendruck auf die Wasserschichten zwischen den Bodenteilchen in der Tiefe h_{exp}) als Druck der darüberliegenden Bodenschicht nach $\sigma = h_{exp} \cdot \gamma$ ermittelt, wobei γ das Volumgewicht des Bodens unter W. bedeutet. In allen 3 Fällen erwies sich die Tiefenänderung des Wassergeh. in Abhängigkeit vom ursprünglichen Wassergeh. des Bodens als dieselbe. Der h_{exp}-Wert war um so größer, je geringer die Anfangsfeuchtigkeit des Bodens war. Die Kurven Dicke des Wasserfilms zwischen den Bodenteilchen h_{exp} waren für alle 3 Böden identisch. Sie waren die gleichen wie die von DERJAGIN (Коллоидный Журнал [Colloid J.] **1.** [1935.] 385) erhaltenen Kurven für die Dicke der Wasserschichten zwischen Glimmerplatten u. der Paraffinölschichten zwischen Stahlplatten. (Коллоидный Журнал [Colloid J.] **12.** 279—85. Juli/Aug. 1950.) LEBTAG. 6302

Samuel Merrill jr. und **W. Wilson Kilby,** *Einfluß der Bodenbearbeitung, Bewässerung und anderer Kulturmaßnahmen auf das Wachstum neugepflanzter Tung-Bäume.* Bei der Kultur frischgepflanzter „Tung-Bäume" haben sich die Wasserversorgung u. die Unkrautfreiheit als wesentliche Faktoren herausgestellt. Diese können durch künstliche Beregnung, Hackkultur u. Bodenbedeckung (Mulchen) begünstigt werden. Durch Anwendung von Unkrautbekämpfungsmitteln konnte das Hacken ersetzt werden. (Proc. Amer. Soc. horticult. Sci. **59.** 69—81. Juni 1952. Bogalusa, La., U. S. Dep. of Agricult., u. Poplarville, Mississippi, South Mississippi Branch Exp. Stat.) GRÜTZ. 6304

R. M. Smith, George Samuels und **C. F. Cernuda,** *Organische Stoffe und Stickstoffreserven in einigen Bodenprofilen von Puerto Rico.* In Puerto Rico-Böden beträgt der Geh. an organ. Substanz (I) 2—3% bis 12 u. mehr Zoll Tiefe u. ist höher als für viele Böden der USA. Bei fehlender Erosion scheint der I-Geh. nicht abzunehmen. Hoher I-Geh. besteht bei sachgemäßem Anbau von Rohrzucker, Kaffee, Kudzu. Hoher Tongeh., Vorherrschen von Kaolinit u. relativ tiefe Bodenprofile dürften mit hohem

I-Geh. u. hohen N-Niveaus verträglich sein. Der wichtigste Faktor dürfte klimat. oder klimat.-biolog. Natur sein, wie z. B. Fehlen von Frost. — 21 Literaturzitate. (Soil Sci. **72.** 409—27. Dez. 1951. U. S. Dep. of Agricult.) SCHEIFELE. 6304

G. M. Shear und **Frank Horsfall jr.**, *Die Wirkung der Stickstoffdüngung auf den Gehalt an Blattstickstoff und auf die Blattfarbe.* Über 30 Jahre alten Apfelbäumen wurden steigende N-Gaben von 2,5—26,5 lbs. Natriumnitrat je Baum verabreicht. Es zeigten sich keine zufriedenstellenden Ergebnisse, weil nur bei ausgesprochenem N-Mangel eine Beziehung zwischen Größe u. Farbe der Früchte sowie der Grünfärbung der Blätter u. der N-Versorgung der Obstbäume festgestellt wurde. Die Blattfarbe war zudem nicht allein von höheren N-Gaben abhängig. (Proc. Amer. Soc. horticult. Sci. **59.** 65—68. Juni 1952. Blacksburg, Va., Virginia Agricult. Exp. Stat.) GRÜTZ. 6304

Vance T. Smith, *Böden und Dünger.* Vf. empfiehlt für die Düngung von Leguminosen als Bedeckungspflanzen Phosphorsäure, deren Menge durch eine chem. Bodenanalyse ermittelt werden muß, damit die Leguminosen ein Maximum an Stickstoff aus der Luft binden können. (Idaho State horticult. Assoc., Proc. annu. Convent. **1950.** 12—14. Idaho, Univ.) GRÜTZ. 6304

R. T. Wildflusch, A. M. Bragin, A. A. Kalikinski und **G. Ja. Korobowa**, *Die Wirksamkeit von granuliertem Superphosphat bei Reihendüngung auf Lehmböden der Weißrussischen SSR.* Kleine Gaben von granuliertem *Superphosphat* (10—15 kg/ha) direkt in die Reihen bei der Aussaat bewirkten eine bedeutende Ertragssteigerung bei Winter- u. Sommergetreide, Lein u. Gräsern. Die Wrkg. war bes. gut, wenn die Granulierung mit zers. Niederungstorf oder mit Humus erfolgte. Geteilte K-Zufuhr auf dem lehmigen Podsolboden (ein Teil vor der Saat u. der Rest bei dieser) erwies sich als unvorteilhaft u. führte beim Sommerweizen sogar zur Verminderung der Erträge. (Советская Агрономия [Sowjet. Landwirtschaftskunde] **11.** Nr. 1. 43—49. Jan. 1953. Weißruss. Landw.-Akademie.) M. GORDIENKO. 6304

A. M. Pischnamasow, *Der Einfluß von Mineraldüngern auf den Ernteertrag der Futterrüben und ihre Saatzeiten in Aserbaidshan.* Auf allen hellen, kastanienfarbigen Böden stiegen die Futterrübenerträge mit der Erhöhung der *NPK*-Düngung. Sie betrugen im Durchschnitt von 2 Jahren bei 60 (kg/ha) N, 90 P u. 40 K 696 dz/ha, bei 120 N, 80 P, 60 K 763 dz/ha u. bei 240 N, 300 P, 100 K 961 dz/ha. Der Ertrag war um so höher, je früher die Aussaat vorgenommen wurde. (Кормовая База [Futtermittel-Versorg.] **4.** Nr. 1. 44—48. Jan. 1953. Kirowabad, Aserbaidshan. Landw. Inst.) M. GORDIENKO. 6304

Howard T. Rogers, *Der Einfluß von Nitrophosphatdüngemitten auf die Ernte.* Düngungsverss. mit Nitrophosphat zeitigten bei Mais u. Baumwolle erhöhte Erträge gegenüber Superphosphat (bei gleichem P_2O_5-Geh.). (Agronomy J. **43.** 468—76. Okt. 1951.) GRIMME. 6304

A. W. Koslowa, *Über die Ansammlung von Nitraten in den Termitenbauten Turkmeniens.* Bei der Unters. von Termitenhügeln wurde festgestellt, daß im Takyrboden der Cl- u. SO_4-Geh. höher, der NO_3-Geh. dagegen geringer ist als im Termitenhügel. Der NO_3-Geh. dieser Hügel erreicht 0,085%. Er ist zum größten Teil aus der Lebenstätigkeit der Termiten entstanden. Die Termitenhügel werden in Zentralasien mancherorts zur Düngung benutzt. Bei ca. 570 Hügeln pro ha von je 0,5 t Gewicht errechnen sich 47 kg N/ha. (Почвоведение [Bodenkunde] **1951.** 626—31. Okt. Moskau, Bodenkundl. Dokutschajew-Inst. der Akad. der Wiss. der UdSSR.) LINTER. 6304

Leslie Bor, *Mineralien für landwirtschaftliche Zwecke.* Sammelbericht über die Verwendung von natürlichen Phosphaten, Nitraten u. Kalisalzen als Düngemittel. (Fertiliser, Feeding Stuffs Farm Suppl. J. **38.** 305—11. 14/5. 1952.) GRIMME. 6304

W. F. Skworzow, *Die Wirksamkeit der Kalkung in Abhängigkeit vom Säuregehalt des Bodens.* Kalkung zeigte in Verss. mit mehrjährigen Gräsern die größte Wrkg. auf stark sauren Podsolböden (p_H 4,0) mit hoher Austauschacidität u. hohem Geh. an beweglichem Al. Auf den mittelsauren Podsolböden war der durch die Kalkung erzielte Mehrertrag bedeutend geringer. (Советская Агрономия [Sowjet. Landwirtschaftskunde] **11.** Nr. 1. 37—42. Jan. 1953. Allunions Wiss. Forschungsinst. für Düngemittel, Agrotechnik u. Agrobodenkunde, Zentr. Versuchsstation.) M. GORDIENKO. 6304

Armi Kaila, *Verwendung von Superphosphat mit Stalldung.* Eine Beidüngung von Stalldung wirkt einer Phosphatfixierung im Boden entgegen. (Valtion Maatalouskoetoiminnan, Julkaisuja **1950.** Nr. 134. 1—35. Tikkurila, Finnland.) GRIMME. 6304

A. B. S. Verma und **Helmut Kohnke**, *Einfluß organischer Mulchstoffe auf die Bodenverhältnisse und den Ertrag an Sojabohnen.* Vff. stellten fest, daß sowohl organ. als auch anorgan. Mulchstoffe den Ertrag erhöhten. Durch das Mulchen wurden die

sommerlichen Spitzentempp. der Böden herabgesetzt. Ferner wurde dadurch die Bodenfeuchtigkeit um 3,3% erhöht. NH_3-Konz., Boden-Rk. u. Geh. an organ. Substanz wurden kaum beeinflußt. Die Ertragssteigerung durch das Mulchen beruht vor allem auf der Wasserkonservierung, weniger auf chem. Veränderungen des Bodens. (Soil Sci. **72.** 149—56. Aug. 1951. Lafayette, Ind., Purdue Univ., Agric. Exp. Stat.)
Scheifele. 6304

A. Ja. Werbitzki, *Der Einfluß von Menilithschiefer auf die Entwicklung von Eichesämlingen.* Bei der Eichen-Reihensaat brachte man 10 dz/ha grobgemahlenen *Menilithschiefer* in die Furchen 4—6 cm tief u. vermengte etwas mit dem Boden. Darauf erfolgte die Eichelsaat 4 cm tief. Das Wachstum war im Vgl. zu ungedüngt sehr stark; bes. kompakt entwickelte sich das Wurzelsystem. (Лесное Хозяйство [Forst-Wirtsch.] **5.** Nr. 5. 42. Mai 1952.)
Linter. 6304

N. A. Krassilnikow, A. I. Korenjako und **O. I. Artamonowa,** *Die Verbreitung der Aktinomyceten-Antagonisten in Böden.* Unterss. zeigten, daß Böden mit höherem Humusgeh. größere Mengen von antagonist. Aktinomyceten enthalten, während die humusärmeren Böden auch an Antagonisten arm sind. Torfböden enthalten wenig oder keine Antagonisten, etwas reicher sind Podsolböden u. kastanienfarbige Böden. Die Vegetation übt auf die Menge der Antagonisten keine Einfl. aus, dagegen wird diese durch die Versalzung des Bodens stark herabgesetzt. (Микробиология [Mikrobiologie] **22.** 3—10. Jan./Febr. 1953. Moskau, Inst. für Mikrobiol. der Akad. der Wiss. der UdSSR.)
M. Gordienko. 6306

A. N. Naumowa u. **Je. P. Gromyko,** *Der Einfluß von Abfallgumbrin auf die Mikroflora der Grauböden.* Gaben von *Abfallgumbrin* aus der Erdölraffination beeinflußten nicht die Menge der Bakterien im Boden, wohl aber ihre qualitative Zus., indem sie den Anteil der Aktinomyceten, Pilze u. des Azotobacters bedeutend erhöhten. Von Pilzen entwickelten sich intensiv die Aspergillusarten. (Микробиология [Mikrobiologie] **22.** 43—48. Jan./Febr. 1953. Moskau, Inst. für Mikrobiol. der Akad. der Wiss. der UdSSR.)
M. Gordienko. 6306

P. Steiner, *Moderne Schädlingsbekämpfung in der Müllerei.* Inhaltlich ident. mit der C. **1950.** I. 2405 referierten Arbeit. (Müllerei **3.** 185—87. 1/4. 1950. Braunschweig, Biol. Zentralanstalt.)
Liebner. 6312

H. Zirkel, *Die praktischen Gegebenheiten bei der Bekämpfung der Getreideschädlinge in Leerräumen.* Allg. Ausführungen. (Mühle **89.** 301—03. 15/5. 314—15. 22/5. 1952.)
Winiker. 6312

E. Kirchberg, *Neuere Ergebnisse über das amerikanische Insekticid Heptachlor.* Kurzer Überblick über Eigg., Anwendungen u. Nachw. von Heptachlor (1.4.5.6.7.8.8-heptachlor-3a.4.7.7a-tetrahydro-4.7-methaninden). (Z. hyg. Zool. Schädlingsbekämpf. **40.** 257—59. Aug./Sept. 1952. Berlin-Dahlem.)
Winiker. 6312

E. J. Deszyck, H. J. Reitz und **J. W. Sites,** *Die Wirkung von Kupfer- und Bleiarsenatspritzungen.* Eingehende Verss. zeigten, daß die Cu-Spritzung allg. zu höherem Säuregeh. von Duncan-Grapefrüchten führt. Dasselbe ist der Fall bei Pb-Arsenatspritzungen. In jedem Falle ist es gleich, ob die Schädlingsbekämpfung durch genannte Spritzmittel als Winter- oder Nachblütenspritzung erfolgt. Ein gewisser Einfl. auf die Reife u. Fruchtgröße ist ebenfalls feststellbar. (Citrus Ind. **34.** Nr. 2. 13—16. Febr. 1953.)
Grimme. 6312

E. C. Klostermeyer, *Bekämpfung von Milben bei Alfalfa- und Kleesamenernten.* Zur Bekämpfung von Tetranychus bimaculatus Harvey, Tetranychus atlanticus McGregor u. Septanychus erwies sich *Aramit* (I) als dem *EPN* (2%ig) u. dem *Tetraäthylpyrophosphat* (1%ig) überlegen. I ist in dieser Konz. wenig tox. gegenüber Honigbienen u. Nomia melanderi Ckl. (J. econ. Entomol. **44.** 126—27. Febr. 1951. Prosser, Wash., Irrigation Exp. Stat.)
Liebner. 6312

A. G. Mandekos, *Kann das Verschwinden von Anopheles und Malaria in Griechenland durch Anwendung von DDT erreicht werden?* Vf. prüft die geeignetsten u. wirtschaftlichsten Methoden des Kampfes gegen die Malaria in Griechenland mittels DDT. (Praktika Akad. Athenon **21.** 292—304. 1946, ausg. 1950.)
Vlachos. 6312

T. Manefield, *Ceroplastes destructor Newst.* (*white wax scale*) *bei Citronen.* Bekämpfung durch Dezemberspritzungen mit Weißölemulsionen. (Queensland agric. J. **75.** 348—49. Dez. 1952.)
Grimme. 6312

Imperial Chemical Industries Ltd., London (Erfinder: **Gilbert William Ettiz,** Norton-on-Tees), England, *Herstellung von rieselfähigem und im wesentlichen nicht zusammenbackendem Ammoniumnitrat.* Dem NH_4NO_3 (I), bes. dem aus heißen, konz. I-Lsgg. durch Abkühlung ausgeschiedenen, krist. u. getrockneten I, werden 2—10% eines

solchen $CaSO_4$ zugesetzt, dessen Wassergeh. nicht höher als der des $CaSO_4 \cdot \frac{1}{2} H_2O$ ist. Geringe Mengen von Beschleunigern, z. B. Sulfaten, Bisulfaten der Alkalien u. des NH_4, Cupri-, Zn-, Ferro-, Ferri- oder Al-Sulfaten oder ihren Doppelsalzen, können dem Gemisch noch zugesetzt werden. Gekörntes I wird mit 3—6 % Zusatzstoff vermischt. (**D. B. P. 868 911** Kl. 16 vom 16/1. 1949, ausg. 2/3. 1953. E. Prior. 21/7. 1943.)
KARST. 6285

Office National Industriel de l'Azote, Frankreich, *Leichtstreubare, hygroskopische Düngemittel.* Man mischt den Mineraldünger, z. B. Ammoniumnitrat, mit 20% N, mit 2 Gew.-% Torf, der nach dem Trocknen nur 8% Feuchtigkeit aufweist, u. bricht zu einer Feinheit, daß 80% ein 200-Maschensieb passieren. Dieser Dünger kann mehrere Monate in Säcken verpackt aufbewahrt werden, ohne daß Verklumpen eintritt. Er läßt sich leicht mit der Hand zerbröckeln u. ausstreuen. (**F. P. 997 543** vom 21/9. 1949, ausg. 7/1. 1952.) WITTHOLZ. 6285

Ruhrchemie Akt.-Ges., Oberhausen-Holten (Erfinder: **Karl Büchner,** Duisburg-Hamborn), *Herstellung von Kaliumammoniumsulfat aus Kaliumchlorid.* KCl oder dieses enthaltende Salzgemische werden mit Gips, NH_3 u. CO_2 umgesetzt, worauf die NH_4Cl-Lauge abgetrennt, der aus Syngenit u. $CaCO_3$ bestehende Rückstand in einer an K_2SO_4 u. $(NH_4)_2SO_4$ gesätt. Lsg. aufgeschlämmt u. mit NH_3 u. CO_2 zu $CaCO_3$ u. K–NH_4-Sulfat umgewandelt wird, das man aus der vom $CaCO_3$ abgetrennten Lsg. durch Kristallisation gewinnt. Es kann mit NH_4NO_3 oder Phosphaten zu *Mischdünger* verarbeitet werden. (**D. B. P. 859 739** Kl. 16 vom 2/12. 1948, ausg. 15/12. 1952.) KARST. 6291

Kali-Chemie Akt.-Ges. (Erfinder: **Hans Werner Schmidt** und **Manfred Boedecker**), Hannover, *Herstellung von stabilen, aus aufgeschlossenen alkalisch wirkenden Phosphaten, stickstoffhaltigen Düngemitteln und Kalidüngesalzen bestehenden Mischdüngern.* Das N-Düngemittel wird zwecks Verhinderung von NH_3-Verlusten mit einer isolierenden u. indifferenten Schutzschicht aus handelsüblichen Kalidüngesalzen überzogen u. dann mit den alkal. wirkenden Phosphaten vermischt. Die N-Komponente wird vor Aufbringung des Schutzüberzuges, z. B. in Drehrohröfen, gesintert oder geschmolzen, wobei Superphosphat, Filterrückstände oder Kalisalze zugesetzt werden können u. die Granalien in noch klebendem Zustande mit den Kalisalzen überzogen u. nach dem Erkalten z. B. mit Rhenaniaphosphat vermischt werden. (**D. B. P. 863 949** Kl. 16 vom 23/12. 1950, ausg. 22/1. 1953.) KARST. 6291

Louis M. Chevallier, Frankreich, *Mischdünger.* Lsgg. von Spurenelementen, Desinfektionsmitteln, oder Mikroorganismen u. Pflanzenhormone werden Mineral- oder organ. Dünger beigemischt. Am besten eignet sich hierfür schwammiges, poröses Material, z. B. Ölkuchen, Braumalz, Seegras u. dergleichen. (**F. P. 999 098** vom 7/11. 1945, ausg. 28/1. 1952.) WITTHOLZ. 6291

Ruhrchemie Akt.-Ges., Deutschland, *Herstellung von Mischdünger.* Rohphosphat wird mit H_2SO_4, bes. Kammersäure, behandelt bis zur Bldg. von $CaHPO_4$, das mit HNO_3 zu $CaH_4(PO_4)_2$ umgesetzt wird. Um das dabei gebildete hygroskop. $Ca(NO_3)_2$ zu beseitigen, wird die Mischung mit der berechneten Menge $(NH_4)_2SO_4$ zur Bldg. von $NH_4 \cdot NO_3$ u. $CaSO_4$ versetzt. In einer 3. Phase wird die Mischung mit NH_3 behandelt, um $CaHPO_4$ u. $(NH_4)_2HPO_4$ zu bilden. — Beispiel: Auf 2000 g Rohphosphat, fein gepulvert, mit einem Geh. von 75% $Ca_3(PO_4)_2$, läßt man 920 g H_2SO_4 von 67 Gew.-% ½ Std. einwirken. Dann wird eine weitere ½ Std. 984 g 65%ig. HNO_3 zur Einw. gebracht. Zuletzt wird mit 638 g trockenem $(NH_4)_2SO_4$ versetzt. Nach 3 Tagen behandelt man 1 Std. lang mit einem 20%ig. NH_3–Luft-Gemisch, bis eine in W. gelöste Probe einen p_H-Wert von 6—7 hat. (**F. P. 1 009 310** vom 4/6. 1948, ausg. 28/5. 1952.)
SCHÖNAUER. 6291

Manufactures de Produits Chimiques du Nord, Établissements Kuhlmann, Frankreich, *Kontinuierliche Herstellung von Mischdünger.* In einer Knetmaschine wird eine Emulsion von Rohphosphat u. H_2SO_4 hergestellt. Der Emulsion werden während des Knetens weitere Düngemittel, wie Nitrate, Ammon- u. Kalisalze, zugesetzt. Die fertige Emulsion wird auf ein Fließband gebracht, dessen Länge so bemessen ist, daß sie am Ende des Fließbandes erstarrt u. mittels geeigneter Vorrichtungen zerkleinert werden kann. Als Beispiel wird folgende Mischung angeführt: 320 (kg) Rohphosphat, 300 H_2SO_4, 210 KCl u. 5 $Na_2B_4O_7$. (**F. P. 1 009 775** vom 24/6. 1948, ausg. 3/6. 1952.)
SCHÖNAUER. 6291

Spolek pro Chemickou a Hutní Výrobu, Národní Podnik, Prag, Tschechoslowakei, *Herstellung von Phosphatmischdünger.* Den natürlichen, gegebenenfalls mit anorgan. Säuren aufgeschlossenen Rohphosphaten wird das von Ammoniumnitrilosulfonat u. Ammoniumamidosulfonat begleitete techn. Ammoniumimidosulfonat in Ggw. von W. zugesetzt. (**Oe. P. 172 612** vom 19/7. 1948, ausg. 25/9. 1952. Tschech. Prior. 5/8. 1947.)
WITTHOLZ. 6291

Walter Tell, Hamburg, *Aufbereitung von Schlick und ähnlichen Massen.* Die in geschlossenen, lüftbaren Räumen oder Behältern auf Rosten dicht gelagerten Massen werden zunächst zur Gärung gebracht, die durch Lüftung in gemessenen Grenzen gehalten wird, bis die Zers. oder der Zerfall die gewünschte Grenze erreicht hat, worauf die Massen mittels Luftstroms getrocknet u. mahl- oder siebfähig gemacht werden. Die Entwässerung von Schlick, Fäkalschlamm, Tang, Lehm, Naßtorf–Müll-Gemischen u. dgl. erfolgt in wenigen Tagen. (**D. R. P. 747 524** Kl.16 vom 21/10. 1939, ausg. 23/2. 1953.) KARST. 6295

Rohrbau Mannesmann G. m. b. H. (Erfinder: **Anton Königsheim**), Düsseldorf, *Düngung von Kulturpflanzen mit Kohlensäure.* Bei der Verteilung mittels Beregnungswasser von Beregnungsanlagen werden CO_2 oder CO_2-haltige Gase mittels eines Injektors in die Druckwasserzufuhrleitung der Beregnungsanlage eingeführt. Das Verf. gestattet, große Flächen im Freiland mit CO_2 in beliebiger Verteilung zu düngen. (**D. B. P. 866 341** Kl. 16 vom 4/3. 1950, ausg. 9/2. 1953.) KARST. 6297

Chemische Werke Albert (Erfinder: **Hans Huber**), Wiesbaden-Biebrich, *Herstellung von in verdünnten Säuren lösliche Manganverbindungen enthaltenden Düngemitteln.* Stark verunreinigte, bes. Fe- u. tonhaltige Mn-Erze (I), werden in kleinstückiger Form mit CO enthaltenden Gasen, bes. Generatorgas, bei 600—800° reduzierend erhitzt. Während des Erhitzens u. des Überleitens der Gase werden I mit beim Erhitzen zusätzlich CO abgebenden u. reduzierend wirkender Stoffen, wie Sägemehl, Torf, Steinkohle, Koks oder dgl., vermischt. Es werden Mn-Düngemittel erhalten, deren Mn-Geh. restlos bodenlösl. ist. (**D. B. P. 866 344** Kl. 16 vom 2/10. 1948, ausg. 9/2. 1953.) KARST. 6297

Walter Haselhorst, Pelle, Oberweser, *Herstellung von Düngemitteln.* Zum Aufsaugen der bei der Fischmehlfabrikation anfallenden Preßsäfte wird Weißtorf verwendet, der durch eine Rotationstellermühle bis auf faserige Bohnengröße zerkleinert u. anschließend in einer Schlagkreuzmühle bis zur Erzielung einer krümeligen bis grießartigen Struktur zerschlagen worden ist. Das Gemisch wird getrocknet. Die Verteilung der in den Säften enthaltenen Nährstoffe über die Torffasern (I) u. die Adsorption derselben an I wird verbessert. (**D. B. P. 867 694** Kl. 16 vom 1/4. 1950, ausg. 19/2. 1953.) KARST. 6295

Institut National de la Recherche Agronomique (Erfinder: **Jean Guerillot** und Frau, geb. **Vinet**), Frankreich, *Fungicides Mittel,* bestehend aus sehr schwachen Lsgg., Emulsionen oder pulverförmigen Mischungen von *2-Methoxy-1.4-naphthochinon.* Das Mittel ist bes. gegen *Fusariumpilze* wirksam. (**F. P. 983 882** vom 31/3. 1949, ausg. 28/6. 1951.) WITTHOLZ. 6313

Solvay & Co., übert. von: **Max Gonze,** Brüssel, Belgien, *Hexachlorcyclohexan* (I) erhält man durch Chlorierung von Bzl. mit Cl_2 in Ggw. von Licht bei Tempp. zwischen dem E. von reinem Bzl. u. dem E. des Bzl. in der Benzollsg. des **I.** Man beginnt mit der Chlorierung bei dem E. des Bzl. u. erniedrigt sie stufenweise, entsprechend der Konz. des **I** in Benzol. Beim kontinuierlichen Verf. gibt man laufend stöchiometr. Mengen von Cl_2 u. frischem Bzl. zu, so daß die Lsg. am α-, β- u. γ-Isomeren gesätt. bleibt, u. trennt die **I**-Kristalle u. einen Teil der Mutterlauge ab. Vgl. E. P. 619 677. (**E. P. 637 761** vom 14/1. 1948, ausg. 24/5. 1950; **A. P. 2 524 970** vom 3/1. 1948, ausg. 10/10. 1950. Beide Belg. Prior. 17/1. 1947.) KRAUSS. 6313

Werner Reichmuth, Celle (Erfinder: **Werner Reichmuth,** Celle, und **E. Reinicke †,** Berlin), *Ultradispersoides Schädlingsbekämpfungsmittel.* Der Trägerstoff, z. B. Leichterden (I), wird vor dem Zusammenbringen mit den Wirkstoffen (II), wie *Pentachlordiphenyläthan* oder analog wirkenden Verbb., in einer Teilchengröße von 10^{-4} cm u. kleiner mit einer Schicht eines Koll., bes. Methylcellulose, überzogen. **II** wird aus der Schmelze heraus in einem Wirbelraum mit einem 2. Luftstrom, der mit **I** beladen ist, in Mischung gebracht. Die auf **I** befindlichen Teilchen von **II** wirken auf *Läuse, Wanzen, Schaben, Fliegen, Mücken, Flöhe, Motten* u. dgl. in Textilien u. in Wohnräumen durch Verschwelen bes. intensiv. (**D. B. P. 867 925** Kl. 451 vom 2/10. 1948, ausg. 23/2. 1953.) KARST. 6313

Hercules Powder Co., übert. von: **George Allen Buntin,** Wilmington, Del., V. St. A., *Stabile, gesättigte Polychlortetrahydrodicyclopentadiene* erhält man durch Chlorieren von Dicyclopentadien (I) oder HCl-Addukten von **I** in An- oder Abwesenheit eines Lösungsm. (Chlf., CCl_4, Pentachloräthan) oder Katalysators (UV-Licht), bis sämtliche Doppelbindungen abgesätt. sind bzw. der Cl-Geh. 52—74(%), bes. 60—70, entsprechend 4—10 Cl-Atomen, beträgt. **I** wird in CCl_4 unter UV-Belichtung mit Cl_2 bei 65° behandelt, wobei nach 10 Std. der Cl-Geh. 56,8%, entsprechend 5 Cl-Atomen, u. nach 19 Std. 68%, entsprechend 8 Cl-Atomen, beträgt (Tabellen). In einem weiteren Beispiel wird Chlordihydro-exo-dicyclopentadien (aus **I** + HCl bei 60—70°), $Kp._{0,3}$ 75—80°, chloriert; Cl-Geh. vgl. Tabellen. Es kann sowohl Endo- wie Exo-I verwendet werden. *Schädlingsbekämpfungsmittel*; Fliegentest: Tabellen. (**E. P. 638 012** vom 9/4. 1947, ausg. 31/5. 1950. A. Prior. 13/6. 1946.) Krauss. 6313

J. R. Geigy, Akt.-Ges., Basel, Schweiz, *Herstellung insekticider Lösungen.* DDT wird in Paraffinöl oder anderen Spritzöllösungsmitteln gelöst u. mit anderen Fungiciden Baktericiden oder Insekticiden vermischt. Bes. geeignet zur Bekämpfung von *Fliegen, Moskitos, Motten, Blattläusen* u. dergleichen. (**E. P. 644 895** vom 29/12. 1947, ausg. 18/10. 1950. Schwz. Prior. 7/3. 1940.) Karst. 6313

Monsanto Chemical Co., übert. von: **Michael N. Dvornikoff,** St. Louis, und **Evan J. Young,** Valley Park, Mo., V. St. A., *Thiophosphorsäureester* der Formel **I** (R = Alkyl

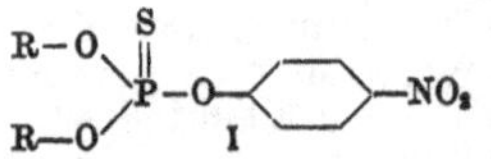

I

mit 1—8 C-Atomen) erhält man durch Kondensation eines Thiophosphorsäurechlorid- O.O-dialkylesters mit etwa äquimol. Mengen eines Alkali-p-nitrophenolats in Alkohol. — Aus Thiophosphorsäurechlorid erhält man in Ggw. von 20%ig. Na-Äthylat in A. mit p-Nitrophenol bei ca. 10° *O.O-Diäthyl-O-p-nitrophenylthiophosphat* in 70%ig. Ausbeute, E. 3,4°; D.^{25} 1,2651; n_D^{25} 1,537. — *O.O-Dimethyl-O-p-nitrophenylthiophosphat.* — *O.O-Dibutyl-O-p-nitrophenylthiophosphat,* E. < —25°. — *O.O-Di-(2-äthylhexyl)-O-p-nitrophenylthiophosphat.* — *Insektenvertilgungsmittel.* (**D.B.P. 867 994** Kl. 12o vom 14/6. 1950, ausg. 23/2. 1953. A. Priorr. 21/7. 1948 u. 16/5. 1949.) Krauss. 6313

Gustave Boudet und **Robert Morin,** Frankreich, *Insekticide Stäubemittel.* Stoffe der Zus. $C_6H_4(CO_2-CH_3)_2-C_6H_4(CO_2C_2H_5)_2$ u. $C_6H_4(CO_2-C_4H_9)_2-C_6H_4(CO_2-C_5H_{11})_2$ werden einzeln oder in Mischung miteinander u. mit anderen Insekticiden u. inerten Trägerstoffen zur Bekämpfung von Schädlingen verwendet. Genannt sind: Thymol, Naphthole, Borsäure, Salicylsäure, ihre Salze u. Ester, Talk, Kaolin, $MgCO_3$, ZnO, TiO_2. Als Haftmittel ist Zn-, Mg-, Ca-, Al-Stearat vorgeschlagen. (**F. P. 981 106** vom 19/2. 1949, ausg. 22/5. 1951.) Wittholz. 6313

N. V. de Bataafsche Petroleum Mij., Den Haag (Erfinder: **Gerarda Francisca Maria Dierick,** Amsterdam), Holland, *Winterspritzmittel zum Bekämpfen von Schädlingen an unbelaubten Pflanzen.* Das Mittel besteht aus einem Dinitrokresol im Gemisch mit dem NH_4-Salz eines solchen, bes. von Dinitro-3.5-methyl-2-phenol u. dem NH_4-Salz desselben, als akt. Bestandteile, welche mit Füllstoffen, Lösungsmitteln u. dgl. auf geeignete Konz. gebracht sind. Der Anteil an NH_4-Salz macht 40—80% des Gemisches aus; die M. kann zu Plätzchen gepreßt sein. Bes. geeignet zur Vernichtung der Eier von Blattläusen bei niedrigeren Temperaturen. (**D. B. P. 867 626** Kl. 45l vom 7/9. 1950, ausg. 19/2. 1953. Holl. Prior. 20/2. 1946.) Karst. 6313

Robert Peron und **André Gonache,** Frankreich, *Insekticid,* bestehend aus 1 Liter Alkohol, 10 (g) $CaCl_2$, 20 Amylacetat, 1 Fluorescein. Es soll Eier, Larven u. die Insekten selbst, wie Käfer, Fliegen, Mücken, Obstbaumschädlinge u. dgl., in kurzer Zeit abtöten. (**F. P. 982 928** vom 30/7. 1943, ausg. 18/6. 1951.) Wittholz. 6313

VIII. Metallurgie. Metallographie. Metallverarbeitung.

G. I. Judenitsch und **S. Ss. Bogdanowa,** *Flotation von Eisenerzen.* Als bestes u. schnellstes Flotationsmittel für Eisenerze bewährte sich *Igepon.* Dann folgen *Ölsäure* u. *Natriumoleat* u. dann *Mersolat C-14.* Wirtschaftlich verhalten sich oxydiertes *Kerosin* u. *Fettsäure* am besten. (Горный Журнал [Berg-J.] **1952.** Nr. 10. 29—33. Okt.) Hochstein. 6362

E. B. Spice, *Möglichkeiten und Grenzen bei der Flotation von Pechblendeerzen in Port Radium, N. W. T.* Inhaltsgleich der C. **1951.** I. 1989 referierten Arbeit. (Trans. Canad. Inst. Mining Metallurgy Mining Soc. Nova Scotia **53.** 297—300. 1950.) Pahl. 6362

Willy Oelsen und **Hans Jürgen,** *Das Verhalten des Stickstoffs in Thomasschmelzen vor dem Übergang bei verschiedener Kühlung.* An Schmelzen mit verschied. Zugabezeit des Kühlmittels wurde nachgewiesen, daß der Zeitpunkt der Kühlung einen wesentlichen Einfl. auf den N_2-Verlauf während der Entkohlungsperiode einer Thomas-Schmelze hat. Die Entkohlungs-Rk. läuft, wenn sie durch hohe Tempp. im Anfang der Schmelze begünstigt wird, lebhaft vor der Verbrennung aller anderen Elemente ab. Eine lebhafte Entkohlung begünstigt den N_2-Verlauf während der Vorblasezeit. Erst bei niedrigen C-Gehh. überwiegt die durch hohe Tempp. begünstigte Wrkg. der N_2-Löslichkeit des Fe. Unmittelbar nach der Kalksteinzugabe konnte eine Verstärkung der Entstickung des Metalls nicht nachgewiesen werden. Die günstige Wrkg. der Kalksteinkühlung stellt sich nur dann ein, wenn der Zeitpunkt der Zugabe richtig gewählt wird. Sie beruht auf dem sehr raschen Brennen des Kalksteins im Konverter, das eine fast augenblickliche Kühlwrkg. auf das Metall ausübt bei gleichzeitig erhöhtem O_2-Angebot durch CO_2, u. nicht auf einer langandauernden Teildruckerniedrigung des N_2 im Abgas. — Diskussion. (Stahl u. Eisen **73.** 338—46. 12/3. 1953. Clausthal u. Dortmund.) HOCHSTEIN. 6408

A. M. Tarassow und **D. A. Sweschnikow** (unter Mitarbeit von **L. D. Golubowskaja**), *Verwendung von kleinen Stahlkugeln für die Oberflächenverfestigung von Maschinenteilen.* Bei der Verfestigung von Stahloberflächen durch Kugelstrahlen werden an Stelle von weißerstarrten Gußeisenkügelchen (unerwünschte Sprödigkeit) Stahlkügelchen verwendet. Diese werden aus *Stahl-P III* hergestellt, indem der Draht auf einem Automaten nach Zusatz einer Kühlemulsion in kleine Teilchen zerschnitten wird, deren Durchmesser gleich ihrer Höhe ist. Durch eine Schlagbehandlung werden die Teilchen nach ihrer Trocknung in Kugelform gebracht u. durch Härten von 820° u. Anlassen bei 520° wärmebehandelt. (Вестник Машиностроения [Nachr. Maschinenbau] **32.** Nr. 8. 34—37. Aug. 1952.) HOCHSTEIN. 6408

F. Vitovec, *Über die Ursache des „Trainierens" bei Dauerwechselbeanspruchung.* Vf. erklärt auf Grund von Ätzverss. die Trainierwrkg. als Gitterausheilung. Die Ätzverss. ergaben eine Erhöhung der Ätzgeschwindigkeit unmittelbar an der Oberfläche der wechselbeanspruchten Proben, während nach einer Ätztiefe von wenigen Hundertstel Millimetern die Ätzgeschwindigkeit unter den Wert der unbeanspruchten Probe sinkt. Diese Verminderung der Ätzgeschwindigkeit in diesem Stoffgebiet ist auf eine Verminderung der freien Energie zurückzuführen, die durch eine Verminderung der Fehlstellen (Gitterausheilung) verursacht worden sein kann. — Schrifttumsangaben. (Berg- u. hüttenmänn. Mh. montan. Hochschule Leoben **97.** 3—5. Jan. 1952. Wien.) HABBEL. 6408

Hans Bühler, *Nitrierstähle.* Bericht über die deutsche Entw. 1939—1946 mit Schrifttumsangaben. (Werkstatt u. Betrieb **83.** 368. Aug. 1950.) HABBEL. 6410

T. V. Simpkinson, *Verhalten der Carbide in mit Niob stabilisiertem rostfreiem Stahl.* In Abhängigkeit von der Wärmebehandlung liegt C in mit Nb stabilisierten *18/8-Stählen* dispers oder an den Korngrenzen als *NbC–NbN* vor. Unsachgemäße Behandlung kann auch einen mit Nb stabilisierten Austenit gegen interkristalline Korrosion anfällig machen. — Gefügebilder. (Metallurgia [Manchester] **47.** 18—24. Jan. 1953. Ottawa, Can., Dep. of Mines and Technical Surveys.) K. STEIN. 6410

S. L. Widrig und **Wilson T. Groves,** *Verzug und Betriebsprüfungen von einsatzgehärteten, aus Borstählen hergestellten Getrieben.* Es wird nachgewiesen, daß in einigen B-haltigen Einsatzstählen die Härtbarkeit der Einsatzschicht geringer als n. ist, während die Härtbarkeit des Kernes etwas größer ist. Zur Vermeidung von Verzug an Zahnradgetrieben muß daher die Wärmebehandlung abgeändert werden mit dem Ziel, eine genügend hohe Härte der Einsatzschicht in größerer Eindringtiefe zu erhalten. (Metal Progr. **62.** Nr. 1. 75—78. Juli 1952. Toledo, O., Spicer Mfg.) HOCHSTEIN. 6410

Wm. L. Frankhouser und **G. N. Emmanuel,** *TTT-Diagramme für Stähle mit 7 u. 9% Chrom.* Es werden die Zeit–Temperatur-Kurven für die isotherme Umwandlung von Stahl mit 0,15(%) *C*, 0,3—0,6 *Mn*, 0,5—1,0 *Si*, 6—8 *Cr*, 0,45—0,65 *Mo*, bis 0,03 *S* u. bis 0,03 *P* sowie mit 0,15 *C*, 0,3—0,6 *Mn*, 0,5—1,0 *Si*, 8—10 *Cr*, 0,9—1 *Mo*, bis 0,03 *S* u. bis 0,03 *P* angegeben u. Erläuterungen über das martensite Gebiet sowie über den Einfl. der Austenitisierungstemp. gemacht. (Metal Progr. **61.** Nr. 5. 74—77. 96 B. Mai 1952. Dayton, O., Kuhns Bros. Co., u. Beaver Falls, Pa., Tubular Products Div.) HOCHSTEIN. 6410

Hiram Brown, *Einige Probleme in der Fabrikation der N-155-Legierung.* Die korrosions- u. hitzebeständige Legierung mit 0,08—0,16(%) *C*, 19,00—21,00 *Ni*, 20,00 bis 22,50 *Cr*, 18,50—21,00 *Co*, 2,50—3,50 *Mo*, 2,00—3,00 *W*, 0,75—1,25 *Nb* + *Ti*, 1,00 bis 2,00 *Mn*, bis 0,04 *P*, bis 0,03 *S*, 0,10—0,20 N_2, bis 1,00 *Si* u. Rest (ca. 30%) *Fe* ist nur schwer zu biegen. Bei ihrer Herst. muß auf glatte u. fehlerfreie Oberflächenbeschaffenheit geachtet werden, da solche Fehler sich als Spannungserzeuger auswirken können. Außerdem hat die Legierung ein krit. Temperaturgebiet, in dem sie bes. spröde ist. Es werden Richtlinien für ihre Verarbeitung gegeben. (Metal Progr. **61.** Nr. 5. 67—72. Mai 1952. Des Moines, Iowa, Solar Aircraft Co.) HOCHSTEIN. 6410

D. McLean, *Die Versprödung von Kupfer–Antimon-Legierungen bei tiefen Temperaturen.* An langsam abgekühlten Cu-Legierungen mit bis zu 1,3% *Sb* wurden Kerbschlagverss. in dem Temperaturgebiet von +100 bis —253° ausgeführt. In diesen Legierungen liegt **Sb vollständig in fester Lsg. vor.** Legierungen mit 0,14—0,56% Sb wurden bei den tiefen Tempp. spröde, wobei die Versprödung reversibel u. der der ferrit. *Stähle* bei tiefen Tempp. ähnlich ist. — Schrifttumsangaben. (J. Inst. Metals **81.** 121—23. Nov. 1952. Teddington, Nat. Phys. Labor.) HOCHSTEIN. 6432

James H. Bechtold und **Howard Scott,** *Die Eigenschaften von aus dem Lichtbogen gegossenem und pulvermetallurgisch hergestelltem Molybdän.* Die durch Gießen bzw. Sintern hergestellten Mo-Stangen zeigten im ausgeglühten u. völlig rekrist. Zustande hinsichtlich ihrer Zugfestigkeit innerhalb eines weiten Temperaturbereiches oberhalb u. unterhalb der Raumtemp. sowie hinsichtlich der Dauerstandfestigkeit bei ca. 870° keine nennenswerten Unterschiede. Unterschiede im C-, N_2- u. O_2-Geh. werden für die Schwankungen der Streckgrenzen in beiden Materialien verantwortlich gemacht. (Metal Progr. **61.** Nr. 4. 82—88. April 1952. East Pittsburgh, Pa., Westinghouse Res. Labor.) HOCHSTEIN. 6440

J. Sandor, *Vanadium. Die Möglichkeit der Gewinnung aus einheimischen Rohstoffen.* Die engl. *Eisen*-Erze mit einem V:Fe-Verhältnis von ca. 0,2% sollen mit V-haltigem Konverterauswurf zu einem angereicherten Roheisen verarbeitet werden. Das V als V_2O_5 gewinnt man durch teilweise Oxydation des Roheisens durch Verblasen in einem sauren Konverter oder durch Behandlung mit Walzensinter in einer Trommel. — Zahlentafeln, Schrifttum. (Metallurgia [Manchester] **46.** 268—74. Dez. 1952. Dep. of Sci. and Ind. Res.) K. STEIN. 6440

H. K. Hardy, *Die Alterungskennzeichen binärer Aluminium–Kupfer-Legierungen.* An Al-Legierungen mit 2,0—4,5% Cu wurden bei 30—240° die Härte–Alterungszeit-Kurven aufgenommen. Eine Alterung bei 30° ergab einen Härteanstieg bis zu einem konstanten Wert. Bei 130° stieg zunächst die Härte an, blieb dann bei Al-Legierungen mit 3,5—4% Cu eine kurze Zeit auf einem konstanten Wert u. stieg dann weiter zu einem Maximalwert. Die Zeit hierzu war bei Al-Legierungen mit 3—4,5% Cu von der Zus. unabhängig. Bei höheren Alterungstempp. wurden einstufige Alterungskurven erzielt. Die Ergebnisse wurden in Begriffen der Härte/Konz.-, Zeit/Konz.- u. Temp./Zeit-Beziehungen für verschied. Teilgebiete der Alterungskurven erläutert u. auf Grund einer thermodynam. Analyse der Zers. der übersätt. festen Lsgg. erklärt. Danach rührt der erste Härteanstieg von der Bldg. von G. P.-Zonen (GUINIER-PRESTON) her. Die einstufige Alterungskurve bei höheren Tempp. wird begleitet von der Bldg. von G.P.-Zonen unmittelbar aus der Grundmasse durch einen Keimbildungsvorgang u. Wachstum. Die höhere Härtespitze bei der zweistufigen Alterung rührt offenbar von den Einflüssen aus den G.P.-Zonen her. (J. Inst. Metals **79.** 321—69. Juli 1951. Stoke Poges, Fulmer Res. Inst.) HOCHSTEIN. 6442

Stephen M. Shelton, *Zirkonium.* Geschichtlicher Überblick u. Bericht über die moderne Anwendung von *Zr*, das über sein gasförmiges Tetrajodid (VAN ARKEL-Verf.) gereinigt wird, außerordentliche Hitze-, Korrosions- u. Beständigkeit gegen harte Strahlung besitzt u. neuerdings als Werkstoff in Kernreaktoren u. Düsenflugzeugen Verwendung findet. Das Zr nach dem KROLL-Verf. enthält 0,02% *C*, 0,06% *Fe*, 0,07% *O*, 0,01% *N*, 0,02—0,05% *Al* u. ca. 0,5—1,5% *Hf*. — Besprechung weiterer Herstellungsverff. u. technolog. Eigenschaften. (Sci. American **184.** 19—21. Juni 1951. Albany, Ore., U. S. Bur. of Mines.) ROTTER. 6448

Karl Daeves, *Güteüberwachung im Stahlwerk durch Großzahluntersuchungen.* (Stahl u. Eisen **71.** 430—33. 26/4. 1951. Düsseldorf.) HABBEL. 6480

Thomas J. Dolan, *Beurteilung der Eignung von Metallen für den Einsatz bei hohen Temperaturen.* Erörterung des Wertes von Laboratoriumsuntersuchungen. (Metal Progr. **61.** Nr. 3. 55—60. März 1952. Urbana, Univ.) HABBEL. 6480

Thomas J. Dolan, *Die Frage der Metallermüdung bei hohen Temperaturen.* (Metal Progr. **61.** Nr. 4. 97—104. April 1952. Urbana, Ill., Univ.) HABBEL. 6480

—, *Ultraschall bei der Bestimmung der Elastizitätskonstanten von Metallen.* (Engineer **191.** 318. 9/3. 1951.) PAHL. 6480

C. R. Tottle, *Beitrag zur Messung bleibender Spannungen.* Zur Messung bleibender Spannungen, die nach einer Wärmebehandlung auftreten, wurden Spannung, Dehnung u. Temp. in Abhängigkeit von der Zeit aufgezeichnet. Die Wärmeausdehnung wurde durch Eichung bei geringer Verlast berücksichtigt. Verss. an n. u. hochwertigem Gußeisen, Stahlguß mit 0,25% C u. *Gußmessing 66* gaben etwa gleichen Kurvenverlauf. (Metallurgia [Manchester] **43.** 148—50. März 1951.) G. RICHTER. 6480

P. Grodzinski, *Ein automatischer Mikrohärteprüfer.* Beschreibung eines aus dem BERGSMAN-Mikrohärteprüfer entwickelten Gerätes. (Schweiz. Arch. angew. Wiss. Techn. **17.** 313—18. Okt. 1951. London, Diamond Res. Labor.) PAHL. 6480

R. J. Brown, *Prüfung von Gesenkschmiedeteilen vom metallurgischen Gesichtspunkt.* Beitrag zur mechan.-technolog. u. metallograph. Unters. von Gesenkschmiedeteilen. Hinweis auf häufiger vorkommende Fehler, wie Seigerungen, Korngrößenfehler, Rißbildungen u. ihre Ursachen. Metallurg. Zusammenhänge der Härtbarkeit u. Wärmebehandlungsfragen. (Metal Treatment Drop Forging **18.** 312—15. Juli 1951.) WERNER. 6480

Ewald Baerlecken, *Schnellprüfverfahren zur Erkennung von Stahlverwechslungen.* Aus einer Gegenüberstellung der verschied. Schnellprüfverff. wird geschlossen, daß die Anwendung eines bestimmten Verf. für jeden Einzelfall gesondert zu beurteilen ist. Die auf der Reaktionscharakteristik aufgebauten chem. Verff. sind zwar zum Teil umständlicher, haben aber den Vorteil, von anderen Werkstoffeigg. unabhängig zu sein. Der Vorteil der magnetinduktiven Meßverff. ist die schnelle Prüfmöglichkeit, jedoch gehen die aus der Wärmebehandlung, Verformung u. der Abmessung sich ergebenden Einflußgrößen in die Messung ein. (Stahl u. Eisen **73.** 30—34. 1/1. 1953. Düsseldorf.) HOCHSTEIN. 6480

Gerhard Becherer und **Hellmut Hülle,** *Über röntgenmikroskopische Untersuchungen an Stahlflaschenwandungen.* Die den Kontrast beeinflussenden Größen, wie Betriebsspannung, Anodenmetall, Absorption, Strahlungsart, Filterung, Film, Entwickler u. Streustrahlung, werden im Zusammenhang mit der Fehlererkennbarkeit bei röntgenmkr. Unterss. besprochen. Es wird die Abhängigkeit der Abbildungstreue von der geometr. u. der inneren Unschärfe, ferner von Film u. Entwickler behandelt u. Tafeln für Kontrast u. Schärfe, Belichtungszeit u. Verlängerungsfaktoren angegeben. Für die röntgenmkr. Unterss. an Stahlflaschen wird die Herst. von Dünnschliffen beschrieben, u. die Aufnahmedaten für ein einfaches Aufnahmeverf. werden angegeben. (Metallurgie u. Gießereitechn. **2.** 53—59. Febr. 1952. Halle u. Eisenach.) WERNER. 6482

Jean Robillard, *Das Elektronenmikroskop und seine Anwendungen in der Metallurgie.* 3. Mitt. (2. vgl. Bull. Microscopie appl. **1.** [1949.] 165.) Vf. beschreibt ausführlich Methoden, um bei der Beobachtung im Lichtmikroskop interessierende Stellen festzuhalten zur nachfolgenden Präparation für das Elektronenmikroskop. Ergebnisse von Unterss. an Al, Leichtmetallegierungen, anderen Nichteisenmetallen u. Probleme aus der Eisenhüttenkunde werden behandelt. Unterss. von Korrosionserscheinungen, Beschaffenheit von Oberflächen polierter Metalle, an dünnen metall. Aufdampfschichten u. elektrolyt. Niederschlägen. — 245 Literaturangaben. (Bull. Microscopie appl. [2] **1.** 60—80. März. 86—98. April 1951.) HARTMANN-FAHNENBROCK. 6482

—, *Radiographische Technik zur Untersuchung von Stahlgußstücken.* Radiograph. Unterss. von 22—203 mm dicken Stahlplatten u. Angaben über die verschied. Technik bei Verwendung von γ-Strahlen u. Röntgenstrahlen mit Pb- u. Wolframatschirmen. Für jede Stahldicke werden die besonderen Vorzüge der beiden Strahlenarten erörtert. (J. Iron Steel Inst. **169.** 367—69. Dez. 1951.) HOCHSTEIN. 6484

E. Rabinowicz, *Eine Untersuchung der Oberflächenschäden mit radioaktiven Metallen.* Gleitet eine radioakt. metall. Halbkugel über eine nichtradioakt. Oberfläche, so findet eine (stufenweise) Metallübertragung statt. Der Geh. u. die Zus. des übertragenen Materials wird autoradiograph. untersucht. Beim Erhitzen gut geschmierter Oberflächen wachsen der Reibungskoeff. u. der Geh. des übertragenen Materials bei dem F. des Oberflächenfilms merklich. Im Gegensatz zur Reibung ist das übertragene Metall beim Temperaturwechsel unterhalb des F. des Oberflächenfilms empfindlich. (Brit. J. appl. Physics, Suppl. Nr. 1. 82—85. 1951. Cambridge, Univ., Dep. of Physic. Chem., Res. Labor., u. Phys. and Chem. of Rubbing Solids.) GERHARD SCHMIDT. 6484

W. Lott, *Werkstofffragen der Leichtmetallschweißung.* Die Schweißrißunempfindlichkeit der Legierung $AlMg_3Si$ wird auf ihren Erstarrungsverlauf (Kristallisation im Intervall, Erstarrungsabschluß durch eutekt. Kristallisation) zurückgeführt. Der starke Festigkeitabfall von Dickblechschweißungen erfolgt durch Rekristallisation in der Wärmeeinflußzone. (Schweißtechnik **1.** 7—11. Juli 1951. Rackwitz.) G. RICHTER. 6506

P. T. Houldcroft, W. G. Hull und **H. G. Taylor,** *Neuere Forschungsergebnisse über die Lichtbogenschweißung dicker Bleche aus Aluminiumlegierungen.* Beim Schweißen dicker Bleche von Al-Legierungen muß mit großen Stromstärken geschweißt werden, um die durch die vorhandenen Materialmassen bedingte große Wärmeableitung zu kompensieren. Zweckmäßig ist Vorwärmung, doch ergeben sich dabei Schwierigkeiten bei gehärtetem oder kaltverformtem Material. Da Einlagenschweißungen techn. Schwierigkeiten bereiten, wird meist mit Mehrlagenschweißungen gearbeitet. Die Art der Kantenvorbereitung hängt weitgehend von der Art des gewählten Schweißprozesses ab. Die für Schweißzwecke in Frage kommenden Al-Legierungen werden eingeteilt in solche, bei denen die Festigkeit durch Aushärtung erzielt wird, u. in solche, bei denen die Festigkeit durch Kaltverformung erhalten wird. Zur ersten Gruppe gehört vorwiegend die *H 10*-Legierung vom Al–Mg–Si-Typus. Zur zweiten Gruppe gehören neben dem Al verschied. Reinheitsgrades die Al–Mn-Legierungen u. die Legierungen vom *Hydronalium*-Typus. Die erforderliche Schweißwärme wird am besten durch die Lichtbogenschweißung geliefert. Als Kernmaterial der Elektroden kommen neben Rein-Al noch eine Al-Legierung mit $1^1/_4$% Mn sowie eine weitere mit 5% Si zur Anwendung. Wünschenswert ist die Entw. einer Elektrode, die die Herst. einer Schweiße mit ca. 5% Mg gestattet. Wegen des Abbrandes des Mg muß der Kerndraht mindestens 7% Mg enthalten. Zur Vermeidung von Porosität u. Kristallwachstum hat sich der Zusatz von Ti als nützlich erwiesen, welches auch zur Kornverfeinerung dient. Weitere techn. Angaben über Vorbereitung u. Ausführung der Schweißungen im Original. Als zweckmäßige Schweißverff. werden der „*Argonarc*"-Prozeß, dann das Verf. des sich selbst anpassenden Lichtbogens (Aircomatic) sowie das Verf. mit kontrolliertem Bogen beschrieben. (Welding Metal Fabricat. **20.** 27—31. Jan. 1952.) WERNER. 6506

Wilhelm Hofmann, Hans-Jochen Husmann und **Rolf Koppe,** *Die Keilschweißung von Aluminium und Kupfer als Selbstlötung.* Verbb. von Metallen mit stark unterschiedlicher Härte u. verschied. F. wurden dadurch hergestellt, daß das härtere Metall keilförmig vorbereitet u. in das weichere Gegenstück schlagartig oder absatzweise eingedrückt wurde. Wenn man Verbindungen von Al u. Cu in dieser Weise oberhalb 548° herstellt, entsteht an der Berührungsstelle der beiden Metalle fl. Eutektikum, das der Entfernung der Oxydeinschlüsse dient (Selbstlötung). Die Einbettung des Cu-Keiles im Al wirkt sich günstig auf die mechan. Eigg. der Verbundstücke aus. An dem ausgepreßten Eutektikum wurde die Zugfestigkeit u. elektr. Leitfähigkeit ermittelt. Das Verf. läßt sich auch auf andere Metallpaare anwenden. (Z. Metallkunde **43.** 354—56. Okt. 1952. Braunschweig, TH.) HOCHSTEIN. 6506

—, *Fortschritte beim Kaltschweißen („Koldweld"-Prozeß).* Die Kaltverschweißung durch mol. Verbindung unter Druck bringt bes. bei Al Vorteile. Rohre von 12—120 mm Durchmesser werden mit einer Geschwindigkeit bis zu 15 m/Min. geschweißt. Die Festigkeit der Schweißstellen liegt bei 130% des Grundmaterials. Beispiele. — 4 Abbildungen. (Mod. Metals **7.** Nr. 8. 55—56. Sept. 1951.) KÜNTSCHER. 6506

G. E. Linnert, *Korrosionssichere Schweißungen an nichtrostenden Stählen.* Geschweißte Bauteile aus den austenit. Stählen 304 ELC (18/8) u. 316 ELC (18/8/2) mit maximal 0,03% C sind kornzerfallssicher u. brauchen nicht geglüht zu werden, wenn die Betriebstemp. 400° F nicht überschreitet. Die Festigkeitswerte liegen nur unwesentlich unter denen der n. 18/8-Stähle 304 u. 316, die Korrosionsbeständigkeit ist etwas besser als die der carbidstabilisierten Stahlsorten. Aufkohlung bei der Verarbeitung muß vermieden werden. Bei Gasschweißung muß carbidstabilisierter Zusatzdraht verwendet werden, bei elektr. kann auch mit C-armen Elektroden geschweißt werden. (Welding Engr. **37.** Nr. 1. 51—53. Jan. 1952.) KREITZ. 6506

K. Krekeler, *Untersuchungen über den Einsatz des Elin–Hafergut-Schweißverfahrens beim Wiederaufbau der Rheinbrücke Düsseldorf-Neuß.* (Schweiz. Arch. angew. Wiss. Techn. **17.** 206—09. Juli 1951. Aachen, TH.) G. RICHTER. 6506

H. E. Rockefeller, *Grundlagen der Schutzgasschweißung.* Die Grundlagen u. die hauptsächlichsten Entwicklungsrichtungen der Schutzgasschweißung werden behandelt. Während anfangs *He* als Schutzgas im Vordergrund stand, wird gegenwärtig *Ar* der Vorzug gegeben, da es wegen seiner größeren D. eine bessere Schutzwrkg. hat als He, auch brennt der W-Bogen in Ar stabiler als in He. Während anfangs dabei eine sich nicht verbrauchende Elektrode, wie z. B. W, verwendet wurde, hat neuerdings das sogenannte *Sigma*-Schweißverf. (*s*hielded-*i*nert-*g*as-*m*etal-*a*rc) bedeutende Anwendung gefunden, welches eine sich verbrauchende Elektrode benutzt. Die Vor- u. Nachteile beider Schweißverff. werden miteinander verglichen. Während die beschriebenen Verff. zunächst in ihrer Anwendung auf Al u. die Leichtmetallegierungen beschränkt waren, finden sie neuerdings zunehmend Eingang bei der Schweißung von rostfreiem Stahl, Cu u. C-Stählen. (Welding J. **30.** 711—16. Aug. 1951.) WERNER. 6506

A. Muller, W. J. Greene und **G. R. Rothschild,** *Charakteristiken der Metallbogenschweißung mit Schutzgas.* An Hand von Kurven u. Tabellen werden die Eigg. der edelgasgeschützten Metallbögen behandelt, bes. die Beziehungen zwischen Spannung, Stromstärke, Bogenlänge, ferner Strahlung, Materialtransport u. Bogenstabilität. Als bes. kennzeichnend wird die stark positive Schleife der Strom–Spannungs-Charakteristik, die Steifigkeit der Bogensäule u. die plötzliche Änderung in der Tropfengröße mit zunehmender Zusatzgeschwindigkeit des Drahtes hervorgehoben. Im Bereich der sogenannten Übergangszone wird der Metallübergang durch starke elektromagnet. Kräfte bewirkt, die kleine Tropfen Metall in axialer Richtung über beträchtliche Entfernungen schleudern. Die besondere Steifigkeit des Bogens erlaubt bes. bei hohen Stromdichten eine ausgezeichnete Kontrolle des Schmelzsumpfes, die ihrerseits die Schweißung in beliebiger Lage gestattet. (Welding J. **30.** 717—27. Aug. 1951.) WERNER. 6506

Erik Thrysin, Gideon Gerhardsson und **Sven Forssman,** *Dämpfe und Gase beim Schweißen.* Ausführliche Darst. einer Versuchsanlage für Schweißarbeiten u. genaue analyt. Unterss. der Dämpfe u. Gase, welche beim Schweißen mit verschied. Elektroden u. verschied. Material in dieser Anlage entstehen. (A. M. A. Arch. ind. Hyg. occupat. Med. **6.** 381—403. Nov. 1952. Stockholm, Schweden, Swed. Inst. of Public Health.) ZELLER. 6506

F. C. Kelley, *Druckschweißung. Teil 1. Geschichte. Teil 2. Kalte Druckschweißung.* Es wird darauf hingewiesen, daß bereits 3000 Jahre v. Chr. Fe-Schwamm von den Ägyptern durch Hämmern verdichtet wurde u. daß 1829 WALLASTON Pt-Schwamm durch Pressen, Sintern u. Hämmern zu Pt-Metall vereinigte. In einer ausführlichen Tabelle werden die Eigg. u. angewendeten Drucke bei Verbindungen von gleichen u. ungleichen Metallen der verschiedensten Art behandelt. Zu ihnen gehören *Al–Al, Pb–Pb, Zn–Zn, Cu–Cu, Messing–Messing, Ni–Ni, Fe–Fe* u. andere; ferner *Al–Pb, Al–Cu, Al–Fe, Al–Ni, Zn–Al, Zn–Cu, Cu–Fe, Fe–Ni* u. andere. Die physikal. Eigg., die Struktur u. die für die Herst. von derartigen Schweißverbindungen notwendigen Einrichtungen werden behandelt. Beispiele für erfolgreiche techn. Anwendungen des Verf. werden angegeben. — 23 Literaturzitate. (Welding J. **30.** 728—36. Aug. 1951.) WERNER. 6506

Bernard Ostrof und **Ernest E. Thum,** *Ionenaustausch — eine neue Technik für den Metallurgen.* Beschrieben werden prakt. Anwendungen von Ionenaustauschern, z. B. zum Reinigen von W., von galvan. Bädern sowie die Apparaturen. — 7 Abbildungen. (Metal Progr. **62.** Nr. 1. 67—74. Juli 1952. Philadelphia, Pa., Rohm and Haas Co.) MARKHOFF. 6514

L. W. Gleekman, G. E. Evans und **C. S. Grove jr.,** *Eine neue Zelle zum elektrolytischen Polieren.* Beschrieben wird eine Zelle zum elektrolyt. Polieren u. zum metallograph. Ätzen, bes. von *Au.* Als Elektrolyt wird für 14karätiges *Au* eine Lsg. mit 5% $AuCl_3$ u. 10% KCN oder verd. HCl mit 10% KCN angegeben. Zum Ätzen von *Cu, Messing, Stahl, Gußeisen* u. *nichtrostendem Stahl* wird eine 10%ig. CrO_3 mit 3 Tropfen 20%ig. H_2SO_4 empfohlen. — 3 Abbildungen. 1 Diagramm. (Metal Progr. **61.** Nr. 6. 92—93. Juni 1952. Oak Ridge, Del., Univ., Nat. Labor., u. Syracuse Univ.) MARKHOFF. 6514

J. Balachandra, *Galvanische Abscheidung von Kupfer–Zinn-Legierungen aus Fluoboratbädern.* Das vom Vf. verwendete Fluoboratbad hat wesentliche Vorteile gegenüber den bisher benutzten Stannat–Cyanid-Bädern, deren Zus. u. anod. Stromdichten sorgfältig überwacht werden müssen. Die Ndd. sind etwa von derselben Qualität, doch ist das Fluoboratbad einfach zu betreiben u. bei Überschuß von freier Fluoborsäure lange Zeit konstant. Es können Ndd. der Zus. 17,3% Sn/82% Cu bis 90% Sn/9,5% Cu bei anod. Stromdichten von ca. 5—12 A/sq.ft. an den Sn-Anoden u. 5,75 A/sq.ft. an den Cu-Anoden bei Zimmertemp. (23°) abgeschieden werden. Die Streufähigkeit des Bades ist befriedigend. Durch Erhöhung der Badtemp. bis auf 60° wird die Zus. der Ndd. nicht merklich geändert; auch leichte Bewegung ist ohne Einfluß. (Current Sci. **20.** Nr. **4.** 99. April 1951. Bangalore, Ind., Inst. of Sci., Dep. of Metallurgy, Electrometallurg. Sect.) SKALIKS. 6514

Richard Springer, *Das elektrolytische Beizen von Eisen und Stahl in alkalischen Lösungen und Schmelzen.* Überblick, bes. an Hand der Patentliteratur. (Metalloberfläche, Ausg. A **7.** 9—12. Jan. 1953. Frankfurt/M.) MARKHOFF. 6514

Deutsche Gold- und Silber-Scheideanstalt vorm. Roessler, Frankfurt/M., und **Gesellschaft für Aufbereitung m. b. H. (in Auflösung),** Frankfurt/M. (Erfinder: **August Götte,** Aachen, und **Franz Koenig,** Offenbach/M.), *Schwimmaufbereitung von Erzen sulfidischen oder oxydischen Charakters.* Man benutzt als Flotationsmasse *Monoalkyl-* bzw. *Monoaryldithiocarbaminate* oder deren Oxydationsprodd., zweckmäßig auch solche, die neben dem N-Atom noch bewegliche H-Atome enthalten. (**D. B. P. 871 132** Kl. 1c vom 20/1. 1943, ausg. 19/3. 1953.) W. HAUSWALD. 6363

Pickands Mather & Co, Cleveland, O., übert. von: **Percy H. Royster,** Chevy Chase, Md., V. St. A., *Magnetisierendes Rösten von Eisenerzen, vorzugsweise Hämatiterzen.* Die in Eisenerzen vorwiegend als Fe_2O_3 vorliegenden Oxyde werden durch Kreisumlauf eines nichtoxydierenden Gasgemisches zu Fe_3O_4 umgewandelt. Dieses Gasgemisch durchströmt die Erze bei einer Temp. zwischen 260° u. dem F. der Erze, vorzugsweise 555°, u. besteht in der Hauptsache aus N_2, CO_2, H_2O u. CO, wobei das Verhältnis von CO_2 zu der Summe von CO_2 u. CO auf einem bestimmten Wert gehalten werden muß. Nach jedem Passieren des Gasstromes durch die Erze wird seine ursprüngliche Zus. u. Menge dadurch wiederhergestellt, daß ein kleinerer Teil des verbrauchten Gasgemisches abgeführt u. zum Rest Frischgas zugeführt wird, das N_2 u. CO_2 enthält u.

an CO angereichert ist. Der CO-Anteil hierin muß ca. 0,07 m^3 je kg Fe im zu behandelnden Erz betragen. Vor jedem Passieren wird das frische Gasgemisch auf die Behandlungstemp. des Erzes vorgewärmt, wobei die Gasmenge ca. 0,32—1,86 m^3 je kg Erz zwecks ausreichender Erhitzung des Erzes betragen muß. — Abbildung. (**A. P. 2 528 552** vom 10/9. 1946, ausg. 7/11. 1950.) HOCHSTEIN. 6391

Eisenwerke Gelsenkirchen Akt.-Ges. (Erfinder: **Adalbert Wittmoser**), Gelsenkirchen, *Herstellung von Gußeisen mit Kugelgraphit.* Das Verf. nach D. B. P. 829 460 wird auf Gußeisenschmelzen angewendet, die nach dem stabilen Syst. kristallisieren, d. h. auf übereutekt. bis eutekt. Schmelzen. (**D. B. P. 862 023** Kl. 18b vom 28/3. 1950, ausg. 8/1. 1953. **Zusatz zu D. B. P. 829 460; C. 1952. 3897.**) HOCHSTEIN. 6403

British Piston Ring Co. Ltd. und **Thomas Ralph Twigger,** Coventry, England, *Wärmebehandlung von Gußeisengegenständen.* Die Zus. u. die Abkühlungsgeschwindigkeit wird so aufeinander abgestellt, daß Gußstücke mit einer Zus. von 2,5—3,2 (%) *C*, 1—3 *Si*, 0,2—1 *P*, 12—16 *Ni*, 5—8 *Cu* u. 2—5 *Cr* oder 2,5—3,2 C, 1,5—3 Si, 0,2—1 P, 3,5—6 *Mn*, 10—15 Ni u. 1,5—4 Cr zunächst einen Überschuß an Carbiden enthalten, die durch eine nachfolgende Wärmebehandlung, z. B. von 2—3 Std. in einem Temperaturbereich zwischen 850 u. 1100° mit nachfolgender langsamer Abkühlung, auf den erforderlichen Anteil an Austenit sowie auf eine geeignete Teilchengröße gebracht werden. Die Gußeisenlegierungen haben zweckmäßig noch bis 4% Mo u./oder bis 1% V. (**E. P. 647 629** vom 18/11. 1948, ausg. 20/12. 1950.) HOCHSTEIN. 6405

British Cast Iron Research Association und **Henton Morrogh,** Alvechurch, England, *Gußeisenherstellung.* Zur Erzeugung eines weißen Temperrohgusses, der den übereutekt. C in Form von körnigem Graphit enthält, wird dem Eisen beim Gießen Ce zugesetzt, wodurch ein Rohguß mit nicht mehr als 0,02% S u. unter 0,5% P erhalten wird. Zweckmäßig erfolgt nach dem Ce-Zusatz unmittelbar vor dem Abguß noch ein weiterer Zusatz eines graphitisierend wirkenden Mittels, wie Ferrosilicium, Calciumsilicid oder Graphit. Der Ce-Zusatz kann unter 0,2%, bes. zwischen 0,02—0,08% liegen. (**E. P. 636 579** vom 10/2. 1948, ausg. 3/5. 1950.) HOCHSTEIN. 6407

Arthur Abbey, London, England, *Herstellung von Stahl.* Der Stahl wird aus dem Ofen mit einer Temp. von wenigstens 1600° in eine Pfanne gegossen u. während des Abgusses dem Stahl feinverteiltes Siliciumcarbid zugesetzt, das nicht gröber als 0,5 mm ist. Der fl. Stahl wird in der Pfanne so lange gehalten, bis die Zers. des Carbides u. eine Desoxydation des Stahles erfolgt ist. Zweckmäßig dauert die Verweilzeit des Stahles in der Pfanne mindestens 15 Minuten. — Gefügebilder. (**E. P. 643 692** vom 3/5. 1948, ausg. 27/9. 1950.) HOCHSTEIN. 6409

Gußstahlwerk Bochumer Verein, Akt.-Ges. (Erfinder: **Johannes Jansen**), Bochum, *Vermeidung von Oberflächenschäden und Rißbildungen an warmverformten Stählen.* Die warm zu verformenden Vorwerkstücke, z. B. Blöcke, werden bei erhöhter Temp., vorzugsweise bei der Warmformgebungstemp., so lange einem Unterdruck ausgesetzt, bis die Oberflächenschäden infolge des Abzuges von Gasen, bes. von H_2, aus den Vorwerkstücken bei der nachfolgenden Warmverformung nicht mehr auftreten. Die Anwendung des Verf. eignet sich bes. auf flockenanfällige Stähle. (**D. B. P. 849 855** Kl. 18c vom 14/5. 1950, ausg. 18/9. 1952.) HOCHSTEIN. 6409

Blaw-Knox Co., übert. von: **Nathaniel B. Ornitz,** Pittsburgh, Pa., V. St. A., *Wärmebehandlung von siliciertem Stahl.* Bei der Wärmebehandlung wird der Stahl in Bandform auf eine Temp. von über 870°, vorzugsweise in einer H_2-Atmosphäre, erhitzt u. zwecks Vermeidung von Ansatzbldg. in einem Durchlaufofen über mit Kohle, zweckmäßig Graphit oder amorphe Kohle, überzogenen Förderrollen geführt. (**A. P. 2 603 578** vom 11/3. 1950, ausg. 15/7. 1952.) HOCHSTEIN. 6409

Allegheny Ludlum Steel Corp., Brackenridge, Pa., V. St. A. (Erfinder: **G. Mohling**), *Verbesserung der Wärmefestigkeit von wärmebeständigen Legierungen.* Stahllegierungen mit 12—22 (%) *Cr*, 10—30 *Ni*, je 2—6 *Mo*, *W* u. *Nb*, 0,2—0,6 *C* u. gegebenenfalls 5—30 Co werden kurze Zeit auf 1175 bis ca. 1315° erhitzt u. dann schnell abgekühlt u. wiederum einer Ausscheidungshärtung bei ca. 705—845° während ca. 16 Std. unterworfen. — Diagramm. (**Schwed. P. 134 206** vom 28/12. 1944, ausg. 15/1. 1952. A. Prior. 28/12. 1943.) JÜRGEN SCHMIDT. 6411

Félix Thuaud und **Charles-Bernard Wirz,** Frankreich, *Wärmebehandlung von legierten Stählen.* Blöcke aus legiertem Stahl, bes. mit einer Zus. von 0,4 (%) *C*, 0,65—0,75 *Si*, 0,5—0,6 *Mn*, 3,7—3,9 *Ni*, 1,3—1,5 *Cr*, 0,35—0,40 *W*, 1—1,2 *V*, maximal 0,035 *S* u. maximal 0,035 *P*, werden auf 930—970° erhitzt, darauf so schnell wie möglich abgekühlt, wieder auf 630—650° rückerwärmt, dann in W. abgeschreckt u. nach einer nochmaligen Erhitzung auf ca. 850° möglichst langsam abgekühlt. Die behandelten

Stähle haben bei gleichmäßiger Gefügeausbldg. hohe Festigkeitswerte. (**F. P. 994 378** vom 24/1. 1945, ausg. 15/11. 1951.) HOCHSTEIN. 6411

United States Steel Co., New Jersey, übert. von: **Maurice J. Day**, Oak Park, Ill., und **Gerald D. Rahrer**, Gary, Ind., V. St. A., *Aufkohlen von niedrig legiertem Stahl.* Verschleißfeste Werkstückteile mit harter Oberfläche u. zähem Kern werden aus einem Stahl mit 0,11—0,18 (%) *C*, 0,53—0,87 *Mn*, 0,55—1,77 *Ni*, 0,09—0,54 *Cr*, ca. 0,25 *Mo*, Rest *Fe* mit den üblichen Begleitelementen, dem bei der Erschmelzung 0,0005 bis 0,004 *B* zugesetzt wurde, hergestellt u. darauf an der Oberfläche aufgekohlt. Infolge der durch die Zus. des Stahles bedingten Verringerung des Austenitgeh. in der Oberflächenschicht nach einer Abschreckung erhalten die Stahlteile eine sehr hohe Oberflächenhärte. (**A. P. 2 585 372** vom 6/8. 1948, ausg. 12/2. 1952.) HOCHSTEIN. 6411

Union Carbide and Carbon Corp., New York, übert. von: **William O. Binder** und **James Thompson**, Niagara Falls, N. Y., V. St. A., *Korrosionssichere Stähle*, die im geglühten Zustand völlig austenit. bes. widerstandsfähig gegen interkristalline Korrosion sind, bestehen aus 0,02—0,06 (%) *C*, 16—25 *Cr*, 5—25 *Ni*, 0,25—2,5 *Mn*, bis 3 *Mo*, 0,1—0,2 *N* u. Rest *Fe*. Hierbei soll der Ni-Geh. etwa folgenden Wert besitzen: (% Cr + 1,8 [% Mo] + 2,5 [% Si] — 16)^2/12 + 13—30 [% C] — 36 [% N] — 0,5 [% Mn]. (**A. P. 2 602 737** vom 10/5. 1949, ausg. 8/7. 1952.) HABBEL. 6411

Brown, Boveri & Co. Akt.-Ges., Mannheim-Käfertal (Erfinder: **Helmut Holdt**, Mannheim-Neuostheim), *Schleifring aus Stahl für elektrische Maschinen.* Der Schleifring besteht aus einer Stahlsorte, die 1,5 (%) u. mehr *Si* u. *Mn* enthält, bes. 1,2—1,5 Si u. 0,8—1 Mn. Eine Vergütung auf mittlere Festigkeitswerte ist ausreichend. Die Oberfläche der aus Si—Mn-Stahl hergestellten Schleifringe wird durch die auf ihnen gleitenden Metall- oder Kohlebürsten geglättet; Anfressungen durch den elektr. Strom werden vermieden. (**D. B. P. 849 413** Kl. 18d vom 6/2. 1942, ausg. 15/9. 1952.) HABBEL. 6411

Soc. An. des Établissements Jacob Holtzer, Frankreich, *Herstellung von gegossenen Schneckenrädern aus nichtrostendem Stahl.* Durch Zusatz von 0,4—1,2% *Ta* u./oder *Nb* zu nichtrostendem Stahl von der Zus. 0,05—0,15 (%) *C*, 0,3—1,5 *Si*, 2,5—3,00 *Mn*, 18,2—23,00 *Cr*, 2—4 *Ni*, 1—2 *Cu*, Rest *Fe* mit den n. Verunreinigungen werden gegen interkristalline Korrosion beständige gegossene Schneckenräder mit hohen Festigkeitseigg. ohne eine Verformung hergestellt. Die austenit.-ferrit. Zweiphasenlegierungen werden bei 750—1050° mit einer nachfolgenden Abkühlung in Luft geglüht. Auch kann der ersten Abkühlung bis auf 600—500° eine zweite Abkühlung in W. folgen. (**F. P. 994 048** vom 12/12. 1944, ausg. 9/11. 1951.) HOCHSTEIN. 6411

Edison Swan Electric Co. Ltd. und **Jacob Winfield**, London, England, *Bleigewinnung.* 140 (Teile) Pb-haltiger Stoffe, wie Krätze, Schlacke oder dgl., werden allmählich in eine Schmelze eingetragen, welche aus 28 kaust. Alkali, z. B. NaOH, 2 NaCN u. 1 pflanzlicher Kohle, z. B. Holzkohle, besteht. Das unter dem fl. Flußmittel sich bildende Pb wird abgetrennt. Die wss. Lsg. des bei diesem Prozeß anfallenden Flußmittels, in der Pb-Oxyde gelöst sind, kann zur Pb-Gewinnung unter Verwendung von Mg-Elektroden der Elektrolyse unterworfen werden, die zweckmäßig bei einer Badtemp. von 80—90° F, einer Stromstärke von 6—8 A u. einer Spannung von 12 V durchgeführt wird. (**E. P. 637 318** vom 19/6. 1947, ausg. 17/5. 1950.) HANS HOFFMANN. 6431

Otto Nielsen, Hamburg, *Entschwefeln und Entgasen von Kupfer.* Eingeschmolzenes Cu wird, gegebenenfalls nach Red. etwaiger Oxydmengen, mit einem Alkali- u./oder Erdalkalihydroxyd behandelt, was auch außerhalb des Einschmelzofens geschehen kann. Zu diesem Zweck wird das fl. Cu durch eine geschmolzene Hydroxydschicht hindurchgeführt. (**D. B. P. 846 795** Kl. 40a vom 4/2. 1950, ausg. 18/8. 1952.) HANS HOFFMANN. 6433

Drägerwerk, Heinr. & Bernh. Dräger, Lübeck, *Legierung für die starker Erwärmung ausgesetzten Teile von Schweiß-, Schneid- und Lötgeräten* besteht aus ca. 0,06 (%) *Te*, Rest *Cu*. Durch den geringen Te-Geh. ist eine hervorragende Bearbeitung des Cu möglich. Außerdem besitzt es eine erhebliche Warmfestigkeit, so daß daraus auch andere, einer starken Erwärmung ausgesetzten Teile hergestellt werden können, wie Düsen, Zuleitungsrohre, Kolben u. dergleichen. (**D. B. P. 846 464** Kl. 40b vom 6/5. 1949, ausg. 14/8. 1952.) GÖTZE. 6433

Wieland-Werke Akt.-Ges., Ulm/Donau (Erfinder: **Hermann Kästner**, Vöhringen/Iller), *Kupfer-Zink-Legierungen für Lager* bestehen aus mehr als 50 (%) u. weniger als 78 *Cu*, mehr als 0,5—10 *Pb*, wobei das Pb mit 0,05—5 *Bi* u./oder 0,01—2 *Tl* legiert ist, Rest *Zn*. Das Pb kann auch ganz durch Bi oder Tl ersetzt sein, außerdem können die Legierungen noch bis 25 *Ni* u./oder bis 10 *Mn* u./oder bis 6 *Al*, bis 10 *Fe* oder *Si* oder beides gemeinsam bis 6, ferner bis 5 *Ag* u. bis 2 *Be* enthalten. (**D. B. P. 848 708** Kl. 40b vom 11/2. 1944, ausg. 8/9. 1952.) GÖTZE. 6433

Eugen Vaders, Pöcking über Starnberg, *Kupfer-Zink-Legierungen* bestehen aus mehr als 2 bis zu 8 (%) Al, 0,05—1,5 Si, mehr als 3 bis zu 10 Mn, 50—70 Cu, Rest Zn. Die Legierungen können noch bis zu 10 Pb, 0,1—5 Fe, Ni oder Co einzeln oder zu mehreren enthalten. Durch Abschrecken der Legierungen von 700—800° u. Wiedererwärmen während mindestens 3 Std. auf 200° werden sie in ihren Eigg. verbessert. Die Legierungen sind korrosionsfest u. eignen sich bes. für auf Gleitung beanspruchte Maschinenteile, wie Lager, Schnecken- u. Zahnräder, Gleitschuhe u. dergleichen. (**D. R. P. 764 372** Kl. 40b vom 7/4. 1940, ausg. 29/9. 1952.) GÖTZE. 6433

Henry Lepp, Paris (Erfinder: **Henry Lepp**), *Reinigen, Entgasen und Gießen von Zink enthaltenden Legierungen, z. B. Messing.* Zu Beginn des Schmelzvorganges, der in einem geschlossenen Ofen durchgeführt wird, wird eine Atmosphäre von CO aufrechterhalten, die frei von O_2, Feuchtigkeit, KW-stoffverbb., Sulfiden usw. ist. Wird diejenige Temp. erreicht, bei der Zn-Dampf u. CO_2 nebeneinander bestehen, wird CO_2 eingeführt u. ein Überdruck von 125—250 g erzeugt. Durch das CO_2 werden Verunreinigungen wie Carbide, Phosphide, Sulfide usw. oxydiert, u. das CO red. das in der Beschickung etwa enthaltene ZnO. (**D. B. P. 847 809** Kl. 40b vom 8/2. 1951, ausg. 28/8. 1952. F. Prior. 13/2. 1950.) GÖTZE. 6433

Imperial Chemical Industries Ltd., London (Erfinder: **Henry Winder,** Brownsdon, Birmingham, **William Oliver Alexander Sidcup** und **William Hubert Davies,** Swansea), England, *Kupferlegierungen* bestehen aus 15—40 (%) *Ni,* 0,5—4 *Al,* 0,1—2 *Cr,* Rest *Cu* mit der Maßgabe, daß bei steigendem Ni-Geh. auch der Geh. an Al oder Cr oder an beiden steigt. Außerdem können sie noch bis je 5 *Mn, Mg, Fe, Si, Co* oder *Zn* einzeln oder zu mehreren enthalten. Sie werden von 700—1100° abgekühlt u. durch Wiedererwärmen auf 400—650° durch Ausscheidung gehärtet, wobei vor der Härtung eine Kaltverformung eingeschaltet werden kann. Die Legierungen lassen sich leicht vergießen, warm oder kalt verformen u. eignen sich infolge der außergewöhnlichen Härte u. Korrosionsbeständigkeit für nicht funkenbildende Werkzeuge, Turbinenschaufeln, Ventile u. dergleichen. (**D. B. P. 852 453** Kl. 40b vom 16/4. 1950, ausg. 16/10. 1952. E. Prior. 13/1. 1939.) GÖTZE. 6433

Algemeene Kunstvezel Mij. N. V., Scheveningen, Holland (Erfinder: **Michel D. Vilensky,** Newark, O., V. St. A.), *Nickel-Platin-Legierungen* bestehen aus 25 (%) *Pt,* Rest *Ni,* die noch ein Desoxydationsmittel, z. B. *Mn* bis 2 oder *Ti* 0,3—0,1, u.. zur Erhöhung der Temperaturbeständigkeit u. Härte geringe Mengen *Ir* enthalten können. Sie eignen sich für Gegenstände, die mit geschmolzenem Glas in Berührung kommen. (**D. B. P. 852 765** Kl. 40b vom 26/8. 1951, ausg. 20/10. 1952. A. Prior. 26/8. 1940.) GÖTZE. 6435

Vacuumschmelze Akt.-Ges. (Erfinder: **Fritz Aßmus** und **Friedrich Pfeifer**), Hanau/M., *Nickel-Eisen-Kupfer-Legierungen* bestehen aus 67—80 (%) *Ni,* 5—20 *Cu,* 0—5 *Cr, Mo* u. *W,* Rest *Fe.* Sie können außerdem noch bis insgesamt höchstens 0,8 *Si, Al* u. *Mn* enthalten. Zur Erhöhung der magnet. Eigg. bes. der Anfangs- u. Maximalpermeabilität werden die Legierungen nach vorausgegangener Schlußglühung 1—24 Std. bei 400—600° wärmebehandelt, zweckmäßig in einer H_2-Atmosphäre. (**D. B. P. 862 371** Kl. 40d vom 3/9. 1949, ausg. 12/1. 1953.) GÖTZE. 6435

Elgin National Watch Co., Kane County, Ill., V. St. A., *Kobalt-Chrom-Nickel-Legierung, besonders für Uhrfedern,* besteht aus 20—60 (%) *Co,* mindestens 15 *Cr,* mindestens 15 *Ni,* bis 18 *Fe* u. 0,01—0,09 *Be.* Ferner kann die Legierung noch 3—10 *Mo,* bis 3 *Mn* u. nicht über 0,3 *C* enthalten. — Z. B. besteht die Legierung aus 40 Co, 20 Cr, 15,5 Ni, 0,02 Be, 7 Mo, 0,15—0,20 C, 15,5 Fe u. 2,0 Mn. (**N. P. 79 681** vom 8/7. 1946, ausg. 4/2. 1952.) JÜRGEN SCHMIDT. 6435

Ernest Dubois, La Chaux-de Fonds, Bruno-E. Siegrist und **Charles-H. Wakker,** Genf, Schweiz, *Uhrfedern* bestehen aus 20—45 (%) *Co,* 20—35 *Ni,* 10—25 *Fe,* 1—5 *Ti* u. 1—5 *Nb,* wobei die Summe von Ti u. Nb mindestens 3 beträgt u. 7 nicht überschreitet. Ferner können sie enthalten bis 10 *W,* bis 10 *Mo,* bis 20 *Cr* u. bis 5 *Ta.* (**Schwz. P. 280 891** vom 12/5. 1949, ausg. 16/5. 1952.) GÖTZE. 6435

Usine Genevoise de Dégrossissage d'Or, Genf, Schweiz, *Härtbare, korrosionsfeste und unmagnetische Legierungen* bestehen aus je 25—40% Ni, Mn u. Fe. Sie werden auf 700—1000° erhitzt, abgeschreckt u. einige Male bis zu einigen Tagen einer Temp. von 300—500° ausgesetzt. Nach Schwz. P. 280 893 ist das Fe durch Co ersetzt, außerdem kann noch bis 10 Cr zugegen sein. (**Schwz. PP. 280 890** u. **280 893** vom 18/2. 1949, ausg. 16/5. 1952.) GÖTZE. 6435

United States of America, übert. von: **Rex R. Lloyd,** Boulder City, Nev., und **William T. Rawles,** Pittsfield, Mass., V. St. A., *Chromerzbehandlung.* Um Cr-Erze in Lsg. zu bringen, werden sie bei Tempp. zwischen 125 u. 165° im Autoklaven unter

Druck mit einer wss. Lsg. behandelt, die $(NH_4)_2SO_4$, H_2CrO_4 u. 30—50 Gew.-% H_2SO_4 enthält. Je höher die Temp. ist, desto geringer kann der H_2SO_4-Geh. der Lsg. sein. Aufgebrauchte, bei der elektrolyt. Cr-Gewinnung benutzte Elektrolyte, welche Cr-, NH_4- u. SO_4-Ionen enthalten, können in der Weise regeneriert werden, daß ihre H_2SO_4-Konz. auf 30—50 Gew.-% erhöht wird, worauf diese Lsgg. zum Behandeln von Cr-Erzen unter den oben genannten Bedingungen verwendet werden. (**A. P. 2 601 306** vom 24/2. 1948, ausg. 24/6. 1952.) HANS HOFFMANN. 6437

Battelle Memorial Institute, übert. von: **Philip J. Maddex,** Columbus, O., V. St. A., *Herstellung hitzebeständiger Metalle.* Zur Herst. hitzebeständiger Metalle, wie *Ti* oder *Zr* werden in einem beheizten Raum Dämpfe von Halogenverbb. dieser Metalle unter Überdruck eingeleitet. Unter Ausschluß von Luft werden in diesen Raum reduzierende Metalle, wie Mg, Ca, Na oder K, eingetragen, welche mit den Halogen-Verbb. in Rk. treten. Da durch die exotherme Rk., bei der sich Ti oder Zr bildet, Wärme frei wird, ist die Beheizung des Raumes entsprechend zu drosseln oder gegebenenfalls der Reaktionsraum sogar zu kühlen, so daß die optimale Reaktionstemp. nicht überschritten wird. Das Verf. kann kontinuierlich durchgeführt werden. Entsprechende Vorrichtungen werden beschrieben. — Abbildungen. (**E. P. 678 286** vom 14/1. 1949, ausg. 3/9. 1952; **F. P. 989 518** vom 24/6. 1949, ausg. 10/9. 1951. Beide A. Prior. 30/6. 1948.) HANS HOFFMANN. 6437

Handelsbolaget under Firma A. Johnson & Co., Stockholm, Schweden (Erfinder: **S. C. Pyl**), *Herstellung von Zirkoniumlegierungen durch elektrolytische Ausfällung von Zirkonium aus Salzschmelzen.* Hierbei enthält die Anode in Form einer Schmelze das zuzulegierende Metall, wie Zn, Cd oder Mg. Die Elektrolyse wird abgebrochen, bevor der F. der Zr-Legierung den Kp. des Kathodenmetalls erreicht. Anschließend wird ein Teil des aufgenommenen Kathodenmetalls abdestilliert. Als Salzschmelze eignen sich bes. Alkalihalogenide mit gelösten Zr-Halogeniden u. gegebenenfalls $MgCl_2$. Die Anode soll aus Graphit oder Zr bestehen. (**Schwed. P. 132 514** vom 19/3. 1948, ausg. 31/7. 1951.) JÜRGEN SCHMIDT. 6437

Duisburger Kupferhütte, Duisburg (Erfinder: **Hans Hohn,** Wien), *Fraktionierte Aufarbeitung von Amalgamgemischen.* Zwecks Aufarbeitung von schwer trennbaren Amalgamgemischen werden diese auf chem. oder elektrochem. Wege zers. u. in der Weise fraktioniert aufgearbeitet, daß sie während oder nach der Zers. mit solchen komplexbildenden oder alkal. Lsgg. behandelt werden, welche die elektrochem. Potentiale der einzelnen Amalgame zu voneinander verschied. Werten verschieben. Die Zers. kann mit oxydierenden Mitteln oder mit Hg-Verbb., bes. $HgCl_2$, durchgeführt werden. — Z. B. werden 10 kg Amalgam mit 3,5% Cd u. 3% Tl mit 10 Liter einer Lsg., die 110 g NH_3/Liter u. 100 g $(NH_4)_2CO_3$/Liter enthält, u. 500 cm^3 30%ig. H_2O_2 umgesetzt. Es wird eine reine Cd-Lsg. erhalten, die nach dem Abtreiben mit Dampf reinstes $CdCO_3$ liefert. (**D. B. P. 860 280** Kl. 40a vom 19/11. 1942, ausg. 18/12. 1952.) HANS HOFFMANN. 6439

Akt.-Ges. für Stickstoffdünger Knapsack, Bez. Köln, Knapsack (Bez. Köln), *Aluminiumgewinnung.* Zur Gewinnung von Al aus Al-Legierungen, vorzugsweise Al–Fe-Legierungen, werden diese in stückiger Form zu einer Säule aufgeschichtet u. bei Tempp. über 1000°, vorzugsweise zwischen 1050 u. 1200°, mit Dämpfen von bei diesen Tempp. flüchtigen Fluoriden behandelt, welche an einem getrennt von der zu behandelnden Legierung gelegenen Ort erzeugt werden. Die Behandlung findet in einer Inertgasatmosphäre u./oder unter hohem Unterdruck statt, wobei die flüchtigen Reaktionsprodd. (metall. Al u. Fluoride) durch geeignete Abkühlung in fl. Form abgeschieden werden. Die in den Umsetzungsraum aufgeschichtete Ausgangslegierung hat zweckmäßig eine Korngröße von 4—30 mm Durchmesser u. wird von unten nach oben von dem Fluoriddampf durchströmt. Als Fluoride kommen Gemische aus NaF oder KF u. AlF_3 in Frage. (**D. B. P. 862 683** Kl. 40a vom 7/9. 1940, ausg. 12/1. 1953.) HANS HOFFMANN. 6443

Lurgi-Thermie G. m. b. H., Horrem, Bez. Köln (Erfinder: **Oskar Schober,** Junkersdorf bei Köln), *Herstellung einer Aluminium–Silicium-Vorlegierung im elektrothermischen Ofen.* Die zu reduzierenden Oxyde u. die Reduktionsmittel werden in stückiger Form in den Ofen eingesetzt, z. B. wird ein Kaolin–Tonerde-Gemisch in stückiger Form mit Quarz u. stückigen Reduktionsmitteln eingesetzt. Hierdurch verkleben die Elektrode u. die Ofenränder weniger als bei Brikettverwendung. Das Beschickungsgut rutscht selbsttätig in die Reaktionszone. (**D. B. P. 860 866** Kl. 40c vom 20/6. 1943, ausg. 29/12. 1952.) MARKHOFF. 6443

Gustave Ferriere, Zürich, und **Alexandre Glazunov,** Genf, Schweiz, *Herstellung einer besonders leichten Legierung.* Dolomit wird in einem Ofen mit Cl_2 behandelt, wobei die Verunreinigungen an Fe u. Al als Chloride entweichen u. sich zugleich eine Mischung aus $MgCl_2$ u. $CaCl_2$ bildet. Diese wird ohne weitere Reinigung in üblicher Weise in einem geschmolzenen Salzbade der Elektrolyse unterworfen; hierbei bildet sich eine bes. leichte *Mg–Ca*-Legierung. (**E. P. 647 228** vom 15/12. 1947, ausg. 6/12. 1950. Schwz. Prior. 13/11. 1946.) HANS HOFFMANN. 6445

Baker Platinum Ltd., London, England, *Herstellung von Gegenständen aus Platinmetallen.* Zur Erhöhung der Temperaturbeständigkeit u. Korrosionsfestigkeit von Gegenständen aus *Pt* oder den *Platinbeimetallen, Rh, Ir, Ru* u. *Pd,* oder deren Legierungen werden dem pulverförmigen Ausgangsstoff feinverteilte Oxyde, wie ZrO_2, HfO_2, Ce_2O_3 u. TiO_2, bis zu 10% zugesetzt, worauf das Gemisch gepreßt u. gesintert wird. Der Sinterkörper wird durch mechan. Bearbeitung in Draht- oder Plattenform gebracht. Das Erzeugnis eignet sich bes. zur Herst. von Zündkerzenelektroden, Thermoelementen, Heizelementen für elektr. Öfen, Drahtgeweben für katalyt. Zwecke oder dgl.; auch behält es beim Erhitzen seine feinkörnige Struktur u. damit seine mechan. Eigenschaften. Dem gleichen Zweck dient ein Zusatz anderer Oxyde. Es kommen folgende Oxydgruppen in Frage: a) La_2O_3, Nd_2O_3, Sm_2O_3, Pr_2O_3, Sc_2O_3, Y_2O_3, Tb_2O_3, Gd_2O_3, Eu_2O_3, Dy_2O_3, Ho_2O_3, Er_2O_3, Tm_2O_3, Yb_2O_3 u. Lu_2O_3; b) V_2O_5, Nb_2O_5 u. Ta_2O_5; c) Cr_2O_3. Alle diese Oxyde werden dem Grundmetall ebenfalls in Mengen bis zu 10% beigemischt. Diese, gegen die Reduktionswrkg. von H_2 beständigen Oxyde können auch in Form ihrer Salze, z. B. als Nitrate, den Platinmetallen zugesetzt werden, worauf das Gemisch im H_2-Strom bei höherer Temp. red. wird. (**E. PP. 645 681** vom 24/9. 1943 u. 24/10. 1944, ausg. 8/11. 1950, **646 002, 646 003** u. **646 004** vom 8/11. 1944, ausg. 15/11. 1950.) HANS HOFFMANN. 6465

Jean Plauchu, Frankreich, *Sinterkörper gleichmäßiger Beschaffenheit* werden hergestellt, indem die Formlinge mit einer Schicht pulverförmigen Graphits überzogen u. im Vakuum gesintert werden. Solche Körper besitzen an der Oberfläche die gleiche Härte wie im Inneren. (**F. P. 987 497** vom 26/2. 1943, ausg. 14/8. 1951.) GÖTZE. 6475

Charles Hardy, Inc., New York, N. Y., V. St. A., übert. von: **Harold Chalmers Miller**, *Entfernen von Oxydschichten auf Metallpulverteilchen.* Die Teilchen werden in reduzierender Atmosphäre eines hochsd. KW-stoffes, wie Paraffin, der ohne Rückstand verdampft, erhitzt. Die Metallteilchen werden hochglänzend u. backen nicht zusammen oder lassen sich leicht wieder zerkleinern. (**E. P. 676 437** vom 11/7. 1949, ausg. 30/7. 1952. A. Prior. 13/7. 1948.) MARKHOFF. 6475

Eugen Dürrwächter, Pforzheim, *Herstellung von Silberpulver.* Zur Herst. von Ag-Pulver in nichtkristalliner, kugliger Form wird feinverteiltes Ag_2O in einem Gasstrom durch eine auf 400—1000° erhitzte Zone geführt, worauf das gebildete Ag-Pulver in W. oder eine andere nicht brennbare Fl. oder in eine Kühlkammer geleitet wird. An Stelle von Ag_2O kann auch Ag_2CO_3 oder ein organ. Ag-Salz oder kristallines sprödes Ag-Pulver verwendet werden. Das umzuwandelnde Gut wird zweckmäßig durch eine Düse mittels Preßluft in die Heizzone eingespritzt. — Abbildungen. (**D. B. P. 860 278** Kl. 40a vom 17/10. 1942, ausg. 18/12. 1952.) HANS HOFFMANN. 6475

Davide Primavesi, Lugano, Schweiz, *Herstellung von gesinterten Gegenständen aus Metallpulvern.* Die Sinterung wird in einer Schutzgasatmosphäre durchgeführt, welche frei von H_2 ist u. in der Hauptsache aus CO u. N_2 mit einem geringen Geh. an CO_2 besteht. Das Verhältnis von CO zu CO_2 muß dabei so gewählt werden, daß in der Sinterkammer der Partialdruck des aufkohlenden Gases gleich dem Partial-C-Druck beim gewünschten C-Geh. im Sintergegenstand ist. Vorteilhaft wird das Schutzgas durch unvollkommene Verbrennung eines C-haltigen Gases hergestellt u. die Gaszus. durch Zuführung von Verbrennungsluft eingeregelt. (**E. P. 638 114** vom 29/12. 1947, ausg. 31/5. 1950. Schwed. Prior. 2/4. 1946.) HOCHSTEIN. 6475

American Electro Metal Corp., New York, N. Y., V. St. A., *Herstellung von Sinterkörpern.* Das aus 60—95% nichtrostendem Stahl u. aus einem Metall, wie Cu, Ag, Sn oder deren Legierungen, bestehende Sintererzeugnis wird so hergestellt, daß zunächst aus nichtrostenden Stahlpulvern eine porige Grundmasse vorgepreßt wird, in die das Metall bzw. die Metallegierung nach Abkühlung u. Wiedererhitzung auf ca. 1000—1100° eingebracht wird. Vorteilhaft besteht das Sintererzeugnis aus 85% nichtrostendem *Stahl* mit unter 0,1 (%) *C*, 18 *Cr* u. 8 *Ni* sowie aus 15% *Cu*-Legierung, die 90—93 Cu u. 10—7 Fe, Ni u./oder *Mn* enthält. (**E. P. 639 138** vom 28/4. 1947, ausg. 21/6. 1950. A. Prior. 1/4. 1946.) HOCHSTEIN. 6475

Badische Anilin- & Soda-Fabrik (I. G. Farbenindustrie Akt.-Ges. „in Auflösung") (Erfinder: **Leo Schlecht** und **Ernst Ostreicher**), Ludwigshafen/Rh., *Elektrodengerüste für Sammler mit alkalischen Elektrolyten* werden durch Sinterung von *Ni–Fe*-Pulver hergestellt, das durch therm. Zers. eines Gemisches von Ni-Carbonyl mit Fe-Carbonyl erhalten wird u. dessen Schüttgewicht weniger als 2 kg pro Liter beträgt. Auch andere

Metallpulvergemische, die durch gemeinsame Zers. der Metallcarbonyle hergestellt werden, können Verwendung finden, z. B. *Ni–Mo*-Pulver als Filtermaterial für stark korrodierende Fll. sowie als Katalysatoren. (**D. B. P. 833 129** Kl. 40b vom 12/5. 1950, ausg. 3/3. 1952.) GÖTZE. 6475

Jean Plauchu, Frankreich, *Herstellung von pulverförmigen Metallen oder Metallcarbiden.* Durch C reduzierbare Metalloxyde werden im Gemisch mit C in einem elektr. beheizten Ofen im Vakuum zur Rk. gebracht. Je nachdem, ob dem betreffenden Oxyd nur die zur O_2-Bindung erforderliche C-Menge oder darüber hinausgehende Mengen beigemischt werden, erhält man reine Metalle oder Carbide in Pulverform, welche frei sind von fremden Einschlüssen. Auf diesem Wege lassen sich bes. Carbide des *W, Mo, V* u. *Fe* mit den verschiedensten C-Gehh. herstellen. (**F. P. 979 037** vom 1/4. 1942, ausg. 20/4. 1951.) HANS HOFFMANN. 6475

Murex Ltd., Rainham, Essex, England, *Gesinterte Hartmetalle* bestehen aus z. B. *WC* u. mindestens einem bearbeitbaren Nichteisenmetall oder einer Legierung mit einem F., der höher als die Sintertemp. des Hartmetalles liegt, z. B. *Mo, Ni–W-* oder *Cu–Ni–W-* oder *Mo–W*-Legierungen. Letztere können carburiert werden, um eine bessere Verb. mit dem Hartmetall einzugehen. Sie werden entweder als feste Teilchen in das WC-Pulver eingebracht oder als Pulver mit dem WC vermischt u. gesintert. Als Bindemittel können außerdem noch Co u. ähnliche Metalle dienen. (**E. P. 643 039** vom 12/11. 1947, ausg. 15/9. 1950.) GÖTZE. 6475

Établissements Skoda, Tschechoslowakei, *Harte Sinterlegierungen* bestehen aus 73—88 (%) *WC*, 4—10 *TiC*, 3—7 *TaC* u. 5—10 eines Metalles der *Fe*-Gruppe. Das TaC kann teilweise durch *NbC* ersetzt werden, außerdem kann 1—3 *VC* zugegen sein. Als Hilfsmetall wird vorzugsweise *Co* verwendet, das bis zu einem Drittel durch *Ni* ersetzt sein kann. (**F. P. 979 922** vom 3/2. 1949, ausg. 7/5. 1951. Tschech. Prior. 4/2. 1948.) GÖTZE. 6477

Soc. An. des Usines Renault, Frankreich, *Herstellung von komplexen Carbiden.* Ein Gemisch aus pulverförmigem TiO_2 u. metall. *W* u. reinem *C* werden zu kleinen Blöcken verpreßt u. die Blöcke in pulverförmigem Graphit bei 1500 bis höchstens 1600° erhitzt. Darauf werden die Blöcke zerkleinert, wiederum gepreßt u. erhitzt. Diese Behandlung wird fortgesetzt, bis kein freier C mehr vorhanden ist. Man erhält komplexe Carbide, bei denen W u. C in atomarem Verhältnis gebunden sind. (**F. P. 990 635** vom 22/3. 1944, ausg. 24/9. 1951.) GÖTZE. 6477

Gebr. Böhler & Co., Akt.-Ges., Wien, Österreich, *Verbesserung der Zerspanbarkeit von Werkstoffen.* Eisen u. Nichteisenmetalle werden für die Zerspanung auf Minustempp. unterkühlt, vorzugsweise auf Tempp. von —70 bis —180°. (**D. B. P. 851 815** Kl. 18c vom 10/3. 1944, ausg. 9/10. 1952.) HOCHSTEIN. 6493

Licentia Patent-Verwaltungs-G. m. b. H., Hamburg (Erfinder: **Otto Kaufmann,** Essen), *Oberflächenhärteverfahren.* Unter gleichzeitiger Verwendung eines Lichtbogens zwischen zwei verstellbaren Elektroden als Wärmequelle u. eines Gases zum zusätzlichen Wärmetransport wird die Oberfläche von Stahlgegenständen gehärtet, wobei zum Wärmetransport gespaltenes NH_3, teilweise verbranntes NH_3 oder teilweise verbranntes Leuchtgas verwendet wird, welches zusätzlich mit einem C enthaltenden Medium, z. B. Methan oder Propan, gemischt ist, um eine Randentkohlung des Werkstücks zu vermeiden. (**D. B. P. 843 261** Kl. 18c vom 7/2. 1950, ausg. 7/7. 1952.) HOCHSTEIN. 6493

Vereinigte Leichtmetallwerke G. m. b. H. (Erfinder: **Paul Brenner**), Hannover, *Verbesserung der spanlosen Verformbarkeit ausgehärteter Werkstoffe.* Der Werkstoff wird kurz vor der Formgebung einige Std. bis zu einigen Sek., bes. nicht länger als eine halbe Std., auf Tempp. zwischen 100 u. 300° gebracht, wobei den hohen Tempp. die kurzen, den niedrigen Tempp. die langen Erwärmungszeiten entsprechen. Das Verf. ist bes. bei *Al*-Legierungen der Gattung *Al–Cu–Mg* anwendbar, ferner bei bestimmten *Mg*-Legierungen, *Cu*-Legierungen u. *Stählen.* (**D. B. P. 816 161** Kl. 40d vom 7/10. 1949, ausg. 8/10. 1951.) GÖTZE. 6493

Robert Pribyl, Linz, Österreich, *Oberflächenhärten von geneigte Flächen aufweisenden, besonders dachförmig überhöhten Gegenständen aus Eisen und Stahl mit der Gas–Sauerstoff-Flamme.* Das Werkstück wird auf eine Temp. unterhalb des A_1-Punktes, vorzugsweise auf ca. 350—600°, vorgewärmt u. dann die Flamme von einer Werkstückkante ausgehend in einem Arbeitsgang fortschreitend so über die auf Härtetemp. zu erhitzende Oberfläche geführt, daß der Abstand der Flammenspitze von den zu härtenden Flächenteilen an keiner Stelle größer als ca. 10—15 mm wird. — Abbildungen. (**Oe. P. 169 787** vom 5/7. 1948, ausg. 27/12. 1951.) HOCHSTEIN. 6493

Rolls-Royce Ltd., Derby, England, *Verbesserung der Warmverarbeitbarkeit von Eisenteilen.* Eisenrohstücke werden vor ihrer Erhitzung auf Warmformgebungstemp. mit einem dünnen Überzug aus Ni, Cr oder einer Cr–Ni-Legierung versehen. Auch kann das Rohstück mit einem nichtoxydierenden Metall durch Plattierung oder Aufspritzen bedeckt werden, wobei der Metallüberzug eine Dicke von 0,05–0,08 mm besitzen soll. Nach der Warmverformung wird der Überzug zweckmäßig wieder durch mechan. oder elektrolyt. Polierung entfernt. Das Verf. eignet sich bes. für die Herst. von Schaufeln für Gasturbinen. (**E. P. 659 573** vom 4/10. 1949, ausg. 24/10. 1951.) HOCHSTEIN 6493

Arnold James Claisse, London, England, *Herstellen von Rasierklingen aus chromhaltigem, korrosionsfestem Stahlband.* Das Stahlband wird vor dem in einer reduzierenden Atmosphäre erfolgenden Härten mit einem dünnen Überzug aus Ni oder Ni–Co-Legierung versehen. Der Überzug wird auf elektrolyt. Wege aufgebracht u. besitzt eine metall. weiße Farbe, die eine Verfärbung u. Fleckenbldg. des Stahlbandes beim Härten verhindert. (**D. R. P. 757 443** Kl. 18c vom 29/8. 1935, ausg. 20/10. 1952. E. Prior. 23/5. 1935.) HOCHSTEIN. 6493

James Ronald Mott (Erfinder: **James Ronald Mott**), Toronto, Can., *Herstellen einer schützenden oder aufkohlenden Ofenatmosphäre.* Li-Salze werden in einem fl. Lösungsm. aufgelöst. Die Lsg. wird in einen Wärmebehandlungsofen gebracht, wo sie durch die Ofenhitze verdampft. Zweckmäßig wird ein fl. Lösungsm. verwendet, das im Dampfzustand C abgibt. Vorzugsweise enthält das fl. Lösungsm. eine organ. flüchtige Flüssigkeit. Das Verf. eignet sich zum Blankglühen von Eisen. (**D. B. P. 851 962** Kl. 18c vom 15/11. 1949, ausg. 9/10. 1952. A. Prior. 19/3. 1947.) HOCHSTEIN. 6493

Akt.-Ges. vormals Skodawerke in Pilsen, Prag, **F. Pobořil,** Ostrava, und **E. Valenta,** Pilsen, Tschechoslowakei (Erfinder: **F. Pobořil** und **E. Valenta**), *Herstellung von Zahnrädern mit gehärteter Oberfläche und zähem Kern.* Man behandelt die Zahnräder bei einer Temp. nur etwas oberhalb des Ac_1-Punktes des betreffenden Stahles, bis die Temp. an den Zahnenden u. Zahnseiten diesen Punkt überschritten hat, aber der Zahnkranz noch unter dieser Temp. bleibt, worauf schnell abgekühlt wird. (**Schwed. P. 134 282** vom 31/5. 1944, ausg. 22/1. 1952. D. Prior. 31/5. 1943.) JÜRGEN SCHMIDT. 6493

Gaz de France, Paris (Erfinder: **Roger Prevot,** Villeneuve-la-Garenne), Frankreich, *Herstellung eines zum Zementieren von Stahl geeigneten Gases.* Stadtgas wird ohne Zusatz von anderem Gas zunächst durch eine auf 900–1000° aufgeheizte Vorkammer geführt, darauf durch ein bekanntes Mittel entwässert u. schließlich in eine auf 900–1000° aufgeheizte, das Zementierungsgut enthaltende Kammer geleitet. Zweckmäßig wird das Gas in der Vorkammer, die als Katalysator wirkendes Eisen enthält, über Holzkohle geleitet. Durch die Unterdrückung der KW-stoffverbb. C_nH_m im Zementierungsgas wird jegliche Ablagerung fester Kohle auf den behandelten Stücken vermieden. — Abbildung. (**D. B. P. 849 565** Kl. 18c vom 1/8. 1950, ausg. 15/9. 1952. F. Prior. 29/7. 1947.) HOCHSTEIN. 6493

Ohio Crankshaft Co., übert. von: **John T. Vaughan,** Cleveland, O., V. St. A., *Verfahren zum gleichzeitigen Härten der inneren und äußeren Oberflächen dünner Stahlrohre.* Eine der Oberflächen wird allmählich fortschreitend induktiv auf Härtetemp. erhitzt u. anschließend ebenfalls fortschreitend durch Aufspritzen von Fl. abgeschreckt. Gleichzeitig wird die andere Oberfläche an der Stelle allmählich fortschreitend induktiv erhitzt, die dem Auftreffen der Abschreck-Fl. auf der ersten Oberfläche gegenüberliegt, u. anschließend fortschreitend abgeschreckt. Der zwischen den beiden gehärteten Oberflächen liegende Stahlkern wird nicht gehärtet u. bleibt zäh. Das Verf. wird bes. auf die Härtung von Lagerbüchsen für Raupenkettenglieder von Traktoren angewendet, kann aber auch für die Oberflächenhärtung von Stahlplatten benutzt werden. Eine geeignete Induktionsheizvorr. wird beschrieben. — Abbildung. (**A. P. 2 556 243** vom 23/2. 1949, ausg. 12/6. 1951.) HOCHSTEIN. 6493

Christian Kluijtmans, Frankreich, *Wärmebehandlung von Schwarzkerntemperguß.* Die Teile werden in Salzschmelzbädern einer doppelten aufeinanderfolgenden Wärmebehandlung unterzogen, wobei im ersten auf 950° erhitzten Bad die Graphitisierung eingeleitet u. im zweiten, auf 700° erhitzten Bad die Graphitisierung durch Hindurchleiten eines elektr. Stromes beschleunigt wird. Das erste Bad besteht aus einem Gemisch von Ba- u. K-Chlorid u. das zweite Bad aus Na_2CO_3, NH_4Cl, $AlCl_3$, Na_3PO_4 u. gegebenenfalls noch $BaCl_2$. Die so behandelten Teile sind von einer Korrosionsschutzschicht umgeben. (**F. P. 978 591** vom 22/11. 1948, ausg. 16/4. 1951.) HOCHSTEIN. 6493

W. W. A. Holm, Stockholm, Schweden, *Einsatzhärtung von Werkstücken aus weichem Eisen.* Man führt das Einsatzhärtemittel in Form einer Haut zu, die sich auf dem Werkstück beim Aufschmelzen von C-reichen Schweißstäben in beim Elektroschweißen üblicher Arbeitsweise bildet. Es bildet sich eine C-reiche Haut. Durch Minderung des C-Geh. in bekannter Weise kann dann eine glasharte Oberfläche erzielt werden. (**Schwed. P. 131 994** vom 1/12. 1945, ausg. 19/6. 1951.) JÜRGEN SCHMIDT. 6493

Vereinigte Leichtmetall-Werke G. m. b. H., Hannover (Erfinder: **Eduard Blume**, Hannover, und **Günther Berger**, Bonn/Rh.), *Vermeidung von Grobkornbildung.* Halbzeuge, bes. aus *Al*-Legierungen, werden mit regelbarer Geschwindigkeit in der Weise durch eine gasbeheizte Zone geführt, daß die Zeit für die Anwärmung bis zur Rekristallisationstemp. höchstens eine Min., vorzugsweise weniger als 20 Sek., u. die Zeit für das Verweilen auf Tempp. über der Rekristallisationstemp. höchstens 5 Min., vorzugsweise 10 Sek. bis 1 Min., beträgt. Die beheizte Zone wird durch 2 oder mehrere hintereinander angeordnete Brennerringe gebildet, die getrennt regelbar sind. (**D. B. P. 824 855** Kl. 40d vom 19/1. 1950, ausg. 13/12. 1951.) GÖTZE. 6493

Linde Air Products Co., New York, N. Y., V. St. A., *Sauerstoffhobelung oder -schneiden von Metallgegenständen.* Man richtet aus einem Schneidbrenner einen Strahl aus O_2-Schneidgas u. einem feinverteilten Hilfsmaterial gegen die Oberfläche des zu behandelnden Metallgegenstandes. Hierbei soll das Hilfspulver ringförmig um die O_2-Flamme zugeführt werden. (**Finn. P. 26 009** vom 18/10. 1947, Auszug veröff. 31/10. 1952. A. Prior. 21/4. 1943.) JÜRGEN SCHMIDT. 6503

Aluminium Laboratories Ltd., Montreal, Can., *Flußmittel zum Löten von Leichtmetallen* besteht aus 50—60 (Gew.-%) *KCl*, 5—60 *NaCl*, 5—80 *LiCl* u. 4—12 AlF_3, enthält aber keine Alkalifluoride. (**Finn. P. 25 935** vom 30/8. 1947, Auszug veröff. 30/9. 1952. A. Prior. 7/9. 1946.) JÜRGEN SCHMIDT. 6505

James Booth & Co. Ltd. und **Christopher Smith**, Birmingham, Warwick, England, *Mit einem Lotmetall überzogene Bleche aus Aluminium oder seinen Legierungen.* Das Lotmetall besteht aus *Al-Zn*-Legierungen mit 90—95% Zn, bei denen je nach dem Zn-Geh. die Differenz zwischen Liquidus u. Soliduspunkt 7—35° beträgt. Durch Wärme u. Druck lassen sich zwei so überzogene Bleche leicht u. festhaftend vereinigen. (**E. P. 637 945** vom 25/5. 1948, ausg. 31/5. 1950.) MARKHOFF. 6505

Pirelli-General Cable Works Ltd., London, England, übert. von: **Società Italiana Pirelli**, Mailand, Italien, *Löten von Aluminium und seinen Legierungen.* Als Lötmaterial wird ein rohrförmiges Lötmetall, wie *Sn*, verwendet, das mit einer den Oxydfilm auf Al lösenden Substanz gefüllt ist. Als solche dient z. B. eine Mischung aus 90 (Teilen) $SnCl_2$, 8 NH_4Cl u. 2 *NaF* oder *KF*, wobei das $SnCl_2$ durch $ZnCl_2$ ersetzt sein kann. Das von dem Röhrchen umschlossene Flußmittel verändert sich beim Lagern nicht. Das Lötmaterial kann ohne Lötfett verwendet werden. (**E. P. 642 869** vom 14/9. 1948, ausg. 13/9. 1950. It. Prior. 23/4. 1940.) MARKHOFF. 6505

Applications Industrielles Soc. An., Monthey, Schweiz, *Aluminiumlot* besteht aus 0,5—1 (%) *Cu*, 3—5 *Al*, 0,01—0,03 *Mn* oder einem anderen Metall, dessen F. ca. 650° beträgt u. dessen Härte gleich oder größer ist als die von Mn, u. Rest *Zn*. — Beispiel: 0,8 (Gew.-%) Cu, 3,8 Al, 0,02 Mn u. 95,38 Zn. Der F. des Lotes liegt bei ca. 340°. Korrosionsbeständige Lötnähte. (**E. P. 638 438** vom 15/8. 1947, ausg. 7/6. 1950. Schwz. Prior. 2/8. 1947.) MARKHOFF. 6505

General Electric Co., New York, übert. von: **Gordon M. Forker**, Cleveland Heights, O., V. St. A., *Flußmittel zum Löten* besteht aus einer Fl. aus 2—15 (Gew.-%) eines Schwermetallchlorids, z. B. $ZnCl_2$, 2—10 einer hochmol. Fettsäure, wie Stearinsäure, 1—5 eines salzsauren Amins, wie Anilin, die in einem Lösungsm. aus einem oder mehreren Diolen mit einem mindestens 4 C-Atome aufweisenden Mol. gelöst sind. Das Lösungsm. muß eine niedrige Hygroskopizität von weniger als 20 (%) bei einer relativen Feuchtigkeit von 63 bei 25° aufweisen. (**A. P. 2 522 937** vom 30/3. 1949, ausg. 19/9. 1950.) MEYER-WILDHAGEN. 6505

Lincoln Electric Co., Cleveland, O., V. St. A., *Flußmittel für die Lichtbogenschweißung* besteht im wesentlichen aus körnigem, vorgeschmolzenem Ca-, Mn-, Mg- oder Al-Silicat, das nicht mehr als 1% Pb, Bi oder Sb enthält; z. B. werden 4 (Gewichtsteile) MnO, 2,5 SiO_2 u. 1 Kryolith unter Zusatz von 0,1—0,5% Pb verschmolzen. Das Mittel wird längs der zu schweißenden Linie aufgetragen. (**E. P. 672 333** vom 27/1. 1950, ausg. 21/5. 1952.) MARKHOFF. 6507

Aluminium Laboratories Ltd., Montreal, Can., *Flußmittel zum Verbinden von Leichtmetallgegenständen.* Das Flußmittel für das Schweißen oder Hartlöten von Leichtmetallgegenständen soll 2—15 Gew.-% *Sr-Halogenid* enthalten, wodurch die Netzfähigkeit des Flußmittels erhöht wird. Im übrigen besteht das Flußmittel im wesentlichen aus Alkalichloriden. (**Finn. P. 26 008** vom 6/8. 1947, Auszug veröff. 31/10. 1952. A. Prior. 24/11. 1941.) JÜRGEN SCHMIDT. 6507

Siemens-Schuckert Werke Akt.-Ges., Berlin und Erlangen (Erfinder: **Ernst Helmut Klein,** Berlin-Siemensstadt), *Aufstreupulver für Schmelzschweißung.* An sich bekannte silicotherm. reagierende Aufstreupulver werden von so großer Reinheit u. Feinheit verwendet, daß die silicotherm. Rk. sich nach ihrer Einleitung von selbst durch die Gesamtmenge des Pulvers fortsetzt. Auf diese Weise werden die Schweißnähte u. die ihnen benachbarten Zonen der Werkstücke ohne Benutzung von Glühöfen nach- oder auch vorgewärmt. Eine Rißbldg. begünstigendes Wärmegefälle in hochlegierten Stählen wird vermieden. (**D. B. P. 864 352** Kl. 49h vom 29/12. 1943, ausg. 26/1. 1953.) GÖTZE. 6507

Benno Sixt, Wien, Österreich, *Zusatzlegierungen für Schmelzschweißungen und Lötungen.* Die Legierungen auf *Cu-*, *Ni-* oder *Al*-Basis enthalten 0,1—1(%) *Si*, 0,01 bis 5 *P* u. 0,01—0,5 *B*. Sie zeigen bei höheren Tempp. u. lang andauernder Heizeinw. die notwendigen Schmelzeigg. u. eignen sich bes. für Kohlelichtbogenschweißung als Schweißstäbe u. Lote. (**D. B. P. 864 024** Kl. 49h vom 23/4. 1949, ausg. 22/1. 1953. Oe. Prior. 8/2. 1946.) GÖTZE. 6507

Gebr. Böhler & Co. Akt.-Ges., Wien, Österreich, *Oberflächenbehandelter Seelendraht zum Schweißen.* Zur Steigerung der Schweißgeschwindigkeit wird der Draht mit einer 0,1—0,5 Vol.-% des Schweißmetalls betragenden Schicht aus $Fe(OH)_3$, $Ca(OH)_2$ u. $Mn(OH)_3$ überzogen, wobei $Fe(OH)_3$ ganz oder teilweise durch $Mn(OH)_3$ u. $Ni(OH)_2$ ersetzt sein kann. (**D. B. P. 865 248** Kl. 49h vom 17/11. 1950, ausg. 2/2. 1953. Oe. Prior. 12/8. 1947.) MARKHOFF. 6507

Gebr. Böhler & Co. Akt.-Ges., Wien, Österreich, *Blanker Zusatzdraht für das Ellira-Schweißverfahren* enthält 0,5—4% *Si*, gegebenenfalls mit einem *Mn*-Zusatz bis 4%. Dem Zusatzdraht können noch andere Legierungsstoffe, wie *Ni, Cr, Mo, Ti* u. *Zr*, zulegiert sein, um die physikal. Eigg. der Schweiße zu verbessern. (**D. B. P. 864 646** Kl. 49h vom 3/8. 1943, ausg. 26/1. 1953.) HABBEL. 6507

Turco Products, Inc., Los Angeles, übert. von: **Emmette R. Holman,** Pasadena, und **Justine L. Mathis,** Ranchita, Calif., V. St. A., *Reinigen von Aluminiumoberflächen vor dem Punktschweißen.* Die Teile werden mit einer 120° F (49° C) warmen Lsg. von $Na_4P_2O_7$ u. H_3PO_4 behandelt. Auf 0,01—0,5 Gewichtsteile $Na_4P_2O_7$ sollen 1 H_3PO_4 enthalten sein. Beispiel: 200 ml 75%ig. H_3PO_4, 50 g $Na_4P_2O_7$ u. Rest Wasser. Zweckmäßig setzt man der Lsg. noch oberflächenakt. Stoffe, wie Äthylenglykolmonobutyläther, zu. Die in dieser Lsg. sich lösenden Schwermetallegierungsanteile, wie Cu, schlagen sich nicht auf der die Schweißstelle umgebenden Teile der Al-Oberfläche wieder nieder. (**A. P. 2 585 127** vom 29/4. 1947, ausg. 12/2. 1952.) MARKHOFF. 6513

Stahl- und Röhrenwerk Reisholz Akt.-Ges., Düsseldorf-Reisholz (Erfinder: **Erich Olmesdahl,** Düsseldorf-Reisholz, und **Wilhelm Bickschäfer,** Düsseldorf-Lierenfeld), *Vorbehandeln von Werkstoffen aus Eisen und Stahl für eine spanlose Verformung.* Bes. zum mehrfachen Kaltziehen wird vor der spanlosen Verformung die auf der Oberfläche der Werkstoffe haftende oxyd. Zunderschicht durch Behandeln mit reduzierenden Gasen in der Hitze in eine poröse Metallschicht umgewandelt. Verkürzung u. Vereinfachung der Arbeitsgänge. (**D. B. P. 851 645** Kl. 18c vom 8/3. 1951, ausg. 6/10. 1952.) HOCHSTEIN. 6513

Ing. Fischer & Co., Österr. Entrostungsdienst, Linz, Österreich, *Streichfähige, Rost bzw. Metalloxyde lösende Paste.* Anorgan., gegebenenfalls mit „Passivatoren“ (nicht näher erläutert; der Ref.) versetzte Säuren werden mit einem pulverisierten, nicht oder nur teilweise säurelösl., festen Trägermaterial dadurch verbunden, daß während des Vermischens $CaSO_4$ ausgefällt wird. Die Ausfällung des $CaSO_4$ kann in bekannter Weise in Ggw. von Phosphaten oder freier H_2PO_4 erfolgen, so daß die Paste die Metalloberfläche nicht nur reinigt, sondern gleichzeitig phosphatiert. — Beispiel: 8 Gewichtsteile feingemahlenes Talkum werden mit 2 Gewichtsteilen eines Gemisches phosphorsaurer Salze des Ca homogen vermischt u. mit 17 einer „passivierten“, 30%ig. H_2SO_4 gut verrührt. (**Oe. P. 168 888** vom 12/1. 1950, ausg. 10/9. 1951.) SCHREINER. 6513

S. I. B. Soc. Internationale de Brevets, Tanger (Erfinder: **Joseph Warant,** Etterbeck, Brüssel, und **Roger Warant,** Auderghen, Brüssel, Belgien), *Gleichzeitige Erzeugung von Glanz und Politur auf Kupfer und Kupferlegierungen.* Die Gegenstände werden in eine HNO_3 von mindestens 28° Bé, bes. 36—40° Bé, getaucht, in der feste CrO_3 aufgelöst ist. Zweckmäßig werden der Lsg. noch H_2SO_4 von 66° Bé u. $CuSO_4$ zugesetzt. — Beispiel: 75(%) HNO_3 von 40° Bé, 12 CrO_3, 10 H_2SO_4 von 66° Bé u. 3 $CuSO_4$. Das Bad wird bei einer Temp. von 30—100° verwendet. Die Behandlung kann auch unter anod. Schaltung des Gegenstandes durchgeführt werden. (**D. B. P. 856 543** Kl. 48d vom 13/4. 1951, ausg. 24/11. 1952. Belg Priorr. 14/4. 1950 u. 22/3. 1951.) MARKHOFF. 6513

United Chromium Inc., New York, N. Y., übert. von: **Frank Passal,** Detroit, Mich., V. St. A., *Galvanisches Glanzkupferbad* besteht aus 20—55 (g/Liter) *Cu*, 5—13 freier

KCN, 7,5—30 *KOH* u. 0,005—1 *Rhodanin* oder seinen Substitutionsprodukten. Es arbeitet bei 5—35 A/sq.ft (0,5—3,5 A/dm²) Stromdichte u. 140—180° F (60—82° C). (**A. P. 2 609 339** vom 2/11. 1948, ausg. 2/9. 1952.) MARKHOFF. 6517

Cosmocord Plastics Ltd., Enfield, Middlesex, England (Erfinder: **Robert Heinrich Sturm**), *Erzeugen von Metallüberzügen auf elektrisch nicht leitenden Stoffen.* Niedrigschm. Metalle oder Legierungen in Pulverform werden in einem Binde- oder Flußmittel suspendiert, auf die zu überziehende Oberfläche aufgebracht u. bis auf den F. des Metalles oder der Legierung erhitzt. Als Überzugsmetall wird z. B. WOODs oder ROSE-Metall verwendet, als Suspensionsmittel z. B. eine Mischung von *p-Dichlorbenzol*, *Triacetin* u. *Toluol* oder von *Phenol-Formaldehyd-Harz* in einer 50%ig. Lsg. von *Butanol*, *Vinylchloridacetatharz*, *B(OH)₃*, *Methyläthylketon* u. *Cyclohexanon*. Der Überzug haftet gut u. kann galvan. mit weiteren Metallüberzügen versehen werden. (**E. P. 650 758** vom 29/5. 1946, ausg. 7/3. 1951.) MARKHOFF. 6517

R. E. Shockley, Inc., übert. von: **Roy E. Shockley**, Kokomo, Ind., V. St. A., *Erzeugen galvanischer Überzüge aus Zink–Kupfer–Zinn-Legierungen.* Als Elektrolyt dient eine Alkalihydroxyd enthaltende, Cyankalilsg. der entsprechenden Metallsalze u. als Anode eine Legierung aus 90(%) Zn, 8,5 Cu u. 1,5 Sn. Dichte, widerstandsfähige Überzugsschichten. (**A. P. 2 600 699** vom 19/10. 1950, ausg. 17/6. 1952.) MARKHOFF. 6517

Charles Somville (Erfinder: **Max Schenk**), Belgien, *Überziehen von Aluminium und seinen leichten Legierungen.* Verwendet wird eine wss. Lsg., die bes. Ätzalkali $>$2,5 g Mol/Liter u. lösl. Chromate im Verhältnis 2—45 (Teilen) Alkali zu 1 Chromat enthält. Zur Capillarwrkg. können Phosphate, Tartrate, Citrate u. Permanganate zugegeben werden. Die gereinigte Oberfläche wird nach dem Trocknen imprägniert u. mit Lack überzogen, oder die Gegenstände werden mehr als 5 Min. bei $>$95° in W. oder in einer Alkalisilicatlsg. behandelt. Der Überzug ist chem. bes. widerstandsfähig. (**F. P. 995 319** vom 13/9. 1949, ausg. 30/11. 1951. Schwz. Prior. 17/9. 1948.) HOLM. 6529

Comp. de Produits Chimiques et Électrométallurgiques Alais, Froges et Camargue (Erfinder: **Jean-Alfred Odier**), Frankreich, *Rückstrahlende Aluminiumflächen.* Gegenstände aus Al u. seinen Legierungen werden elektrolyt. poliert, die entstehende Oxydschicht entfernt, dann verstärkt oxydiert u. die neue Oxydschicht mit einem farblosen oder schwach gefärbten Fett überzogen. (**F. P. 994 859** vom 10/2. 1945, ausg. 23/11. 1951.) HOLM. 6531

Établissements Dupuy & Dubray, Frankreich, *Erzeugen von Beschriftungen, Verzierungen und dergleichen auf Oxydschichten auf Aluminium.* Die Schriftzeichen oder dgl. werden mit einer fetthaltigen Tinte auf die Oberfläche aufgebracht u. das Fett durch Erhitzen in die Poren der Schicht eingebracht. Die nicht imprägnierten Teile der Oberfläche werden dann gefärbt u. fixiert. (**F. P. 987 433** vom 28/12. 1943, ausg. 13/8. 1951.) MARKHOFF. 6531

Westinghouse Electric Corp., East Pittsburgh, übert. von: **Ralph O. McIntosh**, Pittsburgh, Pa., V. St. A., *Erzeugen von Oxydschichten auf der Legierung „Kovar“.* Die Teile werden zunächst in inerter Atmosphäre auf ca. 900—1100° erhitzt. Dann wird das inerte Gas durch ein reduzierend wirkendes Gas, z. B. feuchten H_2, ersetzt. Nach Beendigung der Rk. wird wieder inertes Gas u. anschließend ein oxydierend wirkendes Gas, wie Luft, in den Ofenraum eingeleitet. Bei 1000° bildet sich in 1—2 Min. eine Oxydschicht. Die Abkühlung der Teile wird wieder in inerter Atmosphäre vorgenommen. Die so behandelten Teile lassen sich mit Glas luftdicht verschmelzen. — Abbildung. (**A. P. 2 575 724** vom 9/3. 1949, ausg. 20/11. 1951.) MARKHOFF. 6531

Roland Irmann, Aluminiumguß in Sand und Kokille. 5., neubearb. Aufl. Düsseldorf: Verl. d. Aluminium Zentrale e. V. 1952. (XII + 302 S. m. 318 Abb.) 8°. DM 30,60.

Hans Reininger, Gespritzte Metallüberzüge. Erzeugung, Gefüge, Eigenschaften und praktische Nutzanwendung. München: Hanser. 1952. (246 S. m. 151 Bild., 25 Zahlentaf.) 8°. DM 14,80.

K. Wanke, *Einführung in die Pulvermetallurgie*, hrsg. vom Außeninstitut der TH Graz. 1950. Graz: Heinrich Stiasny's Söhne. (197 S. m. 133 Abb. u. 22 Taf.) S. 40,—.

Das Buch gibt in Form von 8 Vorträgen einen geschlossenen Überblick über die Grundlagen u. die industrielle Bedeutung der Pulvermetallurgie u. Sintertechnik. Im einzelnen werden behandelt: Geschichte u. theoret. Grundlagen der Pulvermetallurgie; mechan. u. physikal.-chem. Herst., Eigg. u. Verwendung von Metallpulvern; technolog. Einrichtungen; Sintereisen u. Sinterstahl; Sinterhartmetalle; Pulvermetallurgie der hochschm. Metalle; pulvermetallurg. Magnetwerkstoffe u. Sinterwerkstoffe mit besonderen physikal. Eigg.; gesinterte Kontaktwerkstoffe; Amalgame, Diamantmetalle u. Metall–Metalloxyd-Systeme. Eine Zusammenstellung der in- u. ausländ. Literatur ergänzt die Ausführungen. Das Buch ist ein wichtiges Hilfsmittel für alle Wissenschaftler u. techn. Interessierte, die sich mit dem noch vor großen Entwicklungsmöglichkeiten stehenden Wissensgebiet u. Herstellungsverf. befassen. HABBEL. 6474

IX. Organische Industrie.

Directie van de Staatsmijnen in Limburg, Heerlem (Erfinder: **Martinus Lambertus Goedkoop,** Geleen), Holland, *Herstellung einer für chemische Umsetzungen verwendbaren dichten, wirbelnden, flüssigkeitsähnlichen Masse* aus klebrigen, plast. oder fl. Stoffen, dad. gek., daß man einen porösen Träger mit diesen Stoffen imprägniert u. dann mit einem Gasstrom diesen Träger in den Zustand einer dichten, wirbelnden, flüssigkeitsähnlichen M. versetzt. Z. B. wird Sägemehl mit einem nichthärtenden Phenol-Formaldehydkondensationsprod. (Erweichungspunkt 65°) imprägniert. Geeignet für Oxydationen, Redd., Chlorierungen u. dergleichen. (**D. B. P. 838 749** Kl. 12o vom 1/11. 1950, ausg. 12/5. 1952.) SCHINDLER. 6551

Lech-Chemie Gersthofen (Erfinder: **Paul Heisel,** Augsburg), *Die Stabilisierung von zur Abspaltung von Halogenwasserstoff neigenden organischen Halogenverbindungen* erfolgt durch Zusatz von Sulfamiden (I) oder einseitig substituierten I, z. B. der allg. Formel $RNH-SO_2-NH_2$ (R = H, Alkyl, Aralkyl, Aryl, Acyl, Cycloalkyl oder heterocycl. Rest u. deren Derivv., wie Alkohole, Ketone, Ae. oder Thioäther). — Dichloressigsäuremethylester wird mit 1 Gew.-% I stabilisiert, wobei die Xylollsg. (1:1) nach 70 Std. bei 100° noch keine HCl-Abspaltung zeigt. Des weiteren können behandelt werden: Ein Gemisch aus Trimethylolpropanmonochloracetat u. Trimethylolpropandichloracetat, chloriertes Hartparaffin mit 25% bzw. 43,6% Cl, β.β'-Dichlordiäthyläther, Chlor-KW-stoffe mit Kp. 240—310° aus der FISCHER-TROPSCH-Synth. bzw. mit 40% Cl, chlorierte Harzsäuren, Fette, Öle, Trane, Chlorkautschuk, Chlorbutadienpolymere, Polyvinylchloride, Polyvinylchloracetate. Als I werden verwendet: Cyclohexylamino-, Monobutylamino-, Piperidyl-N-, Butylamino-, Acetylamino- u. Isohexylaminosulfamid. (**D. B. P. 854 520** Kl. 12o vom 31/12. 1943, ausg. 4/11. 1952.) KRAUSS. 6565

Farbenfabriken Bayer (Erfinder: **Rudolf Stroh**), Leverkusen, *Reduktion organischer Verbindungen mit Formamid* (I) erfolgt in Ggw. von Hydrierungskatalysatoren, die die Anlagerung von H an chem. Verbb. beschleunigen, bes. Fe, Pt, Co, Pd, Ni. Zu einer auf 150° erhitzten Mischung aus I u. einer durch Zers. einer NiAl-Legierung mit NaOH erhaltenen, wss. Paste (50% Ni) gibt man bei 150—160° Benzaldehyd, wodurch nach 5 Std. in 90%ig. Ausbeute *Formylbenzylamin* entsteht. — Anthrachinon + I → *Formyldiaminoanthracen.* — Nitrobenzol + I + RANEY-Ni → *Formanilid.* o-Nitranilin + I → *Benzimidazol.* — 2.2'-Dinitrodiphenyldisulfid + I → *Benzthiazol.* — Paraffinketone ($C_{11}-C_{17}$) + I → *Formylparaffinamin.* (**D.B.P. 861 844** Kl. 12o vom 23/6. 1943, ausg. 5/1. 1953.) KRAUSS. 6585

N. V. de Bataafsche Petroleum Mij., Den Haag (Erfinder: **Ondrianus Johannes van Peski,** Amsterdam), Holland, *Herstellen von organischen Verbindungen,* die Halogen- oder Cyangruppen enthalten, durch Rk. von organ. Stoffen, die eine oder mehrere aliphat. Doppelbindungen besitzen, mit Halogen- oder Cyanwasserstoff, dad. gek., daß die Rk. unter dem Einfl. von künstlichen Lichtstrahlen durchgeführt wird, welche Wellenlängen von <3000 mμ besitzen. Die Rk. kann in Ggw. von Stoffen stattfinden, die eine aktivierende oder sensibilisierende Wrkg. ausüben, z. B. Metalldampf. — Beispiel: Allylchlorid → *1-Chlor-3-brompropan.* (**D. B. P. 863 491** Kl. 12o vom 23/7. 1942, ausg. 19/1. 1953. Holl. Prior. 29/7. 1941.) G. KÖNIG. H 510

British Oxygen Co. Ltd., London, England, *Acetylenherstellung.* Ein im Schmelzfluß hergestelles Metallcarbid wird in einer Korngröße über 120 mm in einer Gaserzeugungskammer mit W. zur Rk. gebracht, wobei das Carbid völlig in W. eintauchen kann. Zweckmäßig wird zwischen dem Carbid u. dem W. eine Relativbewegung zustande gebracht, z. B. durch Einleiten von Wasser- oder Dampfstrahlen. — Vorr., Abbildungen. (**Schwz. P. 277 230** vom 17/1. 1948, ausg. 16/11. 1951. E. Prior. 18/1. 1947.) HANS HOFFMANN. H 530

Badische Anilin- & Soda-Fabrik, Ludwigshafen/Rh., *Acetylen* entsteht bei der unvollständigen Verbrennung gasförmiger KW-stoffe mit O_2 unter Vorerhitzung u. unter Flammenbldg., wobei die beiden Komponenten vor ihrer Mischung auf den gleichen Druck gebracht werden. — Vorr., Zeichnung. (**E. P. 673 493** vom 12/5. 1950, ausg. 4/6. 1952. D. Prior. 1/10. 1948.) KRAUSS. H 530

E. I. du Pont de Nemours & Co., übert. von: **William Franklin Gresham,** Wilmington, Del., V. St. A., *O-haltige organische Verbindungen* gewinnt man aus olefin. Bindungen enthaltenden organ. Verbb., CO u. H_2 bei 250—400° u. bei 300 at übersteigenden Drucken in Ggw. eines Hydrierkatalysators, wobei das Verhältnis Olefin:CO:H_2 zwischen 1:2:2 u. 1:5:20 liegt. Als Katalysator eignen sich Ni, Co u. Ru, ihre Mischungen oder Carbonylverbb., gegebenenfalls mit Beschleunigern. Der Geh. an Alkohol kann durch Nachhydrieren des Prod. erhöht werden. Es bilden sich neben geradkettigen Prodd. auch die Isomeren. — 16 (Teile) H_2:8 CO:1 C_3H_6 ergeben mit einem Katalysator aus

1 Cu:0,1 Cr:0,05 Co, bei 288° u. 1000 at, Propan, Butyraldehyd, Butanole, entsprechende Ester u. Säuren in geringer Menge. Das Reaktionsprod. mit $CuCrO_3$ ergibt bei 225° u. 700 at hydriert n-Butanol u. Isobutanol. Die unerwünschte Hydrierung der Olefine zu Paraffinen kann man durch Vorbehandlung des Katalysators, z. B. 1 Std. bei 700°, oder durch partielle Vergiftung mit S beeinflussen. (**E. P. 638 754** vom 16/5. 1947, ausg. 14/6. 1950.) G. KÖNIG. H 550

Phillips Petroleum Co., Del., übert. von: **John S. Cromeans**, Dewey, Okla., V. St. A., *Aufarbeitung der Sauerstoff enthaltenden Verbindungen aus dem Reaktionsgemisch der Kohlenoxydhydrierung.* Man dest. aus der wss. Phase, die Aldehyde, Ketone, Alkohole u. Carbonsäuren enthält, ein Gemisch aus Acetaldehyd, Aceton, Methanol u. A. ab u. arbeitet es auf. Der Rückstand aus Propanol (I), Butanol (II), Pentanol (III), Essigsäure (**IV**), Propionsäure (**V**) u. Buttersäure (**VI**) wird mit einem in W. unlösl. Lösungsm., wie Bzl. oder Ae., extrahiert, der Extrakt vom Lösungsm. befreit u. das Gemisch durch Zusatz von Mineralsäure bei 20—50° verestert. Aus dem sauren Estergemisch dest. man **IV** u. **I–II**-Ester ab, worauf der Rückstand auf 120° erhitzt wird, ein **II–VI**-Ester u. ein Amyl-**VI**-Ester gebildet sowie zusammen mit **V** abdest. werden. Das Verf. kann kontinuierlich gestaltet werden. Reaktionsschema. (**A. P. 2 573 185** vom 20/12. 1948, ausg. 30/10. 1951.) MÖLLERING. H 550

Shell Development Co., San Francisco, übert. von: **Denham Harman**, Berkeley, Calif., V. St. A., *Substituierte Peroxyde* erhält man durch Addition eines KW-stoffhydroperoxyds an ein Olefin, das folgende divergierende Gruppen: —CHO, —COOH, —COOAlkyl, —COOMetall, —CN, $—CCl_3$, $—NO_2$, $—SO_3H$, $—SO_2$, $—CONH_2$, —COCOOH enthält, in Ggw. von Alkalien (NaOH, KOH, LiOH, Aminen u. Ammoniumbasen) zwischen 10° u. der Zersetzungstemp. des Peroxyds. — Zu einer 80%ig. wss. Lsg. von tert.-Butylhydroperoxyd u. KOH gibt man innerhalb 30 Min. bei 30—35° Acrylnitril. Durch Extraktion oder fraktionierte Dest. erhält man *tert.-Butyl-2-cyanäthylperoxyd* $(CH_3)_3C—O—O—CH_2CH_2CN$, $D.^{20}_{20}$ 0,94; n_D^{20} 1,4142. — *Äthyl-2-cyanäthylperoxyd* $CH_3CH_2O—OCH_2CH_2—CN$. — *Methyl-3-tert.-butylperoxydpropionat* $(CH_3)_3C—O—O—CH_2—CH_2COOCH_3$, n_D^{20} 1,4142. — *1-Methyl-1-chlormethylpropyl-2-acetyläthylperoxyd.* — *3-(α.α-Dimethylbenzylperoxyd)-propionsäure.* — *tert.-Amyl-2-nitroisopropylperoxyd.* Als Olefine können verwendet werden: 2.4-Pentadiennitril, 2-Octennitril, Isohydrosorbin-, Crotonsäure, Phenylacrylat, 1-Nitro-2-cyclohexyläthylen, 1-Nitro-1-eikosen, Methacrolein, Isohydrosorbinaldehyd, Methylvinylketon, Propenylallylketon, Phoron, Mesityloxyd, Vinylbenzylketon, Methylvinylsulfon, Butylpropenylsulfon, Benzylpropenylsulfon, Acrylamid, Methacrylamid, Crotonamid; als Peroxyde: Benzyl-, Cyclohexyl-, Cyclohexenyl-, Brom-tert.-butyl-, Eikosyl-; 1.1-Di-chlormethylpropylhydroperoxyd. (**A. P. 2 508 256** vom 6/12. 1948, ausg. 16/5. 1950.) KRAUS. H 550

Standard Oil Development Co., V. St. A., *Synthese von Alkoholen.* Man führt in erster Stufe Olefine durch Behandlung mit CO u. H_2 über einem Co-Kontakt in *Aldehyde* über, red. diese in zweiter Stufe mit H_2 zu *Alkoholen* u. behandelt das Reaktionsprod. in dritter Stufe mit einer 2—6%ig. Lsg. von $NaHSO_3$. Es bilden sich 2 Schichten, deren obere die Alkohole enthält. Letztere werden durch Dest. gereinigt. Aus der unteren wss. Schicht, in der sich die Bisulfitverbb. der Aldehyde befinden, werden die Aldehyde mit Alkalicarbonat in Freiheit gesetzt u. wieder in die Reduktionsstufe zurückgeleitet. — Zeichnung. (**F. P. 984 211** vom 5/4. 1949, ausg. 3/7. 1951. A. Prior. 17/7. 1948.) NOUVEL. H 560

Standard Oil Development Co., V. St. A., *Synthese von Octylalkoholen.* Man leitet Olefine, die hauptsächlich aus Hepten bestehen, zusammen mit CO u. H_2 u. einem Co-Naphthenat in eine Reaktionszone, in der ein Druck von 204—247 at (210 at) u. eine Temp. von 150—182° (171°) herrschen, scheidet die metall. Zersetzungsprodd. des Katalysators von den Reaktionsprodd., red. die letzteren in einer zweiten Zone u. gewinnt durch Dest. die Octylalkohole. — Zeichnung. (**F. P. 984 770** vom 15/4. 1949, ausg. 10/7. 1951. A. Prior. 12/8. 1948.) NOUVEL. H 560

Nitroglycerin Aktiebolaget (Erfinder: **Friedrich Rudolf Schenk**), Gyttorp, Schweden, *Herstellung von Trinitroalkoholen und deren Derivaten,* dad. gek., daß Aldehyde oder Ketone in Ggw. von Lösungsmitteln für die Reaktionskomponenten an Nitroform angelagert werden. Die Rk. wird vorteilhaft in wss. Lsg. oder mit einem Lösungsm. ausgeführt, das mit dem gebildeten Alkohol, z. B. in Form von Estern, reagiert. Man kann auch ungesätt. Aldehyde oder Ketone anwenden. — Nitroform (I) reagiert mit 40%ig. CH_2O sofort; man erhält *Trinitroäthanol*, F. 70°. — I u. CH_3CHO ergeben *Trinitropropylalkohol.* — I wird unter Kühlen in einem Gemisch von Aceton u. Essigsäureanhydrid gelöst. Man erhält *Trinitrobutyl-*

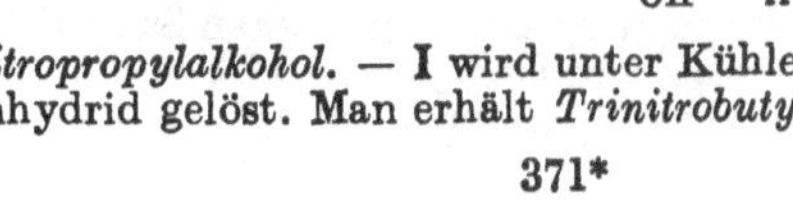

acetat. — I u. Mesityloxyd in A. ergeben wahrscheinlich die Verb. II. — Benzaldehyd, I u. Essigsäureanhydrid ergeben $C_6H_5 \cdot CH(O \cdot COCH_3) \cdot C(NO_2)_3$. Mit Benzophenon erhält man III. (**D. B. P. 867 851** Kl. 12o vom 3/7. 1951, ausg. 19/2. 1953. Schwed. Prior. 7/7. 1950.) G. KÖNIG. H 560

Badische Anilin- & Soda-Fabrik, Ludwigshafen/Rh., *Herstellung von Äthern* durch Rk. von Oxygruppen enthaltenden organ. Verbb. mit ungesätt. KW-stoffen in Ggw. von Katalysatoren, dad. gek., daß man als Katalysatoren Festsäuren, bes. solche auf Kunstharzbasis, verwendet. Bes. geeignet sind die für die Enthärtung von W. bekannten Kunstharzsäuren. Die Fettsäuren dürfen im Reaktionsgemisch nicht lösl. sein. Reaktionstemp. ca. 20—180°. Die Ggw. von Verdünnungsmitteln ist vorteilhaft. — Fl. Isobutylen mit Methanol bei 120° u. 40 at in Ggw. eines Katalysators, bestehend aus einem mittels Natriumsulfit gewonnenen Phenol–CH_2O-Kondensationsprod., ergibt *Methyl-tert.-butyläther,* Kp. 52—57°. — Aus 2.5-Dimethylhexadien-(1.5) u. Methanol erhält man *2.5-Dimethyl-2.5-dimethoxyhexan,* Kp. 191°, nach Orangenöl riechendes Öl. (**D. B. P. 868 147** Kl. 12o vom 6/7. 1944, ausg. 23/2. 1953.) G. KÖNIG. H 560

Usines de Melle, Melle (Erfinder: **Henri Martin Guinot,** Niort), Frankreich, *Herstellung von Alkylenchlorhydrinen* aus gasförmigen Olefinen u. wss. Chlorlsgg. in 2 hintereinandergeschalteten Reaktionsgefäßen durch Auflösen von Cl_2 in W. innerhalb des einen Gefäßes u. gleichzeitige Rk. der entstandenen Lsg. von HOCl mit den Olefinen in dem folgenden Gefäß, dad. gek., daß man die wss. Lsg. mittels an sich bekannter Schnellrührer sowohl in jedem der beiden Gefäße mit den eingeführten Gasen innig vermischt als auch in lebhaftem Kreislauf durch beide Gefäße versetzt u. aus der so gebildeten sauren Chlorhydrinlsg. unter Abtrennung der gleichzeitig entstandenen Dichlorverbb. die Chlorhydrine gewinnt. Die Reaktionslsg. behandelt man nach sorgfältiger Neutralisation mit einem in W. wenig lösl. Lösungsm., das ein bevorzugtes Lösungsvermögen für die Dichlorverb. besitzt. Die Chlorhydrine extrahiert man aus der wss. Lsg. mit einem Lösungsm., das bei einer azeotrop. Dest. reines Chlorhydrin ergibt. — Zeichnung. (**D. R. P. 753 124** Kl. 12o vom 11/2. 1936, ausg. 23/2. 1953. F. Prior. 6/3. 1935.) G. KÖNIG. H 570

Standard Oil Development Co., New Jersey, N. J., V. St. A., und **Conrad Arnold,** London, England, *β-(tert.-Alkylthio)-alkohole* (I) erhält man durch Kondensation eines tert.-Alkylmercaptans mit 6—20 C-Atomen der allg. Formel II mit einem Alkylenoxyd der Formel III in Ggw. einer alkal. Verb. (Alkali-, Tetraalkylammoniumhydroxyd), zweckmäßig bei 20—100° nach nebenst. Reaktionsschema (R = gleiche oder verschied. Alkyle, R_1, R_2, R_3 oder R_4 = Alkyl oder H).

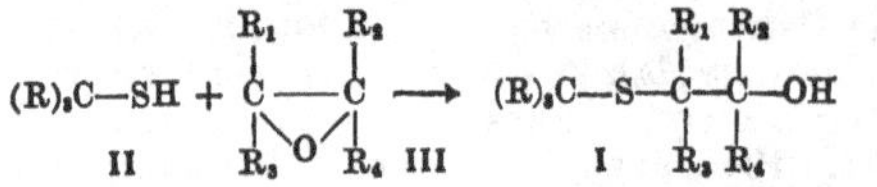

1.1.3.3-Tetramethylbutylmercaptan wird in 10%ig. NaOH mit überschüssigem Äthylenoxyd bei 30—40° behandelt, wobei man *β-(1.1.3.3-Tetramethylbutylthio)-äthylalkohol,* $Kp._1$ 95—106°, n_D^{20} 1,4839, erhält. — *β-(1.1.3.3-Tetramethylbutylthio)-isopropylalkohol,* $Kp._1$ 83—95°, n_D^{20} 1,4801. — *β-(1.1.3.3.5.5-Hexamethylhexylthio)-äthylalkohol.* — *β-(1.1.3.3.5.5-Hexamethylhexylthio)-isopropylalkohol.* — *β-(tert.-Amylthio)-äthanol.* — *β-(tert.-Octylthio)-äthanol.* — *β-(tert.-Decylthio)-äthanol.* — *β-(tert.-Dodecylthio)-isopropanol.* Verwendung als *Schädlingsbekämpfungsmittel* (Fliegentest vgl. Tabellen). Die Alkohole können in *Ester* oder *Äther* übergeführt werden u. dienen dann als *Weichmacher* für *Kautschuk* u. *plast. Massen,* als *Antioxydationsmittel* für Kautschuk, Öle u. organ. Materialien, ferner als *Netz-, Dispergiermittel* u. als *Insekticide* u. *Fungicide,* z. B. können die *Acetate, Trichloracetate, Benzoate, Sulfate, Sulfonate, Xanthate, Phosphate, Thiophosphate, Phosphite, Thiophosphite, Phosphonate, Adipate, Succinate, Sebacate, Fumarate, Acrylate* u. *Methacrylate* hergestellt werden. Die ungesätt. Ester lassen sich polymerisieren u. können als Schmierölzusatzmittel verwendet werden. (**E. P. 637 295** vom 27/3. 1946, ausg. 17/5. 1950.) KRAUSS. H 600

Kunstseidefabrik Bobingen (Erfinder: **Paul Schlack**), Bobingen, *Salze von durch Esterreste starker Säuren substituierten Oxalkylthioschwefelsäuren.* Alkylenoxyde mit an gesätt. C-Atome gebundenen Esterresten starker Säuren werden in neutralem oder schwach alkal. Medium mit Thiosulfaten, bes. bei niedriger Temp. u. in Ggw. der Kationen von in W. schwerlösl. Hydroxyde liefernden Metallen, umgesetzt nach dem Reaktionsschema: $NaOSO_2—SNa + CH_2—CR'—R—X$ (mit O-Brücke zwischen CH_2 und CR') $+ H_2O \rightarrow NaOSO_2—S—CH_2—C(OH)R'—R—X + NaOH$ (R = organ. Rest, R' = H oder organ. Rest, X = esterartig gebundener Rest einer starken Säure). Als Alkylenoxyde sind geeignet: Epibromhydrin, *β*-Methylepichlorhydrin, *δ*-Chlor-1.2-butylenoxyd; 11-Chlorundecan-1.2-oxyd, Glycidschwefelsäureester, -phosphorsäureester, *γ*-Brompropylisocyanat, *ψ*-Chlorhexylisocyanat. — Epichlorhydrin gibt mit $Na_2S_2O_3$ in Ggw. von $MgSO_4$ in W. bei —5 bis +5° *γ-chlor-β-oxypropylthioschwefelsaures Na.* — Zwischenprodd. für Heilmittel u. Schädlingsbekämpfungsmittel. (**D. B. P. 865 597** Kl. 12o vom 5/12. 1944, ausg. 2/2. 1953.) KRAUSS. H 600

Celanese Corp. of America, New York, N. Y., übert. von: **Henry K. Dice** und **Robert L. Mitchell,** Corpus Christi, Tex., V. St. A., *Oxydationsprodukte aliphatischer Kohlenwasserstoffe,* erhalten bei der partiellen Oxydation in der Gasphase, leitet man zwecks Zerstörung der Peroxyde über inerte Stoffe, wie Al_2O_3, Ringe aus C-Stahl, akt. C, u. anschließend in eine Wasch-Fl. (W.), deren p_H nicht unter 4 liegen soll u. deren Temp. auf ca. 200° F durch die heißen Gase ansteigt. Die Wasch-Fl. absorbiert fast das ganze *CH_2O,* die *HCO_2H* u. Teile des *Methanols.* Nach Kühlung neutralisiert man die Carbonsäure u. leitet die Wasch-Fl. mit einem p_H 5 in den Kreislauf. Ein Teil der Wasch-Fl. kann abgezogen u. zur Gewinnung von CH_2O u. Methanol dest. werden. Die in der 1. Waschkolonne nicht absorbierten O-Prodd. werden in einer weiteren Wasch-Fl. absorbiert u. durch mehrfache Dest. in die einzelnen Prodd. aufbereitet. Während der Aufbereitung der Reaktionsprodd. werden in jedem Arbeitsabschnitt p_H-Werte von 4—6,5 eingestellt, wobei Na-Acetat als Neutralisationsmittel bevorzugt wird. (**A. PP. 2 570 216** vom 3/2. 1949; **2 570 217** vom 5/11. 1949, beide ausg. 9/10. 1951.) G. KÖNIG. H 670

Standard Oil Development Co., V. St. A., *Herstellung sauerstoffhaltiger organischer Verbindungen.* Ein Gemisch von Olefinen, CO u. H_2 wird in einer Reaktionszone unter 3,5—10,5 at u. bei 93—204° mittels eines CO-Katalysators umgesetzt. Unter diesen Bedingungen bleiben die Reaktionsprodd. (*Aldehyde*) flüssig. Sie enthalten das gebildete Co-Carbonyl gelöst, das in einer zweiten Zone durch Erhitzen zers. u. dadurch von den Aldehyden getrennt wird. Letztere werden sodann durch H_2 zu *Alkoholen* reduziert. — Zeichnung. (**F. P. 987 849** vom 7/6. 1949, ausg. 20/8. 1951. A. Prior. 30/7. 1948.) NOUVEL. H 670

General Aniline & Film Corp., New York, übert. von: **Harold E. Schofield,** Binghamton, N. Y., V. St. A., *Selektive Abscheidung von Formaldehyd* (I) aus I-Glyoxal (II)-Mischungen. Das p_H dieser Mischung wird auf 0,75—1,5 eingestellt, dann wird festes β-Naphthol zugesetzt u. auf 95—100° erhitzt, wobei sich das unlösl. Methylenbis-(β-naphthol) abscheidet, das abfiltriert werden kann. Auf diese Weise erhält man ein I-freies **II**, das trotz des Erhitzens nicht polymerisiert. Nach dem Neutralisieren kann die **II**-Lsg. zur Härtung von Gelatine u. Ag-Halogenid-Gelatine-Emulsionen verwendet werden. (**A. P. 2 494 060** vom 9/11. 1948, ausg. 10/1. 1950.) KRAUSS. H 670

Imperial Chemical Industries Ltd., London, übert. von: **Donald McNeil** und **Francis Richard Charlton,** Norton-on-Tees, England, *Ketone* erhält man beim Dehydrieren von aliphat. sek. Alkoholen bei 300—440° u. Unter- oder Überdruck in Ggw. eines Katalysators, bestehend aus ZnO u. CuO im Mol.-Verhältnis 1:2—2:1 sowie auch 2:1 bis 3:1. Alkaligeh. bis 0,2 Gew.-% ist vorteilhaft. Die Alkohole können auch als azeotrop. Mischung angewandt werden. — Isopropanol ergibt Aceton; sek.-Butylalkohol ergibt Methyläthylketon. (**E. PP. 636 743** u. **636 800** vom 7/4. 1948, ausg. 3/5. 1950.) G. KÖNIG. H 710

Georges-Jules Meunier und **Philippe Naldi,** Frankreich, Vaucluse und Gard, *Herstellung von Ketonen aus organischen Erdalkalisalzen.* Man schm. die Ca-Salze der Carbonsäuren in dünner Schicht, bis die M. pulverförmig geworden ist, erhitzt das Pulver in dünner Schicht auf Reaktionstemp. u. saugt die Ketondämpfe ab, wobei man für Kühlung sorgt. — Zeichnung. (**F. P. 983 907** vom 27/8. 1943, ausg. 29/6. 1951.) NOUVEL. H 710

Usines de Melle, Saint-Léger-lès-Melle, Deux-Sèvres, Frankreich, *Aceton* entsteht beim Leiten von Essigsäure über Oxyde des Mn bei 350—450° u. einem Überdruck bis zu 10 at. (**Schwz. P. 283 052** vom 21/11. 1949, ausg. 1/9. 1952. F. Prior. 22/11. 1948.) LANGER. H 710

M. W. Kellogg Co., Jersey City, übert. von: **Henry G. McGrath,** Elizabeth, **Herbert J. Passino,** Englewood, und **Louis C. Rubin,** West Caldwell, N. J., V. St. A., *Gewinnung organischer Säuren aus Kohlenoxyd-Hydrierungsprodukten.* Die anfallende, von der wss. Phase getrennte Ölphase wird fraktioniert u. eine unter 93° sd. Phase, eine bei ca. 221° sd. Fraktion u. eine dazwischenliegende Fraktion (I) aus KW-stoffen, organ. Säuren (**II**) u. Alkoholen gewonnen. **I** wird mit einem niedrigmol. Lösungsm., wie Methanol, A., Glykol, extrahiert, wobei KW-stoffe zurückbleiben, während der Extrakt mit einem niedrigsd. KW-stoff zu einem von KW-stoffen freien Gemisch von **II** u. Alkoholen gewaschen wird. Man kann **I** auch fraktionieren in eine von 93—154° sd. u. einen von 154—221° sd. Anteil, wobei jede dieser Fraktionen wie **I** aufgearbeitet wird. — Schemata. (**A. P. 2 571 151** vom 14/11. 1946, ausg. 16/10. 1951.) MÖLLERING. H 800

N. V. de Bataafsche Petroleum Mij., Holland, *Katalytische Hydrierung von ungesättigten Oxysäuren und ihren Estern.* Man läßt die Ausgangsstoffe, z. B. Ricinusöl, in dünner Schicht über einen senkrecht angeordneten, selektiven Hydrierungskatalysator fließen, während man gleichzeitig H_2 durch den Reaktionsraum leitet. Die Hydrierung erfolgt zweckmäßig unter 100 at Druck u. bei 175°. Ein geeigneter Katalysator besteht aus auf Bauxit niedergeschlagenem Ni. Bei diesem Verf. wird, wie sich aus der Best. der JZ. bzw. AZ. ergibt, nur die Doppelbindung abgesätt., während die OH-Gruppe nicht angegriffen wird. Analog wird Ricinolsäure hydriert. — *Weichmachungsmittel.* (**F. P. 994 667** vom 5/9. 1949, ausg. 21/11. 1951.) NOUVEL. H 810

E. I. du Pont de Nemours & Co., Wilmington, übert. von: **Kenneth L. Berry**, Hockessin, Del., V. St. A., *Polyfluorcarbonsäuren* der allg. Zus. $H(CX_2 \cdot CX_2)_n \cdot COOM$ (X = Halogenatome vom At.-Gew. <40, davon mindestens 50% in jeder $CX_2 \cdot CX_2$-Gruppe F-Atome, n = 3—10, M = H, NH_4 oder Metallatome) erhält man durch Oxydation von Polyfluoralkanolen $H(CX_2 \cdot CX_2)_n \cdot CH_2OH$ mit Alkali- oder Erdalkalipermanganat. — Beispiel für die Behandlung von Dodekafluor-1-heptanol, $H \cdot (CF_2 \cdot CF_2)_3 \cdot CH_2OH$ in 200 Eisessig bei 70—100° mit 42 $KMnO_4$, Red. von MnO_2 durch Einleiten von SO_2 usw. *Mn-Salz* der *Dodekafluorheptansäure*; freie Säure, Kp. 190—193°, NZ. 332; *Na-Salz*, leicht lösl. in W., mäßig in CH_3OH, A. u. Phenol (W. = 71,7). Ferner wird hergestellt: *Hexadekafluornonansäure*, F. 62—68° (aus Bzl.), Kp. 220—230°, NZ. 463. — *Eikosafluorundecansäure*, F. 100—101°, NZ. 564. — *Tetrakosafluortridecansäure*, F. 138°, NZ. 642. Ferner werden Polyfluorcarbonsäuregemische aus Gemischen der entsprechenden Alkanole erhalten. — Hochstabile, nichtbrennbare, oberflächenakt. Prodd., Netz-, Dispergier- u. Emulgiermittel, bes. für Polytetrafluoräthylen; als Al-Salze Zusätze für perfluorierte Schmierfette. (**A. P. 2 559 629** vom 13/12. 1948, ausg. 10/7. 1951.) MÜLLER-MEININGEN. H 810

Badische Anilin- & Soda-Fabrik (Erfinder: **Walter Reppe**), Ludwigshafen/Rh., *Funktionelle Derivate von Carbonsäuren* erhält man durch Rk. von Olefinen mit CO u. Verbb. mit beweglichem H-Atom bei 80—180° u. bes. 50—350 at in Ggw. von Komplexsalzen von Metallcarbonylwasserstoffsäuren. Man preßt z. B. zu 22 (g) Octylen, 50 A. (99%ig.), 10 NH_3 (100%ig.) u. 4 $[Co(NH_3)_6] \cdot [Co(CO)_4]_2$ 120 at Co, erwärmt unter Schütteln auf 158° u. hält den Druck von 180—200 at so lange durch Nachpressen von CO aufrecht, bis keine Aufnahme mehr stattfindet. Reaktionsdauer 6 Std., Gasaufnahme 65 at. Nach Filtrieren u. Dest. des Filtrats erhält man aus 10 Rückstand durch Umkrist. aus Aceton *Octancarbonsäureamid*, F. 92—94°. (**D. B. P. 869 203** Kl. 12o vom 21/4. 1951, ausg. 5/3. 1953.) MÜLLER-MEININGEN. H 810

General Aniline & Film Corp., New York, N. Y., übert. von: **Harry W. Grimmel**, Easton, und **Alfred Guenther**, Riegelsville, Pa., V. St. A., *Carbonsäureamide* erhält man durch Kondensation von organ. Phosphazoverbb. mit Carbonsäuren in der Wärme nach folgendem Schema: $RN{=}PNHR + 2\,R_1COOH \rightarrow 2\,R_1COHNR + HPO_2$ (R u. R_1 = Alkyl, Cycloalkyl, Aryl oder heterocycl. Rest). — Propionsäure wird in Toluol mit der aus N-Octylamin u. PCl_3 erhaltenen Verb. 1—2 Std. erhitzt; man erhält nach Dest. *N-Octylpropionamid*, $Kp._{1,5}$ 120—122°. — *p-Nitrobenzanilid*, F. 210—211°. — *N-Butylbenzamid*, F. 41—42°. — *Benzamidocyclohexan*, F. 145—149°. — *Nicotinsäureanilid*, F. 124—126°. — *Na-N-Benzoylsulfanilat.* — *N.N'-Diphenylmalonamid*, F. 226 bis 227°. — *N-Phenylphthalimid*, F. 207°. — *N.N'-Diphenylisophthalamid*, F. 279 bis 281°. — *Maleinanil* → *Maleinsäureanilid.* (**A. P. 2 508 860** vom 28/6. 1945, ausg. 23/5. 1950.) KRAUSS. H 810

Standard Oil Development Co., übert. von: **Lloyd A. Nicolai** und **William G. Daroux**, Baton Rouge, La., V. St. A., *Aliphatische Carbonsäureanhydride.* Ketone (Aceton) werden durch Pyrolyse in die entsprechenden Ketene ($CH_2{=}CO$) übergeführt u. die erhaltene Gasmischung z. B. mit Essigsäure behandelt, wobei man eine Mischung aus *Essigsäureanhydrid* u. Essigsäure erhält. Das Restgas, das noch nicht umgesetztes Keton enthält, wird auf wenigstens 80° F gekühlt, wodurch ein Teil des Ketons kondensiert u. in den Kreislauf zurückgegeben wird. Das Restgas wird dann bei 10 lbs./sq.in. u. 60 bis 100° F mit Essigsäure gewaschen, wobei das gesamte Keton entfernt wird. Die Waschlsg. wird in die Absorptionszone zurückgeführt. — Vorr., Zeichnung. (**A. P. 2 509 877** vom 20/6. 1927, ausg. 30/5. 1950.) KRAUSS. H 810

Houillères du Bassin du Nord et du Pas-de-Calais (**Établissement Public**), Nord, Frankreich (Erfinder: **A. Parant** und **J. Kaprou**), *Herstellung von Adipinsäure.* Man oxydiert Cyclohexen mit HNO_3 in Ggw. von Oxyden mehrwertiger Metalle, wie V, Mn oder Mo. Die Oxydation erfolgt bereits mit verhältnismäßig schwacher Säure (45 bis 60%ig) u. bei niedriger Temp. (30—60°). Die Ausbeute an Adipinsäure (F. 151—152°) beträgt über 80%. (**F. P. 981 609** vom 3/1. 1949, ausg. 29/5. 1951.) NOUVEL. H 820

Badische Anilin- & Soda-Fabrik (Erfinder: **Friedrich Becke,** Bad Dürkheim, **Walter Flemming,** Hermeskeil, **Walter Speer,** Schwetzingen, und **Alfred Woermer**), Ludwigshafen/Rh., *Reinigung von Dicarbonsäuren* (**I**), die bei der katalyt. Oxydation von alicycl. KW-stoffen mit O_2 anfallen, durch Waschen mit O-haltigen organ. Lösungsmitteln, bes. niedermol. Carbonsäuren, Alkoholen, Ketonen, Estern, Lactonen oder Acetalen, welche die Verunreinigungen leicht, die **I** in der Kälte schlecht lösen, wobei man gegebenenfalls das Gemisch zuerst erwärmt u. wieder abkühlt, die gewaschenen **I** von der anhaftenden Wasch-Fl., bes. durch Erhitzen im Vakuum oder einem Gasstrom, befreit u. anschließend aus bei 5—20%ig. HNO_3 umkristallisiert. — Beispiel mit *Adipinsäure.* (**D. B. P. 868 901** Kl. 12o vom 2/6. 1942, ausg. 2/3. 1953.)
MÜLLER-MEININGEN. H 820

Soc. Organico (Erfinder: **Georges Dupont** und **Oscar Kostelitz**), Paris, Frankreich, *Sebacin* (**I**)- *oder 10-Oxydecansäure* (**II**) erhält man durch Rk. von Ricinolsäure oder deren Derivv. mit konz. wss. Ätzalkalien in Ggw. von 10—70, bes. 30—50 Gew.-% (bezogen auf Alkali), eines Phenols bzw. Alkaliphenolats als Lösungsm. bei erhöhter Temp., wobei flüchtige organ. Nebenprodd. zunächst kondensiert u. dem Prozeß wieder zugeführt werden. — Beispiel: 385 (g) NaOH, 139 Trikresol (o-, m- u. p-Kresolgemisch), 110 W. u. 500 Ricinusöl werden unter Rühren u. Rückfluß langsam auf 250° erhitzt u. dort 2 Std. gehalten. Am Ende der Rk. dest. man W. u. flüchtige organ. Prodd. ab u. gewinnt aus der organ. Schicht des Destillats durch Dest. 136 einer Mischung aus 95(%) *Octanol-2* (**III**) u. 5% *Octanon-2* (**IV**). Die Reaktionsmasse wird in ca. 10 Liter W. gelöst, mit verd. H_2SO_4 auf p_H eingestellt, zum Sieden erhitzt, die wss. Schicht heiß abgetrennt, mit akt. Kohle behandelt u. aus dem Filtrat 208 reine (**I**), F. 133—134°, erhalten. — Erhitzt man die gleiche Ausgangsmischung nur auf 180—195°, erhält man außer 125 eines Gemisches aus 30(%) **III** u. 70 **IV** 18 **I** (g) u. 154 **II**, F. 72—73°. (**D. B. P. 848 948** Kl. 12o vom 8/7. 1950, ausg. 11/9. 1952. F. Prior. 1/7. 1949.)
MÜLLER-MEININGEN. H 850

Ralph Liggett Evans, Bay Shore, N. Y., V. St. A., *Dithiodiglykolsäureester* erhält man durch Veresterung von Dithioglykolsäure (**I**), deren Säurehalogeniden oder Alkalisalzen in Ggw. eines Veresterungskatalysators mit einer organ. Oxyverb., deren Alkalisalzen oder organ. Halogeniden, die folgende Reste enthalten: gesätt. oder ungesätt., freies oder substituiertes Alkyl, Aryl, Aralkyl, Cycloalkyl, Heteroalkyl oder Heteroaryl. — **I** gibt mit n-Propanol in Toluol in Ggw. von Benzolsulfonsäure *Dithiodiglykolsäure-n-propylester*, $Kp._8$ 177—180°. — *Isobutylester*, $Kp._2$ 173°. — *n-Octylester*, $Kp._{0,5-0,6}$ 202—207°. — *Tetradecylester*, F. 34,5—35°. — *Cetylester*, F. 44—44,5°. — *Äthylenglykolester.* — *Cyclohexylester*, Fruchtgeruch, F. 55—56°. — *Benzylester.* — *Isoamylester*, $Kp._{0,35-0,40}$ 148—150°. — *Allylester*, $Kp._{0,5}$ 131—136°. — *Tetrahydrofurfurylester*, $Kp._{0,35-0,40}$ 201—205° (teilweise Zers.). — Die Veresterung kann auch in Ggw. eines Wasserschleppmittels erfolgen. — Verwendung als Weichmacher, bes. für Polyvinylchlorid-, Polyvinylacetatharze, als Schmier- u. Poliermittel u. als Ersatz für Mg- u. Zn-Stearate in kosmet. Mitteln, als Modifizierungsmittel für synthet. Kautschuk. (**E. P. 659 751** vom 23/3. 1948, ausg. 24/10. 1951. A. Prior. 3/4. 1947.)
KRAUSS. H 850

Sinclair Refining Co., New York, N. Y., übert. von: **Edwin William Shand,** Pittsburgh, Pa., V. St. A., *α-Methoxynitrile* erhält man durch Erhitzen von wasserfreiem CH_2O oder solchen abgebenden Stoffen mit einem Nitril auf 350—685° F, bes. 400 bis 500° F, in Ggw. von Al_2O_3. — Paraformaldehyd wird mit Propionitril in Ggw. von Al_2O_3 auf 370—460° F erhitzt: *α-Methoxypropionitril,* Kp. 119—122°; n_D^{20} 1,3935; $D.^{20}_4$ 0,8973. Als Ausgangsstoffe können verwendet werden: Acetonitril, Butyronitril, Succinonitril, Cyclohexancarbonitril; als Katalysatoren Th-, Zr- u. Be-Oxyd. (**A. P. 2 511 653** vom 30/10. 1948, ausg. 13/6. 1950.) KRAUSS. H 850

American Cyanamid Co., übert. von: **Harold S. Davis,** New York, N. Y., V. St. A., *Herstellung von Acetoncyanhydrin* durch Rk. von HCN mit Aceton in Ggw. eines Katalysators, wobei das Reaktionsgemisch bei einer Temp. unterhalb des Gefrierpunktes des Acetoncyanhydrins gehalten wird, z. B. bei —20°. Das Cyanhydrin wird durch Ansäuern abgeschieden. (**Can. P. 479 652** vom 14/6. 1946, ausg. 25/12. 1951. A. Prior. 11/9. 1945.) M. F. MÜLLER. H 850

Hardman and Holden Ltd., Manchester, Lancaster, und **Henry Sydney Land,** Ashton-on-Mersey, Chester, England, *Herstellung von Schwefelkohlenstoff.* Kohle, bes. durch Verkohlung bei niedriger Temp. erhaltene Holzkohle, wird bei 450—550° mit S-Dampf behandelt, bes. so lange, bis kein S mehr aufgenommen wird. Es entweichen H_2S u. flüchtige Stoffe. Anschließend wird das so aktivierte Prod. bei >550° mit S-Dampf behandelt. (**E. P. 638 676** vom 28/8. 1948, ausg. 14/6. 1950.) ZÜRN. H 880

Givaudan Corp., New Jersey, übert. von: **Thomas F. Wood,** Clifton, N. J., V. St. A., *Salze von 1-Amino-2-halogenäthan* entstehen beim Erhitzen von Oxazolidonen der

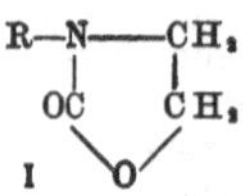

I

Formel I, worin R = H, Aryl, 1-Naphthylmethyl, Phenoxyäthyl, Cycloalkyl u. ringsubstituiertes Phenoxyäthyl bedeutet, mit Halogenwasserstoff. — *N-Benzyl-2-oxazolidon* (II). Aus 2-Benzylaminoäthanol, Diäthylcarbonat u. Na bei 130°, F. 78—80°. — *1-Benzylamino-2-chloräthanhydrochlorid.* Aus II u. HCl in sd. Butanol. F. 196—197°. — Analog: *1-Amino-2-chloräthanhydrochlorid,* F. 146—148°. — *N-Cyclohexyl-2-oxazolidon,* F. 33—34°; Kp.$_{0,5-1,0}$ 128—131°. — *1-Cyclohexylamino-2-chloräthanhydrochlorid,* F. 217—219°. (**A. P. 2 617 825** vom 4/6. 1948, ausg. 11/11. 1952.) LANGER. H 910

Deutsche Hydrierwerke Akt.-Ges., Düsseldorf (Erfinder: **Kurt Stickdorn,** Dessau-Roßlau), *Höhermolekulare Amine* entstehen beim Hydrieren höhermol. Carbonylverbb., bes. Ketone, in Ggw. von NH_3 u. Katalysatoren, die außer Ni + Cu bzw. deren Verbb. Erdalkalioxyde oder MgO enthalten. — *Pentatriacontylamin.* Man fällt Lsgg. von $NiSO_4$, $Cu(NO_3)_2$ u. $Al_2(SO_4)_3$ mit Na_2CO_3 auf Kieselgur, erhitzt den Nd. u. red. bei 220° mit H_2 in einem indifferenten Lösungsmittel. In Ggw. dieses Katalysators red. man ein Gemisch aus Stearon u. fl. NH_3 bei 40 at (kalt gemessen) u. 200° mit H_2. (**D. B. P. 867 855** Kl. 12q vom 11/4. 1941, ausg. 19/2. 1953.) LANGER. H 910

Association of American Soap & Glycerine Producers, Inc., New York, N. Y., übert. von: **Howard J. Wright,** Evanston, und **Archie B. Cramer,** Chicago, Ill., V. St. A., *Glycerylamine.* Man setzt Glycerin mit rauchender H_2SO_4 um, neutralisiert mit NaOH, versetzt mit konz. NH_3 u. erhitzt im Autoklaven auf 250° F. — 1 graph. Darstellung. (**A. P. 2 618 659** vom 21/12. 1946, ausg. 18/11. 1952.) LANGER. H 920

Monsanto Chemical Co., St. Louis, Mo., übert. von: **David H. Chadwick,** Anniston, Ala., V. St. A., *Dialkylhydrophosphite* (Alkylrest mit 1—3 C-Atomen) werden hergestellt, indem man 3 (Mol) A., Methyl- oder Isopropylalkohol oder deren Gemische, 1 PCl_3 oder PBr_3 u. ein inertes organ., nicht $>0°$ sd. Kühlmittel (I), bes. CH_3Cl, in solchen Mengenverhältnissen kontinuierlich in die Reaktionszone eingesprüht, daß durch die Verdampfung von I Tempp. von —41 bis 5°, bes. —20 bis —10°, eingehalten werden, wobei gebildete HCl u. niedrigsd. Verunreinigungen abdest. werden. — 3 Abbildungen. (**A. P. 2 582 817** vom 7/9. 1949, ausg. 15/1. 1952.) MÖLLERING. H 980

Houdry Process Corp., Wilmington, Del., übert. von: **James P. Daugherty,** Swarthmore, Pa., V. St. A., *Regenerieren von Alkylierungskatalysatoren,* bestehend aus porösem katalyt. Material, z. B. SiO_2–Al_2O_3, erfolgt dad., daß man den Reaktionsstrom aus alkylierbaren aromat. Verbb. (I) u. Alkylierungsmittel (II) unterbricht u. bei Alkylierungstemp. I so lange über den Katalysator leitet, bis er von Ablagerungen befreit ist. Lösungs- oder Verdünnungsmittel können Anwendung finden, bes. wenn I bei n. Temp. fest ist. Als II können außer Olefinen auch aromat. Verbb., die eine größere Anzahl von Alkylgruppen enthalten, als die zu alkylierende aromat. Verb., angewendet werden. — Zeichnung. (**A. P. 2 541 044** vom 17/12. 1947, ausg. 13/2. 1951.) G. KÖNIG. H 1010

Krebs & Cie., Seine, Frankreich, *Kontinuierliche Herstellung von Monochlorbenzol.* Bei der Chlorierung des Bzl. u. bei der Rektifizierung des Monochlorbenzols wird sowohl die bei der Chlorierung frei werdende Reaktionswärme als auch die bei der Kondensation des Monochlorbenzols abgegebene Wärme dazu benutzt, aus der Reaktionsmischung das überschüssige Bzl. zu verdampfen. Als Wärmeüberträger wird dabei nicht W., sondern Bzl. verwendet. — Zeichnung. (**F. P. 983 736** vom 28/3. 1949, ausg. 27/6. 1951. Poln. Prior. 12/1. 1949.) NOUVEL. H 1010

California Research Corp., San Francisco, übert. von: **William E. Elwell,** Berkeley, Calif., V. St. A., *3.4-Dimethyl-1-äthylbenzol* erhält man bei der Alkylierung von o-Xylol mittels C_2H_4 im Verhältnis von 2 (Mol) Xylol auf 1 C_2H_4 in Ggw. von $AlCl_3$ bei 90—95° u. einer Reaktionszeit von ½ Std., sowie einer Katalysatorkonz. von 2 Mol-%, bezogen auf Xylol. — Skizze. (**A. P. 2 578 294** vom 1/7. 1948, ausg. 11/12. 1951.) G. KÖNIG. H 1010

Imperial Chemical Industries Ltd., England, *Herstellung organischer Oxyverbindungen.* Die Oxydation von Bzl. zu Phenol erfolgt durch O_2-haltige Gase in Ggw. eines wasserabspaltenden Katalysators, der kein freies Alkali enthält. Geeignete Katalysatoren sind SiO_2, Al_2O_3, Kaolin, Bentonit oder blaues Wolframoxyd. Man arbeitet zweckmäßig in der Dampfphase bei 700° unter gewöhnlichem Druck oder bei 500—600° unter 20—30 at im kontinuierlichen Verfahren. (**F. P. 965 253** vom 23/4. 1948, ausg. 7/9. 1950. E. Prior. 23/4. 1947.) NOUVEL. H 1060

Deutsche Hydrierwerke Akt.-Ges., Düsseldorf (Erfinder: **Winfried Hentrich,** Riehen, Basel, Schweiz), *Aminosubstituierte Aryl- oder Diaryldisulfimide* erhält man durch

Kondensation von Aryl- oder Diaryldisulfimiden der Formel $HalC_6H_4SO_2 \cdot NH \cdot SO_2 \cdot R$ (R = Alkyl, Hal = Halogen, Cycloalkyl, Aryl, oder in 4-Stellung zur Disulfimidgruppe durch Halogen substituiertes Aryl) mit NH_3, prim. oder sek. Aminen. — Durch Erhitzen von 4-Brombenzol-1-sulfonsäure-(benzolsulfonyl)-amid-K mit Methylamin in W. in Ggw. von Kupferbronze auf 180° im Druckgefäß entsteht *4-Methylaminobenzol-1-sulfonsäure-(benzolsulfonyl)-amid* (**I**), F. des K-Salzes 251—253°, Ausbeute 55%. — 4-Chlorbenzol-1-sulfonsäure-(benzolsulfonyl)-amid-K → **I**. — 4-Brombenzol-1-sulfonsäure-(4'-brombenzolsulfonyl)-amid-K → *4-Methylaminobenzol-1-sulfonsäure-(4'-methylaminobenzolsulfonyl)-amid-K*, F. 274—275°. — Zwischenprodd. für Farbstoffe, Heil- u. Schädlingsbekämpfungsmittel u. capillarakt. Stoffe. (**D. B. P. 867 395** Kl. 12o vom 16/7. 1942, ausg. 16/2. 1953.) KRAUSS. H 1090

Upjohn Co., Kalamazoo, Mich., V. St. A., *Alkylaralkylketone und ihre Zwischenprodukte* erhält man durch Rk. von aromat. Aldehyden mit prim. Nitroparaffinen unter azeotroper Entfernung des Reaktionswassers, indem man z. B. 200 (g) o-Methoxybenzaldehyd, 150 Nitroäthan u. 40 cm^3 n-Butylamin in 400 cm^3 Toluol (**I**) löst u. unter Rückfluß u. Abdest. des W. erhitzt, dann unter Rühren 750 Fe-Pulver, 1500 cm^3 W. u. 7 $FeCl_3$ zusetzt, zum Sieden erhitzt u. innerhalb 4 Std. 750 cm^3 konz. HCl zutropft, mit Wasserdampf 18 Liter abdest., die wss. Schicht des Destillats mit frischem **I** extrahiert u. die vereinigten **I**-Lsgg. dest., wobei man 247 *o-Methoxyphenylaceton* (75,5%), $Kp._{14}$ 128—131°, n_D^{20} 1,5236, erhält. *Dinitrophenylhydrazon*, F. 125°. — *α-Methyl-β-(o-methoxyphenyl)-nitroäthan*, $Kp._{1,3}$ 130—140°; F. 51—52°; n_D^{20} 1,612. (**E. P. 671 240** vom 20/1. 1950, ausg. 30/4. 1952.) MÜLLER-MEININGEN. H 1180

I. G. Farbenindustrie Akt.-Ges., Deutschland, *Herstellung von Kondensationsprodukten.* Man diazotiert aromat. Mono- oder Polyamine in Ggw. von HCl u. setzt die Diazoniumchloride mit Vinylketonen oder -cyaniden in Ggw. von Cu oder Cu-Salzen bei 30—50° um. Man erhält Verbb. der Formel $CH_2Cl—CH(Aryl)=X$ (X = COR oder CN). Folgende Verbb. wurden hergestellt: *Verb.* $C_{10}H_{10}O_3NCl$, F. 82°, braune Kristalle, aus p-Nitroanilin (**I**) u. Methylvinylketon (**II**); *Verb.* $C_{10}H_9OCl_3$, $Kp._2$ 115 bis 118°, gelbes Öl, aus 2.4-Dichloranilin (**III**) u. **II**; *Verb.* $C_{11}H_{13}OCl$, $Kp._2$ 96—98°, gelbes Öl, aus p-Toluidin (**IV**) u. **II**; *Verb.* vom F. 110° aus **I** u. Acrylonitril (**V**); *Verb.* vom F. 45° aus **III** u. **V**; *Verb.* vom $Kp._5$ 126° aus **IV** u. **V**; *Verb.* vom F. 107° aus **I** u. **V** (diazotiert in Ggw. von HBr); *Verb.* vom F. 130° aus 4-Chloranthranilsäure u. **V**; *Verb.* vom F. 126° aus Benzidin u. **V**; *Verb.* vom F. 117°, gelbe Kristalle, aus **I** u. Acrylsäure (**VI**); *Verb.* vom F. 172°, chlorfrei, aus 2.4-Dinitroanilin u. **V**; *Verb.* vom $Kp._2$ 145°, dunkles Öl, aus **III** u. Methylmethacrylat; gelbes Öl aus Sulfanilsäureamid (**VII**) u. **V** (liefert bei der Red. mit Zn u. Eisessig *4-Sulfamidophenylpropionsäurenitril*, $C_9H_{10}O_2N_2S$, F. 185°, u. beim Behandeln mit methylalkoh. KOH *4-Sulfamidozimtsäurenitril*, F. 238°); gelbes *Öl* aus **VII** u. **VI**; *α-Brom-β-(4-sulfamidophenyl)-propionsäure*, gelbes Öl, aus **VII** u. **VI** (diazotiert in Ggw. von HBr) (liefert beim Behandeln mit methylalkoh. KOH *4-Sulfamidozimtsäure*, F. 285°, u. mit NH_3 *α-Amino-β-(4-sulfamidophenyl)-propionsäure*, Zers. bei 276°. — Verwendung zur Herst. von Farbstoffen u. Heilmitteln. (**F. P. 1 013 951** vom 17/11. 1942, ausg. 6/8. 1952.) NOUVEL. H 1210

Monsanto Chemicals Ltd., London, England, *Oxydation von Alkylaromaten*, z. B. Toluol, Xylol, Äthylbenzol u. dgl., erfolgt in fl. Phase mit O_2 oder Luft (**I**) in Ggw. eines organ. Co-, Su- oder Fe-Salzes u. eines anorgan. Adsorptionsmittels, wie Standard-Al_2O_3 (**II**), Fullererde, Kieselgur u. dergleichen. Man leitet z. B. durch 200 (g) o-Xylol mit einem Geh. von Co-Acetylacetonat bei 120° 6 Std. **I**, gibt dann 1,2 **II** (nach BROCKMANN) zu u. setzt das Durchleiten von **I** 3 Std. fort, gibt wieder 1,2 **II** zu, erhitzt weitere 2½ Std. u. wiederholt die **II**-Zugabe 4 mal mit je 1,2 **II**. Gesamtdauer des **I**-Durchleitens: 17 Stunden. Man erhält ein Gemisch aus 34,58 *Toluylsäure* (**III**), 6,15 *Toluylaldehyd* u. 13,55 höhersd. Prodd. (**IV**); ohne **II**-Zusatz erhält man 17,32 **III** u. 11,99 **IV**. (**E. P. 665 997** vom 7/8. 1948, ausg. 6/2. 1952.) MÜLLER-MEININGEN. H 1210

Imperial Chemical Industries Ltd., London (Erfinder: **Reginald Thomas Foster**), *Herstellung von Methylchlorphenoxyfettsäuren.* Geschmolzenes Kresol wird in Abwesenheit eines Lösungsm., z. B. durch Einleiten von Cl am Kern chloriert u. mit einer Halogenfettsäure (**I**) in Ggw. einer Base umgesetzt. Die Chlorierung von p-Kresol führt zu 2-Chlor-p-kresol (**II**), diejenige von o-Kresol zu 4-Chlor-o-kresol (**III**) u. 6-Chlor-o-kresol (**IV**). Bei Rk. mit $ClCH_2COOH$ entsteht aus **II** 4-Methyl-2-chlorphenoxyessigsäure, u. aus **III** u. **IV** 2-Methyl-4-chlorphenoxyessigsäure sowie 2-Methyl-6-chlorphenoxyessigsäure. Veresterung mit aliphat. Alkoholen zu Methyl-, Äthyl-, Propyl-, Butyl- oder Isobutylester ist möglich. **I** kann z. B. auch α-Chlorpropionsäure, α-Brombuttersäure oder α-Chlorisobuttersäure sein. — Beispiel. (**D. B. P. 872 206** Kl. 12q vom 30/10. 1948, ausg. 30/3. 1953. E. Prior. 21/4. 1943.) MATTHAES. H 1250

Temmler Werke, Hamburg (Erfinder: **Friedrich Keil** und **Werner Dobke,** Berlin), *N-Monomethyl-β-phenyläthylamine.* — *dl-N-Methylphenylisopropylamin.* Aus dl-Phenylisopropylamin, CH_2O u. aktiviertem Al in Alkohol, $Kp._{20}$ 95°; *Hydrochlorid,* F. 140°. — Analog: *Phosphat* des *d-N-Methylphenylisopropylamin,* F. 197°. — *Hydrochlorid* des *1-Phenyl-2-methylaminopropanols-(1),* F. 214°. — *1-Phenyl-1-methyl-2-methylaminoäthan,* $Kp._{16}$ 96—99°. — *1-Phenyl-2-methylaminobutan,* $Kp._{15}$ 165°. (**D. B. P. 871 155** Kl. 12q vom 25/5. 1938, ausg. 19/3. 1953.) LANGER. H 1310

Farbwerke Hoechst, vormals Meister Lucius & Brüning (Erfinder: **Adolf Sieglitz** und **Otto Horn**), Frankfurt/M.-Höchst, *Cyclohexan-1.2.4.5-tetracarbonsäure,* $C_{10}H_{12}O_8$ (I), F. 249—250° (Zers.), erhält man in 95%ig. Ausbeute durch katalyt. Hydrierung von Pyromellithsäure mit H_2 bei mindestens 200 at u. zweckmäßig 150—200°. I-*Dianhydrid,* $C_{10}H_8O_6$, F. 238—240°, wird durch Erhitzen von I mit Essigsäureanhydrid erhalten. — I-*Tetramethylester,* $C_{14}H_{20}O_8$, Nädelchen, F. 220°. (**D. B. P. 855 400** Kl. 12o vom 29/1. 1943, ausg. 13/11. 1952.) KRAUSS. H 2040

Badische Anilin- & Soda-Fabrik, Ludwigshafen/Rh. (Erfinder: **Karl Huttner,** Gendorf), *Isocyanate* erhält man durch Kondensation von prim. Aminen mit $COCl_2$ in Ggw. eines inerten Gases u. von Halogenwasserstoff abspaltenden Katalysatoren (Aminkomplexbildner, wie Zn, Cd, Ni), bes. auf Trägern (Aktivkohle, Bimsstein, Schamotte), bei $>$100°, bes. 150—250°, in der Dampfphase. — Man leitet über mit $ZnCl_2$ imprägnierten Bimsstein bei 200° Cyclohexylamin, $COCl_2$ u. N_2, wobei sich *Cyclohexylisocyanat,* Kp. 165—169°, bildet. Anilin → *Phenylisocyanat,* Kp. 162—163°; Ausbeute 95%. — *Butylisocyanat,* Kp. 110—112°. (**D. B. P. 852 085** Kl. 12o vom 3/7. 1941, ausg. 13/10. 1952.) KRAUSS. H 2090

Badische Anilin- & Soda-Fabrik (Erfinder: **Hans Wenderlein**), Ludwigshafen/Rh., *Dicyclohexylamin* (I) erhält man durch Leiten von Cyclohexylamindampf im H_2-Kreislauf über Hydrierungskatalysatoren (z. B. mit 6% Cr-Oxyd aktiviertem Ni-Katalysator auf Bimsstein) bei 150—270°, bes. 180—230°. Das im Kreisgas enthaltene NH_3 wird nach der Kondensation der Reaktionsprodd. (z. B. 60% I u. 20% Cyclohexylamin) durch Berieseln mit W. oder wss. Salzlsg. entfernt, bevor es mit Cyclohexylamin wieder beladen wird. (**D. B. P. 851 188** Kl. 12o vom 18/2. 1943, ausg. 2/10. 1952.) KRAUSS. H 2110

Deutsche Hydrierwerke Akt.-Ges., Düsseldorf (Erfinder: **Winfried Hentrich,** Riehen, Basel, Schweiz), *Arylaldehyddisulfimide* der Formel $(HOC)_n$—Aryl—SO_2NHSO_2X (n = 1 oder 2, X = acycl. oder cycl. KW-stoffrest) erhält man durch Oxydation aromat. Disulfimide der Formel $(CH_3)_n$—Aryl—SO_2NHSO_2X, wie 4-, 3- oder 2-Methylbenzol-1-sulfonsäure-(benzolsulfonyl)-amid, 2.4-Dimethylbenzol-1-sulfonsäure-(benzolsulfonyl)-amid, 4-Methylbenzol-1-sulfonsäure-(4'-chlorbenzolsulfonyl)-amid, 4-Methylbenzol-1-sulfonsäure-(3'.4'-dichlorbenzolsulfonyl)-amid, 4-Methylbenzol-1-sulfonsäure-(naphthalin-1'-sulfonyl)-amid, 2-Methylbenzol-1-sulfonsäure-(chlormethansulfonyl)-amid, 2-Methylbenzol-1-sulfonsäure-(diphenylsulfonyl)-amid, Bis-(4-methylbenzol-1-sulfonsäure)-(phenylen-1'.3'-disulfonyl)-amid. — 4-Methylbenzol-1-sulfonsäure-(benzolsulfonyl)-amid-K gibt beim Erhitzen mit Benzolsulfonsäure-N-dichloramid u. Na-Acetat *4-Aldehydobenzol-1-sulfonsäure-(benzolsulfonyl)-amid*; *Phenylhydrazon,* F. 210 bis 212°. *Diacetat,* F. 295°. — *2-Aldehydobenzol-1-sulfonsäure-(benzolsulfonyl)-amid*; *Phenylhydrazon,* F. 186°. — Zwischenprodd., bes. für Farbstoffe u. Mottenschutzmittel. (**D. B. P. 865 446** Kl. 12o vom 28/12. 1943, ausg. 2/2. 1953.) KRAUSS H 2290

General Aniline & Film Corp., New York, N. Y., übert. von: **John W. Copenhaver,** Easton, Pa., V. St. A., *Herstellung von 2-substituierten Chinolinen,* dad. gek., daß man prim. aromat. Amine in Abwesenheit von W. u. in Ggw. von 0,5—5% sauren Katalysatoren, z. B. NH_4Cl, u. gegebenenfalls hydrierbaren Stoffen (I), wie z. B. aromat. Nitroverbb. oder niederalkylierten Acetalen des Acetaldehyds, mit 1.1.3-Trialkoxy-3-substituierten Propanen, z. B. 1.1.3-Trimethoxybutan (II), umsetzt. Ausbeuten an Chinaldin aus Anilin u. II ohne I ca. 35%, mit I 55%. (**A. P. 2 608 557** vom 15/12. 1948, ausg. 26/8. 1952.) LÜTTGEN. H 3231

Sharp & Dohme, Inc., Philadelphia, Pa., übert. von: **Carl Ziegler,** Clementon, N. J., V. St. A., *2-Amino-5-halogenpyrimidine* erhält man durch Halogenierung von 2-Aminopyrimidin (I) mit Cl_2 oder Br_2 in Ggw. von Ca-, Ba- u. Mg-Carbonaten, -Oxyden u. -Phosphaten. — I gibt in W. in Ggw. von $CaCO_3$ mit Br_2 in 76%ig. Ausbeute *2-Amino-5-brompyrimidin,* F. 235—237°. — *2-Amino-5-chlorpyrimidin,* F. 227—229°. — *2-Amino-5-brom-4-methylpyrimidin,* F. 192—194°. — *2-Amino-5-chlor-4-methylpyrimidin,* F. 189 bis 191°. — *2-Amino-5-chlor-4.6-dimethylpyrimidin,* F. 181—183°. — Zwischenprodukte. (**A. P. 2 609 372** vom 5/5. 1950, ausg. 2/9. 1952.) KRAUSS. H 3272

M. B. Jacobs and L. Sheflan, Chemical analysis of industrial solvents. Vol. 7. London: Interscience Publishers. 1953. (521 S. m. Abb.) 80 s.

X. Färberei. Organische Farbstoffe.

Adolf Herfs, *Ist Naturindigo termitenecht?* Untersucht wurde mit Naturindigo u. *Indigo BASF rein Pulver K* unter den verschiedensten Bedingungen gefärbte Baumwolle auf Termitenfraß. Die genauen Färbevorschriften werden gegeben. Im allg. hat es sich gezeigt, daß weder mit Naturindigo noch mit synthet. Indigo gefärbte Baumwolle gegen Termitenfraß beständig ist. Interessant war auch die Beobachtung, daß ein Farbstoffklumpen, direkt in die Termitenzucht eingebracht, sofort von den Termiten aufgefressen wurde. (Melliand Textilber. **34.** 50. Jan. 1953. Leverkusen, Termitenstat. der Farbenfabriken Bayer.) P. Eckert. 7020

J. A. Somers, *Farbstoffsättigung und Farbstoffverträglichkeit.* Behandelt wird das Färben vollsynthet. Fasern, bes. *Nylon,* mit Acetatseiden- u. sauren Wollfarbstoffen. Ferner werden Fragen erörtert, die sich mit der Steigerung der Affinität schlecht ziehender Farbstoffe auf Nylon beschäftigen. (Brit. Rayon Silk J. **29.** 58. 60. 62. Jan. 1953.) P. Eckert. 7020

Ss. A. Abramow, *Einfluß der Acidität des Mediums auf die Festigkeit der Capronfaser und deren Anfärbung durch saure Farbstoffe.* Die Sorption saurer Farbstoffe durch synthet. Polyamidfasern hängt in bedeutendem Maße auch vom p_H-Wert der Lsg. ab. Die Beziehung zwischen der Farbaufnahme u. dem p_H-Wert verläuft entsprechend einer Kurve mit vier verschied. Abschnitten. Bei $p_H > 8$ ist die Farbaufnahme sehr gering, für $8 > p_H > 5$ steigt die Sorption der Farbstoffe an; bei $5 > p_H > 3$ ist die Farbaufnahme ziemlich konstant u. begrenzt, von der Dauer des Färbevorgangs unabhängig. Bei $p_H < 3$ erhöht sich die Farbaufnahme sehr schnell u. wächst mit der Dauer des Färbevorgangs immer weiter. Beim p_H 3—5 findet eine salzbildende Rk. statt, wobei die Sulfogruppen des sauren Farbstoffes eine chem. Bindung mit den Aminoendgruppen eingehen. Beim $p_H < 3$ hängt das Verh. der Polyamidfasern gegenüber sauren Farbstoffen von den der Faserstruktur entsprechenden H-Bindungen zwischen den polaren CO- u. NH-Gruppen der benachbarten Makromoll. ab (vgl. Pakschwer u. Kochomskaja, C. **1951.** I. 2444). In diesem Fall erhalten die Makromoll. der Fasern durch Anlagerung eines Säuremol. an die H-Bindungen eine positive Ladung, wodurch die Amidogruppe Farbstoffmoll. über die für p_H 3—5 vorliegende Grenze hinaus binden kann. Die Menge des so gebundenen Farbstoffs kann sehr groß sein. Die Geschwindigkeit dieser zusätzlichen Farbaufnahme hängt vom Diffusionskoeff. ab, der seinerseits mit der Farbstoffkonz. u. Badtemp. in Beziehung steht. Da die Querbindungen zwischen den benachbarten Makromoll. geschwächt werden, verschlechtern sich die physikal.-mechan. Eigg. der Faser. So sinkt z. B. die Festigkeit einer bei p_H 1 sauer gefärbten Faser um 50%; im Gegensatz dazu wird beim Färben bei p_H 3—5 kein Festigkeitsabfall beobachtet. Die Fähigkeit der Polyamidfasern, salzartige Verbb. mit Säuren einzugehen, entspricht der gleichen Eig. des Keratins bzw. Fibroins, jedoch ist sie im ersten Fall ca. 20mal schwächer. (Легкая Промышленность [Leicht-Ind.] **12.** Nr. 12. 16—18. Dez. 1952.) Stscherbina. 7030

J. L. de Hauss, *Photocolorimetrische Farbbestimmungsmethoden.* 1. Mitt. Nach einleitenden allg. gehaltenen sowie erklärenden theoret. Ausführungen über photocolorimetr. Farbmessungen wird an Hand prakt. Beispiele gezeigt, daß die photocolorimetr. Bestimmungsmeth. geeignet ist, die Konz. eines Stoffes u. den Eintritt der Erscheinung der Solvatation festzustellen. Das Verf. ist bes. für die Färberei geeignet. — 3 graph. Darstellungen. (Reyon, Zellwolle andere Chemiefasern **31.** 13—16. Jan. 1953.) P. Eckert. 7086

Badische Anilin- & Soda-Fabrik (Erfinder: **Alfons Janson**), Ludwigshafen/Rh., *Monozinksalz der Oxymethansulfinsäure* erhält man aus dem Di-Zn-Salz durch Behandeln bes. in wss. Suspension, mit SO_2 u. Abtrennen des schwerlösl. $ZnSO_3$, zweckmäßig unterhalb 25°. Das $ZnSO_3$ kann mit CH_2O in die entsprechende CH_2O-Verb. übergeführt u. diese mit Zn-Staub red. werden, oder man führt es in $Zn(HSO_3)_2$ über u. red. dieses mit Zn-Staub zu Zn-Hyposulfit. — *Färbereihilfsmittel.* (**D. B. P. 862 750** Kl. 12o vom 8/11. 1950, ausg. 12/1. 1953.) Krauss. 7007

Farbenfabriken Bayer, Leverkusen (Erfinder: **Erwin Windemuth, Herbert Gensel,** Leverkusen, und **Walter Kreutzmann,** Krefeld), *Fixieren von Pigmenten auf Fasergut.* Man verwendet als Bindemittel Polyestercyanate (**I**) in wss. Suspension u. setzt diese nachträglich mit Diaminen um. Die **I** werden dadurch hergestellt, daß man Polyester (**II**), welche mindestens eine OH- u./oder COOH-Gruppe enthalten, mit so viel Diisocyanat umsetzt, daß auf jede OH- oder COOH-Gruppe etwa zwei Isocyanatgruppen kommen. Als **II** verwendet man zweckmäßig solche aus Adipinsäure u. Diäthylenglykol oder anderen Polyglykolen. (**D. B. P. 865 593** Kl. 8n vom 30/11. 1950, ausg. 2/2. 1953.) v. Schiller. 7021

Comp. Nationale de Matières Colorantes & Manufactures de Produits Chimiques du Nord Réunies Établissement Kuhlmann, Paris (Erfinder: **André Victor Durr,** St. Denis, und **Jean Richard Gardedieu,** Villers St. Paul), Frankreich, *Bedrucken von Geweben* mit wasserunlösl. Bindemittel enthaltenden Pigmentdruckpasten in Form von wss. Emulsionen. Man druckt Pasten auf, die durch Emulgieren von fein vermahlenen Gemischen aus trocknenden Glyptalharzen, Pigmenten u. gegebenenfalls flüchtigen, wasserunlösl. organ. Harzlösungsmitteln in wss. Lsgg. von Emulgierungsmitteln erhältlich sind, trocknet die bedruckte Ware u. erhitzt auf über 100°. (**D. R. P. 757 745** Kl. 8n vom 22/5. 1940, ausg. 26/1. 1953. F. Priorr. 13/6. u. 28/9. 1939.) v. SCHILLER. 7023

Badische Anilin- & Soda-Fabrik, Ludwigshafen/Rh. (Erfinder: **Helmut Pfitzner,** Ludwigshafen/Rh., und **Alfred Simon †,** Heidelberg), *Farbstoffe,* die Wolle aus neutralem Bade gut wasch- u. lichtecht färben, erhält man dadurch, daß man Oxyarylsulfonsäureamide durch Behandeln mit Alkalinitriten in Nitrosooxyarylsulfonsäureamide überführt u. diese dann mit Eisensalzen behandelt, zweckmäßig in einem Arbeitsgang. — Aus 1-Oxynaphthalin-5-sulfonsäureamid erhält man so einen Farbstoff, der Wolle gelbstichig grün färbt, aus 2-Oxynaphthalin-6-sulfonsäureamid einen Farbstoff, der Wolle grün färbt. (**D. B. P. 869 103** Kl. 22c vom 25/6. 1943, ausg. 2/3. 1953.) ROICK. 7051

E. I. du Pont de Nemours & Co., übert. von: **Ralph Otto Heuse,** Wilmington, und **Phillip Jerome Wingate,** Collins Park, Del., V. St. A., *Kristallviolett.* Die Reinigung von Kristallviolett (I) (Color Index No. 681), das eine I–$ZnCl_2$-Komplexverb. als Verunreinigung enthält, bewirkt man durch seine Behandlung mit einer Lsg. eines wasserlösl. Ferrocyanids, um die Komplexverb. zu zers. u. das Zn in ein Zn-Ferrocyanidsalz überzuführen. — Zu 200 (Gewichtsteilen) I mit einem Zn-Geh. von 1,25 Gew.-% in 100 W. gibt man eine Lsg. von 8,5 K-Ferrocyanid·3 H_2O in 1000 W., rührt 16 Std. bei Raumtemp., kühlt auf 0—10° u. filtriert. Den Filterkuchen trocknet man bei 60°, mischt den trockenen Farbstoff mit dem gleichen Gewicht an 95%ig. A., dest. 160 bis 170 A. ab u. trocknet den Rückstand 16 Std. im Vakuum bei 85—90°. (**A. P. 2 600 649** vom 22/3. 1951, ausg. 17/6. 1952.) ROICK. 7057

Sandoz Akt.-Ges. (Erfinder: **Samuel von Allmen** und **Hans Eggenberger**), Basel, Schweiz, *Saure Anthrachinonfarbstoffe,* die tier. Fasern u. künstliche Fasern, z. B. aus Polyamiden, in licht- u. naßechten blauen Tönen färben, erhält man entweder dadurch,

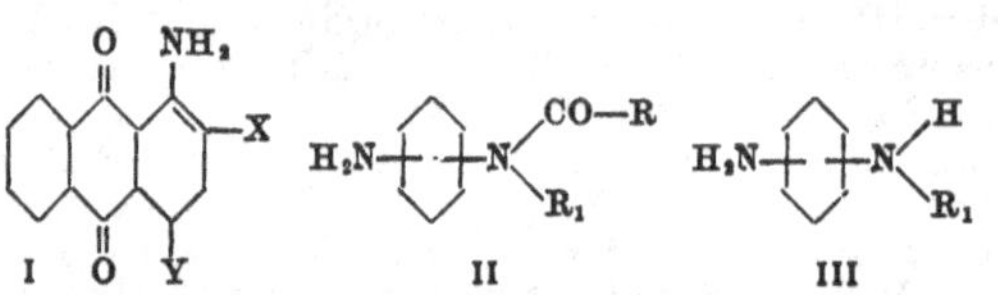

daß man Anthrachinonverbb. der allg. Zus. I (X = Halogen oder $-SO_3H$, Y = Halogen) mit aromat. Aminen der allg. Zus. II (R = Aryl, R_1 = H oder Alkyl) kondensiert u., wenn X Halogen darstellt, dieses in üblicher Weise durch SO_3H ersetzt, oder dadurch, daß man I zuerst mit aromat. Aminen der allg. Zus. III (R_1 = H oder Alkyl) kondensiert u. die erhaltenen Kondensationsprodd. mit aroylierenden Mitteln, mit Ausnahme von Benzoylchlorid, behandelt u., wenn X Halogen bedeutet, dieses hier ebenfalls durch SO_3H ersetzt. — Farbstoffe werden erhalten durch Umsetzen von 1-amino-4-bromanthrachinon-2-sulfonsaurem Na (**IV**); 4-Benzoylaminoanilin; 3-Benzoylamino-2.4-dimethylanilin; 3-Amino-6-benzoylaminotoluol; 4-Benzoylmethylaminoanilin; 4-Benzoylmethylamino-3-chloranilin; 3-(3'-Chlorbenzoylmethylamino)-anilin; p-Benzoyläthylaminoanilin; 3-(3'-Toluylbutylamino)-anilin. Weitere Farbstoffe können hergestellt werden durch Umsetzen von 1-Amino-2.4-dibromanthrachinon (**V**) mit 4-Benzoylaminoanilin u. Ersatz des 2-ständigen Br-Atoms durch SO_3H; durch Umsetzen von **IV** mit p-Phenylendiamin (**VI**) u. Acylieren des erhaltenen Prod. mit p-Toluylchlorid; aus **V** u. **VI**, Acylieren mit 3-Chlorbenzoylchlorid (**VII**) u. Ersatz des 2-Bromatoms durch SO_3H; aus **IV** u. 1-N-Methylamino-4-aminobenzol u. Acylieren mit **VII**. (**D. B. P. 844 774** Kl. 22b vom 16/6. 1949, ausg. 24/7. 1952. Schwz. Prior. 19/6. 1947.) ROICK. 7059

XIa. Farben. Anstriche. Lacke. Naturharze.

William R. Eubank, *Dispergierbarkeit von Aluminiumsilicaten im Vergleich zu der von Magnesiumsilicaten in Zinkchromatpigmenten.* Aluminiumsilicate (I) bzw. Magnesiumsilicate (II) werden beim Mahlen zugegeben, um in kürzerer Zeit feineres Korn zu erzielen. Es zeigt sich, daß für gleiche Korngröße II ca. 4mal soviel Zeit erfordern wie I. Ebenso liegen Ölverbrauch u. Fließpunkt bei I niedriger als bei II. Unterschiede zwischen den einzelnen Sorten von I sind bedeutend geringer als von II. (Paint Varnish Product. **43.** 33—40. 70. Jan. 1953. McIntyre, Ga., Edgar Bros. Co., Res. Labor.) GRAF. 7096

Alfred Wiegandt, *Moderne Drahtlackisolation.* Vf. gibt einen allg. Überblick über die Eigg. der Vinylverbb., Acrylsäureester, des Polyvinylalkohol-Formaldehydacetals, der Polyamide, Epoxydharze, Polyurethane, der Siliconharze u. des Polytetrafluoräthylens im Zusammenhang mit ihrer Eignung zur Herst. von Drahtisolierlacken. (Kunststoffe **43**. 19—21. Jan. 1953. Hamburg-Wandsbek.) WINIKER. 7096

Milton A. Lesser, *Alkydharze für bessere Glanzanstriche.* Besprechung der Eigg. von auf Alkydharzbasis hergestellten Glanzanstrichen. — 24 Literaturhinweise. (Amer. Paint J. **35**. Nr. 37. 76—82. 4/6. 1951.) WINGCHEN. 7096

Raymond B. Seymour und **Robert H. Steiner,** *Die chemische Widerstandsfähigkeit von Überzügen auf Phenol- und Furfuralkoholbasis.* Untersucht wird das Verh. der folgenden Harze: *Koraloy, Korezite, Duvon* (alle drei auf Phenolbasis, die beiden letzten werden bei 188—204° therm. gehärtet) u. *Alkaloy 550* (auf Furfuralkoholbasis). Alle Überzüge sind widerstandsfähig gegen nichtoxydierende Säuren u. Salzlsgg., ebenso gegen alkal. Lsgg. mit $p_H < 10$. *Duvon* wird durch Ketone u. Ester erweicht. Alle Phenolharze werden von Furfural u. Pyridin angegriffen. Furfuralkoholpolymere u. *Duvon* sind gegen alkal. Lsgg. mit $p_H > 10$ beständig. In allen Fällen aber sind die therm. gehärteten Harze wegen ihrer höheren Temperaturbeständigkeit u. mechan. Eigg. vorzuziehen. (Corrosion [Houston] **8**. 65—68. Febr. 1952.) J. FISCHER. 7106

—, *Cricketball-Lacke.* Cricketbälle aus Leder werden mit Lacken aus entwachstem u. gebleichtem Schellack u. Kunstharzplastifikator durch Tauchen u. Einreiben lackiert. — Abbildung. (Paint. Manufact. **20**. 134—35. April 1950. Tonbridge, Stuart Surridge & Co. Ltd.) SCHEIFELE. 7106

B. M. Letsky, *Vorbereitung und Anstrich von Metallflächen.* Rost, Walzzunder, poröse Oxydfilme, Schmutz, Öl u. Fett werden bei schweren Gußstücken meist durch Säurebeizen, Sandstrahlen oder Flammenreinigung entfernt, während Nichteisenmetalle häufig nur mit Lösungsm. vorgereinigt werden. Alkaliemulsionen in Lösungsmitteln entfernen sämtliche Verunreinigungen. Bei ständiger Freibewitterung der Objekte wird vor dem Anstrich häufig eine passivierende Deckschicht aufgebracht. Eisen wird phosphatiert. Die verschied. Varianten der Phosphatierungsprozesse basieren alle auf der Ausscheidung von Fe, Zn oder Mn-Phosphaten; Zn- u. Cu-Salze sowie $NaNO_3$ dienen als depolarisierende Katalysatoren. Bei Al wird die Oxydhaut vielfach durch Chromatierung oder anod. Vorbehandlung verstärkt. Zn wird phosphatiert. Mg wird oft mit 20%ig. Chromsäure oder mit Dichromat + 20% HNO_3 oder HF vorgebeizt u. mit heißer Chromatlsg. behandelt. (Paint Manufact. **20**. 124—27. April 1950. A. Learner & Co. Ltd., Ault & Wiborg Group.) SCHEIFELE. 7106

E. S. Tonks, *Lackieren von Metallen.* Überblick über die Verff. zum Aufbringen von Lacküberzügen durch Streichen, Spritzen, Tauchen u. im Rollfaß. (Metal Ind. [London] **77**. 319—21. 29/12. 1950.) MARKHOFF. 7106

R. Klose, *Der Anstrich von Werkzeugmaschinen.* Beschrieben werden die einzelnen Arbeitsgänge. — Abbildungen. (Metalloberfläche **6**. Ausg. B **4**. 137—42. Sept. 1952.) MARKHOFF. 7106.

H. Anders, *Über die Herstellung einiger Polituren.* Rahmenrezepte für die Herst. von Grund-, Deck-, Einheits- u. Mattpolitur sowie von Auspolierwasser u. Tuffmatt (Kollodiumlsg.). (Fette Seifen einschl. Anstrichmittel **54**. 475—76. Aug. 1952. Berlin.) WINIKER. 7118

H. W. Chatfield, *Die Verträglichkeit von Harzen für Öllacke.* Die Verträglichkeit von Harzen für Öllacke mit Lackbenzin läßt sich durch die einfache Titrierprobe bis zur auftretenden Trübung nicht befriedigend ermitteln. In einem verbesserten Test werden unter 50° hergestellte Lsgg. von 450 g Harz in 550 Lackbenzin nach 48std. Stehen im Verhältnis 2 : 1, 4 : 1 ,6 : 1, 8 : 1 u. 10 : 1 mit Lackbenzin versetzt u. nach 7 Tagen auf Trübung geprüft. (Paint Manufact. **20**. 121—23. April 1950.) SCHEIFELE. 7154

—, *Glanz- und Farbmessung.* Es werden ein photoelektr. Glanzmesser mit einem unter 60° einfallenden Lichtstrahlbündel u. ein ebenfalls photoelektr. Farbmesser beschrieben. (Paint Ind. Mag. **66**. Nr. 6. 9—11. 29. Juni 1951.) STEINER. 7158

Farbenfabriken Bayer, Leverkusen (Erfinder: **Ernst Podschus,** Leverkusen, und **Georg Meder,** Köln), *Antimontrioxydpigment.* Im Gegensatz zu dem bisher als Pigment verwendeten, durch Sublimieren erhaltenen, kub. krist. Sb_2O_3 erhält man durch Fällen aus wss. Lsg. bei niederen Tempp., bes. aus dem am leichtesten zugänglichen $SbCl_3$, ein höhere D. u. höheren Brechungsindex aufweisendes u. daher als Pigment besser geeignetes, rhomb. krist. Sb_2O_3, das eine um 50% höhere Farbkraft aufweist. (**D. B. P. 868 646** Kl. 22f vom 18/3. 1939, ausg. 26/2. 1953.) SCHREINER. 7093

American Cyanamid Co., New York, N. Y. (Erfinder: **Frederick Joseph Schwahl**, Hillside, N. J.), V. St. A., *Säurebeständigeres Ultramarin.* Mit einer sehr verd. Lsg. einer starken Mineralsäure (z. B. H_2SO_4) angeschlämmtes Ultramarin wird (z. B. auf ca. 90°) erhitzt, bei dieser Temp. mit Alkalisilicatlsg. langsam versetzt, filtriert, getrocknet, bei 350—800° (500—700°) in feuchter, O_2-armer Atmosphäre ca. 1/2 Std. calciniert u. in gleicher Atmosphäre langsam (40—48 Std.) abkühlen gelassen, vorzugsweise so, daß das im Ultramarin zurückbleibende gebundene W. 0,25—5,5 Gew.-% (bezogen auf den SiO_2-Geh.) beträgt. (**D. B. P. 867 726** Kl. 22f vom 23/1. 1949, ausg. 19/2. 1953. A. Prior. 23/1. 1948.) SCHREINER. 7093

British Thomson-Houston Co., Ltd., London, England, *Leuchtstoffgewinnung.* ZrO_2, $SrSO_4$ oder $BaSO_4$ u. PbO oder AlF_3 werden trocken gemischt; dann wird eine $Bi(NO_3)_3$-Lsg. als Aktivator zugefügt, bis ein Schlamm entstanden ist. Aus diesem treibt man das W. ab, mahlt u. erhitzt auf 1200—1300°, bis alles SO_2 abgetrieben ist, schreckt in W. ab, trocknet u. mahlt. (**E. P. 641 212** vom 19/1. 1945, ausg. 9/8. 1950.) NEBELSIEK. 7093

Fuel Research Corp., New York, übert. von: **Albert Leeds Stillman**, Plainfield, N. Y., V. St. A., *Herstellung stabiler Suspensionen von Kohleteilchen*, z. B. zur Herst. von *Farbpigmenten.* Es werden zunächst 15—25 Gew.-% Kohleteilchen einer Teilchengröße $< 1/2\ \mu$ mit einem KW-stoff, der mit diesen Teilchen BROWNsche Bewegung ergibt, gemischt; hierauf werden bis 200 mesh große Teilchen eingetragen, bis 30 bis 60 Gew.-% Kohleteilchen in der Dispersion vorhanden sind. (**A. P. 2 599 733** vom 10/8. 1948, ausg. 25/3. 1952.) STEIL. 7093

Edgar Oliver Phillips, Norman William Hansom, Slough, **Sidney Gilbert Horsley**, Herne Bay, und **Imperial Chemical Industries Ltd.**, London, England, *Herstellung trocknender Öle.* Unter Erwärmen wird ein 3- oder 4-wertiger, gesätt. Alkohol mit einer Fettsäure von der Formel $R-CH=CH-CH_2-COOH$, worin R eine 1—7 C-Atome enthaltende Alkylgruppe bedeutet, oder mit einem esterbildenden Deriv. davon, umgesetzt. (**E. P. 673 082** vom 27/5. 1949, ausg. 4/6. 1952.) KETTNER. 7097

Universal Oil Products Co., Chicago, Ill., V. St. A., *Herstellung synthetischer trocknender Öle* (**I**). Die bei der Polymerisation von Olefinen in Ggw. von $AlCl_3$ oder ähnlichen Katalysatoren (**II**) anfallende, keine Polymerisate enthaltende „**II**"-Phase wird durch Extraktion von gesätt. KW-stoffen u. **II** befreit. Man erhält **I**, die in 7 bis 9 Tagen, wie alkaliraffiniertes Leinöl, zu einem festen Film trocknen. (**E. P. 634 598** vom 6/8. 1947, ausg. 22/3. 1950. A. Prior. 28/4. 1944.) LÜTTGEN. 7097

United States of America, übert. von: **Charles H. Fisher**, New Orleans, La., **Morris Zief**, Philadelphia, Pa., und **Robert C. Hockett**, Larchmont, N. Y., V. St. A., *Modifizierte trocknende Öle.* Die Umwandlung eines trocknenden Öls in eine feste oder nicht fließende M. bei Kontakt mit freiem O_2 wird unter Einw. eines polymerisierbaren, in organ. Lösungsmitteln lösl. monomeren Äthers, der eine aliphat., einfach olefin. ungesätt. Äthergruppe mit 3—4 C-Atomen u. die Gruppierung $CH_2=\overset{|}{C}-\overset{|}{C}-$ umfaßt u. bei n. Temp. in monomerer Form fl. ist, vorgenommen. Man bläst mit O_2 oder Luft so lange, als noch kein Gel entsteht, u. erhält Prodd., die bei weiterer Behandlung mit O_2 rasch zu trockenen, nichtklebrigen Massen polymerisiert werden. Leinöl, dehydratisiertes Ricinusöl, Oiticica-, Holzöl, Sojabohnenöl usw., sowie Allyl-, Methallyläther von aliphat. Verbb. mit 2—8 OH-Gruppen (Glykole, Pentaerythrit u. a.) sind geeignete Ausgangsstoffe. (**A. P. 2 594 303** vom 18/8. 1950, ausg. 29/4. 1952.) DONLE. 7097

Soc. Carpentier Lefebvre & Fils, Nord, Frankreich, *Dehydratisieren von Ricinusöl* (**I**). Man erhitzt **I** in Ggw. von saurem Na-Pyrophosphat (**II**) als Katalysator, gegebenenfalls unter red. Druck u. unter Durchleiten von N_2, auf 140—250°. — Aus einem mit 3% wasserfreiem **II** vermischten **I** erster Pressung wird durch 3 std. Erhitzen auf 220—230° ein Prod. hergestellt, das in seiner Trockenfähigkeit bestem Leinöl u. im Aussehen gebleichtem Leinöl gleicht. SZ. <3; JZ. 140; Viscosität 7 P./10°, gegenüber 30 P./10° beim Ausgangsprodukt. (**F. P. 988 655** vom 22/3. 1949, ausg. 30/8. 1951.) ASMUS. 7097

Soc. des Établissements Robbe Frères (Erfinder: **A. Nauroy**), Seine, Frankreich, *Dehydratisieren von Ricinusöl* durch 3 std. Erhitzen auf 280° bei allmählich steigender Temp. unter Durchleiten von SO_2. Man erhält ein schwach gefärbtes Öl mit SZ. 14 u. Hydroxylzahl 20. Trockenzeit auf einer Glasplatte nach Zugabe von 0,1% Co (Metall) 4 Stunden. (**F. P. 992 192** vom 24/5. 1944, ausg. 15/10. 1951.) ASMUS. 7097

Cassella Farbwerke Mainkur (Erfinder: **Werner Zerweck**, Frankfurt/M., und **Walter Brunner**, Kabul, Afghanistan), Frankfurt/M., *Herstellung von Kondensationsprodukten.* Man unterwirft Halogenide von ungesätt., höheren Carbonsäuren, bes. Ölsäure, der Einw. von kondensierend wirkenden Metallhalogeniden ($AlCl_3$) mit oder ohne Zusatz von KW-stoffen. — Öle für die Verwendung in *Anstrichfarben, Lacken, Kitten,* auch in der Textilindustrie. (**D. B. P. 863 549** Kl. 39c vom 5/12. 1944, ausg. 19/1. 1953.) DONLE. 7097

Sherwin-Williams Co., Cleveland, O., V. St. A., übert. von: **Frank Armitage** und **Eric Sydney John Fry,** London, England, *Herstellung von Mischpolymerisaten.* Trocknende oder halbtrocknende Öle oder deren Fettsäuren oder damit modifizierte Alkydharze werden mit (halogenierten) Acenaphthylenen gemischt u. erhitzt, z. B. gleiche Mengen Acenaphthylen u. isomerisiertes Leinöl, Holzöl, dehydratisiertes Ricinusöl oder Fischöl — gegebenenfalls in Lsg. von z. B. Dipenten — auf 150—200°. — Verarbeitung auf Lacke. (**A. P. 2 589 655** vom 27/7. 1950, ausg. 18/3. 1952. E. Prior. 5/8. 1949.) MÖLLERING. 7097

Ellis-Foster Co., übert. von: **Frank B. Root,** Montclair, N. J., V. St. A., *Ölartige, trocknende Mischpolymerisate für die Herstellung von Lacken, Linoleum, Ölkleidung, Druckfarben usw.* erhält man aus Mono- oder Diestern mehrwertiger Alkohole u. ungesätt. Fettsäuren (z. B. 898 g Leinölfettsäurediglycerinester) durch Kondensation mit ungesätt. Dicarbonsäureanhydriden (z. B. 71,5 g Maleinsäureanhydrid) bei 165° u. anschließende Mischpolymerisation des Prod. mit fl., ungesätt. monomeren u. polymerisierbaren Verbb. mit einer endständigen Gruppe $=C=CH_2$ (z. B. 50 g Styrol) während 7½ Std. bei 175—200°. Nichtpolymerisierte Anteile werden aus dem Prod. durch Vakuumdest. entfernt. — Beispiele. (**A. P. 2 559 465** vom 24/9. 1947, ausg. 3/7. 1951.) MÖLLERING. 7097

Ellis-Foster Co., übert. von: **Frank B. Root,** Montclair, N. J., V. St. A., *Ölartige, trocknende Mischpolymerisate.* Das Verf. des A. P. 2 559 465 (vgl. vorst. Ref.) wird dahin abgeändert, daß ein Teil des ungesätt. Dicarbonsäureanhydrids durch andere Mono- oder Dicarbonsäuren bzw. Anhydride, z. B. Phthalsäureanhydrid, Adipin-, Sebacin-, Fumar-, Citracon-, Itacon-, Aconit-, Tetrahydrophthal-, Essig-, Palmitin-, Stearin-, Öl-, Linolen-, Eläostearinsäure usw., ersetzt wird. — Beispiele. (**A. P. 2 559 466** vom 17/9. 1948, ausg. 3/7. 1951.) MÖLLERING. 7097

Soc. An. Française du Ferodo, Seine, Frankreich, *Plastische Masse aus Phenoplast und Vinylharz.* Man kondensiert Phenol u. Aldehyd in Ggw. eines Polyvinylesters, -acetals oder teilweise verseiften Polyvinylesters. Kondensiert man mit einem sauren Katalysator, so erhält man klares, transparentes Harz, das mit einem Polymerisationskatalysator, wie Hexamethylentetramin, erhitzt eine mehr oder weniger große Thermoplastizität aufweist. Mit alkal. Katalysator erhält man ein Harz, das nach Härtung keine thermoplast. Eigg. mehr aufweist. Die Harze sind in A., Ketonen, Äthylacetat, Chlorderivv. lösl. u. eignen sich für *Lacke.* — Man erwärmt z. B. 125 (Teile) Kresol, 30 Polyvinylacetat, 80 30%ig. Formollsg. u. 4 Phosphorsäure zunächst auf 40°, dann in 10 Min. auf 95° u. hält 20 Min. bei 100°, gießt nach Abkühlen die wss. Schicht ab u. dest. Restwasser unter red. Druck ab. Der Polyvinylester kann bei der Kondensation auch verseift u. acetalisiert werden. (**F. P. 981 260** vom 25/3. 1943, ausg. 24/5. 1951.) PANKOW. 7097

Badische Anilin- & Soda-Fabrik (Erfinder: **Hans Scheuermann**), Ludwigshafen/Rh., *Härtbare Lackharze* erhält man durch mindestens in der Endstufe saure Kondensation von Lsgg. von härtbaren Phenol-CH_2O-Kondensationsprodd. mit Harnstoffen, gegebenenfalls mit CH_2O-Zusatz in Ggw. von Alkoholen mit mindestens 2 C-Atomen, wenn man bei weitgehender Abwesenheit von W. arbeitet. Wss. Lsgg. der Ausgangsstoffe werden unter gleichzeitiger azeotroper Entwässerung der Rk. zugeführt. Aus den alkoh. Lsgg. wird das Lösungsm. abdest. u. der Rückstand bis zum Gelieren auf 100 bis 150° erhitzt. Er soll aber in Lacklösungsmitteln noch lösl. sein. — Beispiele. *Härtbare Lackharze.* (**D. B. P. 865 974** Kl. 39c vom 25/2. 1943, ausg. 9/2. 1953.) SCHINDLER. 7097

Chemische Werke Albert (Erfinder: **Kurt Hultzsch**), Wiesbaden, *Harz- und ölartige Erzeugnisse aus härtbaren Phenolharzen.* Resole (I), die aus ein- oder mehrkernigen Oxyarylen mit 3 oder mehr reaktionsfähigen H-Atomen am Ring u. vollständig oder weitgehend veresterten Methylolgruppen bestehen, werden durch Erhitzen auf ca. 200° in Ölen oder Harzen, wie Terpentinöl, Kolophonium, Leinöl oder dgl., lösl. gemacht. Man kann die Herst. der I mit dem Erhitzungsverf. auch in einem Arbeitsgang vereinen. — *Lackrohstoffe.* (**D. B. P. 831 323** Kl. 39c vom 2/10. 1948, ausg. 14/2. 1952.) MÖLLERING. 7097

Montclair Research Corp., Montclair, N. J., V. St. A., *Harzester für Lacke* werden durch Erhitzen von z. B. Glycerinabietat mit einem Ester einer α-ungesätt. oder gesätt. Dicarbonsäure, wie Diallylmaleat, -fumarat, -phthalat oder -succinat, auf 200 bis 300° erhalten. Die Harzester können zusätzlich mit Styrol, Methylmethacrylat u. Vinylacetat polymerisiert, mit härtbaren Harzen, Vinylharzen u. Cellulosederivv.

vermischt oder mit trocknenden Ölen bei 260—300° modifiziert werden. (**E. P. 642 414** vom 21/7. 1947, ausg. 6/9. 1950. A. Priorr. 14/4., 6/5. u. 12/5. 1944.) SALZMANN. 7097

Steinkohlenbergwerk Rheinpreußen, Homburg (Erfinder: **Walter Grimme, Friedrich Josten** und **Karl-Heinz Wüllenweber,** Moers), *Herstellung benzin- und öllöslicher lichtbeständiger Kunstharze,* dad. gek., daß Kondensationsprodd. von Ketonen mit Aldehyden, die freie aliphat. OH-Gruppen enthalten, mit natürlichen oder synthet. Harz- oder Fettsäuren verestert u. gegebenenfalls die restlichen Säuregruppen mit mehrwertigen Alkoholen, wie Glycerin, Pentaerythrit, verestert oder durch Metalloxyde als Resinate abgebunden werden. Als Keton-Aldehyd-Kondensationsprodd. können die nach D. B. P. 850 232 hergestellten Vor-, Zwischen- oder Endkondensate eingesetzt werden. Zur Veresterung kann man Katalysatoren anwenden. — Z. B. werden 400 (Teile) Kolophonium u. 100 eines aus 72 Methyläthylketon u. 90 CH_2O erhaltenen Kondensats (Mol.-Gew. ca. 6000) in CO_2-Atmosphäre 2 Std. auf 600° erhitzt. Dabei fällt die SZ. von 149 auf 95. Das schon jetzt kalt benzinlösl. Prod. wird mit 26 Glycerin bis zur SZ. 4—5 verestert. Das Harz ist bes. für hellste *Außenlacke* geeignet. (**D. B. P. 854 849** Kl. 39c vom 20/7. 1949, ausg. 6/11. 1952.) DONLE. 7097

United States of America, übert. von: **Abraham Mankowich,** Darlington, Md., V. St. A., *Farbenabbeizmittel,* bestehend aus z. B. 79,6 (Gew.-%) $Na_3PO_4 \cdot 12\ H_2O$ (**I**), 10,8 Na-Trisilicat (**II**), 0,2 K_2CrO_4 (**III**), 4,7 Dodecyldiäthylentriamin (**IV**) u. 4,7 nichtionogenem alkyliertem Arylpolyäthylenglykoläther (**V**) als oberflächenakt. Mittel, z. B. p-Isooctylphenyldekaäthylenglykoläther. (Triton X 100). Weitere Beispiele: Gemische aus 83,7 **I**, 11,1 **II**, 0,2 **III** u. 5,0 **IV** oder aus 79,6 **I**, 10,8 **II**, 4,8 **IV** u. 4,8 **V**. Die Mittel können 2,5—10 **IV** u. bis zu 15 **V** enthalten. — *Entfernen* von *Harzen* u. *Lacken* von Metalloberflächen. (**A. P. 2 614 992** vom 30/11. 1950, ausg. 21/10. 1952.) GRÄGER. 7101

A. E. Staley Mfg., Co., übert. von: **David P. Langlois** und **Hans Wolff,** Decatur, Ill., V. St. A., *Pseudoester von γ-Ketocarbonsäuren* der allg. Formel **I** erhält man durch Anlagern von Alkoholen der Formel ROH (R = Alkyl, Aryl, Aralkyl) an α-Angelicalacton (**II**) in Ggw. üblicher Veresterungskatalysatoren (HCl, HBr, H_2SO_4, H_3PO_4, aromat. Sulfonsäuren, Monochloressigsäure). Die Pseudoester können durch Verseifen leicht in die n. Ester übergeführt werden. — **II** wird mit Allylalkohol u.

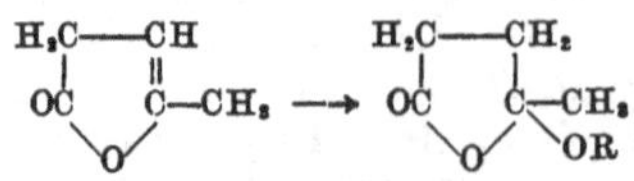

II → I

p-Toluolsulfonsäure 2 Std. bei 80° behandelt, nach dem Neutralisieren mit Na-Methylat erhält man in 91%ig. Ausbeute *Lävulinsäureallylpseudoester,* Kp.$_{10}$ 106—108°. Ferner werden hergestellt: Die Pseudo- (= ps) u. n. (= n.) Ester der *Lävulinsäure* von folgenden Alkoholen: *Methyl* (*n.*), Kp.$_{15}$ 89—91°. — *Methyl* (*ps*), Kp.$_{15}$ 90—92°. — *Isopropyl* (*n.* bzw. *ps*), Kp.$_{15}$ 103—105°. — *n-Butyl* (*n.* bzw. *ps*), Kp.$_{15}$ 112—114° bzw. 113—115°. — *sek.-Butyl* (*n.* bzw. *ps*), Kp.$_{15}$ 113—115°. — *Methylisobutylcarbinol* (*ps*), Kp.$_{15}$ 124—126°. — *Methylisopropylcarbinol* (*ps*), Kp.$_{15}$ 120—121°. — *Cyclohexyl* (*n.* bzw. *ps*), Kp.$_{15}$ 140—142° bzw. 146—148°. — *Phenyl* (*n.* bzw. *ps*), Kp.$_3$ 133—135° bzw. 130—132°. — Verwendung als *Lösungsm.*, bes. für Firnisse u. Lacke, u. als *Weichmacher.* Die Ester sind mit Nitrocelluloselacken verträglich. (**A. P. 2 493 676** vom 21/7. 1947, ausg. 3/1. 1950.) KRAUSS. 7101

Wilfried Kress, Österreich, *Künstlerölfarbe,* dad. gek., daß eine ganz oder teilweise verseifte u. entwässerte Wachsseife der Farbe zugesetzt wird. Als Wachse können alle ganz oder teilweise verseifbaren natürlichen oder synthet. Wachse u. als Alkali am besten NH_3 oder $(NH_4)_2CO_3$ verwendet werden. — 5 (Teile) Bienenwachs, gelöst in 2 Terpentinöl, werden mit 4 $(NH_4)_2CO_3$ in 12 W. bei 90° verseift u. erhitzt, bis alles W. vertrieben ist. 5 dieser Wachsseife werden mit 7,5 Leinöl bei 50° emulgiert u. mit einem Pigment angerieben. (**Oe. P. 172 039** vom 7/3. 1949, ausg. 15/1. 1952.) HEYNE. 7107

Minnesota Mining & Mfg. Co., übert. von: **John M. Hill,** St. Paul, Minn., V. St. A., *Straßenmarkierungsfarbe mit Glasperlen.* Die Farbe besteht aus einem schnelltrocknenden Öllack, der als Pigment TiO_2, durchsichtige Glasperlen (von 0,003—0,01 Zoll Durchmesser) u. als Streckmittel gefälltes $CaCO_3$ oder Mg-Silicat enthält. Die Farbe kann durch Spritzen aufgetragen werden u. gibt eine dauerhafte, Licht reflektierende Markierung von guter Nachtsichtbarkeit für Autofahrer. (**Can. P. 484 733** vom 3/8. 1950, ausg. 8/7. 1952. A. Prior. 6/8. 1949.) HEYNE. 7107

Inge Huntenberg, Uwe Huntenberg und **Wilhelm Huntenberg,** Wuppertal, *Herstellung von Brauerpech* aus Harz u. Weichmachern, dad. gek., daß hydrierte u./oder dehydrierte Harzsäuren (**I**) verwendet werden. Natürliche **I**, Dextro- u. Lävopimarsäure, u. die durch Umlagerung entstehenden **I**, wie Abietin- u. Pyroabietinsäure, können auf katalyt. Wege 2 u. 4 Atome H aufnehmen. Man kann aber auch 2 H-Atome abspalten oder beide Rkk. koppeln. Die I bzw. deren Gemische sollen in Bzn. oder PAe. lösl. sein. Die Peche erhalten erhöhte Alterungsbeständigkeit u. sind geruch- u. geschmacklos. (**D. B. P. 852 726** Kl. 22h vom 1/4. 1942, ausg. 16/10. 1952.) SCHINDLER. 7149

Arthur Geißler, Wolfsburg, *Gewinnung von Coniferenöl- und -extrakt.* Nadeln u. Zweige werden vor dem Dämpfen durch Einw. einer bewegten Spül-Fl. vom Schmutz befreit, wozu ein bes. konstruierter App. benutzt wird. — Zeichnung. (**D. B. P. 864 592** Kl. 23a vom 2/10. 1948, ausg. 26/1. 1953.) LÜTTGEN. 7151

XIb. Plaste (Kunstharze. Plastische Massen).

Felipe Ruiz-Sanchez, *Die Metallisierung von Kunststoffen.* Die Erzielung der eindeutigen Vorteile einer Metallisierung der Oberfläche von Kunststoffen ist nach einer entsprechenden Vorbehandlung der Oberfläche zu erreichen durch Red. aus Lsgg., die bekannten Spritzverf., Aufdampfen mittels eines elektrostat. Feldes von ca. 130000 V, durch Vakuumverdampfung der Metalle u. galvan. Verff., wobei die Erzielung einer Oberflächenleitfähigkeit von Bedeutung ist. — Literaturübersicht mit 52 Angaben. (Rev. Plásticos **1.** 88—92. Juli/Aug. 116—17. Sept./Okt. 1950.) RUMPF. 7170

J. Royo Martinez, *Kunststoffe aus Fluorderivaten des Äthylens.* Beschreibung der Herst., Eigg. u. Anwendungen von Polymerisaten aus Tetrafluoräthylen (Teflon), aus Monochlortrifluoräthylen (Kel-F) sowie aus Vinylfluorid. (Rev. Plásticos **1.** 84—87. Juli/Aug. 1950.) RUMPF. 7172

Gerry P. Mack, *Theorie und Praxis der Stabilisierung von Vinylverbindungen.* Anschließend an theoret. Betrachtungen gibt Vf. einen ausführlichen Bericht über die derzeit in den USA verwendeten Stabilisatoren (Pb-, Ca-, Sr-, Ba-, Sn-, Cd- u. Alkaliverbb. sowie Epoxydtypen) u. deren Eigg. u. Verwendungsmerkmale. Abschließend wird auf interessante Effekte bei der Kombination verschied. Stabilisatortypen sowie auf die Verwendung von Chelatverbb. (die zur Zeit auf dem Markt befindlichen Typen sind vermutlich teilweise Derivv. der phosphorigen Säure) u. Zn-Derivv., z. B. Zn- u. Ba-Zn-Laurat, hingewiesen. — 10 Literaturhinweise. (Kunststoffe **43.** 94—101. März 1953. New York, Advance Solvents & Chemical Corp., Forschungslabor.) WINIKER. 7172

C. F. Weider, *Bleistabilisatoren.* Kurzer Überblick über die Eigg. der Pb-Stabilisatoren u. die Möglichkeiten ihrer Anwendung für PVC. Vf. weist bes. darauf hin, daß zweibas. Pb-Phosphit Hitze-, Licht- u. Wetterbeständigkeit am besten vereint. (Kunststoffe **43.** 102. März 1953. Fredrikstad, Norwegen, Titan Co., A/S.) WINIKER. 7172

W. L. Essed, *Anwendung von hartem PVC.* 4. Mitt. (3. vgl. C. **1953.** 294.) Da Polyvinylchlorid warm verformt u. geschweißt werden kann, eignet es sich zum Bau von Apparaten, von denen mehrere beschrieben werden. (Plastica [Delft] **5.** 240—45. Aug. 1952.) WESLY. 7172

Gerhard Beck, *Verwendung von Polyamiden und Polyurethanen bei der Verarbeitung von Weich-PVC.* Zur Veredelung der Oberfläche von Weich-PVC-Erzeugnissen schlägt Vf. ein neues Verf. vor. Dasselbe beruht auf der Einlagerung von Polyurethanen in die PVC-Oberfläche u. der Rk. zwischen den Isocyanatgruppen mit den Imidgruppen der als Deckstriche verwandten Polyamide oder Polyurethane. (Kunststoffe **43.** 107—09. März 1953. Wuppertal-Elberfeld.) WINIKER. 7172

—, *Neue wärmehärtbare Harze.* Kurzer Überblick über Eigg. u. Anwendungen der Äthoxylinharze. (Canad. chem. Processing **36.** 56—57. Dez. 1952.) WINIKER. 7176

Stanley Yokell, *Chemische Technologie der Alkydharzherstellung.* Überblick über die bei der Alkydharzherst. verwendeten Apparaturen. — 4 Abbildungen. (Paint Varnish Product. **42.** 23—51. Aug. 1952. Newark, N. J., Industrial Process Eng.) DALL'ASTA. 7176

Th. Gast, *Messungen der spezifischen Wärme verschiedener Kunststoffe in Abhängigkeit von der Temperatur.* An verschied. Kunststoffproben, bes. PVC mit u. ohne Weichmacher, wurde die spezif. Wärme nach folgenden 3 Methoden (ausführliche Beschreibung u. entsprechende Skizzen im Original) bestimmt: Aufheizungsmeth. (a), Messung im Dampfcalorimeter bei vermindertem Druck (b), Messung im Calorimeter mit konstantem Wärmestrom (c). Alle 3 Methoden erwiesen sich als grundsätzlich brauchbar. Meth. (a) (relativ mühsame Handhabung) ist geeignet, die wahre spezif. Wärme in Abhängigkeit von der Temp. zu bestimmen u. damit nicht nur Aufschluß über die Lage des Einfrierbereichs, sondern auch Unterlagen für wärmetechn. Bilanzen zu liefern. Die verhältnismäßig einfach durchführbare Meth. (b) benötigt nur geringe Stoffproben.

Sie gestattet rasche Übersichtsmessungen u. (bei sorgfältig festgelegter Anfangstemp. u. vollständigem Temperaturausgleich) Bestimmungen, deren Unsicherheit bei 1% liegen dürfte. Meth. (c) ist eine ausgesprochene Übersichtsmeth., gek. durch sehr weite Temperaturgrenzen u. weitgehend selbsttätigen Ablauf. Die erzielten Meßergebnisse zeigten in der Abhängigkeit der wahren spezif. Wärme von der Temp. bei wärmebildsamen Kunststoffen den bekannten Sprung beim Einfrierpunkt. Auffallend war die Milderung dieses Sprunges beim Zusatz von Weichmachern. Sie kann so gedeutet werden, daß die Zunahme der Freiheitsgrade, die beim Erweichen der Grundsubstanz auf einmal erfolgt, beim weichgemachten Stoff kontinuierlich vor sich geht. (Kunststoffe **43.** 15—18. Jan. 1953. Darmstadt, TH, Inst. für techn. Physik.) WINIKER. 7210

Enrique Olmos, *Prüfmethoden wärmebeständiger Kunststoffe.* Zusammenstellung folgender Vorschläge zur Prüfung von Kunststoffen u. deren Ausgangsmaterialien mit genauen Methoden u. rechner. Angaben: Best. der Teilchengröße, scheinbare D. von pulverförmigen Stoffen, Schwindung der Gemenge beim Schmelzen, Haftfestigkeit der Vorformen, Best. der Feuchtigkeit, Schmelzindex (Plastizität), Schwund nach dem Schmelzen, spezif. Gewicht der Endform, Schlagfestigkeit, Biegefestigkeit, Zerreißfestigkeit, Druckfestigkeit, Härte, Wärmeverformung, Wasseraufnahme, Prüfung auf Resistenz gegen Säuren, Basen u. Lösungsmittel, Messung der dielektr. Eigg. wie innerer u. Oberflächenwiderstand. Schließlich wird eine Klassifizierung der Kunststoffe an Hand dieser Prüfmethodenvorschläge durchgeführt. (Rev. Plásticos **1.** 93—99. Juli/Aug. 120—27. Sept./Okt. 154—57. Nov./Dez. 1950; **2.** 80—82. 90. März/April. 126—28. Mai/Juni 1951.) RUMPF. 7210

Herbert Lindemann, Sins, Aargau, Schweiz, *Herstellung von porigen Stoffen oder Erzeugnissen aus Kunststoffmassen.* Der thermoplast. Kunststoff wird nach Einverleibung des schwer durch ihn diffundierbaren Gases, die wie üblich durch Druck oder Treibmittel erfolgt, bis zum Gelieren bzw. Schmelzen unter Druck erhitzt, hierauf auf den halbstarren Zustand abgekühlt u. nach Druckentlastung unter Bldg. geschlossener Zellen zur Expansion gebracht. Man kann durch geeignete Regelung der Temp. im Verhältnis zur Zersetzungstemp. u./oder Geschwindigkeit des Treibmittels zunächst nur einen Teil des Treibmittels zers. u. den zum Teil expandierten Körper in eine Umhüllung etwa zwischen eine Reifendecke u. ihre Felge bringen u. nach Aufmontierung der Decke durch Erhitzen völlige Expansion bewirken, wobei man einen Rest des Treibmittels unzers. lassen kann, der dann zum Nachfüllen durch erneutes Erwärmen nach etwaigem Druckverlust dienen kann. Statt des Treibmittels kann man auch unter hohem Druck Gas in die M. einpressen u. Weichmacher mit großer Löslichkeit für dieses Gas (CH ⋮ CH) anwenden, wodurch der Gasdruck erniedrigt werden kann. Verwendung für Telephonhörer, Badepuppen, Reifenfüllung. (**D. P. [DDR] 1 090** Kl. 39b vom 2/10. 1942, ausg. 8/9. 1952 [Ausschließungspatent].) PANKOW. 7171

Shell Development Co., San Francisco, übert. von: **Edward C. Shokal,** Oakland, **De Loss E. Winkler,** Berkeley, und **Paul A. Devlin,** San Francisco, Calif., V. St. A., *Stabilisieren von halogenierten hochmolekularen Stoffen,* wie Chlorkautschuk, Chlorparaffin u. Polyvinylchlorid, durch 2—5% fl. Polyallylglycidyläther mit wenigstens 3 Epoxygruppen im Mol.; dieser Äther kann auch mit Styrol zusammen polymerisiert sein. (**A. P. 2 585 506** vom 21/6. 1948, ausg. 12/2. 1952.) SALZMANN. 7171

Shell Development Co., San Francisco, Calif., V. St. A., übert. von: **Philip James Garner,** Hooton, und **Gordon Watson,** Accrington, England, *Abtrennung neutraler Phthalsäureester* (Diester von Methyl-, Äthyl-, Propyl-, Butyl-, Amyl-, Hexyl-, Benzyl-, Phenyläthyl-, Zimt-, Allylalkohol u. deren Homologen) aus den Mischungen mit Alkoholen u. den sauren Estern. Eine solche Mischung wird in Ggw. von Alkalien, zweckmäßig bei p_H 8—9, mit Wasserdampf dest., bis das Destillat alkoholfrei ist. Der Ester wird dann von der wss. Phase abgetrennt, gewaschen u. kann im Vakuum dest. werden. — Gewonnen werden in den beiden Beispielen: *Dioctanol-2-phthalat* u. *Di-(2-äthylhexyl-1)-phthalat.* Verwendung der reinen Ester als *Weichmacher* für synthet. Harze. (**A. P. 2 508 911** vom 19/4. 1948, ausg. 23/5. 1950. E. Prior. 6/10. 1947.) KRAUSS. 7171

Extruded Plastics, Inc., übert. von: **Charles Ernest Slaughter,** Norwalk, Con., V. St. A., *Lichtschirme und Soffitten aus Kunststoffen,* bes. Cellulosederivv., Vinyl- u. Acrylharzen, Polyäthylen u. Polyamiden, die mit Ölen als Weichmacher verarbeitet worden sind, erhalten die Form von Röhren, in denen radiale Querstücke, die gegebenenfalls durch ein zentrales Innenrohr gehalten werden, angebracht sind; man erhält diffuses, fluorescierendes Licht. — Zeichnungen. (**E. P. 636 041** vom 9/5. 1947, ausg. 19/4. 1950. A. Prior. 4/5. 1945.) SALZMANN. 7171

Farbenfabriken Bayer, Leverkusen, *Gießkerne und -formen* erhält man z. B. durch Mischen von 10 (Teilen) pulverisiertem Novolakharz (bzw. Harnstoffharz), 8—10 Glaspulver (I) (aus Na_2CO_3, Quarz, TiO_2, BaS u. $FeSO_4$), 1,2 Hexamethylentetramin, 160—210 Sand u. 0,5 Petroleum. Die M. wird 2—10 Min. auf einer Platte mit erhöhtem Fe-Rand auf 200° erhitzt. Für das I werden auch andere Zusätze angegeben. (**E. P. 678 798** vom 4/5. 1951, ausg. 10/9. 1952. D. Prior. 4/5. 1950.) SALZMANN. 7171

Robert Ginell und **Anny Margot Ginell,** Jersey City, N. J., V. St. A., *Oberflächenverzierung von Gegenständen aus plastischen Massen.* Man bringt in dem gewünschten Umfang Lösungsmittel für die plast. M. mustermäßig auf die Oberfläche u. fällt mit einem Nichtlöser den gelösten Stoff wieder auf die Oberfläche, die danach noch gehärtet werden kann. Dem Lösungsm. oder Nichtlöser kann man Farbstoffe zusetzen, die nach Bedarf teilweise wieder ausgewaschen werden. (**Can. P. 485 544** vom 3/11. 1948, ausg. 12/8. 1952. A. Prior. 4/11. 1947.) PANKOW. 7171

Hercules Powder Co., übert. von: **Charles W. Gould,** Wilmington, Del., V. St. A., *Polymerisationskatalysatoren* für olefin. ungesätt. Verbb. sind in Ggw. von Ferriacetylacetonat solche α.α-Dialkylarylmethylhydroperoxyde, in denen die Alkylreste R u. R′ weniger als 4 C-Atome enthalten u. die durch Oxydation von Verbb. der Formel R·R′·Aryl·OH mit O_2 oder Peroxyden erhalten worden sind. Geeignet ist z. B. *α.α-Dimethyl-p-isopropylbenzylhydroperoxyd* oder *α.α-Dimethylbenzylhydroperoxyd.* (**A. P. 2 612 490** vom 24/12. 1948, ausg. 30/9. 1952.) MÖLLERING. 7173

California Research Corp., Wilmington, Del., V. St. A., *Polymerisate fluorierter Olefine.* Olefine mit >2 C-Atomen, die keine monofluorierten, aber mindestens 1 polyfluoriertes C-Atom enthalten, werden in Ggw. von Peroxydkatalysatoren in üblicher Weise zu nicht entflammbaren u. oxydationsbeständigen Polymerisaten polymerisiert. Die Prodd. können fl. oder fest sein. Bes. geeignet sind 3.3.3-Trifluorpropen, 4.4.4-Trifluorbuten u. 2-Methyl-3.3.3-trifluorpropen. — Tabellen verschied. Polyfluoralkene, geeigneter Katalysatoren u. Lösungsmittel, sowie Eigg. der Polymerisate. (**E. P. 634 673** vom 2/6. 1947, ausg. 22/3. 1950. A. Prior. 28/6. 1946.) MÖLLERING. 7173

E. I. du Pont de Nemours & Co., übert. von: **Maurice L. Ernsberger,** Wilmington, Del., V. St. A., *Halogenieren von Olefinpolymeren.* Als Katalysatoren, z. B. bei der Chlorierung von Polyäthylen, werden α.α′-Azobis-(α.γ-dimethylvaleronitril) oder Homologe mit 2 an tert. aliphat. C-Atome gebundenen —N=N-Gruppen verwendet. Cl-Geh. des Endprod. 53,9%. (**A. P. 2 503 252** vom 27/6. 1947, ausg. 11/4. 1950.) SALZMANN. 7173

I. G. Farbenindustrie Akt.-Ges., Frankfurt/M. (Erfinder: **Heinrich Hopff** und **Curt Rautenstrauch,** Ludwigshafen/Rh.), *Herstellung von löslichen Polymerisaten und Mischpolymerisaten des asymm.-Dichloräthylens,* dad. gek., daß man die Polymerisation unter völligem Ausschluß von O_2 mit Ausgangsprodd. u. gegebenenfalls Verdünnungs- u. Lösungsmitteln ausführt, die ebenfalls völlig von O_2 befreit sind. Die Lsgg. der erhaltenen weißen Pulver oder farblosen Massen eignen sich zur Herst. von Fäden, Filmen oder Überzügen. (**D. R. P. 754 684** Kl. 39c vom 1/11. 1940, ausg. 16/3. 1953.) SCHINDLER. 7173

Badische Anilin- & Soda-Fabrik, Ludwigshafen/Rh. (Erfinder: **Heinrich Hopff** und **Curt Rautenstrauch,** Ludwigshafen/Rh., und **August Kling,** Mannheim), *Mischpolymerisate aus asymm.-Dichloräthylen* (I) *und Vinylchlorid* (II) erhält man durch Mitverwendung kleiner Mengen Acrylnitril, ca. 2—8%, bei der Polymerisation von Gemischen aus mindestens 80% I u. bis zu ca. 20% II. (**D. B. P. 871 514** Kl. 39c vom 24/6. 1942, ausg. 23/3. 1953.) SCHINDLER. 7173

B. F. Goodrich Co., V. St. A. (Erfinder: **Robert J. Wolf**), *Polymerisieren von Vinyl- oder Vinylidenverbindungen,* auch miteinander oder mit anderen polymerisierbaren Verbb. mit einem Polymerisationskatalysator in wss. Essigsäure mit 30—99 Gew.-% Essigsäure. Man erhält ein feinkörniges hochweißes Polymeres von erhöhtem elektr. Widerstand. — Man hält z. B. eine Mischung von 20 (Gewichtsteilen) Vinylchlorid, 22 W., 45 Eisessig, 0,02 o.o′-Dichlorbenzoylperoxyd 28 Std. bei 50°. Allg. nimmt man bei der Polymerisation von Vinyl- oder Vinylidenchlorid 40—80 Gew.-% (des Polymerisationsmediums) Essigsäure bei einem Verhältnis von 1—6 : 1 von Säure zu Monomerem. (**F. P. 989 099** vom 20/6. 1949, ausg. 4/9. 1951. A. Prior. 3/7. 1948.) PANKOW. 7173

Farbenfabriken Bayer (Erfinder: **Wilhelm Müller**), Leverkusen, *Photopolymerisation von Halogenäthenen* (I), dad. gek., daß das I bei unter ca. 40°, bes. zwischen 20 u. 30°, belichtet wird. Dies geschieht vorteilhaft mit UV-Licht, bes. der Wellenlängen von 2500—3700 Å. — Beispiel für Vinylchlorid u. Trifluoräthen. (**D. B. P. 871 838** Kl. 39c vom 23/1. 1951, ausg. 26/3. 1953.) SCHINDLER. 7173

Canadian Industries Ltd., Montreal, übert. von: **Walter John Hornibrook,** McMasterville, Quebec, Can., *Polymerisation von 4-Vinylcyclohexendioxyd* mit $B(OH)_3$ als Katalysator, z. B. durch Erhitzen auf 20—100°. (**Can. P. 477 812** vom 27/3. 1947, ausg. 16/10. 1951.) PANKOW. 7173

Canadian Industries Ltd., Montreal, übert. von: **Owen Clement Wentworth Allenby,** McMasterville, Quebec, Can., *Polymerisation von 4-Vinylcyclohexendioxyd* durch Erhitzen auf 20—120° in Ggw. eines Zn-, Sn- oder B-Halogenids, z. B. BF_3. (**Can. P. 477 813** vom 29/3. 1947, ausg. 16/10. 1951.) PANKOW. 7173

Celanese Corp. of America, New York, N. Y., V. St. A., *Emulsionspolymerisationen von Methylvinylketon* (**I**) führt man bei 20—95° in Abwesenheit von Emulgatoren bei einem Verhältnis von W. zu **I** wie 3 : 1 bis 10 : 1 u. in Ggw. von 0,0001—0,01 Teilen eines Redoxkatalysatorsyst. durch, das aus einem Peroxyd, wie $K_2S_2O_8$ oder Na- oder NH_4-Perborat u. Na- oder NH_4-Bisulfit oder Ferroammonsulfat u. Sorbit als Reduktionsmittel besteht. Der erhaltene Latex dient zur Herst. von Filmen, als Klebmittel, für Überzüge u. Lacke, als Textilschlichte oder zum Leimen von z. B. Filtrierpapier. (**E. P. 674 653** vom 3/2. 1950, ausg. 25/6. 1952. A. Prior. 5/2. 1949.) MÖLLERING. 7173

B. F. Goodrich Co., V. St. A., übert. von: **Walter Eric Brown,** *Stabiler Polyvinylchlorid- oder Polyvinylidenchloridlatex.* Zu einem neuen Emulsionsansatz von Vinylchlorid oder Vinylidenchlorid, deren Mischungen miteinander oder mit anderen Vinyl- oder Acrylverbb., gibt man etwas Latex von fertigen Polymeren oder Mischpolymeren der genannten Art. Man polymerisiert z. B. einen Ansatz aus 400 (Gewichtsteilen) Vinylchlorid, 900 W., 16 Seife, 1,8 $(NH_4)_2S_2O_8$, 0,5 NH_3 bei 50° 6—7 Std. u. erhält ein Polymeres mit einer durchschnittlichen Teilchengröße von 270 Å. Einen neuen Ansatz polymerisiert man aus 360 Vinylchlorid, 805 W., 1,62 $(NH_4)_2S_2O_8$, 0,45 NH_3, 130 aus dem vorher polymerisierten Latex (mit 40 Polymerem) u. 2,7 Seife (insgesamt 3,1 Seife). Polymerisation wie vorher. Teilchengröße 603 Å; Vergelungszeit über 125 Tage. Herabsetzung der Induktionszeit, Kontrollierung der Teilchengröße, geringere Emulgatormengen, stabilere Emulsionen. (**F. P. 989 225** vom 26/7. 1947, ausg. 6/9. 1951. A. Prior. 16/11. 1945.) PANKOW. 7173

Cassella Farbwerke Mainkur (Erfinder: **Werner Zerweck, Eduard Gofferjé** und **Wilhelm Kunze**), Frankfurt/M., *Stabilisierungsmittel* für halogenhaltige hochmol. Verbb., z. B. Polyvinylchlorid, bestehend aus aromat. Aminen, die negative, aber nicht stark saure Gruppen tragen, wie m-Aminobenzoesäureanilid, 4.4'-Diaminodiphenylsulfon, 3-Aminobenzophenon, 2-Aminobenzonitril oder 5-Amino-1.3-dibenzoylbenzol. (**D. B. P. 871 834** Kl. 39b vom 27/1. 1944, ausg. 26/3. 1953.) SALZMANN. 7173

Badische Anilin- & Soda-Fabrik, Ludwigshafen/Rh. (Erfinder: **August Kling,** Mannheim), *Folien und Überzüge mit matter und nicht klebender Oberfläche.* Die Pasten aus pulverförmigem Polyvinylchlorid (**I**) u. erst in der Wärme gelierenden Weichmachern werden mit anorgan. Füllstoffen versetzt, die eine in den Weichmachern unlösl. Fl., bes. W., in mechan. gebundener Form enthalten (Bentonit, Kieselgur). Bei Kunstleder wird auf die glänzende u. klebende Schicht aus plastifiziertem **I** ein Schlußstrich mit der genannten Paste aufgetragen. (**D. B. P. 862 508** Kl. 39b vom 26/10. 1950, ausg. 12/1. 1953.) SALZMANN. 7173

Badische Anilin-& Soda-Fabrik (Erfinder: **Hans Fikentscher** und **Heinrich Jacqué**), Ludwigshafen/Rh., *Walzfolien aus Polyvinylchlorid* (**I**) erhält man dad., daß man **I** vor dem Auswalzen durch eine Wärmebehandlung ohne Anwendung von Preßdruck zum Sintern bringt. (**D. B. P. 870 900** Kl. 39b vom 23/3. 1941, ausg. 19/3. 1953.) SALZMANN. 7173

British Oxygen Co. Ltd. und **John Wynne Haworth,** London, England, *Nicht entflammbare Mischpolymerisate.* Triallylphosphat (**I**) oder mindestens 20% **I** enthaltende polymerisierbare Gemische werden in Ggw. von z. B. Benzoylperoxyd polymerisiert. Zum Einpolymerisieren geeignet sind z. B. Vinylacetat oder Maleinsäure–Styrol-Mischpolymerisate. (**E. P. 675 783** vom 29/12. 1949, ausg. 16/7. 1952.) MÖLLERING. 7173

Hercules Powder Co., übert. von: **Cyrus A. Weisgerber,** Wilmington, Del., V. St. A., *Mischpolymere von N-allylsubstituierten Amiden.* Monomere Verbb. R—NH—Acyl, worin R ein aliphat. Rest mit der Gruppe $CH_2 = C<$ u. Acyl eine organ. Acylgruppe ist, werden mit Verbb., die mindestens eine Vinyl-, Vinyliden- oder Vinylengruppe enthalten, in Ggw. eines Peroxydkatalysators polymerisiert. — 110 (Teile) Allylacetamid (**I**), 172 Fumarsäurediäthylester (**II**) u. 13,5 Benzoylperoxyd werden im verschlossenen luftfreien Behälter 114 Std. auf 65° erwärmt. Das Prod. hat ein Mol.-Verhältnis von ca. 1 : 2 zwischen **I** u. **II**. — Weitere Beispiele für Mischpolymerisation von Methallylacetamid (**III**) u. **II**; **I** u. Styrol; **I** u. Vinylacetat; **III** u. Acrylsäuremethylester; **I** u. Acrylnitril usw. Die Polymeren können durch Alkali oder Säure zu amphoteren Prodd., die freie NH_2- u. freie COOH-Gruppen enthalten, hydrolysiert werden. (**A. P. 2592218** vom 19/11. 1948, ausg. 8/4. 1952.) DONLE. 7173

B. F. Goodrich Co., New York, N. Y., V. St. A., *Mischpolymerisate aus Acrylnitril* (I) mit einem geringeren Geh. an konjugierten Diolefinen, bes. 35—20% Butadien, geben biegbare, lederähnliche u. gegen Lösungsmittel beständige Filme, Preßkörper u. Bodenbelagstoffe. — 30 (Teile) Butadien u. 70 I werden mit 150 einer 5%ig. wss. Lsg. von Diäthylaminoäthyloleylamid emulgiert u. 5 Tage bei 60° gehalten. Das gewaschene Koagulat wird zu Filmen ausgewalzt. (**E. P. 636 055** vom 23/7. 1947, ausg. 19/4. 1950. A. Prior. 27/1. 1940.) MÖLLERING. 7173

Rowland Hill, Randal George Arthur New und **Stanley Minor Todd,** Manchester, **Imperial Chemical Industrie Ltd.,** London, England, *Polyacrylnitrillösungen* zur Herst. von Fäden, Filmen, Bändern u. dergleichen. Als Lösungsm. dienen einfache 4—5gliedrige Ringe mit einer O-Brücke, z. B. β-Propiolacton, γ-Butyrolacton, Bernsteinsäure- u. Maleinsäureanhydrid u. Äthylencarbonat. (**E. P. 638 331** vom 16/1. 1948, ausg. 7/6. 1950.) SALZMANN. 7173

Semtex Ltd. (Erfinder: **Walter Saul,** Wylde Green, und **Leslie Herbert Griffiths**), London, England, *Thermoplastischer Werkstoff,* bestehend aus 10—20% (berechnet auf die Gesamtmasse) eines schmelzbaren Harzes, wie Cumaroninden-, Cumaronstyrol- oder Naphthalinformaldehydharz u. ca. der gleichen Menge eines plastifizierten Polyvinylchlorids oder seinem Mischpolymerisat mit Vinylidenchlorid u. 40—60% Weichmacher, sowie Füllstoffen u. Bitumen oder Teerpech. (**D. B. P. 862 370** Kl. 39b vom 28/3. 1950, ausg. 8/1. 1953. E. Prior. 14/1. 1949.) SALZMANN. 7173

Ges. für Teerverwertung m. b. H. (Erfinder: **Christian Seidler, Hans Wille** und **Hans Kaffer**), Duisburg-Meiderich, *Herstellung von Cumaronharzen.* Die Polymerisation von Steinkohlenteerfraktionen, die frei von Phenolen oder mindestens prakt. davon frei sind, jedoch Cumaron u. Inden enthalten, werden in Ggw. von Steinkohlenteerbasen, bes. zugesetzten Basen, wie Lutidinen oder Anilin oder von Basengemischen, oder auch statt der organ. Basen von anorgan. Basen, wie NaOH oder Na_2CO_3, durchgeführt, u. zwar unter an sich bekannter Verwendung von H_2SO_4-Monohydrat als Polymerisationsmittel, wobei verd. H_2SO_4 mit zugeführt wird. Die Zuführung der verd. Säure wird dabei zu einer anderen Zeit u. an einem anderen Ort als die Zuführung des Polymerisationsmittels vorgenommen. Man kann so Harze mit verhältnismäßig niedrigem Erweichungspunkt u. von großer Helligkeit u. guter Verträglichkeit mit bestimmten Mineralölen erhalten. (**D. B. P. 848 958** Kl. 12r vom 10/8. 1950, ausg. 11/9. 1952.) HERBST. 7173

Borden Co., New York, N. Y., übert. von: **Raymond J. Spahr,** Bainbridge, N. Y., **William R. Moffitt,** Seattle, Wash., und **Everett H. Pryde,** Beaver Falls, Pa., V. St. A., *Herstellung von wasserlöslichem Phenolharz.* Man erhitzt einwertiges Phenol mit nicht mehr als 2,5 Mol CH_2O in wss. Medium bei p_H wenigstens 9, gibt zu dem noch in dem Medium lösl. Reaktionsprod. unter Haltung des p_H bei wenigstens 9 ein 2-wertiges Phenol (Resorcin [I], Brenzcatechin, Hydrochinon) u. kondensiert so weit, daß ein mit W. völlig mischbares Prod. entsteht. Man verwendet 2,5—10 Teile I pro 10 Teile Phenol. Das entstehende Harz kann mit Füllstoffen gemischt, getrocknet u. gelagert werden. Es dient als Bindemittel für Papier, Kork, Schlackenwolle, Sand, Holzfurnier u. wird bei 120—240° F gehärtet. (**Can. P. 485 415** vom 3/6. 1943, ausg. 5/8. 1952. A. Prior. 21/8. 1942.) PANKOW. 7177

Dunlop Rubber Co. Ltd., London, und **Manfred Goldstaub,** Erdington, England, *Weichmachen von Zellkörpern aus Pheno- und Aminoplasten.* Eine Schicht eines solchen, aus geschlossenen Zellen bestehenden Kunstharzes wird einige Zeit in eine 4—15%ig. Lsg. eines Weichmachers (Dibutylphthalat, Diallylsebacat, Benzylbenzoat, Tributylphosphat u. dgl.) in einem flüchtigen Lösungsm. (Äthylendichlorid) gelegt, bis sie ca. 20—70% des ersteren aufgenommen hat, u. 90 Min. auf 100° erwärmt. Der Harzkörper zerbröckelt nicht bei leichtem Reiben. (**E. P. 638 416** vom 19/11. 1946, ausg. 7/6. 1950.) SALZMANN. 7177

Soc. An. des Manufactures des Glaces et Produits Chimiques de Saint-Gobain, Chauny & Circy, Seine, Frankreich (Erfinder: **Pierre Landrin**), *Herstellung farbloser Alkydharze.* Man verwendet Polyalkohole, die vor der Kondensation durch Kristallisation in einem schwach oxydierenden Medium (geringe H_2O_2-Mengen) gereinigt sind, u. Polysäuren oder deren Anhydride, die durch Umkristallisation oder Dest. im schwach reduzierenden Medium (Na-Bisulfit, SO_2) gereinigt sind. (**F. P. 988 856** vom 21/1. 1944, ausg. 3/9. 1951.) PANKOW. 7177

Henkel & Cie. G. m. b. H. (Erfinder: **Ludwig Mannes** und **Walter Pack**), Düsseldorf, *Herstellung von öl- oder harzartigen Kondensationsprodukten* aus zweiwertigen Alkoholen, dad. gek., daß man solche Alkohole mit mindestens 4 C-Atomen oder Gemische derselben mit oder ohne Druck oder im Vakuum in Ggw. von alkal. Kondensationsmitteln bei oberhalb 150° einer kondensierenden Behandlung unterwirft, wobei das Reaktionswasser ständig aus dem Reaktionsgemisch entfernt wird. Als Ausgangsprodd. sind Hexandiol-(1.6), Decandiol-(1.10), Pentandiol-(1.5), Ricinolalkohol u. Butylenglykol-(1.3) genannt. *Lackrohstoffe, Weichmacher.* (**D. B. P. 869 872** Kl. 39c vom 17/12. 1941, ausg. 9/3. 1953.) SCHINDLER. 7177

Wladimir Diterichs, Seine, Frankreich, *Kunstharze* durch Kondensation von Hexamethylentetramin, Harnstoff, CH_2O u. Phenol. Man erhitzt eine Mischung aus 1-bis 2 (Mol) Hexamethylentetramin, 6—10 Harnstoff, 1—2 Phenol, 3—5 Trioxymethylen, 0—40 W. oder einer anderen Hilfs-Fl. auf 85—120°; das p_H steigt auf 9—10, worauf man bei offenem Gefäß weitererwärmt, bis das p_H 7—8 beträgt, u. dann schnell abkühlt. Die erhaltenen wasserlösl. Harze können mit sauren Stoffen gehärtet werden. Sie eignen sich für Klebstoffe, Imprägnierungen, Überzüge, Appreturen, Isoliermaterial u. als Spritzmaterial. (**F. P. 998 444** vom 1/10. 1945, ausg. 18/1. 1952.) PANKOW. 7181

E. I. du Pont de Nemours & Co., übert. von: **Richard Seyfarth Schreiber,** Wilmington, Del., V. St. A., *Polyamide mit hoher Doppelbrechung.* Die polyamidbildende Substanz enthält mindestens 20 Gew.-% einer Mischung aus äquimol. Mengen einer Dicarbonsäure mit wenigstens 4 C-Atomen in der Kette u. Diaminen der Formel $H_2N \cdot Ar \cdot CH_2 \cdot CH_2 \cdot Ar \cdot NH_2$ (Ar = 1.4-Arylen wie Phenylen, Naphthylen, Diphenylen, die durch Alkyl- oder Alkoxygruppen mit nicht mehr als 6 C-Atomen substituiert sind). Nach dem Orientieren, etwa durch Recken, zeigen die Polyamide eine Doppelbrechung von mindestens 0,1. (**Can. P. 485 633** vom 6/3. 1946, ausg. 12/8. 1952.) PANKOW. 7181

Badische Anilin- & Soda-Fabrik (Erfinder: **Hanns Ufer**), Ludwigshafen/Rh., *Herstellung von Polyamiden,* dad. gek., daß man Salze oder Mischungen aus etwa. äquimol. Mengen von 1.4-Diaminocyclohexanon u. polyamidbildenden Dicarbonsäuren mit Salzen oder Mischungen von anderen polyamidbildenden Diaminen u. Dicarbonsäuren u. mit Aminocarbonsäuren kondensiert. Nach dem Beispiel werden ε-Caprolactam, adipinsaures oder sebacinsaures Hexamethylendiamin u. Adipinsäure sowie adipinsaures 1.4-Diaminocyclohexan oder 1.4-Diamino-2-methyl- oder -butylcyclohexan verwendet. Geeignet zur Herst. von Filmen, Folien, Überzügen, Sicherheitsglas, Formkörpern. (**D. B. P. 869 697** Kl. 39c vom 21/12. 1950, ausg. 5/3. 1953.) SCHINDLER. 7181

Rudolf Kvétoň, Střelské Hoštice, Tschechoslowakei, *Stabilisieren von Kunststoffen aus Verbindungen mit Amino- und Amidgruppen* unter Zusatz von hochmol. amphoteren Stoffen, vorteilhaft natürlichen oder gehärteten Eiweißstoffen, dad. gek., daß der p_H-Wert im Verlauf der Herst. um 1—2 oberhalb des isoelektr. Punktes des angewandten Zwitterionstoffes eingestellt wird u. gegebenenfalls bei der abschließenden Trocknung bzw. nach Beendigung derselben der p_H-Wert um höchstens 1 unterhalb des isoelektr. Punktes des angewandten Zwitterionstoffes eingestellt wird. Man bringt also prim. Kondensationsprodd. von Harnstoff, Melamin, Dicyandiamid, Anilin oder Gemische dieser Stoffe mit CH_2O auf ein p_H zwischen 5 u. 7, mischt mit den üblichen Füllstoffen u. gibt 5—30% des hochmol. Zwitterionen enthaltenden Materials, z. B. Soja-, Fischeiweiß, oder zerkleinerte Keratine zu. Das Eiweiß wirkt als Puffer u. erhöht die Lagerungsfähigkeit der Kunststoffe bei unveränderten Preßeigg. u. unter Verbesserung anderer physikal. Eigenschaften. (**Oe. P. 172 672** vom 30/11. 1949, ausg. 10/10. 1952.) PANKOW. 7181

Soc. „L'Imprégnation“, Clichy, Frankreich (Erfinder: **L. Rouzet**), *Bindemittel für Kern- und Formsande,* bestehend aus einem synthet. Harz auf Stärkebasis u. einem trocknenden oder nichttrocknenden Öl. Zur Herst. des Harzes löst man z. B. 1 kg lösl. Stärke in 2 Liter 40%ig. CH_2O, neutralisiert, erhitzt 2 Std. auf 100° u. setzt dann 200 g Harnstoff, 75 g Phenol u. 20 g Na_2CO_3 zu, hält weiter 15 Min. bei 100°, läßt abkühlen u. trocknet die Lsg. im Vakuum. Der Rückstand wird gemahlen. Als Bindemittelansatz verwendet man 75 kg Harz, 23 kg trocknendes Öl u. 2 kg nichttrocknendes Öl. (**Schwed. P. 132 801** vom 24/1. 1941, ausg. 4/9. 1951. F. Prior. 24/1. 1940.) JÜRGEN SCHMIDT. 7199

Interchemical Corp., New York, N. Y., übert. von: **Ernest D. Lee,** Teaneck, und **Rupert J. Schefbauer jr.,** Union City, N. J., V. St. A., *Kunstharz.* Die bituminösen Kohlen aus dem Utah-Gebiet (zwischen Castlegat u. Salina Canyon) enthalten ca. 10% harzartige Stoffe, die durch Schaumflotation angereichert u. aus dem Konzentrat extrahiert werden. Das gewonnene Harz kann veredelt werden, indem man es mit ungesätt. äthylen. Polycarbonsäuren oder deren Anhydriden, bes. Maleinsäureanhydrid, ca. 30 Min. auf 230—250° erhitzt. Der F. des Harzes wird so von ca. 160° auf 187° erhöht. (**A. P. 2 568 591** vom 26/3. 1948, ausg. 18/9. 1951.) MÖLLERING. 7199

I. G. Farbenindustrie Akt.-Ges., Deutschland, *Herstellung chlorierter aromatischer Verbindungen.* Man erhitzt geschmolzenes Diphenyl in Ggw. eines FRIEDEL-CRAFTS-Katalysators ($AlCl_3$, $FeCl_3$, BF_3) ca. 2 Std. mit Benzolsulfochlorid oder dessen Dichlorderiv. auf 120—140°, bis die HCl-Entw. aufgehört hat, versetzt mit Sb, Fe oder J u.

leitet bei 100—120° Cl_2 ein, bis der Cl-Geh. der M. 30—50% beträgt. Man kann auch Benzoylchlorid statt Benzolsulfochlorid verwenden, doch arbeitet man dann in der Kälte u. in Ggw. von CS_2. Die chlorierten *harzartigen* Prodd. haben gute elektr. Eigg., sind nicht entzündlich, sind beständig gegen Licht u. Verseifungsmittel u. besitzen gute Verträglichkeit mit Nitrocellulose (**F. P. 976 069** vom 30/3. 1942, ausg. 13/3. 1951.) NOUVEL. 7199

Raymond Renou, Seine-et-Oise, Frankreich, *Herstellung eines wärmehärtenden Harzes.* Man kondensiert den Kolophoniumphenol- oder -alkoholester mit einem Aldehyd, S u. einem Metallkatalysator u. erhält ein als Bakelitersatz geeignetes Prod., das mit Füllstoffen gemischt u. gehärtet werden kann. — 33,5% Kolophonium werden mit 14,4% Phenol verestert; zu der kalten M. gibt man 28,7% NH_3-Lsg. von 22° Bé zwecks Lsg. der M., setzt 0,01% Katalysator als alkal. reduzierbare Lsg. zu, dann 7,2% Trioxymethylen u. 14,3% 40%ig. Formol, wodurch der Katalysator z. B. als koll. Cu gefällt wird u. die Lsg. sich in eine obere wss. u. untere ölige Schicht trennt. Nach Zusatz von 1,9% S u. Kochen erhält man eine viscose untere Schicht, von der 40 (Teile) nach dem Trocknen mit 50 Holzmehl, 1 MgO, 2 Zn-Stearat, 1 Stearinsäure, 2 Plastiziermittel u. 4 Farbstoff gemischt u. bei 180—190° u. 150—200 kg/cm² gepreßt werden. (**F. P. 999 329** vom 28/12. 1945, ausg. 30/1. 1952.) PANKOW. 7205

Abraham Gotlib, Belgien, *Abdruckmasse* aus einer wss. Alginatlsg., die mit einem Pulver aus einem Füllstoff (z. B. trockenes Alginatpulver) u. einer zur Gelbldg. dienenden Ca-Salzmischung, in der die am stärksten wirkenden Ca-Salze in geringster Menge vorhanden sind, vermischt ist. Man mischt z. B. etwa gleiche Teile einer Fl. u. eines Pulvers aus folgenden Anteilen: Fl.: 4—6 (Gewichtsteile) Na-Alginat, 0,2—2 Na-Borat, 100 dest. W., einen gärungshemmenden Stoff u. andere färbende oder parfümierende Zusätze; Pulver: 0,005—0,025 $CaCl_2$ auf Ca-Citrat niedergeschlagen, 0,05—0,25 $CaSO_4$-Hydrat, 0,25—0,75 bei 500° calciniertes $CaSO_4$, 0,5—1,25 totgebranntes $CaSO_4$, 0,75 bis 1,50 Ca-Citrat, 100 Talkum oder $CaCO_3$. Man verrührt die Stoffe zu einer Paste, mit der die Abdrücke vorgenommen werden u. die in 3—5 Min. erhärtet u. durch Eintauchen in kaltes oder $CaCl_2$-haltiges W. noch weiter nachgehärtet werden kann. (**F. P. 978 025** vom 7/1. 1949, ausg. 9/4. 1951. Belg. Prior. 10/1. 1948.) PANKOW. 7205

Rudolf Květoň, Střelské Hoštice, Tschechoslowakei, *Herstellung von hornkeratinhaltigen Kunststoffen mit hohem Gehalt an intermolekularen Brückenbindungen,* dad. gek., daß man zuerst Hornmehl bzw. Klauenmehl mit einer alkal. Lsg. von 10—40%ig. CH_2O vorteilhaft warm versetzt u. dann diese Mischung mit Aminen bzw. Amiden (Harnstoff, Thioharnstoff, Melamin, Dicyandiamid, Guanidin, Anilin) bzw. Gemischen dieser Stoffe kondensiert, wobei die Kondensation anfangs alkal., zum Schluß sauer erfolgen muß. Zur Rk. können vorher gehärtete u. getrocknete Eiweißsubstanzen verwendet werden. — 160 (Teile) 30%ig. CH_2O werden mit Borax auf p_H 9 gestellt, bei 60° mit 120 Hornmehl 1—4 Std. gemischt, bei p_H 8 60 Harnstoff zugegeben u. nach 2 Std. auf p_H 4—5 gestellt u. getrocknet. (**Oe. P. 173 858** vom 1/12. 1949, ausg. 10/2. 1953.) PANKOW. 7205

Erik Öman, Stocksund, Schweden, *Herstellung von Produkten aus Rinden.* Man vermischt Rinden mit aufgeschlossenem u. gegebenenfalls defibriertem Stroh, wobei auch defibriertes Holz u. andere Prodd. zugesetzt werden können. Anschließend wird verformt u. bei erhöhter Temp. getrocknet. Außer der aufgeschlossenen Strohmasse kann auch Aufschlußlauge zugefügt werden. Der Aufschluß des Strohes erfolgt mit Kalk bei höchstens 100°. Zur Färbung setzt man z. B. Ferrisalze zu. Man erhält bei 2—50% Strohmasse feste Holzfaserplatten, die sich bei Feuchtigkeitsaufnahme nur wenig verändern. (**N. P. 79 106** vom 30/12. 1949, ausg. 1/10. 1951. Schwed. Prior. 12/3. 1949.) JÜRGEN SCHMIDT. 7205

État Français (Office National d'Études et de Recherches Aéronautiques) (O. N. E. R. A.), Seine, Frankreich (Erfinder: **Arthur Khndzorian-Iablokoff**), *Herstellung von Fasermassen.* Man emulgiert einen KW-stoff, wie Industrieöl oder Paraffin, mit einem Emulgator, wie Lecithin, Eigelb oder Sojafett, gibt Fasern oder Pasten von Holz, Cellulose oder ähnlichen Faserstoffen u. gegebenenfalls einen Trockner zu u. überzieht gegebenenfalls zum Schluß die Fasern mit einem Firnis. Die M. kann auch porös gemacht werden. (**F. P. 982 090** vom 1/10. 1946, ausg. 4/6. 1951.) PANKOW. 7205

XII. Kautschuk. Guttapercha. Balata.

L. A. Ljukowa, *Der Einfluß von Mineraldüngern auf die Zusammensetzung des Latex und die Eigenschaften des Kautschuks in den Wurzeln von Kok-Saghyz.* Unters. des Einfl. einer *N*- u. *P*-Düngung auf den Polymerisationsgrad von *Kautschuk* (I) 1 jähriger Wurzeln von Kok-Saghyz ergab, daß während der Vegetation die Struktur der Wurzeln wie auch die Menge u. Zus. des Latex sich erheblich ändern. Anfangs führt der Latex wenig **I**, u. die **I**-Teilchen sind sehr klein, dafür sind in Aceton lösl. Prodd. reichlich vorhanden. Später steigt der Latexgeh., u. die Größe der **I**-Teilchen wächst an. Auch die Anzahl der Milchröhren nimmt zu. Gegenüber ungedüngten Pflanzen zeigt P-Düngung u. noch deutlicher P + N-Düngung einen Anstieg des **I**-Geh. im Latex (von 73,2 auf 76,0%), eine Vergrößerung der **I**-Teilchen (von 1,11 auf 1,30 μ), ein Anwachsen der Zahl der Milchröhren u. einen Anstieg des Mol.-Gew. des **I** (von 147000 auf 181000, viscosimetr. bestimmt). Diese Ergebnisse ließen sich auch im Großvers. bestätigen. (Доклады Академии Наук СССР [Ber. Akad. Wiss. UdSSR] [N. S.] **85.** 917—**19.** 1/8. 1952. Lwow, Staatl. Franko-Univ.) ULMANN. 7222

R. M. Panich, K. A. Kalyanova und **S. S. Voyutskii,** *Untersuchung des Gelatinierungsmechanismus der Gelbildung von Latix.* Übersetzung der C. **1951.** I. 1235 referierten Originalarbeit (PANITSCH, KALJANOWA u. WOJUTZKI). (Rubber Chem. Technol. **25.** 596—608. Juli/Sept. 1952. Moskau, Lomonossow-Inst. für feine Technol.) SCHÄFF. 7222

D. S. le Beau, *Regeneration von Elastomeren.* Vf. erörtert ausführlich die Verff. zur Kautschukregenerierung, den Einfl. der Teilchengröße u. -gestalt, des umgebenden Mediums, der chem. Faserentfernung, der Polymerisatstruktur, der Reagentien u. Katalysatoren auf den Vorgang, die Kautschukoxydation u. andere Rkk. während der Regenerierung sowie Struktur, Eigg. u. Bewertung des Regenerats. (Colloid Chem. **7.** 569—97. 1950. East St. Louis, Ill., Midwest Rubber Reclaiming Co.) SCHÄFF. 7232

Continental Gummi-Werke Akt.-Ges. (Erfinder: **Bruno Hauschulz**), Hannover, *Verbinden von Kautschuk mit Metallen.* Bei der Verbindung von natürlichem oder synthet. Kautschuk mit Metallen unter Verwendung von Isocyanaten als Bindemittel wird das Metall vorher auf $>100^0$ erhitzt. (**D. B. P. 867 616** Kl. 39b vom 2/2. 1951, ausg. 19/2. 1953.) OVERBECK. 7221

International Latex Processes Ltd., St. Peter Port, Guernsey (Erfinder: **William Binns,** Harrogate, York), England, *Trocknen von Kautschukmilchmischungen durch Behandlung mit hochfrequenten elektrischen Wechselströmen.* Die M. wird zur Verdampfung ihres Wassergeh. dadurch erhitzt, daß sie intermittierend einem elektr. Wechselfeld von Radiofrequenz unterworfen wird (Frequenz zwischen 15 u. 50 MHz, Schaltung 10 Sek.). (**D. B. P. 873 136** Kl. 39a vom 25/3. 1951, ausg. 9/4. 1953. E. Prior. 12/3. 1946.) SCHLITT. 7223

B. F. Goodrich Co., New York, N. Y., übert. von: **Charles Frederick Fryling,** Akron, O., V. St. A., *Emulsionspolymerisation von Butadienkohlenwasserstoffen* allein oder in Mischung mit anderen polymerisierbaren Verbb., wie Styrol, wobei als Emulgiermittel ein wasserlösl. Salz einer hydrierten Abietinsäure, z. B. das Alkalisalz der Di- oder Tetrahydroabietinsäure, verwendet wird. (**Can. P. 477 847** vom 11/9. 1944, ausg. 16/10. 1951. A. Prior. 8/9. 1943.) PANKOW. 7225

Badische Anilin- & Soda-Fabrik, Ludwigshafen/Rh. (Erfinder: **Konrad Jost,** Lützelsachsen), *Herstellung benzinunlöslicher kautschukartiger Emulsionsmischpolymerisate* aus Dienen u. Methacrylsäureestern, wobei vor, während oder nach der Polymerisation nicht polymerisierende hochsd. bis nichtdestillierbare Lösungs- oder Quellungsmittel, jedoch keine Halogennitrile, zugesetzt werden. (**D. B. P. 869 871** Kl. 39c vom 8/1. 1942, ausg. 9/3. 1953.) OVERBECK. 7225

General Aniline & Film Corp., New York, N. Y., übert. von: **Abraham Oscar Zoss,** Easton, Pa., V. St. A., *Polymerisation von Vinylalkyläthern* in Ggw. von BF_3 in Lsgg. von halogenierten Alkanen bei —70 bis —30°, wobei man nichtklebende, *kautschukähnliche Prodd.* erhält. — Zu in 80 CH_3Cl gelösten 20 (Teilen) Methylvinyläther setzt man bei —74° 2 BF_3, die in Ae. gelöst sind. Man hält 1 Std. bei —70°, setzt 40 Methanol u. 5 konz. NH_4OH-Lsg. zu, filtriert das Salz ab u. verdampft dann die Lösungsmittel. — Auch Monochlordifluormethan ist als Lösungsm. geeignet. (**A. P. 2 616 879** vom 2/7. 1946, ausg. 4/11. 1952.) MÖLLERING. 7225

Shell Development Co., San Francisco, übert. von: **Rupert C. Morris,** Berkeley, und **John L. Van Winkle,** San Lorenzo, Calif., V. St. A., *Substituierte Äther cyclischer Sulfone* der allg. Formel $A—O—R_1—Z—R_2$ (A = fünfgliedriger, heterocycl. Ring mit 4 C-Atomen u. einem Sulfonylrest, R_1 = zweiwertiger KW-stoffrest, Z = —S—, —SO—, $—SO_2—$, R_2 = einwertiger KW-stoffrest). Die substituierten Sulfolanyläther erhält man durch Kondensation eines ungesätt. Sulfolanyläthers mit einer Verb. der Formel HZR_2 in Ggw. eines Peroxyds u. eines Metallhalogenids oder durch Rk. eines Halogenalkylsulfolanyläthers (erhalten aus Sulfolen mit einem Halogenalkanol) mit einem Mercaptid. Die substituierten Sulfolenyläther werden durch Kondensation eines konjugierten entsprechenden Diolefins mit SO_2 hergestellt nach dem Reaktionsschema:

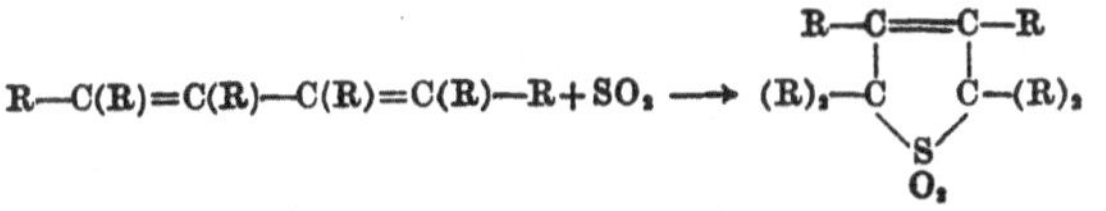

mindestens ein $R = O—R_1—S—R_2$ und H oder Alkyl.

n-Butylmercaptan u. Allyl-3-sulfolanyläther werden mit Benzoylperoxyd u. $FeCl_2$ mehrere Std. auf 70—80° erhitzt, wobei man in 18,5%ig. Ausbeute *n-Butyl-3-(3'-sulfolanyloxy)-propylsulfid,* $Kp._1$ 175—178°; n_D^{20} 1,5052; $D.^{20}_4$ 1,144 erhält. — *Amyl-3-(3'-sulfolanyloxy)-propylsulfid,* $Kp._2$ 200—208°, n_D^{20} 1,5024; $D.^{20}_4$ 1,1265. — *Isopropyl-3-(3'-sulfolanyloxy)-propylsulfid.* — *Äthyl-2-(2'-sulfolanyloxy)-äthylsulfid.* — *Phenyl-3-(2'.4'-dimethyl-4-sulfolanyloxy)-propylsulfid.* — Propyl-3-(4'-methyl-2'.4'-pentadien-3'-yloxy)-propylsulfid + SO_2 → *Propyl-3-(2'.4'-dimethyl-3'-sulfolen-3'-yloxy)-propylsulfid.* — 3-Sulfolen + Äthylenchlorhydrin → β-Chloräthyl-3-sulfolanyläther + Methyl-Na-mercaptid → *Methyl-2-(3'-sulfolanyloxy)-äthylsulfid.* — *Methyl-3-(3-sulfolanyloxy)-isobutylsulfid.* — *Hexyl-2-(3'.4'-dimethyl-3'-sulfolanyloxy)-propylsulfid.* — *3.3.5-Trimethylcyclohexyl-3-(2'-sulfolanyloxy)-propylsulfid.* — *Amyl-2-(2'.4'-diäthyl-3-sulfolen-3'-yloxy)-äthylsulfid.* — *Isophoryl-p-(3-sulfolanyloxy)-phenylsulfid.* — Dialkyl- u. Arylsulfolanyloxyalkyl- u. -sulfolanyloxyarylsulfide können durch Oxydation, z. B. mit H_2O_2, in die entsprechenden Sulfoxyde oder Sulfone übergeführt werden. Die vorst. genannten Verbb. werden in die entsprechenden *Sulfoxyde* u. *Sulfone* übergeführt. Verwendung als *Plastifizierungsmittel* u. *Weichmacher* für synthet. Kautschuk, Harze u. plast. Massen. (**A. P. 2 494 515** vom 4/5. 1946, ausg. 10/1. 1950.) KRAUSS. 7227

Monsanto Chemical Co., St. Louis, übert. von: **Marion W. Harman,** Nitro, Va., V. St. A., *Alterungsbeständige Kautschukmischung,* gek. durch den Geh. eines Kondensationsprod. aus einem aliphat. Keton u. einem aromat. Amin, z. B. p-Aminodiphenylaceton, sowie Phenol-, Hydrochinon- oder Resorcin-bis-N.N'-(2-benzothiazylmercaptomethyl)-harnstoff, neben den üblichen Vulkanisierungs-, Füll- u. Beschleunigungsmitteln. (**A. P. 2 582 695** vom 17/1. 1949, ausg. 15/1. 1952.) SALZMANN. 7227

N. V. de Bataafsche Petroleum Mij., Den Haag (Erfinder: **Johan Michael Goppel,** Amsterdam), Holland, *Färben und Stabilisieren von Kautschukderivaten.* Beim Verf. nach D. B. P. 861 602 werden den Lsgg. oder Dispersionen Quellungsmittel, z. B. Aceton oder Phenol, zugesetzt, die mit W. nur beschränkt mischbar bzw. zu <5% in W. lösl. sind, wobei diese in die Löslichkeit übersteigenden Mengen zugesetzt werden. (**D. B. P. 868 967** Kl. 39b vom 27/6. 1950, ausg. 2/3. 1952. Holl. Prior. 6/7. 1949. **Zusatz zu D.B.P. 861 602; C. 1953. 4295.**) OVERBECK. 7227

English Clays Lovering Pochin & Co. Ltd., Cornwall, England (Erfinder: **N. O. Clark** und **T. W. Parker**), *Herstellung von Fülltonen für Kautschuk.* Man behandelt die Tonteilchen mit saurer Rk. mit einem bas. Amin oder einem quaternären Ammoniumhydroxyd bis zur neutralen Reaktion. Bes. geeignet sind Benzylamin u. Cetyltrimethylammoniumhydroxyd. Man arbeitet zweckmäßig bis zu einem p_H-Wert von 6,3 bis ca. 7. (**Schwed. P. 134 668** vom 27/10. 1948, ausg. 26/2. 1952. E. Prior. 11/11. 1947.) JÜRGEN SCHMIDT. 7227

Firestone Tire & Rubber Co., übert. von: **George E. P. Smith jr.,** Akron, O., V. St. A., *Vulkanisationsbeschleuniger,* bestehend aus Verbb. der Formel I, wobei R = H oder KW-stoffrest, X = Thiazyl-, Thiazolinyl- oder Thiocarbamylreste, x u. y = ganze Zahlen ≤ 16, bes. 1—3, bedeuten. — Beispiele: N.N'-Piperazin-bis-(benzothiazylsulfenamid); N.N'-Piperazin-bis-(4.5-dimethylthiazylsulfenamid); N.N'-Piperazin-bis-(4-methylthiazylsulfenamid); N.N'-2,5-Dimethylpiperazin-bis-(4-äthylthiazylsulfenamid); N.N'-Piperazin-bis-(dimethylthiocarbamylsulfenamid); N.N'-Piperazin-bis-(thiazolinylsulfenamid); N.N'-Trimethylenäthylendiamin-bis-(benzothiazylsulfenamid) u. N.N'-Imidazolidin-bis-(benzothiazylsulfenamid). (**A. P. 2 514 181** vom 9/4. 1945, ausg. 4/7. 1950.) OVERBECK. 7229

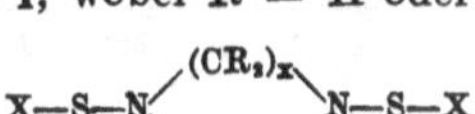

I

Henri-Antoine-Désiré Roux und **Comp. des Câbles & Matériel Électriques G. Bouchery,** Seine, Frankreich, *Kontinuierliche Vulkanisation und Polymerisation,* bes. elektr. Adern. Man steigert die Temp. sofort sehr hoch, z. B. auf 250°, zweckmäßig unter komprimierter Luft oder komprimiertem Gas. (**F. P. 973 628** vom 20/10. 1941, ausg. 13/2. 1951.) PANKOW. 7229

Commonwealth Engineering Co. of Ohio, übert. von: **Norman F. Keckler,** Dayton, O., V. St. A., *Herstellen von Schwammkautschuk.* Natürliche oder synthet. Kautschukmilch wird bei n. Temp. stabilisiert, mit Säure nahezu neutralisiert, mit einem in W. lösl. Peroxyd, ferner mit einem das Peroxyd spaltenden Enzym u. einem Polyvinylmethyläther vermischt. Die M. wird durch die Enzymwrkg. verschäumt, dann durch ein Gelatinierungsmittel oberhalb 35° verfestigt u. vulkanisiert. — Apparatur. (**A. P. 2 598 127** vom 21/7. 1949, ausg. 27/5. 1952.) OVERBECK. 7231

International Latex Processes Ltd., St. Peter Port, Guernsey, Kanalinseln, *Herstellung von Schwammkautschuk.* Eine Kautschukmilchmischung wird bei einem p_H von mindestens 10 verschäumt, nachdem ihr ZnO u. ein die Zn-Ionen ausschaltendes Mittel wie Alkalicarbonat, -phosphat, -sulfit, -oxalat, -ferrocyanid oder -chromat zugesetzt wurde; dann wird ein Geliermittel wie Kaliumsilicofluorid zugesetzt, der Schaum verformt, gelatiniert u. vulkanisiert. Der NH_3-Geh. soll unter 0,5% der Feststoffe betragen. (**E. P. 639 886** vom 16/12. 1947, ausg. 5/7. 1950. A. Prior. 21/12. 1946.) OVERBECK. 7231

„Semperit" Österreichisch-Amerikanische Gummiwerke Akt.-Ges., Wien (Erfinder: **Josef Appel** und **Karoline Baci**, Pottschach, Niederösterreich), *Herstellung stellenweise verstärkter und verzierter Gummihohlkörper* aus Gummiplatten, bes. Badehauben, die in einem Flüssigkeitsbad dessiniert, anschließend frei vulkanisiert, dann vom Kern abgezogen u. umgewendet werden, dad. gek., daß vor dem Dessinieren die die Haube an einzelnen Stellen verstärkenden Gummiauflagen u. die aus andersgefärbten Gummiplatten ausgestanzten Verzierungsauflagen zuerst auf den Kern aufgebracht werden u. dann die rohe Haube darüberkonfektioniert wird. (**Oe. P. 173 853** vom 15/10. 1949, ausg. 10/2. 1953.) PANKOW. 7231

XV. Gärungsindustrie.

David Perlman, William E. Brown und **Sylvan B. Lee**, *Gärung.* Fortschrittsbericht. Behandelt werden: Gewinnung von A., Butylalkohol, Aceton, organ. Säuren, Dextran u. anderen Polysacchariden, Vitaminen, Enzymen, Hefen, Algen u. Antibioticis sowie die mikrobiol. Oxydation der Steroide. — 399 Literaturhinweise. (Ind. Engng. Chem. **44.** 1996 bis 2011. Sept. 1952. New Brunswick, N. J., Squibb Inst. for Med. Res.) WINIKER. 7500

Bernhard Mändl, *Hopfen der Ernte 1952.* Analysenwerte von deutschen Hopfen. (Brauwelt **1953.** 320—21. 27/3. Weihenstephan, Brautechn. Prüf- u. Versuchsanst. WINIKER. 7540

Hans M. Meyer (unter Mitarbeit von **Otto Sartorius**), *Wein-Bibliographie, Deutschsprachiges Schrifttum 1951 in Auswahl.* (Dtsch. Weinbau, wiss. Beih. **7.** 6—19. Febr. 55—63. April 1953.) WINIKER. 7554

Karel Lier und **V. Vlček**, *Beschreibung eines Gerätes zur Probenahme von Würze und Bier.* Zur Probenahme von Würze oder Bier wird ein Gerät beschrieben, das aus einer mit Saugball aus Gummi versehenen 2 cm³-Pipette nach Art eines Augentropfglases besteht u. luftdicht in ein Glasfläschchen eingesetzt wird. Das Fläschchen besitzt zum Schutz des Gummiballes einen Schraubverschluß. Das Sterilisieren erfolgt bei erhöhter Temp. wie üblich. (Pivovarský Sladařský Časopis Kvas **78.** 135—36. 28/4. 1951. Kyjov, Brauerei, u. Brno, Altbrünner Brauerei.) FREYTAG. 7600

F. Braun und **H. Rentschler**, *Wird durch Katadynisieren der Nachweis von Obstwein in Wein nach Werder verunmöglicht?* Vff. stellen durch Parallelverss. an Obstweinproben, unbehandelt u. mit 10000 u. 20000 γ Ag pro Liter behandelt, fest, daß durch die WERDERsche Sorbit-Rk. in der Modifikation von LITTERSCHEID trotz des sogenannten Katadynisierens Sorbit einwandfrei nachgewiesen werden kann. (Mitt. Gebiete Lebensmitteluntera. Hyg. **41.** 338—40. 1950.) LIEBNER. 7606

Gottfried Jakob, München, *Läuterverfahren mit getrennter Mehl- und Grobschrotvermaischung.* Bei der Durchführung des Verf. nach D. B. P. 845 486 wird das Mehlmaischgefäß, gegebenenfalls mit einer Heizvorr., einem Rührwerk, einer Auflockervorr., einem Senkboden u. außerdem mit einer Abziehvorr. für die Klarwürze versehen. (**D. B. P. 852 237** Kl. 66 vom 27/1. 1951, ausg. 13/10. 1952. **Zusatz zu D. B. P. 845 486; C. 1953. 4783.**) KETTNER. 7505

Gottfried Jakob, München, *Abtrennen von Hopfen und Trub aus Bierwürze.* Zur Durchführung des Verf. nach D. B. P. 845 487 ist in der Braupfanne über dem Ablaßventil ein Einsatzstutzen zur Zurückhaltung des Hopfentrübsedimentes oder eine dem gleichen Zweck dienende Vorr. angeordnet, so daß die trübfreie Klarwürze damit abgezogen werden kann. Für die Ausschlagwürze kann ein gesondertes Sedimentationsgefäß vorgesehen sein, das mit einem Einsatzstutzen u. gegebenenfalls mit einem Senkboden ausgestattet ist. (**D. B. P. 852 238** Kl. 6b vom 27/1. 1951, ausg. 13/10. 1952. **Zusatz zu D. B. P. 845 487; C. 1953. 1259.**) KETTNER. 7505

Donald Kenneth Alexander, Dolblan, Can., *Hefebehandlung.* Vor der Extraktion der Hefe zur Gewinnung von stabilen, biol. akt. Eiweißstoffen u. dgl. wird ihre wss.

Suspension gründlich mit Diatomeenerde (SiO_2) gemischt, die Mischung filtriert, der Filterkuchen durch einen Luftstrom von ~35° getrocknet u. in ein feines Pulver übergeführt. Dann erfolgt erst die Extraktion der lösl. Bestandteile mittels einer Phosphatpufferlsg. bei p_H 7,2. (**E. P. 648 071** vom 16/11. 1948, ausg. 28/12. 1950.) KETTNER. 7507

Alchemy Ltd. und **Frederick John Edwin China,** London, England, *Altern und Reifen von alkoholischen Getränken.* Diese, z. B. Whisky, Brandy usw., werden in äußerst dünner Schicht in einer Kolloidmühle behandelt. (**E. P. 643 068** vom 6/4. 1948, ausg. 15/9. 1950.) KETTNER. 7537

Walter Specht, Ludwigstadt, **Wilhelm Eberhard Schultheis** und **Hermann Schultheis,** Weißenthurm, Kr. Koblenz (Erfinder: **Walter Specht** und **Hermann Schultheis**), *Erhöhung und Beschleunigung der Keimenergie und des Wachstums von Cerealien,* bes. von Gerste oder dgl. Körnerfrüchten in techn. Prozessen, dad. gek., daß die Körnerfrucht bei voller oder geringerer Weiche durch wasservermittelten Kontakt der Einw. von *Ultraschall*-Schwingungen ausgesetzt wird. Dabei kann ein piezoelektr. erregter, vorteilhaft rotierender Schwingungserzeuger verwendet werden. (**D. B. P. 873 531** Kl. 6a vom 4/11. 1950, ausg. 16/4. 1953.) KETTNER. 7541

XVI. Nahrungs-, Genuß- und Futtermittel.

—, *Neue Standards für Mehl und Brot in Kanada.* Kurzer Überblick. (Mühle **89.** 720. 13/11. 1952.) WINIKER. 7670

—, *Vitaminisierte Mehle. Das Anliegen der Ernährungsphysiologie und die Belange der Müllerei.* Behandelt werden: Vitaminisierung der Mehle in den USA, techn. Durchführung, Physiologie der Getreidevitamine, Vitamine des B-Komplexes im Brot u. ihre Ausnutzung, Argumente gegen die Vitaminisierung. (Mühle **90.** 59—61. 29/1. 1953.) WINIKER. 7670

W. L. Kretowitsch, *Biochemie des Brotes.* Zusammenfassende Betrachtungen über die biochem. Grundlagen des Brotbackens unter Hinweis auf neuere Forschungsergebnisse, bes. sowjet. Forscher. (Природа [Natur] **42.** Nr. 5. 98—101. Mai 1953. Bach-Inst. für Biochem. der Akad. der Wiss. der UdSSR.) ULMANN. 7674

P. F. Pelshenke und **W. Schäfer,** *Mahl- und Backversuche mit Manitobaweizen 5.* 2. Mitt. (1. vgl. C. **1952.** 7752.) Die geringen mahltechn. Eigg. von *Manitobaweizen 5* lassen sich weder durch Anwendung anomaler Feuchtigkeiten am 1. Schrot noch durch Konditionierverff. in zufriedenstellendem Maße verbessern. Behandlung mit Kaliumbromat + Ammoniumpersulfat ergibt eine gewisse Verbesserung der Backfähigkeit. (Mühle **89.** 775—76. 25/12. 1952. Detmold.) WINIKER. 7674

Walter Wernicke, *Weizenkleingebäckfehler, ihre Ursachen und Verhütung.* In Form einer Tabelle gibt Vf. einen Überblick über Ursachen u. Verhütung folgender Gebäckfehler: kleines Vol., Formfehler, Krustenfehler, Krumefehler, Geschmacksfehler. (Lebensmittel-Ind., Ausg. A **5.** 104—08. April 1953.) WINIKER. 7674

J. C. Morpeth, *Die Zusammensetzung von konzentrierten Tomatenpürees nichtamerikanischen Ursprungs.* Tabellar. Übersicht über Analysen von 17 Tomatenpüreesorten aus Palästina, Italien, Frankreich u. Ungarn mit Angaben des Geh. an Feststoffen (außer NaCl), Gesamtsäure (davon unlösl., gebundener u. freier Säure), Zuckern, K_2O, NaCl, Asche, der wss. u. aceton. Pb-Zahl u. des p_H. Vgl. mit bei amerikan. u. kanad. Pürees erhaltenen Werten zeigt Unterschiede nur im Geh. an K_2O, natürlich vorhandenem NaCl, Gesamt- u. freier Säure. Während diese Pürees in 2 Typen mit geringem u. hohem Geh. an freier Säure unterteilt werden konnten, gehören die neu untersuchten sämtlich zu jenen mit hohem Gehalt. (Analyst **76.** 611—13. Okt. 1951. Leatherhead, Surrey, Brit. Food Manufacturing Industries Res. Assoc.) METZENER. 7688

—, *Die Vorratshaltung von Früchten und Gemüsen in Amerika.* Überblick über die in Amerika üblichen Schutzmaßnahmen bei der Bevorratung von Früchten u. Gemüsen durch Anwendung niedriger Tempp. sowie im Transport- u. Verpackungswesen. (Food Manufact. **28.** 140—43. 1/4. 1953.) FRESENIUS. 7690

G. H. Mattingley und **W. A. Downie,** *Verhinderung des Auskeimens gelagerter Speisekartoffeln.* Zur Verhinderung des Auskeimens empfehlen Vff. die Einstäubung mit Isopropylphenylcarbamat. (J. Dep. Agric., Victoria **51.** 89—90. Febr. 1953.) GRIMME. 7690

J. L. Heid und **E. J. Kelly,** *Konzentrierung von Citrussäften.* Übersicht über die Entw. der Herst. von Saftkonzentraten von Citrusfrüchten. Beschreibung der techn. Anlagen. Begriffsbestimmungen u. Beurteilungsrichtlinien für Citronenlimonade, -konzentrat u. -gefriererzeugnisse. Auch Trauben-, Apfel-, Ananassaft oder Milch lassen sich erfolgreich als Gefrierkonzentrate bevorraten. (Canner **116**. Nr. 5. 9—13. 21—22. 24. 27. 30. 32. 31/1. 1953, Nr. 6. 13—15. 18. 33. Fullerton, Calif., Golden Citrus Juices, u. Los Angeles, Calif., Carrier Corp.) FRESENIUS. 7706

Klement Möhler und **Friedrich Kiermeier,** *Die Wirkung anorganischer Phosphate auf tierisches Eiweiß.* 2. Mitt. *Der Einfluß auf die Quellung von Fleischeiweiß.* (1. vgl. C. **1953.** 3488.) Fett- u. bindegewebearme Brätproben wurden in W. suspendiert u. das Sedimentvol. bestimmt. Es wurde festgestellt, daß sowohl durch Phosphate als auch durch p_H-verschiebende Zusätze wie NaOH eine mehr oder weniger starke Vermehrung des Vol. des aufgeschwemmten Fleischbräts erzielt werden kann. Diese Erscheinung kann nicht ohne weiteres einer Quellung gleichgesetzt werden. Eine Volumenvermehrung läßt sich durch eine Erhöhung der Haftkräfte, also Vergrößerung der Hydratation, erklären. Metaphosphate vermögen schon in kleinen Konzz. in dem im Brät herrschenden p_H-Bereich Fleischeiweiß auszuflocken. (Z. Lebensmittel-Unters. u. -Forsch. **96.** 90—98. Febr. 1953. München, Deutsche Forschungsanst. für Lebensmittelchemie.) WINIKER. 7750

Ju. Ljasskowskaja und **A. Iwanowa,** *Vitamine des Fleisches.* Tabellar. Zusammenstellung der in frischem Fleisch u. in verschied. tier. Organen vorliegenden Mengen an *Vitamin* B_1, B_2, B_6, *PP, Pantothensäure, Biotin, p-Aminobenzoesäure* u. *Cholin* u. Angaben über ihre Eigenschaften. (Мясная Индустрия СССР [Fleisch-Ind. UdSSR] **23.** Nr. 5. 47—51. Sept./Okt. 1952. Allunions Wiss. Forschungsinst. der Fleischind.) ULMANN. 7750

P. Djatschenko, *Erfolge der Wissenschaft in der Technologie der Milchprodukte.* Übersicht über Chemie, Physik u. Technologie der Milch u. Milchprodukte. (Молочная Промышленность [Milch-Ind.] **11.** Nr. 3. 25—31. März 1950. Allunions Wiss. Forschungsinst. für Milchind.) SCHMELZ. 7756

E. Flückiger und **M. Binz,** *Der Einfluß der Verfütterung von frischen Biertrebern auf den Geruch und Geschmack der Milch.* Bei der Verfütterung von Frischtrebern im Winter konnte kein nachteiliger Einfl. auf Geruch u. Geschmack der Milch festgestellt werden. (Schweiz. Milchztg. **79.** 259—60. 15/5. 1953. Liebefeld, Eidg. Milchwirtschaft a. Bakteriolog. Anst.) WINIKER. 7756

Ilmari Poijärvi, *Künstliche Hormone als Mittel zur Produktionsverbesserung bei Kühen.* Bericht über Verss. mit stoffwechselanregenden (*Jodcasein*) u. nicht näher bezeichneten stoffwechselherabsetzenden Hormonpräpp. mit dem Ziel, die Milch- u. Fleischproduktion von Kühen zu verbessern. Die Ergebnisse waren nicht eindeutig. (Karjatalous **26.** 193—97. 14/4. 1950.) BECKMANN. 7756

A. Charpentier, *Penicillin als Heilmittel bei der Euterentzündung.* Bei der Behandlung der Euterentzündung mit Penicillin geht dieses in die Milch über u. beeinflußt deren Beschaffenheit. Penicillinhaltige Milch gibt falsche Ergebnisse bei der Reduktaseprobe. Die Tätigkeit der Milchsäurebakterien wird gehemmt, wodurch Schwierigkeiten bei der Butter- u. Käseherst. entstehen. (Karjatalous **26.** 38—40. 3/2. 1950.) BECKMANN. 7756

O. Bratlie, *Sterilisierung von Molkereigeräten.* Sterilisierung durch Erhitzen ist zwar wirksam, aber teuer. Von Chemikalien kommen Cl-Präpp. (**I**) oder quaternäre NH_4-Verbb. (**II**) zur Anwendung, deren Wrkg. aber durch Proteine beeinträchtigt wird. **II** sind gegenüber Colibakterien wenig wirksam u. können zum Abgleiten von Schläuchen führen. Zu kurzem Spülen soll die akt. Cl_2-Konz. in **I** 0,4 g/Liter betragen. Säuren fördern die Wrkg. von **I**, aber auch die Korrosion. (Tidsskr. norske Landbruk **59.** 253—68. Sept./Okt. 1952.) R. K. MÜLLER. 7756

Lauri Tuomainen, *Nichtbutternder Rahm.* Bei 2 Rahmproben, die sich nicht buttern ließen, wurde starke Schaumbldg. beobachtet. Die SZ. war 7—9 mal höher als n., was auf eine lipolyt. Zers. hindeutet. Die JZ. des Milchfettes war erniedrigt. Das Wachstum der Milchsäurebakterien war schwächer als normal. — Als Ursache der Verhinderung des Butterns wird die durch den hohen Geh. an freien Fettsäuren bedingte Erniedrigung der Oberflächenspannung angesehen. (Karjantuote **33.** 1—5. 13/1. 1950. Jokioinen, Staatl. milchwirtschaftl Versuchsanst.) BECKMANN. 7756

Matti Hietaranta, *Die Haltbarkeit der Butter als Forschungsaufgabe.* Vortrag über die bakteriolog. u. chem. Faktoren, die für das Verderben der Butter in Frage kommen. (Karjantuote **33.** 172—76. 24/3. 1950, Helsinki, Univ., Milchwirtschaftl. Anstalt.) BECKMANN. 7758

Nis Petersen, *Über den Einfluß schwerer Metallsalze auf die Haltbarkeit der Butter.* (*Über neue holländische Versuche und Forschungen.*) Der natürliche Fe-Geh. der Butter (**I**) beträgt (im Mittel) 180 (γ/kg), der Cu-Geh. im Mittel 63 γ. Der Mn-Geh. wurde in 2 Proben zu 20 u. bestimmt. Weitere Unterss. an 111 Proben Kühlhaus-I ergaben:

Fe 140—1800, Cu 50—400 u. Mn bis 200. Laborverss. ergaben, daß bei Zusatz von Cu-Lactat zu I-Rahm Cu bis zu 1250 bei frischer I keinen Beigeschmack hervorrief. Nach 3 Monaten Lagerung bei -8^0 war I mit natürlichem Metallsalzgeh. gut. Alle I mit Cu-Salzzusatz wies tranigen Geschmack auf; 100 Cu zerstörten bereits die Einlagerungsfähigkeit. Mn hatte keinen schädlichen Einfl. auf die Lagerungsfähigkeit. Zusätze bis zu 1000 $Mn^{\cdot\cdot}$-Lactat ergaben keine Geschmacksfehler. (Fette Seifen einschl. Anstrichmittel **52.** 618—19. Okt. 1950. Kopenhagen-Kiel.) LIEBNER. 7758

N. Petersen, *Untersuchungen über Essigsäurebakterien im Butterfett.* Fortschrittsbericht unter besonderer Berücksichtigung schwed. Arbeiten. — 11 Literaturhinweise. (Fette Seifen einschl. Anstrichmittel **54.** 471—72. Aug. 1952. Kiel.) WINIKER. 7758

M. Skworzow, *Die Verarbeitung von Schafsmilch.* Überblick über die Herst. verschied. Käsesorten aus Schafsmilch. (Молочная Промышленность [Milch-Ind.] **11.** Nr. 5. 17—20. Mai 1950.) SCHMELZ. 7760

A. Rosanow, *Wege zur Verbesserung der Käsequalität.* Allg. Ausführungen betreffend rationelle Käseherstellung. (Молочная Промышленность [Milch-Ind.] **11.** Nr. 3. 17—21. März 1950. Allunions Wiss. Forschungsinst. für die Käseind.) SCHMELZ. 7760

G. Schwarz und **H. Mumm,** *Versuche zur Herstellung von Tilsiter Käse mit Labaustauschstoff.* 50. Mitt. *über Käse.* (Vgl. C. **1951.** I. 2233.) Verss. zur Herst. von Tilsiter Käsen mit 20 u. 30% Fett in der Trockenmasse mit Hilfe des Labaustauschstoffs (I) von MAASS (C. **1946.** E. 680) führten zu folgenden Ergebnissen: Der mit I hergestellte Bruch war nicht so elast. u. wurde auch nicht so fest wie der mit Labpulver (II) hergestellte. Die Ausbeute an Käsetrockenmasse war etwas geringer u. der Fettgeh. etwas höher. Nach einer 7 wöchigen Lagerzeit wiesen die Käse einen etwas bitteren Geschmack auf, der sich nach längerer Lagerzeit noch verstärkte. Die Reifung war in Umfang u. Tiefe weiter fortgeschritten als bei mit II bereiteten Käsen. Wurden nur 50% des II durch I ersetzt, so war der Bruch etwas fester, als wenn ausschließlich I verwendet wurde. In der Qualität lagen diese Käse zwischen den mit II u. den mit I hergestellten. In der Reifung waren sie noch etwas weiter fortgeschritten als die nur mit II bereiteten. (Kieler milchwirtsch. Forschungsber. **3.** 311—18. 1951. Hohenheim, Landw. Hochschule, Inst. für landw. Technologie.) WINIKER. 7760

Erkki Peltola und **Matti Antila,** *Die Herstellung von Emmentaler Käse aus pasteurisierter Milch.* Aus pasteurisierter Milch ist ein Emmentaler Käse mittlerer Qualität herstellbar. Da die Bedeutung der ursprünglichen Bakterienflora für die Käsereifung noch nicht völlig aufgeklärt ist, wird davon abgeraten, diese durch Pasteurisieren zu vernichten. (Karjantuote **33.** 297—301. 19/5. 1950.) BECKMANN. 7760

Zdeněk Sukaný und **Josef Vavroušek,** *Die Erzeugung von Quark für Handkäse.* Allg. Schilderung der Technologie nebst Besprechung der Eigg. u. Fehler des Quarks. (Mlékařské Listy **42.** 94—98. 28/7. 1950.) FREYTAG. 7760

Je. Filipsson, *Rationelle Ausnutzung der Kartoffelbranntweinschlempe.* Zur Fütterung von Rindern empfiehlt Vf. auf Grund von Verss. Kartoffelbranntweinschlempe, die mit 6—8% Strohhäcksel siliert wurde. Dadurch ließ sich eine Erhöhung der täglichen Gewichtszunahme der Rinder um 15—20% u. Einsparung von Heu um 50% erzielen. (Мясная Индустрия СССР [Fleisch-Ind. UdSSR] **24.** Nr. 1. 68—72. Jan./Febr. 1953. Allunions Wiss. Forschungsinst. der Fleischind.) RENTZ. 7782

T. G. Martin, G. E. Stoddard und **A. R. Porter,** *Der Einfluß von Maismehl- und Trockenmolkezusatz sowie des Feuchtigkeitsgrads auf die Haltbarkeit von Alfalfasilage.* Zusatz von gemahlenem, geschältem Mais (I) in einer Menge von 200 lbs./Tonne grünes Alfalfa bei der Einsilierung wirkt mehr konservierend als 30 lbs./Tonne Trockenmolke. Letztere hatte keine erkennbare Wirkung. I war wirksamer bei Zugabe zur gewelkten (II) Silage (45—54% W.) als zur ungewelkten (III) mit 60—65% Wasser. II enthielt bei Leerung des Silos mehr Carotin als III. In den Versuchsreihen wurden Gesamt-, Essig-, Butter- u. Restsäure sowie flüchtige Basen bestimmt. Verss. erfolgten in Kleinsilos. Die Ergebnisse dürften im Prinzip auf Großsilos übertragbar sein. (J. Dairy Sci. **35.** 1076—82. Dez. 1952. Ames, Iowa, Iowa State Coll.) FRESENIUS. 7782

Giovan Battista Riccardo De Domenico und **Michelangelo De Domenico,** Frankreich, *Verbesserungen bei der Konservierung von Früchten, Gemüsen und ihren Zubereitungen.* Um die bei der Trocknung u. teilweisen Entwässerung von Vegetabilien, bes. solchen, die koagulierbare Proteine enthalten, eintretenden Veränderungen zu verhindern, stellt man ihren p_H-Wert auf eine passende Größe ein (zwischen 3 u. 6,5) u. sorgt durch gute Pufferung dafür, daß dieser Wert während des Wasserentzuges erhalten bleibt oder wenigstens nicht unter einen bestimmten Wert (meist 3—4) absinkt. Ferner vermindert man das Redoxpotential um wenigstens 30—60 mV durch Zusatz von reduzierend wirkenden Substanzen, wie SO_2, H_2, H_2SO_3 u. Hydrosulfiten, oder von vegetabil. Stoffen, wie Getreidekeimen, Mehl von Getreide, Hülsenfrüchten, Ölsamen. — Das Redoxpotential von 100 kg roher Tomatenpulpe wird durch Zusatz einer passenden Menge von K-Metabisulfit um 60 mV vermindert. Dann fügt man 60 g Trinatriumcitrat hinzu u. dampft bis zur gewünschten Konsistenz ein. — Traubensaft, dem man 0,1% K-Metabisulfit zugegeben hat u. dessen p_H-Wert mittels Binatriumcitrat auf 3,8 gepuffert wurde, wird über eine Kolloidmühle genommen u. dann bis auf Sirupdicke konzentriert. Durch weiteren Wasserentzug kann man ein bei n. Temp. festes Prod. erhalten. (**F. P. 987 906** vom 12/3. 1943, ausg. 21/8. 1951.) HEYNE. 7689

Maria Schmidt, Deutschland, *Verfahren zur Verbesserung der Backfähigkeit,* bes. von Getreidemehlen u. den daraus hergestellten Teigen, indem man diesen kleine Mengen (5—10 g auf 100 kg Mehl) von Thiokohlensäure, ihren Derivv. oder von wasserlösl. organ. Dithiocarbonsäuren (Dithioglykolsäure, K-Dithiodilactat) beimischt. Vorzugsweise benutzt man reine farb-, geruch- u. geschmacklose Präparate. Eine Steigerung der Wrkg. wird erzielt, wenn als Katalysatoren Schwermetallsalze (Fe, Mn, Ce, V) in Mengen von 0,01% der Schwefelverbb. hinzugefügt werden. Die Dithiocarbonsäuren können auch in Verbindung mit bekannten Hilfsstoffen, wie O-abgebenden Bromaten, Persulfaten, Perboraten, angewandt werden. (**F. P. 956 534** vom 26/2. 1942, ausg. 1/2. 1950.) HEYNE. 7675

J. R. Short Milling Co., Chicago, Ill., V. St. A., *Herstellung von peroxydiertem Erdnußöl* (**I**). I wird in Ggw. von peroxydierend wirkenden Fermenten, die durch Extraktion frisch gemahlener Erdnüsse gewonnen oder in Form kalt gepreßter Kuchen verwendet werden, unter starkem Rühren mit O_2 in Berührung gebracht. Man erhält ein Prod., das zum *Bleichen* von *Brotteig* geeignet ist. (**E. P. 647 135** vom 12/3. 1947, ausg. 6/12. 1950. A. Prior. 18/3. 1946.) LÜTTGEN. 7675

Roche Products Ltd., Welwyn Garden City, England, übert. von: **Max Frank Furter,** Montclair, und **Werner M. Lauter,** Glen Rock, N. J., V. St. A., *Anreichern von Vitaminen* (**I**) *und Mineralsalzen* (**II**) *in Getreidekörnern,* z. B. Reis, durch Imprägnieren mit einer sauren vitaminhaltigen Lsg. u. Überziehen mit einer Mineralsalze enthaltenden Deckschicht. — Z. B. werden Körner mit einer Lsg. von 480 (g) W., 151 H_2SO_4, 295,7 Niacin, 38,7 Vitamin B_1 u. 31 cm^3 Maissirup imprägniert u. getrocknet. Die Körner werden dann mit einem Gemisch aus 506 Zein, 132,5 Palmitinsäure, 371,7 Abietinsäure, 2875 Isopropanol, 90 W., 1030 Fe-Pyrophosphat u. 23,2 Vitamin B_2 überzogen. — Weitere Beispiele. (**E. P. 646 747** vom 23/4. 1948, ausg. 29/11. 1950. A. Prior. 8/7. 1947.) K. HEINZE. 7687

Eugène-Joël Rivoche, Frankreich, *Verwendung von Pektinen, Lichen und dergleichen als Gelier- und Bindemittel* für die Herst. von Eingemachtem, Gelees oder Fruchtpasten, dad. gek., daß man bei der Anwendung von Lichen oder Pektin, getrennt oder in Mischung miteinander, einen Zusatz von $CaCl_2$ oder Ca-Tartrat gibt. Hierdurch soll das Gelierungsvermögen des Pektins erheblich erhöht werden, was eine Verbilligung durch Einsparen des teuren Pektins bedeutet. Das Verf. kann auch bei zucker- u. säurearmen, neutralen u. sogar schwach alkal. Prodd. angewandt werden. Es eignet sich daher auch für Fleischwaren u. für Mehle, die sich nur schwer zur Brotbereitung verwenden lassen. (**F. P. 988 821** vom 5/11. 1942, ausg. 31/8. 1951.) HEYNE. 7703

Walter Schoenenberger Pflanzensaftwerk (Erfinder: **Gustav Klein**), Magstadt, Württ., *Diätetische Würzen und Tunken.* Pflanzliches Material, wie Sojamehl, wird mit verd. H_3PO_4 bei n. Druck oder Überdruck unter Rühren teilweise oder vollständig bis zu den Aminosäuren hydrolysiert. (**D. R. P. 758 496** Kl. 53i vom 27/11. 1941, ausg. 23/3. 1953.) KRANZ. 7715

Karl Kremers, Eislingen/Fils, *Zerkleinern von Kaffee* (**I**). Die während der Zerkleinerung des **I** entweichenden Aromastoffe (**II**) werden dem **I** in einem geschlossenen, in der Zerkleinerungsvorr. kreisenden Gasstrom wieder zugeführt, wobei gegebenenfalls zusätzlich **II** zugegeben werden können. (**D. B. P. 829 985** Kl. 53d vom 30/10. 1949, ausg. 31/1. 1952.) KRANZ. 7721

Artur Eberlein und **Hellmut Haubold,** München, **Heinrich Kotthoff** und **Alfred Seidenstricker,** Wiesbaden, *Schokolade, Kakaoerzeugnisse und Zuckerwaren für Diätzwecke.* Wirkstoffe, bes. Vitamine, werden mit W. u. Öl emulgiert u. dann in die durch Erwärmen verflüssigte Grundmasse eingearbeitet. (**D. B. P. 873 790** Kl. 53f vom 22/11. 1950, ausg. 16/4. 1953.) KRANZ. 7727

George Grundrod, Oconomowoc, Wis., V. St. A., *Kakao-Milch-Getränk.* Aus 4% Kakaopulver u. gesüßter Kondensmilch wird eine Mischung mit ca. 38% Feststoffen hergestellt u. nach Zugabe eines Stabilisierungsmittels auf 180° F vorgewärmt. In die M. wird unter Rühren Dampf eingeleitet, um die Temp. schnell auf ca. 200° F zu bringen. Das Prod. wird eingedost u. sterilisiert. (**A. P. 2 589 801** vom 28/8. 1947, ausg. 18/3. 1952.) KRANZ. 7727

Harry Miller, Lincoln, Nebr., B. St. A., *Alfalfaprodukte für Nährzwecke.* Frisch geerntetes Alfalfa wird zerkleinert u. durch Pressen entsaftet. Der Saft wird, gegebenenfalls unter Beigabe von Antioxydantien, auf p_H 8—8,5 eingestellt u. pasteurisiert oder sprühgetrocknet. Er kann auch auf Carotine aufgearbeitet oder zwecks Konzentrierung der Mineralstoffe mit einem Ionenaustauscher behandelt werden. Der getrocknete Preßrückstand dient als *Futtermittel.* (**A. P. 2 600 903** vom 26/3. 1948, ausg. 17/6. 1952.) KRANZ. 7743

Otto-Rüdiger Bieringer, Karlsruhe, *Nährmittel.* Gegebenenfalls vorher UV-bestrahlte Hefe wird zusammen mit Heilerde in feinster koll. Verteilung gemischt. Weitere Zusätze von Trauben- oder Milchzucker, Chlorophyll u. dergleichen. (**D. B. P. 861 639** Kl. 53k vom 2/10. 1948, ausg. 5/1. 1953.) KRANZ. 7743

Rudolf Flebbe, Detmold, und **Fritz Guht,** Bad Pyrmont, *Verarbeitung von Molke,* indem man die Molke mit geringen Mengen eines in W. lösl. Pufferungssalzes versetzt, z. B. mit einem Alkalisalz der Citronensäure, Weinsäure, H_3PO_4, HPO_3 oder $H_4P_2O_7$, worauf man, gegebenenfalls im Vakuum, eindickt u. dann trocknet. (**D. R. P. 752 849** Kl. 53c vom 1/11. 1940, ausg. 17/11. 1952.) MAASS. 7757

Fritz-Günther Keitel, Stockholm, Schweden, *Malz-Milch-Präparat.* Milch wird mit geeignetem, fein vermahlenem Malz, z. B. Gerstenmalz, gemischt u. zur Überführung der Stärke in Zucker für einige Zeit bei 60—65° stehengelassen, worauf eine Impfung der Maische mit einer Kultur von geeigneten, milchsäureerzeugenden Bakterien erfolgt u. die Züchtung dieser Bakterien nur bis zur Koagulation der Milch ausgedehnt wird, wonach die Milchsäurebldg., z. B. durch schnelles Erhitzen auf $\sim$70°, abgebrochen wird. Daran schließt sich eine Vakuumeindampfung bis zur Trockene unter Beigabe von Geschmacksstoffen u./oder Vitaminen. (**D. B. P. 862 740** Kl. 6a vom 25/1. 1949, ausg. 12/1. 1953. Schwed. Prior. 8/1. 1947.) KETTNER. 7757

G. Rischkopf Nährmittelfabrik (Erfinder: **Gerhard Rischkopf**), Pullach bei München, *Nährspeisen in Cremeform.* Ein Gemisch von 9—12 (%) Gelatine, 30—40 Zucker u. der restlichen Menge an Magermilchpulver, dem noch kleine Mengen an Aromastoffen zugesetzt werden können, wird in W., zweckmäßig unter Erwärmen auf 40—60°, gelöst u. die Lsg. unter Abkühlen schaumig geschlagen. (**D. B. P. 851 592** Kl. 53f vom 2/10. 1948, ausg. 6/10. 1952. F. Prior. 2/8. 1948.) KRANZ. 7757

Leo Potishman, Fort Worth, Tex., V. St. A., *Beifuttermittel.* Öllösl. Vitamine, wie Vitamin A u. D, werden mit einem pflanzlichen Stoff, z. B. Alfalfamehl, bis zur völligen Absorption gemischt, dann werden dem Prod. weitere Vitamine u. Mineralstoffe zugefügt, u. es wird durch schnelles Vermischen mit Melasse oder Citrusfruchtschlempe, die vorher auf ein p_H von 6—7 durch Zugabe von Ca-Verbb. eingestellt sind, mit einer Schutzschicht überzogen. (**A. P. 2 611 702** vom 27/1. 1951, ausg. 23/9. 1952.) KRANZ. 7787

Fritz Tödt, Berlin, *Melassefutter.* Vor der Futterbereitung wird K aus der Melasse durch einen geeigneten Ionenaustauscher, z. B. Wofatit K. S., entfernt. (**D. B. P. 873 491** Kl. 53g vom 17/5. 1951, ausg. 13/4. 1953.) KRANZ. 7787

XVII. Fette. Seifen. Wasch- u. Reinigungsmittel. Wachse. Bohnermassen usw.

Joh. A. Benckiser G. m. b. H. Chemische Fabrik, Ludwigshafen/Rh. (Erfinder: **Heinrich Steinfeld**), *Herstellung von Margarine.* Man verwendet als Emulgator für den Margarinefettansatz die wss. Lsg. eines Salzes solcher Phosphorsäuren, die wasserärmer sind als H_3PO_4, bes. Polyphosphorsäure oder HPO_3, gegebenenfalls zusammen mit Magermilch oder anderen Margarineemulgatoren. Es handelt sich bes. um Margarine, die Hartfett in wesentlichen Mengen enthält. (**D. B. P. 865 101** Kl. 53h vom 16/8. 1942, ausg. 29/1. 1953.) MAASS. 7901

Cities Service Research & Development Co., New York, N. Y., übert. von: **Sylvan R. Merley,** Riverton, und **August Kofoet,** Bellmawr, N. J., V. St. A., *Reinigung von Metallseifen.* Aus hochmol. Oxydationsprodd. von KW-stoffen durch Verseifen mit NaOH u. Umsetzen mit $CaCl_2$ erhaltene u. bes. zur Herst. von Schmiermitteln bestimmte Ca-Seifen werden mit ca. der 5fachen Menge Sand vermischt u. durch Extraktion mit z. B. Aceton von nichtoxydierten u. nichtsauren Anteilen befreit. (**A. P. 2 597 844** vom 24/11. 1948, ausg. 27/5. 1952.) LÜTTGEN. 7911

Ignaz Reichstein, Basel, Schweiz, *Körperreinigungsmittel,* bestehend aus Polyäthylenglykolen (I) mit einem Mol.-Gew. >1000 u. mindestens einem Dispergiermittel, z. B. 80% I u. 20% Na-Laurylsulfat. (**Schwz. P. 281 601** vom 13/3. 1950, ausg. 1/7. 1952.) LÜTTGEN. 7913

Atlantic Refining Co., Philadelphia, übert. von: **Vincent J. Keenan,** Ardmore, Pa., V. St. A., *Waschmittel.* Durch Zusatz von 20—70% Lecithin zu wasserlösl. Salzen von Alkylarylsulfonsäuren verlieren diese ihre beim Waschen der Haut auftretende Klebrigkeit. (**A. P. 2 617 772** vom 17/6. 1950, ausg. 11/11. 1952.) LÜTTGEN. 7913

Procter & Gamble Co., Ivorydale, übert. von: **John R. Schaeffer,** Wyoming, O., V. St. A., *Waschmittel.* Zur Verhinderung der Fleckenbldg. durch Cu u. Cu-Legierungen erhalten aus organ. Sulfonaten u. Sulfaten u. Alkaliphosphaten bestehende Waschmittel einen Zusatz von 0,02—0,5% Adenin, 3,5-Dimethylpyrazol, Benzotriazol. (**A. P. 2 618 608** vom 12/9. 1952, ausg. 18/11. 1952.) LÜTTGEN. 7913

Lever Brothers & Unilever Ltd. (Erfinder: **Leslie Victor Cocks** und **John Pedlow Parke**), Port Sunlight, England, *Waschpulver.* Seifenleim u. Soda werden miteinander verarbeitet u. mit <15% feinem $CaCO_3$ gemischt. (**E. P. 685 049** vom 30/5. 1949, ausg. 31/12. 1952.) LÜTTGEN. 7913

Imperial Chemical Industries Ltd., übert. von: **Frederick I. Pollock,** Troon, England, *Waschpulver aus einem flüssigen, öligen, synthetischen, seifenfreien Reinigungsmittel.* Um das nichtausschwitzende Waschpulver herzustellen, bringt man in W. einen wasserlösl. Celluloseäther (wasserlösl. Methyläthylcelluloseäther u. wasserlösl. Alkalisalze der Carboxymethylcellulose) mit einem öligen fl. Kondensationsprod. aus Polyäthylenoxyd u. Alkylphenol in genügender Menge zusammen, damit sich mit dem Celluloseäther eine Gallerte bildet. Mit dieser Gallerte mischt man annähernd die gleiche Menge anorgan. fester Bestandteile, wie $NaHCO_3$, Na_2CO_3, Na_2SO_4 u. deren Mischungen. (**A. P. 2 603 605** vom 4/2. 1949, ausg. 15/7. 1952. E. Prior. 15/3. 1948.) UNGER. 7913

Soc. Civile d'Étude des Brevets Hycar, Frankreich (Erfinder: **Charles Pierre**), *Herstellung von Bohnerwachs, Schuhcreme, Glanzpflegemitteln* und ähnlichen Produkten. Aus Wachs (z. B. Bienenwachs, Carnaubawachs), einem organ. Lösungsm. (z. B. KW-stoff, Chlor-KW-stoff) u. W. wird mit Hilfe eines Netz- u. Dispergiermittels in bekannter Weise eine Dispersion hergestellt, der ein Teerfarbstoff oder ein Pigment zugesetzt werden kann. Als Netz- u. Dispergiermittel gemäß dem Patent sind genannt: α-α'-Glycerinester der Öl-, Palmitin-, Stearin-, Arachin-, Myristinsäure; ferner Dioleyl-, Dicetyl-, Dilaurylphosphate, -oxalate, -citrate u. Monooleyl-, Monocetylphthalat. (**F. P. 1 000 580** vom 5/3. 1946, ausg. 13/2. 1952.) HEYNE. 7927

XVIIIa. Holz. Cellulose. Zellstoff. Papier. Papierdruck. Celluloid. Linoleum.

W. Porzer, *Holzschädlinge und ihre Bekämpfung.* Zur Bekämpfung des Hausbocks u. des Hausschwamms werden *Lignal-Universal, Lignal-S* u. *Lignosol* der Fa. J. R. GEIGY AKT.-GES., Basel, empfohlen. (Prakt. Chem. [Wien] **3.** 272—73. Nov. 1952. Wien.) STEINER. 7952

D. Narayanamurti und **G. M. Verma,** *Studien zur Biochemie holzzerstörender Pilze.* 3. Mitt. *Cellulase und Invertase von Polystictus sanguineus und über die mögliche Wirkungsmechanik von Holzschutzmitteln.* (2. vgl. Holz Roh- u. Werkstoff **10.** [1952.] 428.) Der Einfl. des p_H-Wertes, der Temp. u. der Reaktionszeit auf die Aktivität der Invertase wurde festgestellt (optimaler p_H-Wert 4,7; optimale Temp. 36°). Cellulase zeigt stärkste Aktivität bei p_H 5,2—5,4. Wss. Auszüge von Steinkohlenteeröl, gesundem u. fäulebefallenem Holz u. von Klötzchen, die mit 4% *Ascu*-Lsg. getränkt u. mit Essiglsg. extrahiert wurden, wirken hemmend auf die Carbohydrasen (Amylase, Cellulase u. Invertase) des Pilzes *Polystictus sanguineus,* deren Aktivität in Abhängigkeit von der Giftmenge geprüft u. in Kurven dargestellt wurde. Als Holz wurde *Pinus longifolia* u. *Shorea robusta* benutzt. (Holz Roh- u. Werkstoff **11.** 7—9. Jan. 1953. Dehra Dun, Forest Res. Inst.) WERGIN. 7952

K. G. Trobeck, *Einige Angaben über die Oxydation der Schwarzlauge.* Im Betrieb einer Sulfatanlage verursacht der große S-Verlust erhöhte Unkosten, der sich bei der n. Konz. der Schwarzlauge im Verdampfer ergibt. Vf. beschreibt einen Weg, diese Verluste zu vermindern, indem er die Lauge vor der Konz. oxydiert. Mehrere Zeichnungen u. Tabellen erläutern Vor- u. Nachteile des Verfahrens. (Pulp Paper Mag. Canada **53.** 225—29. 1952.) HEINRICHS. 7962

Ralph C. Heys, *Kurzer historischer Überblick über das Abheben von Papierblättern mit Hilfe des Vakuums.* Beschreibung der Entw. der Verfahren. (Papeterie **74.** 567—77. Sept. 1952.) ROSSOW. 7980

Gordon C. Inskeep und **Prescott van Horn,** *Cellophan.* Beschreibung des Herstellungsverfahrens. (Ind. Engng. Chem. **44.** 2511—24. Nov. 1952. Wilmington, Del., E. I. du Pont de Nemours & Co., Inc., Film Dep.) P. ECKERT. 7994

L. M. Falchney und **S. G. Mason,** *Die Berststärke des Papiers: Vorgeschlagene Prüfmethode.* Angabe der Maße für die App. u. zur Durchführung der Messung. Best. eignet sich für Berststärken von 10—250 lbs./sq. in. u. Papierstärken bis 0,025 Zoll. (Pulp Paper Mag. Canada **53.** Nr. 12. 123—26. Nov. 1952.) H. BECKER. 8010

Arnold Broniatowski, *Quantitative Bestimmung des Gehaltes von P_2O_5 aus imprägnierten Holzfasern.* Zur Best. des P_2O_5-Geh. von Flammenschutzmitteln in Holz u. Holzfaserplatten empfiehlt Vf. außer der gravimetr. Best. durch Veraschen mit Mg-Acetat bes. die schneller u. genauer arbeitende alkalimetr. Titration nach KOLTHOFF, mit Dimethylgelb, das bei p_H 4,4 umschlägt. Hierbei wird die Fasersuspension erst auf p_H 4,4 eingestellt u. dann mit n/10 NaOH u. Phenolphthalein oder Thymolphthalein die P_2O_5 titriert. Bei der Titration störende $Ca^{••}$- u. $Mg^{••}$-Ionen werden durch Zusatz 10%ig. neutraler K-Oxalatlsg. als Oxalate gefällt. Die beschriebene Meth. gibt Werte mit $\pm 2\%$ Genauigkeit. Nach dieser Meth. können die meist zur Imprägnierung verwendeten Gemische aus H_3PO_4, Phosphaten u. Harnstoff gut bestimmt werden; falls die Faserplatten aber durch Erhitzung auf ca. 150° vergütet wurden, wird zu wenig P_2O_5 gefunden. (Svensk Papperstidn. **55.** 313—15. 15/5. 1952. Stockholm, Wallboard-indust. Centrallabor. [Orig.: deutsch].) BORCHERS. 8012

Kenichi Suga, Tokio, Japan, *Trocknen von Holz.* Man entwässert es durch Erhitzen, während es in einer flüchtigen Fl. mit Kp. >100° eingeweicht ist, oder durch Einweichen in der vorher erhitzten Fl., z. B. Tetra- oder Pentachloräthan. (**D. B. P. 855 328** Kl. 38h vom 8/4. 1951, ausg. 13/11. 1952. Japan. Prior. 7/4. 1950.) E. PETERSEN. 7953

Deutsche Rhodiaceta Akt.-Ges. (Erfinder: **Hella Schwalenstöcker**), Freiburg/Br., *Ausfällen von Cellulosetriacetat aus Acetylierlösungen.* Die Lsgg. werden mit ca. dem gleichen Vol. eines in W. lösl. Ketons (Aceton, $CH_3COC_2H_5$) versetzt. Die Mischung wird unter Rühren in die 3fache Wassermenge eingetragen u. das Acetat stabilisiert u. getrocknet. (**D. B. P. 864 249** Kl. 12o vom 10/1. 1943, ausg. 22/1. 1953.) FABEL. 7971

Albright & Wilson Ltd., Birmingham, England, *Stabilisieren einer wässerigen Suspension von Satinweiß,* bes. zur Herst. *gestrichener Papiere,* durch Vermischen mit einem aus tier. oder vegetabil. Eiweiß oder synthet. Harz bestehenden Schutzkoll. u. entwässerten Alkali- oder Ammoniumphosphaten, zum Reduzieren der Viscosität der Mischung. (**E. P. 684 645** vom 13/10. 1950, ausg. 24/12. 1952. A. Prior. 4/3. 1950.) ZIERHOLD. 7987

British Bewoid Co. Ltd. und **Frederick Hugo Trost,** London, England, *Herstellung von glänzendem Papier.* Das Prod. erleidet durch heiße Trockenzylinder u. Kalander keinen Schaden, wenn der verwendete Harzleim (oder das Gemisch) durch Behandlung mit Kalk gehärtet wird oder wenn bis zu 5% Ca-Resinat zugesetzt werden. Der F. des Leimes, der zweckmäßig inerte Stoffe, bes. Kaolin, enthält, soll über 100°, bes. bei 140°, liegen. (**E. P. 672 142** vom 25/3. 1945, ausg. 14/5. 1952.) G. VOGEL. 7987

Robert R. Parmentier, Upper Darby, Pa., V. St. A., *Durchsichtigmachen von Papier.* Auf die Rückseite von Papier, z. B. von techn. Zeichnungen, die reproduziert werden sollen, wird eine Lsg. aus 10—35 (Vol.-%) Mineralöl (Kp. 88—193°), 55—80 CCl_4 u. 4—10 Bzl., Toluol oder Xylol aufgetragen. Zweckmäßig wird während des Trocknens, das 2—5 Min. dauert, noch eine Deckschicht aus 2—6 Wachs, z. B. Paraffinwachs (F. 46—93°), 31—47 Erdöl-KW-stoff (Kp. 85—205°) u. 47—67 CCl_4 aufgetragen. (**A. P. 2 616 815** vom 12/4. 1950, ausg. 4/11. 1952.) G. VOGEL. 7987

Edward Sidney Hole, London, England, *Schichtstoffe.* Die zu verklebenden Flächen der mit härtbarem Kunstharz getränkten löschpapierartigen Zellstoffschichten werden mit einer Mischung aus z. B. 5 (g) $Al(OH)_3$ (bzw. ZnO), 5 $CaCO_3$, $^1/_4$—$^1/_2$ Mg-Chromat u. 16 W. behandelt; diese Mischung kann auch noch Cr_2O_3, MgO u. eine schwache Lsg. des Kunstharzes enthalten. Herst. von *Druckplatten* u. *Matrizen.* (**D. B. P. 863 258** Kl. 39b vom 20/1. 1951, ausg. 15/1. 1953.) SALZMANN. 7989

Columbia Ribbon & Carbon Mfg. Co., Glen Cove, übert. von: **Douglas A. Newman,** Port Washington, N. Y., V. St. A., *Herstellen von Flachdruckplatten für den Offsetdruck.* Das Druckbild wird auf die Unterlage, z. B. aus Kunststoff, Metall, Pergamentpapier oder dgl., durch Drucken oder mit Hilfe der Schreibmaschine aufgebracht. Danach wird die Oberfläche mit einer wss. Lsg. eines Cellulosecarboxymethyläthers überzogen u. getrocknet, so daß sich nur an den nicht bedruckten Stellen eine hydrophile Schicht bildet. — Die wss. Lsg. besteht z. B. aus 6,7 (Teilen) einer niedrig viscosen Na-Carboxymethylcellulose, 5 Glycerin, 1 Orthophosphorsäure (85%ig.) u. 328,3 Wasser. (**A. P. 2 582 347** vom 8/3. 1945, ausg. 15/1. 1952.) LAASS. 7989

Otto-Daniel Zinder, Vevey, Schweiz, *Zurichteverfahren für den graphischen Druck.* Auf einem Probedruck werden, nachdem er mit Durchschreibpapier hinterlegt ist, die Umrisse der schwachen Druckstellen eingezeichnet. Diese Stellen werden auf der Rückseite des Drucks mit einem fl. Klebemittel mittels einer Spritzpistole überzogen, bis die gewünschte Dicke erreicht ist. Nach dem Trocknen wird der Probedruck auf dem Aufzug des den Druck ausübenden Zylinders paßgerecht angebracht. Das Klebemittel besteht aus Gummi arabicum, Schellack, Cellulosederivv. oder einem A.-Ae.-Gemisch. (**Schwz. P. 282 108** vom 3/10. 1949, ausg. 16/7. 1952.) LAASS. 7989

Satona Ltd., Edinburgh, Schottland, und **Th. Norman Gaunt,** Birkenshaw bei Bradford, Yorkshire, England, *Herstellung von Behältern aus Karton.* Zur Erzielung einer sicheren Verbindung der Verschlußklappen bei Behältern aus mit Wachs überzogenem Karton wird auf zumindest eine der später miteinander zu verbindenden Behälterflächen vor dem Aufbringen der Wachsschicht ein thermoplast. Klebemittel, z. B. ein Polyvinylacetatkunstharz, in Form einer wss. Emulsion bzw. Dispersion aufgebracht. (**Oe. P. 173 315** vom 20/4. 1950, ausg. 10/12. 1952. E. Prior. 2/5. 1947.) GLAFEY. 7995

Wilhelm-Adolphe Fritz, Richelien/Versoix, Schweiz, *Biegsame Korkformstücke,* bestehend aus je ein Drittel Kork, Polyvinylchlorid u. Weichmacher. Die M. wird kalt gepreßt u. 20 Min. in einem Ofen auf 145—200° erwärmt. Herst. von Dichtungen, Packungen, Schuhabsätzen, Sohlen, orthopäd. Stützen, Isoliermaterial, Verschlüssen u. Spulen. (**Schwz. P. 283 060** vom 28/1. 1949, ausg. 1/9. 1952.) SALZMANN. 7999

XVIIIb. Textilfasern.

Thomas J. Kerr, *Änderung des Vinylbeschichtungsverfahrens.* Beschrieben wird die Herst. u. die Verwendung von Plastisolen u. Plastigelen zur Beschichtung von Textilien. Genaue Arbeitsvorschriften hierüber werden gegeben u. Hinweise auf die Bedeutung der Auswahl geeigneter Lösungsm., Füllstoffe u. Weichmacher gemacht. (Textile Wld. **102.** Nr. 12. 147. 149. 204. 206. 208. 210. Dez. 1952.) P. ECKERT. 8036

F. Dillmann, *Der Faserquerschnitt in der Praxis.* Beschreibung einer Meth. zur Herst. von Faserquerschnitten. Die Ausführungen werden durch zahlreiche Mikroaufnahmen unterstützt. (Reyon, Zellwolle andere Chemiefasern **30.** 632—37. Dez. 1952.) P. ECKERT. 8040

Carl-Heinz Fischer-Bobsien, *Ein modernes Bild der Wolle in Einzeldarstellungen.* 3. Mitt. (2. vgl. C. **1953.** 5600.) An Hand der Literatur (27 Zitate) wird ein Überblick über den morpholog. Bau des Wollhaares gegeben u. an Abbildungen werden die mikroskop. sichtbaren Randschichten gezeigt u. ihre Bedeutung wird umrissen. Ferner werden die Zwischenmembran, die Schuppenzellendoppelschicht (Endo- u. Exo-Cuticula) sowie die Außenmembran (Epi-Cuticula), gleichfalls an Hand von Mikroaufnahmen, behandelt. (Färber u. Chemischreiniger, Färber-Ztg. **6.** Nr. 4. 3—6. April 1953.) P. ECKERT. 8060

J. H. Dillon, *Probleme, die die Einführung neuer synthetischer Fasern begleiten.* Vf. äußert sich über die Bedeutung der chem., physikal. u. technolog. Eigg. der Chemiefasern hinsichtlich ihrer Bewertung u. ihrer prakt. Bedeutung. (ASTM Bull. **1952.** Nr. 184. 56—61. Sept.) P. ECKERT. 8070

—, *Die Entwicklung des „Fibrolan“.* Kurzer Überblick über die Entw. des *Fibrolan* (Caseinfaser) u. dessen physikal., chem. u. technolog. Eigenschaften. (Textile Recorder **70.** Nr. 839. 96. Febr. 1953.) P. ECKERT. 8078

Ichiro Sakurada und **Naofumi Nakamura,** *Über die Formalisierung der Polyvinylalkoholfaser.* Bei der techn. Herst. von Vinylon (I) wird die Polyvinylalkoholfaser nach einer Wärmebehandlung in einer Lsg. aus H_2SO_4 (250 g/Liter), Na_2SO_4 (300 g/Liter) u. CH_2O (60 g/Liter) formalisiert. Danach hat die Lsg. folgende Zus.: 80—150 g H_2SO_4/Liter, 100 g Na_2SO_4/Liter, 10—2 g CH_2O/Liter. Es wurde gefunden, daß die Formalisierung der Polyvinylalkoholfaser auch noch mit dieser verd. Lsg. durchzuführen ist. Dieser Befund wird prakt. Bedeutung gewinnen. (Bull. Inst. chem. Res., Kyoto Univ. [Kagaku Kenkyusho Hokoku] **24.** 94. März 1951. Sakurada Labor.) SCHÄFF. 8080

W. Je. Scheiko, *Glasfasern — ein neues Textilmaterial.* Vf. bespricht die Eigg. von Glasfasern u. Glasfäden. Die Schmiegsamkeit u. damit die textile Verarbeitungsfähigkeit von Glasfäden wird bestimmt durch den Durchmesser der Elementarfasern (nicht über 12 μ), durch die Menge u. Art des „Schmälzmittels“, durch die Zwirnung. Feuchtigkeit setzt die Festigkeit der Fäden stark herab. Glasfäden weisen hohe Festigkeit

(Reißlänge 32—52 km), jedoch geringe Bruchdehnung (1,5—2%), u. dadurch ein geringes Arbeitsvermögen auf. Gleichzeitige Belastung auf Zug u. Biegung wurde mit einem SCHOPPER-Knickbruchfestigkeitsprüfgerät bestimmt. Höhere Zwirnung u. eine Schmälze auf Paraffinbasis ergaben höhere Knickbruchfestigkeitszahlen. Glasfäden besitzen je nach Schmälzmittel einen Reibungskoeff. von 0,151—0,197, der stark von der Zwirnung abhängt. Die Reibung verringert sich stark bei einer Laufgeschwindigkeit von 25 m/Min. (Ausnahme: auf Gummi). Glasfäden haften an Gußeisen am wenigsten u. an Stahl u. Bronze am stärksten. Zum Beziehen von Lieferzylindern u. Druckwalzen eignet sich Polyvinylchlorid. An Buchenholz u. Wollfilz haften Glasfäden nicht u. weisen die geringste Reibung auf. Eine kurze Vorbelastung erhöht die Festigkeit von Glasfäden um 2—10%, während längere Belastung sie herabsetzt (um 10% bei 16std. Belastung mit 25% der Bruchlast). (Легкая Промышленность [Leicht-Ind.] **11.** Nr. 12. 16—18. Dez. 1951.) STSCHERBINA. 8082

F. B. Breazeale und **H. D. Irvin,** *Ein automatisches Registriergerät zur Messung von Garnelastizitäten.* Beschreibung eines App., mit welchem u. a. nach bestimmten Zeitintervallen die Last–Dehnungs-Kurve einer Probe, welche wiederholten cycl. Spannungen ausgesetzt wird, aufgenommen werden kann. Typ. Kurven von Reyongarn nach bis zu 10000 cycl. Dehnungen um 2% werden wiedergegeben. (Textile Res. J. **22.** 549—52. Aug. 1952.) ZAHN. 8096

M. Goswami, *Bestimmung des Feuchtigkeits- und Schlichtegehaltes von Geweben in Westbengalen.* Die Schlichte wird von dem bei 105° getrockneten Geweben durch Extraktion mit CCl_4, mehrmalige Wäsche in heißem H_2O, Behandlung mit Diastaselsg. u. nochmalige Wäsche in heißem H_2O entfernt. Die Gewebe von 7 verschied. ind. Fabriken enthalten an Feuchtigkeit 2,9—7,0% u. an Schlichte 7,5—18,0%. (Indian Textile J. **63.** 41. Okt. 1952.) A. V. KÖNIG. 8098

Monsanto Chemical Co., St. Louis, Mo., V. St. A., übert. von: **George E. Niles,** *Ausrüstung von Geweben, Garnen oder Fasern* erfolgt mit der wss. Lsg. oder Dispersion eines Alkali- oder Aminsalzes von Mischpolymerisaten aus (substituiertem) Styrol u. Halbestern der Maleinsäure bzw. Maleinsäureanhydrid. Vor oder nach der Behandlung kann das Textilgut mit der wss. Lsg. eines Schwermetallsalzes behandelt werden, z. B. mit einer 2%ig. Lsg. von Zr-Oxychlorid. (**E. P. 669 187** vom 12/8. 1948, ausg. 26/3. 1952. A. Prior. 27/8. 1947.) MÖLLERING. 8033

Courtaulds Ltd., London, England, *Feine Fäden aus regenerierter Cellulose* (Einzelfadentiter unter 1,25 den). Viscose mit einer Cellulosekonz. von 4—5% (Kugelviscosität 40—60 Sek.) wird durch Düsen (Lochdurchmesser größer als 0,063 mm) in ein Bad aus 9 (%) H_2SO_4, 24 Na_2SO_4 u. 4 $ZnSO_4$ (zusätzlich auch $MgSO_4$) unter Streckung von 25—30% kontinuierlich versponnen. — Zeichnungen. (**Schwz. P. 283 376** vom 29/3. 1950, ausg. 1/10. 1952. E. Prior. 30/3. 1949.) SALZMANN. 8075

Courtaulds Ltd., London, und **Frank Ward,** Braintree, England, *Wasserunlösliche, alkalilösliche Celluloseverbindungen.* Ein 3 g schwerer Strang aus regenerierter Cellulose wird 2—3 Min. in ein wss., 13 cm³ n-H_2SO_4, 12 g $(NH_4)_2SO_4$ u. 30 cm³ einer 33%ig. Cyanamidlsg. enthaltendes Bad gelegt, bei 60° getrocknet u. bei 160° polymerisiert. Das mit 50%ig. A. u. NH_4OH ausgewaschene Garn wird 15 Min. mit einer 0,5%ig. alkoh. $CaCl_2$-, $AlCl_3$- oder $FeCl_3$-Lsg. behandelt; es ist dann in 0,1%ig. Na_2CO_3-Lsg. löslich. — Herst. von sogenannten *Ätzspritzen* u. *Effektfäden.* (**E. P. 670 346** vom 30/3. 1949, ausg. 16/4. 1952.) SALZMANN. 8075

Spinnfaser Akt.-Ges. (Erfinder: **Walter Thiemann**), Kassel, *Versandfertigmachen frisch gesponnener Zellwolle.* Das feuchte Fasergut wird in einen abdichtbaren Behälter geschwemmt, durch Pressen von der Hauptmenge Fl. befreit u. dabei gleichzeitig zu einer hohen Packung geformt, durch welche das Trockenmittel, Warm- oder Heißluft von 50—150°, abwechselnd in entgegengesetzter Richtung gepreßt oder gesaugt wird. Die Ballen können mittels befeuchteter Luft konditioniert werden. — Zeichnung (**D. B. P. 866 714** Kl. 29a vom 9/9. 1941, ausg. 12/2. 1953.) SALZMANN. 8075

American Viscose Corp., Philadelphia (Erfinder: **Frank Hartranft Reichel,** Villanova), Pa., V. St. A., *Ganz oder teilweise aus alkalilöslichem Celluloseäther bestehende Textilfasern* erhält man durch Einw. einer wss. Alkalilsg. mit einer geringeren Konz. als 20% u. Salz (NaCl, Na_2SO_4, KNO_3 oder Alkalisalze der Essig-, Citronen- oder Milchsäure) in einer Menge von nicht weniger als 10% auf Cellulose; das Molgewichtsverhältnis Cellulose zu NaOH soll 1:1,5 nicht übersteigen. (**D. B. P. 868 651** Kl. 29b vom 13/6. 1939, ausg. 26/2. 1953.) SALZMANN. 8077

Deutsche Rhodiaceta Akt.-Ges. (Erfinder: **Heinrich Kade** und **Ing. Jurisch**), Freiburg/Br., *Polyvinylchloridfasern* mit stabiler wollähnlicher Kräuselung erhält man

durch Verstrecken in wss. 0,1% Seife enthaltenden Bädern, die bis nahe an den Kp. erwärmt sind. (**D. B. P. 866 715** Kl. 29b vom 18/8. 1951, ausg. 12/2. 1953.)
SALZMANN. 8081

Monsanto Chemical Co., St. Louis, Miss., V. St. A., *Fasern aus Acrylnitrilmischpolymerisaten.* Beispiel: Eine 11%ig. Lsg. eines Mischpolymerisats aus 83 (Teilen) Acrylnitril, 11 Methacrylnitril u. 7 Vinylacetat in N.N-Dimethylacetamid wird in 70° warmes dest. W. mit einem Zusatz von 0,3% des Na-Salzes von Alkylbenzolsulfonsäure versponnen u. in einem Glycerinbad (160°) um 600% gestreckt, Festigkeit 4,6 g/den. Auch Trockenspinnen ist möglich. (**E. P. 673 841** vom 28/3. 1949, ausg. 11/6. 1952.)
SALZMANN. 8081

XIX. Brennstoffe. Erdöl. Mineralöle.

I. G. C. Dryden, *Die chemische Bedeutung der wahren Wichte von Kohlen.* Durch Anwendung einer annähernd additiven Meth. zur Best. der D. von Kohlen hat VAN KREVELEN Werte für einen „Ringkondensationsindex“ der Inkohlungsreihe erhalten, der sich linear mit dem H/C-Verhältnis ändert. Die Vereinfachung der von VAN KREVELEN aufgestellten Gleichung führt zu einem Ausdruck für das spezif. Vol. im Verhältnis zum H-Geh. plus entweder C-Geh., O-Geh. oder dem logarithm. Wert des H-Gehaltes. Es wird gezeigt, daß der logarithm. Ausdruck oder sein Äquivalent über einen gewissen Bereich der Inkohlungsreihe ohne Einfl. ist, u. daß die Bezugnahme auf den O-Geh. in einigen Fällen zu einem Minimum in der Kurve für die D. führen kann. Das Problem der engen Verwandtschaft von D. u. chem. Zus. in der Inkohlungsreihe kann als teilweise gelöst betrachtet oder zumindest in ein rein chem. umgewandelt werden, denn der allg. Zusammenhang in der beobachteten Richtung mag auf stöchiometr. Ursachen zurückzuführen sein, während die geradlinige Beziehung einen Hinweis für die mol. Struktur der Kohle geben dürfte. (Fuel **32.** 82—88. Jan. 1953.) H. SCHÖBERL. 8126

T. S. Polansky und **C. R. Kinney**, *Über das Molekulargewicht von Huminsäuren, die durch Behandlung von bituminösen Kohlen mit Salpetersäure erhalten wurden.* Das Mol.-Gew. der durch Oxydation gewonnenen Huminsäuren (I) wurde sowohl kryoskop. als auch nach der Siedepunktmeth. bestimmt. Es zeigte sich, daß die Höhe des Mol.-Gew. sehr von dem angewandten Lösungsm. abhängt, woraus Vff. den Schluß ziehen, daß die I in festem Zustand stark assoziiert sein müssen u. die verschied. Lösungsmittel verschieden stark dissoziierend wirken. Die starke Assoziation im ungelösten Zustand der I führen Vff. auf ihre Unschmelzbarkeit u. Nichtflüchtigkeit zurück. Je nach der Konz. konnten in Brenzcatechin verschied. Dissoziationsgrade festgestellt werden. Ebenso stellten Vff. fest, daß die I sehr hygroskop. sind, so daß bei der Trocknung der I sehr sorgfältig vorgegangen werden muß. Für die Best. des Mol.-Gew. von I kommt Brenzcatechin als Lösungsm. nicht in Frage, da Brenzcatechin stark absorbiert wird. Bei der Annahme, daß ca. 3% Brenzcatechin absorbiert werden, kommt man zu einem Mol.-Gew. von 279. Als geeignetes Lösungsm. wurde Acetamid gefunden. Die bisher erhaltenen Werte zeigten Größenordnungen von 585—666. Auch mit Aceton wurden ähnliche Werte erhalten. Aus der Feststellung, daß in einigen Lösungsmitteln I zu weniger als dem Doppelten ihres Mol.-Gew. dissoziiert werden, ziehen die Vff. den Schluß, daß die I einbas. sein müssen. (Fuel **31.** 409—13. Okt. 1952. State College, Pa., Pennsylvania State Coll.) ROSENDAHL. 8126

A. Draycott und **S. J. Green**, *Der Harzgehalt von Steinkohlenteeren verschiedener Kohlen.* Vff. stellen Betrachtungen an über die Beziehungen zwischen Kokskohle u. dem Harzgeh. des daraus gewonnenen Teers. Sie fanden, daß der Harzgeh. sehr von der eingesetzten Kohle abhängt, u. es ist unzweifelhaft, daß die Harze durch Zers. der Kohlensubstanz entstehen. Ebenso bestehen Beziehungen zwischen dem Geh. an Flüchtigem in der Kohle u. dem Geh. an Harzen im Teer: Steigt der Geh. an Flüchtigem, so nimmt der Geh. an Harzen im Teer ab. (Fuel **31.** 475—80. Okt. 1952. Birmingham, Univ., Abt. für Chemieing.) ROSENDAHL. 8176

M. G. Pelipetz, J. R. Salmon, James Bayer und **E. L. Clark**, *Katalysator–Druck-Beziehungen bei der Kohlehydrierung.* Um bessere Betriebsbedingungen bei der Kohlehydrierung zu erforschen, werden die Beziehungen zwischen Katalysatoraktivität u. H_2-Druck gemessen, um die Austauschbarkeit dieser beiden Faktoren zu beurteilen. Die Umwandlung von Rock Springs-Kohle zu Bzl.-lösl. Prodd. war die Hauptreaktion. Dabei wurden die spezif. Reaktionsgeschwindigkeiten von Sn- u. Mo-Katalysatoren bei verschied. H_2-Drucken gemessen u. die Abhängigkeit zwischen H_2-Druck u. Katalysatoraktivität als Funktion auf ein Diagramm aufgetragen. (Ind. Engng. Chem. **45.** 806—09. April 1953. Bruceton, Pa., Synthetic Fuels Res. Branch, Bur. of Mines.)
K. O. MÜLLER. 8198

J. W. Payne, L. P. Evans, E. V. Bergstrom und **V. O. Bowles,** *Thermofor — katalytisches Reformieren.* An Hand eines Schaubildes wird das neue Thermofor Catalytic Reformer (TCR)-Verf. der SOCONY-VACUUM OIL eingehend beschrieben. Es ist von der Art der Reformierungsverff. mit bewegtem Beschleunigerbett, aber es verwendet nur eine Druckkammer ohne Aufheizkammer. Die einzelnen Teile der Anlage, wie Beschleunigerkammer, Wärmeaustauscher usw., werden genau beschrieben mit Angabe der Größe u. Durchsatzverhältnisse. Bei dem verwendeten Beschleuniger handelt es sich um ein synthet. Cr—Al-Gel in Perlform. Das Verf. wurde in der Hauptsache in dem Bestreben aufgebaut, daß ein Höchstmaß an Ausbringen unabhängig von den Eigg. des eingesetzten Rohstoffes erbracht werden kann. Es verwendet ein Kreislaufgas, 6 Mol. auf 1 Mol. Rohstoff, u. arbeitet bei einem Druck von ca. 175 lbs./sq.in./g. Die Temp. in der Beschleunigerkammer beträgt ca. 1000° F. Man gewinnt einen Treibstoff mit ca. 100 Oktanzahl, wenn ihm 3 ml **Tetra** je Gallone zugesetzt wird. Das TCR-Verf. erhöht die Ausbeute an Bzn. um 4% auf Kosten des Ausbringens an Schweröl, Brenngas u. durch Verminderung der Verluste. Gegenüber anderen Wärmeverff. ist der Verbrauch an Dampf u. W. nur halb so hoch. Durch die Vereinfachung der App. u. der dadurch bedingten Ersparnisse ist es möglich, eine TCR-Anlage in 1—3 Jahren zu amortisieren. (Petroleum Processing **7.** 966—69. Juli 1952.) ROSENDAHL. 8200

—, *Öllösliche Sulfonate. Löslichkeitsfaktoren erhöhen den Gebrauch von Erdölsulfonaten.* Auf Grund ihrer Öllöslichkeit haben sich die Sulfonate als Schutzmittel gegen Rost u. Korrosion bewährt. Das beruht auf ihrer Fähigkeit, stabile, koll. Wasser-in-Öl-Emulsionen zu bilden, die eine Schranke gegen andringende Feuchtigkeit bilden, indem sie diese adsorbieren, bevor sie das Metall erreicht. Auch zum inneren Schutz von Dieselmotoren können sie verwendet werden, indem man sie dem Kurbelkastenöl zusetzt. (Petroleum Processing **7.** 1149. Aug. 1952.) ROSENDAHL. 8220

J. O. Elphick und **T. Gerson,** *Bestimmung des Schwefelgehaltes in Kohlen durch Leitfähigkeit.* Der in der calorimetr. Bombe auftretende Rückstand wird mit heißem W. ausgewaschen, die erhaltene Lsg. mit einem Überschuß an NaOH neutralisiert, mit $BaSO_4$ versetzt u. nochmals zum Sieden gebracht. Es wird heiß filtriert u. nach dem Erkalten konduktometr. gegen $Ba(OH)_2$ titriert. Die hierfür benutzte App. wird genau beschrieben. Vff. untersuchen Kohlen mit einem S-Geh. von 0,2, 3 u. 6%. Die gefundenen Werte stimmten mit denen nach der ESCHKA-Meth. erhaltenen überein. (Fuel **31.** 438—44. Okt. 1952. Wellington, Neuseeland, Dominion Labor., Kohlenunters.-Station.) ROSENDAHL. 8246

Phillips Petroleum Co., übert. von: **Clyde Page Stanley,** Phillips, Tex., V. St. A., *Fraktionierverfahren* mit Rückflußkontrolle. Die am Kolonnenkopf abgezogenen Dämpfe werden teilkondensiert, u. die Rückflußtemp. wird durch Regulieren der Kühl-Fl. des Rückflußkondensators eingestellt. Der nichtkondensierte Dampf ist eines der Verfahrensprodd. u. wird getrennt aufgearbeitet. Ausführliches Arbeitsbeispiel für *Rohbenzin* mit CH_4-C_7H_{16}-Gehalt. — Zeichnungen. (**A. P. 2 588 303** vom 23/7. 1947, ausg. 4/3. 1952.) SCHINDLER. 8193

Aktiebolaget Separator-Nobel, Stockholm, Schweden, *Säureraffination von Mineral- und Schieferölen.* Nach Abzentrifugieren des Extraktes bleibt das Raffinat der Einw. der in ihm noch enthaltenen Säure während ½—10 Std. ausgesetzt. Der dabei entstehende Säureschlamm wird durch Zentrifugieren abgeschieden, das Raffinat mit Kalk oder Bleicherde neutralisiert. Wesentliche Ersparnisse an Bleicherde. — Vorrichtung. (**D. B. P. 848 985** Kl. 23b vom 25/9. 1949, ausg. 11/9. 1952. Schwed. Prior. 2/5. 1946.) v. HUHN. 8195

Houdry Process Corp., Wilmington, Del., übert. von: **John W. Barker,** Mount Vernon, N. Y., V. St. A., *Apparatur zur Umwandlung von Kohlenwasserstoffen.* In der App. wird festes Kontaktmaterial im Kreislauf durch getrennte Zonen geführt, in denen es mit verschied. Gasen unter verschied. Drucken in Berührung kommt. Man führt das Kontaktmaterial im Kreisprozeß mittels Schwerkraft durch eine Reaktionszone u. eine Regenerationszone. Die App. besteht aus einem Reaktionsraum, einem Regenerationsraum, einem senkrechten Fallrohr für den regenerierten Kontakt u. 3 senkrechten Elevatoren, um verbrauchtes u. regeneriertes Kontaktmaterial von unten nach oben zu befördern. — Zeichnung. (**A. P. 2 593 404** vom 31/12. 1947, ausg. 22/4. 1952.) UNGER. 8201

Sinclair Refining Co., New York, N. Y., übert. von: **Franklin M. Watkins,** Flossmoor, Ill., V. St. A., *Rostschutz für das Innere von Lagertanks, Ölleitungen und dergleichen* für Petroleumdestillate, Bzn. usw. Durch Zusatz von Ammoniummahoganysulfonaten in Mengen von 0,0005—0,05 lbs. je barrel Flüssigkeit. (**A. P. 2 594 266** vom 31/12. 1945, ausg. 22/4. 1952.) SCHINDLER. 8201

Braunkohle-Benzin Akt.-Ges., Berlin (Erfinder: **Karl Meyer, Willi Seemann** und **Otto Klein**, Schwarzheide), *Herstellung von Katalysatoren für die Kohlenwasserstoffsynthese* aus CO u. H_2, welche Metalle der Fe-Gruppe enthalten, durch Red. der Carbonate oder bas. Carbonate im H_2-Strom, dad. gek., daß man das den Reduktionsofen verlassende Reduktionsgas von den Oxyden des Kohlenstoffs befreit, zweckmäßig durch Überleiten über einen Kontakt, der sie in CH_4 umwandelt, u. das erhaltene Gas, zusammen mit frischem H_2, wieder zur Red. des Katalysators benutzt. — Skizze. (**D. R. P. 761 874** Kl. 12o vom 20/4. 1939, ausg. 28/7. 1952.) G. KÖNIG. 8201

Badische Anilin- & Soda-Fabrik, Ludwigshafen/Rh. (Erfinder: **Wilhelm Michael**, Ludwigshafen/Rh., **Otto Göhre**, Heidelberg, und **Ernst Donath**, Pittsburgh, Pa., V. St. A.), *Katalytische Polymerisation gasförmiger ungesättigter Kohlenwasserstoffe* zu leichtsd. fl. KW-stoffen (Bzn.) in der Gas- oder Dampfphase, dad. gek., daß man die Reaktionsgase mit solcher Geschwindigkeit durch einen oder mehrere Katalysatorräume leitet, daß dabei eine Temperaturerhöhung der Gase von höchstens 30° stattfindet, u. von den den Katalysator verlassenden Gasen u. Dämpfen nur einen kleinen, höchstens $^1/_{10}$ u. vorteilhaft weniger als $^1/_{20}$ der Gesamtmenge betragenden Teil zwecks Abscheidung der gebildeten Prodd. u./oder weiterer Umsetzung in einem anderen Katalysatorraum abtrennt, während der andere Teil nach Kühlung bis auf etwa die am Eintritt der Reaktionsgase in den Katalysatorraum herrschende Temp. u. ohne Abscheidung von fl. Prodd. zusammen mit Frischgas wieder in den oder die Katalysatorräume zurückgeleitet wird. (**D. B. P. 861 558** Kl. 12o vom 10/12. 1938, ausg. 5/1. 1953.) G. KÖNIG. 8201

Shell Development Co., Emeryville, Calif., übert. von: **John Thomas Jordan**, Houston, Tex., V. St. A., *Zerlegen von Gasgemischen*, die KW-stoffe u. H_2S enthalten. Man absorbiert die schwereren KW-stoffe unter Druck in einem H_2S enthaltenden Öl u. trennt sie dann ab. Ein Teil des nach der Absorption verbleibenden Gasgemischs wird in frisches Absorptionsöl geleitet, wodurch dieses H_2S aufnimmt u. ein an H_2S armes Gasgemisch anfällt, das — bes. nach weiterer Reinigung — als Heizgas dienen kann. — Vorrichtung. (**A. P. 2 596 692** vom 29/10. 1946, ausg. 13/5. 1952.) ZÜRN. 8201

Standard Oil Development Co., Del., übert. von: **Walter A. Herbst** und **William C. Howell jr.**, Union, N. J., V. St. A., *Flugbenzin*. Zur Gewinnung hochwertigen Flugbenzins fraktioniert man eine aromatenhaltige Leichtbenzinfraktion, wobei man eine C_8- u. C_9-Fraktion einschließlich der aromat. KW-stoffe erhält (z. B. Äthylbenzol, o-, m- u. p-Xylol, Mesitylen, Pseudocumol). Man extrahiert die Aromaten aus den nichtaromat. KW-stoffen der C_8–C_9-Fraktion, entfernt aus den extrahierten Aromaten die o-substituierten C_8- u. C_9-KW-stoffe u. verschneidet die verbleibenden aromat. KW-stoffe mit Flugbenzin, das eine niedrigere Oktanzahl hat als irgendeiner der damit verschnittenen aromat. KW-stoffe. Man erhält so ein Bzn., das weniger als 6 Gew.-% an Orthosubstituenten, berechnet auf den gesamten Aromatengeh., aufweist. — Zeichnung. (**A. P. 2 593 561** vom 4/9. 1948, ausg. 22/4. 1952.) UNGER. 8201

Badische Anilin-& Soda-Fabrik, Ludwigshafen/Rh. (Erfinder. **Harry Welz**, Krefeld-Uerdingen), *Spalten von Kohlenwasserstoffölen, Umwandeln von klopfendem Benzin oder Schwerbenzin* in nichtklopfende KW-stoffe u. Dehydrieren von niedrigmol. KW-stoffen durch Überleiten der Ausgangsstoffe über fest im Reaktionsraum angeordnete Katalysatoren, dad. gek., daß Katalysatoren von verschied. Korngröße so im Reaktionsraum angeordnet werden, daß die Ausgangsstoffe zunächst mit den gröbsten, dann mit feineren Katalysatoren in Berührung kommen. (**D. B. P. 854 210** Kl. 12o vom 20/6. 1944, ausg. 30/10. 1952.) G. KÖNIG. 8201

Steinkohlenbergwerk Rheinpreußen, Homberg/Ndrh. (Erfinder: **Herbert Kölbel** und **Paul Ackermann**, Moers), *Herstellung klopffester Benzine* durch Red. von CO u. H_2 zu fl. KW-stoffen u. anschließende Polymerisation der dabei entstehenden gasförmigen Olefine u. Mischung der Polymerbenzine mit dem Primärbenzin, dad. gek., daß unter Verwendung von Fe-Katalysatoren mit mindestens 99,5% Fe in elementarem oder gebundenem Zustand u. Tempp., die zwischen der Optimaltemp. zur Gewinnung fl. KW-stoffe u. der zur vorwiegenden CH_4-Bldg. erforderlichen Temp. liegen, u. bei höheren Strömungsgeschwindigkeiten, als sie bei der Synth. mit dem Ziel, vorwiegend fl. KW-stoffe zu erhalten, angewendet werden, bei der Red. des CO vorwiegend gasförmige ungesätt. KW-stoffe hergestellt werden. Man kann auch unter Druck arbeiten. (**D.R.P. 743 569** Kl. 12o vom 25/12. 1940, ausg. 22/9. 1952.) G. KÖNIG. 8201

Badische Anilin- & Soda-Fabrik (Erfinder. **Willy Oettinger** und **Helmut Nonnenmacher**), Ludwigshafen Rh., *Klopffeste Treibstoffe*. Durch Dehydrierung u. Cyclisierung schwefelhaltiger, aliphat. u. naphthen. Benzine u. Mittelöle bei 440—600° u. 150 at in Ggw. von H_2 u. Katalysatoren aus akt. Tonerde mit Oxyden von Mo, W, V, Cr u./oder von Metallen der Fe-Gruppe werden klopffeste Treibstoffe erhalten, wenn man die Rk. durch mindestens 2 unmittelbar hintereinandergeschaltete Reaktionszonen führt. Dabei soll der Katalysator der 1. Zone die Metalloxyde in höherer Konz. (20—90 Gew.-%, bes. 25—60%) als der Katalysator der nachfolgenden Zone (0,5—20 Gew.-%) enthalten. Die Temp. soll in der 1. Zone so hoch sein, daß S weitgehend entfernt u. vom Katalysator gebunden wird u. mindestens teilweise Dehydrierung stattfindet. Im ersten Reaktionsraum soll so viel Katalysator vorhanden sein, daß eine weitgehende Entschwefelung des Behandlungsgutes stattfindet u. bei Sättigung des Katalysators mit S auch der Katalysator der folgenden Zone unwirksam geworden ist, so daß eine gemeinsame Wiederbelebung mit O-haltigen Gasen erfolgen kann. (**D. B. P. 864 721** Kl. 23b vom 19/4. 1951, ausg. 26/1. 1953.) UNGER. 8201

Badische Anilin- & Soda-Fabrik, Ludwigshafen/Rh. (Erfinder: **Harry Welz,** Krefeld, und **Werner Berkow,** Barcelona, Spanien), *Herstellung hochklopffester Benzine aus aromatenreichen, schwer spaltbaren Mittelölen.* Die Mittelöle werden über Oxyden oder Sulfiden der Metalle der 2. bis 8. Gruppe des Period. Syst., die auf Träger mit geringer Spaltwrkg., z. B. Al_2O_3, Kieselgel, Aktivkohle, aufgebracht sind, unter Erhaltung des Aromatengeh. von O-, S- u. N-Verbb. u. ungesätt. Anteilen befreit (480—550°, 100 bis 700 at, H_2-Partialdruck über 50 at). Das entstandene Bzn. wird abgetrennt, der Rückstand über stark spaltenden Al- oder Mg-Silicaten, die geringe Mengen von Oxyden oder Sulfiden der Metalle der 2. bis 8. Gruppe enthalten, in aromatenreiches Bzn. übergeführt (350—500°, 40—300 at). (**D. B. P. 843 456** Kl. 23b vom 13/10. 1943, ausg. 10/7. 1952.) v. HUHN. 8201

Standard Oil Co., Chicago, Ill., übert. von: **John F. Deters,** Valpariso, **Arthur P. Lien,** Hammond, und **Harold Shalit,** East Chicago, Ind., V. St. A., *Entschwefelung olefinhaltiger Benzine.* Man erhält ein Leichtbenzin von niedrigem S-Geh. u. hohem Antiklopfwert aus einem olefinhaltigen Bzn. mit hohem S-Geh. (0,25% S u. mehr) (Olefin : Paraffingeh. 3 : 1 bis 1 : 3) durch Extraktion mit Dialkylformamid (Dimethyl-, Methyläthyl-, Diäthylformamid usw.) Man arbeitet unter solchen Bedingungen, daß man eine Extraktphase (S) u. eine Raffinatphase (Olefin) erhält, entfernt aus beiden Phasen das Lösungsm., unterwirft die lösungsmittelfreie Extraktphase einer hydrierenden Entschwefelung u. vereinigt den so entschwefelten Extrakt mit dem lösungsmittelfreien Raffinat. (**A. P. 2 608 519** vom 29/11. 1949, ausg. 26/8. 1952.) UNGER. 8201

Standard Oil Development Co., Elizabeth, N. J., V. St. A., *Behandlung von schweren Erdölkohlenwasserstoffen mit SO_3.* Schmieröle (70 Sayboltsek. bei 100° F) werden mit verd. gasförmigem SO_3 in einer Reihe von Stufen im Gegenstrom behandelt, wobei das Gut aus der ersten Behandlungsstufe vor der Behandlung mit SO_3 mit einem bereits mit SO_3 behandelten Öl, das vom gebildeten Säureschlamm abgetrennt wurde, gemischt wird. Der fl. Säureschlamm wird jedesmal abgetrennt, bevor das behandelte Öl der nächsten Behandlungsstufe zugeleitet wird. — Zeichnung. (**E. P. 665 169** vom 26/4. 1949, ausg. 16/1. 1952. A. Prior. 5/6. 1948.) UNGER. 8221

Aktiebolaget Centrallaboratorium (Keskuslaboratorio Osakeyhtiö), Helsingfors, Finnland, *Herstellung von Schmierölen aus Holzteer, Tallöl oder deren Fraktionen.* Holzteer, bes. aus Kiefernstubben, Tallöl oder Tallölpech, werden auf mindestens 275° erhitzt u. bei dieser Temp. ½—3 Std. in Ggw. von Katalysatoren, die eine Decarboxylierung begünstigen, gehalten u. anschließend dest., wobei Schmieröle u. leichtere Prodd. gewonnen werden. Als Katalysatoren dienen $CaCO_3$, CaO, $Ca(OH)_2$ oder Alkalien. (**Finn. P. 25 875** vom 16/4. 1945, Auszug veröff. 31/8. 1952. Schwed. Prior. 6/3. 1945.) JÜRGEN SCHMIDT. 8221

Edeleanu G. m. b. H., Frankfurt/M. (Erfinder: **Karl Fischer,** Berlin), *Gewinnung von Schmierölen.* Man extrahiert Rückstandsöle mit Phenol bzw. Phenol–Kresol-Gemischen u. Propan im Gegenstrom u. dampft aus dem Extrakt Propan ganz oder zum Teil ab. Die sich bildenden Schichten werden getrennt u. aus der oberen die darin noch enthaltenen Lösungsmittel entfernt. Das anfallende KW-stoffgemisch wird entparaffiniert. (**D. B. P. 857 999** Kl. 23b vom 23/2. 1943, ausg. 4/12. 1952.) UNGER. 8221

Socony-Vacuum Oil Co., Inc., New York, N. Y., übert. von: **Samuel Manilych,** Brooklyn, und **Lee L. Lambert,** Flushing, N. Y., V. St. A., *Schneideöl,* bestehend aus einer ca. 0,9 (%), wenigstens 0,75 Cl enthaltenden Mineralölfraktion mit Zusatz von 0,1—10 eines Gemisches von handelsüblichem Hydroabietylalkohol (I) u. Estern der Maleinsäure, die teils I u. teils Oleylalkohol als alkoh. Komponente enthalten. (**A. P. 2 591 570** vom 8/4. 1949, ausg. 1/4. 1952.) DERSIN. 8221

Socony-Vacuum Oil Co., Inc., New York, N. Y., übert. von: **John W. Brooks**, Wenonah, N. J., V. St. A., *Oxydationsschutzmittel für Mineralöle*, bestehend aus Thienylmercapto-

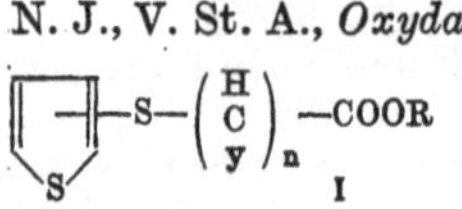

I

carbonsäuren oder deren Estern der allg. Formel I, in der R ein Alkyl oder H, y ein Alkyl, Aryl oder H u. n eine ganze Zahl von 1—18 bedeuten, die durch Rk. eines Thiophenthiols (I) mit einer halogensubstituierten Carbonsäure in Ggw. von Alkali oder durch Addition von I an eine ungesätt. Carbonsäure erhalten werden. Geeignet sind 0,1—10% 3-Thienylmercaptoessig- oder -bernsteinsäure (II), der Monolaurylester von II oder die 3-Thienylmercaptoundecansäure. (**A. P. 2 581 626** vom 6/10. 1948, ausg. 8/1. 1952.) DERSIN. 8221

Socony-Vacuum Oil Co., Inc., New York, übert. von: **Hastings S. Trigg**, West Hempstead, N. Y., und **Henry D. Norris**, Woodbury, und **Ralph V. White**, Pitman, N. J., V. St. A., *Korrosionsschützender Zusatz für Mineralschmier- und Schneideöle.* Man setzt diesen 0,02—10% Ester zu, die aus Trialkylammoniumsalzen von aliphat. Dicarbonsäuren u. prim. aliphat. Alkoholen mit 12—31 C-Atomen bestehen, z. B. den aus dem sauren Tri-n-butylammonium-, oder Triamylammoniummaleat oder Triamylammoniumtartrat u. Oleylalkohol, Octadecanol-(1) oder Hexadecanol-(1) erhaltenen Ester. (**A. P. 2 585 877** vom 21/4. 1949, ausg. 12/2. 1952.) DERSIN. 8221

Socony-Vacuum Oil Co., Inc., New York, N. Y., übert. von: **John F. Socolofsky** Woodbury, und **Ralph V. White**, Pitman, N. J., V. St. A., *Korrosionsschützender Zusatz zu Mineralschmierölen*, bestehend aus Mischestern der Maleinsäure mit Alkoholen, a) aliphat. Kette zwischen 6—8 C-Atomen u. b) mit 12—18 C-Atomen, z. B. dem Mischester von 2-Äthylhexanol-(1) u. Oleylalkohol, der mit NH_3 oder Aminen neutralisiert sein kann. (**A. P. 2 592 204** vom 15/2. 1949, ausg. 8/4. 1952.) DERSIN. 8221

Anglamol Ltd., London, England, *Korrosionsschutzmittel für Mineralschmieröle*, bestehend aus Benzylthiocyanat (I). Man kann ferner noch öllösl. Halogen-, S- oder P-Verbb., z. B. gechlortes Paraffinwachs mit 40% Cl (II), Hexachlordiphenyloxyd, o-Dichlorbenzol oder Dibenzyldisulfid (III), oder Tri-(methylcyclohexyl)-phosphit, zusetzen. Beispiel einer Ölmischung: 0,1 (%) I, 8 II, 2,5 III u. 89,4 Mineralschmieröl. (**E. P. 667 366** vom 5/12. 1948, ausg. 27/2. 1952. A. Prior. 4/10. 1939.) DERSIN. 8221

Metallgesellschaft Akt.-Ges., Frankfurt/M. (Erfinder: **Heinrich Hammen**, Oberklingen, und **Erich H. Kadmer**, Pattensen), *Metallbearbeitungs- und Schmierflüssigkeiten* für die spanabhebende bzw. spanlose Verformung u. zu Schmierung gleitend oder reibend beanspruchter Metalle, dad. gek., daß sie aus chem. akt., d. h. beizend u./oder passivierend, bes. schichtbildend wirkenden, bes. Phosphate enthaltenden Lsgg. im Gemisch mit salzbeständigen Sulfonaten bestehen, die bes. durch Sulfonierung von KW-stoffen von aliphat. aromat. u./oder hydroaromat. Natur, Abtrennen der Säureteere, Auswaschen u. Neutralisieren gewonnen werden. — Man verwendet z. B. ein Gemisch einer nitrathaltigen Phosphatlsg. mit einer Lsg. eines Spindelölsulfonats. (**D. B. P. 849 291** Kl. 23c vom 30/11. 1944, ausg. 15/9. 1952.) DERSIN. 8221

N. V. de Bataafsche Petroleum Mij., Den Haag, Holland, *Schmiermittel.* Als Schmiermittel für Motoren, Textilmaschinen u. als Schneidöle eignen sich polymere Ester aus gesätt. aliphat. Monocarbonsäuren mit 5—21 C-Atomen u. ungesätt. aliphat. Alkoholen mit 2—20 C-Atomen. — Beispiele: Allylbutyrat, Trimethylallylacetat, Allylcapronat, Methyl-2-allylvalerat, Allylcaprylat, Äthyl-2-allylcapronat, Allylpelargonat, Allylcaprinat, Allylmethoxyacetat, Allyläthoxy-3-propionat, Allylphenoxyacetat. Man kann den polymeren Estern noch Antioxydationsmittel (z. B. aromat. Amine), Antikorrosionsmittel (z. B. Trialkylphosphite) u. Stabilisationsmittel (z. B. Additionsverbb. von olefin. Verbb. mit H_2S oder Mercaptanen) zusetzen. Will man den polymeren Estern fettähnliche Konsistenz verleihen, behandelt man sie mit Metallseifen, wie Na-, K- oder Li-Seife oder mit anderen gelatinierenden Mitteln, wie Graphit. Zwecks guter Homogenisierung kann man noch Schutzkolloide, z. B. Alkylenoxyde oder Alkylenglykole, zusetzen. (**Schwz. P. 278 593** vom 7/10. 1947, ausg. 1/2. 1952. A. Prior. 8/10. 1946.) BEIERSDORF. 8223

Steinkohlenbergwerk Rheinpreußen, Homberg/Ndrh. (Erfinder: **Herbert Kölbel** und **Dietrich Ullmann**, Moers), *Schmierfette.* 1. Verwendung der bei der Paraffinoxydation anfallenden Nach- u. Vorlauffettsäuren mit einer größeren C-Zahl als 19, allein oder in Mischung mit solchen einer kleineren C-Zahl als 14 zur Herst. von Schmierfetten. 2. Herst. konsistenter Schmierfette nach 1., dad. gek., daß die Verseifung der Fettsäuren mit einer kleineren C-Zahl als 14 durch allmähliches Eingießen in die stark erdalkal. Emulsion einer Fettsäureseife mit mehr als 19 C-Atomen in Schmieröl vorgenommen wird, wobei die Alkalität der Emulsion derart bemessen wird, daß nach erfolgter Verseifung der Fettsäure mit einer C-Zahl unter 14 das erhaltene Schmierfett neutral bzw. schwach alkal. reagiert. 3. Konsistente Schmierfette nach 1. oder 2., gek. durch einen Geh. von halogeniertem, bes. chloriertem Hartparaffin der KW-stoffsynth. aus CO u. H_2. — Man erhält asphaltfreie, weiche Schmierfette mit hohem Tropfpunkt u. guter Kältebeständigkeit. (**D. R. P. 767 323** Kl. 23c vom 29/12. 1939, ausg. 29/5. 1952.) Dersin. 8223

N. V. de Bataafsche Petroleum Mij., Den Haag, Holland (Erfinder: **Aaron Wachter** und **Nathan Stillman,** San Francisco, Calif., V. St. A.), *Schmiermittel*, bes. für Verbrennungskraftmaschinen, bestehend aus einem Schmieröl, wie Mineralschmieröl, mit einem geringen Geh. an einer Verb., die eine NO-Gruppe an einem C-Atom gebunden enthält, das seinerseits an ein oder zwei organ. Radikale gebunden ist. — Man setzt z. B. Dicyclohexyl- oder Diisopropylnitrosamin oder N-Nitrosodiphenylamin oder Nitrosoverbb. mit heterocycl. Ringstruktur, die die NO-Gruppe an einem Ring-N-Atom enthalten, z. B. N-Nitrosomorpholin, -pyridin oder 1.4-Dinitrosopiperazin, zu. (**D. B. P. 831 732** Kl. 23c vom 20/8. 1949, ausg. 18/2. 1952. A. Prior. 31/8. 1948.) Dersin 8223

N. V. de Bataafsche Petroleum Mij., Den Haag, Holland (Erfinder: **Arnold Aaron Bondi** und **Walter Howard Peterson,** San Francisco, Calif., V. St. A.), *Schmierfett* (**I**), enthaltend eine organ. Schmier-Fl., bes. ein mineral oder synthet. Schmieröl, u. eine Seife, dad. gek., daß die Seifenkomponente aus einem nicht zusammengefallenen Seifenaerogel (**II**), bes. von Na- oder Li-Seifen, in einer Menge von ca. 6—25 Gew.-% besteht. — Das **I** kann neben **II** noch ein anorgan. Aerogel, wie Fe_2O_3- oder SiO_2-Aerogel, enthalten. Die Komponenten sollen im Vakuum ohne Anwendung von Wärme miteinander vermischt werden. (**D. B. P. 832 034** Kl. 23c vom 31/5. 1949, ausg. 21/2. 1952. A. Prior. 1/6. 1948.) Dersin. 8223

N. V. de Bataafsche Petroleum Mij., Den Haag (Erfinder: **Hendrik van Olphen,** Amsterdam), Holland, *Schmierfett auf Mineralölbasis*, gek. durch einen Geh. an Ba- u./oder Sr-Seifen (**I**) ungesätt. Oxyfettsäuren (**II**) mit vorzugsweise 18 oder mehr C-Atomen im Mol., mit Ausnahme solcher Oxyfettsäuren, die durch Oxydation von KW-stoffölen u. Paraffinen hergestellt wurden. — Die Fettsäurekomponente der **I** soll aus $>$50%, bes. $>$80% gesätt. **II** bestehen, bei denen die OH-Gruppe etwa in der Mitte des Mol. liegt, z. B. aus Oxystearinsäure, Oxybehensäure oder 9.10-Dioxystearinsäure. Die Seifen können auch noch andere Basen enthalten. (**D. B. P. 832 315** Kl. 23c vom 4/8. 1950, ausg. 21/2. 1952. Holl. Prior. 4/11. 1944.) Dersin. 8223

N. V. de Bataafsche Petroleum Mij., Den Haag, Holland (Erfinder: **Denham Harman** und **Roy Edmund Thorpe,** San Francisco, Calif., V. St. A.), *Schmiermittel*, gek. 1. durch den Geh. an einem organ. halogenhaltigen Phosphonat der allg. Formel:

$$R_1-\overset{\overset{\displaystyle X}{\|}}{\underset{\underset{\displaystyle R_4}{|}}{P}}-R_2,$$

worin X O, S, Se oder Te bedeutet, R_1 u. R_2 die Radikale XM (M = Metalle) oder nichtaromat. organ. Radikale bedeuten, die über 1 X-Atom an das P-Atom gebunden sind, u. R_4 ein halogenhaltiges, nichtaromat. organ. Radikal ist, das direkt über 1 C-Atom an das P-Atom gebunden ist, derart, daß entweder mindestens 1 Halogenatom dieses Radikals um nicht mehr als 4 C-Atome von dem P-Atom entfernt ist oder daß 3 Halogenatome an dem endständigen C-Atom dieses Radikals sitzen; 2. daß als Zusatzstoff ein Reaktionsprod. eines polyhalogenierten aliphat. KW-stoffs mit einem Alkylphosphat (**I**) verwendet wird. — 2 weitere Ansprüche. Als Zusatzstoffe sollen Prodd. aus einem **I** u. CCl_4, z. B. Diäthyltrichlormethan (**II**)-, Dibutyltrichlormethan- oder Dibutyl-3-chlorpropan-1-phosphonat, verwendet werden. Man erhält z. B. **II** durch Erhitzen von Triäthylphosphit mit CCl_4 unter Rückfluß. Durch die Zusätze soll die Oxydation, Korrosion u. die Bldg. von Schlamm verhindert werden. (**D. B. P. 845 226** Kl. 23c vom 7/5. 1949, ausg. 31/7. 1952. A. Prior. 10/5. 1948.) Dersin. 8223

N. V. de Bataafsche Petroleum Mij., Den Haag, Holland (Erfinder: **Harold Albert Woods** und **Jacobus Marinus Plantfeber,** San Francisco, Calif., V. St. A.), *Tieftemperaturschmierfette.* Sie bestehen aus KW-stoffölen mit einer Viscosität–D.-Konstante $>$0,84 u. einem Stockpunkt $<-50^0$ als Mineralölgrundlage, einer Li-Seife mit 12 oder mehr C-Atomen im Mol. in einer Menge von ca. 3—10, bes. 6—9 (Gew.-%), einer freien Fettsäure mit 12 oder mehr C-Atomen in einer Menge von ca. 0,01—5, bes. 0,03—0,02, u. einem Antioxydationsmittel (**I**) in einer Menge von ca. 0,01—2, bes. 0,1—1. — Man verwendet Li-Stearat, KW-stofföle mit einer Saybolt-Universalviscosität von $<$100 Sek. bei 37°, bes. zwischen 50 u. 90 Sek., u. als **I** ein am N alkyliertes p-Phenylendiamin, z. B. N.N'-Dibutyl-p-phenylendiamin, oder ein kondensiertes, mehrkerniges aromat. Monoamin, z. B. α- oder β-Naphthylamin. (**D. B. P. 850 049** Kl. 23c vom 6/9. 1950, ausg. 22/9. 1952. A. Prior. 18/11. 1942.) Dersin. 8223

N. V. de Bataafsche Petroleum Mij., Den Haag, Holland (Erfinder: **Harold Milton Fraser,** San Francisco, Calif., V. St. A.), *Schmiermittel* auf Schmierölbasis mit einem Geh. an Li-Seifen von einer oder mehreren Oxy- oder Polyoxystearinsäuren, bes. *12-Oxystearinsäure* aus verseiftem hydriertem Ricinusöl, u. einem geringen Zusatz an Phenylendiamin als Antioxydans. — Tabellen u. Beispiele. (**D. B. P. 842 108** Kl. 23c vom 2/10. 1948, ausg. 23/6. 1952. A. Prior. 15/1. 1943.) LANGER. 8223

International General Electric Co., Inc., New York (Erfinder: **Charles A. Burkhard,** Alphaus), N. Y., V. St. A., *Chlorierte Siliconöle* erhält man durch Hydrolyse eines Methylchlorphenyldihalogensilans, bes. -dichlorsilans. Das gebildete ölige Siloxan wird abgetrennt u. mit einem Methyldisiloxan, bes. Hexamethyldisiloxan, in Ggw. einer geringen Menge einer starken Säure (H_2SO_4) kondensiert. Die Verbb. haben die allg. Formel I (m = 1 oder 2, n =wenigstens 1, z. B. 1—20 oder mehr, p = 0 oder wenigstens 1, z. B. 1—20). — p-Chlorbrombenzol wird mit CH_3SiCl_3 u. Mg zu Methyl-(p-chlorphenyl)-dichlorsilan, Kp.$_{99-100}$ 161—164°, umgesetzt, dieses wird in Ae.-W. hydrolysiert zu einer öligen Fl., aus der sich ein krist. 1.3.5-Trimethyl-1.3.5-tri-(p-chlorphenyl)-cyclotrisiloxan, F. 125 bis 126°, Mol.-Gew. 511, gewinnen läßt. Das Öl wird dann mit Hexamethyldisiloxan u. konz. H_2SO_4 zu einer *öligen Fl.* kondensiert mit einer Viscosität von 55 Centistokes/38°, deren Zus. der Formel I (n = wenigstens 1, Cl-Geh. 16,9%) entspricht. Weitere Beispiele. Die Öle zeigen als *Schmiermittel* bessere Eigg. als andere fl. Polysiloxane (Tabelle). Sie können auch als elektr. *Isolieröle, hydraul. Fll.*, als *Puffer-Fll.* oder zur Herst. von Schmiermitteln verwendet werden. (**D. B. P. 844 903** Kl. 12o vom 21/2. 1951, ausg. 24/7. 1952. A. Prior. 24/2. 1950.) KRAUSS. 8223

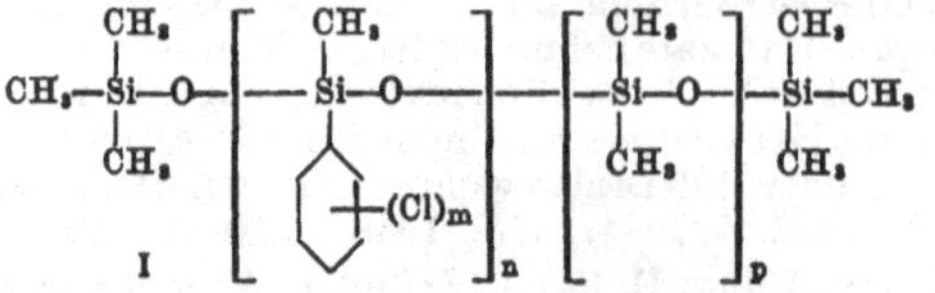

I

N. V. de Bataafsche Petroleum Mij., Den Haag, Holland (Erfinder: **Knapel Frederick Schiermeier** und **Frederick Rudolph Alsberg,** San Francisco, Calif., V. St. A.), *Schmiermittel* aus synthet. Nicht-KW-stoffschmiermitteln (I) als Hauptbestandteil 1., gek. durch einen geringen Geh., z. B. ca. 0,05—5 (Gew.-%), bes. 1—4 einer in W. unlösl. Erdalkaliseife, bes. von Carbon- oder Sulfonsäuren als Korrosionsschutzmittel, 2. gek. durch Sebacinsäureester, bes. Äthyl-2-hexylsebacat, als I, 3. gek. durch einen zusätzlichen Geh. einer geringen Menge, z. B. 0,25—5 partiell veresterter mehrwertiger Alkohole, u./oder eines Antioxydationsmittels. (**D. B. P. 843 585** Kl. 23c vom 3/10. 1950, ausg. 10/7. 1952. A. Prior. 11/2. 1947.) DERSIN. 8223

Atlantic Refining Co., Philadelphia, Pa., übert. von: **Harrell L. Bilhartz, Howard E. Greenwell** und **Lawrence E. Davis,** Dallas, Tex., V. St. A., *Pfropfen zur Entfernung von Paraffin aus Ölleitungen.* Der Pfropfen, der durch Flüssigkeitsdruck durch die Röhren gedrückt wird, um an den Wandungen abgesetztes Paraffin zu entfernen, wird aus einem öllösl. Material (hochschm. Wachse, F. 150—200° F, wie Ceresin, Montanwachs, Chlorwachse, FISCHER-TROPSCH-Paraffine, synthet. Wachse, Esterharze, Erdölharze, Asphalte, Crackrückstände usw.) u. einem Kolophoniumaminsalz einer organ. Säure (Mol.-Gew. 170—350). — Beispiel: 1. Der Pfropfen besteht aus 55% eines mikrokristallinen Wachses (F. 190—195° F) u. 45% Kolophoniumaminstearat (I) u. löst sich bei 130° F innerhalb mehrerer Std. im Öl auf. 2. Ein Pfropfen, der bei 100—125° F die Paraffinablagerungen entfernt, besteht aus 50% eines mikrokristallinen Wachses (F. 170° F) aus 25% Asphalt (F. 230—240° F) u. 25% I. (**A. P. 2 603 804** vom 7/1. 1950, ausg. 22/7. 1952.) UNGER. 8227

Ruhrchemie Akt.-Ges., Oberhausen (Erfinder: **Robert Lüben** und **Herbert Heyer**), Oberhausen-Holten, *Schwitzen von Paraffin.* Das zu behandelnde Paraffin wird in die ringförmigen Rohrzwischenräume eines Doppelrohrofens mit zahlreichen senkrechten koaxialen Rohrpaaren eingefüllt u. durch ein heißes fl. Medium (heißes W.), das seine Wärme sowohl auf die Innenwandung der inneren als auch auf die Außenwandung der äußeren Rohre überträgt, auf die erforderliche Temp. erhitzt. — Zeichnung. (**D. B. P. 868 327** Kl. 23b vom 21/5. 1949, ausg. 23/2. 1953.) UNGER. 8227

M. W. Kellogg Co., Jersey City, übert. von: **Thomas W. Pratt,** Rutherford, N. J., V. St. A., *Reinigung von Vaseline.* Zur fortlaufenden Abscheidung von gefärbten Harzen aus mikrokristalliner Vaseline löst man diese in einem alkoh. Lösungsm. nahe beim Kp. desselben, der in der Nähe des F. der Vaseline oder höher liegt. Man läßt diese Lsg. aufwärts durch eine Behandlungszone strömen u. kühlt sie dabei. Eine wss. Alkalilsg. läßt man im Gegenstrom abwärts fließen, um die Farbharze herauszulösen. Man zieht laufend die oberen u. unteren Phasen aus den entsprechenden Regionen der Behandlungszone ab u. gewinnt aus dem oberen Teil farblose Vaseline. — Zeichnung. (**A. P. 2 616 830** vom 20/2. 1948, ausg. 4/11. 1952.) UNGER. 8227

Atlantic Refining Co., Philadelphia, Pa., übert. von: **Edgar W. Clarke**, Laurel Springs, N. J., V. St. A., *Fraktionierung von Wachsgemischen durch Lösungsmittel.* Zur Trennung von Paraffingemischen in höher- u. niedrigerschm. Fraktionen behandelt man die Mischung in einer Extraktionszone im Gegenstrom mit einem Extraktionsmittel (Phenol) u. einem Hilfslösungsm. (Furfurol) bei einer solchen Temp., daß sich 2 nicht mischbare fl. Phasen bilden. Eine Phase enthält die höherschm. Paraffinfraktion zusammen mit Extraktionsmittel u. Hilfslösungsm. u. die andere die niedrigerschm. neben Extraktionsmittel u. Hilfslösungsmittel. Man trennt die beiden Phasen voneinander, entfernt von jeder das Extraktionsmittel u. das Hilfslösungsm., das Extraktionsmittel führt man in die Extraktionszone in der Nähe des Punktes ein, an dem man die höherschm. Paraffinfraktion abzieht, das erste Hilfslösungsm. führt man in der Nähe des Punktes ein, an dem man die Wachsmischung einführt, u. das zweite Hilfslösungsm. zwischen dem Einführungspunkt des ersten Hilfslösungsm. u. dem Punkt der Abnahme der niedrigerschm. Paraffinfraktion. Vom Extraktionsmittel Phenol verwendet man 3,2—3,8 Vol. pro Vol. Wachsmischung, von den beiden Hilfslösungsmitteln je 0,3—0,5 Vol. pro Vol. Wachsmischung. — Zeichnung. (**A. P. 2 610 943** vom 16/9. 1947, ausg. 16/9. 1952.) UNGER. 8227

Kohle- und Eisenforschung G. m. b. H., Düsseldorf, und **Gelsenkirchener Bergwerks-Akt.-Ges.** (Erfinder: **Hans Schlumberger**, Wanne, und **Julius Kessler**), Essen, *Herstellung von Teerpechmassen* durch Weichmachen (Fluxen) von Hartpechen. Um über einen großen Temperaturbereich bes. zähe u. klebrige Massen zu erhalten, fluxt man solche Hartpeche, die einen Erweichungspunkt von mindestens 100°, vorzugsweise 130° u. höher nach KREMER-SARNOW, u. einen Geh. an freiem C von $>45\%$ (vorzugsweise $>55\%$) besitzen, u. setzt dabei Kohlenstaub dem zur Herst. des Hartpechs (I) dienenden Ausgangsstoff vor oder während der Behandlung auf I oder vor, während oder nach dem Fluxen zu. (**D. R. P. 754 071** Kl. 39b vom 12/7. 1941, ausg. 20/10. 1952.) SALZMANN. 8229

Badische Anilin- & Soda-Fabrik, Ludwigshafen/Rh. (Erfinder: **Heinz Lange**, Haßloch/Pfalz), *Herstellung bituminöser Emulsionen*, dad. gek., daß man 1. wasserhaltige Spaltpeche ohne Isolierung der bituminösen Bestandteile unter Verwendung von Emulgatoren zu Emulsionen verarbeitet; 2. als Emulgatoren dispergierend wirkende feste Stoffe in feinverteilter Form oder seifenartige Stoffe oder wie diese wirkende Sulfonate von organ. Verbb. verwendet. — Die zu dispergierenden Spaltpeche fallen bei der therm. Spaltung von bitumenreichen Kohlen, von Ölschiefern, Teeren u. Erdöldestillationsrückständen in Ggw. von W. zur Gewinnung von Olefinen an. Als Dispergatoren sind verwendbar grubenfeuchte huminsäurereiche Braunkohle, Fettalkoholsulfonate, Dinaphthylmethandisulfinsäure als Alkali- oder NH_4-Salz. Verwendung für Straßenbau-, Isolier- u. Anstrichzwecke. (**D. B. P. 841 593** Kl. 12s vom 27/9. 1950, ausg. 16/6. 1952.) HERBST. 8231

Dektochema Národní Podnik, Zdice, Tschechoslowakei, *Verfahren zum Bau von Straßen, Wegen, Spiel- und Flugplätzen* durch Verfestigung des Bodengrundes mittels einer *Teer-* oder *Bitumenemulsion.* Dem Boden wird als Ergänzung zu der langsam brechenden Emulsion 5—10% *Zement* als trockenes Pulver zugemischt. Z. B. wird der Boden durch Pflügen oder Eggen aufgebrochen, ihm sodann zur Verminderung der unteren Flüssigkeitsgrenze auf ca. 22% u. zur Abnahme des Glühverlustes auf ca. 3% Sand zugesetzt u. anschließend 5% einer stabilen Bitumen- oder Teeremulsion in den Boden eingemischt, worauf man nach Austrocknen in den schwach feuchten Boden noch Zement einmischt. Für schweren Verkehr kann die Oberfläche noch mit Beton, bituminösem Beton, Teermakadam behandelt oder mit einer bituminösen bzw. teerigen Fl. besprüht u. mit Steinsplitt oder Sand bestreut werden. (**Oe. P. 171 261** vom 26/6. 1950, ausg. 10/5. 1952. E. Prior. 12/6. 1942.) BEWERSDORF. 8237

XXII. Leim. Klebstoffe usw.

J. N. Blake und **F. H. Plaster**, *Farbbildung während der Herstellung von Gelatine.* Die Braun-gelb-Färbung der Gelatine beim Herstellungsprozeß wird auf das Vorhandensein von Zuckerstoffen zurückgeführt. Zu diesem Zweck wurde eine Meth. zur Best. des Kohlenhydratgeh. in Kollagen u. Gelatine ausgearbeitet. Hierbei wurden für Gelatine 0,4—0,68% u. für lufttrockene Hautabfälle 0,95% Kohlenhydrat gefunden. Die weiteren Unterss. weisen darauf hin, daß der Kohlenhydratgeh. das Verfärben der Gelatine beeinflußt. Ein Beweis jedoch, daß der Kohlenhydratgeh. allein als Ursache der Verfärbungen anzusehen ist, konnte indessen nicht erbracht werden. (J. Soc. Leather Trades' Chemists **34.** 177—86. Mai 1950. Richard Hodgson & Sons, Ltd. Gelatin Labor.) H. G. FRÖHLICH. 8384

N. A. Spasski, *Sparsame Rezepturen von Knochenleim mit aktiven Füllstoffen.* Von den untersuchten Füllstoffen (Talk, Lithopone, Zinkweiß, Bentonit, akt. SiO_2 u. Ton) für Buchbinderleime erwies sich *Kaolin* (10—15%) als der geeignetste. Der Verbrauch an Leim kann dadurch um 20—25% erniedrigt werden. (Полиграфическое Производство [Polygraph. Betrieb] **1953.** Nr. 1. 25—27. Jan.) v. SCHROEDER. 8384

K. Meyerhans, *Das Verbinden von Metallen unter sich oder mit anderen Werkstoffen.* Nach grundsätzlichen Ausführungen über das Verbinden von Metallen unter sich u. mit anderen Werkstoffen mit Hilfe von Klebstoffen auf Kunststoffbasis demonstriert Vf. an Hand von Abbildungen u. Festigkeitswerten die prakt. Anwendungsmöglichkeiten von *Araldit* (Äthoxylinharz) u. *Redux* (Phenolharz). — 10 Literaturhinweise. (Metall **6.** 229—40. Mai 1952. Basel, Ciba AG., Kunststoffabt.) WINIKER. 8388

K. S. Meakin, *Klebstoffe für Metalle.* Allg. Überblick unter besonderer Berücksichtigung von *Araldit* u. *Redux.* (Research **5.** 126—32. März 1952. Duxford, Aero Res. Ltd.) WINIKER. 8388

W. R. Fetzer, E. K. Crosby und R. E. Fullick, *Viscosimeter für Dextrinkleister.* Vff. beschreiben eine Verbesserung des Viscosimeters zur Best. der Viscosität von Dextrinkleistern. Bisher bestand die Schwierigkeit der gleichmäßigen Herst. der Glasmündungen. Daher wird eine Platte aus rostfreiem Stahl mit einer Öffnung in der Mitte vorgeschlagen, die am Ende der Röhre zur Aufnahme des Kleisters angeschraubt wird. (Analytic. Chem. **24.** 1671—72. Okt. 1952. Clinton, Iowa, Clinton Foods, Inc.) KNÖPKE. 8414

Einar Kolle, Oslo, Norwegen, *Gewinnung von Leim* durch Zusatz von Leimfällungsmitteln, wie Tannin, Alaun, zu Leim enthaltenden Fll. in zur Fällung unzureichender Menge, Zugabe von Aussalzungsmitteln, wie NaCl, K_2SO_4, $MgSO_4$, bis zur Aussalzung, Löslichmachen des ausgesalzenen Nd. in W. durch Zusatz solcher Substanzen, wie Soda, Phosphate, die zur Bldg. von unlösl. Verbb. mit Tannin oder Alaun fähig sind, wobei Soda oder Phosphate unter der stöchiometr. berechneten Menge benutzt werden. (**E. P. 647 796** vom 24/12. 1947, ausg. 20/12. 1950. N. Prior. 9/3. 1945.) MAASS. 8383

Hans Merkel, Oberboihingen, Württ., *Schnell lösliche Tierleime.* Gemahlener Leim wird in Ggw. von wasserfreien Salzen, z. B. Tripolyphosphat, mit wasserlösl. Ölen oder Fetten gemischt. (**D. B. P. 862 476** Kl. 22i vom 13/12. 1949, ausg. 12/1. 1953.) LÜTTGEN. 8385

E. I. du Pont de Nemours & Co., Wilmington, Del., V. St. A., *Wasserbeständiges Bindemittel und Überzugsmaterial,* bestehend aus chlorsulfoniertem Polyäthylen, -propylen oder -isobutylen mit einem Geh. von 10—60% Cl u. 0,1—2,5% S. Mit der M. werden Metallplatten, Gewebe, Glas, Leder u. Kautschuk (Karkassenaufbau) verklebt unter Erwärmung auf 100—160°; es kann auch zur Herst. von Sperrholz dienen. (**E. P. 642 345** vom 27/2. 1948, ausg. 30/8. 1950. A. Prior. 15/3. 1946.) SALZMANN. 8389

B. B. Chemical Co. Ltd., Leicester, England, *Klebmittel für Polyäthylenfilme.* Man verwendet ein in einem organ. Lösungsm. gelöstes, gemahlenes Gemisch aus 0,25 bis 4 (Teile) Polyäthylen u. 1 Butylkautschuk. (**E. P. 685 381** vom 3/4. 1950, ausg. 7/1. 1953. A. Prior. 2/4. 1949.) MÖLLERING. 8389

Johnson & Johnson Ltd., Slough, England, *Klebband.* Als Klebbelag wird eine M. benutzt, die als Elastomer einen Polyvinyläther enthält, der in 0,168%ig. Benzollsg. bei 25° im OSTWALD-Viscosimeter eine wahre Viscosität von 4—15, bes. 11—14, besitzt. (**E. P. 640 696** vom 17/12. 1945, ausg. 26/7. 1950. A. Prior. 15/12. 1944.) LÜTTGEN. 8389

British Cellophane Ltd., Bridgwater, England, *Heißsiegelmasse,* bestehend aus einem Äthylen–Vinylacetat-Copolymerisat, Chlorkautschuk oder einem spröden Harz, z. B. Cumaronharz (F. ca. 150°) oder mit Maleinsäureanhydrid oder einem Phenol–CH_2O-Harz modifizierten Kolophonium (F. 105—120°, bzw. 121—180°) u. einem wasserfestmachenden Wachs oder Paraffin. Die M. wird in Lsg. auf Filme, Folien usw. aufgebracht. (**E. PP. 645 914** vom 28/5. 1948, ausg. 8/11. 1950 u. **645 971** vom 28/5. 1948, ausg. 15/11. 1950. Beide A. Prior. 13/8. 1947.) LÜTTGEN. 8389

Herausgeber u. verantwortlich für den Inhalt: Prof. Dr. Maximilian Pflücke, Berlin W 8, Jägerstraße 22/23. Fernsprecher: 200481, 201464. Redaktion: Chefredakteure Dr. Eugen Klever und Prof. Dr. Maximilian Pflücke. Verlag: Akademie-Verlag GmbH, Berlin NW 7, Schiffbauerdamm 19 (Fernsprecher 425571, Postscheckkonto Berlin 35021) u. Verlag Chemie, GmbH, Weinheim/Bergstraße (Postscheckkonto Frankfurt/M. 145314 u. Berlin [West] 7430, Fernsprecher: Weinheim 2017). Bestell- u. Verlags-Nr. dieses Heftes: 1007/124/37. Das Chemische Zentralblatt erscheint wöchentlich.
Satz u. Druck: VEB Leipziger Druckhaus, Leipzig, III/18/203. IX. 53.
Veröffentlicht unter der Lizenznummer 1212 des Amtes für Literatur und Verlagswesen der Deutschen Demokratischen Republik.
Printed in Germany.